# Fortschritte Naturstofftechnik

**Reihe herausgegeben von**

Thomas Herlitzius, Technische Universität Dresden, Dresden, Deutschland

Die Publikationen dieser Reihe dokumentieren die wissenschaftlichen Arbeiten des Instituts für Naturstofftechnik, um Maschinen und Verfahren zur Versorgung der ständig wachsenden Bevölkerung der Erde mit Nahrung und Energie zu entwickeln. Ein besonderer Schwerpunkt liegt auf dem immer wichtiger werdenden Aspekt der Nachhaltigkeit sowie auf der Entwicklung und Verbesserung geschlossener Stoffkreisläufe.

In Dissertationen und Konferenzberichten werden die wissenschaftlich-ingenieurmäßigen Analysen und Lösungen von der Grundlagenforschung bis zum Praxistransfer in folgenden Schwerpunkten dargestellt:

- Nachhaltige Gestaltung der Agrarproduktion
- Produktion gesunder und sicherer Lebensmittel
- Industrielle Nutzung nachwachsender Rohstoffe
- Entwicklung von Energieträgern auf Basis von Biomasse

This series documents the Institute of Natural Product Technology's work to develop machinery and processes to supply the world's continuously growing population with food and energy. It particularly focuses on the increasingly important aspect of sustainability and the development and improvement of closed material cycles.

Theses and conference reports document engineering analyses and solutions from basic research to practical transfer along the following focal topics:

- Sustainability of agricultural production
- Production of healthy and safe food
- Industrial use of renewable raw materials
- Development of energy sources based on biomass

Peter Anton Gellerich

# Analyse, Synthese und Optimierung von Verarbeitungsmaschinen im Zielkonflikt zwischen Qualität, Ausbringung, Robustheit und Kosten

Peter Anton Gellerich ⓘ
Institut für Naturstofftechnik
Technische Universität Dresden
Dresden, Deutschland

An der Fakultät Maschinenwesen der Technischen Universität Dresden zur Erlangung des akademischen Grades eines Doktoringenieurs (Dr.-Ing.) genehmigte Dissertation von Dipl.-Ing. Peter Anton Gellerich, geb. Lochmann, am 07. Februar 1995 in Karlsruhe.

Gutachter:
Prof. Dr.-Ing. Jens-Peter Majschak
Prof. Dr. Alexandra Schwartz

Tag der Einreichung: 30. Juli 2025
Tag der Disputation: 05. Dezember 2025

Vorsitzende der Promotionskommission: Prof. Dr.-Ing. Kristin Paetzold-Byhain

ISSN 2524-3365          ISSN 2524-3373  (electronic)
Fortschritte Naturstofftechnik
ISBN 978-3-658-51271-2          ISBN 978-3-658-51272-9  (eBook)
https://doi.org/10.1007/978-3-658-51272-9

Die Deutsche Nationalbibliothek verzeichnet diese Publikation in der Deutschen Nationalbibliografie; detaillierte bibliografische Daten sind im Internet über https://portal.dnb.de abrufbar.



Planung/Lektorat: Eric Blaschke
Springer Vieweg ist ein Imprint der eingetragenen Gesellschaft Springer Fachmedien Wiesbaden GmbH und ist ein Teil von Springer Nature.
Die Anschrift der Gesellschaft ist: Abraham-Lincoln-Str. 46, 65189 Wiesbaden, Germany

*An engineering theory has no value*
*unless it is effectively applied.*

GENICHI TAGUCHI

# Danksagung

Die vorliegende Arbeit ist während meiner Tätigkeit als wissenschaftlicher Mitarbeiter an der Technischen Universität Dresden und neben meiner Anstellung als Prozessingenieur bei der Uhlmann Pac-Systeme GmbH & Co. KG entstanden. An dieser Stelle möchte ich den Personen danken, die mich bei meinem Promotionsvorhaben begleitet und unterstützt haben.

Mein besonderer Dank gilt Herrn Prof. Dr.-Ing. Jens-Peter Majschak für die Betreuung meiner Promotion. Sein Vertrauen in meine Tätigkeit und die Gewährung großer Freiheiten in der Bearbeitung trugen wesentlich zur Motivation bei, die Arbeit auch durch schwierigen Phasen hindurch fortzuführen. Weiterhin danke ich ihm für die intensiven Diskussionen über den wissenschaftlichen Kern der verarbeitungstechnischen Methodik, die maßgeblich zur Schärfung der Inhalte beigetragen haben. Frau Prof. Dr. Alexandra Schwartz danke ich für die Erstellung ihres Gutachtens sowie die hilfreichen Diskussionen und fachlichen Hinweise zur Formulierung der Optimierungsprobleme und zur mathematischen Notation.

Den Mitarbeitern der Professur für Verarbeitungsmaschinen/Verarbeitungstechnik, insbesondere Herrn Georg Steinert und Frau Dr.-Ing. Uta Weiß, danke ich für die vielen Fachgespräche und Hilfestellungen. Besonders bedanken möchte ich mich bei Herrn Dr.-Ing. Clemens Troll für seine Vorarbeit zum Thema Robustheit von Verarbeitungsvorgängen, die wesentliche Impulse für diese Arbeit gegeben hat, und bei Herrn Dr.-Ing. Sven Tietze für die vielen, hilfreichen Diskussionen über die Formulierung der richtigen Forschungsfrage.

Weitere, inhaltliche Impulse beim Verfassen der vorliegenden Arbeit erhielt ich durch das Lösen realer Problemstellungen. In diesem Sinne bedanke ich mich bei Herrn Thomas Neumann und Herrn Felix Kösters für ihre Bereitschaft die vorgestellte Methode auf ihre Probleme anzuwenden. Herrn Dr. Günter Schubert danke ich für die vielen wertvollen Hinweise zum Wärmekontaktsiegeln. Besonders zu Dank verpflichtet bin ich meinen ehemaligen Kollegen bei der Uhlmann Pac-Systeme GmbH & Co. KG, stellvertretend den Herren Jörg Knüppel, Christoph Glaser, Karl Held, Klaus Blank und Thomas Bannier, für ihre Offenheit, ihren großen Erfahrungsschatz mit mir zu teilen, und die Bereitschaft, meine Erkenntnisse in ihre Arbeit einfließen zu lassen. In besonderem Maße bin ich Herrn Wolfgang Krahl dankbar für die zahlreichen, fachlichen und persönlichen Gespräche. Seine Ratschläge und Förderung hatten eine wesentliche Bedeutung für meine eigene Entwicklung. Nicht zuletzt seinem Enthusiasmus für sein Fachgebiet ist es zu verdanken, dass diese Arbeit Anwendungen der thermischen Simulation enthält.

Mein größter Dank gilt meiner Frau Theresa, für das sorgfältige Lektorat und für alles andere. Du hast mich während der sechs Jahre, in denen diese Arbeit entstanden ist, mit großer Geduld durch alle Höhen und Tiefen begleitet und mit Deinem untrüglichen Sinn für das Wesentliche immer wieder daran erinnert, was am Ende des Tages wirklich wichtig ist.

Radebeul, im Januar 2026 Peter Gellerich

**Interessenkonflikt** Der/die Autor*in hat keine relevanten Interessenskonflikte im Zusammenhang mit dieser Publikation.

# Kurzfassung

Die vorliegende Arbeit befasst sich mit Problemstellungen der Entwicklung und des Betriebs von Verarbeitungsmaschinen. Im Allgemeinen wird davon ausgegangen, dass sich diese Problemstellungen um die Frage drehen, wie eine solche Anlage gleichzeitig Produkte hoher Qualität, mit großer Ausbringung, bei geringer Störanfälligkeit und zu geringen Kosten herstellen kann. An verschiedenen Stellen im Stand der Wissenschaft und Technik wird ein Konflikt zwischen diesen Zielen benannt, jedoch nicht zu einer zusammenhängenden Theorie der verarbeitungstechnischen Problemstellungen ausgearbeitet. Diese Arbeit versucht diese Lücke zu schließen und eine systematische Vorgehensweise zum Lösen solcher Problem zu entwickeln.

Ausgangspunkt der Arbeit bilden die Darstellung und Diskussion des Standes der Wissenschaft und Technik zu Modellen und Zielen der industriellen Produktion sowie Entscheidungsmethoden für technische Problemstellungen.

Im Hauptteil der Arbeit wird eine Theorie der verarbeitungstechnischen Problemstellung entwickelt und mathematisch beschrieben, die drei Komponenten umfasst: (1) Das Systemmodell der Verarbeitungsmaschine, das an einer Modellierung der Wirkpaarung als dynamisches System in Zustandsraumdarstellung ansetzt, dieses zunächst in ein statistisches Modell des Betriebsverhaltens und schließlich in die Gewinnrechnung der Verarbeitungsmaschine überführt. (2) Das verarbeitungstechnische Zielsystem, das aus dem Wirtschaftlichkeitsprinzip die vier Zielgrößen Verarbeitungsqualität, Arbeitsgeschwindigkeit, Robustheit und technischer Aufwand ableitet, die in einem Zielkonflikt zueinander stehen. (3) Das verarbeitungstechnische Optimierungsproblem, das Einstellungs- und Entwurfsprobleme im Betrieb und in der Entwicklung von Verarbeitungsmaschinen als multikriterielles Optimierungsproblem formalisiert. Alle drei Komponenten werden in einem Problemlösungszyklus zusammengeführt, der die Schritte Aufgabenklärung, Modellbildung und Optimierung enthält.

Die Theorie wird anhand des Problems der optimalen Einstellung von Siegelvorgängen auf Gültigkeit und Praxistauglichkeit geprüft. Hierzu wird der Problemlösungszyklus auf Einstellprobleme beim Wärmekontaktsiegeln angewendet. Die Untersuchung kommt zu folgendem Ergebnis: (1) Das vorgestellte Systemmodell ist auf ein experimentelles Nahtfestigkeitsmodell und ein numerisches Wärmeleitungsmodell des Siegelvorgangs anwendbar. (2) Die vier Zielgrößen sind im Falle des Wärmekontaktsiegelns die Nahtqualität, die Siegelzeit, die Robustheit und die Siegeltemperatur. Die Robustheit wird hierbei gegenüber Änderungen der thermischen Eigenschaften der Packmittel, der Dicke der Folien und der Kontaktbedingungen untersucht. (3) Es kann ein Problem der optimalen Siegeleinstellungen formuliert werden, dessen Lösung alle geeigneten Einstellungen umfasst. Zur Ermittlung dieses sog. Siegelfensters wird ein Versuchsplan auf Basis der Normal-boundary-intersection Methode vorgeschlagen und erprobt. Abschließend werden drei Praxisbeispielen vorgestellt.

Die Arbeit schließt mit einer Einordnung der Theorie und des Anwendungsbeispiels in das Wissenschaftsgebiet. Es werden außerdem zukünftige Forschungsfragen gestellt und deren möglicher Lösungsweg angedeutet.

# Abstract

The present thesis deals with problems of operation and development of processing machines. A common assumption claims that processing machines are not able to simultaneously manufacture products of high quality, with high output, with low failure rate and at low cost. Several authors identify this conflict, but do not work it out into a coherent engineering theory. This thesis attempts to close this gap and develop a systematic approach to solving such problems.

The thesis starts with a presentation and discussion of the state of the art on models and objectives of industrial production and on decision-making methods for technical problems.

In the main part of the thesis, an engineering theory is developed and described mathematically, which comprises three components: (1) The system model of the processing machine, which is based on a dynamical system model of the processing tool and the processed product in the state-space representation, transferred into a statistical model of the operating behavior and finally resulting in the economy of the processing machine. (2) The system of process objectives including the four conflicting objectives product quality, operating speed, robustness and technical effort, which is derived from the principle of economic efficiency. (3) The multi-criteria optimization problem of the processing machine, which gives a mathematical statement of machine setting and design problems. All three components form a joint engineering method that includes three steps: problem analysis, system modeling and design optimization.

In the application part, the thesis examines the problem of optimum sealing settings to test the theory for validity and applicability. For this purpose, the entire engineering method is applied to setting problems in heat contact sealing. The investigation comes to the following conclusion: (1) The presented system model can be applied to an experimental seam strength model and a numerical heat conduction model of the sealing process. (2) Regarding the heat sealing process, the four target variables are the seam quality, the dwell time, the robustness and the sealing temperature. Varying thermal properties of packaging materials, thickness of packaging foils, and contact conductivity are considered to be relevant robustness variables. (3) A problem of optimal sealing settings can be formulated, the solution of which contains all suitable settings. To determine this so called sealing window, a test plan based on the normal-boundary-intersection method is proposed and tested. Finally, three case studies are presented.

The thesis concludes with a contextualization of the theory and the application example in the scientific field. It also poses future research questions and suggests possible solutions.

# Inhaltsverzeichnis

# Abbildungsverzeichnis

# Tabellenverzeichnis

# Symbolverzeichnis

## Strukturierung des Symbolverzeichnis

Die Breite der Themen, die im Stand der Technik behandelt wird, führt zu einer mehrfachen Verwendung der gleichen Symbole für unterschiedliche Sachverhalte. Mit dem Ziel einer einfacheren Auffindbarkeit sind die Symbolverzeichnisse für den Stand der Technik nach Abschnitten getrennt in folgender Reihenfolge aufgeführt:

- Betriebswirtschaftliche Produktionsmodelle (Kap. 2.1.2),
- statistische Prozessmodelle (Kap. 2.1.3),
- deterministische Wirkungsmodelle (Kap. 2.1.4) und
- Entscheidungsmethoden für technische Problemstellungen (Kap. 2.2).

Die Symbolverzeichnisse der Abschnitte, die den originären Teil der Arbeit darstellen, finden sich im Anschluss daran und umfassen die Symbole zu folgenden Themen:

- Systemmodell der Verarbeitungsmaschine, verarbeitungstechnisches Zielsystem und verarbeitungstechnisches Optimierungsproblem (Kap. 4) sowie
- Problemstellungen des Wärmekontaktsiegelns (Kap. 5).

## Allgemeine Notationen

In allen Abschnitten der Arbeit wird folgende Konvention für die Darstellung von Symbolen verwendet:

| | |
|---|---|
| $a$ | Skalare |
| $\mathbf{a}$ | Vektoren |
| $\mathbf{A}$ | Matrizen |
| $\mathscr{A}$ | Mengen |

Des Weiteren gelten folgende, mathematische Notationen:

| | |
|---|---|
| $(\ )_i$ | $i$-tes Element eines Vektors |

| | |
|---|---|
| $(\ )^{a}$ | Instanz a einer Größe |
| $(\ )^{-1}$ | Inverse einer Matrix |
| $(\ )^{\top}$ | Transponierte eines Vektors oder ein Matrix |
| $(\ )\cdot(\ )$ | Skalarprodukt |
| $\dot{(\ )}$ | Erste Zeitableitung |
| $f'(\ )$ | Erste gewöhnliche Ableitung |
| $\dfrac{\partial(\ )}{\partial(\ )}$ | Erste partielle Ableitung |
| $\dfrac{\partial(\ )}{\partial^{2}(\ )}$ | Zweite partielle Ableitung |
| $\nabla$ | Nabla-Operator |

## Symbolverzeichnis zu Abschnitt 2.1.2

### Lateinische Symbole

| | |
|---|---|
| $a$ | Verbrauchsfunktion, Produktionskoeffizient, Verbrauchskoeffizient |
| $A$ | Reparatur- oder Entsorgungskosten |
| $f$ | Produktionsfunktion |
| $G$ | Gewinn |
| $\Delta G$ | Gewinnänderung |
| $k$ | Stückkosten, allg. Konstante |
| $k_{\mathrm{f}}$ | Fixe Stückkosten |
| $k_{\mathrm{v}}$ | Variable Stückkosten |
| $k_{\mathrm{V}}$ | Spezifische Verarbeitungskosten |
| $K$ | Kosten |
| | Gesamtkosten |
| $K_{\mathrm{f}}$ | Fixe Gesamtkosten |
| $K_{\mathrm{v}}$ | Variable Gesamtkosten |
| $i$ | Laufindex der Ausbringungsmengen oder Produkte |
| $j$ | Laufindex der Einsatzfaktormengen oder Einsatzfaktoren |
| $l$ | Laufindex der technische Variablen |
| $L$ | Verlustfunktion, geldwerter Verlust |
| $m$ | Anzahl der Ausbringungsmengen oder Produkte |
| $n$ | Taktzahl bzw. Drehzahl einer Verarbeitungsmaschine, Anzahl der Einsatzfaktormengen oder Einsatzfaktoren |
| $n_{\mathrm{G}}$ | Gewinnoptimale Taktzahl einer Verarbeitungsmaschine |

| | |
|---|---|
| $n_\text{K}$ | Kostenminimale Taktzahl einer Verarbeitungsmaschine |
| $n_\text{P}$ | Ausbringungsmaximale Taktzahl einer Verarbeitungsmaschine |
| $N$ | Anzahl gleicher und unteilbarer Betriebsmittel |
| | |
| $p$ | Preis eines Produkts, Verkaufspreis |
| $P$ | Produktivität |
| | |
| $q$ | Preis eines Einsatzfaktors, Einkaufspreis |
| $\dot{Q}$ | Ausbringung einer Verarbeitungsmaschine |
| $\dot{Q}_\text{r}$ | Rechnerische Ausbringung einer Verarbeitungsmaschine |
| $\dot{Q}_\text{t}$ | Tatsächliche Ausbringung einer Verarbeitungsmaschine |
| | |
| $r$ | Einsatzfaktormenge |
| $\mathbf{r}$ | Vektor der Einsatzfaktormengen |
| $\mathbf{r}^*$ | Vektor der effizienten Einsatzfaktormengen |
| | |
| $\dot{s}$ | Anpassungsgeschwindigkeit einer Produktion |
| | |
| $t$ | Nutzungsdauer |
| | |
| $U$ | Umsatz |
| | |
| $v$ | Intensität, Produktionsgeschwindigkeit |
| $v_\text{max}$ | Maximale Produktionsgeschwindigkeit |
| $v_\text{min}$ | Minimale Produktionsgeschwindigkeit |
| $\mathbf{v}$ | Repräsentation einer Produktion |
| $\mathbf{v}^*$ | Effiziente Produktion |
| | |
| $w$ | Wichtungsfaktor für Ausbringungsmengen und Einsatzfaktormengen |
| | |
| $x$ | Ausbringungsmenge |
| $\mathbf{x}$ | Vektor der Ausbringungsmengen |
| $\mathbf{x}^*$ | Vektor der effizienten Ausbringungsmengen |
| | |
| $Y$ | Leistungsmerkmal eines Produkts |
| | |
| $z$ | Technische Variable |
| $\tilde{z}$ | Werte der technischen Variablen der z-Situation |
| $\mathbf{z}$ | Vektor der technische Variablen |
| $\tilde{\mathbf{z}}$ | z-Situation |

**Griechische Symbole**

$\alpha$      Wichtungsfaktor der Fortschrittsfunktion
$\alpha_0$     Fortschrittsfunktion

$\Delta$      Vom Kunden akzeptierte Abweichung des Zielwerts eines Leistungsmerkmals eines Produkts

$\tau$      Zeitpunkt der Beschaffung eines Betriebsmittels
       Zielwert des Leistungsmerkmals eines Produkts

## Symbolverzeichnis zu Abschnitt 2.1.3

**Lateinische Symbole**

$A$      Verfügbarkeit
$Ac$     Annahmeanzahl
$AQL$   Annehmbare Qualitätsgrenzlage

$c$      Anzahl fehlerhafter Produkte einer Stichprobe
$C_0$     Zielwert der Prozessfähigkeit
$C_{\mathrm{pm}}$   Kennzahl der Prozessfähigkeit

$DPMO$   Anzahl der Fehler pro 1 Million geprüfter Qualitätskennwerte

$E$      Zufallsereignis, Erneuerungswahrscheinlichkeit

$f_X$     Dichtefunktion der Zufallsvariable $X$
$F$      Ausfallwahrscheinlichkeit

$h$      Anzahl fehlerhafter, nicht qualitätsgerechter Produkte
$H_0$     Nullhypothese eines statistischen Tests
$H_1$     Alternativhypothese eines statistischen Tests
$H_X$     Häufigkeitsverteilung der Zufallsvariable $X$

$i$      Allgemeiner Laufindex

$k_Q$     Produktivitätskoeffizient
$K_{\mathrm{o}}$     Obere Kontrollgrenze einer $\overline{X}$-Qualitätsregelkarte
$K_{\mathrm{u}}$     Untere Kontrollgrenze einer $\overline{X}$-Qualitätsregelkarte

$L$      Untere Toleranzgrenze

$\dot{M}_\mathrm{t}$        Tatsächlich, hergestellte Menge von Qualitätsprodukten
$\dot{Q}_\mathrm{rp}$       Rechnerisch geplante Produktmenge
$MTBF$      mean time between failure
$MTTR$      mean time to repair


$n$         Stichprobenumfang
            Taktzahl
$n_\mathrm{max}$    Maschinentechnisch maximale Taktzahl
$n_\mathrm{P}$      Taktzahl mit maximaler, tatsächlicher Ausbringung
$N$         Normalverteilung


$OEE$       Gesamtanlageneffektivität


$p$         Fehleranteil, Anteil nicht qualitätsgerechter Produkte
$p_0$       Zielwert einer $p$-Qualitätsregelkarte
$P$         Wahrscheinlichkeit, Leistungsgrad
$P_\mathrm{a}$      Wahrscheinlichkeit der Annahme eines Produktloses


$q$         Produktmenge pro Arbeitstakt
$q_\mathrm{M}$      Erzeugte Produktionsmenge
$q_\mathrm{O}$      Geplante Produktionsmenge
$q_\mathrm{Q}$      Qualitätsmenge
$Q$         Qualitätsgrad
$\dot{Q}_\mathrm{a}$       Ausbringungsverluste durch Ausschuss
$\dot{Q}_\mathrm{N}$       Ausbringungsverluste durch geplante Nebenzeiten
$\dot{Q}_\mathrm{rp}$      Rechnerisch geplante Ausbringung
$\dot{Q}_\mathrm{t}$       Tatsächliche Ausbringung
$\dot{Q}_\mathrm{U}$       Ausbringungsverluste durch Unterbrechungen


$R$         Überlebenswahrscheinlichkeit
$Rc$        Rückweiseanzahl
$RQL$       Rückweisende Qualitätsgrenzlage


$s$         Standardabweichung einer Stichprobe
$S$         Sicherheitswahrscheinlichkeit eines statistischen Tests


$t$         Zeit
$t_0$       Zeit, in der eine Verarbeitungsmaschine ordnungsgemäß produziert
$t_\mathrm{a}$      Ausschusszeit
$t_\mathrm{M}$      Geplante Maschinenzeit
$t_\mathrm{N}$      Geplante Nebenzeit
$t_\mathrm{O}$      Betriebszeit
$t_\mathrm{T}$      Taktzeit
$t_\mathrm{U}$      Zeit für ungeplante Unterbrechungen
$t_\mathrm{V}$      Verlustzeit

| | |
|---|---|
| $t_\mathrm{W}$ | Maschinenarbeitszeit |
| *tbf* | time between failure |
| *ttr* | time to repair |
| $T$ | Zielwert eines Qualitätskennwerts |
| | |
| $U$ | Obere Toleranzgrenze |
| | |
| $V$ | Verfügbarkeit |
| $V_\mathrm{M}$ | Mengenverfügbarkeit |
| $V_\mathrm{T}$ | Zeitverfügbarkeit |
| | |
| $W_\mathrm{o}$ | Obere Warngrenze einer $\overline{X}$-Qualitätsregelkarte |
| $W_\mathrm{u}$ | Untere Warngrenze einer $\overline{X}$-Qualitätsregelkarte |
| | |
| $x$ | Spezifische Ausprägung der Zufallsvariable $X$ |
| $X$ | Qualitätskennwert, Zufallsvariable |
| $\overline{X}$ | Mittelwert des Qualitätskennwerts |
| | |
| $Z$ | Standardnormalverteilte Zufallsvariable |

## Griechische Symbole

| | |
|---|---|
| $\alpha$ | Irrtumswahrscheinlichkeit eines statistischen Tests für einen Fehlers 1. Art |
| $\alpha_\mathrm{K}$ | Irrtumswahrscheinlichkeit der Kontrollgrenze einer $s$-Qualitätsregelkarte |
| $\alpha_\mathrm{W}$ | Irrtumswahrscheinlichkeit der Warngrenze einer $s$-Qualitätsregelkarte |
| | |
| $\beta$ | Formparameter der Weibull-Verteilung, Irrtumswahrscheinlichkeit eines statistischen Test für einen Fehler 2. Art, Erneuerungsrate |
| | |
| $\theta$ | Skalenparameter der Weibull-Verteilung |
| | |
| $\kappa$ | Parameter zur Berechnung der Kontrollgrenze der $\overline{X}$- und $p$-Qualitätsregelkarte Ausfallkennziffer |
| | |
| $\lambda$ | Ausfallrate |
| | |
| $\mu$ | Erwartungswert einer statistischen Verteilung |
| | |
| $\sigma$ | Standardabweichung einer statistischen Verteilung |
| $\sigma_\mathrm{K}$ | Kontrollgrenze einer $s$-Qualitätsregelkarte |
| $\sigma_\mathrm{W}$ | Warngrenze einer $s$-Qualitätsregelkarte |
| | |
| $\chi^2_{n-1,1-\alpha}$ | $\chi^2$-Verteilung mit Freiheitsgrad $n-1$ an der Stelle $\alpha$ |

$\varphi$     Dichtefunktion der Standardnormalverteilung
$\Phi$     Verteilungsfunktion der Standardnormalverteilung

$\omega$     Parameter zur Berechnung der Warngrenze der $\overline{X}$- und $p$-Qualitätsregelkarte


## Symbolverzeichnis zu Abschnitt 2.1.4

**Lateinische Symbole**

**a**     Einstellparameter eines Produktionsprozesses
**A**     Systemmatrix eines linearisierten, dynamischen Systems

**B**     Eingangsmatrix eines linearisierten, dynamischen Systems

**C**     Ausgangsmatrix eines linearisierten, dynamischen Systems

**d**     Entwurfsparameter eines Produktionsprozesses
**D**     Durchgangsmatrix eines linearisierten, dynamischen Systems

$e$     Potentialgröße, Regeldifferenz
$e_\mathrm{B}$     Bleibende Regeldifferenz
$\Delta e_\mathrm{T}$     Vorgegebener Toleranzbereich einer Regeldifferenz
$E$     Energie
$E_\mathrm{ph}$     Physikalische Vergleichsenergie
$E_\mathrm{vat}$     Dem Antriebssystem zugeführte Energie
$E_\mathrm{vvat}$     Energieverlust des Antriebssystems
$E_\mathrm{vwp}$     Wirkprinzipbedingter Energieverlust
$E_\mathrm{wp}$     Wirkprinzipbedingte, zugeführte Energie

$f$     Flussgröße
**f**     Zustandsgleichung eines dynamischen Systems
         Allgemeine Funktion

**g**     Ausgangsgleichung eines dynamischen Systems

$I$     Elektrischer Strom

$k$     Anzahl der Zustandsgrößen, Dimension des Zustandsraums

$L$     Unteres Qualitätskriterium eines Produktionsprozesses

$m$     Anzahl der Eingangsgrößen eines dynamischen Systems
$MIN$     Minimal zulässiger Wert einer Störgröße eines Produktionsprozesses

| | |
|---|---|
| $MAX$ | Maximal zulässiger Wert einer Störgröße eines Produktionsprozesses |
| $\mathcal{M}$ | Zustandsraum, Phasenraum |
| $n$ | Taktzahl, Anzahl der Ausgangsgrößen |
| $p$ | Druck |
| $P$ | Leistung, Wahrscheinlichkeit |
| $\mathbf{p}$ | Veränderliche Variablen eines Produktionsprozesses |
| $\tilde{\mathbf{p}}$ | Ausprägung einer veränderlichen Variablen, Entwurf, Einstellung |
| $Q$ | Zu- bzw. abgeführten Wärme |
| $R$ | Wahrscheinlichkeitsmaß für die Robustheit eines Produktionsprozesses |
| $s$ | Einwirkstrecke eines Arbeitsorgans, Störgröße eines Produktionsprozesses |
| $\Delta s$ | Zulässiger Bereich der Störgröße, Robustheitsmaß |
| $\mathbf{s}$ | Vektor der Störgrößen eines Produktionsprozesses |
| $\dot{S}$ | Entropiestrom |
| $t$ | Zeit |
| $t_{\mathrm{T}}$ | Transportzeit |
| $t_{\mathrm{V}}$ | Einwirkungszeit des Arbeitsorgans |
| $T$ | Temperatur |
| $T_{\mathrm{an}}$ | Anregelzeit |
| $T_{\mathrm{aus}}$ | Ausregelzeit |
| $\mathcal{T}$ | Zeitraum |
| $U$ | Inneren Energie, Elektrische Spannung, Oberes Qualitätskriterium eines Produktionsprozesses |
| $u$ | Eingangsgröße eines dynamischen Systems |
| $\mathbf{u}$ | Vektor der Eingangsgrößen eines dynamischen Systems |
| $v$ | Ausgangsgröße eines dynamischen Systems |
| $\dot{V}$ | Volumenstrom |
| $\mathbf{v}$ | Vektor der Ausgangsgrößen eines dynamischen Systems |
| $w$ | Führungsgröße |
| $W$ | Verrichteten Arbeit |
| $x$ | Regelgröße, Zustandsgröße eines dynamischen Systems Kontrollierbare Eingangsgrößen eines Produktionsprozesses |
| $\tilde{x}$ | Ausprägung einer kontrollierbaren Eingangsgröße |
| $x_{\mathrm{m}}$ | Überschwingweite einer Regelgröße |
| $x_{\mathrm{s}}$ | Sollwert einer Regelgröße |

| | |
|---|---|
| $\mathbf{x}$ | Vektor der Zustandsgrößen eines dynamischen Systems |
| | Vektor der kontrollierbaren Eingangsgrößen eines Produktionsprozesses |
| $\mathbf{x}_0$ | Anfangszustand eines dynamischen Systems |
| $y$ | Stellgröße, Ausgangsgröße eines Produktionsprozesses |
| $y'$ | Robustheitsmaß |
| $\mathbf{y}$ | Vektor der Ausgangsgröße eines Produktionsprozesses |
| $z$ | Störgröße |

## Griechische Symbole

| | |
|---|---|
| $\eta$ | Signal-to-Noise-Ratio, Robustheitsmaß |
| $\eta_{be}$ | Wirkungsgrad der technischen Realisierung |
| $\eta_{vat}$ | Wirkungsgrad des Verarbeitungssystems |
| $\eta_{wp}$ | Wirkungsgrad des Wirkprinzips |
| $\mu$ | Erwartungswert einer statistischen Verteilung |
| $\sigma$ | Standardabweichung einer statistischen Verteilung |

# Symbolverzeichnis zu Abschnitt 2.2

## Lateinische Symbole

| | |
|---|---|
| $\mathbf{a}$ | Parameter des Pascoletti-Serafini-Problems |
| $A$ | Alternative eines Entscheidungsfeldes |
| $A_a$ | Spezielle Alternative |
| $\mathscr{A}$ | Alternativmenge eines Entscheidungsfeldes |
| $c$ | Entwurfskonzept |
| $f$ | Zielfunktion |
| $f_c$ | Zielfunktion der Entwurfsalternative $c$ |
| $\mathbf{f}$ | Vektor der Zielfunktionen, Modell eines Entwurfs |
| $\mathbf{f}_c$ | Modell des Entwurfskonzepts $c$ |
| $g$ | Ungleichungsrestriktion, Wichtungsfaktor einer Punktebewertung |
| $\mathbf{g}$ | Vektor der Ungleichungsrestriktionen |
| $\mathbf{g}_c$ | Vektor der Ungleichungsrestriktionen des Entwurfskonzepts $c$ |
| $h$ | Gleichungsrestriktion, Allgemeiner Laufindex |

**h**        Vektor der Gleichungsrestriktionen

$i$        Allgemeiner Laufindex

$j$        Allgemeine Laufindex

$k$        Anzahl der Ungleichungsrestriktionen
$\mathcal{K}$        Ordnungskegel

$l$        Anzahl der Entwurfsparameter
$L$        Anzahl der Umweltzustände eines Entscheidungsfeldes

$m$        Anzahl der Zielfunktionen bzw. Zielgrößen

$n$        Anzahl der unabhängigen Variablen
$N$        Anzahl der Alternativen eines Entscheidungsfeldes
$\mathbb{N}$        Menge der Natürlichen Zahlen

$p$        Entwurfsparameter, Anzahl der Entwurfskonzepte
**p**        Vektor der Entwurfsparameter
$\mathbf{p}_c$        Vektor der Entwurfsparameter des Entwurfskonzepts $c$

**r**        Parameter des Pascoletti-Serafini-Problems
$\mathbb{R}$        Menge der Reellen Zahlen

$S$        Umweltzustände eines Entscheidungsfeldes
$\mathcal{S}$        Zulässiger Bereich der unabhängigen variablen, Steuergebiet, Menge der
          Umweltzustände eines Entscheidungsfeldes
$\mathcal{S}^*$        Funktional-effiziente Menge

$t$        Unabhängige Variable des Pascoletti-Serafini-Problems
$t^*$        Optimale Lösung des Pascoletti-Serafini-Problems im Urbildraum

$U$        Nutzenfunktion

$w$        Bewertungskriterium
$W$        Wertigkeit einer Alternative
$W_t$        Technische Wertigkeit
$W_{t,max}$        Ideale technische Lösung
$W_w$        Wirtschaftliche Wertigkeit
$W_{w,max}$        Ideales Kostenziel

$x$        Unabhängige Variable, Steuergröße, Entwurfsvariable
**x**        Vektor der unabhängigen Variablen bzw. Steuergrößen, Entwurfsvariablen
$\mathbf{x}_c$        Vektor der Entwurfsvariablen des Entwurfskonzepts $c$

| | |
|---|---|
| $\mathbf{x}_L$ | Minimal zulässige Werte der Entwurfsvariablen |
| $\mathbf{x}_U$ | Maximal zulässige Werte der Entwurfsvariablen |
| $\mathbf{x}^*$ | Effiziente Lösung im Urbildraum |
| $\mathscr{X}$ | Entwurfsraum |
| $\mathscr{X}_c$ | Entwurfsraum des Entwurfskonzepts $c$ |
| | |
| $y$ | Zielgröße |
| $\mathbf{y}$ | Vektor der Zielgrößen, Ergebnis eines Entscheidungsfeldes, Entwurf |
| $\mathbf{y}_c$ | Entwurfsalternative des Entwurfskonzepts $c$ |
| $\mathbf{y}_c$ | Spezielles Ergebnis a eines Entscheidungsfeldes |
| $\mathbf{y}^*$ | Effiziente Lösung im Bildraum |
| $\mathbf{y}^{s*}$ | s-Pareto-optimale Entwurfsalternative |
| $\mathscr{Y}$ | Zielgebiet, Zielraum eines Entwurfsproblems |
| $\mathscr{Y}^*$ | Effiziente Menge, Pareto-Menge, Kompromissmenge, Pareto-Front |
| $\mathscr{Y}^*_c$ | Pareto-Front des Entwurfskonzepts $c$ |
| $\mathscr{Y}^{s*}$ | s-Pareto-Front aller Entwurfskonzepte |

## Griechische Symbole

| | |
|---|---|
| $\delta$ | Allgemeine Bezeichnung für eine Abweichung |
| $\Delta$ | Maximalwert einer Abweichung |
| | |
| $\epsilon$ | Modellfehler |
| | |
| $\Gamma_c$ | Güte eines Entwurfskonzepts $c$ |
| | |
| $\kappa$ | Sigma-Score |
| | |
| $\sigma$ | Standardabweichung |
| $\sigma_g$ | Standardabweichung einer Ungleichungsrestriktion |
| $\sigma_p$ | Standardabweichung eines Entwurfsparameters |
| $\sigma_x$ | Standardabweichung einer Entwurfsvariable |
| $\boldsymbol{\sigma}_g$ | Vektor der Standardabweichungen der Ungleichungsrestriktionen |
| $\boldsymbol{\sigma}_p$ | Vektor der Standardabweichungen der Entwurfsparameter |
| $\boldsymbol{\sigma}_x$ | Vektor der Standardabweichungen der Entwurfsvariablen |
| | |
| $\Phi$ | Präferenzfunktion einer Entscheidungsregel |

## Symbolverzeichnis zu Kapitel 4

### Lateinische Symbole

| | |
|---|---|
| $a$ | Antriebsgröße |
| $\mathbf{a}$ | Vektor der Antriebsgrößen |
| $A$ | Elementarereignis des Betriebsverhaltens |
| $A^{-1}$ | Elementarereignis des Betriebsverhaltens |
| $\mathscr{A}$ | Anregungsraum |
| $c$ | Index der Klassen der Häufigkeitsverteilung der Verarbeitungsergebnisse |
| $E$ | Zufallsereignis, Erneuerungswahrscheinlichkeit |
| $E_{An}$ | Zu- oder abgeführte Energie über die Systemgrenzen der Wirkpaarung |
| $E_{AO}$ | Energie des Arbeitsorgans |
| $E_{VG}$ | Energie des Verarbeitungsgutes |
| $\mathscr{E}$ | Ergebnisraum |
| $f$ | Allgemeine Funktion, Zielfunktion |
| $f_{K^{II}}$ | Dichtefunktion der Verarbeitungsergebnisse |
| $f_P$ | Zielfunktion des technischen Aufwands |
| $f_{tbc}$ | Dichtefunktion der Auftragsdauer |
| $f_{ttc}$ | Dichtefunktion der Rüstdauer |
| $f_U$ | Dichtefunktion der Einflussgrößen |
| $f_\tau$ | Zielfunktion der Arbeitsgeschwindigkeit |
| $\mathbf{f}$ | Zielsystem, Vektor der Zielfunktionen eines verarbeitungstechnischen Optimierungsproblems |
| $\mathbf{f}_{AO}$ | Zustandsfunktion des Arbeitsorgans |
| $\mathbf{f}_u$ | Zielfunktionen der Robustheit |
| $\mathbf{f}_{VG}$ | Zustandsfunktion des Verarbeitungsgutes |
| $\mathbf{f}_{WP}$ | Zustandsfunktion der Wirkpaarung |
| $\mathbf{f}_\kappa$ | Zielfunktionen der Verarbeitungsqualität |
| $F_{K^{II}}$ | Verteilungsfunktion der Verarbeitungsergebnisse |
| $F_{tbc}$ | Verteilungsfunktion der Auftragsdauer |
| $F_{ttc}$ | Verteilungsfunktion der Rüstdauer |
| $F_U$ | Verteilungsfunktion der Einflussgrößen |
| $\mathbf{g}$ | Ausgangsfunktion der Wirkpaarung, Vektor der Ungleichungsrestriktionen |
| $G$ | Gewinn |
| $\mathbf{h}$ | Vektor der Gleichungsrestriktionen |
| $h_{\kappa^{II}}$ | Relative Häufigkeit der Verarbeitungsergebnisse |
| $H_0$ | Nullhypothese eines statistischen Tests |
| $H_1$ | Alternativhypothese eines statistischen Tests |

$H_{\kappa^{\mathrm{II}}}$ Häufigkeit der Verarbeitungsergebnisse

$i$ Allgemeiner Index, Index der Qualitätskennwerte

$j$ Allgemeiner Index, Index der Einflussgrößen

$k$ Allgemeiner Index, Index der Verarbeitungsgüter, Sigma-Score
$k_{\mathrm{A}}$ Verfügbarkeit
$k_{\mathrm{P}}$ Leistungsgrad
$k_{\mathrm{Q}}$ Qualitätsgrad
$K_{\mathrm{f}}$ Fixe Kosten
$K_{\mathrm{tf}}$ Technische, fixe Kosten einer Verarbeitungsmaschine
$K_{\mathrm{tv}}$ Technische, variable Kosten einer Verarbeitungsmaschine
$K_{\mathrm{v}}$ Variable Kosten
$K_{\mathrm{I}}$ Kosten für die unverarbeiteten Güter
$K^{\mathrm{II}}$ Zufallsvariable des Verarbeitungsergebnisses
$\mathcal{K}$ Definitionsbereich der Qualitätskennwerte
$\mathcal{K}_{\mathrm{N}}$ Definitionsbereich der Qualitätskennwerte eines Produktionsloses

$MTBC$ Mittlere Auftragsdauer
$MTBF$ Mittlere Lebensdauer
$MTTC$ Mittlere Rüstdauer
$MTTR$ Mittlere Reparaturdauer
$\mathcal{M}$ Zustandsraum der Wirkpaarung

$n$ Nebenwirkung, Maschinentaktzahl
$n_{\mathrm{a}}$ Anzahl der Antriebsgrößen
$n_{\mathrm{AO}}$ Anzahl der Arbeitsorgane
$n_{\mathrm{c}}$ Anzahl der Klassen der Häufigkeitsverteilung der Qualitätskennwerte
$n_{\mathrm{n}}$ Anzahl der Nebenwirkungen
$n_{\mathrm{p}}$ Anzahl der Parameter des Arbeitsorgans
$n_{\mathrm{s}}$ Anzahl der Störgrößen
$n_{\mathrm{u}}$ Anzahl der Einflussgrößen
$n_{\mathrm{VG}}$ Anzahl der Verarbeitungsgüter
$n_{\mathrm{y}}$ Anzahl der Zielgrößen
$n_{\mathrm{z}}$ Anzahl der Zustandsgrößen des Arbeitsorgans
$n_{\kappa}$ Anzahl der Qualitätskennwerte
$n_{\pi}$ Anzahl der Parameter des Verarbeitungsgutes
$n_{\zeta}$ Anzahl der Zustandsgrößen des Verarbeitungsgutes
$\mathbf{n}$ Vektor der Nebenwirkungen
$N$ Anzahl der Verarbeitungsgüter eines Produktionsloses
$N_{\mathrm{O}}$ Theoretische Ausbringungsmenge während der Betriebszeit
$N_{\mathrm{Q}}$ Anzahl der qualitätsgerecht verarbeiteten Güter
$N_{\mathrm{R}}$ Anzahl der Verarbeitungsgüter eines Produktionsloses

| | |
|---|---|
| $N_\mathrm{W}$ | Theoretische Ausbringungsmenge während der Maschinenarbeitszeit |
| $OEE$ | Gesamtanlageneffektivität |
| $p$ | Parameter des Arbeitsorgans, Preis |
| $p^\mathrm{I}$ | Einkaufspreis eines unverarbeiteten Gutes |
| $p^\mathrm{II}$ | Verkaufspreis eines verarbeiteten Gutes |
| $\mathbf{p}$ | Vektor der Parameter des Arbeitsorgans |
| $P$ | Wahrscheinlichkeit, physikalische Leistung |
| $P_\mathrm{a}$ | Wahrscheinlichkeit zum Maschinenzustand Ausfall |
| $P_\mathrm{f}$ | Wahrscheinlichkeit zum Maschinenzustand Funktion |
| $P_\mathrm{max}$ | Maximale Übertragungsleistung einer Verarbeitungsmaschine bzw. Wirkpaarung |
| $P_\mathrm{Q}$ | Produktivität |
| $P_\mathrm{WP}$ | Übertragungsleistung der Wirkpaarung |
| $\mathscr{P}$ | Parameterraum der Wirkpaarung |
| $q$ | Anzahl der Verarbeitungsgüter pro Arbeitstakt |
| $q_\mathrm{VM}$ | Gesamtanzahl der Verarbeitungsgüter in einer Verarbeitungsmaschine |
| $\dot{Q}_\mathrm{r}$ | Rechnerische Produktivität |
| $\mathscr{Q}$ | Qualitätsanforderungen |
| $\mathscr{Q}_\mathrm{II}$ | Qualitätsanforderungen an das Verarbeitungsergebnis |
| $r$ | Einsatzmenge |
| $R$ | Zuverlässigkeit |
| $\mathbb{R}$ | Menge der reellen Zahlen |
| $\mathbb{R}_+$ | Menge der positiven, reellen Zahlen inkl. Null |
| $s$ | Störgröße |
| $\mathbf{s}$ | Vektor der Störgrößen |
| $sf_{\kappa^\mathrm{II}}$ | Relative Summenhäufigkeit der Verarbeitungsergebnisse |
| $SF_{\kappa^\mathrm{II}}$ | Summenhäufigkeit der Verarbeitungsergebnisse |
| $t$ | Zeit |
| $t^0$ | Beginn des Arbeitstaktes |
| $t^1$ | Ende des Arbeitstaktes |
| $t_{0\text{–}1}$ | Taktzeit |
| $t^\mathrm{I}$ | Beginn des Verarbeitungsvorgangs |
| $t^\mathrm{II}$ | Ende des Verarbeitungsvorgangs |
| $t_{\mathrm{I}\text{–}\mathrm{II}}$ | Dauer des Verarbeitungsvorgangs |
| $t_\mathrm{D}$ | Geplante Stillstandszeit |
| $t_\mathrm{F}$ | Ungeplante Stillstandszeit |
| $t_\mathrm{I}$ | Ungenutzte Zeit |
| $t_\mathrm{LQ}$ | Ausschusszeit |
| $t_\mathrm{n}$ | Nebenzeit |

| | |
|---|---|
| $t_O$ | Betriebszeit |
| $t_Q$ | Qualitätszeit |
| $t_R$ | Laufzeit |
| $t_T$ | Theoretisch nutzbare Zeit |
| $t_W$ | Maschinenarbeitszeit |
| $t_{VM}$ | Durchlaufzeit eines Verarbeitungsgutes durch eine Verarbeitungsmaschine |
| $tbc$ | Auftragsdauer |
| $tbf$ | Lebensdauer |
| $ttc$ | Rüstdauer |
| $ttr$ | Reparaturdauer |
| $\mathscr{T}$ | Definitionsbereich der Zeit |

| | |
|---|---|
| $u$ | Einflussgröße des Verarbeitungsvorgangs |
| $\Delta u$ | Robustheitsmaß, Maß für den zulässigen Wertebereich der Einflussgrößen |
| $\mathbf{u}$ | Vektor der Einflussgrößen des Verarbeitungsvorgangs |
| $\mathbf{u}^L$ | Untere, robuste Grenzwerte der Einflussgrößen |
| $\mathbf{u}^N$ | Nominalwerte der Einflussgrößen |
| $\mathbf{u}^U$ | Obere, robuste Grenzwerte der Einflussgrößen |
| $U$ | Umsatz |
| $U_{II}$ | Umsatz einer Verarbeitungsmaschine |
| $U$ | Zufallsvariable der Einflussgrößen |
| $\mathscr{U}$ | Definitionsbereich der Einflussgrößen |

| | |
|---|---|
| $v$ | Spezifische Ausprägung Einflussgröße des Verarbeitungsvorgangs |

| | |
|---|---|
| $w$ | Wichtungsfaktor |
| $w_P$ | Wichtungsfaktor der Übertragungsleistung |
| $w_{uj}$ | Wichtungsfaktor der Einflussgröße $u_j$ |
| $w_{\kappa i}$ | Wichtungsfaktor des Qualitätskennwerts $\kappa_i$ |
| $w_\tau$ | Wichtungsfaktor der normierten Taktzeit |

| | |
|---|---|
| $\mathbf{x}$ | Vektor der unabhängigen Variablen eines verarbeitungstechnischen Optimierungsproblems, Entwurfsvariablen, Einstellvariablen |
| $\mathbf{x}^*$ | (Schwach) Pareto-optimale verarbeitungstechnische Lösung |
| $\mathbf{x}^\circ$ | Optimale Lösung eines verarbeitungstechnische Optimierungsproblems mit Präferenzen |
| $\mathscr{X}$ | Lösungsraum eines verarbeitungstechnischen Optimierungsproblems, geeignete Maschineneinstellungen |
| $\mathscr{X}^*$ | (Schwach) funktional-effiziente Menge eines verarbeitungstechnischen Optimierungsproblems, Menge der optimalen Systementwürfe, optimale Maschineneinstellungen |

| | |
|---|---|
| $\mathbf{y}$ | Zielvektor einer verarbeitungstechnischen Problemstellung bzw. des verarbeitungstechnischen Optimierungsproblems |
| $\mathbf{y}^*$ | (Schwach) Pareto-optimale verarbeitungstechnische Lösung |

$\boldsymbol{\sigma}_u$ — Vektor der Standardabweichungen der Einflussgrößen

$\tau$ — Obere Integrationsgrenze der Zeit

$\tau_{0-1}$ — Normierte Taktzeit

$\varphi$ — Verarbeitungsvorgang, dynamisches Verhalten der Wirkpaarung

$\phi$ — Statisches Verhalten der Wirkpaarung

$\Phi$ — Kennlinie des Verarbeitungsvorgangs

$\boldsymbol{\Phi}$ — Kennfeld des Verarbeitungsvorgangs

$\boldsymbol{\Phi}^{-1}$ — Umkehrfunktion des Kennfelds des Verarbeitungsvorgangs

## Symbolverzeichnis zu Kapitel 5

### Lateinische Symbole

$a$ — Temperaturleitfähigkeit, Beschleunigung

$A_{AT}$ — Fläche der Folienbahn pro Arbeitstakt

$A_{SK}$ — Kontaktfläche der Siegelwerkzeuge während eines Arbeitstakts

$b$ — Breite der Kontaktfläche der Siegelwerkzeuge während eines Arbeitstakts

$B$ — Breite einer Folienbahn

$c$ — Wärmekapazität, Federkonstante

$c_p$ — Spezifische Wärmekapazität

$\mathbf{c}$ — Kritische Anforderungen

$d$ — Dicke

$D$ — Diffusionskoeffizient

$D_0$ — Diffusionskonstante

$E_d$ — Aktivierungsenergie

$F_R$ — Reibkraft

$F_s$ — Siegelkraft, Stationskraft

$F_{ss}$ — Kaltnahtfestigkeit

$F_{ss}^{low}$ — Minimale Nahtfestigkeit für schadensfreien Transport

$F_{ss}^{max}$ — Maximale Nahtfestigkeit

$F_{ss}^{peel}$ — Maximale Nahtfestigkeit für einfaches Öffnen

$F_{ss}^{tear}$ — Minimale Nahtfestigkeit für eine Festnaht

$\mathscr{F}$ — Zulässige Einstellungen einer Siegelstation

$g$ — Erdbeschleunigung, Ausgangsgleichung

$G$        Mechanische Arbeit zum Trenne der Siegelzone

$h$        Anzahl der Testreihen der NBI-Methode

$i$        Index eines Knotens

$j$        Index der Einstellvariablen des Siegelvorgangs
$J$        Trägheit

$k$        Wärmedurchgangskoeffizient
$k_{cc}$     Wärmedurchgangskoeffizient an einem Festkörperkontakt

$l$        Länge der Kontaktfläche der Siegelwerkzeuge während eines Arbeitstakts
$L$        Penetrationstiefe der Moleküle, Transportlänge während eines Arbeitstakts
$L_\infty$      Maximale Penetrationstiefe der Moleküle

$m$       Masse
$M$       Molare Masse

$n$        Anzahl der Molekülketten, Anzahl der Folienlagen
$n_\infty$      Anzahl der maximal diffundierenden Molekülketten
$\hat{\mathbf{n}}$      Einheitsvektor der NBI-Methode

$p_s$       Siegeldruck
$P_h$       Leistung zur Bewegung der Siegelwerkzeuge
$P_{max}$    Technischer Aufwand, maximale Übertragungsleistung der Siegelstation
$P_P$       Leistung zur Erzeugung der Siegelkraft

$q$        Anzahl der Verarbeitungsgüter pro Arbeitstakt
$\dot{Q}$        Wärmestrom

$r$        Unabhängige Variable der NBI-Methode
$R$        Allgemeine Gaskonstante

$s$        Position

$t$        Zeit
t        Indexziffer der Siegelzeit
$t^I$       Zeitpunkt des Schließens der Siegelwerkzeuge
$t^{II}$      Zeitpunkt des Öffnens der Siegelwerkzeuge
$t_{0-1}$     Taktzeit einer Siegelstation
$t_h$       Hubzeit
$t_s$       Siegelzeit
$t_\infty$      Zeitpunkt der maximalen Diffusion
$t_s^{j*}$      Siegelzeit des $j$-ten Ankerpunktes

| | |
|---|---|
| $t_s^*$ | (Schwach) Pareto-optimale Siegelzeit |
| $t_{sA}^*$ | (Schwach) Pareto-optimale Siegelzeit für Folie A |
| $t_{sB}^*$ | (Schwach) Pareto-optimale Siegelzeit für Folie B |
| $T_{sL}^*$ | (Schwach) Pareto-optimale Siegelzeit eines unteren Siegelfensters |
| $T_{sU}^*$ | (Schwach) Pareto-optimale Siegelzeit eines oberen Siegelfensters |
| $t_s^{min}$ | Kleinste einstellbare Siegelzeit |
| $t_s^{max}$ | Größte einstellbare Siegelzeit |
| $\Delta t$ | Diskreter Zeitschritt |
| $\Delta t_s$ | Rundungsfehler der Siegelzeit |
| $T$ | Temperatur |
| T | Indexziffer der Siegeltemperatur |
| $T^t$ | Tempertatur zum Zeitpunkt $t$ |
| $T_0$ | Temperatur in der Siegelzone |
| $T_c$ | Kristallisationstemperatur |
| $T_f$ | Fließtemperatur |
| $T_{ht}$ | Maximale Temperatur zur Einhaltung eines Hot-Tack-Grenzwertes |
| $T_m$ | Schmelztemperatur |
| $T_{pf}$ | Plateauendtemperatur |
| $T_{pi}$ | Plateauinitialisierungstemperatur |
| $T_s$ | Siegeltemperatur |
| $T_{si}$ | Siegelinitialisierungstemperatur |
| $T_z$ | Zersetzungstemperatur |
| $T_s^*$ | (Schwach) Pareto-optimale Siegeltemperatur |
| $T_{sA}^*$ | (Schwach) Pareto-optimale Siegeltemperatur für Folie A |
| $T_{sB}^*$ | (Schwach) Pareto-optimale Siegeltemperatur für Folie B |
| $T_{sL}^*$ | (Schwach) Pareto-optimale Siegeltemperatur eines unteren Siegelfensters |
| $T_{sU}^*$ | (Schwach) Pareto-optimale Siegeltemperatur eines oberen Siegelfensters |
| $T_s^{j*}$ | Siegeltemperatur des $j$-ten Ankerpunktes |
| $T_s^{min}$ | Kleinste einstellbare Siegeltemperatur |
| $T_s^{max}$ | Größte einstellbare Siegeltemperatur |
| $T_i^t$ | Temperatur des $i$-ten Knotens zum Zeitpunkt $t$ |
| $\Delta T$ | Temperaturdifferenz |
| $\Delta T_s$ | Rundungsfehler der Siegeltemperatur |
| | |
| $u$ | Einflussgröße des Siegelvorgangs |
| $u^C$ | Allgemeiner, robuster Grenzwert der Einflussgrößen des Siegelvorgangs |
| $u_L^C$ | Grenzwert der Einflussgrößen des unteren Randes eines Siegelfensters |
| $u_U^C$ | Grenzwert der Einflussgrößen des oberen Randes eines Siegelfensters |
| $u^L$ | Unterer, robuster Grenzwert der Einflussgrößen des Siegelvorgangs |
| $u^U$ | Oberer, robuster Grenzwert der Einflussgrößen des Siegelvorgangs |
| $\Delta u$ | Robustheit des Siegelvorgangs, zulässiger Wertebereich der Einflussgröße |
| $\mathbf{u}$ | Vektor der Einflussgrößen des Siegelvorgangs |
| $\mathbf{u}^L$ | Untere, robuste Grenzwerte der Einflussgrößen des Siegelvorgangs |
| $\mathbf{u}^U$ | Obere, robuste Grenzwerte der Einflussgrößen des Siegelvorgangs |

| | |
|---|---|
| $\Delta\mathbf{u}$ | Robustheit des Siegelvorgangs |
| $\mathbf{u}$ | Vektor der Einflussgrößen des Siegelvorgangs |
| $\Delta\mathbf{u}$ | Robustheit des Siegelvorgangs |
| $\mathscr{U}$ | Definitionsbereich der Einflussgrößen |
| | |
| $v$ | Geschwindigkeit |
| $v_{\mathrm{B}}$ | Geschwindigkeit der Folienbahn |
| $\dot{V}$ | Volumenstrom |
| | |
| $x$ | Raumrichtung senkrecht zur Folienebene |
| $\Delta x_i$ | Diskretisierungsweite zwischen zwei Knoten |
| $\mathbf{x}$ | Einstellvariablen des Wärmekontaktsiegelvorgangs |
| $\mathbf{x}^*$ | Pareto-optimale Einstellung |
| $\mathbf{x}^{j*}$ | Einstellung des $j$-ten Ankerpunktes |
| $\mathbf{x}^{j,\mathrm{init}}$ | Einstellung des $j$-ten, initalien Versuchspunktes |
| $\mathbf{x}^*$ | (Schwach) Pareto-optimale Einstellung des Siegelvorgangs |
| $\mathscr{X}$ | Geeignete Einstellungen einer Siegelstation, Lösungsraum des Problems der optimalen Siegeleinstellungen, Siegelfenster |
| $\mathscr{X}^*$ | (Schwach) Pareto-optimale Einstellungen einer Siegelstation, Rand des Siegelfensters |
| $\mathscr{X}_{\mathrm{A}}^*$ | Pareto-Front der Folie A |
| $\mathscr{X}_{\mathrm{B}}^*$ | Pareto-Front der Folie B |
| $\mathscr{X}_{\mathrm{L}}^*$ | Unterer Rand eines Siegelfenster |
| $\mathscr{X}_{\mathrm{ML}}^*$ | Unterer Rand des Siegelfensters für Mono-Folie |
| $\mathscr{X}_{\mathrm{MU}}^*$ | Oberer Rand des Siegelfensters für Mono-Folie |
| $\mathscr{X}_{\mathrm{PL}}^*$ | Unterer Rand des Siegelfensters für Papier-Verbund |
| $\mathscr{X}_{\mathrm{PU}}^*$ | Oberer Rand des Siegelfensters für Papier-Verbund |
| $\mathscr{X}_{\mathrm{SL}}^*$ | Unterer Rand des Siegelfensters für Standard-Verbund |
| $\mathscr{X}_{\mathrm{SU}}^*$ | Oberer Rand des Siegelfensters für Standard-Verbund |
| $\mathscr{X}_{\mathrm{U}}^*$ | Unterer Rand eines Siegelfenster |
| | |
| $\mathbf{y}$ | Zielvektor des Wärmekontaktsiegelvorgangs |
| $\mathbf{x}^*$ | (Schwach) Pareto-optimale Einstellung des Siegelvorgangs |
| $\mathscr{Y}$ | Zielraum des Problems der optimalen Siegeleinstellungen |
| | |
| $\mathbf{z}$ | Zustandsvektor des Arbeitsorgans |
| $\mathbf{z}^{\mathrm{I}}$ | Zustand des Arbeitsorgans zu Beginn des Verarbeitungsvorgangs |

## Griechische Symbole

| | |
|---|---|
| $\alpha$ | Wärmeübergangskoeffizient |
| $\beta$ | Faktor der NBI-Methode |

| | |
|---|---|
| $\delta$ | Konstante der NBI-Methode |
| $\varepsilon$ | Emissionskoeffizient |
| $\zeta$ | Zustandsgröße des Verarbeitungsgutes |
| $\boldsymbol{\zeta}$ | Zustandsvektor des Verarbeitungsgutes |
| $\boldsymbol{\zeta}^{\mathrm{I}}$ | Anfangszustand des Verarbeitungsgutes vor der Verarbeitung |
| $\kappa$ | Qualitätskennwert |
| $\kappa^{\mathrm{II}}$ | Qualitätskennwert der Nahtqualität |
| $\kappa^{\mathrm{II}j,\mathrm{init}}$ | Qualitätskennwert der Nahtqualität des $j$-ten, initialen Versuchspunkt |
| $\kappa^{\mathrm{IIC}}$ | Allgemeines Qualitätskriterium der Nahtqualität |
| $\kappa^{\mathrm{IIL}}$ | Unteres Qualitätskriterium der Nahtqualität |
| $\kappa^{\mathrm{IIU}}$ | Oberes Qualitätskriterium der Nahtqualität |
| $\Delta\kappa^{\mathrm{II}}$ | Zulässiger Toleranzbereich der Nahtqualität |
| $\boldsymbol{\kappa}^{\mathrm{II}}$ | Vektor der Qualitätskennwerte der Nahtqualität |
| $\boldsymbol{\kappa}^{\mathrm{IIL}}$ | Vektor der unteren Qualitätskriterien der Nahtqualität |
| $\boldsymbol{\kappa}^{\mathrm{IIU}}$ | Vektor der oberen Qualitätskriterien der Nahtqualität |
| $\lambda$ | Wärmeleitfähigkeit |
| $\rho$ | Dichte |
| $\sigma$ | Zugfestigkeit, Boltzmann-Konstante |
| $\tau_{0-1}$ | Normierte Taktzeit einer Siegelstation |
| $\varphi$ | Utopia line der NBI-Methode |
| $\Phi_{\mathrm{s}}$ | Siegelfunktion, statische Kennlinie des Siegelvorgangs |
| $\omega_0$ | Eigenfrequenz |

# Abkürzungsverzeichnis

| | |
|---|---|
| Al | Aluminium |
| AO | Arbeitsorgan |
| ASTM | American Society for Testing and Materials |
| AT | Arbeitstakt |
| BOPET | Bi-axial orientiertes Polyethylenterephthalat |
| DIN | Deutsches Institut für Normung |
| DMS | Spezialisiertes Produktionssystem |
| F | Folie |
| FMS | Flexibles Produktionssystem |
| DSS | Dünnschichtsensor |
| EU | Energieumformer |
| EW | Energiewandler |
| I | Zustand des Verarbeitungsgutes vor der Verarbeitung |
| II | Zustand des Verarbeitungsgutes nach der Verarbeitung |
| ISO | International Standardization Organization |
| LDPE | Polyethylen niedriger Dichte |
| LLDPE | Lineares Polyethylen niedriger Dichte |
| MAX | Maximalwert, Maximum |
| MIN | Minimalwert, Minimum |
| MDOPE | In Laufrichtung orientiertes Polyethylen |
| MW | Mittelwert |
| Nr. | Nummer |
| OG | Ordnender Gesichtspunkt |
| P | Plattensiegelung |
| PE | Polyethylen |
| PET | Polyethylenterephthalat |
| PT100 | Widerstandsthermometer |
| PVC | Polyvinylchlorid |
| RMS | Rekonfigurierbares Produktionssystem |
| SA | Standardabweichung |
| Stk. | Stück |

SV        Signalverarbeitung
SW        Signalwandler, Siegelwerkzeug
V2A       Edelstahl
VG        Verarbeitungsgut
VM        Verarbeitungsmaschine
VP        Versuchspunkt
VR        Versuchsreihe
VV        Verarbeitungsvorgang
W         Walzensiegelung
WP        Wirkpaarung

# Kapitel 1
# Einleitung

## 1.1 Motivation und Einordnung des Themas

Verarbeitungsmaschinen sind Maschinen zur automatisierten Herstellung von Massenbedarfsgütern, bspw. Nahrungsmitteln, Medikamenten, Kosmetika, Schreib- und Papierwaren. Sie schließen in der Produktionskette an die verfahrenstechnischen Anlagen an, die die Rohstoffe und Vorprodukte bereitstellen. Verarbeitungsmaschinen setzen damit eine Vielzahl unterschiedlicher Vorgänge um, wie z. B. Dosieren, Formen, Vereinzeln, Sortieren und Verpacken [16]. Trotz der unüberschaubaren Vielfalt von Massenbedarfsgütern und Verarbeitungsvorgängen weisen Verarbeitungsmaschinen funktionelle und strukturelle Ähnlichkeiten auf. Die Verarbeitungstechnik als ingenieurwissenschaftliche Disziplin nimmt diese Ähnlichkeiten als Ausgangspunkt und befasst sich mit den technischen Problemstellungen der Entwicklung und des Betriebs von Verarbeitungsmaschinen [87]. Gegenstand der Forschung auf dem Gebiet der Verarbeitungstechnik sind demzufolge Modelle und Methoden für die systematische Bearbeitung solcher Problemstellungen.

Verarbeitungsmaschinen erzielen dann einen Vorteil gegenüber der manuellen Verarbeitung, wenn sie u. a. größere Produktionsmengen pro Arbeitsschicht, geringere Herstellungskosten oder eine höhere Verarbeitungsqualität garantieren. Diese und ähnliche Überlegungen sind die hauptsächliche Motivation für die Entwicklung und den Einsatz von Verarbeitungsmaschinen in der industriellen Produktion. Zur Bemessung dieser Vorteile dienen bestimmte Kennzahlen des Betriebsverhaltens einer Verarbeitungsmaschine, die bspw. in DIN EN 415-11 [50] für Verpackungsmaschinen und -anlagen definiert sind. Die Produktivitäts-Verarbeitungskosten-Charakteristik in Abb. 1.1 stellt die wichtigsten Kennzahlen in Abhängigkeit der Taktzahl[1] $n$ einer Verarbeitungsmaschine dar. Die Taktzahl bezeichnet Anzahl der Arbeitstakte pro Zeiteinheit, wobei ein Arbeitstakt der wiederkehrende Arbeitszyklus einer Verarbeitungsmaschine ist. Als Basis der Kennzahlen dient die rechneri-

---

[1] Alternativ auch Drehzahl [21, 202].

| | |
|---|---|
| $\mathbf{y}^\circ$ | Optimale Lösung eines verarbeitungstechnische Optimierungsproblems mit Präferenzen |
| $\mathcal{Y}$ | Zielraum einer verarbeitungstechnischen Problemstellung bzw. des verarbeitungstechnischen Optimierungsproblems |
| $\mathcal{Y}^*$ | (Schwache) Pareto-Menge eines verarbeitungstechnischen Optimierungsproblems |
| | |
| $z$ | Zustandsgröße des Arbeitsorgans |
| $\mathbf{z}$ | Zustandsvektor des Arbeitsorgans |
| $\mathbf{z}^{\mathrm{I}}$ | Zustand des Arbeitsorgans zu Beginn des Verarbeitungsvorgangs |
| $\mathbf{z}^{\mathrm{II}}$ | Zustand des Arbeitsorgans am Ende des Verarbeitungsvorgangs |
| $\mathcal{Z}$ | Zulässiger Wertebereich der Einflussgrößen |

## Griechische Symbole

| | |
|---|---|
| $\zeta$ | Zustandsgrößen des Verarbeitungsgutes |
| $\boldsymbol{\zeta}$ | Zustandsvektor des Verarbeitungsgutes |
| $\boldsymbol{\zeta}^{\mathrm{I}}$ | Anfangszustand des Verarbeitungsgutes vor der Verarbeitung |
| $\boldsymbol{\zeta}^{\mathrm{II}}$ | Verarbeitungsergebnis, Zustand des Verarbeitungsgutes nach der Verarbeitung |
| | |
| $\kappa$ | Qualitätskennwert |
| $\Delta\kappa^{\mathrm{II}}$ | Qualitätsmaß, Maß für den zulässigen Toleranzbereich der Qualitätskennwerte |
| $\boldsymbol{\kappa}$ | Vektor der Qualitätskennwerte |
| $\boldsymbol{\kappa}^{\mathrm{I}}$ | Anfangszustand des Verarbeitungsgutes vor der Verarbeitung |
| $\boldsymbol{\kappa}^{\mathrm{II}}$ | Verarbeitungsergebnis, Zustand des Verarbeitungsgutes vor der Verarbeitung |
| $\boldsymbol{\kappa}^{\mathrm{IIL}}$ | Vektor der unteren Qualitätskriterien des Verarbeitungsergebnisses |
| $\boldsymbol{\kappa}^{\mathrm{IIT}}$ | Vektor der Zielwerte des Verarbeitungsergebnisses |
| $\boldsymbol{\kappa}^{\mathrm{IIU}}$ | Vektor der oberen Qualitätskriterien des Verarbeitungsergebnisses |
| $\boldsymbol{\kappa}^{\mathrm{max}}$ | Maximalwerte der Qualitätskennwerte |
| $\boldsymbol{\kappa}^{\mathrm{min}}$ | Minimalwerte der Qualitätskennwerte |
| $\boldsymbol{\kappa}^{\mathrm{L}}$ | Vektor der unteren Qualitätskriterien |
| $\boldsymbol{\kappa}^{\mathrm{T}}$ | Vektor der Zielwerte der Qualitätskennwerte |
| $\boldsymbol{\kappa}^{\mathrm{U}}$ | Vektor der oberen Qualitätskriterien |
| $\Delta\boldsymbol{\kappa}_c$ | Klassenbreite der Häufigkeitsverteilung der Qualitätskennwerte |
| | |
| $\boldsymbol{\mu}_u$ | Vektor der Erwartungswerte der Einflussgrößen |
| | |
| $\pi$ | Parameter des Verarbeitungsgutes |
| $\boldsymbol{\pi}$ | Vektor der Parameter des Verarbeitungsgutes |
| $\boldsymbol{\Pi}$ | Übergangsmatrix |

**Abb. 1.1** Produktivität-Verarbeitungskosten-Charakteristik einer Verarbeitungsmaschine. Es gibt keine Taktzahl $n$, für die sowohl die tatsächliche Ausbringung $\dot{Q}_t$, der Produktivitätskoeffizient $k_{\dot{Q}}$ als auch die spezifischen Verarbeitungskosten $k_V$ optimal sind. Nach HENNIG [97] und BLEISCH [21].

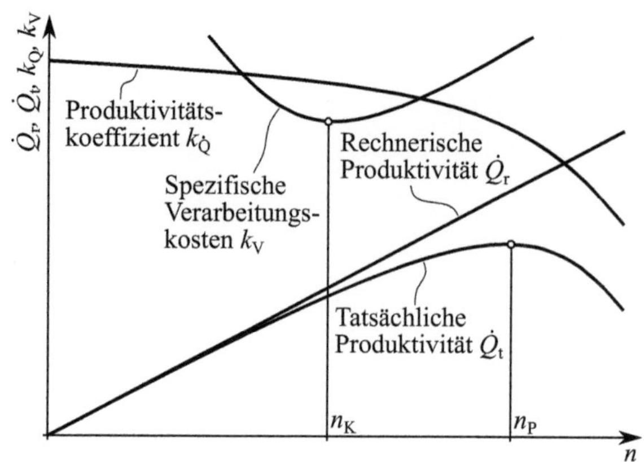


sche Produktivität[2] $\dot{Q}_r$, die linear mit der Taktzahl ansteigt. Sie gibt die maximale Produktionsmenge pro Zeiteinheit an, die theoretisch möglich ist. Die tatsächliche Produktivität $\dot{Q}_t$ ist die Menge der qualitätsgerecht verarbeiteten Güter pro Zeiteinheit. Sie ergibt sich aus der rechnerischen Ausbringung durch Abzug der nicht erbrachten Produktionsmenge infolge von Stillstand der Maschine oder verminderter Ausbringung und der Menge der nicht qualitätsgerecht verarbeiteten Güter. Die tatsächliche Produktivität ist immer kleiner als die rechnerische Produktivität. Sie steigt bis zu ihrem Maximum bei der produktivitätsoptimalen Taktzahl $n_P$ an und fällt anschließend wieder ab. Der Quotient aus tatsächlicher und rechnerischer Produktivität, der Produktivitätskoeffizient $k_{\dot{Q}} = \dot{Q}_t/\dot{Q}_r$, ist ein Maß für die Effektivität der Verarbeitungsmaschine. Er nimmt mit steigender Taktzahl stetig ab. Die spezifischen Verarbeitungskosten $k_V$ beziffern die Kosten, die bei der Verarbeitung eines Gutes entstehen. Sie haben ein Minimum bei der kostenoptimalen Taktzahl $n_K$ [21, 183, 203]. Tatsächliche Produktivität, Produktivitätskoeffizient und spezifische Verarbeitungskosten zeigen den Nutzen einer Verarbeitungsmaschine für die industrielle Produktion an, nach BLEISCH als *Gebrauchswert* bezeichnet [21]. Folglich bezieht sich auch jede verarbeitungstechnische Problemstellung auf Anforderungen, die mit der Produktivitäts-Verarbeitungskosten-Charakteristik im Zusammenhang stehen, wenn eine Steigerung der Taktzahl, eine Absenkung der Ausschussquote oder eine Reduzierung des Preises der Maschinen gefordert ist. Nimmt man die Produktivitäts-Verarbeitungskosten-Charakteristik als Grundlage, gibt es jedoch offensichtlich kein gemeinsames Optimum, sondern einen Zielkonflikt zwischen den Anforderungen. Jede Lösung eines verarbeitungstechnischen Problems ist damit ein Kompromiss zwischen diesen Anforderungen.

Die Produktivitäts-Verarbeitungskosten-Charakteristik zeigt damit implizit einen grundlegenden Zusammenhang, der an vielen Stellen als Randbedingung der Ent-

---

[2] Der Begriff Produktivität hat in der weiter verbreiteten, wirtschaftswissenschaftlichen Literatur zur Produktionstheorie, z. B. [118], eine andere, klar definierte Bedeutung und bezeichnet das Verhältnis zwischen Ausbringungsmenge und Einsatzmenge, siehe Kap. 2.1.2.2.

wicklung und des Betriebs von Verarbeitungsmaschinen angesehen wird: Es ist gibt keine Verarbeitungsmaschine, die Verarbeitungsgüter gleichzeitig

- mit höchster Qualität,
- mit größter Ausbringung,
- bei geringster Störanfälligkeit und
- zu niedrigsten Kosten

verarbeitet. In der Literatur zur Verarbeitungstechnik und den verwandten Disziplinen der Produktions- und Fertigungstechnik trifft man häufig auf beiläufige oder implizite Formulierungen dieser Eigenschaften und ihres Zielkonflikts. Sie werden selten weiter ausgeführt, aber oft als gesichert dargestellt, z. B. [89, 126, 136]. Eine Ausnahme bildet CHRYSSOLOURIS [30], der diesen Zielkonflikt im Zentrum jedes fertigungstechnischen Problems sieht. Er beschreibt die Bearbeitung solcher Problemstellungen wie folgt als Entscheidungsprozess und liefert die grafischer Veranschaulichung in Abb. 1.2:

> In general, there are four classes of manufacturing attributes to be considered when making manufacturing decisions: cost, time, quality and flexibility. [...] A manufacturing decision is basically the selection of values for certain decision variables related to the design or to the operation of a manufacturing process, machine or system. Such a decision making process is based on performance requirements, which specify the values of the relevant manufacturing attributes. In this light, the decision making process can be regarded as a mapping from desired attribute values onto corresponding decision variable values. In order for this mapping to be scientifically founded, it must be based on technoeconomical models. [...] It is not possible to simultaneously optimize cost, time, flexibility and quality. The overall outcome of a manufacturing decision is rather governed by trade-offs between the different manufacturing attributes. Assessment of these trade-offs requires a means of quantitatively evaluating each attribute.

Ein theoretisch begründeter oder empirisch belegter Zusammenhang zwischen diesem Zielkonflikt und den etablierten Bemessungsgrößen für Fertigungsmaschinen wird allerdings nicht hergestellt.

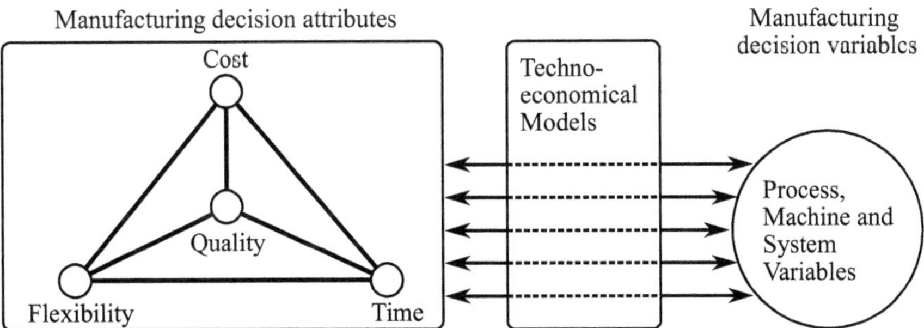


**Abb. 1.2:** Manufacturing Decision Framework. Entscheidungen in fertigungstechnischen Problemstellungen als Abbildung von fertigungstechnischen Entscheidungsvariablen auf fertigungstechnische Zielgrößen mit Hilfe eines technisch-ökonomischen Modells, nach [30].

Sowohl BLEISCH als auch CHRYSSOLOURIS benennen damit in allgemeingültiger Form die zentralen Anforderungskategorien für Verarbeitungsmaschinen. Allerdings bleibt offen, wie für diese Problemstellungen auf systematischem Weg eine Lösung gefunden werden kann und wie eine quantitative Bewertung durchgeführt werden soll. Hier liegt nach Einschätzung des Autors dieser Arbeit großes Potential für einen allgemeingültigen Lösungsansatz für verarbeitungstechnische Problemstellungen.

Diese Arbeit versteht unter dem Lösen einer verarbeitungstechnischen Problemstellung folgende Aufgabe:

**Definition 1.1** Eine beliebige Verarbeitungsmaschine sei durch die Variablen $\mathbf{x} = [x_1, x_2, ..., x_m]^\top \in \mathscr{X}$ beschrieben und ihre Eigenschaften durch die Zielgrößen $\mathbf{y} = [y_1, y_2, ..., y_n]^\top \in \mathscr{Y}$. Weiter sei $\mathscr{X}$ der Lösungsraum aller realisierbarer Verarbeitungsmaschinen und $\mathscr{Y}$ der Zielraum ihrer möglichen Eigenschaften. Es gelte außerdem

$$f : \mathscr{X} \to \mathscr{Y} . \tag{1.1}$$

Finde eine oder mehrere, spezifische Verarbeitungsmaschinen $\mathbf{x}^* \in \mathscr{X}$, die bestimmte, geforderte Eigenschaften $\mathbf{y}^* \in \mathscr{Y}$ erfüllen, sodass gilt $f(\mathbf{x}^*) = \mathbf{y}^*$.

Diese Aufgabe kann als Entwicklungsproblem an jeder Stelle des Konstruktiven Entwicklungsprozess angesiedelt sein, vgl. hierzu VDI 2221 [206] und [203]. In diesem Fall enthält der Lösungsraum alle Entwurfsvariablen, zu denen der Entwickler eine Festlegung treffen muss. Die Aufgabe umfasst aber auch jedes Einstellproblem, das im Produktionsumfeld beim Betrieb von Verarbeitungsmaschinen auftritt, vgl. hierzu z. B. [183]. In diesem Fall enthält der Lösungsraum alle Einstellparameter, die der Maschinenbediener verändern kann.

Die Funktion $f : \mathscr{X} \to \mathscr{Y}$ ist je nach spezifischer Problemstellung verschieden und das Aufstellen dieses Zusammenhangs soll nicht Bestandteil dieser Arbeit sein. Hierfür sei auf HEIDENREICH [95] und GOLDHAHN [85] verwiesen, bei denen sich eine umfangreiche Sammlung physikalisch-technischer Wirkprinzipien für Verarbeitungsvorgänge findet. Zudem sei die Arbeit von SCHMIDT [185] genannt, die einen weitreichenden methodischen Ansatz zur Modellierung und Simulation von Verarbeitungsvorgängen vorstellt. Hier soll lediglich davon ausgegangen werden, dass es einen solchen funktionellen Zusammenhang zwischen den Entwurfsvariablen bzw. Einstellparametern und den Kennzahlen des Betriebsverhaltens nach Gl. 1.1 gibt. Diese Arbeit befasst sich stattdessen mit den Charakteristika des Zielraums $\mathscr{Y}$ selbst und dem Weg, eine passende Lösung im Lösungsraum $\mathscr{X}$ zu finden.

## 1.2 Beispielhafte Problemstellungen der Verarbeitungstechnik

Um eine präzise Forschungsfrage als Ausgangspunkt dieser Arbeit stellen zu können, ist es hilfreich eine Vorstellung von den typischen, verarbeitungstechnischen Problemstellungen zu haben. Die nachfolgenden Beispiele sollen deshalb einen konkreten Eindruck von solchen Problemen geben, die im Rahmen der Entwicklung und des Betriebs von Verarbeitungsmaschinen zu lösen sind. Die unterschiedliche

Detailtiefe der Darstellungen gibt dabei die unterschiedlichen Aufgaben im Verlauf des Entwicklungsprozesses bzw. im Produktionsumfeld wider. Es werden zunächst drei Beispiele aus der Entwicklung und anschließend zwei Beispiele aus dem Betrieb von Verarbeitungsmaschinen vorgestellt, wobei die Beispiele jeweils von der abstrakteren zur konkreteren Problemstellung angeordnet sind. Im Vorgriff auf Kap. 2 zum Stand der Wissenschaft und Technik, werden damit in den folgenden Abschnitten auch die wichtigsten Begriffe der Verarbeitungstechnik eingeführt.

**Entwicklung eines Portfolios von Blistermaschinen**

Zu Beginn der Entwicklung einer Verarbeitungsmaschine müssen die Anforderungen an die Maschine möglichst genau formuliert werden [16, 203]. Diese Aufgabe stellt sich z. B. für einen Hersteller von Blistermaschinen[3], der ein Portfolio unterschiedlicher Maschinen für verschiedene Kunden anbieten möchte. Dabei ist der Verarbeitungsprozess bei allen Maschinen ähnlich, siehe Abb. 1.3a. Er umfasst das Formen der Höfe aus der Formfolie durch Thermoformen, das Einlegen der Tabletten in die Höfe, das Verschließen der Blister durch Aufsiegeln der Deckfolie und das Ausstanzen der einzelnen Blister aus dem Folienband. Das Folienband wird getaktet transportiert, sodass die Verarbeitungsschritte während des Stillstandes des Folienbandes ablaufen können. Je Arbeitstakt kann eine bestimmte Anzahl von Blistern

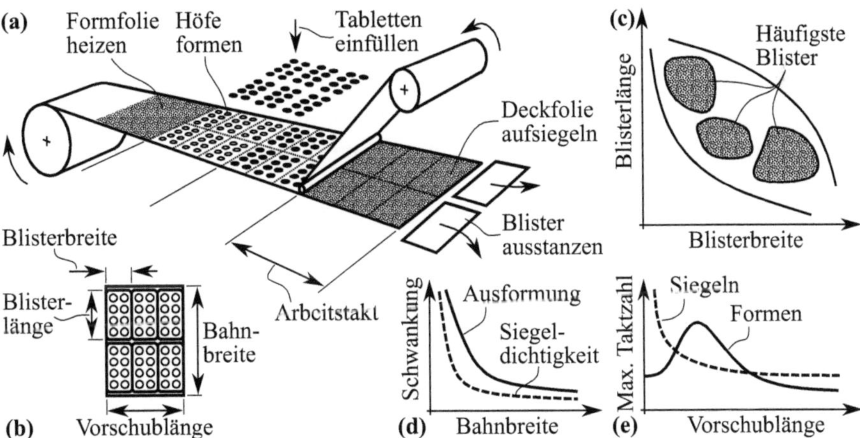


**Abb. 1.3:** (a) Arbeitsprinzips in einer Blistermaschine. (b) Das Blisterformat ist das bestimmende Element für die Bahnbreite und Vorschublänge. (c) Kundenanforderungen in Bezug auf das Blisterformat. (d) Einfluss der Bahnbreite auf die Schwankung der Ausformung und der Siegeldichtigkeit. (e) Einfluss der Vorschublänge auf die maximale Taktzahl.

---

[3] Als Blister werden Verpackungen bezeichnet, die aus zwei miteinander versiegelten Folien bestehen, wobei die Formfolie die Kavitäten enthält, in die das Packgut gefüllt wird, und die Deckfolie diese Kavitäten verschließt. Blister-Form-Füll-Verschließ-Maschinen, hier kurz Blistermaschinen genannt, sind Maschinen zur Herstellung solcher Blisterpackungen.

verarbeitet werden, die sich aus der Breite und Länge der Blister sowie der möglichen Bahnbreite und Vorschublänge ergibt. Diese kundenspezifische Anordnung wird i. d. R. als Blisterformat bezeichnet, siehe Abb. 1.3b. Die unterschiedlichen Kundenanforderungen, d. h. das Spektrum der angefragten Blisterformate entsprechend Abb. 1.3c, soll mit möglichst wenigen, unterschiedlichen Maschinen abgebildet werden, um Herstellungskosten für den Hersteller sowie Investitionskosten für den Kunden zu sparen. Gleichzeitig müssen technologische Randbedingungen berücksichtigt werden, die mit der Bahnbreite und Vorschublänge in Zusammenhang stehen. So zeigen Abb. 1.3d und e z. B., dass die Ausformung der Höfe und die Dichtigkeit der Blister mit steigender Bahnbreite stärker schwankt und dass die maximal mögliche Taktzahl pro Minute durch die Vorschublänge begrenzt ist. Die Aufgabe des Entwicklungsteams ist es deshalb, einen Kompromiss zwischen den Zielen Maximierung des Formatbereichs und der Taktzahl bei Garantie der vollständigen Ausformung der Höfe und Dichtigkeit der Siegelung zu finden.

**Konzeptionierung einer Quersiegelstation**

In der Konzeptphase der Entwicklung von Verarbeitungsmaschinen werden die wesentlichen Eigenschaften durch die Festlegung der Wirkprinzipien bereits vorbestimmt. Die Auswahl eines geeigneten Konzeptes hat damit einen hohen Stellenwert im Entwicklungsprozess, vgl. [131]. Als Beispiel soll hier die Konzeptionierung der Quersiegeleinheit einer horizontalen Schlauchbeutelmaschine[4] für Käse beschrieben werden. Abb. 1.4a zeigt schematisch das Arbeitsprinzip einer solchen Maschine: Zunächst wird eine flexible Verpackungsfolie mit Hilfe einer sog. Formschulter zu einem Schlauch geformt und die dadurch gebildete Längsnaht durch eine schleifende Siegelstation verschlossen. Anschließend bildet die Quersiegelstation simultan die erste Quernaht eines Beutels sowie die zweite Quernaht des vorangegangenen Beutels und trennt beide Beutel voneinander. Gleichzeitig wird der Käse in den offenen Beutel eingeschoben. Die Schlauchbeutelmaschine arbeitet mit einer kontinuierlichen Arbeitsweise, d. h. der Folienschlauch wird für die Durchführung der Verarbeitungsschritte nicht angehalten und die Quersiegelstation muss der Bewegung der Folie folgen. Die Quersiegelstation muss drei Anforderungen erfüllen: Die Bewegung der Siegelschienen im Eingriff mit der Folie muss gleich der Bewegung des Folienschlauchs sein. Die aus der Kontaktzeit resultierende Siegelzeit muss innerhalb einer minimalen und maximalen Dauer liegen, damit die Naht dicht ist und die Folie nicht zerstört wird. Die Rückführung der Siegelschienen zur nachfolgenden Siegelnaht muss innerhalb der Transportzeit eines Beutels stattfinden, wobei die Länge der Beutel je nach Format des Käses unterschiedlich ausfällt. Für diese Aufgabe sind die drei Konzepte aus Abb. 1.4 denkbar, aus denen das am besten geeignete Lösungskonzept ausgewählt werden muss. 1) Im einfachsten Fall rotieren auf beiden Seiten des Folienschlauches zwei Siegelschienen um eine Achse, sodass die Siegelzeit direkt von der Foliengeschwindigkeit abhängt. 2) Eine Mitführung der Ro-

---

[4] Die Bezeichnung Schlauchbeutel ist dem Herstellungsverfahren der Verpackung entlehnt. Eine alternative Bezeichnung für Maschinen dieser Art lautet horizontale Form-Füll-Verschließ-Maschine.

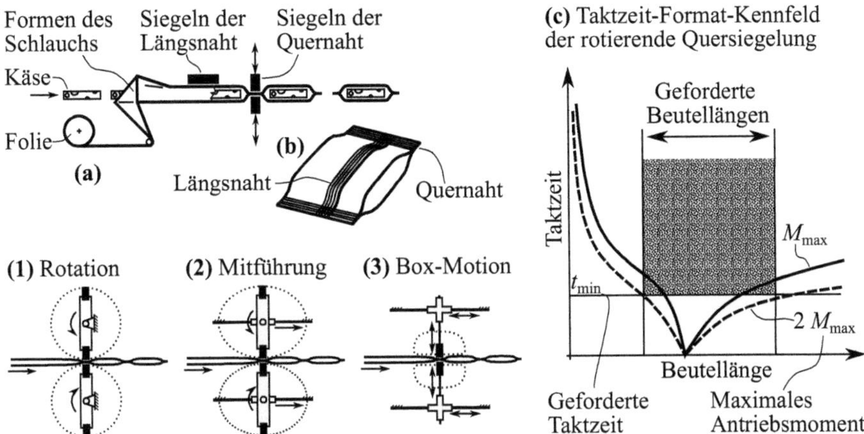


**Abb. 1.4:** (a) Arbeitsprinzip einer horizontalen Schlauchbeutelmaschine für Käse. (b) Schlauchbeutelverpackung. (1) bis (3) Konzepte für die Umsetzung der Quersiegelstation. (c) Kennfeld für eine einfache, rotierende Quersiegelstation, unter Verwendung von [216].

tationsachse entlang der Bewegung des Folienschlauchs ermöglicht einen begrenzten Einstellbereich der Siegelzeit. 3) Die Bewegung der Siegelschienen mit Hilfe zweier Linearachsen parallel und senkrecht zur Bewegung des Folienschlauches bietet den maximalen Einstellbereich für die Siegelzeit. Jedes dieser Lösungskonzepte hat unterschiedliche Eigenschaften hinsichtlich des Formatbereichs, der Taktzeit und der erforderlichen Motormomente. Abb. 1.4c zeigt exemplarisch ein Kennfeld dieser drei Bewertungsgrößen für die einfach, rotierende Quersiegelstation, das [216] entnommen ist. Die Auswahl eine Konzeptes hängt nun davon ab, welche Anforderungen an den Formatbereich, die Taktzeit und das Motormoment gestellt werden und welches Konzept diese Anforderung am besten erfüllt.

**Optimales Bewegungsdesign für den Transport von Flüssigkeiten**

Ein wichtiger Bestandteil der Entwicklung einer Verarbeitungsmaschine ist der Entwurf und die Optimierung der Bewegung von Arbeitsorganen. Transportprozesse wie das nachfolgende Beispiel treten dabei häufig auf, siehe Abb. 1.5a und b: Eine Verpackungsmaschine füllt eine Flüssigkeit in offene Verpackungen und wiegt die Packung anschließend, um die Füllmenge zu prüfen. Zwischen der Füllstation und der Waage wird die offene Verpackung auf einem getakteten Transportband bewegt, wodurch die Flüssigkeit zu schwappen beginnt und ggf. über den Rand der Packung läuft. Es sind unterschiedliche Behälterformate ähnlich Abb. 1.5c vorgesehen, wodurch das Eigenschwingungsverhalten der Flüssigkeit variiert. Die Aufgabe ist es, ein optimales Bewegungsdesign zu entwerfen, das einerseits die Taktzahl sowie den verfügbaren Formatbereich maximiert und andererseits ein bestimmtes Maß für das Schwappen $\eta_{\text{Eff}}(\xi, t)$ nicht überschreitet, siehe Abb. 1.5d. TROLL [202] beschreibt

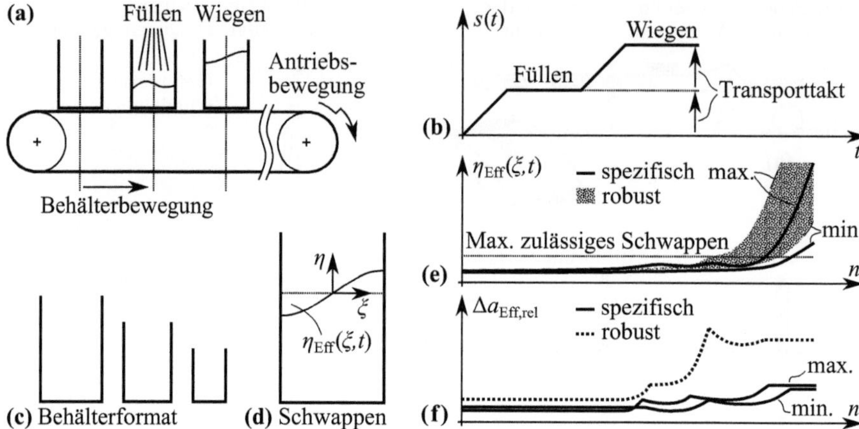



**Abb. 1.5: (a)** Transport einer schwappenden Flüssigkeit. **(b)** Bewegungsplan. **(c)** Variation des Behälterformats. **(d)** Schwappmaß $\eta_{\mathrm{Eff}}(\xi,t)$ als Qualitätskennwert der Bewegung. **(e)** Höhe des Schwappens und resultierende maximale Drehzahlen. **(f)** Effektivbeschleunigung $\Delta a_{\mathrm{Eff,rel}}$. Unter Verwendung von [202].

eine Methode zur Lösung dieses Problems auf Grundlage der Optimalsteuerung, die das Bewegungsdesign auf das Eigenschwingungsverhalten der schwappenden Flüssigkeit abstimmt. Dabei unterscheidet er zwischen spezifischen Bewegungsdesigns, die auf das Eigenschwingungsverhalten der Flüssigkeit bei einem bestimmten Behälterformat angepasst sind, und robusten Bewegungsdesigns, die auf das Eigenschwingungsverhalten eines größeren Bereichs des Formats angepasst sind. Die Ergebnisse in Abb. 1.5e und f zeigen, dass sowohl die maximal erreichbare Drehzahl $n$ der Antriebsbewegung als auch die resultierenden Beschleunigungen $\Delta a_{\mathrm{Eff,rel}}$ vom berücksichtigten Bereich des Eigenschwingungsverhaltens abhängen. Ein spezifisches Bewegungsdesign erreicht immer eine höhere, maximale Taktzahl, bei der das Qualitätskriterium eingehalten wird, und erfordert geringere Beschleunigungen als ein robustes Bewegungsdesign. Bei der Anwendung eines optimalen Bewegungsdesigns muss demnach immer ein Kompromiss zwischen dem Bereich des Eigenschwingungsverhaltens, der Taktzahl und der erforderlichen Beschleunigung gefunden werden.

## Betriebsverhalten einer Hartkaramellen-Verpackungsmaschine

Im Rahmen der Planung von Produktionskapazitäten stellt sich häufig die Frage nach der Ausbringungsmenge einer Verarbeitungsmaschine, die als Grundlage für einen Produktionsplan verwendet werden kann. Zur Veranschaulichung dieses Problems dient das Beispiel einer Verpackungsmaschine, die drei Sorten Hartkaramellen im Dreheinschlagverfahren, siehe Abb. 1.6a in zwei Arten Packmittel einwickelt, siehe Abb. 1.6. Die rechnerische Produktivität $\dot{Q}_{\mathrm{r}}$ hängt linear von der Drehzahl $n$ der

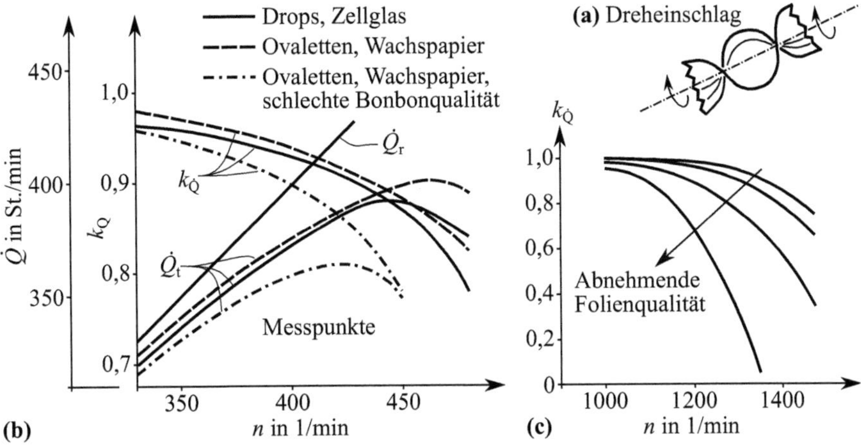



**Abb. 1.6:** Produktivitätscharakteristik und Einfluss der Folienqualität zweier Verpackungsmaschinen **(b)** und **(c)** für verschiedene Bonbons und Verpackungsfolien in Dreheinschlag **(a)**. Rechnerische Produktivität $\dot{Q}_\mathrm{r}$, tatsächliche Produktivität $\dot{Q}_\mathrm{t}$ und Produktivitätskoeffizient $k_{\dot{Q}}$ in Abhängigkeit der Drehzahl $n$. Unter Verwendung von [21, 203].

Maschine ab. Anhand der Produktivitätscharakteristik der Maschine in Abb. 1.6b wird deutlich, dass die Produktvarianten zu unterschiedlichen Werten der tatsächlichen Produktivität $\dot{Q}_\mathrm{t}$ und des Produktivitätskoeffizienten $k_{\dot{Q}}$ führen. Für Ovaletten in Wachspapier erzielt die Maschine die größte tatsächliche Produktivität bei der höchsten Drehzahl und weist die geringsten Verluste auf. Ähnliche, aber etwas schlechtere Werte ergeben sich für Drops in Zellglasfolie. Haben die Ovaletten eine schlechte Qualität, z. B. große Maßtoleranzen, sinken die tatsächliche Produktivität und der Produktivitätskoeffizient stark ab. Ebenso wirkt sich eine hohe Qualität des Packmittels positiv aus, wie Abb. 1.6c veranschaulicht. Im hier gezeigten Fall ermöglichen geringere Bruchdehnung, höhere Bruchlast, höhere Weiterreißfestigkeit und geringere Flächenmasse des Wachspapiers [21] bessere Produktivitätskoeffizienten. Daraus lässt sich schließen, dass das Betriebsverhalten dieser Verpackungsmaschine sowohl von der Produktvariante abhängt, die durch die Form und Maße des Bonbons sowie die Eigenschaften der Verpackungsfolie gegeben ist, als auch von den Schwankungen dieser Merkmale beeinflusst wird. Außerdem zeigt das Beispiel, dass die Verpackungsmaschine entweder mit maximaler tatsächlicher Produktivität oder maximalem Produktivitätskoeffizienten betrieben werden kann, beides gleichzeitig jedoch nicht möglich ist. Das Beispiel ist [21, 203] entnommen.

### Maschineneinstellungen einer Thermoformstation

Eine typische Verarbeitungsmaschine verfügt über mehr als einen Einstellparameter, sodass die Ermittlung der geeigneten Maschineneinstellungen zu den wichtigsten Aufgaben eines Maschinenbedieners gehört. Als Beispiel soll der Thermoformprozess einer Blistermaschine nach Abb. 1.7a und b dienen. Dieser Prozess formt in einem fortlaufenden Folienband aus thermoplastischem Kunststoff die sog. Höfe, in die in einem nachfolgenden Verarbeitungsschritt die Tabletten eingelegt werden. Die Station besteht aus drei Abschnitten, die synchron getaktet arbeiten. Die Heizstation bringt die Folie auf die erforderliche Temperatur, bei der der Kunststoff plastisch verformbar ist. Die Formstation drückt die Folie mit Hilfe von Druckluft in ein Formwerkzeug, das die Konturen der späteren Höfe abbildet, und kühlt die Folie unter die Erweichungstemperatur ab. In der Transportstation greifen bewegliche Klemmzangen das erkaltete Folienband und ziehen es eine Vorschublänge weiter. Ein Folienabschnitt wird demnach zunächst aufgeheizt, dann transportiert, anschließend umgeformt und abgekühlt und zuletzt ein zweites Mal transportiert. Ein Arbeitstakt der Thermoformstation setzt sich aus dem Transport und dem synchronen Heizen und Formen zusammen. Die Aufgabe des Bedieners der Blistermaschine ist es nun, die Maschine so einzustellen, dass die höchste Produktivität erreicht wird. Dazu kann er u. a. Einstellungen an der Heiztemperatur, der Heizzeit, der Formzeit und der Transportzeit vornehmen. Er muss dabei beachten, dass die Ausformung der Höfe bei zu niedriger Heiztemperatur oder zu kurzer Heiz- und Formzeit unvollständig ist, vgl. Abb. 1.7c und d, und dass das Folienband bei zu hohen Heiztemperaturen und zu kurzen Transportzeiten quer zur Laufrichtung schmäler wird, das sog. Einschnüren, vgl. Abb. 1.7e. Beide Fälle führen zu einem Blister, der die Qualitätsanforderungen nicht erfüllt. Der Bediener muss also einen Kompromiss zwischen der Taktzahl der Thermoformstation und der Qualität der Blister finden.

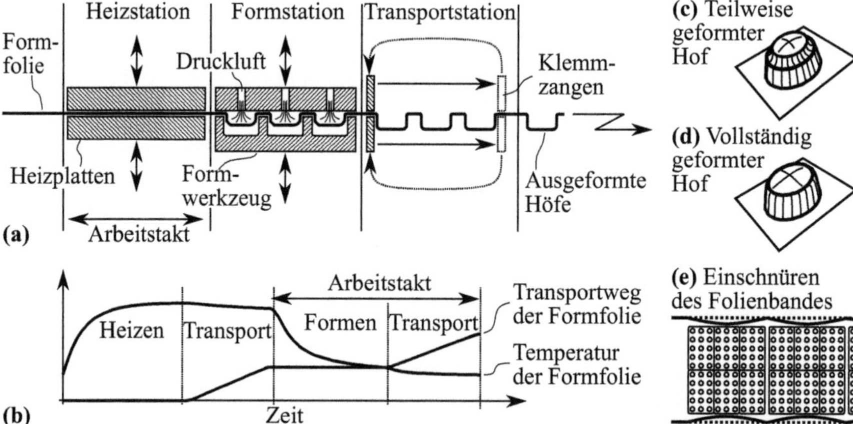


**Abb. 1.7:** (a) Schematische Darstellung der Thermoformstation einer Blistermaschine. (b) Ablaufdiagramms für die Transportbewegung und die Folientemperatur. (c) bis (e) Qualitätskriterien für die Ausformung der Höfe und die Verformung des Folienbands.

**Fazit**

Die Beispiele verdeutlichen das wiederkehrende Muster in verarbeitungstechnischen Aufgaben, das in der Produktivitäts-Verarbeitungskosten-Charakteristik nach BLEISCH bereits implizit enthalten ist und das als Zielkonflikt der Fertigungssysteme von CHRYSSOLOURIS explizit benannt wurde. Es zeigt sich, dass trotz unterschiedlicher Betrachtungsebene und Kontext des speziellen Falls immer eine Auswahl von ähnlichen Anforderungen auftritt, die in einem Zielkonflikt zueinander stehen. Für diese verarbeitungstechnischen Probleme ist immer eine Lösung zu finden, die alle Anforderungen gleichermaßen hinreichend erfüllt, woraus in allen Fällen die Aufgabe entsteht einen Kompromiss zu finden. Damit können die Forschungsfragen gestellt werden, die diese Arbeit behandelt.

## 1.3 Forschungsfragen

Unter Verweis auf die Systemtechnik formuliert EHRLENSPIEL [65] zwei Bereiche der Konstruktionswissenschaft, vgl. auch [105]: Die Theorie technischer Systeme, die technische Gebilde beschreibt, und die Theorie der Konstruktionsprozesse, die den Weg der Synthese solcher Systeme beschreibt. Sie bilden beide zusammen die Grundlage der Methodik des Konstruierens. Fasst man den Begriff des Konstruierens weiter und überträgt ihn auf das Lösen technischer Probleme allgemein, lässt sich daraus die Methodik der Verarbeitungstechnik mit ihren Bestandteilen entsprechend Abb. 1.8 ableiten. Demnach erfordert das systematische Lösen eines verarbeitungstechnischen Problems sowohl die Kenntnis des verarbeitungstechnischen Systems, das Gegenstand der Problemstellung ist, als auch das Beherrschen des Lösungswegs, mit dem eine Lösung des Problems gefunden werden kann. Die vorliegende Arbeit befasst sich deshalb zum einen mit der Theorie der verarbeitungstechnischen Systeme mit dem Ziel, ein *Modell* dieser Systeme aufzustellen. Zum anderen beschäftigt sie sich mit der Theorie des Lösens technischer Probleme mit dem Ziel, eine *Methode* für die speziellen Probleme der Verarbeitungstechnik zu formulieren. Damit ergeben sich mit Bezug auf Gl. (1.1) zwei Forschungsfragen:

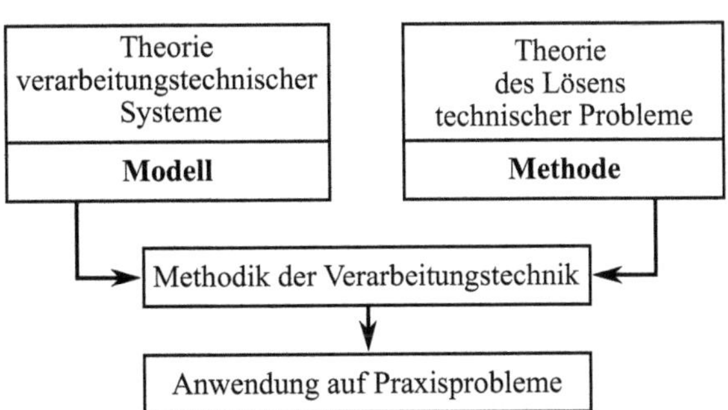


**Abb. 1.8** Methodik der Verarbeitungstechnik. Unter Verwendung von [65].

1) Modell:     Kann der Zielraum $\mathscr{Y}$ von verarbeitungstechnischen Problemen allgemeingültig durch eine wiederkehrende Auswahl von Zielgrößen beschrieben werden, die einen Zielkonflikt bilden?

2) Methode:    Gibt es einen allgemeingültigen, systematischen Lösungsweg für die so beschriebenen Problemstellungen, der eine Kompromisslösung für diesen Zielkonflikt im Lösungsraum $\mathscr{X}$ findet?

Diese Fragen zielen ausdrücklich auf ein Modell und eine Methode ab, die auf Probleme der praktischen Ingenieursarbeit anwendbar sind. Die Arbeit nimmt damit die Grundannahme der Verarbeitungstechnik auf, die davon ausgeht, dass die Bearbeitung technischer Problemstellungen an Verarbeitungsmaschinen auf einer gemeinsamen, systematischen Grundlage möglich ist. Sie leistet einen Beitrag zu den Modellen und Methoden der Verarbeitungstechnik, muss sich aber auch daran messen lassen, ob sie für die Praxis von Nutzen ist.

## 1.4  Vorgehensweise und Aufbau der Arbeit

Wissenschaftliches Arbeiten hat den Anspruch Sätze von allgemeiner Gültigkeit aufzustellen. In den empirischen Wissenschaften, zu denen die Ingenieurwissenschaften zählen, sind diese Sätze *Theorien*, die durch *Experimente* oder technisch-praktische *Anwendungen* geprüft werden müssen. Damit eine Theorie Gültigkeit hat, sind bestimmte, wissenschaftlich anerkannte Vorgehensweisen zu beachten. Sie beruhen auf dem Prinzip der *Deduktion*, das insbesondere von POPPER als Forschungsmethode[5] für die empirischen Wissenschaften begründet wurde [175]. Dieses Prinzip leitet auch die Argumentation dieser Arbeit. Die wesentlichen Züge der deduktiven Forschungsmethode seien deshalb hier vorangestellt:

- Eine Theorie ist ein allgemeiner Satz, der eine Vorhersage zu einem Bereich der erfahrbaren Welt trifft. Ein Experiment oder eine technisch-praktische Anwendung liefert eine Beobachtung zu einem speziellen Satz, der Bestandteil des allgemeinen Satzes ist.

- Eine Theorie kann nicht aus einer Reihe von Beobachtungen hergeleitet oder nachgewiesen werden. Jedoch kann eine einzelne Beobachtung eine Theorie *widerlegen*, wenn sie nicht mit der Vorhersage der Theorie übereinstimmt. Eine Theorie *bewährt* sich, wenn sie durch eine Beobachtung nicht widerlegt werden kann. Sie ist so lange gültig, wie sie nicht durch eine Beobachtung widerlegt

---

[5] KARL POPPER (* 28.7.1902, † 17.9.1994) beschreibt die *Deduktion* in seiner Erkenntnistheorie als Gegenstück zur *Induktion*, die er als ungeeignet für den Erkenntnisgewinn hält. Die Deduktion hat sich infolge in den empirischen Wissenschaften durchgesetzt und gilt als allgemein akzeptiert. Für Kritik an seinen Thesen sei auf die Anhänge und Ergänzungen zu seinem Hauptwerk *Logik der Forschung* [175] verwiesen, in denen er ausführlich auf die Argumente seiner Kritiker eingeht.

wurde. Das Prinzip der Deduktion besagt, dass zuerst die Theorie stehen muss und dann Experimente und technisch-praktische Anwendungen zur Überprüfung folgen. Eine Theorie ist demnach immer vorläufig.

- Damit die deduktive Methode für eine Theorie anwendbar ist, muss eine Theorie widerlegbar sein. D. h. es müssen Experimente und technisch-praktische Anwendungen abgeleitet werden können, die Beobachtungen zu einem Bestandteil der Vorhersage der Theorie liefern. Man spricht von *Falsifizierbarkeit*. Eine Theorie ist leichter zu falsifizieren, je größer ihre Allgemeinheit und Bestimmtheit ist, d. h. je mehr geeignete Experimente und technisch-praktische Anwendungen aus ihr abgeleitet werden können. In gleichem Maße steigt auch der empirische Gehalt einer Theorie.

Die deduktive Vorgehensweise bestimmt die Abfolge der einzelnen Kapitel der Arbeit und ihre inhaltlichen Schwerpunkte. Kap. 2 legt den begrifflichen Rahmen und den Ausgangspunkt der Theorie fest, indem es bekannte Modelle und Methoden aus dem Kontext der industriellen Produktion vorstellt und bewertet. Kap. 3 zeigt die Lücken des Standes der Wissenschaft und Technik bzgl. der Forschungsfragen auf und formuliert daraus die Hypothesen, die der Theorie zu Grunde liegen. Anschließend arbeitet Kap. 4 die Theorie detailliert aus. Hierbei wird größtmögliche Allgemeinheit der Theorie erreicht, indem die Ausarbeitung abstrakt für alle verarbeitungstechnischen Probleme erfolgt, und größtmögliche Bestimmtheit der Theorie, indem eine durchgehend mathematische Formulierung verwendet wird. Zuletzt legt Kap. 5 mit dem Wärmekontaktsiegeln flexibler Packmittel eine technisch-praktische Anwendung ausführlich dar und prüft die Gültigkeit der Theorie anhand dieses speziellen Falls einer verarbeitungstechnischen Problemstellung.

Als ergänzender, strukturierender Gesichtspunkt dient die Methodik der Verarbeitungstechnik nach Abb. 1.8. Ihre Bestandteile, Modell und Methode, ziehen sich als Leitfaden durch die gesamte Arbeit hindurch und werden an Stellen getrennt behandelt, an denen ausführlich Detailuntersuchungen erforderlich sind.

Damit ergibt sich der Aufbau der Arbeit, wie er in Abb. 1.9 abgebildet ist. Leser, die an den wesentlichen Kernaussagen der Theorie interessiert sind, sei der Einstieg in Kap. 3 und anschließend die Vertiefung in Kap. 4 empfohlen. Leser, die am Beitrag dieser Arbeit zum Wärmekontaktsiegeln interessiert sind, beginnen direkt mit Kap. 5.

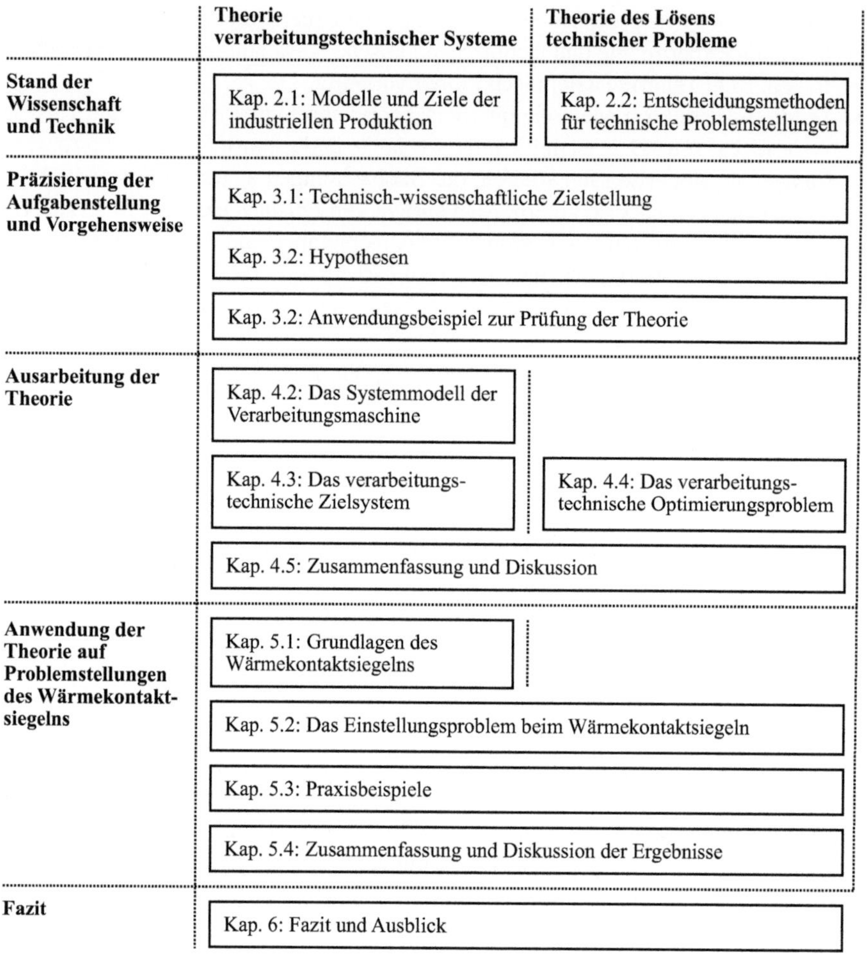

**Abb. 1.9:** Aufbau der Arbeit.

# Kapitel 2
# Stand der Wissenschaft und Technik

Die nachfolgende Darstellung des Standes der Wissenschaft und Technik legt den Schwerpunkt auf grundlegende Modellvorstellungen und methodische Ansätze mit dem Ziel, Ausgangspunkte und Referenzen für die hier zu erarbeitende Theorie ausfindig zu machen. Eine konsistente Terminologie und Notation kann dabei auf Grund der Vielfalt der behandelten wissenschaftlichen Fachbereiche nicht geleistet werden und würde außerdem die Synthese im Hauptteil der Arbeit vorwegnehmen. Zu Gunsten der besseren Lesbarkeit und Referenzierung auf die Originalquellen wurden deshalb die originalen, in den Fachbereichen üblichen Notationen und Terminologien übernommen.

## 2.1 Ziele und Modelle der industriellen Produktion

Dieser Abschnitt stellt den Stand der Wissenschaft und Technik bzgl. der ersten Forschungsfrage auf und umfasst Modelle, die zur Beschreibung technischer Systeme in der industriellen Produktion dienen. Solche Systeme werden je nach Kontext u. a. als Betriebsmittel, Produktionsmittel, Produktionsanlage, Fertigungsanlage oder Verarbeitungsmaschinen bezeichnet, wie die nachfolgenden Abschnitte zeigen. Je nach Kontext unterscheiden sich außerdem die Problemstellungen, die im Zusammenhang mit solchen Systemen behandelt werden, sodass die Modelle verschiedene Schwerpunkte setzen. Zu diesen Schwerpunkten gehören u. a. die Investitionsplanung, das Produktionsmanagement, die Qualitätskontrolle, die Prozesssteuerung sowie alle Aspekte der Konstruktion und Entwicklung solcher Maschinen und Anlagen.

### 2.1.1 Eingrenzung und Strukturierung

Die Breite der Themen und Fachbereiche, die sich auf die erste Forschungsfrage beziehen lassen, erfordert eine sorgfältige Eingrenzung und Strukturierung des Standes der Technik. Eine solche Beschränkung muss über eine präzise Definition der Begriffe Verarbeitungstechnik und Verarbeitungsmaschine geschehen. Ergänzend wurde der Stand der Wissenschaft nach den Personengruppen und Fachdisziplinen geordnet, die sich mit Problemen der industriellen Produktion befassen.

#### 2.1.1.1 Verarbeitungsmaschine und Verarbeitungstechnik

**Verarbeitungsmaschinen als eigenständige Maschinenkategorie**

Die eingangs vorgestellte Beschreibung von Verarbeitungsmaschinen als *Maschinen zur Herstellung von Massenbedarfsgütern* führt bei genauerer Betrachtung zu Schwierigkeiten. Ebenso verhält es sich mit der Charakterisierung als *Maschinen zur Verarbeitung von vorwiegend nichtmetallischen, biogenen Gütern*, vgl. [16, 178]. So zählen bspw. sowohl Schnittkäse als auch Bauteile für Pneumatikventile auf Grund der hohen Stückzahlen zu Massenbedarfsgütern. Erstere werden jedoch von einer speziellen Verarbeitungsmaschine für Käse hergestellt, während letztere auf verschiedenen Werkzeugmaschinen, z. B. einer Fräsmaschine oder Drehmaschine, gefertigt werden können. Betrachtet man eine Verarbeitungsmaschine, die Getränkedosen aus Weißblech herstellt, erscheint auch die Abgrenzung gegenüber metallverarbeitenden Maschinen fragwürdig. Einen alternativen Ansatz bietet hier die Charakterisierung von Verpackungsmaschinen nach MATTHÉE [140]:

> Während man in der Fertigungstechnik häufig ein Teil bestimmten Fertigungsmethoden anpassen muss, richtet sich der Bau von Verpackungsmaschinen i. A. nach Packgut und Packung. [...] Wegen der Verschiedenartigkeit der Packgüter und Packungen müssen die Verpackungsmaschinen größtenteils als Sondermaschinen betrachtet werden, die mit wenigen Ausnahmen in kleinen Stückzahlen oder als Einzelmaschinen gefertigt werden.

Eine Verallgemeinerung dieses Ansatzes ist damit zur Unterscheidung denkbar. Verarbeitungsmaschinen vereinen demnach mehrere Technologien und Verfahren zur Herstellung eines speziellen Produktes. Werkzeugmaschinen[6] und verfahrenstechnische Apparate[7] hingegen setzen eine bestimmte Fertigungstechnologie bzw. ein bestimmtes Verfahren um, das für beliebige Werkstücke bzw. Stoffe einsetzbar ist, vgl. dazu auch [135]. Verarbeitungsmaschinen weisen nach dieser Lesart wesentliche Eigenschaften auf, die nach KRÜGER [123] *Anlagen* zugeschrieben werden:

---

[6] Beispiele sind Schleifmaschinen, Bohrmaschinen, Mehrachsfräsmaschinen, etc., vgl. [162].

[7] Beispiele sind Pumpen, Rührer, Reaktoren, etc., vgl. [171].

- *Projektcharakter*: Anlagen sind Einzelstücke, d. h. Ergebnis einer einmaligen Konfiguration und Parametrierung für einen speziellen Verwendungszweck unter bestimmten Randbedingungen.
- *Vertragseigenschaft*: Entwicklung und Ausführung einer Anlage sind in einer einmaligen Spezifikation vertraglich zwischen Kunde und Anbieter festgelegt.
- *Arbeitsteilung*: Anlagen entstehen in Zusammenarbeit mehrerer Gewerke, sodass eine Aufteilung und Abstimmung der Arbeiten zwischen mehreren Unternehmen notwendig ist.

Diese Kriterien sind immer gemeinsam vertreten, wenn auch mit unterschiedlicher Wichtigkeit [123]. Verarbeitungsmaschinen weisen demnach eine offene Funktions- und/oder Baustruktur auf, die entsprechend einer vertraglichen Spezifikation unter Einbezug anderer Gewerke konfiguriert und parametriert wird. Werkzeugmaschinen und verfahrenstechnische Apparate zeigen hingegen eine geschlossene Funktions- und Baustruktur und werden im Rahmen einer Konfiguration und Parametrierung auf übergeordneter Ebene, der Fertigungsanlage bzw. verfahrenstechnischen Anlagen, ausgewählt und eingesetzt. Damit kann die nachfolgende Definition des Begriffs Verarbeitungsmaschine formuliert werden, die Grundlage für diese Arbeit sein soll:

**Definition 2.1** *Verarbeitungsmaschinen* sind Anlagen der Materialwirtschaft, die entsprechend vertraglicher vereinbarter Anforderungen als einmalige Konfiguration und Parametrierung von mehreren Technologien eine Abfolge von Herstellungs- schritten zur Produktion eines oder mehrere spezifischer Güter umsetzen.

Daraus ergeben sich folgende Konsequenzen für die Entwicklung und den Be- trieb von Verarbeitungsmaschinen: Zum Einen ist die abschließende Benennung aller einsetzbaren Technologien für Verarbeitungsmaschinen nicht möglich. Für Werkzeugmaschinen existiert mit DIN 8580 [48] eine solche Klassifizierung der Fertigungstechnologien. Zum Anderen können einzelne Technologien und ihre Ein- satzbereiche für Verarbeitungsmaschinen nicht in der Allgemeingültigkeit[8] behan- delt werden, wie es für Werkzeugmaschinen und verfahrenstechnische Apparate[9] möglich ist, sondern müssen immer im Kontext ihrer Verkettung innerhalb einer Verarbeitungsmaschine und des Verarbeitungsgutes betrachtet werden. Damit for- dern Entwicklung und Betrieb einer Verarbeitungsmaschine andere methodischen Ansätze, als Werkzeugmaschinen und verfahrenstechnische Apparate.

---

[8] Bspw. beschränkt sich die Literatur zum Wärmekontaktsiegeln entweder auf Analyse- und Opti- mierungsmethoden [101] oder auf Untersuchungen im Labormaßstab [4]. Regelwerke zu Einstell- werten von Siegelstationen oder zur Gestaltung von Siegelwerkzeugen werden nicht aufgestellt.

[9] Typische Nachschlagewerke der Fertigungstechnik [75] und Verfahrenstechnik [96] klassifizie- ren die Verfahren und geben konkrete Kennfelder an, die für beliebige Praxisfälle unmittelbar anwendbar sind.

**Verarbeitungstechnik als Fachgebiet der Ingenieurswissenschaften**

Die Verarbeitungstechnik wird i. d. R. als eigenständiges Fachgebiet der Ingenieurs-wissenschaften neben der Fertigungstechnik und Verfahrenstechnik genannt. Übli-cherweise wird die Trennung der drei Fachgebiete nach ähnlichen Gesichtspunkten vorgenommen wie für Verarbeitungsmaschinen, Werkzeugmaschinen und verfah-renstechnische Apparate. Bei HEIDENREICH [95] wird die Verarbeitungstechnik wie folgt definiert:

> Die Verarbeitungstechnik ist jene ingenieurwissenschaftliche Disziplin, die sich mit der Analyse, Synthese und industriellen Realisierung aller stoffformenden, form- und lageabhängigen Prozesse im Bereich der Stoffwirtschaft befasst.

Der Unterschied zur Fertigungstechnik und Verfahrenstechnik liegt demnach in fol-genden vier Punkten [95]:

- Die Fertigungstechnik bezieht sich auf metallische und die Verarbeitungstechnik auf nichtmetallische Stoffe.
- Die Fertigungstechnik betrachtet die Herstellung von Investitionsgütern und die Verarbeitungstechnik die Herstellung von Konsumgütern.
- Die Fertigungstechnik bezieht sich hauptsächlich auf Prozesse des Maschinen-, Apparate-, Anlagen- und Gerätebau, während sich die Verarbeitungstechnik mit Prozessen der Stoffwirtschaft befasst.
- Die Verfahrenstechnik behandelt Prozesse der chemischen und biologischen Stoffumwandlung sowie der physikalischen Stoffänderung, während die Verar-beitungstechnik mit makrogeometrischen Formänderungen befasst ist.

Die Problematik dieser Definitionen ist dieselbe, wie im Fall der herkömmlichen Definition des Begriffs Verarbeitungsmaschine. Die nachfolgende Unterscheidung nach methodischen Gesichtspunkte erscheint daher sinnvoller.

Die Verarbeitungstechnik hat ihren Ursprung[10] mit ALT [5], RAUH [176] und TRÄNKNER [203] in der Konstruktionslehre [99] und wird bei genauerer Betrach-tung auch heute noch in der Entwicklungsmethodik verortet, vgl. [16]. So beschreibt HENNIG [97] grundsätzliche Methoden zur Synthese von Verarbeitungsmaschinen. GOLDHAHN [85, 86] systematisiert Verarbeitungsvorgänge mit dem Ziel der ziel-gerichteten Auswahl von Wirk- und Funktionsprinzipien im Entwicklungsprozess. MAJSCHAK [135] baut auf dieser Grundlage einen Ansatz für ein computerbasier-tes Assistenzsystem auf. SCHMIDT [185] stellt eine allgemeine Herangehensweise zur anforderungsgerechten Auslegung und Dimensionierung von technischen Kom-ponenten mit Hilfe von Computersimulationen vor. Allen genannten Quellen ist

---

[10] Die Anfänge der Verarbeitungstechnik gehen auf Untersuchungen in der Getriebetechnik an der Technischen Hochschule Dresden unter HERMANN ALT (* 2.4.1889, † 15.1.1954) [5] in den 1930er Jahren zurück. KURT RAUH (* 6.12.1897, † 18.4.1952) stellte 1950 die Verarbeitungstechnologie als bestimmenden Faktor für die Konstruktion von Verarbeitungsmaschinen dar [176] und schlug sie als Ausgangspunkt für eine Konstruktionslehre der Verarbeitungsmschinen vor. Ausgehend von GOTTFRIED TRÄNKNER (* 6.6.1907, † 2.8.1996) [203] etablierte sich die Verarbeitungstechnik in den folgenden Jahren als eigenständige Fachrichtung an der TU Dresden. Eine ausführliche Darstellung der Entwicklung der Verarbeitungstechnik bis zum Jahr 2006 findet sich bei [87, 99].

gemeinsam, dass sie die erforderliche Zustandsänderung des Verarbeitungsgutes, die sog. *Verarbeitungsaufgabe*, ins Zentrum der Methoden und an den Anfang jeder Problemlösung stellen, vgl. auch [95]. Dieser Zusammenstellung Rechnung tragend, soll in dieser Arbeit von der folgenden Definition des Fachgebiets Verarbeitungstechnik ausgegangen werden:

**Definition 2.2** Die *Verarbeitungstechnik* befasst sich mit universell anwendbaren Modellen und Methoden für die Analyse, Synthese, Optimierung und Realisierung von Verarbeitungsmaschinen, wobei die Verarbeitungsaufgabe und die daraus hervorgehenden Anforderungen an die technische Lösung immer Ausgangspunkt der Betrachtung sind.

Damit bezieht sich die Verarbeitungstechnik nicht vorrangig auf technologische Fragestellungen, wie die Fertigungstechnik und die Verfahrenstechnik, sondern konzentriert sich auf methodische Fragen. Die Modelle und Methoden der Verarbeitungstechnik sind prinzipiell auch zur Analyse, Synthese, Optimierung und Realisierung von Werkzeugmaschinen und verfahrenstechnischen Apparate anwendbar, aber auf Grund der oben beschriebenen Charakteristika dieser Maschinen nicht unbedingt notwendig. Die hohe Spezialisierung der eingesetzten Technologien und die Integration mehrerer Verarbeitungsschritte unter stark variierenden Randbedingungen erschweren die technologische Charakterisierung im Fall von Verarbeitungsmaschinen. Die Lösung verarbeitungstechnischer Probleme muss deshalb auf universelle Modelle und Methoden zurückgreifen, die unabhängig vom konkreten Anwendungsfall sind.

**Eingrenzung des betrachteten Standes der Wissenschaft und Technik**

Die erste Forschungsfrage dieser Arbeit bezieht sich auf ein Modell zum allgemeinen Zielkonflikt verarbeitungstechnischer Problemstellungen. Den vorangegangenen Ausführungen folgend, werden im Stand der Technik daher nur solche Modelle betrachtet,

- die Ziele der industriellen Produktion in quantitativer Form beschreiben und
- die einen allgemeingültigen Charakter haben, d. h. die sich nicht auf eine bestimmte Industriebranche, Art des Verarbeitungsgutes oder Technologie beziehen.

Solche Modelle können aus verschiedenen wissenschaftlichen Disziplinen stammen, die nicht notwendigerweise zu den Ingenieurswissenschaften gehören müssen.

### 2.1.1.2 Systematik der vorgestellten Modelle

**Sichtweisen auf die industrielle Produktion**

Mit Fragestellungen der industriellen Produktion sind verschiedene Fachdisziplinen befasst. Vorrangig sind ihre Vertreter Betriebswirte und Ingenieure, die allerdings unterschiedliche Schwerpunkte setzen. Der Ökonom CHENERY drückt diese Unterschiede[11] folgendermaßen aus [29]:

> One basic difference between engineering analysis and economic analysis, then, is the units which are considered fundamental. While the economist deals with plants or firms or industries, the engineer must deal primarily with separate physical processes. [...] In describing the process of production, both must deal with the quantity, quality, and price of all feasible inputs which may produce a given output. The engineer is interested first in the selection of inputs and second with the quantity of each which will be required. He normally treats prices as parameters which will either be held constant throughout the analysis or at most take only a few possible values. The economist on the other hand is interested primarily in the effect of varying prices upon productive combinations. He, therefore, treats each qualitative variation in an input as if it were a separate input in order that each one will have an individual price. This procedure is useful so long as the discussion remains on an abstract level, but it is very cumbersome to apply in analyzing an actual productive process.

Die hier dargestellte Teilung in eine betriebswirtschaftliche und eine technische Sicht auf die Produktion schlägt sich auch in der Literatur nieder. Sie eignet sich deshalb für eine grobe Systematik der Modelle, an der sich die folgende Abschnitte orientieren:

- *Betriebswirtschaftliche Produktionsmodelle*, die Betriebsmittel im Rahmen von Kostenbilanzen als Restriktionen modellieren.
- *Statistische Prozessmodelle*, die das Verhalten von Produktionsprozessen mit Hilfe von qualitativen und quantitativen Größen des Materialflusses abbilden.
- *Deterministische Wirkungsmodelle*, die ursächlichen Zusammenhänge der Umwandlung der Rohstoffe und Vorprodukte in fertige Produkte auf Basis technisch-physikalischer Variablen beschreiben.

**Verhaltenserklärende und verhaltensbeschreibende Systemmodelle**

Modelle natürlicher oder künstlicher Systeme können grundsätzlich in verhaltensbeschreibende und verhaltenserklärende Modelle unterteilt werden [23, 217]: *Verhaltensbeschreibende Modelle* geben das historische Verhalten unter bestimmten Randbedingungen auf Grundlage von Beobachtungen wider. Zeigt das Verhalten

---

[11] HOLLIS B. CHENERY (* 6.1.1918, † 1.9.1994) versucht in diesem Text, den er 1949 im Seminar von WASSILY LEONTIEF an der Harvard University vorstellte, erstmals die betriebswirtschaftliche Kostenrechnung auf technische Größen zurückzuführen.

eine Regelmäßigkeit, kann auf ein ähnliches Verhalten in der Zukunft geschlossen werden. Verhaltensbeschreibende Modelle sind allerdings ausschließlich für die Randbedingungen gültig, die für die Beobachtungen vorliegen. *Verhaltenserklärende Modelle* hingegen bilden die Wirkstruktur eines Systems ab, d.h. seine Komponenten, Verbindungen und funktionellen Zusammenhänge. Das Verhalten eines Systems kann aus diesen Modellen abgeleitet werden, ohne es vorher beobachten zu müssen.

In der hier verwendeten Systematik der Modelle sind die betriebswirtschaftlichen Produktionsmodelle und die statistischen Prozessmodelle der Klasse der verhaltensbeschreibenden Systemmodelle zuzuordnen und die deterministischen Wirkungsmodelle den verhaltenserklärenden Modellen.

## 2.1.2  Betriebswirtschaftliche Produktionsmodelle

Die nachfolgenden Abschnitte stellen die grundlegenden Modelle vor, mit denen die Betriebswirtschaftslehre Betriebsmittel beschreibt, sowie die Ziele, mit denen sie eingesetzt werden. Eine umfassende Übersicht zu diesen Themen finden sich unter den Stichwörtern Produktionstheorie, Kostentheorie und Investitionstheorie z. B. bei KISTNER [118] und STEVEN [196]. Einschlägige Lehrwerke mit einer breiteren inhaltlichen Ausrichtung sind z. B. [25, 32, 161, 186, 205]. Soweit nicht anders angegeben, sind die nachfolgenden Ausführungen dieser Literatur entnommen.

### 2.1.2.1  Das Betriebsmittel als ökonomische Variable

#### Das Betriebsmittel

Die Betriebswirtschaftslehre behandelt unter dem Sammelbegriff Produktionswirtschaft die wirtschaftswissenschaftlichen Probleme, die im Zusammenhang mit der Erstellung von Produkten und Leistungen stehen. Dabei sind Beziehungen zwischen ökonomischen Variablen von Interesse, die als *Produktionsfaktoren* bezeichnet werden und zu denen auch *Betriebsmittel*, z. B. Verarbeitungsmaschinen, zählen. Die Modelle, mit denen Betriebsmittel beschrieben werden, abstrahieren dabei weitgehend von den technischen Gesetzmäßigkeiten, die der Produktion zu Grunde liegen [118]. In dieser Betrachtung hat ein Betriebsmittel die Bedeutung einer Restriktion, unter der die betriebswirtschaftlichen Ziele erreicht werden müssen [205].

#### Das Input-Output-Modell

Das zentrale Modell der Betriebswirtschaftslehre zur Beschreibung einer Produktion ist das Black-Box-Modell aus Abb. 2.1. Die *Produktion* von Gütern wird als Transformation von Produktionsfaktoren verstanden, ohne ihren inneren Aufbau zu berücksichtigen. Auf der Input-Seite unterscheidet man zwischen den Einsatzfakto-

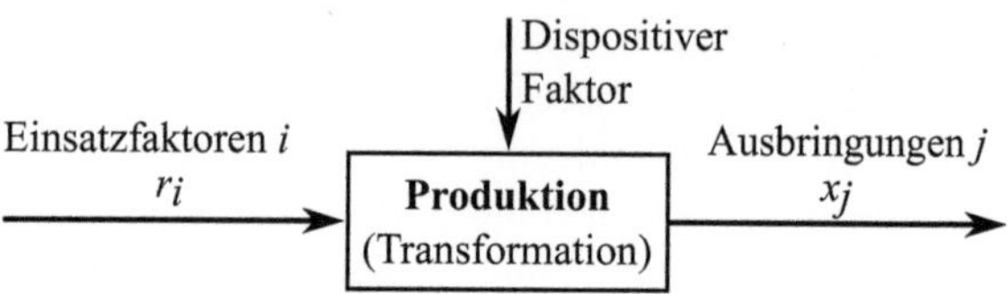


**Abb. 2.1** Das Input-Output-Modell der Produktion. Transformation der Einsatzfaktoren in Ausbringungen. In Anlehnung an [32, 186].

ren Werkstoffe, Arbeit und Betriebsmittel sowie den dispositiven Faktoren Planung und Organisation. Bei den Werkstoffen handelt es sich um sog. Repetierfaktoren, die in der Produktion verbraucht und daher wiederholt beschafft werden müssen. Arbeit und Betriebsmittel gelten als sog. Potentialfaktoren[12], die der Produktion dauerhaft zur Verfügung stehen. Dispositive Faktoren haben eine nachrangige Bedeutung für die Beschreibung der Produktion und werden im Weiteren nicht betrachtet. Auf der Output-Seite steht die Ausbringung als Mengenstrom der hergestellten Produkte. In dieser Modellvorstellung ist eine Produktion damit eine eindeutige Kombination aus $n$ Einsatzfaktormengen $r_i$ mit $i = 1...n$ und $m$ Ausbringungsmengen $x_j$ mit $j = 1...m$, die durch den Vektor

$$\mathbf{v} = (\mathbf{x}, \mathbf{r}) \tag{2.1}$$

dargestellt wird. Hierbei ist $\mathbf{x} = [x_1, ..., x_m]^\top$ der Vektor der Ausbringungen und $\mathbf{r} = [r_1, ..., r_n]^\top$ der Vektor der Einsatzfaktoren.

### 2.1.2.2  Betriebswirtschaftliche Kennzahlen

**Wirtschaftlichkeit und Rentabilität der Unternehmung**

Die Produktion materieller Güter findet im Rahmen von Unternehmungen statt, die dazu entsprechende Betriebsmittel nutzen. Vorderstes Ziel eines Unternehmens ist die Erzielung von *Gewinn*[13]:

---

[12] Die Unterscheidung von Potentialfaktoren (stocks) und Repetierfaktoren (flows) führte VERNON SMITH (* 1.1.1927) ein [191]. Sie ist wesentlich für eine realitätsnahe Beschreibung der Produktion. Die neoklassische Produktionstheorie und die Aktivitätsanalyse als alternative Modellansätze nehmen diese Unterscheidung nicht vor. Sie ordnen Betriebsmittel dem Kapital zu, das beliebig mit Arbeit und Werkstoffen ausgetauscht werden kann, und ignorieren damit die Restriktionen für Produktion und Investition, die sich aus technischen Zusammenhängen ergeben [118]. Diese Ansätze sind für die Untersuchungen dieser Arbeit daher nicht geeignet.

[13] Die hier skizzierten Kennzahlen und Zielstellungen des Unternehmens sind kein Spezifikum kapitalistischer Marktwirtschaft. In einer sozialistischen Zentralverwaltungswirtschaft, um den populärsten Gegenentwurf zu nennen, sind die Produktionsmittel zwar in staatlicher Verwaltung und anstelle des Gewinnstrebens des Einzelnen tritt die gesamtgesellschaftliche Aufgabe der Reproduktion der Volkswirtschaft. Die Befolgung des Wirtschaftlichkeitsprinzips und die Erzielung von Gewinn ist zu diesem Zweck aber ebenso gefordert wie die Rentabilität des eingesetzten Kapitals. Der größte Unterschied liegt in der Bildung der Preise und Festlegung der Produktionsmengen, die in der Zentralverwaltungswirtschaft staatlich festgesetzt sind. Vgl. hierzu z. B. Lehrwerke zur sozialistischen Betriebswirtschaft wie [163].

$$Gewinn = Umsatz - Kosten. \tag{2.2}$$

Hierbei bezeichnet der Umsatz die Einnahmen aus den verkauften Produkten. Unter Kosten sind die Aufwendungen an Gütern und Dienstleistungen zu verstehen, die erforderlich sind, um die Produkte herzustellen. Das Handeln jedes Unternehmens wird vom Prinzip der *Wirtschaftlichkeit* bestimmt, das als

$$Wirtschaftlichkeit = \frac{Umsatz}{Kosten} \tag{2.3}$$

definiert ist. Demnach kann ein Unternehmen zwei Strategien folgen: Die Maximierung des Umsatzes bei vorgegebenen Kosten (Maximalprinzip) oder die Minimierung der Kosten bei vorgegebenem Umsatz (Minimalprinzip). Bezieht man das Kapital der Unternehmung in die Betrachtung ein, das bspw. als Anlagevermögen[14] in Form von Betriebsmitteln vorliegt, erhält man die Rentabilität mit

$$Rentabilität = \frac{Gewinn}{Kapital} = \frac{Umsatz - Kosten}{Kapital}. \tag{2.4}$$

Die Existenz von Preisen, die Produkte, Güter und Dienstleistungen bewerten, ist Voraussetzung für die Ermittlung dieser betriebswirtschaftlichen Kennzahlen. So berechnet sich der Umsatz $U$ durch

$$U = \sum_{j=1}^{m} x_j \cdot p_j \tag{2.5}$$

aus den Preisen $p_j$ und der Ausbringungsmengen $x_j$ zu jedem Produkt $j$. Die Kosten $K$ ergeben sich mit

$$K = \sum_{i=1}^{n} r_i \cdot q_i \tag{2.6}$$

aus den Preisen $q_i$ und der Einsatzmengen $r_i$ zu jedem Einsatzfaktor $i$. Sofern ein Unternehmen kein Monopol hat, sind die Preise durch den Markt gegeben und können nicht durch das Unternehmen bestimmt werden, vgl. [118, 205]. Die Modelle der Produktions- und Investitionstheorie beschränken sich deshalb auf Ausbringungs- und Einsatzmengen. Preise sind hierbei parametrische Randbedingungen.

**Produktivität und Effizienz**

Ohne Kenntnis von Preisen lassen sich verschiedene Produktionen anhand ihrer Effizienz und Produktivität bewerten.

---

[14] Richtigerweise ist das Anlagevermögen um die Summe der Abschreibungen auf ein Betriebsmittel vermindert, sodass i. d. R. nicht die vollständige Summe der Investitionskosten dauerhaft in der Bilanz steht.

**Definition 2.3** Eine Produktion $\mathbf{v}^* = (\mathbf{x}^*, \mathbf{r}^*)$ ist *effizient*, wenn es keine andere Produktion $\mathbf{v} = (\mathbf{x}, \mathbf{r})$ gibt, sodass gilt $r_i \leq r_i^*$ für alle $i = 1, 2, ..., n$ und $x_i \geq x_j^*$ für alle $j = 1, 2, ..., m$, sowie $r_i < r_i^*$ für mindestens ein $i$ oder $x_i > x_j^*$ mindestens ein $j$.

D. h., eine Produktion ist effizient, wenn es nicht gelingt, die Einsatzmenge eines Einsatzfaktors zu reduzieren oder die Ausbringungsmenge eines Produktes zu erhöhen, ohne gleichzeitig die Einsatzmenge eines anderen Faktors zu erhöhen bzw. die Ausbringungsmenge eines anderen Produktes zu reduzieren.[15] Effizienz ist ein objektives Auswahlkriterium, weil eine ineffiziente Produktion in keinem Preissystem vorteilhaft sein kann, vgl. dazu Gleichungen (2.5) und (2.6). Der Gegensatz von Effizienz ist folglich Verschwendung [196].

Die *Produktivität* $P_{ji}$ bezeichnet das Verhältnis zwischen Ausbringungsmenge $x_j$ und Einsatzmenge $r_i$ mit

$$P_{ji} = \frac{x_j}{r_i}. \tag{2.7}$$

Der Kehrwert der Produktivität mit

$$a_{ij} = \frac{r_i}{x_j} \tag{2.8}$$

wird Produktions- oder Verbrauchskoeffizient genannt. Unter der Voraussetzung gegebener Preise ist die Produktivität damit ein Maß für die Wirtschaftlichkeit einer Produktion. Verfolgt ein Unternehmen das Maximalprinzip, wird es also versuchen die Ausbringungsmenge für eine gegebene Einsatzmenge zu steigern. Verfolgt es das Minimalprinzip, wird es versuchen die Einsatzmenge für eine bestimmte Ausbringungsmenge zu reduzieren.

### 2.1.2.3 Technologie und Produktion

**Der Technologiebegriff in der Betriebswirtschaft**

Während unter dem Begriff Produktion eine konkrete Transformation nach Gleichung (2.1) zu verstehen ist, beschreibt eine *Technologie* die Menge aller (technisch möglichen) Produktionen. Abb. 2.2 zeigt den einfachsten Fall eines Einsatzfaktors und einer Ausbringung, wobei jeder Punkt in der schraffierten Fläche einschließlich des Randes eine mögliche Produktion darstellt. Nach dem Wirtschaftlichkeitsprinzip sind effiziente Produktionen zu bevorzugen. Sie liegen auf dem effizienten Rand der Technologie, der sich aus dem oben beschriebenen Effizienzkriterium ergibt. Der effiziente Rand wird *Produktionsfunktion* genannt und ist in impliziter Form mit

$$f(\mathbf{x}, \mathbf{r}) = 0 \tag{2.9}$$

---

[15] Das Effizienzkriterium wurde zum ersten Mal von Vilfredo Pareto (* 15.7.1848, † 19.8.1923) in seinen Untersuchungen zur Wohlfahrtsökonomie formuliert [167].

gegeben. Für die Beschreibung einer Technologie wird demzufolge nur die Menge der effizienten Produktionen hinzugezogen.

**Substitutionalität und Limitationalität**

Einen Schwerpunkt im Rahmen betriebswirtschaftlicher Untersuchungen bildet die Frage, welche Veränderung der Ausbringungsmenge eine Variation der Einsatzfaktormengen hervorruft. Dabei wird zwischen zwei grundsätzlichen Eigenschaften unterschieden: Substitutionalität und Limitationalität. Üblicherweise werden zur Darstellung dieser Eigenschaften sog. Isoquanten verwendet, wie sie in Abb. 2.3 für den einfachsten Fall von $n = 2$ Einsatzfaktoren und $m = 1$ Ausbringungen gezeigt sind. Eine Isoquante verbindet alle Faktorkombinationen, die zur gleichen Ausbringungsmenge führen.

*Substitutionalität* liegt vor, wenn ein Einsatzfaktor durch einen anderen ersetzt werden kann. Es gibt demnach verschiedene Kombinationen der Einsatzfaktoren, die für eine bestimmte Ausbringungsmenge zu einer effizienten Produktion führen, siehe Abb. 2.3a. Formal bedeutet das, dass die Produktionskoeffizienten der einzelnen Einsatzfaktoren nach Gleichung (2.8) variabel ist. Substitutionalität tritt in der industriellen Produktion selten auf und erfordert i. d. R. technische Veränderungen, z. B. beim Ersatz von Öl durch Gas in Verbrennungsprozessen [186].

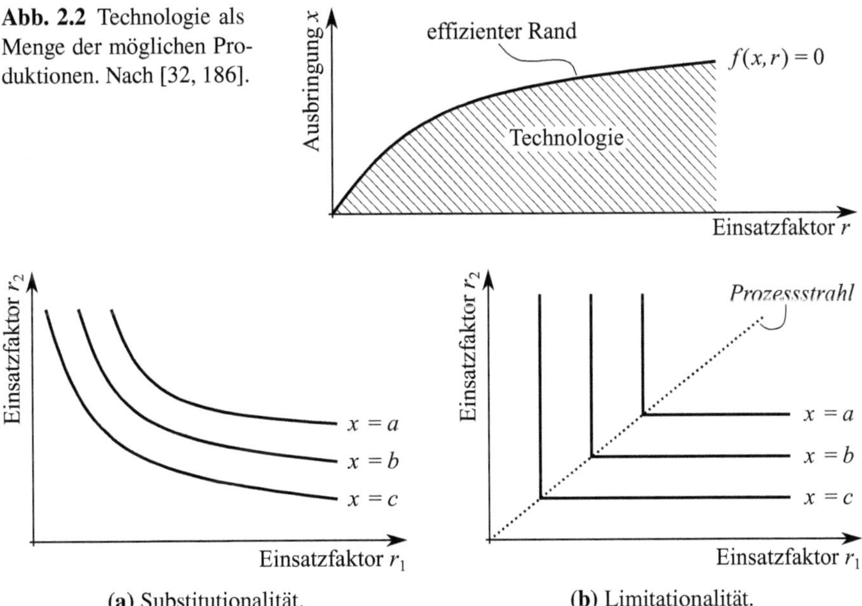



**Abb. 2.2** Technologie als Menge der möglichen Produktionen. Nach [32, 186].

**Abb. 2.3:** Charakteristische Eigenschaften von Produktionsfunktionen. Isoquanten zu verschiedenen Ausbringungsmengen $a < b < c$. In Anlehnung an [186].

Kann eine bestimmte Ausbringungsmenge nur durch eine bestimmte Faktorkombination hergestellt werden, spricht man von *Limitationalität*. In diesem Fall sind die Produktionskoeffizienten der einzelnen Einsatzfaktoren nach Gleichung (2.8) unveränderlich. Die Steigerung eines einzelnen Einsatzfaktors ist zwar grundsätzlich möglich, führt aber nicht zu einer größeren Ausbringungsmenge, siehe Abb. 2.3b. Die Produktion ist dann ineffizient. Diese Eigenschaft gilt für die meisten Produktionen[16]. Formal existiert damit auf jeder Isoquante nur ein Punkt, der einer effizienten Produktion entspricht. Die verbindende Linie dieser Punkte für verschiedene Ausbringungen heißt Prozessstrahl und bildet den effizienten Rand aus Abb. 2.2 und die Produktionsfunktion aus Gleichung (2.9) ab. Ist der Prozessstrahl eine Gerade, spricht man von einer linearen-limitationalen Produktion[17], die Grundlage für die meisten in der Praxis verwendeten Modelle ist.

**Das Putty-Clay-Modell**

Die Beobachtung, dass durch Veränderung technischer Variablen sehr wohl Substitutionalität erreicht werden kann, führt zum *Putty-Clay-Modell*[18]. Demnach ist vor der Beschaffung und Installation eines Betriebsmittels durch *Technologiewahl* eine Substitution der Einsatzfaktoren möglich. Danach sind die Produktionskoeffizienten der Einsatzfaktoren für die *laufende Produktionsplanung* fixiert. Das bedeutet, dass in der Planungsphase (ex ante) substitutionale Produktionsfunktionen und in der Betriebsphase (ex post) limitationale Produktionsfunktionen gelten. Die folgenden beiden Kapitel gehen auf diese unterschiedlichen Modelle ein. Vereinfachend wird dabei von einer sog. *Einproduktproduktion* mit der Ausbringungsmenge $x$ ausgegangen. Die Aussagen gelten aber ebenso für sog. *Mehrproduktproduktionen* mehrerer Ausbringungsmengen $x_i$ mit $i = 1, 2, ..., m$.

### 2.1.2.4 Investitionstheorie und Technologiewahl

**Alterung und technischer Fortschritt**

Über einen längeren Zeitraum verändert sich eine Produktion in Abhängigkeit der Nutzungsdauer $t$ der bestehenden Betriebsmittel und dem Zeitpunkt $\tau$ der Beschaffung neuer Betriebsmittel. Die Produktionsfunktion (2.9) und daraus abgeleiteten

---

[16] Diese Erkenntnis geht auf Erich Gutenberg (* 13.12.1897, † 22.5.1984) zurück. In der zweiten Auflage seines Hauptwerks kritisiert er, dass die Substitutionalität die betriebliche Realität nicht widerspiegelt. So werde z. B. für einen bestimmten Maschinentyp eine bestimmte Anzahl von Arbeitern benötigt und die Produktionsmenge ließe sich durch zusätzliches Personal an dieser Maschine nicht erhöhen [90].

[17] Linear-limitationale Produktionsfunktionen für $m$ Einsatzfaktoren werden nach dem Ökonomen Wassily Leontief (* 5.8.1905, † 5.2.1999) Leontief-Funktionen genannt.

[18] Das Modell wurde 1959 von Leif Johansen (* 11.5.1930, † 29.12.1982) in [112] vorgeschlagen. Der Begriff Putty-Clay-Modell stammt nicht von ihm. Er spielt auf die Modellierbarkeit von weichem Kitt (Putty) und der Unveränderlichkeit von Ton (Clay) nach dem Brennen an.

Kennzahlen sind damit zeitlich variabel. Bspw. kann für die Kosten

$$K = K(t, \tau) \tag{2.10}$$

geschrieben werden [118]. Es wird davon ausgegangen, dass ein Betriebsmittel durch Verschleiß *altert*, sodass Wartungs- und Instandhaltungsarbeiten zunehmen sowie größere Ausschussmengen anfallen. Damit steigen die Kosten mit fortschreitender Nutzungsdauer $t$. Gleichzeit können durch *technischen Fortschritt* neue Produkte hergestellt oder bessere Herstellungsverfahren eingesetzt werden. Hierdurch sind die Kosten niedriger, je später der Zeitpunkt $\tau$ der Beschaffung eines Betriebsmittels[19] liegt. Damit gilt:

$$\frac{\partial K}{\partial t} > 0 \qquad \text{und} \qquad \frac{\partial K}{\partial \tau} < 0 \,. \tag{2.11}$$

Gegenstand der Investitionsplanung ist daher die Ermittlung des optimalen Zeitpunkts für die Beschaffung eines neuen Betriebsmittels und die Auswahl der besten Technologie. Dafür stehen zwei sich ergänzende Modelle bereit: Die *Jahrgangs-Produktionsfunktionen* und die *Engineering Production Functions*.

### Jahrgangs-Produktionsfunktionen

Gemäß dem Putty-Clay-Modell kann für jeden Zeitpunkt $\tau$ eine substitutionale Jahrgangs-Produktionsfunktion aufgestellt werden. Abb. 2.4 zeigt ein Beispiel mit zwei Einsatzfaktoren und Investitionen zu drei Zeitpunkten $\tau = 1, 2, 3$. In der Literatur wird hierfür i. d. R. eine COBB-DOUGLAS-Produktionsfunktion [31] der Form

$$x = \alpha_0(\tau) \cdot \prod_{i=1}^{n} r_i^{\alpha_i} \tag{2.12}$$

**Abb. 2.4** Jahrgangs-Produktionsfunktionen. Technologiewahl entsprechend der Minimalkosten-kombination (MKK) und Entwicklung des Bestandes an Betriebsmitteln. Investition zu den Zeitpunkten $\tau = 1, 2, 3$. Substitutionalität zum Zeitpunkt der Investition und Limitationalität nach der Investition. In Anlehnung an [118, 196].

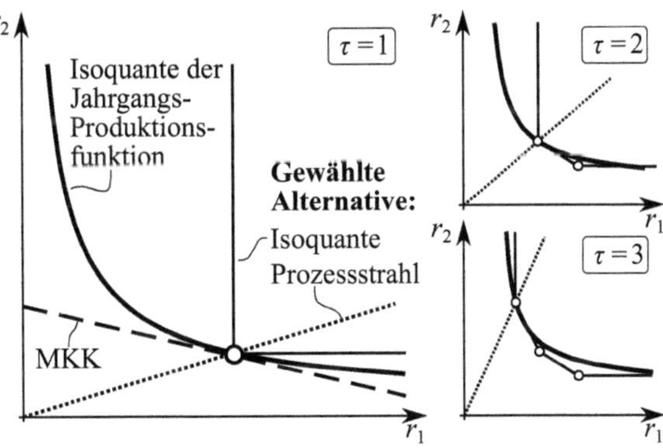


---

[19] Technischer Fortschritt erfolgt sprunghaft. Vereinfachend wird jedoch eine stetige Entwicklung angenommen, sodass der Ausdruck $K = K(t, \tau)$ stetig differenzierbar ist [118].

angegeben. Die Fortschrittsfunktion $\alpha_0(\tau)$ gibt dabei das technische Niveau zum Zeitpunkt $\tau$ an und $\alpha_i$ bezeichnet Wichtungsfaktoren der Einsatzfaktoren $i$, für die $\sum_{i=1}^{n} \alpha_i = 1$ gilt. Die Auswahl einer Alternative erfolgt anhand der niedrigsten Gesamtkosten, die für zwei Einsatzfaktoren durch die Minimalkostenkombination zum Zeitpunkt $\tau$ mit

$$\frac{q_1(\tau)}{q_2(\tau)} \cdot \frac{r_1}{r_2} = \frac{\alpha_1}{\alpha_2} \tag{2.13}$$

gegeben ist. Es ist zu erkennen, dass im Verlauf der Zeit mehrere Betriebsmittel zur Verfügung stehen, die miteinander kombiniert werden können. Hierbei sind alle Produktionen möglich, die auf den Verbindungslinien der Prozessstrahlen liegen. Ein Unternehmen hat damit die Möglichkeit seine Produktion anzupassen, siehe dazu Abschnitt 2.1.2.5.

**Engineering Production Functions**

Die pauschale Annahme einer für alle Technologien gültige Jahrgangs-Produktionsfunktion wird den technisch bedingten Zusammenhängen zwischen den Einsatzfaktoren und Ausbringungen nicht gerecht. Als Alternative schlägt CHENERY in seinem oben zitierten Aufsatz [29] erstmals die Verwendung von sog. Engineering Production Functions vor, die den Zusammenhang zwischen Einsatzfaktoren und Ausbringungen aus technischen Variablen $\mathbf{z} = [z_1, ..., z_l]^\top$ herleitet. Die erforderlichen Funktionen der Einsatzmengen $r_i = r_i(\mathbf{z})$ und Preise $q_i = q_i(\mathbf{z})$ folgen aus den technischen Eigenschaften des Produktionsverfahrens, die auf physikalischen, chemischen und biologischen Gesetzmäßigkeiten beruhen. Damit lässt sich die Produktionsfunktion (2.9) in Abhängigkeit der technischen Variablen formulieren:

$$f(\mathbf{x}, \mathbf{r}, \mathbf{z}) = 0 \,. \tag{2.14}$$

Viel zitierte Beispiele für Engineering Production Functions finden sich bei CHENERY [29] und SMITH [191]. Der praktischen Umsetzung der Engineering Production Functions sind allerdings enge Grenzen gesetzt, weil die Zahl der technischen Variablen i. d. R. zu groß ist, um ihren Einfluss auf die Einsatzfaktor- und Ausbringungsmengen zu bestimmen.[20] Die Bedeutung des Konzepts liegt daher vor allem darin, die Abhängigkeit der Produktion von den technischen Eigenschaften der Betriebsmittel und die Möglichkeit der Substitution von Einsatzfaktoren durch Veränderung technischer Parameter aufzuzeigen [118].

---

[20] Eine Ausnahme bilden verfahrenstechnische Prozesse, die von einer überschaubaren Anzahl standardisierter Maschinen und Reaktoren umgesetzt werden. So steht z. B. in [171] ein umfangreiches Tafelwerk für Anlagen der chemischen Industrie zur Verfügung, das die Investitionskosten von Pumpen, Mischern, Leitungen, chemischen Reaktoren, Wärmetauschern und Separatoren in Abhängigkeit von technischen Kenngrößen abbildet.

### 2.1.2.5 Produktionstheorie und Anpassung

**Die z-Situation**

Die Produktionsplanung in der Betriebsphase betrachtet kurze Zeiträume, in denen die technischen Eigenschaften eines Betriebsmittels als konstant angenommen werden. Die technischen Variablen $\mathbf{z}$ sind damit auf die Werte $\tilde{\mathbf{z}} = [\tilde{z}_1, ..., \tilde{z}_l]^\top$ festgelegt. Für die Produktionsfunktion gilt dann

$$f(\mathbf{x}, \mathbf{r}, \tilde{\mathbf{z}}) = 0 \,, \tag{2.15}$$

wobei $\tilde{\mathbf{z}}$ konstante Parameter der Funktion sind, die nach GUTENBERG [90] als *z-Situation* bezeichnet werden. Die z-Situation ist durch die Technologiewahl weitgehend bestimmt. Gibt es technische Variablen, die sich im Nachhinein verändern lassen, erfolgt der Übergang zu einer neuen z-Situation, z. B. durch die Veränderung von Maschineneinstellungen. Ein solcher Vorgang wird gelegentlich als *technische Voroptimierung* bezeichnet [118, 196].

**Theorie der Anpassungsformen und GUTENBERG-Produktionsfunktion**

Nachdem die Eigenschaften des einzelnen Betriebsmittels mit der z-Situation feststehen, liegt der Fokus der Produktionsplanung auf dem optimalen Einsatz der verfügbaren Betriebsmittel bei *Beschäftigungsschwankungen*. Für die sog. *Anpassung* der Produktion sind drei *Anpassungsformen* möglich:

Bei der *zeitlichen Anpassung* wird die Laufzeit $t$ der Betriebsmittel innerhalb der Grenzen $t_{\min} \leq t \leq t_{\max}$ variiert. Die *quantitative Anpassung* bezeichnet die Veränderung der Anzahl $N$ eingesetzter, gleicher und unteilbarer Betriebsmittel. Als *intensitätsmäßige Anpassung* wird die Variation der Ausbringungsmenge pro Zeiteinheit verstanden. Die *Intensität* bzw. *Produktionsgeschwindigkeit* ist daher definiert durch

$$v = \frac{x}{t} \tag{2.16}$$

und kann in den Grenzen $v_{\min} \leq v \leq v_{\max}$ variiert werden. In Abb. 2.3b drückt sich die zeitliche und quantitative Anpassung damit als Variation der Produktion entlang des Prozessstrahls aus, während die intensitätsmäßige Anpassung einen Wechsel des Prozessstrahls bedeutet.

Die Ausbringungsmenge $x$ einer Produktion ist schließlich durch die GUTENBERG-Produktionsfunktion[21] mit

$$x = v \cdot t \cdot N \tag{2.17}$$

---

[21] Eine umfassende Übersicht und Bewertung alternativer Produktionsfunktionen findet sich bei STEVEN [196]. Die GUTENBERG-Produktionsfunktion gilt unter diesen Produktionsfunktionen als die am meisten praxistaugliche und allgemeingültige und hält bislang der empirischen Überprüfung stand, vgl. dazu [188]. Für diese Arbeit ist daher eine Beschränkung auf die GUTENBERG-Produktionsfunktion ausreichend und sinnvoll.

gegeben, wobei dieser Ausdruck gelegentlich auch als *Kapazität* einer Produktion bezeichnet wird, siehe z. B. [32]. Der Produktionsplanung stehen damit verschiedene, kombinierte Anpassungsstrategien zur Verfügung.

**Verbrauchsfunktionen und Faktoreinsatzfunktionen**

Die Produktionsfunktion eines einzelnen Betriebsmittels ist nach Gleichung (2.17) ausschließlich von der Produktionsgeschwindigkeit abhängig. Durch Normierung der Laufzeit mit $t = 1$ ist die Produktionsfunktion der Einproduktproduktion durch

$$f(x, r_1, ..., r_n, v) = 0 \qquad (2.18)$$

gegeben. Der Zusammenhang zwischen Ausbringungsmenge $x$, Einsatzfaktormengen $[r_1, ..., r_n]^\top$ und Produktionsgeschwindigkeit $v$ charakterisiert damit ein Betriebsmittel vollständig. Die nachfolgend erläuterte Verbrauchsfunktion und Faktoreinsatzfunktion haben sich zur Beschreibung dieses Zusammenhangs etabliert:

Die *Verbrauchsfunktion* gibt die Abhängigkeit des Produktionskoeffizienten $a_i$ eines Einsatzfaktors $i$ von der Produktionsgeschwindigkeit durch

$$a_i = a_i(v) \qquad (2.19)$$

an, vgl. Gleichung (2.8). Abb. 2.5 zeigt typische Formen von Verbrauchsfunktionen [118]: Ein konvexer Verlauf ergibt ähnlich Abb. 2.5a sich, wenn das Betriebsmittel auf eine bestimmte Produktionsgeschwindigkeit ausgelegt wurde. Eine monoton steigende Verbrauchsfunktion zeigt wie in Abb. 2.5b z. B. auf zunehmende Ausschussmengen bei höheren Produktionsgeschwindigkeiten. Eine monoton fallende Verbrauchsfunktion ergibt ähnlich Abb. 2.5c sich z. B. für Arbeitskräfte mit Zeitlohn, und eine konstante Funktion nach Abb. 2.5d, wenn die Arbeitskräfte Akkordlohn erhalten. Unstetige und diskrete wie in Abb. 2.5e und 2.5f Verbrauchsfunktionen folgen aus kritischen Produktionsgeschwindigkeiten, bei denen ein Umschalten von Maschineneinstellungen[22] erforderlich ist.

Die *zeitbezogene Faktoreinsatzfunktion* beschreibt die erforderliche Einsatzmenge $r_i$ eines Einsatzfaktors $i$ in Abhängigkeit der Produktionsgeschwindigkeit:

$$r_i = a_i(v) \cdot x \, . \qquad (2.20)$$

Die Verläufe der Faktoreinsatzfunktion in Abb. 2.6 leiten sich aus den typischen Verbrauchsfunktionen ab [118]. Bspw. ergeben sich Faktoreinsatzfunktionen mit Wendepunkt wie in Abb. 2.6a aus u-förmigen Verbrauchsfunktionen, monoton steigende Faktoreinsatzfunktionen ähnliche Abb. 2.6b aus monoton steigenden Verbrauchsfunktionen und linear steigende Faktoreinsatzfunktionen wie in Abb. 2.6c aus konstanten Verbrauchsfunktionen.

---

[22] An dieser Stelle macht die Literatur widersprüchliche Angaben: Generell wird die Änderung von Maschineneinstellungen als Änderung der z-Situation gedeutet. Andererseits wird von dieser Definition abgewichen, wie in diesem Beispiel.

Ausgehend vom einzelnen Betriebsmittel bereiten Verbrauchs- und Faktoreinsatzfunktionen damit die technisch bedingten Zusammenhänge einer Produktion in einer Form auf, die für die betriebswirtschaftliche Planung verwendbar ist.

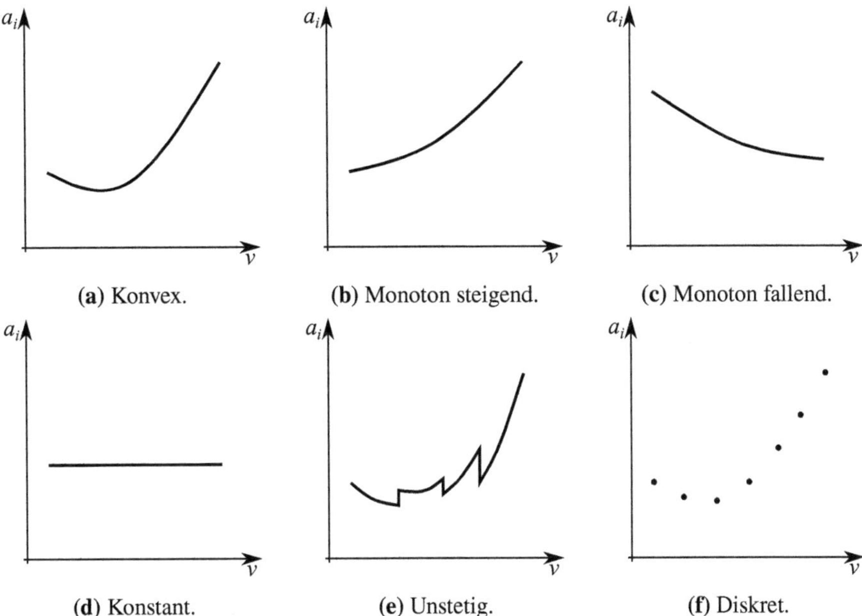


**Abb. 2.5:** Typische Verbrauchsfunktionen für eine Ausbringung und mehrere Einsatzfaktoren, nach [118]. Produktionskoeffizient $a_i$, $i$-ter Einsatzfaktor in Abhängigkeit der Produktionsgeschwindigkeit $v$.

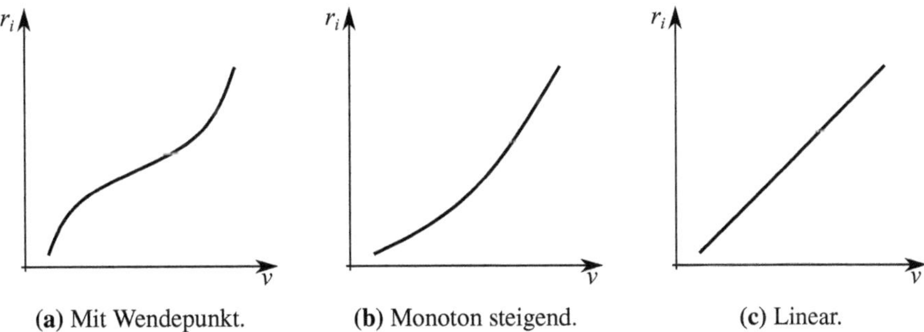


**Abb. 2.6:** Typische Faktoreinsatzfunktionen für eine Ausbringung und mehrere Einsatzfaktoren, nach [118]. Einsatzmenge $r_i$ des $i$-ten Einsatzfaktors in Abhängigkeit der Produktionsgeschwindigkeit $v$.

**Kostenfunktionen**

Aus den Verbrauchs- und Faktoreinsatzfunktionen werden Kostenfunktionen wie in
Abb. 2.7 abgeleitet, die den Zusammenhang zwischen den Kosten und der Anpassung
der Produktion herstellen. Die Gesamtkosten $K(x)$ setzen sich zusammen aus den
Fixkosten $K_f$, die von der Ausbringung unabhängig und dem einzelnen Betriebsmittel
oder höheren Abrechnungsstellen zugeordnet sind, und den variablen Kosten $K_v(x)$,
die von der Ausbringung abhängig sind:

$$K(x) = K_f + K_v(x) \ . \tag{2.21}$$

Die Stückkosten $k(x)$ für ein hergestelltes Produkt ergeben sich aus den Gesamtkosten durch

$$k(x) = \frac{K(x)}{x} \ , \tag{2.22}$$

wobei $k_f = K_f/x$ die fixen Stückkosten und $k_v = K_v(x)/x$ die variablen Stückkosten
sind.

Nach Gleichung (2.6) berechnen sich die Kosten als Produkt der Mengen und
Preise der Einsatzfaktoren. Damit können die variablen Kosten direkt aus der Faktoreinsatzfunktion (2.20) mit

$$K_v(v) = \sum_{i=1}^{n} a_i(v) \cdot x \cdot q_i \tag{2.23}$$

hergeleitet werden und die variablen Stückkosten folgen aus der Verbrauchsfunktion (2.19) mit

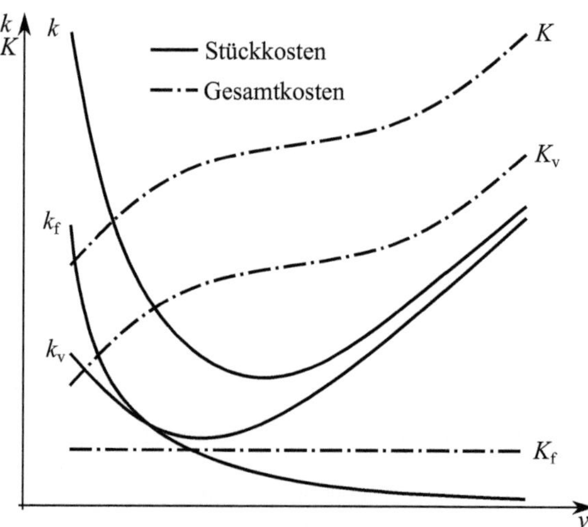


**Abb. 2.7** Kostenfunktion bei u-förmiger Verbrauchsfunktion. Gesamtkosten $K$, variable Kosten $K_v$, Fixkosten $K_f$, Stückkosten $k$, variable Stückkosten $k_v$ und fixe Stückkosten $k_f$. Unter Verwendung von [32, 196].

$$k_{\mathrm{V}}(v) = \sum_{i=1}^{n} a_i(v) \cdot q_i \ . \tag{2.24}$$

Abb. 2.7 zeigt die typischen Verläufe der Gesamt- und Stückkosten sowie ihrer fixen und variablen Anteile in Abhängigkeit der Produktionsgeschwindigkeit bei einer u-förmigen Verbrauchsfunktion [196].

**Gebrauchswert einer Verarbeitungsmaschine**

Einen ähnlichen, aber weiterführenden Ansatz führt Bleisch [21] mit dem Gebrauchswert von Verarbeitungsmaschinen ein, siehe Abb. 2.8. Grundlage ist die Produktivitäts-Verarbeitungskosten-Charakteristik, die bereits zu Beginn dieser Arbeit mit Abb. 1.6 eingeführt wurde. Der Gebrauchswert einer Verarbeitungsmaschine ist hierbei mit dem Gewinn gleichzusetzen, den die Maschine erwirtschaftet. Der Gewinn ergibt sich dabei wie in Gleichung (2.2) aus der Differenz zwischen Umsatz und Kosten. Die spezifischen Verarbeitungskosten[23] $k_{\mathrm{V}}$ sind abhängig von der

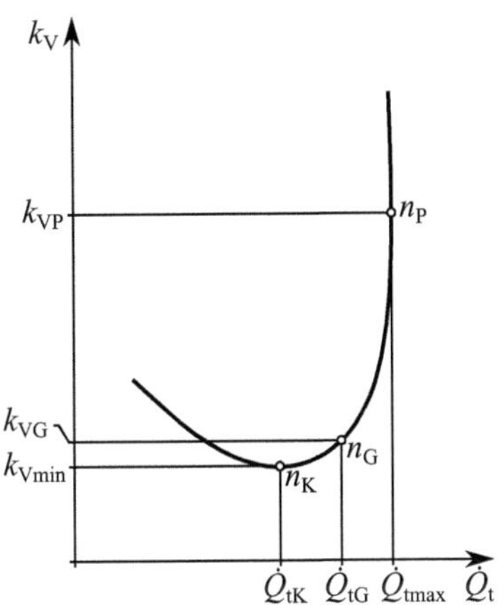

(a) Tatsächliche Produktivität und spezifische Verarbeitungskosten.

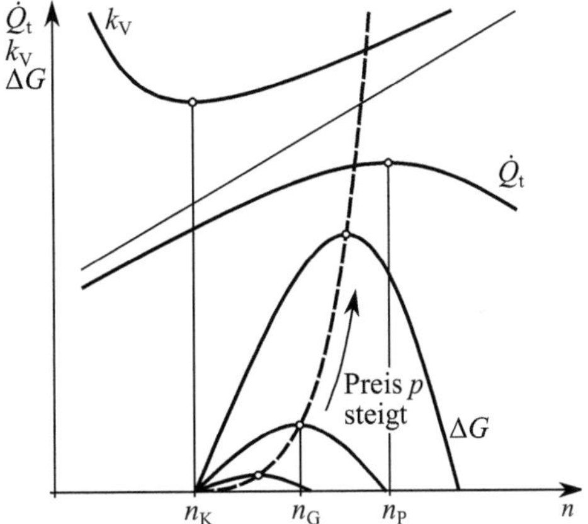

(b) Einfluss des Verkaufspreises und der Taktzahl auf die Änderung des Gewinns.

**Abb. 2.8:** Gebrauchswert einer Verarbeitungsmaschine. Tatsächliche Produktivität $\dot{Q}_{\mathrm{t}}$, spezifische Verarbeitungskosten $k_{\mathrm{V}}$, Taktzahl $n$, Veränderung des Gewinns gegenüber dem kostenminimalen Arbeitspunkt $\Delta G = G(n) - G(n_{\mathrm{K}})$. Kostenminimaler Arbeitspunkt $n_{\mathrm{K}}$, $\dot{Q}_{\mathrm{tK}}$, $k_{\mathrm{Vmin}}$. Produktivitätsmaximaler Arbeitspunkt $n_{\mathrm{P}}$, $\dot{Q}_{\mathrm{tmax}}$, $k_{\mathrm{VP}}$. Gewinnoptimaler Arbeitspunkt $n_{\mathrm{G}}$, $\dot{Q}_{\mathrm{tG}}$, $k_{\mathrm{VG}}$ für einen bestimmten Verkaufspreis $p$ des hergestellten Produktes. Nach [21].

---

[23] Bleisch definiert die spezifischen Verarbeitungskosten $k_{\mathrm{V}}$ wie Gleichung (2.22) als Kosten pro hergestelltes Produkt und berücksichtigen fixe Abschreibungs-, Instandhaltungs- und Gebäudekosten sowie variable Personal-, Energie-, Material- und Kosten für unverkäufliche Produkte [21]. Eine Aufschlüsselung der spezifischen Verarbeitungskosten in fixe und variable Anteil ähnlich der Kostenfunktion aus Abb. 2.7 findet sich in [95].

Taktzahl $n$, ähnlich der Abhängigkeit der Stückkosten $k$ von der Produktionsgeschwindigkeit $v$, vgl. Abb. 2.7. Der Umsatz ergibt sich gemäß Gleichung (2.5) als Produkt der tatsächlichen Produktivität $\dot{Q}_t$ und den Verkaufspreisen $p$. Unter der Annahme konstanter Preise ist der Umsatz proportional zur tatsächlichen Produktivität $U \sim \dot{Q}_t = f(n)$. Sowohl die tatsächliche Produktivität als auch die spezifischen Verarbeitungskosten sind im Bereich $n_K \leq n \leq n_P$ monoton steigend, woraus der Zusammenhang nach Abb. 2.8a folgt. In diesem Bereich hat der Gewinn wegen

$$G(n) = p \cdot \dot{Q}_t(n) - k_V(n) \cdot \dot{Q}_r(n) \qquad (2.25)$$

ein Maximum bei $n_G$. Die gewinnmaximale Drehzahl $n_G$ hängt dabei vom Verkaufspreis $p$ der Produkte ab, siehe Abb. 2.8b. BLEISCH gibt hierbei nicht den absoluten Gewinn sondern die Änderung des Gewinns $\Delta G = G(n) - G(n_K)$ in Bezug auf den Gewinn bei kostenminimaler Taktzahl an. Die Gebrauchswertoptimierung ist damit die Ermittlung der gewinnmaximale Taktzahl $n_G$ zwischen der kostenminimalen Takzahl $n_K$ und der produktivitätsmaximalen Taktzahl $n_P$.


**Flexibilität**


Veränderte, wirtschaftliche Randbedingungen und technischer Fortschritt ab den 1980er Jahren weichen das GUTENBERGsche Paradigma der limitationalen Produktion teilweise auf. *Flexibilität* ist seitdem eine wichtige, häufig geforderte Eigenschaft der Produktion, die im Wesentlichen die Fähigkeit eines Unternehmens beschreibt, durch Anpassung seiner Produktion auf Veränderungen des Marktes zu reagieren[24]. GRUPPSTRÖM UND OLHAGER [88] stellen einen Ansatz vor, der Flexibilität als Eigenschaft der Produktion beschreibt und in Bezug zur Produktionstheorie setzt, vgl. Abb. 2.9. Sie unterscheiden zwischen *Output-Flexibilität* als Anpassungsfähig-

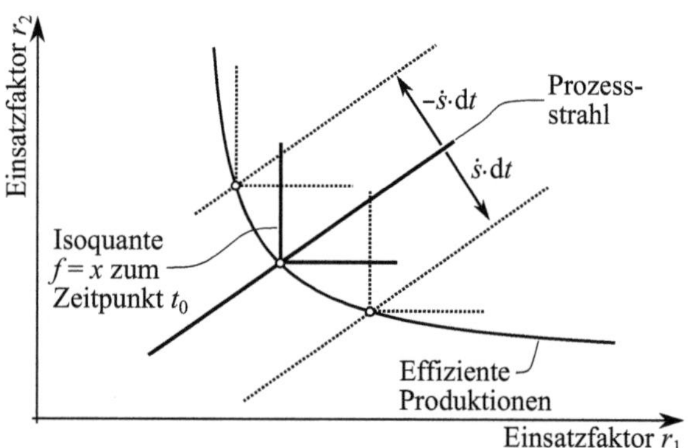


**Abb. 2.9** Input-Flexibilität. Anpassungsgeschwindigkeit $\dot{s}$ als Maß für die Flexibilität einer Produktion. Unter Verwendung von [88].

---

[24] Zum Thema Flexibilität der Produktion ist eine große Anzahl von Publikationen erschienen. Eine viel zitierte Übersicht über die Literatur findet sich bei [15]. Für diese Arbeit sind lediglich die Ansätze relevant, die messbare Größen zur Bewertung von Flexibilität definieren oder technische Vorgaben zur Umsetzung von Flexibilität machen.

keit der Ausbringungsmengen gegenüber Veränderungen der Nachfrage am Markt und *Input-Flexibilität* als Anpassungsfähigkeit der Einsatzfaktormengen gegenüber internen und externen Veränderungen der Produktionsbedingungen. Als messbare Größe für die Flexibilität dient die Geschwindigkeit $\dot{s}$ mit

$$\dot{s} = \frac{\mathrm{d}(w \cdot x)}{\mathrm{d}t} \qquad \text{bzw.} \qquad \dot{s} = \frac{\mathrm{d}(w \cdot r)}{\mathrm{d}t} \, , \qquad (2.26)$$

wobei $w$ eine Gewichtung der einzelnen Ausbringung bzw. des einzelnen Einsatzfaktors beschreibt, die aus der Bewertung durch Preise ergibt oder durch den Prozessstrahl festgelegt ist. Demnach gehen sowohl der Anpassungsumfang der Ausbringung $\mathrm{d}(w \cdot x)$ bzw. des Einsatzfaktors $\mathrm{d}(w \cdot r)$, als auch die Zeit $\mathrm{d}t$ in die Bemessung der Flexibilität ein. Abb. 2.9 stellt den Fall Input-Flexibilität schematisch dar und ist ebenso auf die Output-Flexibilität übertragbar. Je größer die Anpassungsgeschwindigkeit ist, desto flexibler ist die Produktion. Flexibilität hebt damit die Limitationalität der Produktion zu einem gewissen Maß auf und ermöglicht die beschränkte Substitution von Ausbringungen und Einsatzfaktoren.

### 2.1.2.6 Betriebswirtschaftliche Qualitätsmodelle

**Qualitätsmanagement**

Die Produktions- und Investitionstheorie bezieht sich ausschließlich auf Produktionsmengen und lässt die Produktqualität unbeachtet. In der betrieblichen Praxis spielt die Qualität des hergestellten Produktes jedoch eine große Rolle. Dabei ist Qualität als *Maß der Erfüllung von Anforderungen* definiert, die von außen durch die Erwartungen des Kunden vorgegeben und nach innen durch betriebliche Standards festgelegt sind [172, 228].

Zum heutigen Zeitpunkt[25] gilt Qualität als Angelegenheit aller Abteilungen und Mitarbeiter über den gesamten Wertschöpfungsprozess eines Betriebs. Mit dem *Qualitätsmanagement* hat sich international ein Konzept durchgesetzt, das Methoden und Modelle zur Planung, Steuerung und Kontrolle der Aufgaben zusammenfasst [161]. Die ISO 9000-Reihe[26] legt Standards für das Qualitätsmanagement fest und ist inzwischen notwendige Voraussetzung für die Teilnahme am internationalen Wirtschaftsverkehr [32, 172].

---

[25] Zur Entwicklung des Qualitätsbegriffs seit der Antike siehe [177].

[26] Die ISO 9000 legt die Grundlagen und Begriffe von Qualitätsmanagementsystemen fest. Sie definiert Qualität folgendermaßen: *„Die Qualität der Produkte und Dienstleistungen einer Organisation wird durch die Fähigkeit bestimmt, Kunden zufrieden zu stellen sowie durch die beabsichtigte und unabsichtliche Auswirkung auf relevante interessierte Parteien. Die Qualität von Produkten und Dienstleistungen umfasst nicht nur deren vorgesehene Funktion und Leistung, sondern auch ihren wahrgenommenen Wert und Nutzen für den Kunden."* [54] Die ISO 9001 legt die Mindeststandards von Qualitätsmanagementsystemen fest. Sie folgt einem prozessorientierten Ansatz, dessen Grundlage der PDCA-Zyklus (Plan-Do-Control-Act) ist [55]. Die ISO 9004 ist ein nicht bindender Leitfaden zum Erreichen von Effizienz in Qualitätsmanagementsystemen. Sie dient als Hilfestellung zur Entwicklung von Unternehmen in Richtung Total-Quality-Management [56].

Qualitätsmanagement umfasst in erster Linie Konzepte für die Personalführung und betriebliche Organisation, die nicht im Fokus dieser Untersuchung sind und deshalb hier auch keine Beachtung finden. Hinter diesen Konzepten stehen jedoch konkrete Modelle zur Beschreibung der Qualität von Produkten, die in den folgenden Abschnitten kurz vorgestellt werden. Es handelt sich dabei um Modelle, die Produktqualität durch Geldwerte ausdrücken und damit der betriebswirtschaftlichen Gewinnrechnung zugänglich machen.

### Die Wertfunktion

Der Verbraucher beurteilt die Qualität eines Produktes daran, ob es seine Erwartungen erfüllt. Bei Untererfüllung hat das Produkt einen geringeren *Wert* für ihn und er wird das Produkt nur mit einem Preisabschlag erwerben. Werden seine Erwartungen mehr als erfüllt, ist er möglicherweise bereit, einen höheren Preis zu bezahlen. Die Möglichkeit einen Preis für ein Produkt durchzusetzen, ist an den Wert des Produkts für den Kunden gekoppelt. Produktqualität wird damit als Einflussgröße des Umsatzes eines Unternehmens abgebildet. Die Abhängigkeit dieses Wertes von konkreten Merkmalen des Produkts beschreibt die Wertfunktion. Abb. 2.10 zeigt einen typischen Verlauf, der bis zum Erreichen des geforderten Ausprägung eines Merkmals steil ansteigt, um anschließend flacher zu verlaufen. D. h., Untererfüllung wird hart bestraft und Übererfüllung gering honoriert [172].

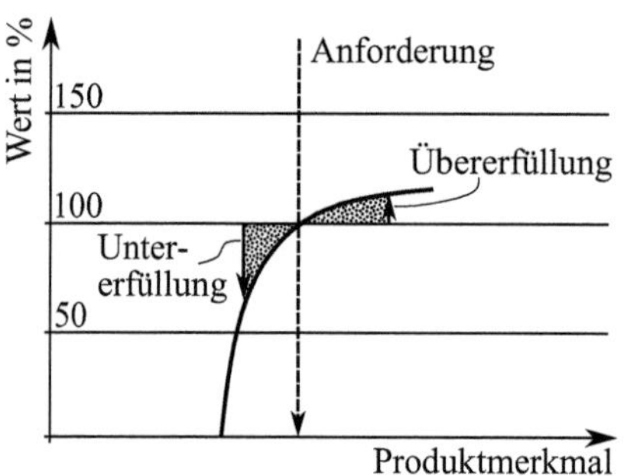


**Abb. 2.10:** Typischer Verlauf einer Wertfunktion. Harte Bestrafung bei Untererfüllung und geringe Honorierung bei Übererfüllung. In Anlehnung an [172].

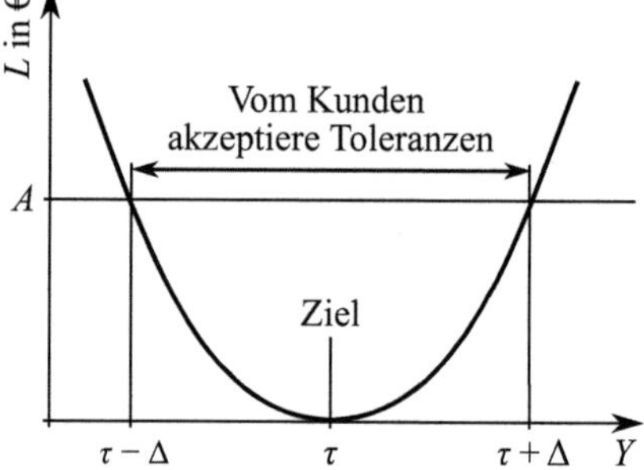


**Abb. 2.11:** Verlustfunktion $L(Y)$ und Verlust $A = L(\tau \pm \Delta)$ bei Nichterfüllung. Leistungsmerkmal $Y$, Zielwert $\tau$ und vom Kunden akzeptierte Abweichung $\Delta$. Nach [37].

**Die Verlustfunktion**

Eine viel beachtete, weil allgemeingültige Formulierung der Qualität ist die Verlustfunktion von TAGUCHI[27]. Sie definiert die Qualität eines Produktes über den *gesellschaftlichen Verlust*, den es erzeugt. Dieser Verlust beeinflusst kurzfristig die Kaufentscheidung des Kunden und langfristig, rückwirkend die Kosten eines Unternehmens. Hierbei stellt jede Abweichung eines Leistungsmerkmals $Y$ des Produkts von seinem Zielwert $\tau$ ein Verlust $L$ dar, der als Geldwert bemessen werden kann. Je größer die Abweichung ist, desto größer ist der Verlust, wobei meistens davon ausgegangen wird, dass der Verlust quadratisch mit dem Abstand zum Zielwert steigt. Damit ist die Verlustfunktion durch die Näherungsfunktion

$$L(Y) = k(Y - \tau)^2 \qquad (2.27)$$

beschrieben, siehe Abb. 2.11. Die Konstante $k$ ergibt sich dabei mit $k = A/\Delta^2$ aus der Abweichung $\Delta$, die der Kunde höchstens akzeptiert, und den Kosten $A$, die der Gesellschaft entstehen, wenn der Kunde das Produkt reparieren oder entsorgen muss. Die Verlustfunktion kann auch für Fälle formuliert werden, in denen dem Kunden nur bei Abweichung zu einer Seite ein Verlust entsteht [37, 199].

**Qualitätskosten**

Aus Sicht des Unternehmens entstehen für die Erfüllung der Kundenanforderungen Kosten, die als Qualitätskosten bezeichnet werden. Für die Abhängigkeit zwischen den Qualitätskosten und dem Erfüllungsgrad der Kundenanforderungen gibt es zwei Modelle [172, 204], siehe Abb. 2.12:

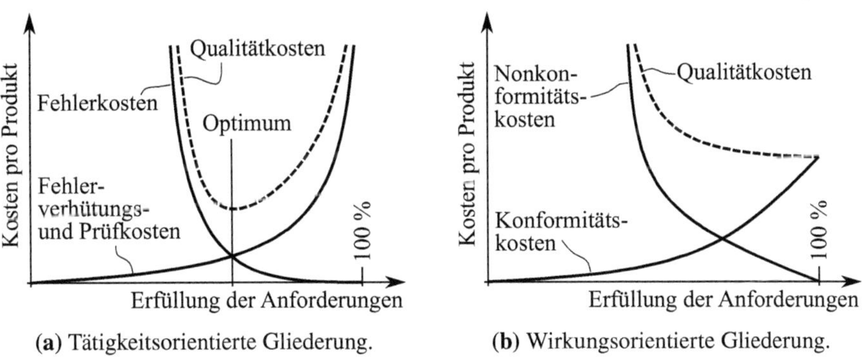


(a) Tätigkeitsorientierte Gliederung.      (b) Wirkungsorientierte Gliederung.

**Abb. 2.12:** Zwei Ansätze zur Kostengliederung der Qualitätskosten. Nach [74].

---

[27] Der Ingenieur und Statistiker GENICHI TAGUCHI (* 1.1.1924, † 2.6.2012) entwickelte einen Ansatz zur Qualitätsverbesserung, der im Qualitätsmanagement insbesondere mit der SixSigma-Methode weite Verbreitung findet. Die Grundlage seines Ansatzes ist die hier vorgestellte Verlustfunktion.

Die *tätigkeitsorientierte* Qualitätskostengliederung geht von einer Strategie der *Fehlerbeseitigung* aus. Die Fehlerkosten, die durch die Auslieferung fehlerhafter Produkte entstehen, sinken zwar mit zunehmendem Erfüllungsgrad gegen null, gleichzeitig steigen aber die Kosten für Fehlerverhütung, Prüfung und Nacharbeit übermäßig an. Es gibt also eine optimale Fehlerquote, bei der die summierten Qualitätskosten am geringsten sind. Diese Fehlerquote muss notwendigerweise in Kauf genommen werden.

Demgegenüber steht die *wirkungsorientierte* Qualitätskostengliederung, die das Ergebnis einer Strategie der *Fehlervermeidung* ist. Sie berücksichtigt den Ertrag, der bei Erfüllung der Kundenanforderungen entsteht, und unterscheidet zwischen Konformitätskosten, die für die Erfüllung der Kundenanforderungen erforderlich sind, sowie Nonkonformitätskosten, die bei Nichterfüllung der Kundenanforderungen anfallen. Die Kosten der vollständigen Erfüllung der Kundenanforderungen werden dabei nicht als unendlich hoch eingeschätzt, während die Nonkonformitätskosten grundsätzlich höher angesetzt werden. Das Optimum der Qualitätskosten ist damit bei vollkommener Erfüllung der Kundenanforderungen erreicht.

**Das magische Dreieck**

Die Gegenüberstellung von Fehlerbeseitigung und Fehlervermeidung führt zur Kontroverse um das magische Dreieck. Hinter diesem Begriff steht die Annahme eines unüberwindbaren Gegensatzes zwischen den drei Wettbewerbsfaktoren Qualität, Zeit und Kosten. Demnach führen Qualitätsverbesserungen und Verkürzungen der Durchlaufzeiten zu höheren Kosten, während die Senkung der Kosten zulasten der Qualität und Durchlaufzeiten geht, vgl. dazu auch Abb. 1.2. Als Ursache für diesen Zielkonflikt wird weithin die Strategie der Fehlerbeseitigung benannt. Kernpunkt aktueller Ansätze des Qualitätsmanagements ist deshalb die konsequente Fehlervermeidung, die es ermögliche, den Zielkonflikt zwischen Qualität, Zeit und Kosten zu durchbrechen[28] [172, 228]. Diese Ansätze betreffen die Personalführung und Produktionsorganisation, nicht jedoch technische Zusammenhänge, sodass die erzielten Effekte hauptsächlich auf der Beseitigung von Verschwendung im betrieblichen Ablauf beruhen, siehe z. B. [204].

---

[28] Die entschiedenste Kritik an der These des magischen Dreiecks leistet das 1985 gestartete International Motor Vehicle Program am Massachusetts Institut of Technology. Das Forschungsprogramm untersuchte weltweit die Produktionsverhältnisse der Automobilindustrie und stellte fest, dass die japanischen Automobilhersteller durch ihr Konzept der schlanke Produktion der europäischen und amerikanischen Massenproduktion deutlich überlegen war [219].

### 2.1.3 Statistische Prozessmodelle

Die nachfolgende Zusammenstellung orientiert sich an den beiden Ansätzen der statistischen Qualitätskontrolle und der Zuverlässigkeitstheorie. Der Abschnitt beginnt mit einer kurzen Einführung in die Grundlagen der statistischen Qualitätskontrolle und der Ausfall- und Reparaturmodelle. Anschließend werden jeweils die wichtigsten Werkzeuge und Kennzahlen aufgeführt, die in der praktischen Anwendung eine Rolle spielen. Eine gute Übersicht über die Thematik bieten [114, 152] zu den Grundlagen der statistischen Qualitätskontrolle, [18, 114] mit einem Schwerpunkt auf Reparatur- und Ausfallmodellen, [183] für die praktische Gestaltung von Verarbeitungsanlagen und [158] mit einer praxisorientierten Sichtweise.

#### 2.1.3.1 Der Produktionsprozess als statistisches Modell

**Klassifizieren und Abzählen als Grundlage der Modellbildung**

Die Eigenschaften eines Betriebsmittels stellen eine wesentliche Randbedingung für die Produktion und stehen deshalb in der praktischen Produktionsplanung und Anlagenprojektierung im Mittelpunkt der Betrachtungen. Sie werden im Kontext der Verarbeitungstechnik als Betriebsverhalten einer Verarbeitungsmaschine bezeichnet. Im Laufe der Zeit haben sich verschiedene Modelle und Kennzahlen herausgebildet, die sich um die Themenschwerpunkte *statistische Qualitätskontrolle* und *Zuverlässigkeitstheorie* anordnen. Allen Ansätzen ist jedoch gemein, dass sie statistische Modelle von Produktionsprozessen bilden. Die Grundlage für diese Modelle ist die Klassifizierung der Produktqualität oder Maschinenzeiten und das Abzählen von Produktmengen oder Aufsummieren von Zeitanteilen. Diese Modelle beschreiben ein Betriebsmittel demnach allein mit Hilfe von Beobachtungen des Produktstroms ohne Berücksichtigung kausaler Zusammenhänge.

**Das Black-Box-Modell des Produktionsprozesses**

Hinter diesen Beschreibungsmitteln steht das Systemmodell des Produktionsprozesses als Black-Box entsprechend Abb. 2.13. Es zeigt den Produktionsprozess als Umwandlung eines Materialstroms von Rohstoffen oder anderen Vorprodukten in einen Materialstrom fertiger Produkte. Dieser Umwandlungsprozess wird beeinflusst von steuerbaren Einstellgrößen und nicht steuerbaren Einflussgrößen, die sich sowohl auf die Ausbringung als auch auf die Qualitätsmerkmale der Produkte auswirken. Statistische Prozessmodelle untersuchen die qualitativen und quantitativen Ausgangsgrößen, um daraus Maßnahmen zur gezielten Steuerung des Produktionsprozesses abzuleiten. Hierbei handelt es sich ausschließlich um verhaltensbeschreibende Modelle, die mit Hilfe statistischer Verfahren Muster im historischen Verlauf der Ausgangsgrößen des Systems suchen, aber keine technisch-physikalischen Zusammenhänge zwischen den Eingangs- und Ausgangsgrößen herstellen.

**Abb. 2.13** Systemmodell
des Produktionsprozesses.
In Anlehnung an [152].

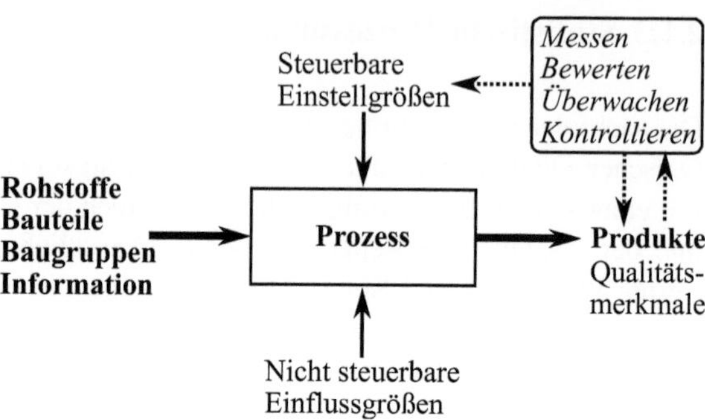


### 2.1.3.2  Statistische Qualitätskontrolle

**Definition der Qualität und grundlegende Begriffe**

Messbarkeit ist eine Voraussetzung für die Analyse und Verbesserung der Qualität
eines Produktionsprozesses. Seit SHEWHART[29] gilt deshalb [189]:

> In any case the measure of quality is a quantity which may take on different numerical
> values. In other words, the measure of quality, no matter what the definition of quality
> may be, is a variable.

Üblicherweise wird für diese Variable das Symbol $X$ verwendet und als *Qualitätskennwert*[30] bezeichnet. Der Qualitätskennwert beschreibt damit eine Größe zur
Bewertung der Qualität eines Prozesses [202]. Ein solcher Kennwert kann sowohl eine Eigenschaft des hergestellten Produkts unmittelbar abbilden, z. B. die Dichtigkeit
einer Verpackung, oder auch eine Prozessgröße als Indikator für die Qualität eines
Produkts verwenden, z. B. die Temperatur der Siegelwerkzeuge beim Verschließen
der Verpackung, vgl. dazu [185]. Die Bewertung der Qualität erfolgt immer in Relation zu vorgegebenen Spezifikationen nach folgenden beiden Definitionen [152, 158]:

- Ein Zielwert[31] $T$ ist gegeben. In diesem Fall ist die Qualität umgekehrt proportional zur Abweichung von diesem Zielwert, d. h. je kleiner die Abweichung
  ist, desto höher ist die Qualität, siehe Abb. 2.14a. Diese Definition führt zu einem Satz stetiger Qualitätsdaten (engl. variables data) und fordert Stetigkeit der
  Qualitätskennwerte.

---

[29] WALTER A. SHEWHART (* 18.3.1891, † 11.3.1967) legte den Grundstein für die industrielle
Qualitäts- und Prozesskontrolle während seiner Tätigkeit bei Western Electrics und den Bell Laboratories. Seine 1931 erschienene Monographie *Economic Control of Quality of Manufactured Product* [189] gilt als vollständige Ausarbeitung der bis heute gültigen Prinzipien der Qualitätskontrolle,
die in diesem Abschnitt in Auszügen vorgestellt werden. Seine Kollegen und Mitarbeiter, JOSEPH
M. JURAN (* 24.12.1904, † 28.02.2008) und W. EDWARDS DEMING (* 14.10.1900, † 20.12.1993),
entwickelten auf dieser Grundlage die heute weit verbreiteten Methoden des Qualitätsmanagement
und machten sie zunächst in Japan populär, z. B. beim Automobilbauer Toyota.

[30] Auch Qualitätsmerkmal [114] oder engl. quality characteristic [152, 189].

[31] Auch Nominalwert oder Nennwert.

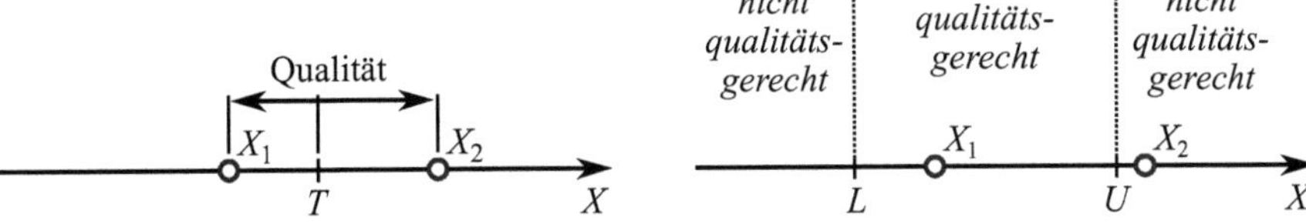


(a) Qualität als Abweichung vom Zielwert. $X_1$ hat eine höhere Qualität als $X_2$.

(b) Qualität als Einhaltung von Toleranzgrenzen. $X_1$ ist qualitätsgerecht, $X_2$ nicht.

**Abb. 2.14:** Definitionen für Qualität. Qualitätskennwert $X$, Zielwert $T$, untere und obere Toleranzgrenze $L$ und $U$, zwei Ausprägungen des Qualitätskennwertes $X_1$ und $X_2$.

- Eine untere und/oder obere Toleranzgrenze[32] $L$ bzw. $U$ sind vorgeben. In diesem Fall wird nur unterschieden, ob der Prozess qualitätsgerecht abläuft oder nicht, d. h. ob der Qualitätskennwert innerhalb oder außerhalb der Toleranzgrenzen liegt, siehe Abb. 2.14b. Diese Definition führt zu einem Satz binärer Qualitätsdaten (engl. attributes data) und kann auch für Qualitätskennwerte verwendet werden, die nur zwischen Einhaltung und Verletzung der Toleranzgrenzen unterscheiden.

Abhängig von der zugrundegelegten Definition der Qualität werden unterschiedliche statistische Verfahren zur Bewertung eines Produktionsprozesses herangezogen.

**Systematische und zufällige Schwankungen**

Die statistische Qualitätskontrolle baut auf drei grundlegenden Annahmen auf, die SHEWHART formulierte [189], vgl. auch [124]:

- Jeder Produktionsprozess unterliegt Qualitätsschwankungen.
- Diese Qualitätsschwankungen sind entweder systematisch oder zufällig.
- Zufällige Qualitätsschwankungen sind normalverteilt.

*Systematische Schwankungen* sind sprunghafte Veränderungen, stetige Trends oder periodische Schwankungen des Mittelwerts $\overline{X}$ oder der Standardabweichung $s$ des Qualitätskennwerts $X$. Sie sind auf eine kausale Ursache zurückzuführen und nach Möglichkeit zu beseitigen. Beispiele sind Verschleiß oder falsche bzw. zeitlich veränderliche Einstellungen der Werkzeuge, Veränderung der Materialqualität der Vorprodukte, Umstellung der Arbeitsmethode oder Wechsel des Bedienpersonals. *Zufällige Schwankungen* unterliegen Einflüssen, die dem Produktionsprozess inhärent sind und nicht verhindert werden können. Beispiele hierfür sind Messfehler, Vibrationen, Lagerspiel, inhomogene Materialeigenschaften und variierende Abmessungen der Vorprodukte oder das Verhalten des Bedienpersonals [114, 124, 189]. Abb. 2.15 zeigt schematisch die Charakteristik systematischer und zufälliger Schwankungen.

---

[32] Auch Spezifikationsgrenzen (engl. specification limit).

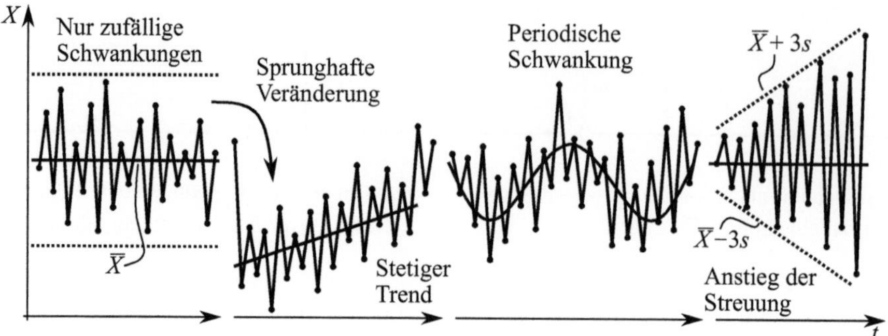


**Abb. 2.15:** Systematische und zufällige Schwankungen eines Qualitätskennwerts $X$ im Verlauf der Zeit $t$. Mittelwert $\overline{X}$, Standardabweichung $s$. Unter Verwendung von [124].

### Wahrscheinlichkeitsverteilung des Qualitätskennwerts

Betrachtet man viele Produkte oder misst den Qualitätskennwert eines Produktionsprozesses zu mehreren Zeitpunkten, folgen die ermittelten Werte einer Wahrscheinlichkeitsverteilung. Der Qualitätskennwert $X$ ist dabei als Zufallsvariable[33] anzusehen. Sind alle systematischen Einflüsse beseitigt und unterliegt der Produktionsprozess damit nur zufälligen Abweichungen, nähert sich der Qualitätskennwert für große Stichproben der *Normalverteilung*[34] $N(\mu, \sigma^2)$ an [114, 124]. Damit gilt

$$X \sim N(\mu, \sigma^2) \,, \tag{2.28}$$

wobei $\mu$ der Erwartungswert und $\sigma$ die Standardabweichung der Normalverteilung ist. Üblicherweise wird die Normalverteilung mit Hilfe ihrer *Dichtefunktion*[35]

$$f_X(x) = \frac{1}{\sqrt{2\pi\sigma^2}} \exp\left(-\frac{(x - \mu)^2}{2\sigma^2}\right) \tag{2.29}$$

angegeben, siehe Abb. 2.16. Die Normalverteilung kann mit Hilfe der standardnormalverteilten Zufallsvariable $Z = (X - \mu)/\sigma$ in die standardisierte Form $N(0, 1)$ überführt werden, woraus die Dichtefunktion

$$\varphi(x) = \frac{1}{\sqrt{2\pi}} \exp\left(-\frac{1}{2}x\right) \tag{2.30}$$

---

[33] Zu den Begriffen Wahrscheinlichkeitsverteilung und Zufallsvariable siehe Anhang B.

[34] Hinter diesem Zusammenhang steht der *Zentrale Grenzwertsatz* für $n \rightarrow \infty$, unabhängig, identisch verteilte Zufallsvariablen [82, 145], dessen Gültigkeit für Produktionsprozesse SHEWHART empirisch nachgewiesen hat.

[35] Zum Begriff der Dichtefunktion siehe ebenfalls Anhang B.

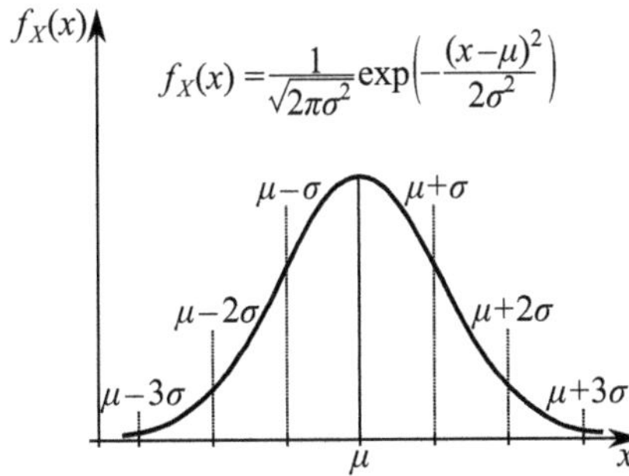

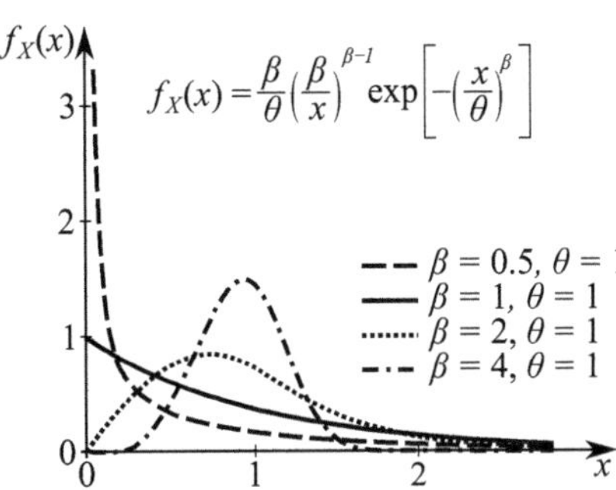

**Abb. 2.16:** Dichtefunktion der Normalverteilung für zufällige Abweichungen. Erwartungswert $\mu$, Standardabweichung $\sigma$.

**Abb. 2.17:** Dichtefunktion der Weibull-Verteilung für systematische Abweichungen. Formparameter $\beta$, Skalenparameter $\theta$.

folgt [82]. Diese Form wird der einheitlichen Handhabung wegen häufig verwendet. Wahrscheinlichkeitsverteilungen systematischer Abweichungen können bspw. mit der parametrischen Weibull-Verteilung nach Abb. 2.17 modelliert werden [152].

## Fehleranteile

Im Falle binärer Qualitätskennwerte, die nur die Werte 0 (nicht qualitätsgerecht) und 1 (qualitätsgerecht) annehmen können, dient der Fehleranteil $p$ als Maßstab für die Qualität eines Produktionsprozesses. Er berechnet sich aus der Anzahl $h$ der fehlerhaften Produkte und dem Stichprobenumfang $n$ mit

$$p = \frac{h}{n}\,. \tag{2.31}$$

Der Zusammenhang zur Häufigkeitsverteilung des Qualitätskennwerts $X$ einer Stichprobe ist in Abb. 2.18 dargestellt. Für große Stichprobenumfänge $n \rightarrow \infty$ nähert sich $h$ einer Normalverteilung mit $\mu = np$ und $\sigma = \sqrt{np(1 - p)}$ an[36] [82], sodass

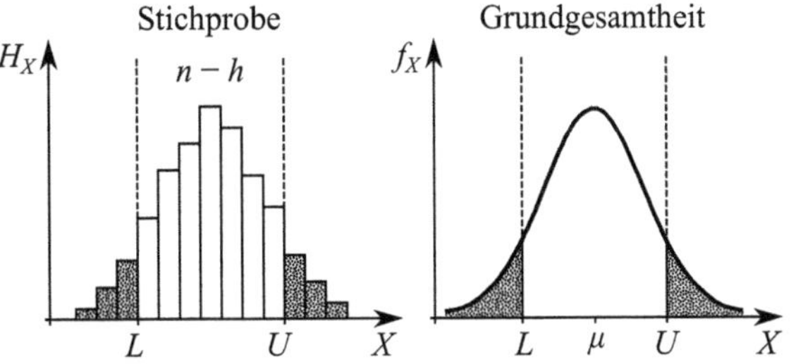

**Abb. 2.18** Fehleranteil $p = h/n$ und Verteilung des Qualitätskennwerts $X$: Häufigkeitsverteilung $H_X$ einer Stichprobe, Dichtefunktion $f_X$ der Grundgesamtheit, Toleranzgrenzen $L$ und $U$. Unter Verwendung von [20].

---

[36] Für kleinere Stichprobenumfänge gilt die Binomialverteilung, vgl. [82]. Die Approximation durch die Normalverteilung ist nach [114] für $n \geq 25$ brauchbar.

$$h \sim N(\mu, \sigma^2) \tag{2.32}$$

gilt. Der Fehleranteil $p$ ergibt sich unter der Annahme eines normalverteilten Qualitätskennwerts $X \sim N(\mu, \sigma^2)$ aus der Verteilungsfunktion $\Phi(x) = \int \varphi(x)\,\mathrm{d}x$ der Standardnormalverteilung mit

$$p = \Phi\left(\frac{\mu - U}{\sigma}\right) + \Phi\left(\frac{L - \mu}{\sigma}\right), \tag{2.33}$$

siehe [60]. Abb. 2.18 zeigt den Zusammenhang zu einem normalverteilten Qualitätskennwert der Grundgesamtheit.

**Toleranz-Kosten-Modell**

Die Breite des zulässigen Toleranzbereichs $U - L$ eines Qualitätskennwerts $X$ hat großen Einfluss auf die Gesamtkosten zur Herstellung eines Loses qualitätsgerechter Produkte. Im Allgemeinen steigen die Kosten je enger der Toleranzbereich festgelegt ist, wobei dieser Effekt bei kleinen Serien stärker ausgeprägt ist als für Massenprodukte großer Stückzahl [20]. Abb. 2.19 zeigt diesen Zusammenhang schematisch. Die Gesamtkosten setzen sich dabei aus Fertigungskosten und Kosten durch Ausschuss zusammen. Die Fertigungskosten steigen mit engeren Toleranzvorgaben infolge des größeren Aufwands für die Planung, Entwicklung und Kontrolle der Produktionsprozesse. Diese Maßnahmen sind notwendig, um die Streuung der Qualitätskennwerte klein zu halten, siehe Abb. 2.19. Die Ausschusskosten steigen mit engeren Toleranzvorgaben infolge größerer Ausschuss-, Nacharbeits- und Reklamationszahlen. Kostenerzeugende Faktoren sind bei [152] detailliert aufgeführt. Generell gilt damit, den zulässigen Toleranzbereich eines Qualitätskennwerts immer so weit wie möglich und nur so eng wie nötig zu halten.

**Abb. 2.19** Toleranz-Kosten-Modell. Engere Toleranzvorgaben erzeugen höhere Fertigungskosten und verursachen Kosten durch Ausschuss. Nach [20].

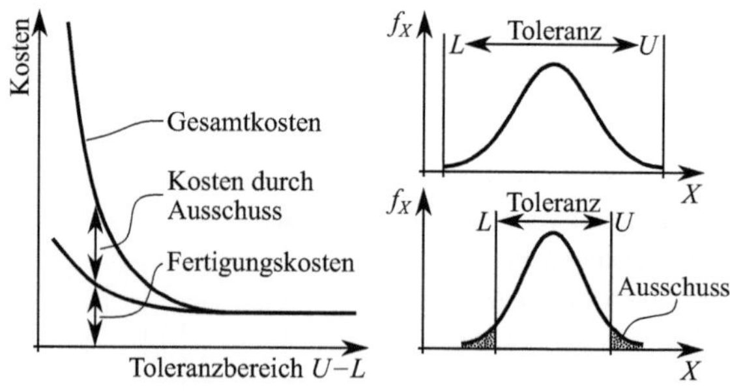

### 2.1.3.3 Standards und Normen der Qualitätskontrolle

**Statistische Tests**

Der zentrale Ansatz der statistischen Qualitätskontrolle baut auf statistischen Tests auf, mit denen geprüft wird, ob die Qualität der hergestellten Produkte normalverteilt ist. Dazu werden zu unterschiedlichen Zeitpunkten Stichproben aus der Produktion entnommen und folgender statistischer Test durchgeführt [152, 158]:

$H_0$ : *Stichprobe ist normalverteilt.*
$H_1$ : *Stichprobe ist nicht normalverteilt.*

Gilt Nullhypothese $H_0$, liegen keine signifikanten systematischen Abweichungen vor und der Produktionsprozess wird als *statistisch unter Kontrolle* bezeichnet. Muss die Nullhypothese abgelehnt werden und gilt damit die Alternativhypothese $H_1$ ist der Produktionsprozess *statistisch außer Kontrolle*.

Die Annahme oder Ablehnung der Nullhypothese ist dabei immer mit dem Risiko eines Irrtums verbunden. Die Ablehnung der Nullhypothese, obwohl sie richtig ist, wird *Fehler 1. Art* genannt und seine Irrtumswahrscheinlichkeit mit $\alpha$ angegeben. Die Annahme der Nullhypothese, obwohl sie falsch ist, wird als *Fehler 2. Art* bezeichnet und seine Irrtumswahrscheinlichkeit mit $\beta$ angegeben. Die Sicherheitswahrscheinlichkeit $S = 1 - \alpha$ bzw. $S = 1 - \beta$ ist dann die Wahrscheinlichkeit, mit der kein Irrtum vorliegt. Die zulässige Irrtums- bzw. Sicherheitswahrscheinlichkeit muss für jeden statistischen Test festgelegt werden, wobei in industriellen Anwendungen i. d. R. $\alpha, \beta = 0,05$ bzw. $S = 0,95$ angesetzt wird [114, 130].

Auf dem Prinzip dieses statistischen Tests bauen folgende standardisierte Modelle und Methoden auf:

- Annahmestichprobenpläne,
- Qualitätsregelkarten,
- Prozessfähigkeitsanalysen,
- Six Sigma-Optimierung.

Sie bilden den industriellen Standard der statistischen Qualitätskontrolle ab. Die hier gewählte Reihenfolge folgt dem Zeitpunkt, zu dem die Modelle und Methoden zum Einsatz kommen. Annahmestichprobenpläne werden auf bereits hergestellte Produktlose angewendet, Qualitätsregelkarten während der laufenden Produktion und Prozessfähigkeitsanalysen sowie SixSigma-Optimierung finden vor Produktionsbeginn statt. Diese Reihenfolge entspricht damit auch der Abfolge im Rahmen einer fortschreitenden Qualitätsverbesserung, vgl. [152].

**Annahmestichprobenprüfung nach DIN ISO 2859**

Bei der Abnahme großer Lose ist die Prüfung aller Produkte i. d. R. wirtschaftlich nicht sinnvoll, weshalb die Qualitätsprüfung anhand von Stichproben durchgeführt

**Abb. 2.20** Operationscharakteristik eines Stichprobenplans. Wahrscheinlichkeit der Annahme $P_\mathrm{a}(p)$ und Rückweisung $1 - P_\mathrm{a}(p)$ des geprüften Loses. In Anlehnung an [59].

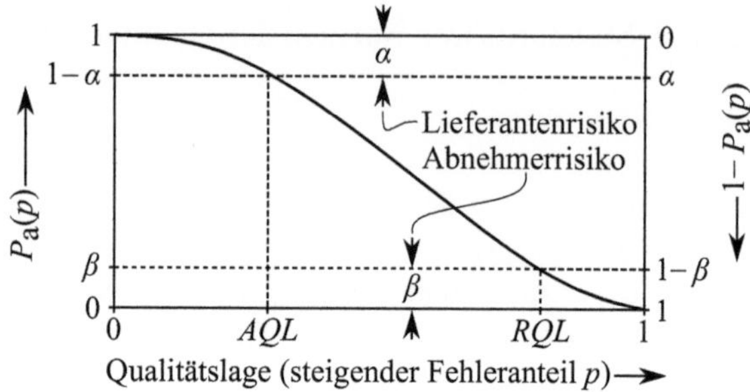



wird. Die Norm DIN ISO 2859[37] [59] gibt hierfür *Stichprobenpläne* in Form von Tabellen an, die in Abhängigkeit des Stichprobenumfangs $n$ die Anzahl der fehlerhaften Produkte für die Annahme ($Ac$) bzw. Ablehnung ($Rc$) des Loses festlegen. Damit gilt für die ermittelte Anzahl fehlerhafter Produkte $c$ folgende Entscheidungsregel:

$c \le Ac$: Das Los wird angenommen.

$c > Rc$: Das Los wird abgelehnt.

Den Stichprobenplänen liegt dabei folgender, statistischer Test mit

$H_0 : p \le AQL$

$H_1 : p > RQL$

zugrunde, wobei $p = c/n$ der Fehleranteil der Stichprobe ist. Die annehmbare und die rückweisende Qualitätsgrenzlagen $AQL$ und $RQL$ geben die zulässigen und unzulässigen Fehleranteile im Los an. Darüber hinaus legt das Sicherheitsniveau die Irrtumswahrscheinlichkeiten $\alpha$ (Lieferantenrisiko) und $\beta$ (Abnehmerrisiko) fest[38]. In die Festlegung des Stichprobenplans fließen damit sowohl die Qualitätsgrenzlagen als auch die Prüfsicherheit ein, die zwischen Lieferant und Abnehmer vereinbart sind. Die sog. *Operationscharakteristik* nach Abb. 2.20 stellt die Wahrscheinlichkeit der Annahme $P_\mathrm{a}(p)$ bzw. Rückweisung $1 - P_\mathrm{a}(p)$ in Abhängigkeit des Fehleranteils $p$ in der Grundgesamtheit dar.

**Qualitätsregelkarten**

Qualitätsregelkarten dienen zur Prüfung der Produktqualität während der laufenden Produktion. Im weiteren Sinne sind sie damit auch ein Mittel zur Prozessüberwachung. Qualitätsregelkarten überführen den statistischen Test auf Normalverteilung in eine graphische Prüfung der Lage der gemessenen Qualität einer Stichprobe des Umfangs $n$ zu folgenden Grenzwerten: Untere und obere Warngrenzen $W_\mathrm{u}$ und $W_\mathrm{o}$,

---

[37] Die Norm hat ihren Ursprung in den Arbeiten von Harold Dodge (* 23.1.1893, † 10.12.1976), der ebenso wie Shewhart bei Western Electrics und den Bell Laboratories angestellt war. Das Verfahren erlangte große Bedeutung für die US-amerikanische Rüstung während des Zweiten Weltkrieges und wurde 1963 zunächst als Militärstandard MIL-STD-105 [151] festgeschrieben.

[38] Lieferanten- und Abnehmerrisiko entsprechen Fehlern 1. und 2. Art des statistischen Tests [114].

bei deren Überschreiten der Produktionsprozess genauer beobachtet wird, sowie untere und obere Kontrollgrenzen $K_u$ und $K_o$, bei deren Überschreiten Maßnahmen zur Wiederherstellung der Qualität eingeleitet werden. Abb. 2.21a zeigt zwei typische Qualitätsregelkarten, in denen der Mittelwert $\overline{X}$ und die Standardabweichung $s$ der Stichproben in der zeitlichen Abfolge ihrer Entnahme aufgetragen sind. Trends über einen längeren Zeitraum sind leicht zu erkennen, ebenso wie die Wirkung von Maßnahmen. Jede Qualitätsregelkarte bildet dabei einen statistischen Test auf eine Normalverteilung mit festgelegten statistischen Kennwerten ab. Die wichtigsten Regelkarten[39] sind:

- Die $\overline{X}$-Karte und die $s$-Karte für stetige Qualitätskennwerte (Abb. 2.21a) prüfen, ob die statistischen Kennwerte der Stichproben, Mittelwert $\overline{X}$ und Standardabweichung $s$, signifikant vom Erwartungswert $\mu$ und der Standardabweichung $\sigma$ der Normalverteilung[40] abweichen, siehe Abb. 2.21b.

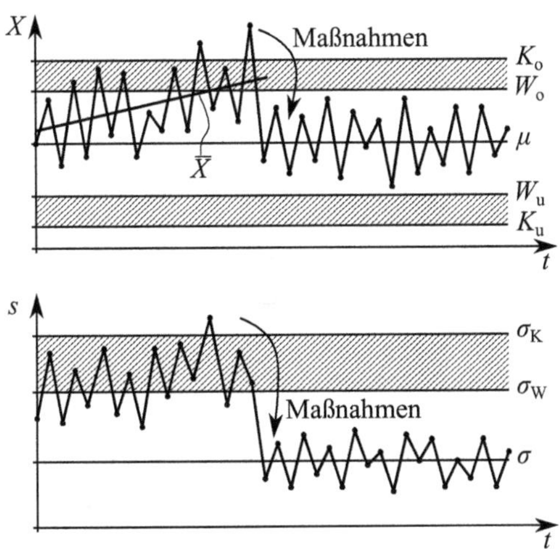
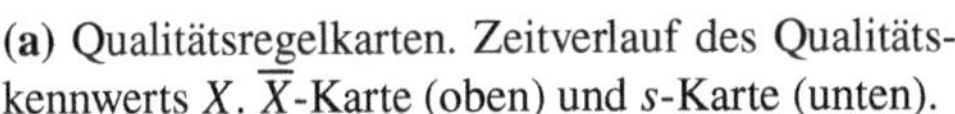
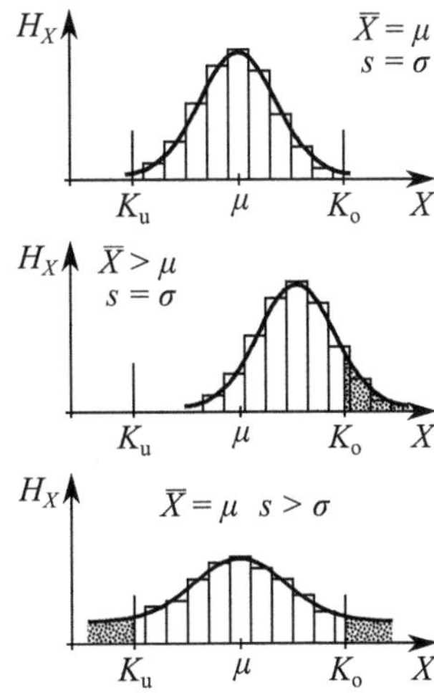

(a) Qualitätsregelkarten. Zeitverlauf des Qualitätskennwerts $X$. $\overline{X}$-Karte (oben) und $s$-Karte (unten).

(b) Histogramme $H_X$ verschiedener Stichproben aus a).

**Abb. 2.21:** Qualitätsregelkarten für stetige Qualitätskennwerte. Qualitätskennwert $X$, dessen Mittelwert $\overline{X}$, Standardabweichung $s$ und absolute Häufigkeit $H_X$, Erwartungswert $\mu$ und Standardabweichung $\sigma$ der Normalverteilung, untere und obere Warngrenze $W_U$ und $W_O$ sowie untere und obere Kontrollgrenze $K_U$ und $K_O$ des Mittelwerts, Warngrenze $\sigma_W$ und Kontrollgrenze $\sigma_K$ der Streuung, Zeit $t$. In Anlehnung an [114, 152].

---

[39] Diese Qualitätsregelkarten wurden bereits von SHEWHART entwickelt und in den folgenden Jahren von verschiedenen Autoren ergänzt und erweitert. An der zugrundeliegenden Methode hat sich seitdem nichts geändert, sodass es hier ausreichend ist, nur auf diese drei einzugehen. Weitere Qualitätsregelkarten sind in [114, 152] ausführlich beschrieben.

[40] Sind der Erwartungswert $\mu$ und die Standardabweichung $\sigma$ nicht bekannt, müssen sie durch Testläufe des Produktionsprozesses bestimmt werden. Dazu stehen verschiedene Verfahren zur

**Tabelle 2.1:** Definitionen der statistischen Tests der Qualitätsregelkarten, vgl. [114].

| | $\overline{X}$-Karte[a] | $s$-Karte[b] | $p$-Karte[a] |
|---|---|---|---|
| **Hypothesen** | $H_0 : \overline{X} = \mu$ <br> $H_1 : \overline{X} \neq \mu$ | $H_0 : s^2 = \sigma^2$ <br> $H_1 : s^2 \neq \sigma^2$ | $H_0 : p \leq p_0$ <br> $H_1 : p > p_0$ |
| **Warngrenzen** | $W_\mathrm{u} = \mu - \omega\sigma/\sqrt{n}$ <br> $W_\mathrm{o} = \mu + \omega\sigma/\sqrt{n}$ | $W_\mathrm{o} = \sigma\sqrt{\dfrac{\chi^2_{n-1,1-\alpha_\mathrm{W}}}{n-1}}$ | $W_\mathrm{o} = p_0 + \omega\sqrt{\dfrac{p_0(1-p_0)}{n}}$ |
| **Kontrollgrenzen** | $K_\mathrm{u} = \mu - \kappa\sigma/\sqrt{n}$ <br> $K_\mathrm{o} = \mu + \kappa\sigma/\sqrt{n}$ | $K_\mathrm{o} = \sigma\sqrt{\dfrac{\chi^2_{n-1,1-\alpha_\mathrm{K}}}{n-1}}$ | $K_\mathrm{o} = p_0 + \kappa\sqrt{\dfrac{p_0(1-p_0)}{n}}$ |

[a] Die Parameter $\omega$ und $\kappa$ berechnen sich aus der Verteilungsfunktion der Normalverteilung und der geforderten Sicherheitswahrscheinlichkeit $S$. Zur Vereinfachung wird häufig $\omega = 2$ und $\kappa = 3$ gesetzt, siehe dazu [114].

[b] Die Irrtumswahrscheinlichkeit $\alpha_\mathrm{W}$ und $\alpha_\mathrm{K}$ für die Ablehnung der Nullhypothese geht hier über den Wert der $\chi^2$-Verteilung mit dem Freiheitsgrad $n-1$ an der Stelle $1 - \alpha_\mathrm{W}$ bzw. $1 - \alpha_\mathrm{K}$ ein. Zur einfacheren Handhabung wird $\chi^2_{n-1,1-\alpha}$ häufig tabellarisch in Abhängigkeit des Stichprobenumfangs $n$ und der geforderten Irrtumswahrscheinlichkeit $\alpha$ angegeben, z.B. bei [152, 158].

- Die *p-Karte* für stetige Qualitätskennwerte bzw. Fehleranteile prüft, ob der Fehleranteil $p$ der Stichproben signifikant von einem festgelegten Fehleranteil $p_0$ abweicht.

Die Definitionen dieser Tests sind in Tab. 2.1 zusammengefasst. Die Lage der Warn- und Kontrollgrenzen relativ zum geprüften statistischen Kennwert der Grundgesamtheit bilden dabei die Irrtums- bzw. Sicherheitswahrscheinlichkeit ab, mit der die entsprechende Nullhypothese abgelehnt wird, d. h. mit der der Prozess statistisch außer Kontrolle ist. Je größer die festgelegte Sicherheitswahrscheinlichkeit ist, desto größer ist die Spanne zwischen den Grenzen.

**Prozessfähigkeit nach DIN ISO 22514**

Die Warn- und Kontrollgrenzen stehen in keinem Zusammenhang zu den Qualitätsanforderungen des Kunden, sondern bilden lediglich die statistischen Kennwerte der Verteilung der Grundgesamtheit der Qualitätskennwerte ab. Damit erfüllt ein Produktionsprozess, der statistisch unter Kontrolle ist, nicht notwendigerweise auch die Qualitätsanforderungen an das Produkt. Ob ein Produktionsprozess Produkte herstellen kann, die die Qualitätsanforderungen erfüllen, stellt eine Untersuchung der Prozessfähigkeit nach DIN ISO 22514 fest [58]. Hierbei werden die vom Kunden vorgegeben Toleranzgrenzen $L$ und $U$ sowie der Zielwert $T$ mit dem Erwartungswert $\mu$ und der Standardabweichung $\sigma$ des Produktionsprozesses mit Hilfe der Kennzahl $C_\mathrm{pm}$ verglichen, siehe Abb. 2.22:

---

Verfügung, die in der Literatur zur statistischen Qualitätskontrolle dokumentiert sind, z. B. [114, 152].

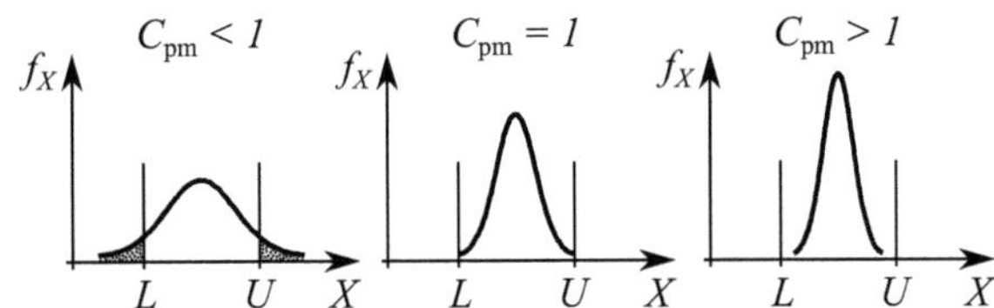



**Abb. 2.22** Prozessfähigkeitsindex $C_{pm}$ eines Produktionsprozesses mit dem Qualitätskennwert $X$ und vorgegebenen Toleranzgrenzen $L$ und $U$. In Anlehnung an [152].

$$C_{pm} = \frac{U - L}{6\sqrt{\sigma^2 + (\mu - T)^2}} \, . \tag{2.34}$$

Die Bewertung der Prozessfähigkeit erfolgt gegenüber einem Zielwert $C_0$ durch folgenden statistischen Test [152]:

$H_0 : C_{pm} < C_0$ (Prozessfähigkeit ist nicht gegeben.)
$H_1 : C_{pm} \geq C_0$ (Prozessfähigkeit ist gegeben.)

Der Zielwert $C_0$ berücksichtigt die Irrtumswahrscheinlichkeiten $\alpha$ und $\beta$. Er ist Tafelwerken, z. B. bei [152], oder Empfehlungen, z. B. bei [114], zu entnehmen. Neben dem Prozessfähigkeitsindex $C_{pm}$ schlägt die Norm DIN ISO 22514 [58] weitere Indizes für verschiedene Anwendungsfälle vor, die in [116] ausführlich diskutiert werden.

**Six Sigma-Grenzen nach ISO 13053**

Unter dem Begriff *Six Sigma*[41] werden verschiedene Methoden des Qualitätsmanagements[42] zusammengefasst. Sie haben das Ziel, die Streuung eines Produktionsprozesses so zu reduzieren, dass die sechsfache Standardabweichung $6\sigma$ zu beiden Seiten des Erwartungswertes $\mu$ innerhalb der spezifizierten Toleranzgrenzen $L$ und $U$ liegt, wobei man meist von einem normalverteilten Qualitätskennwert $X$ ausgeht [114, 152]. Tab. 2.2 führt die Wahrscheinlichkeiten, dass der gemessene Qualitätskennwert innerhalb oder außerhalb der Toleranzgrenzen liegt, zu den jeweiligen *Sigma-Scores* auf. Der $6\sigma$-Score gilt dabei als Benchmark und wird als Anzahl der Fehler pro 1 Million geprüfter Qualitätskennwerte *DPMO*[43] angegeben [109]:

$$DPMO = \frac{c}{nN} \cdot 1000000 \, . \tag{2.35}$$

Hierbei ist $c$ die Zahl der entdeckten Fehler, $n$ die Anzahl der geprüften Produkte und $N$ die Anzahl der Qualitätskennwerte $X_1, ..., X_N$ eines Produkts.

---

[41] Der Ansatz wurde zuerst im japanischen Schiffsbau angewendet und schließlich in den 1980er Jahren von Motorola unter dem Titel Six Sigma eingeführt. In den nachfolgenden Jahren verbreitete sich das Konzept weltweit.

[42] Gelegentlich auch unter den Begriffen *Null-Fehler-Management*, z. B. [215], oder *Total Quality Management*, z. B. [204], zu finden.

[43] Engl.: Defects per million opportunities.

**Tabelle 2.2:** Normalverteilung. Wahrscheinlichkeit $P(L \leq X \leq U)$ und $1 - P(L \leq X \leq U)$, dass $X$ innerhalb bzw. außerhalb der Toleranzgrenzen $L$ und $U$ liegt. Anzahl der Fehler pro 1 Mio. geprüfter Qualitätskennwerte. Aus [114, 152].

|            | $P(L \leq X \leq U)$ | $1 - P(L \leq X \leq U)$ | *DPMO* |
|------------|----------------------|--------------------------|--------|
| $\pm 1\sigma$ | $0,682689$        | $0,317311$               | $317300$ |
| $\pm 2\sigma$ | $0,954500$        | $0,045500$               | $45500$ |
| $\pm 3\sigma$ | $0,997300$        | $0,002700$               | $2700$ |
| $\pm 4\sigma$ | $0,999937$        | $0,000063$               | $63$ |
| $\pm 5\sigma$ | $0,999999427$     | $5,73 \cdot 10^{-7}$     | $0,57$ |
| $\pm 6\sigma$ | $0,99999999803$   | $1,97 \cdot 10^{-9}$     | $0,002$ |

#### 2.1.3.4 Statistische Ausfall- und Reparaturmodelle

**Zeit- und Mengenbilanzen**

Der Kern jeder Maschinenanalyse ist die Beobachtung und Bilanzierung messbarer Zustands- und Verhaltensgrößen. Je nach Kontext dienen dazu zwei unterschiedliche Bilanzierungsarten, siehe Abb. 2.23 für eine Veranschaulichung:

- Die *zeitbezogene Bilanzierung* geht von einer Klassifizierung von Maschinenzuständen aus, wie z. B. Stillstand und Produktion, und ordnet danach die Zeitanteile des Maschinenbetriebs.
- Die *mengenbezogene Bilanzierung* baut auf einer Klassifizierung von Produktarten auf, wie z. B. Qualitäts- und Ausschussprodukt, und ordnet danach die produzierten Mengenanteile der Ausbringung zu.

In vielen Fällen lassen sich beide Bezugssysteme ineinander überführen oder werden parallel verwendet. Die Festlegung der Klassifizierung hat großen Einfluss auf die bilanzierten Kennzahlen und ist deshalb Gegenstand verschiedener Normen, die später vorgestellt werden.

Darüber hinaus hat sich die Unterscheidung zwischen *planmäßig* und *zufällig* auftretenden Wechseln zwischen Maschinenzuständen bzw. Produktarten allgemein durchgesetzt, z. B. geplante Instandhaltung und zufällige Störung. Für zufällige Vorgänge sind dabei Methoden der Wahrscheinlichkeitsrechnung erforderlich. Das führt zum Schwerpunkt der meisten Prozessanalysen und zum Begriff des Ausfalls.

**Ausfall**

Die Wahrscheinlichkeitsrechnung befasst sich mit der Häufigkeit von Ereignissen[44], wobei im Kontext technischer Systeme das untersuchte Ereignis der *Ausfall* (engl. failure) ist, vgl. [18]. Unter einem Ausfall ist nach DIN 40041 das nicht vorhersehbare Aussetzen der Funktion eines Systems bei zulässiger Beanspruchung zu

---

[44] Zum Begriff des Zufallsereignisses siehe Anhang B.

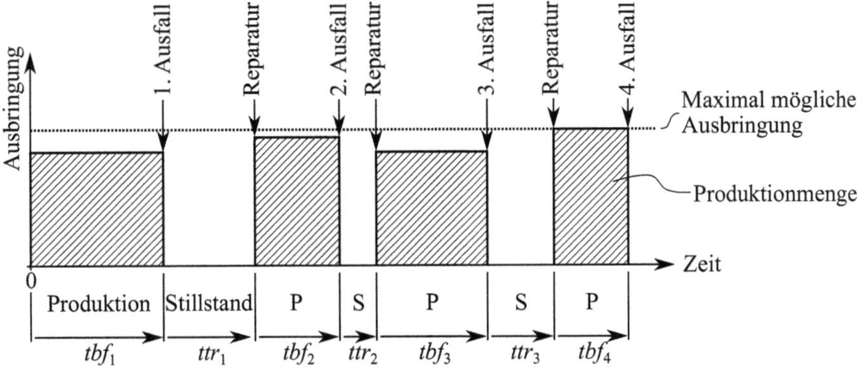


**Abb. 2.23:** Beispielhafter zeitlicher Verlauf der Maschinenzustände und Ausbringungen einer Verarbeitungsmaschine. Wechselnde Abfolge von Ausfall und Reparatur, sowie unterschiedliche Ausbringungen. Maschinenzustände Produktion P und Stillstand S, sowie zugehörige Zeitglieder der Zuverlässigkeit time between failure *tbf* und time to repair *ttr*. Unter Verwendung von [183, 201].

verstehen [40]. Nachdem der Zweck einer Verarbeitungsmaschine die Herstellung von verkaufsfähigen Produkten ist, beschränkt sich der Begriff des Ausfalls damit nicht nur auf den Stillstand einer Maschine, sondern umfasst auch die Herstellung von Produkten, die nicht den Qualitätsanforderungen entsprechen [201]. Damit ist das Ereignis Ausfall formal durch

$$(X < L) \cup (X > U) \tag{2.36}$$

beschrieben und die Wahrscheinlichkeit des Eintretens eines Ausfalls mit

$$P((X < L) \cup (X > U)) \tag{2.37}$$

bezeichnet[45]. Diese weiter gefasste Definition ist in der industriellen Produktion allgemein anerkannt, sodass der Begriff Ausfall eng mit der Definition der Qualität verbunden ist [19, 114], die in Abschnitt 2.1.3.2 vorgestellt wurde.

---

[45] Anmerkung zur Notation: $P(E)$ bezeichnet die Wahrscheinlichkeit $P$, dass ein Ereignis $E$ eintritt. Kann das Ereignis durch eine Zufallsvariable $X$ beschrieben werden, die einen Wert $x$ annehmen kann, so bezeichnet $X \leq x$ das Ereignis *X hat maximal den Wert x* und $P(X \leq x)$ die zugehörige Wahrscheinlichkeit des Eintretens [82].

**Zuverlässigkeit**

Zuverlässigkeit[46] ist die Wahrscheinlichkeit, dass ein System erst nach einem bestimmten Zeitpunkt $t = \tau$ ausfällt[47]. Das zufällige Ereignis des Ausfalls wird dabei durch die Zufallsvariable *time between failures tbf* beschrieben, d. h. durch den Zeitpunkt eines Ausfalls nach Maschinenstart bzw. durch die Zeit zwischen Maschinenstart und Ausfall, auch Lebensdauer genannt. Die Zuverlässigkeit oder *Überlebenswahrscheinlichkeit* $R(t)$ ist damit durch die *Wahrscheinlichkeitsverteilung*[48]

$$R(t) = P(tbf > t) \tag{2.38}$$

gegeben. Die Wahrscheinlichkeit, dass ein Ausfall bis zum Zeitpunkt $t$ eintritt ist die *Ausfallwahrscheinlichkeit* $F(t)$ mit

$$F(t) = P(tbf \leq t) \, , \tag{2.39}$$

wobei $R(t)$ und $F(t)$ ein vollständiges Ereignissystem bilden, sodass

$$F(t) + R(t) = 1 \tag{2.40}$$

gilt, siehe Abb. 2.24. Die Häufigkeit, mit der eine bestimmte Lebensdauer auftritt, ist durch die *Wahrscheinlichkeitsdichte* angegeben, die sich aus

$$f(t) = \frac{\mathrm{d}F(t)}{\mathrm{d}t} \tag{2.41}$$

ergibt. Betrachtet man ein System, das zum Zeitpunkt $t = \tau$ noch nicht ausgefallen ist, d. h. seit Maschinenstart ohne Ausfall funktioniert, so gibt die *Ausfallrate* die

**Abb. 2.24** Zusammenhang zwischen Ausfallrate $\lambda(t)$, Ausfallwahrscheinlichkeit $F(t)$ und Zuverlässigkeit $R(t)$ für eine konstante Ausfallrate $\lambda$. Illustration der Gleichung (2.40) für den Zeitpunkt $t = \tau$. Vgl. [201] für Beispiele steigender und fallender Ausfallraten.

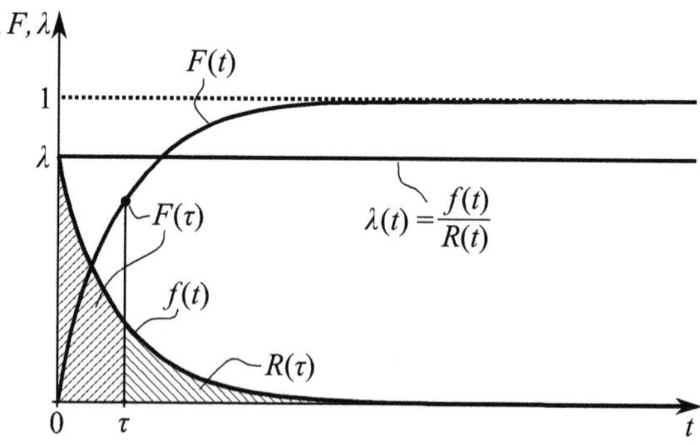


---

[46] Engl. reliability.

[47] Die Theorie der Zuverlässigkeit entwickelte sich in den 1940er bis 1960er aus der Luft- und Raumfahrt heraus, die hohe Ausfallraten mit verheerenden Verlusten zu verzeichnen hatte. Eine der ersten deutschsprachigen Monographien zur Zuverlässigkeit entstammt deshalb auch der Entwicklungsabteilung des Flugzeugbauers Messerschmidt-Bölkow-Blohm GmbH [19].

[48] Zum Begriff der Wahrscheinlichkeitsverteilung siehe Anhang B.

Wahrscheinlichkeit an, dass das System im nächsten Moment ausfällt:

$$\lambda(t) = \frac{f(t)}{R(t)} \ . \tag{2.42}$$

Es werden folgende, typischen Verläufe der Ausfallrate unterschieden, die häufig in der sog. Badewannenkurve[49] zusammengefasst werden [18, 19]:

- Eine *abnehmende Ausfallrate* $\mathrm{d}\lambda/\mathrm{d}t < 0$ ist häufig während der Inbetriebnahme anzutreffen und deutet auf technische Mängel hin.
- Eine *konstante Ausfallrate* $\mathrm{d}\lambda/\mathrm{d}t = 0$ liegt bei eingefahrenen Maschinen während der Nutzungsphase vor und führt zu einer exponentiell verteilten Ausfallwahrscheinlichkeit, wie in Abb. 2.24 dargestellt.
- Eine *steigende Ausfallrate* $\mathrm{d}\lambda/\mathrm{d}t > 0$ tritt bei zunehmendem Verschleiß der Maschine auf und kennzeichnet die Phase der Spätausfälle.

Die exponentielle Ausfallwahrscheinlichkeit beschreibt die meisten Produktionsprozesse hinreichend genau, weshalb sie i. d. R. als Annahme für die Modelle der statistischen Prozessanalyse verwendet wird [158]. Im Fall einer konstanten Ausfallrate gilt damit für die Zuverlässigkeit

$$R(t) = \mathrm{e}^{-\lambda t} \ , \tag{2.43}$$

siehe [158, 201] für eine Herleitung. Hierbei ergibt sich die Ausfallrate durch

$$\lambda = \frac{1}{MTBF} \tag{2.44}$$

aus dem arithmetischen Mittel aller $n$ beobachteter time between failures [18], dem *mean time between failures MTBF*:

$$MTBF = \frac{1}{n} \sum_{i=1}^{n} tbf_i \tag{2.45}$$

$$= \int_{0}^{\infty} R(t) \, \mathrm{d}t \ . \tag{2.46}$$

Sämtliche aufgeführte Zusammenhänge können analog für die Stillstandszeiten *time to repair ttr* aufgestellt werden, wobei anstelle der Ausfallwahrscheinlichkeit die *Erneuerungswahrscheinlichkeit E*, anstelle der Ausfallrate die *Erneuerungsrate β* und anstelle der mean time between failures die *mean time to repair MTTR* tritt[50]. Dies führt zur Betrachtung eines Systems unter Berücksichtigung der Reparatur.

---

[49] Die Ursprünge der Badewannenkurve sind unbekannt und die Gültigkeit der Unterscheidung zwischen Frühausfällen, Nutzungszeitraum und Spätausfällen nicht empirisch belegt. Trotzdem ist sie eine zentrale Theorie in der Literatur zur Zuverlässigkeit technischer Systeme. Eine kritische Auseinandersetzung mit der Badewannenkurve findet sich bei [120].

[50] Eine anschauliche Herleitung der hier vorgestellten Zusammenhänge unter Verwendung eines realen Datensatzes einer Verarbeitungsmaschine findet sich bei TIETZE [201].

**Verfügbarkeit**

Verfügbarkeit[51] ist die Wahrscheinlichkeit, ein System zu einem bestimmten Zeitpunkt $t$ in Funktion vorzufinden. Im Gegensatz zur Zuverlässigkeit betrachtet die Verfügbarkeit damit einen Zeitraum, in dem mehrere Ausfälle auftreten und Reparaturen stattfinden, siehe Abb. 2.23. Man spricht deshalb auch von reparierbaren Systemen[52]. Die *Verfügbarkeit V* ergibt sich damit als Quotient der aufsummierten time between failures geteilt durch den Beobachtungszeitraum und es gilt vereinfacht

$$V = \frac{MTBF}{MTBF + MTTR} \cdot \tag{2.47}$$

Ein System hat zum Startzeitpunkt die Verfügbarkeit $V = 1$ und nähert sich mit der Zeit asymptotisch dem Wert nach Gleichung (2.47) an, sodass $V = \lim_{t \to \infty} V(t)$, wie Abb. 2.25 zeigt. Dieser Zusammenhang ist als *Key Revewal Theorem*[53] bekannt. Für konstante Ausfall- und Erneuerungsraten kann zudem die Ausfallkennziffer

$$\kappa = \frac{\lambda}{\beta} = \frac{MTBF}{MTTR} \tag{2.48}$$

definiert werden und die Verfügbarkeit lässt sich durch

$$V = \frac{1}{1 + \kappa} \tag{2.49}$$

formulieren [183, 201]. Diese Ausdrücke beziehen sich auf eine zeitbezogene Bilanzierung und die so definierte Verfügbarkeit wird auch *Zeitverfügbarkeit* $V_\mathrm{T}$ genannt. Unter der Berücksichtigung unterschiedlicher Produktivitäten kann die *Mengenverfügbarkeit* $V_\mathrm{M}$ mit

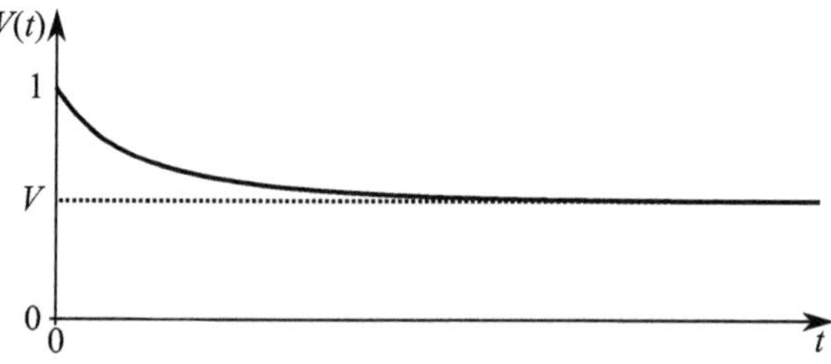

**Abb. 2.25** Grafische Veranschaulichung des *Key Renewal Theorems*. Die Verfügbarkeit $V(t)$ nähert sich nach einer Einschwingphase dem Wert $V$ an. Nach [183].

---

[51] Engl. availability.

[52] Die mathematischen Grundlagen dazu werden unter dem Begriff Erneuerungstheorie (engl. Renewal Theory) behandelt. Dieser Begriff wurde von DAVID COX (* 15.7.1925, † 18.1.2022) geprägt, der eine der ersten Monographien zu diesem Thema verfasste [33]. Ausgangspunkt ist dabei die Theorie der stochastischen Prozesse, speziell der nach dem Mathematiker ANDREI ANDREJEWITSCH MARKOW (* 14.6.1856, † 20.7.1922) benannten Semi-Markow-Prozess. Eine umfassende Darstellung der mathematischen Grundlagen finden sich bei [18, 114].

[53] Das *Key Renewal Theorem* wurde 1958 von WALTER L. SMITH (* 12.11.1926, † 6.3.2023) bewiesen [192]. Auch hier sei für ein Beispiel mit einem realen Datensatz wieder auf [201] verwiesen.

$$V_{\mathrm{M}} = \frac{\sum_{i=1}^{n} tbf_i \cdot \dot{Q}_{ti}}{\sum_{i=1}^{n} (tbf_i + ttr_i) \cdot \dot{Q}_{rp}} = \frac{M_{\mathrm{t}}}{M_{\mathrm{rp}}} \tag{2.50}$$

geschrieben werden [183]. Analog zu Abb. 2.23 gibt $i = 1...n$ den $i$-ten time between failures bzw. time to repair an, $\dot{Q}_{ti}$ die zugehörige tatsächliche Produktivität von Qualitätsprodukten zu $tbf_i$ und $\dot{Q}_{rp}$ die rechnerisch geplante Produktivität, vgl. dazu Abschnitt 1.1. Bezogen auf die Produktmengen stellt sich die Mengenverfügbarkeit damit als Quotient aus tatsächlich hergestellter Menge von Qualitätsprodukten $M_{\mathrm{t}}$ und der rechnerisch geplanten Produktmenge $M_{\mathrm{rp}}$ dar.

### 2.1.3.5 Standardisierte Leistungskennzahlen

**Maschinenabnahmen und Benchmarking**

Untersuchungen zum Ausfall- und Reparaturverhalten von Verarbeitungsmaschinen werden meistens zu folgenden Gelegenheiten durchgeführt:

- *Abnahme* einer Maschine vom Hersteller durch den Kunden. Ziel ist hier die Feststellung, ob die Maschine die vertraglich zugesagte Leistung erbringt.
- *Benchmarking* unterschiedlicher Maschinen, mit dem Ziel, die Leistung einer Maschine in Produktion gegenüber einem unternehmens- oder branchenspezifischen Zielwert zu beurteilen.

Hierzu werden Kennwerte für die Verfügbarkeit herangezogen[54], die sich aus dem *Betriebsverhalten* von Verarbeitungsmaschinen ableiten lassen.

**Betriebsverhalten von Verarbeitungsmaschinen**

Längerfristige Untersuchungen des Betriebsverhaltens von Verarbeitungsmaschinen führen zur Produktivitätscharakteristik[55] nach Abb. 2.26. Ausgangspunkt ist dabei die Zeitgliederung der geplanten Maschinenzeit $t_{\mathrm{M}}$, die für die Produktion zu Verfügung steht. Sie reduziert sich um die Verlustzeit $t_{\mathrm{V}}$, die sich aus folgenden Anteilen zusammensetzt [95]:

- Geplanten Nebenzeiten $t_{\mathrm{N}}$, d. h. Stillstand für Wartung und Rüstung,
- ungeplanten Unterbrechungen $t_{\mathrm{U}}$, in denen die Maschine wegen Ausfällen und Leerlauf keine Produkte produziert, sowie
- Ausschusszeiten $t_{\mathrm{a}}$, in denen nicht qualitätsgerechte Produkte hergestellt werden.

---

[54] Die Zuverlässigkeit spielt hierbei eine untergeordnete Rolle, da die Abschätzung des Zeitpunktes des nächsten Ausfalls weniger wichtig ist, als die Ermittlung des Zeit- bzw. Mengenanteils, mit dem die Maschine qualitätsgerechte Produkte herstellt. Anders ist dies bspw. in der Luftfahrt, wo es sehr wohl darauf ankommt, wann ein System ausfällt, weil ein Funktionsausfall tödliche Folgen hat. Vgl. hierzu [201].

[55] Die Produktivitätscharakteristik ist experimentell u. a. an verschiedenen Einschlagmaschinen für Süßwaren [21] und an einer Abfüllanlage für Bier [124] nachgewiesen.

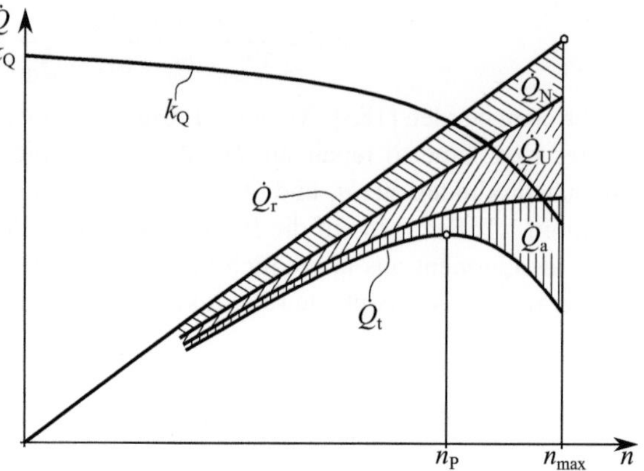


**Abb. 2.26** Produktivitätscharakteristik einer Verarbeitungsmaschine. Produktivitätskoeffizient $k_Q$. Produktivität $\dot{Q}$, rechnerische $\dot{Q}_r$, tatsächliche $\dot{Q}_t$, Produktivitätsverlust durch Nebenzeiten $\dot{Q}_N$, durch Unterbrechungen $\dot{Q}_U$ und durch Ausschuss $\dot{Q}_a$. Taktzahl $n$, maximaler Produktivität bei $n_P$, maschinentechnisch maximale Taktzahl $n_{max}$. Nach [97, 124].

Die Zeit $t_0$, in der eine Verarbeitungsmaschine ordnungsgemäß produziert, ergibt sich damit aus

$$t_0 = t_M - t_V = t_M - t_N - t_U - t_a \ . \tag{2.51}$$

Diese Zeitgliederung kann in eine Mengenbilanz überführt werden. Hierbei gilt für die rechnerische Produktivität, die eine Verarbeitungsmaschine im theoretischen, störungsfreien Fall erbringt, folgender Zusammenhang zwischen der Taktzahl $n$ bzw. der Taktzeit $t_T = 1/n$ und der verarbeiteten Menge pro Arbeitstakt $q$:

$$\dot{Q}_r = qn = \frac{q}{t_T} \ . \tag{2.52}$$

Die tatsächlich Produktivität $\dot{Q}_t$ ist die um die Verluste durch Nebenzeiten $\dot{Q}_N$, Unterbrechungen $\dot{Q}_U$ und Ausschuss $\dot{Q}_a$ verringerte rechnerische Produktivität $\dot{Q}_r$, sodass

$$\dot{Q}_t = \dot{Q}_r - \dot{Q}_N - \dot{Q}_U - \dot{Q}_a \tag{2.53}$$

und mit den oben genannten Zeiteinteilen

$$\dot{Q}_t = \frac{t_M - t_N - t_U - t_a}{t_M} qn \tag{2.54}$$

gilt. Zur Beurteilung einer Verarbeitungsmaschine wird i. d. R. der *Produktivitätskoeffizient*

$$k_Q = \frac{\dot{Q}_t}{\dot{Q}_r} \tag{2.55}$$

herangezogen, der die Mengenverfügbarkeit der Verarbeitungsmaschine abbildet, vgl. auch Gleichung (2.50). Diese Kennzahl ermöglicht den Vergleich unterschiedlicher Verarbeitungsmaschinen oder Verarbeitungsgüter bei gleichen Randbedingungen, siehe Abb. 1.6, oder die Bewertung des Einflusses veränderlicher Randbedingungen bei gleicher Verarbeitungsmaschine und gleichem Verarbeitungsgut [95, 98].

**Zeit- und Mengengliederung nach DIN EN 415-11**

Nachdem die ermittelte Verfügbarkeit eines Systems maßgeblich von der Definition des Ausfalls abhängt, haben sich Standards herausgebildet, die einen Vergleich vereinfachen sollen, z. B. DIN EN 415-11 [50], VDI 3423 [209] oder ISO 22400 [110]. Zwar legen die Normen die Zeit- und Mengenanteile unterschiedlich fest, allerdings unterscheiden alle Standards die drei in der Produktivitätscharakteristik enthaltenen Verlustarten:

- Verluste durch geplanten Stillstand.
- Verluste durch ungeplante Ausfälle oder verminderte Produktivität.
- Verluste durch nicht qualitätsgerechte Produkte.

Abb. 2.27 zeigt beispielhaft die Definitionen nach DIN EN 415-11.

**Gesamtanlageneffektivität**

Zur Bewertung von Produktionsanlagen hat sich international die *Gesamtanlageneffektivität*[56] *OEE* durchgesetzt, die von NAKAJIMA [160] eingeführt[57] wurde. Sie berücksichtigt alle drei Verlustarten in einer Kennzahl:

$$OEE = A \cdot P \cdot Q \, . \tag{2.56}$$



(a) Zeitgliederung.

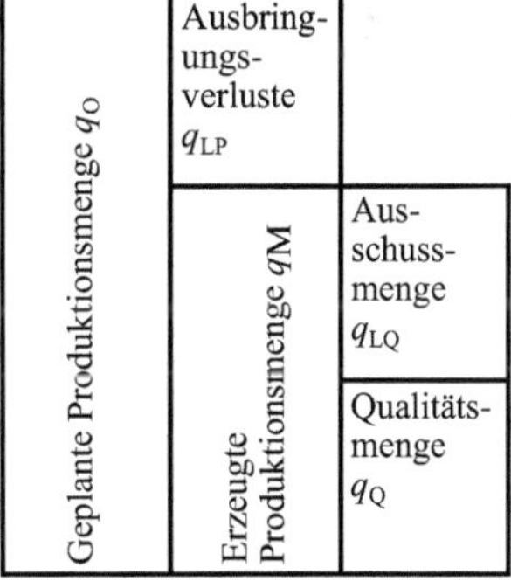


(b) Mengengliederung.

**Abb. 2.27:** Definition der Zeit- und Mengenanteile für Abnahmeläufe von Verpackungsmaschinen und Verpackungsanlagen nach DIN EN 415-11 [50].

---

[56] Engl. Overall Equipment Effectiveness.

[57] SEIICHI NAKAJIMA (* 1919, † 11.4.2015) entwickelte diese Kennzahl im Rahmen des *Total Productive Maintenance* am *Japan Institute of Plant Maintenance* und veröffentlichte sie 1989 in der Monographie *Introduction to TPM* [160].

Hierbei bildet die *Verfügbarkeit*[58] $A$ die Verluste durch geplanten Stillstand ab, wobei nach DIN EN 415-11 [50]

$$A = \frac{t_O}{t_W} \tag{2.57}$$

gilt. Der *Leistungsgrad*[59] $P$ beschreibt die Verluste durch ungeplante Ausfälle und verminderte Produktivität gemäß mit

$$P = \frac{q_M}{q_O}\,. \tag{2.58}$$

Der *Qualitätsgrad*[60] berücksichtigt die Verluste durch nicht qualitätsgerechte Produkte mit

$$Q = \frac{q_Q}{q_M} \tag{2.59}$$

nach. Die Gesamtanlageneffektivität wird in Prozent angegeben und erreicht in realen Produktionsanlagen nie 100%. Siehe auch ISO 22400 [110] für einen internationalen Standard.

---

[58] Engl. availability.

[59] Engl. performance

[60] Engl. quality ratio.

## 2.1.4 Deterministische Wirkungsmodelle

Im Gegensatz zu den betriebswirtschaftlichen Produktionsmodellen und statistischen Prozessmodellen gibt es für die deterministischen Wirkungsmodelle keine zusammenhängende Theorie. Vielmehr existieren verschiedene Ansätze, die spezielle Problemstellungen behandeln. Die nachfolgenden Abschnitte stellen deshalb in loser Reihenfolge Modelle vor, die für diese Arbeit relevant sind, weil sie quantitative Formulierungen für technische Zusammenhänge finden oder spezifische Aussagen zu Verarbeitungsmaschinen treffen.

### 2.1.4.1 Das technische System als Entwurfsproblem

**Vorhersagen über das Verhalten technischer Systeme**

Aus den betriebswirtschaftlichen und statistischen Modellen lassen sich keine Maßnahmen für die technische Umsetzung von Verarbeitungsmaschinen ableiten, denn sie geben keine Auskunft zu den ursächlichen Wirkzusammenhängen. Damit ist zwar eine Beschreibung des Verhaltens einer Verarbeitungsmaschine möglich, nicht aber die Vorhersage, vgl. [23]. Die anforderungsgerechte Entwicklung von Verarbeitungsmaschinen und die zielgerichtete Beeinflussung ihres Betriebsverhaltens erfordern verhaltenserklärende Modelle, die den Zusammenhang zwischen technischen Variablen und ihrem Verhalten herstellen, vgl. dazu Gleichung (1.1).

**Das allgemeine Entwurfsproblem**

Stark abstrahiert ist der Zweck jedes technischen Systems die Transformation bestimmter Eingangsgrößen in gewünschte Ausgangsgrößen. Diese Transformation wird durch die Entwurfsvariablen bestimmt, deren Festlegung im Rahmen der Entwicklung erfolgt. Üblicherweise müssen dabei unerwünschte und nicht beeinflussbare Störungen und Unsicherheiten berücksichtigt werden, die die Transformation beeinträchtigen. Als Entwurfsproblem wird nun die Aufgabe verstanden, geeignete Ausprägungen der Entwurfsvariablen zu finden, die den Anforderungen hinsichtlich der Eingangs- und Ausgangsgrößen entsprechen [16, 37, 168], siehe Abb. 2.28.

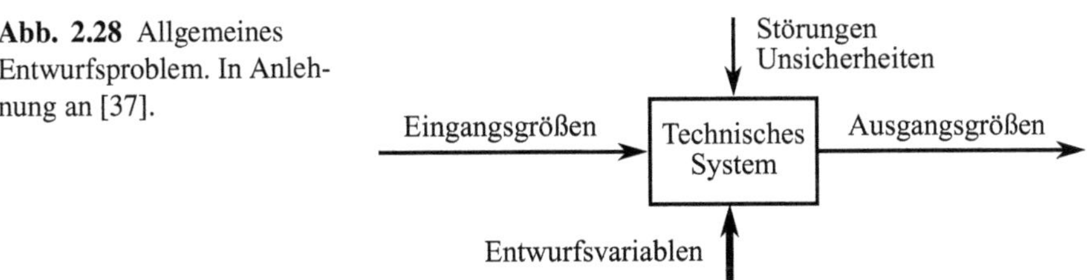


**Abb. 2.28** Allgemeines Entwurfsproblem. In Anlehnung an [37].

### 2.1.4.2  Systemmodelle der Verarbeitungstechnik

**Verarbeitungsaufgabe und Verarbeitungsfunktion**

Ausgangspunkt jeder Analyse, Synthese oder Optimierung im Rahmen einer verarbeitungstechnischen Problemstellung ist die *Verarbeitungsaufgabe*. Sie beschreibt die geforderte Umwandlung des Verarbeitungsgutes, vom Zustand I vor der Verarbeitung in den Zustand II nach der Verarbeitung. Die Verarbeitungsaufgabe ist damit eine neutrale Beschreibung, die keine Festlegungen zur technischen Umsetzung vorwegnimmt. Erst mit der technischen Umsetzung wird die Funktion einer Verarbeitungsmaschine festgelegt. Die *Verarbeitungsfunktion* ist die tatsächlich durchgeführte Zustandsänderung einschließlich der Nebenwirkungen auf die Umwelt und in Abhängigkeit der Energiezufuhr, der Einwirkung von Steuersignalen und der Umwelteinwirkungen [16, 86, 203]. Aus diesem Zusammenhang folgt, dass eine Verarbeitungsaufgabe durch unterschiedliche Verarbeitungsfunktionen umgesetzt werden kann, eine Verarbeitungsfunktion aber nur eine bestimmte Verarbeitungsaufgabe löst [86, 95].

**Wirkpaarung und Verarbeitungsvorgang**

Das kleinste Teilsystem einer Verarbeitungsmaschine ist die *Wirkpaarung*, die eine nicht weiter zerlegbare Teilfunktion im Stofffluss durchführt. Das Modell der Wirkpaarung nach Abb. 2.29 stellt abstrahiert die Wirkzusammenhänge dar, die zur Änderung des Zustandes des Verarbeitungsgutes führen. Die Wirkpaarung besteht aus dem *Verarbeitungsgut*, dem *Arbeitsorgan* und den *Wechselwirkungen* zwischen ihnen [86]. Das Arbeitsorgan ist das letzte Glied in der Energieleitungskette und

**Abb. 2.29**  Modell der Wirkpaarung. Nach [16].

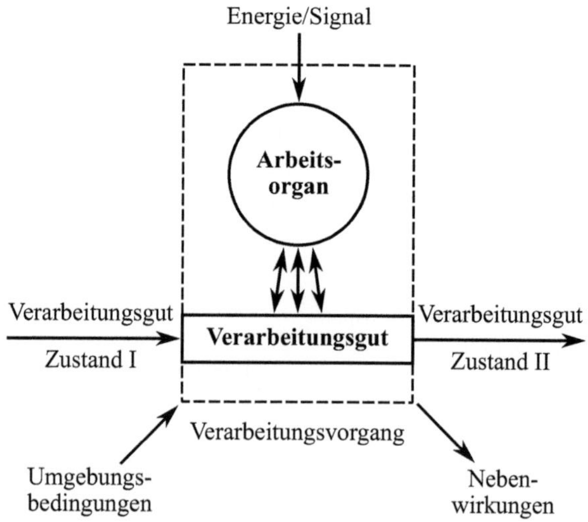

verursacht durch gezielte Energieeinwirkung die Zustandsänderung am Verarbeitungsgut. Der zeitliche, räumliche und energetische Ablauf der Einwirkung des Arbeitsorgans und der resultierenden Zustandsänderung des Verarbeitungsgutes wird *Verarbeitungsvorgang* genannt [16, 95]. Die Wirkpaarung ist das zentrale Modell der Verarbeitungstechnik zur Beschreibung der ursächlichen Zusammenhänge, die der Verarbeitungsfunktion zugrunde liegen. Es ist Ausgangspunkt für die Suche nach Wirk- und Funktionsprinzipien im konstruktiven Entwicklungsprozess [86, 135] ebenso wie bei der Analyse und Optimierung des Betriebsverhaltens von Verarbeitungsmaschinen [21, 124].

**Arbeitsweise von Verarbeitungsmaschinen**

Als *Arbeitsweise* wird der zeitliche und räumliche Ablauf der Verarbeitungsfunktion bezeichnet. Die Arbeitsweise einer Verarbeitungsmaschine leitet sich aus der Arbeitsweise der einzelnen Wirkpaarungen ab. Zur Charakterisierung der Arbeitsweise dient die Bewegung des Verarbeitungsgutes durch die Wirkpaarung, wobei die drei nachfolgenden Klassen von Wirkpaarungen unterschieden werden [16, 97]:

- Wirkpaarungen der *Klasse I* nehmen die Verarbeitungsgüter zyklisch auf. Diese Wirkpaarungen besitzen keine Arbeitsorgane für den Transport des Verarbeitungsgutes und werden für Verarbeitungsvorgänge eingesetzt, die eine lange Einwirkzeit $t_V$ erfordern. Wirkpaarungen der Klasse I haben eine geringe Produktivität, die nur durch Vergrößerung der gleichzeitig verarbeiteten Verarbeitungsgutmenge oder Intensivierung der Einwirkung gesteigert werden kann.
- Wirkpaarungen der *Klasse II* bewegen das Verarbeitungsgut *diskontinuierlich*, d. h. das Verarbeitungsgut befindet sich während der Einwirkung der Arbeitsorgane in Ruhe. Die Taktzahl $n$ resultiert damit immer aus der Zeit zur Einwirkung $t_V$ des Arbeitsorgans und der Transportzeit $t_T$ des Verarbeitungsgutes: $1/n = t_V + t_T$. Diese Wirkpaarungen werden dann eingesetzt, wenn die Mitführung der Arbeitsorgane nicht oder nur mit hohem technisch Aufwand möglich ist. Die Produktivität von Wirkpaarungen der Klasse II ist höher als die der Klasse I, weil die Transportzeit des Verarbeitungsgutes kürzer sind. Die ungleichförmige Bewegung der massebehafteten Arbeitsorgane und Verarbeitungsgüter führt allerdings zu höheren Beanspruchungen, die die Produktivität begrenzen.
- Wirkpaarungen der *Klasse III* führen das Arbeitsorgan dem *kontinuierlich* bewegten Verarbeitungsgut nach. Sie können nur bei kurzen Einwirkzeiten $t_V$ oder langsamen Transportgeschwindigkeiten $v_T$ angewendet werden. Andernfalls müssen lange Strecken $s = v_T \cdot t_V$ während der Einwirkzeit zurückgelegt werden. Wirkpaarungen der Klasse III erreichen auf Grund der minimalen Dauer für Zu- und Abführung des Verarbeitungsgutes und der geringen dynamischen Beanspruchungen des Verarbeitungsgutes die höchste Produktivität. Der technische Aufwand ist jedoch hoch und kann beim Übergang von diskontinuierlicher zu kontinuierlicher Arbeitsweise stärker wachsen als die Produktivität.

Verarbeitungsmaschinen können Wirkpaarungen gleicher und unterschiedlicher Arbeitsweise aufweisen, wobei letztere Speicher zum Ausgleich der Bewegungen der Verarbeitungsgüter benötigen [203].

**Innermaschinelles Verfahren**

Die Zusammenschaltung mehrerer Wirkpaarungen in struktureller Abfolge wird als *innermaschinelles Verfahren* bezeichnet. Hierbei existieren die drei Grundstrukturen nach Abb. 2.30 [203]:

- *Reihenschaltung* unterschiedlicher Wirkpaarungen, die aufeinanderfolgende Teilfunktionen der Verarbeitungsfunktion umsetzen.
- Parallelschaltung von gleichen Wirkpaarungen, sog. *Redundanz*, die zur Erhöhung der Produktivität ohne Steigerung der Taktzahl oder zur Verbesserung der Zuverlässigkeit eingesetzt wird.
- Parallelschaltung unterschiedlicher Wirkpaarungen, sog. *Funktionsintegration*, die zur effizienteren Ausnutzung der Taktzeit und Energie genutzt wird.

Das innermaschinelle Verfahren ist einerseits Ausgangspunkt für die Entwicklung[61] von Verarbeitungsmaschinen, indem es die verschiedenen Zwischenzustände des Verarbeitungsgutes und die zeitliche und räumliche Anordnung der Wirkpaarungen vorgibt [16, 203]. Andererseits dient es in der Maschinenanalyse zur Identifikation der Wechselwirkungen zwischen den einzelnen Verarbeitungsvorgängen [124].

**Teilsysteme einer Verarbeitungsmaschine**

Auch wenn Verarbeitungsmaschinen aufgrund verschiedener, innermaschineller Verfahren in ihrer technischen Ausprägung zwangsläufig große Unterschiede aufweisen, existiert eine strukturelle Gliederung in vier Funktionsbereiche und Teilsysteme, die alle Verarbeitungsmaschinen zeigen. Die einzelnen Teilsysteme haben folgende Funktionen [16, 97]:

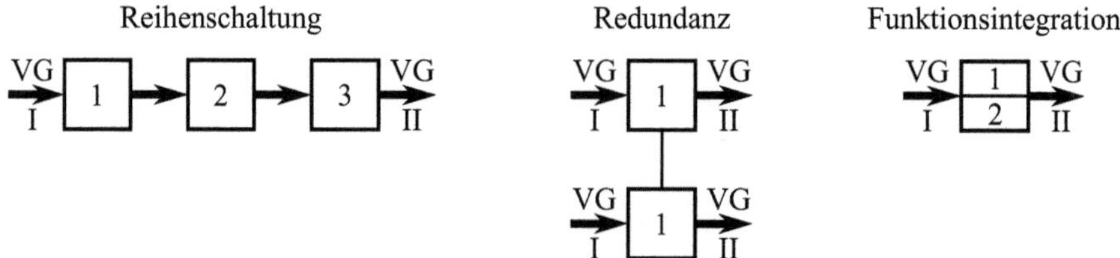


**Abb. 2.30:** Grundstrukturen der Zusammenschaltung von Wirkpaarungen. Verarbeitungsgut VG, Zustand I vor der Verarbeitung, Zustand II danach. Nach [203].

---

[61] Ein ähnliches Modell wird in der allgemeinen Konstruktionslehre unter dem Begriff *Funktionstruktur* oder *Funktionskette* verwendet, vgl. [16].

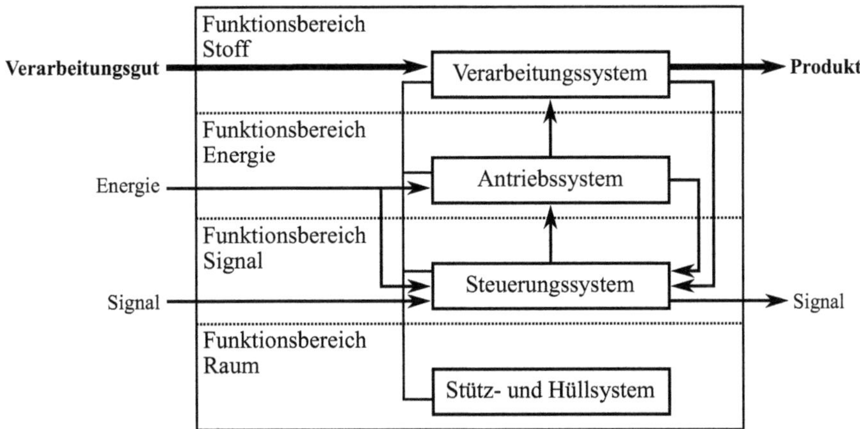



**Abb. 2.31:** Teilsysteme einer Verarbeitungsmaschine. Nach [16].

- *Funktionsbereich Stoff* und *Verarbeitungssystem*: Durchführung der Umwandlung des Verarbeitungsgutes in das Produkt einschließlich des Stoffflusses durch die Maschine.
- *Funktionsbereich Energie* und *Antriebssystem*: Bereitstellung der Energie für das Verarbeitungssystem in erforderlicher Art, Form und Menge.
- *Funktionsbereich Signal* und *Steuerungssystem*: Gewinnung und Verarbeitung von Signalen zur Steuerung des Verarbeitungssystems, Einwirkung auf das Antriebssystem und Information des Maschinenführers.
- *Funktionsbereich Raum* und *Stütz- und Hüllsystem*: Sicherung der räumlichen Zuordnung der technischen Elemente der Teilsysteme. Stützung, Führung, Lagerung, Umhüllung.

Abb. 2.31 stellt die Teilsysteme und ihre Wechselwirkungen schematisch dar.

**Strukturvarianten von Antriebs- und Steuerungssystemen**

Grundsätzlich wird zwischen zwei verschiedenen Varianten des *Antriebssystems* unterschieden, siehe Abb. 2.32. Die Literatur beschreibt beide Varianten mit Bezug auf mechanische Antriebe [16, 202, 203]. Die nachfolgenden Aussagen gelten aber sinngemäß auch für andere Arten der Energiebereitstellung:

- *Zentrale Antriebe* verfügen über einen Energiewandler für alle Arbeitsorgane. Die Umformung und Verzweigung der mechanischen Energie zu den einzelnen Arbeitsorganen erfolgt mittels Getrieben. Diese Antriebsstruktur hat zwei Vorteile: Sichere Synchronisierung und Notlaufeigenschaften durch mechanischen Zwanglauf sowie hohe Arbeitsgeschwindigkeit durch guten Energieausgleich im mechanischen Antriebsstrang. Nachteilig sind die aufwendige, mechanische Kon-

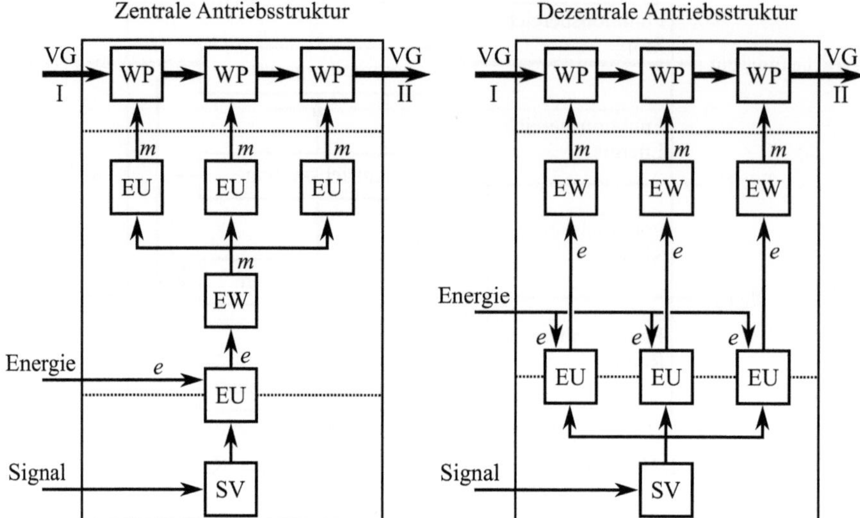


**Abb. 2.32:** Varianten von Antriebsstrukturen. Signalverarbeitung SV, Energieumformer EU, Energiewandler EW, Wirkpaarung WP, Verarbeitungsgut VG im Zustand I und II, elektrische Energie $e$, mechanische Energie $m$. In Anlehnung an [16, 203].

struktion, das daraus folgende hohe Maschinengewicht und die sehr eingeschränkten Anpassungsmöglichkeiten der Bewegungen.

- *Dezentrale Antriebe* verfügen über einen Energiewandler für jedes einzelne Arbeitsorgan. Vorteil dieser Antriebsstruktur sind kurze Distanzen zwischen Energiewandler und Arbeitsorgan, ein einfacher, mechanischer Aufbau sowie große Anpassungsmöglichkeiten der Bewegungen. Nachteil sind hingegen der hohe steuerungstechnische Aufwand, insbesondere zur Gewährleistung der Maschinensicherheit. Zudem begrenzen die höhere Belastungen der Antriebe und die signifikante Zykluszeiten der digitalen Steuerung die Arbeitsgeschwindigkeit stärker als im Falle zentraler Antriebe.

In der Praxis sind Mischformen beider Antriebsstrukturen die Regel, mit dem Ziel die Vorteile beider Varianten zu vereinen, vgl. [208].

*Steuerungssysteme* werden danach unterschieden, ob eine Rückführung von Signalen aus dem Funktionbereich Stoff und Energie zum Steuerungssystem stattfindet oder nicht [203], siehe Abb. 2.33 und vgl. auch Abb. 2.37:

- Bei einer *Steuerung* erfolgt der Signalfluss nur in Richtung des Arbeitsorgans durch Vorgabewerte. Es gibt keine Rückführung eines Signals, das den erreichten Zustand des Verarbeitungsgutes ausgibt. Steuerungen benötigen lediglich kurze Zykluszeiten bzw. im Falle zentraler, mechanischer Antriebe keine Zykluszeiten und ermöglichen daher hohe Verarbeitungsgeschwindigkeiten.
- Eine *Regelung* verfügt über eine Rückkopplung und passt die Vorgabewerte laufend an, um den erreichten Zustand des Verarbeitungsgutes dem gewünschten

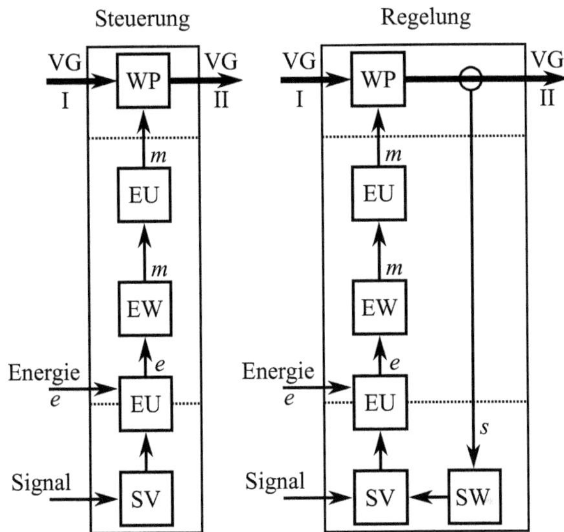



**Abb. 2.33** Varianten von Steuerungssystemen. Signalverarbeitung SV, Signalwandler SW, Energieumformer EU, Energiewandler EW, Wirkpaarung WP, Verarbeitungsgut VG im Zustand I und II, elektrische Energie $e$, mechanische Energie $m$, Signalfluss $s$. Nach [203].

Sollwert anzugleichen. Regelungen ermöglichen die Anpassung an veränderliche Randbedingungen, sind aber deutlich aufwendiger und begrenzen in bestimmten Anwendungsfällen die Arbeitsgeschwindigkeit durch lange Zykluszeiten.

In der Praxis sind auch hier Mischformen üblich, insbesondere weil die Messung des Zustandes des Verarbeitungsgutes während des Maschinenlaufs oft nicht möglich ist. Daher muss i. d. R. auf Ersatzgrößen aus dem Funktionsbereich Energie zurückgegriffen werden, die aber nur bedingt repräsentativ sind, vgl. [16].

**Wirkstelle und Energiefluss**

Zur Auslegung, Auswahl und Optimierung von Verarbeitungsvorgängen mit Hilfe von Modellrechnungen wird das Modell der *Wirkstelle* in Abb. 2.34 herangezogen, das den Ort der Wechselwirkung zwischen Arbeitsorgan und Verarbeitungsgut abbildet. Dieses Modell zeigt den Energiefluss in der Wirkstelle als Ursache für die Zustandsänderung des Verarbeitungsgutes, wobei die Transformation und Steuerung des Energieflusses im Antriebs- und Steuerungssystem im Modell inbegriffen ist [185, 194]. Damit ergibt sich die Möglichkeit, für jeden Verarbeitungsvorgang eine Energiebilanz über die gesamte Energieleitungskette aufzustellen, die sämtliche

**Abb. 2.34** Wirkstelle und
Energiefluss. In Anlehnung
an [185, 194]. Die Quellen
die Begriffe Verarbeitungsgut und Produkt im Sinne
der Bezeichnungen Verar-
beitungsgut im Zustand I und
II entsprechend Abb. 2.29.

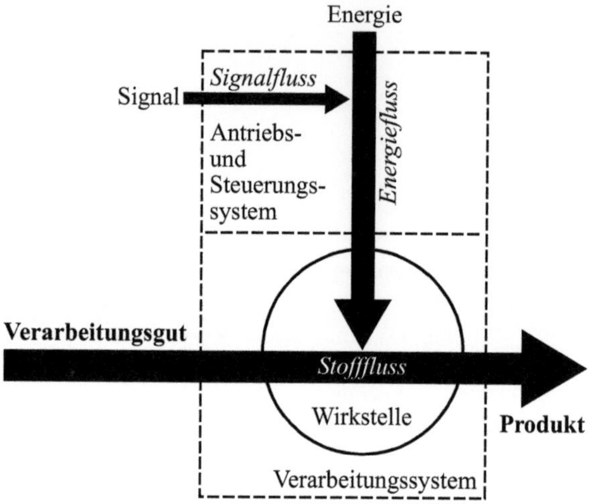


Energiewandlungen, -umformungen und -verluste berücksichtigt, siehe Abb. 2.35.
Die Zustandsänderung des Verarbeitungsgutes entspricht dabei der Erhöhung seiner
inneren Energie d$U$ im *Wirkbereich* des Verarbeitungsgutes mit

$$dU = dQ + dW \tag{2.60}$$

infolge von außen zugeführter Wärme d$Q$ und Arbeit d$W$. Kann die innere Energie
des Verarbeitungsgutes nicht beschrieben werden, muss eine geeignete, physikalische Vergleichsenergie d$E_{ph}$ mit

**Abb. 2.35** Energiefluss und
Systemgrenzen. Energiezu-
stände des Wirkbereichs im
Verarbeitungsgut (VG) $E_1$
und $E_2$, physikalische Wirk-
energie $E_{ph}$, wirkprinzipbedingte, zugeführte Energie
$E_{wp}$ und Energieverlust
$E_{vwp}$, zugeführte Energie
$E_{vat}$ und Energieverlust
$E_{vvat}$ des Antriebssystems.
Nach [185].

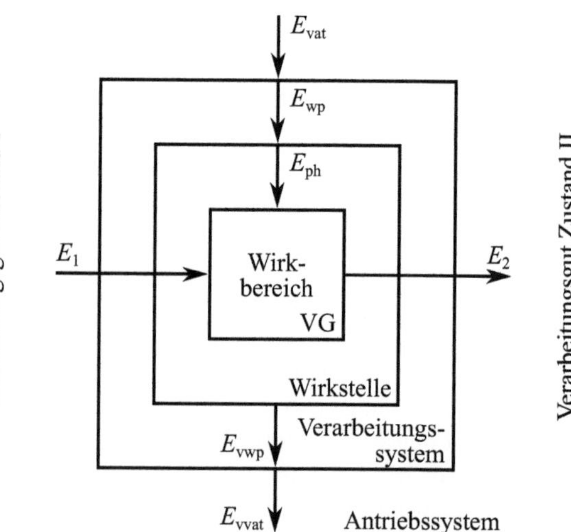

$$E_2 - E_1 = \int \mathrm{d}E_{\mathrm{ph}} \tag{2.61}$$

als Bemessungsgröße herangezogen werden. Hierbei sind $E_1$ und $E_2$ die Energiezustände vor und nach der Durchführung des Verarbeitungsvorgangs, die die Zustände I und II repräsentieren. Anhand dieses Modells lassen sich Effizienzkriterien nach Tab. 2.3 ableiten, die zur Bewertung einer technischen Lösung dienen [185].

Durch die Analogie der Leistungsübertragung[62] können auch solche Verarbeitungsvorgänge modelliert werden, deren Wirkprinzipien auf mehreren physikalischen Domänen beruhen [185]. Außerdem ist die Berechnung der gesamten Energieleitungskette als mechatronisches System möglich [76]. Demnach ist der Energiefluss immer durch eine Potentialgröße $e$ und eine Flussgröße $f$ mit

$$P = \frac{\mathrm{d}E}{\mathrm{d}t} = e \cdot f \tag{2.62}$$

beschrieben, vgl. Tab. 2.4. Nach LENK sind dabei zwei Arten von Modellen zu unterscheiden [129]:

**Tabelle 2.3:** Effizienzkriterien auf Grundlage energetischer Wirkungsgrade zur Bewertung technischer Systeme. Nach [185].

| Name | Definition | Aussage |
|---|---|---|
| Wirkungsgrad des Wirkprinzips | $\eta_{\mathrm{wp}} = E_{\mathrm{ph}}/E_{\mathrm{wp}}$ | Bewertung unterschiedlicher physikalischer Wirkprinzipien |
| Wirkungsgrad der technischen Realisierung | $\eta_{\mathrm{be}} = E_{\mathrm{wp}}/E_{\mathrm{vat}}$ | Bewertung unterschiedlicher Antriebs- und Steuerungssysteme |
| Wirkungsgrad des Verarbeitungssystems | $\eta_{\mathrm{vat}} = E_{\mathrm{ph}}/E_{\mathrm{vat}}$ | Bewertung unterschiedlicher konstruktiver Ausführungen |

**Tabelle 2.4:** Einige, skalare Analogiegrößen der Leistungsübertragung für Netzwerkprobleme [180]. Siehe [76, 185] für die entsprechenden Größen für Feldprobleme.

| | Leistung | Potentialgröße $e$ | Flussgröße $f$ |
|---|---|---|---|
| Elektrische Leistung | $P = U \cdot I$ | Spannung $U$ | Strom $I$ |
| Mechanische Leistung | $P = F \cdot v$ | Kraft $F$ | Geschwindigkeit $v$ |
| Hydraulische Leistung | $P = p \cdot \dot{V}$ | Druck $p$ | Volumenstrom $\dot{V}$ |
| Thermodynamische Leistung | $P = T \cdot \dot{S}$ | Temperatur $T$ | Entropiestrom $\dot{S}$ |

---

[62] Die Analogie der Leistungsübertragung wurde von HENRY PAYNTER (* 11.8.1923, † 14.06.2002) mit den Bondgraphen erstmals zu einem Modell zur Beschreibung dynamischer Systeme ausgearbeitet [170]. ARNO LENK (* 28.07.1930, † 14.05.2017) entwickelte im deutschsprachigen Raum eine umfangreiche Methodik zur Modellierung dynamischer Systeme auf Basis der Analogie der Leistungsübertragung [129].

- *Netzwerke* für Systeme mit konzentrierten Parametern.
- *Felder* für Systeme mit verteilten Parametern.

Bei STANGE [194] und SCHMIDT [185] findet sich eine ausführlich Darstellung der Möglichkeiten dieses Ansatzes und Anwendungsbeispiele aus der Verarbeitungstechnik.


### 2.1.4.3  Dynamische Systeme in der Regelungstechnik

**Die Problemstellung der Regelungstechnik**

Die Regelungstechnik befasst sich mit der Steuerung und Regelung von technischen Systemen, wobei DIN IEC 60050-351 eine international einheitliche Terminologie festlegt. Grundlage ist dabei der vereinfachte Regelkreis nach Abb. 2.36.

Eine *Regelung* hat die Aufgabe, eine abhängige Regelgröße $x(t)$ an eine vorgegebene Führungsgröße $w(t)$ anzugleichen. Hierbei ist die Regelstrecke das zu beeinflussende System, z. B. ein Verarbeitungsvorgang, und der Regler das aktive System. Der Regler bildet aus der Regeldifferenz $e(t) = w(t) - x(t)$ nach einer bestimmten Funktion $y = f(e, t)$ die Stellgröße $y(t)$. Die Regelstrecke wird sowohl durch die Stellgröße als auch durch die Störgröße $z(t)$ beeinflusst, sodass sich für die Regelgröße

$$x(t) = f(y, z, t) \tag{2.63}$$

ergibt. Existiert keine Rückkopplung der Regelgröße auf die Führungsgröße spricht man von einer *Steuerung*, wobei die Steuereinrichtung die Stellgröße nach einer Funktion $y = f(w, t)$ bildet. In beiden Fällen ist für die Auslegung des Reglers bzw. der Steuereinrichtung die Kenntnis des Verhaltens der Regel- bzw. Steuerstrecke erforderlich. Hierbei steht insbesondere das Verhalten gegenüber veränderlichen Randbedingungen und Systemeigenschaften im Zentrum der Untersuchungen, die üblicherweise als *Störung*[63] bezeichnet werden [16, 57]. Die Regelungstechnik stellt deshalb eine Reihe von Modellen bereit, mit denen grundsätzliche Aussagen zum

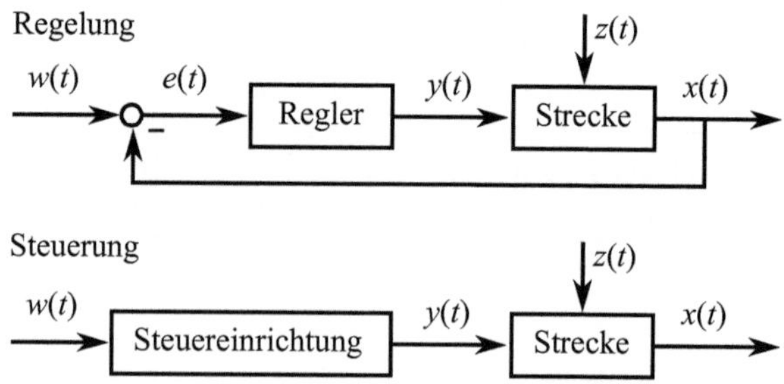

**Abb. 2.36** Vereinfachter Wirkungsplan einer Regelung (oben) und einer Steuerung (unten). Führungsgröße $w(t)$, Regeldifferenz $e(t)$, Stellgröße $y(t)$, Störgröße $z(t)$, Regelgröße $x(t)$. In Anlehnung an [16].



---

[63] Störungen (engl. disturbance) oder *Rauschen* (engl. noise) sind nach DIN IEC 60050-351 als unerwünschte, unabhängige und meist unvorhersehbare äußere Einflüsse der Störgröße $z(t)$ definiert, die zu einer Abweichung $\Delta x(t)$ der Regelgröße führen [16, 57].

Verhalten beliebiger Systeme[64] möglich sind, vgl. [23, 217]. Im Folgenden sei die Betrachtung auf die Beschreibung im Zeitbereich beschränkt, da hierfür keine mathematischen Transformationen[65] notwendig sind.

### Die Zustandsraumdarstellung

Ausgehend von der *Theorie der dynamischen Systeme*[66] verwendet die Regelungstechnik mit der *Zustandsraumdarstellung* nach Abb. 2.37 eine Beschreibung für zeitveränderliche Systeme, die auf ingenieurtechnischen Fragestellungen angepasst ist[67]. Diese Darstellungsform umfasst zwei Gleichungen

$$\dot{\mathbf{x}}(t) = \mathbf{f}(\mathbf{x}(t), \mathbf{u}(t), t) \text{ und} \tag{2.64}$$

$$\mathbf{v}(t) = \mathbf{g}(\mathbf{x}(t), \mathbf{u}(t), t), \tag{2.65}$$

wobei die erste Gleichung als *Zustandsgleichung* und zweite als *Ausgangsgleichung* bezeichnet wird. Der Vektor $\mathbf{x}(t) = [x_1(t), ..., x_k(t)]^\top$ mit $\mathbf{x} \in \mathcal{M}$ und $t \in \mathcal{T}$ bezeichnet hierbei die *Zustandsgrößen* des Systems und $\dot{\mathbf{x}}(t) = \mathrm{d}\mathbf{x}(t)/\mathrm{d}t$ deren zeitliche Ableitungen. $\mathcal{M} = \mathbb{R}^k$ wird *Zustandsraum* oder *Phasenraum* und $\mathcal{T} = \mathbb{R}, \mathbb{R}_+, \mathbb{Z}$ oder $\mathbb{Z}_+$ *Zeitraum* genannt. Zustandsgrößen sind die Größen eines Systems, die unter Angabe des Anfangszustands $\mathbf{x}(0) = \mathbf{x}_0$ den Zustand $\mathbf{x}(t)$ zu jedem beliebigen Zeitpunkt $t \in \mathcal{T}$ vollständig bestimmen. Physikalisch lassen sich die Zustandsgrößen als Energiemenge interpretieren, die in einem System zu einem bestimmten Zeitpunkt gespeichert sind. Bei Gleichung (2.64) handelt es sich um ein Differentialgleichungssystem 1. Ordnung, wobei jede Differentialgleichung

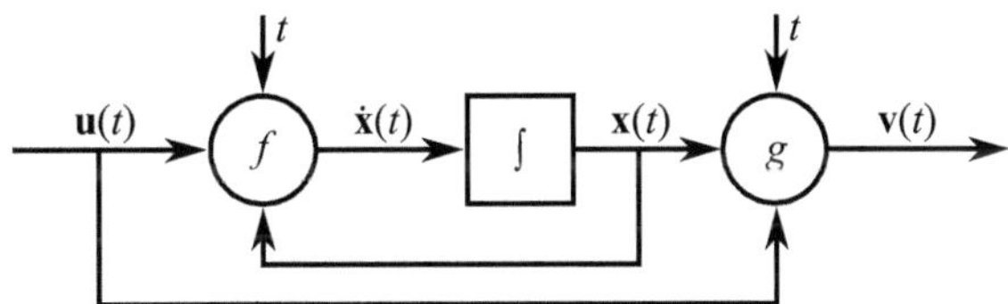

**Abb. 2.37** Allgemeines Modell für beliebige dynamische Systeme. Nach DIN IEC 60050-351 [57].

---

[64] Der Systembegriff ist keineswegs auf technische Systeme begrenzt. Vielmehr handelt es sich um einen universellen Ansatz zur Beschreibung und Erklärung von Phänomenen aus allen Bereichen der Wissenschaft. Die allgemeine Systemtheorie und Kybernetik geht maßgeblich auf den Biologen Ludwig von Bertalanffy (* 19.9.1901, † 12.6.1972) [212], den Mathematiker Norbert Wiener (* 26.11.1894, † 18.3.1964) [218] sowie den Psychiater und Biochemiker W. Ross Ashby (* 6.9.1903, † 15.11.1972) [9] zurück.

[65] Ein Modell im Zeitbereich stellt die Systemgrößen in Abhängigkeit der Zeit dar, ein Modell im Bildbereich gegenüber anderer Variablen, z. B. der Frequenz. Die Transformation aus dem Zeitbereich in den Bildbereich verfolgt das Ziel, mathematische Operationen zu vereinfachen. Zu den verschiedenen Beschreibungsformen siehe z. B. [133, 134].

[66] Zu den Grundbegriffen der mathematischen Theorie der dynamischen Systeme siehe Anhang A.

[67] Die Zustandsraumdarstellung geht auf den Mathematiker Rudolf E. Kálmán (* 19.5.1930, † 2.7.2016) zurück und gilt als ingenieurtechnisch geeignete und effiziente Methode zur Analyse und Synthese dynamischer System im Zeitbereich [1, 134].

höherer Ordnung in diese Form gebracht werden kann [26]. Die *Eingangsgrößen* $\mathbf{u}(t) = [u_1(t), ..., u_m(t)]^\top \in \mathbb{R}^m$ und die *Ausgangsgrößen* $\mathbf{v}(t) = [v_1(t), ..., v_n(t)]^\top$ mit $\mathbf{u}(t) \in \mathbb{R}^m$ und $\mathbf{v}(t) \in \mathbb{R}^n$ sind die Größen, die für die technische Anwendung von Bedeutung und Gegenstand der Steuerung- oder Regelungsaufgabe sind. Häufig ist eine lineare Approximation des Systems möglich, sodass

$$\dot{\mathbf{x}}(t) = \mathbf{A} \cdot \mathbf{x}(t) + \mathbf{B} \cdot \mathbf{u}(t) \text{ und} \tag{2.66}$$

$$\mathbf{v}(t) = \mathbf{C} \cdot \mathbf{x}(t) + \mathbf{D} \cdot \mathbf{u}(t) \tag{2.67}$$

ein dynamisches System hinreichend genau beschreibt. Hierbei ist $\mathbf{A}$ die System-matrix, $\mathbf{B}$ die Eingangsmatrix, $\mathbf{C}$ die Ausgangsmatrix und $\mathbf{D}$ die Durchgangsmatrix. Nach diesem Schema können beliebige Systeme modelliert werden, wobei sich die linearisierte Form besonders für die numerische Berechnung des Systemverhaltens eignet [23, 57, 134].

### Systemverhalten

Die Reaktion der Ausgangsgrößen $\mathbf{v}(t)$ infolge einer Anregung durch die Eingangs-größen $\mathbf{u}(t)$ wird als Verhalten eines Systems bezeichnet. Es wird zwischen zwei Aspekten entsprechend Abb. 2.38 unterschieden [16, 23, 217]:

Der zeitliche Verlauf einer Ausgangsgröße $v(t)$ in Abhängigkeit einer Eingangs-größe $u(t)$ wird als *dynamisches Verhalten* eines Systems

$$v(t) = f(u(t)) \tag{2.68}$$

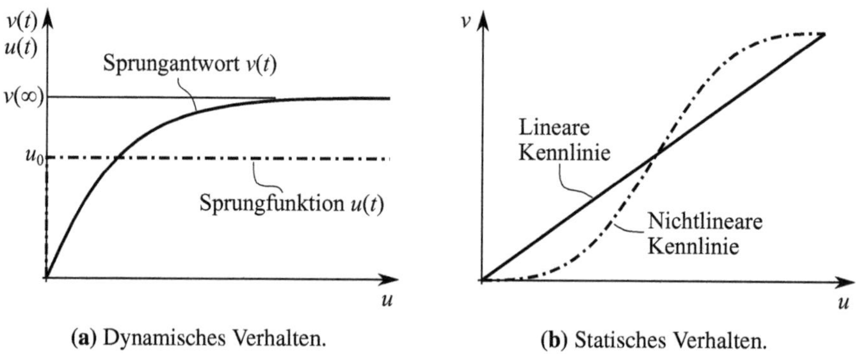


**(a)** Dynamisches Verhalten.          **(b)** Statisches Verhalten.

**Abb. 2.38:** Beispiele für das Verhalten eines Systems mit einer Eingangsgröße $u(t)$ und einer Ausgangsgröße $v(t)$. Ausgangsgröße im stationären Zustand $v(\infty)$ für $t \to \infty$, Sprunghöhe $u_0$ der Einheits-Sprungfunktion $\sigma(t)$, Übergangsfunktion $h(t) = \frac{v(t)}{u_0}$. In Anlehnung an [16].

bezeichnet und üblicherweise gegenüber bestimmten Testfunktionen beschrieben. Abb. 2.38a zeigt die sog. Übergangsfunktion als Antwort auf eine Sprungfunktion. Weitere, genormte Testfunktionen definiert DIN IEC 60050-351 [57].

Der Zusammenhang zwischen der Eingangs- und Ausgangsgröße im stationären Zustand ohne Berücksichtigung des zeitlichen Übergangs charakterisiert das *statische Verhalten* eines Systems. Der Ausdruck

$$v = f(u) \tag{2.69}$$

beschreibt die sogenannte *Kennlinie* eines Systems, siehe Abb. 2.38b. Das statische Verhalten eines Systems kann experimentell bspw. durch die Methode der statistischen Versuchsplanung ermittelt werden [217].

## Stabilität von Regelungen

Bei Betrachtungen des Verhaltens von Regelkreisen werden die zwei Fälle entsprechend Abb. 2.39 unterschieden:

- *Führungsverhalten*: Es wirkt keine Störgröße, sodass $e(t) = w(t)$ und $z = 0$.
- *Störungsverhalten*: Die Führungsgröße ist konstant, sodass $e(t) = x(t)$ und $w = 0$.

In beiden Fällen spricht man von einem *stabilen Regelkreis*, wenn die Regelgröße nach einer sprungförmigen Änderung der Führungs- oder Störgröße für $t \rightarrow \infty$

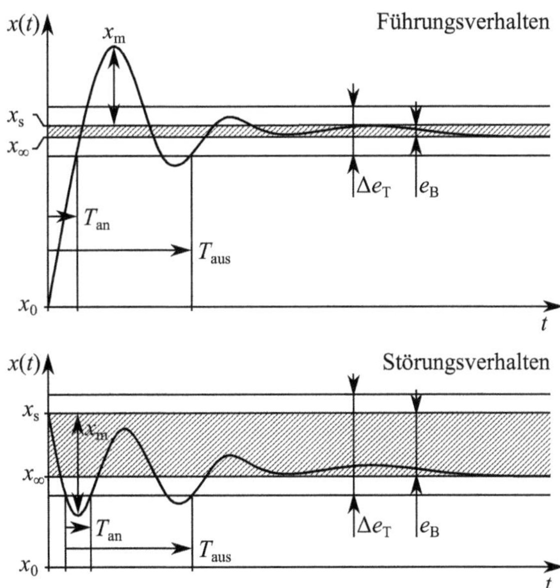


**Abb. 2.39** Stabilität einer Regelung. Führungs- und Störungsverhalten. Regelgröße $x(t)$, Zeit $t$, Ausgangslage $x_0$, Ruhelage $x_\infty$, Sollwert $x_\mathrm{s}$, Überschwingweite $x_\mathrm{m}$, Toleranzbereich $\Delta e_\mathrm{T}$, bleibende Regeldifferenz $e_\mathrm{B}$, Anregelzeit $T_\mathrm{an}$, Ausregelzeit $T_\mathrm{aus}$. Nach [16, 57].

eine Ruhelage einnimmt[68]. Diese Ruhelage $x(\infty)$ muss nicht mit dem Sollwert $x_\mathrm{s}$ übereinstimmen, sodass sich eine bleibende Regeldifferenz

$$e_\mathrm{B} = x(\infty) - x_\mathrm{s} \qquad\qquad (2.70)$$

einstellt. Dabei ist die Überschwingweite $x_\mathrm{m}$ die größte vorübergehende Sollwertabweichung während des Einschwingvorgangs. Gibt es einen vorgegebenen Toleranzbereich $\Delta e_\mathrm{T}$, können charakteristische Zeitintervalle definiert werden:

- Die *Anregelzeit* $T_\mathrm{an}$ ist die Dauer vom Zeitpunkt, zu dem die Regelgröße den Toleranzbereich verlässt, bis zum Zeitpunkt, zu dem sie zum ersten Mal wieder in den Toleranzbereich zurückkehrt.
- Die *Ausregelzeit* $T_\mathrm{aus}$ bezeichnet analog die Dauer bis zu dem Zeitpunkt, ab dem die Regelgröße im Toleranzbereich verbleibt.

Stabilität ist damit eine *notwendige, aber keine hinreichende* Eigenschaft eines Regelkreises. Üblicherweise sind zusätzlich zur Stabilität weitere Anforderungen bzgl. der bleibenden Regeldifferenz, der Überschwingweite sowie der An- und Ausregelzeit zu erfüllen.

Ein Regler muss demnach immer auf das Verhalten der Regelstrecke angepasst sein, die üblicherweise durch ein Systemmodell nach Gleichungen (2.64) bis (2.67) abgebildet wird. Hierbei wird eine Regelung als *robust* bezeichnet, wenn sie trotz Modellfehler oder außerhalb des vorgesehenen Regelbereiches stabil ist und die Regeldifferenzen klein bleiben [16, 57].

**Flexibilität von Fertigungssystemen**

Der Fähigkeit eines Fertigungssystems, mit veränderlichen Randbedingungen umgehen zu können, wird ein großer Stellenwert beigemessen. Als Argument für die Notwendigkeit flexibler Fertigungssysteme werden die zunehmende Zersplitterung des Marktes sowie das unsichere, wirtschaftliche Umfeld angeführt [30, 173]. Diese Eigenschaft wird i. d. R. als *Flexibilität* bezeichnet, wobei keine kohärente Definition existiert[69]. Vielmehr wird Flexibilität gegenüber einer Vielzahl verschiedener Kategorien von Randbedingungen definiert, bspw. Produktwechsel, schwankenden Losgrößen und Maschinenstörungen [15, 27]. Grundsätzlich wird jedoch zwischen Flexibilität gegenüber

- externen Änderungen im Sinne eines Wechsels der Fertigungsaufgabe sowie
- internen Veränderungen im Sinne von Störungen

unterschieden [28]. Mit den Begriffen der Regelungstechnik sind damit die Fertigungsaufgabe als Regelgröße, externe Änderungen als Veränderung der Führungs-

---

[68] Grundlage der Stabilitätsdefinition ist die Lyapunov-Stabilität als Bestandteil der Theorie der dynamischen Systeme, siehe [6, 26].

[69] Die Literatur zum Thema Flexibilität ist umfangreich, stark zergliedert und in weiten Teilen für technische Anwendungen nicht ausreichend konkret. Hier soll deshalb nur auf die Aspekte eingegangen werden, die einen Rückschluss auf das Verhalten eines Fertigungssystems erlauben.

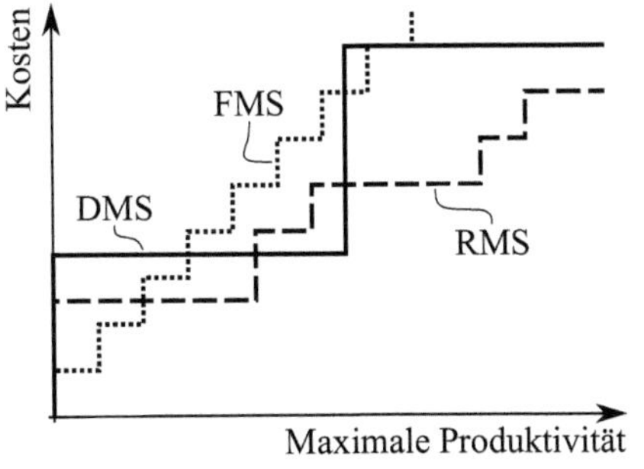


(a) Kosten in Abhängigkeit der Produktivität. Nach [121].

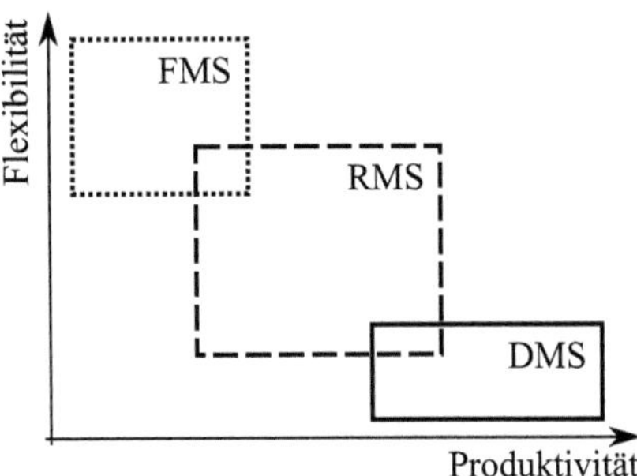


(b) Einsatzgebiet zwischen Flexibilität und Produktivität. Nach [69, 103].

**Abb. 2.40:** Eigenschaften verschiedener Fertigungssysteme. Flexibles Fertigungssystem FMS, rekonfigurierbares Fertigungssystem RMS und spezialisiertes Fertigungssystem DMS.

größe und interne Veränderungen als Störgrößen einer Regelung aufzugreifen [182]. Auf dieser Grundlage sind die oben vorgestellten Untersuchungen zu Stabilität für die Beschreibung von Flexibilität anwendbar [226].

Hinsichtlich externer Änderungen kann Flexibilität durch zwei Maßnahmen erreicht werden [69, 121]:

- Flexibilität *a priori*: Integration aller möglicherweise auftretenden Fertigungsaufgaben in die Funktion des Fertigungssystems. Fertigungssysteme dieser Art werden als *flexible Fertigungssysteme*[70] (FMS), bezeichnet.
- Flexibilität *a posteriori*: Spezialisierung der Funktionen und Komponenten auf bestimmte Fertigungsaufgaben, die jeweils bei einer Änderung der Aufgabe ausgetauscht werden. Fertigungssysteme dieser Art werden als *rekonfigurierbare Fertigungssysteme*[71] (RMS), bezeichnet.

Demgegenüber stehen *spezialisierte Fertigungssysteme*[72] (DMS), die keine Flexibilität gegenüber externen Änderungen aufweisen. Fertigungssysteme die sowohl Elemente eines flexiblen als auch eines rekonfigurierbaren Fertigungssystems enthalten, werden nach [178, 179] als *wandelbar* bezeichnet. Diese Einteilung gilt sinngemäß auch für Flexibilität gegenüber internen Veränderungen. In der Literatur wird davon ausgegangen, dass spezialisierte und flexible Fertigungssysteme hinsichtlich der Flexibilität, Produktivität und Kosten gegensätzliche Eigenschaften haben und rekonfigurierbare Fertigungssysteme einen Kompromiss bilden [69, 121], siehe Abb. 2.40.

---

[70] engl. flexible manufacturing systems

[71] engl. reconfigurable manufacturing systems

[72] engl. dedicated manufacturing systems

### 2.1.4.4 Qualitätsgerechte Prozessgestaltung

**Das Entwurfsproblem**

Im Kontext der Qualitätssicherung stellt sich die Aufgabe, Produktionsprozesse so zu gestalten, dass sie die geforderten Qualitätsanforderungen an das hergestellte Produkt erfüllen. Diese Problemstellung führt über die Modelle der statistischen Qualitätskontrolle hinaus, die keine Aussage zur Einhaltung von Anforderungen trifft, sondern lediglich Anomalien der Verteilung eines Qualitätskennwerts feststellt [152]. Als Ergänzung zu den Analysen der statistischen Qualitätskontrolle sind deshalb insbesondere durch TAGUCHI [199] Modelle entwickelt worden, die eine anforderungsgerechte Auslegung und Einstellung von Produktionsprozessen erlauben. Im Allgemeinen wird dabei das Entwurfsproblem

$$\mathbf{y} = \mathbf{f}(\mathbf{x}, \mathbf{s}, \mathbf{p}) \tag{2.71}$$

behandelt. Hierbei sind $\mathbf{y}$ die Ausgangsgrößen, die einen Qualitätskennwert des Produktionsprozesses darstellen, $\mathbf{x}$ die kontrollierbare Eingangsgrößen des Produktionsprozesses, $\mathbf{s}$ die nicht kontrollierbare Eingangsgrößen, sog. Störgrößen, und $\mathbf{p}$ die Variablen, die verändert werden können. TAGUCHI unterscheidet zusätzlich zwischen Entwurfsparametern $\mathbf{d}$, die während des Entwicklungsprozesses festgelegt werden und nach der Inbetriebnahme unveränderlich sind, und Einstellparametern $\mathbf{a}$, die als verbleibende Parameter während der Betriebsphase angepasst werden können, sodass $\mathbf{p} = [\mathbf{d}, \mathbf{a}]^\top$ gilt [37]. Zur Beschreibung des Zusammenhangs in Gleichung (2.71) dienen üblicherweise Experimente oder Simulationsrechnungen [153, 199]. Ziel ist es dabei, die Ausprägung der Entwurfs- und Einstellparameter zu finden, die eine möglichst geringe Qualitätsabweichungen erzeugen. Hierbei steht der Begriff der Robustheit im Zentrum der Untersuchungen.

**Robustheit**

*Robustheit* untersucht den Zusammenhang zwischen den Qualitätskennwerten und den Störgrößen

$$\mathbf{y} = \mathbf{f}(\mathbf{s}) \tag{2.72}$$

und bemisst den Einfluss von Schwankungen der Störgrößen auf die Ausprägung der Qualitätskennwerte. Einen umfassenden Überblick zu Robustheitsmetriken gibt GÖHLER [92], wobei vier grundlegende Ansätze unterschieden werden:

1. *Sensitivität* (Abb. 2.41a): Dieser Ansatz definiert Robustheit über die Steigung der Tangente der Funktion (2.72) mit

$$y'(s) = \lim_{\Delta s \to 0} \frac{f(s + \Delta s) - f(s)}{\Delta s}, \tag{2.73}$$

sodass die erste Ableitung $\mathrm{d}y/\mathrm{d}s$ ein Maß für die Robustheit eines Prozesses ist.

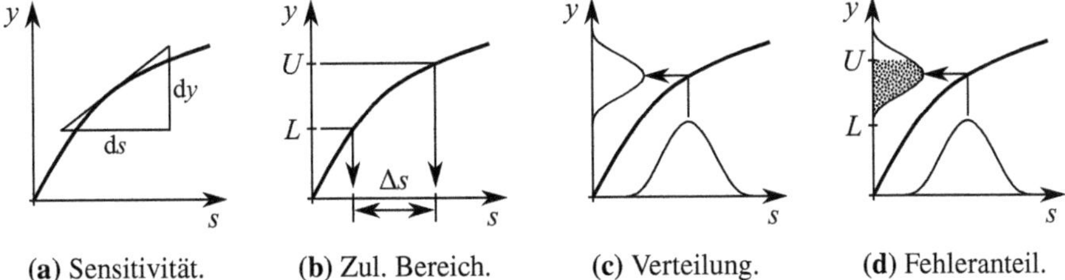



**Abb. 2.41:** Verschiedene Robustheitsmetriken für den Fall eines Qualitätskennwerts und einer Störgröße. Nach [92].

2. *Zulässiger Wertebereich* (Abb. 2.41b): Ausgehend von den Qualitätskriterien $L$ und $U$ definiert dieser Ansatz Robustheit als zulässigen Bereich $\Delta s$ der Störgrößen, innerhalb dem die Qualitätskriterien eingehalten werden. Die Robustheit eines Prozesses ist damit durch

$$\Delta s = |(s \mid y = U) - (s \mid y = L)| \qquad (2.74)$$

gegeben, wobei $MIN = (s \mid y = L)$ und $MAX = (s \mid y = U)$ die Grenzen des zulässigen Bereichs sind.

3. *Verteilung der Qualitätskennwerte* (Abb. 2.41c): Dieser Ansatz geht von einem zufallsverteilten Qualitätskennwert aus und definiert Robustheit über ein Verhältnis des Erwartungswert $\mu$ und der Standardabweichung $\sigma$ seiner statistischen Verteilung. Ein bekanntes Beispiel ist die sog. Signal-to-Noise-Ratio

$$\eta = \log_{10} \frac{\mu^2}{\sigma^2} \qquad (2.75)$$

nach TAGUCHI [199].

4. *Fehleranteil* (Abb. 2.41a): Als Erweiterung des zweiten Ansatzes wird Robustheit als Wahrscheinlichkeit

$$R = P(L \le y \le U) \qquad (2.76)$$

definiert, dass ein Qualitätskennwert unter dem Einfluss einer zufällig schwankenden Störgröße die Anforderungen erfüllt. Robustheit entspricht damit dem Anteil qualitätsgerechter Produkte zwischen den Qualitätskriterien $L$ und $U$, vgl. dazu auch Abschnitt 2.1.3.2.

Bei TROLL [202] findet sich eine Bewertung des ersten und zweiten Ansatzes hinsichtlich der Eignung für Problemstellungen der Verarbeitungstechnik. Die Bewertung kommt zu dem Ergebnis, dass die Sensitivität als Maß für die Robustheit ungeeignet ist, weil sie keine Aussage zur Erfüllung der Qualitätsanforderungen zulässt. Diese Kritik gilt ebenso für den dritten Ansatz, der sich auf die Eigenschaften der Verteilung von Qualitätskennwerten stützt, wie GÖHLER anmerkt [92].

**Robust Design**

*Robust Design* bezeichnet das Prinzip, die Auswirkung von Störungen und Unsicherheiten auf die Qualität eines Produktionsprozesses zu minimieren. Ausgangspunkt ist dabei immer ein Modell des Produktionsprozesses nach Gleichung (2.71), das die Entwurfs- bzw. Einstellparameter **p** als unabhängige Variablen und die Qualitätskriterien $L$ und $U$ als feste Parameter enthält [152, 199]. Gesucht ist dann ein Entwurf bzw. eine Einstellung $\tilde{\mathbf{p}}$, für die

- der zulässige Bereich der Störgröße $\Delta s$ maximal ist, siehe Abb. 2.42a, oder
- möglichst große Teile der Häufigkeitsverteilung $H_y$ der Qualitätskennwerte innerhalb der Qualitätskriterien liegen, d. h. für die der Fehleranteil möglichst klein ist, siehe Abb. 2.42b [37, 198].

Die robuste Gestaltung wird an einigen Stellen explizit als Alternative zur Regelung eines Prozesses genannt, wobei mit dem Vorteil argumentiert wird, dass ein robuster Produktionsprozess zur Einhaltung der Qualitätsanforderungen keine laufende Anpassung der Einstellparameter durch eine Regelung erfordert. Robust Design ist darüber hinaus auch auf Problemstellungen anwendbar, bei denen die Qualität gegenüber Variation der kontrollierbaren Eingangsgrößen **x** betrachtet wird, bspw. wenn ein Produktionsprozess verschiedene Produktvarianten herstellen soll [37, 202].

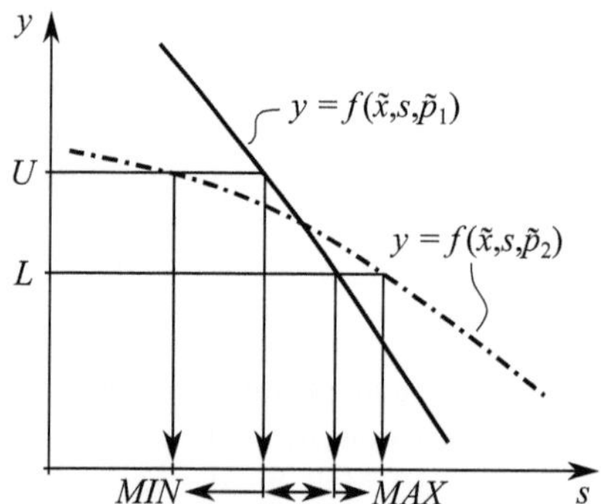

(a) Zulässiger Wertebereich der Störgröße.

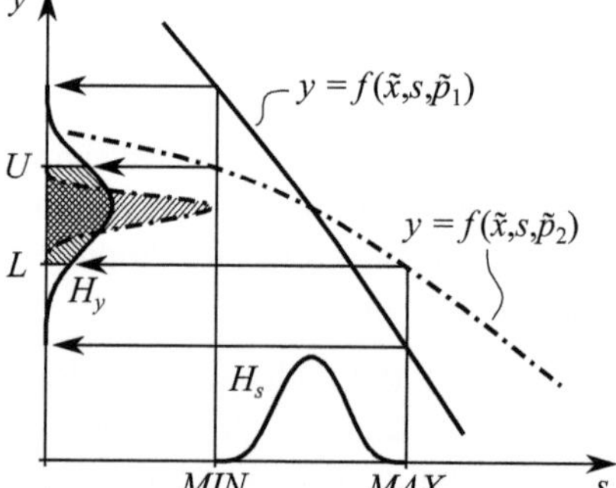

(b) Häufigkeitsverteilung und Fehleranteil.

**Abb. 2.42:** Robust Design. Auswirkung der Wahl des Entwurfs- bzw. Einstellparameter $p$ auf die Robustheit bei festem $x = \tilde{x}$. Der Prozess zeigt bei $\tilde{p}_2$ eine größere Robustheit bei $\tilde{p}_1$. Nach [37].

### 2.1.4.5 Kostenmodelle im Konstruktiven Entwicklungsprozess

**Lebenslaufkosten (Life-cycle-costs)**

Kosten entstehen über die gesamte Lebensdauer einer Maschine wie Abb. 2.43 schematisch darstellt. Aus Sicht des Nutzers sind daher nicht nur die Kosten für die einmalige Anschaffung sondern auch die fortlaufenden Kosten zu berücksichtigen, die durch die Maschine entstehen, vgl. dazu auch die betriebswirtschaftlichen Modelle in Abschnitt 2.1.2. Die Lebenslaufkosten setzen sich damit aus folgenden Bestandteilen zusammen [66]:

- *Investitionskosten*, die sich aus den *Selbstkosten*, dem Einkaufspreis der Maschine, und den *einmaligen Kosten* für Transport, Aufstellung, Inbetriebnahme und Schulung anfallen.
- *Instandhaltungskosten*, die während der Nutzung für Wartung, Inspektion und Instandsetzung aufgewendet werden müssen.
- *Betriebskosten*, die sich aus den laufenden Kosten für Energie, Betriebsstoffe und Löhnen zusammensetzen.
- *Entsorgungskosten* am Ende der Lebensdauer der Maschine.
- *Sonstige Kosten* für Kapitalverzinsung, Steuern und Versicherungen.

Kostenbewusstes Entwickeln hat damit immer zum Ziel, die gesamten Lebenslaufkosten aus Sicht des Nutzers zu minimieren. Die Schwerpunkte der Lebenslaufkosten hängen stark von der Produktart und der Nutzungsdauer ab. Investitionsgüter wie Verarbeitungsmaschinen haben i. d. R. eine lange Nutzungsdauer, häufig 20 bis 30 Jahre, sodass die Kosten der Nutzungsphase im Vergleich zu anderen Produkten eine große Rolle spielen [65, 66]. Die folgenden Abschnitte geben eine Übersicht

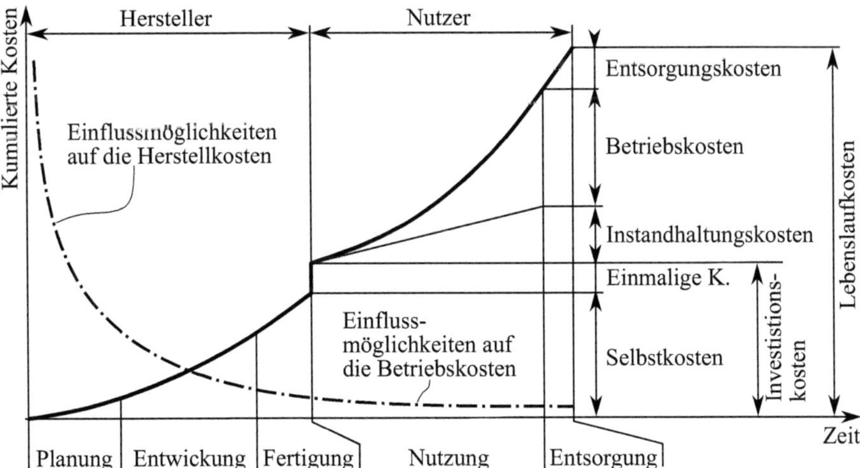


**Abb. 2.43:** Kumulierte Lebenslaufkosten. Ohne sonstige Kosten für Verzinsung, Steuern und Versicherung. Nach [66].

über die wichtigsten technischen Faktoren, die die Kosten in der Herstellungs- und
Nutzungsphase beeinflussen.

## Kosten in der Herstellungsphase

Entwicklung und Fertigung haben den größten Einfluss auf die Herstellkosten. Hierbei gilt prinzipiell, dass die Einflussmöglichkeiten auf die Kosten in den frühen
Phasen des Entwicklungsprozesses am größten sind, siehe Abb. 2.43. Die technischen Haupteinflussfaktoren sind nachfolgend aufgeführt [66], vgl. VDI 2225 [207]:

- *Aufgabenstellung*: Die Anforderungen an eine Maschine sind in der Aufgabenstellung festgelegt. Höhere Anforderungen erzeugen dabei höhere Kosten. Im Wesentlichen steigern engere Toleranzgrenzen, siehe Abb. 2.19, höhere mechanische
  und thermische Belastungen, vgl. Abb. 2.44, sowie Garantiezusagen, Abnahme-
  bedingungen, Normen und Vorschriften die Kosten.
- *Konzept und Gestalt*: Die wesentlichen Eigenschaften einer Maschine werden
  durch das Konzept vorbestimmt [65, 203]. Funktionsstruktur, physikalische Wirk-
  effekte, -bewegungen und -flächen bestimmen maßgeblich die Baugröße und
  erforderlichen Fertigungs- und Montagetechnologien. Im weiteren Verlauf wird
  die Gestalt detailliert und damit die Kosten weiter festgelegt. Als Bsp. sei hier die
  Festlegung des Materials eines Bauteils gezeigt, siehe Abb. 2.44.
- *Baugröße*: Abb. 2.45 zeigt schematisch den Zusammenhang zwischen Masse
  bzw. Abmessungen eines Bauteils und seinen Herstellkosten. Höhere Kosten
  großer Bauteile gehen zurück auf den höheren Materialverbrauch, die längeren
  Bearbeitungszeiten größerer Flächen und Volumen sowie die längeren Rüstzeiten
  durch größere Maschinen und aufwendigere Handhabung der Bauteile.
- *Stückzahl*: Höhere Stückzahlen ermöglichen Kostensenkungen in den Fertigungs-
  abläufen, wie das Bsp. der Rüstkosten in Abb. 2.46 zeigt. Die Konstruktion für
  kostengünstigere Fertigungsverfahren und die Standardisierung zur Steigerung

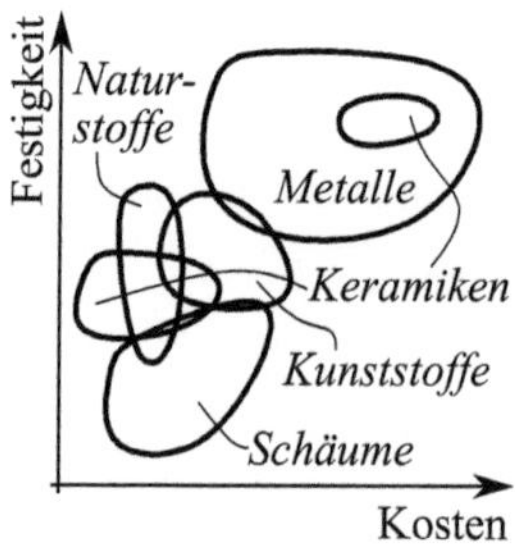


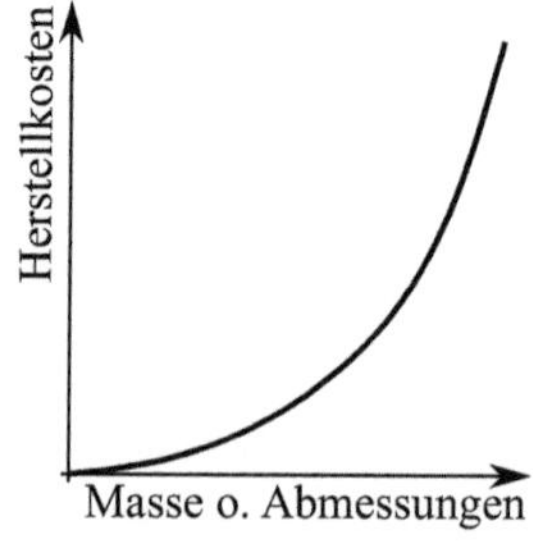


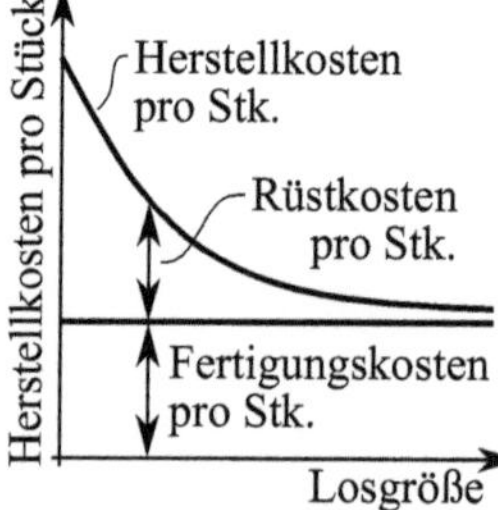


**Abb. 2.44:** Materialeigen-
schaften und spezifische
Kosten. Bsp. Festigkeit. In
Anlehnung an [7].

**Abb. 2.45:** Einfluss der
Baugröße auf die Herstellkosten. Unter Verwendung
von [66].

**Abb. 2.46:** Herstellkosten-
Degression durch höhere
Stückzahlen. In Anlehnung
an [66].

der Stückzahlen verursacht allerdings ebenfalls Kosten, sodass die Vorteile erst ab bestimmten Stückzahlen genutzt werden können.

- *Fertigungs- und Montageverfahren*: Diese Kosten hängen hauptsächlich von den Fertigungs- und Montagezeiten ab, die je nach eingesetztem Verfahren variieren. Die Auswahl der Verfahren und damit die Kosten richtet sich u. a. nach dem Material, der geforderten Genauigkeit und der Bauteilgröße.

Neben diesen Faktoren, die durch die Ausprägung des technischen Systems bedingt sind, beeinflussen außerdem die Leistungstiefe der Fertigung, die Teilezahl des Produktportfolios und die Organisationsstrukturen eines Unternehmens die Kosten.

**Kosten in der Nutzungsphase**

Die Kosten für Instandhaltung, Betrieb und Entsorgung während der Nutzungsphase werden durch Personal, Material- und Energieverbrauch sowie sonstige Betriebsaufwendungen erzeugt [2], vgl. auch Kap. 2.1.2. Nachfolgende technische Faktoren beeinflussen diese Kosten [66, 100, 214]:

- *Aufstellfläche und Layout*: Maschinen mit hohem Gewicht und großen Abmessungen erzeugen hohe Kosten bei Transport, Aufstellung und Entsorgung. Je größer die benötigte Aufstellfläche desto höher fallen die Gebäudekosten der Produktion aus. Das Layout bestimmt maßgeblich die Kosten, die durch den Materialfluss und die Bedienung entstehen, sodass kurze Wege vorteilhaft sind.
- *Automatisierungsgrad und Bedienkonzept*: Der Einsatz von Bedienpersonal verursacht Kosten und sinkt mit höherem Automatisierungsgrad einer Maschine. Einfache, verständliche Bedienkonzepte reduzieren den Personaleinsatz und die erforderliche Qualifikation der Bediener und damit auch die Personalkosten.
- *Energie und Betriebsstoffe*: Energiewandlung, Reibungsverluste sowie hohe Kräfte, Geschwindigkeiten und Betriebstemperaturen steigern den Energieverbrauch einer Maschine. Die Art und Menge der erforderlichen Betriebs- und Hilfsstoffe, wie Schmieröle, Kühlflüssigkeiten und Druckluft beeinflussen die Betriebskosten.
- *Instandhaltungskonzept*: Die Instandhaltungskosten sind abhängig von der Länge der Wartungsintervalle, der Anzahl der Verschleißteile und den Kosten der Ersatzteile.

Diese Aufstellung beinhaltet nicht die Kosten, die durch das Betriebsverhalten einer Maschine begründet sind. Siehe dazu Kap. 2.1.3.2.

**Auslegung technischer Systeme**

Zusammenfassend lassen sich die Lebenslaufkosten in Abhängigkeit der spezifischen Beanspruchung der Bauteile entsprechend Abb. 2.47 darstellen. Unter Beanspruchung ist hierbei die innere Wirkung, die eine äußere Belastung auf ein Bauteil bewirkt, zu verstehen. Sie führt bei Überschreitung der werkstoffabhängigen Beanspruchungsgrenzen zum Versagen [16], vgl. Tab. 2.5. Im Verlauf des Entwicklungs-

**Abb. 2.47** Lebenslaufkosten in Abhängigkeit von der Belastung, Beanspruchung und Nutzungsdauer. Unter Verwendung von [66].

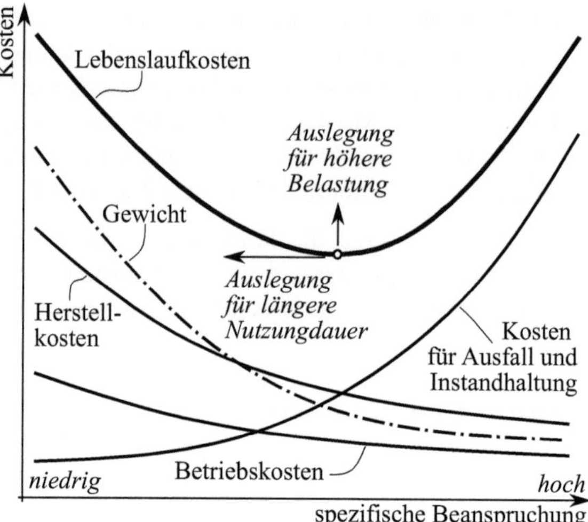


**Tabelle 2.5:** Wichtige Beanspruchungsarten und ausgewählte Versagensgrenzen. Unter Verwendung von [66].

| Art | Grenze |
| --- | --- |
| Mechanische Beanspruchung | Bruch, Verformung, Verschleiß, Fressen |
| Thermische Beanspruchung | Verbrennen, Verzundern, Rissbildung, Verformung |
| Korrosive Beanspruchung | Kontakt-, Lochfraß-, Flächenkorrosion u. a. |
| Strömungsbeanspruchung | Erosion, Kavitation, Abrasion |

prozesses werden diese Beanspruchungen durch Dimensionierung der Bauteile und Auswahl der Werkstoffe gegenüber den Belastungen ausgelegt. Die Belastungen, die der Auslegung zugrunde gelegt werden, leiten sich aus der Aufgabenstellung ab. Hierbei gilt, dass bei gleicher Belastung kleinere Baugrößen und günstigere Werkstoffe eingesetzt werden können, wenn eine stärkere Beanspruchung in Kauf genommen wird [66]. Auf Grund der oben erläuterten Zusammenhänge sinken dadurch die Herstell- und Betriebskosten. Allerdings führen höhere Beanspruchungen zu geringerer Zuverlässigkeit der Maschine und damit zu höheren Ausfall- und Instandhaltungskosten, vgl. [19]. Es gibt daher ein Minimum der Lebenslaufkosten, das während des Entwicklungsprozesses zu ermitteln ist. Die Lage dieses Minimums hängt sowohl von der Nutzungsdauer des technischen Systems als auch von der Höhe der Belastung ab. Bei Investitionsgütern mit langen Nutzungsdauern haben die Betriebs-, Ausfall- und Instandhaltungskosten ein höheres Gewicht als die Herstellkosten, sodass die Bauteile üblicherweise auf eine niedrige Beanspruchung zu Gunsten der höheren Zuverlässigkeit ausgelegt werden.

## 2.1.5 Zusammenfassung und Fazit

### Modelle der industriellen Produktion

Die vorangegangenen Abschnitte stellen drei grundlegende Kategorien von Modellen vor, die zur Beschreibung von Problemstellungen der industriellen Produktion herangezogen werden:

*Betriebswirtschaftliche Produktionsmodelle* abstrahieren stark von technischen Zusammenhängen. Sie verstehen eine Produktion als Umwandlung von Einsatzgrößen, die Kosten verursachen, in Ausbringungen, die Umsatz erbringen. Eine Verarbeitungsmaschine hat in diesen Modellen die Bedeutung einer Restriktion, die das Verhältnis zwischen Einsatzgrößen und Ausbringungen festlegt. Ziel der Modelle ist es, die technischen Randbedingungen für die betriebswirtschaftliche Gewinnrechnung abzubilden.

*Statistische Prozessmodelle* beschreiben den Materialfluss an den Ausgängen einer Verarbeitungsmaschine ohne die inneren Wirkzusammenhänge zu betrachten. Es existieren zwei Ansätze, die sich in der untersuchten Zufallsvariable unterschieden: Die statistische Qualitätskontrolle betrachtet die Qualitätskennwerten der hergestellten Produkte und die Zuverlässigkeitstheorie den Betriebszustand einer Maschine. Ziel der Modelle ist die Analyse und Bewertung von Verarbeitungsmaschinen. Technische Maßnahmen zur Beeinflussung des Verhaltens lassen sich nicht ableiten.

*Deterministische Wirkungsmodelle* stellen den funktionalen Zusammenhang zwischen den Eingangs- und Ausgangsgrößen von Systemen her und ermöglichen so eine Vorhersage des Verhaltens auf Grundlage der inneren Wirkzusammenhänge. Eine zentrale Stellung nimmt das Modell des dynamischen Systems ein, von dem sich implizit die speziellen Modelle der Verarbeitungstechnik, des Qualitätsmanagements und der Konstruktionstheorie ableiten. Ziel aller Modelle ist die anforderungsgerechte Synthese und Optimierung technischer Systeme.

### Ziele der industriellen Produktion

Entsprechend der jeweiligen Zielstellung bilden die Modelle bestimmte Kennzahlen aus, die teilweise gleichbedeutend sind oder in einer funktionellen Abhängigkeit stehen. Sie sind in Abb. 2.48 mitsamt ihrer Wechselbeziehungen dargestellt:

Die vier von CHRYSSOLOURIS benannten *Zielgrößen Qualität*, *Zeit*, *Kosten* und *Flexibilität* sind in Spalten angeordnet, die einzelnen Modelle in Zeilen. Jede Kennzahl lässt sich dabei einer oder mehrere Zielgrößen zuordnen. Zwischen den Zielgrößen gibt es drei Arten von Relationen: Äquivalenzen, Abhängigkeiten (**A** bis **E**) und Zielkonflikte (**1** bis **6**).

*Abhängigkeiten* liegen dann vor, wenn eine Kennzahl durch eine andere Kennzahl bestimmt wird. D. h., die erste Kennzahl lässt sich nur bewerten, wenn die zweite Kennzahl bekannt ist. So wird die Kennzahl Robustheit mit Hilfe der Übertragungsfunktion (**A**) unter Referenzierung auf den zulässigen Toleranzbereich gebildet, siehe Abschnitt 2.2.4.2. Die Kennzahl Stabilität folgt aus dem dynamischen

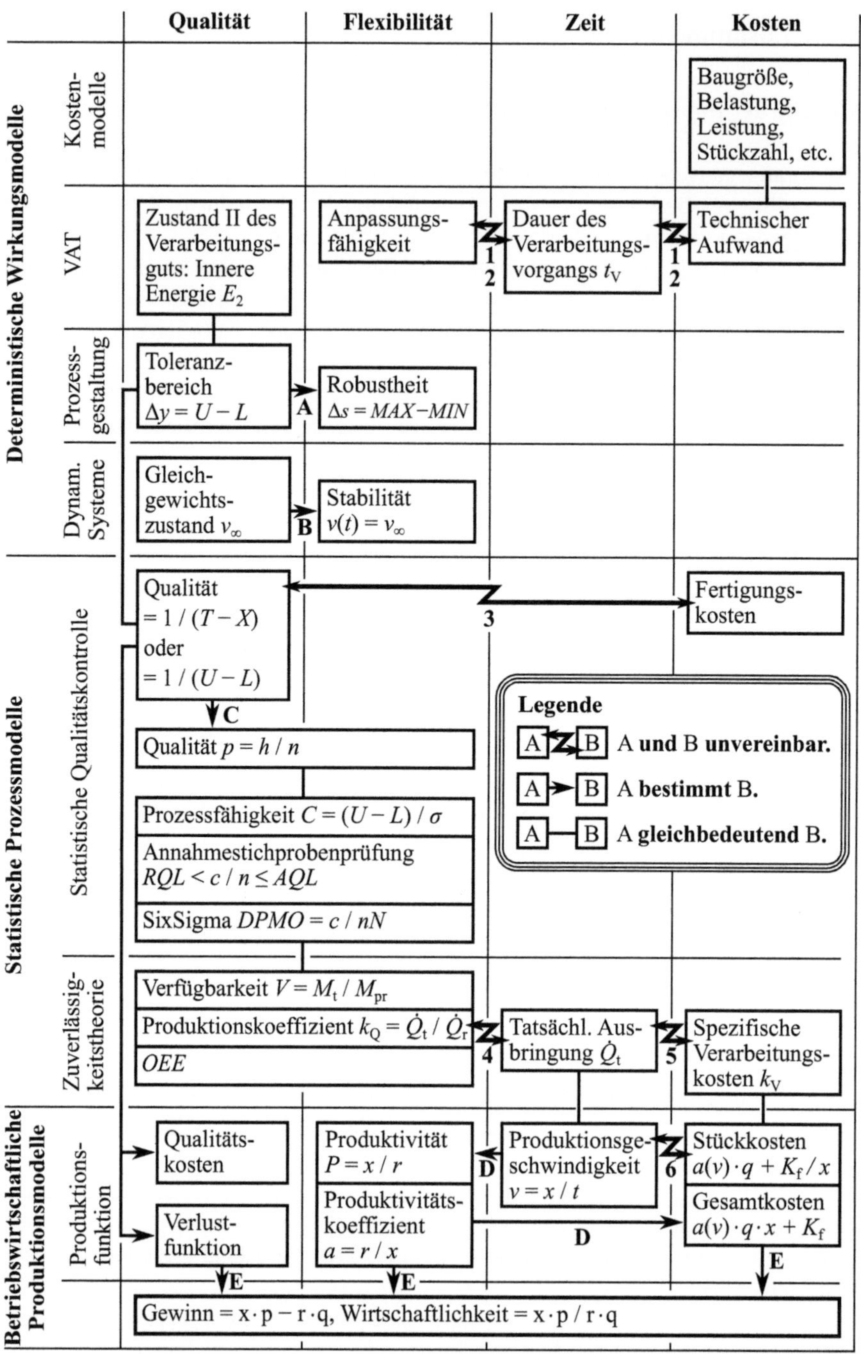



**Abb. 2.48:** Kennzahlen für die vier Zielkategorien Qualität, Zeit, Kosten und Flexibilität. Abhängigkeiten: **A** Übertragungsfunktion, **B** dynamisches Verhalten, **C** Festlegung der Toleranzgrenzen, **D** Produktionsfunktion des Betriebsmittels, **E** Bewertung durch Preise. Zielkonflikte: **1** Arbeitsweise von Wirkpaarungen, **2** Dynamik des Antriebs- und Steuerungssystems, **3** Toleranz-Kosten-Modell, **4** Produktivitätscharakteristik, **5** Produktivität-Verarbeitungskosten-Charakteristik, **6** Verbrauchsfunktion. Bedeutung der Symbole, siehe jeweiliger Abschnitt entsprechend der Referenzierung im Text.

Verhalten (**B**) eines Systems unter der Bedingung des Gleichgewichtszustand, siehe Abschnitt 2.1.4.3. Beide Kennzahlen sind Eigenschaften eines dynamischen Systems, vgl. auch Anhang A. Die Festlegung der Toleranzgrenzen der Produktqualität (**C**) markiert den Übergang zwischen der deterministischen und der statistischen Betrachtungsweise. Nach dieser Festlegung wird die Zielgröße Qualität durch das Mengenverhältnis zwischen Qualitäts- und Ausschussprodukten abgebildet, das aber als Verfügbarkeit ebenso ein Maß für die Zielgröße Flexibilität eines Produktionsprozesses ist. Damit kann nicht mehr zwischen den Eigenschaften der hergestellten Produkte und dem Verhalten einer Verarbeitungsmaschine unterschieden werden. Die Information zur Qualität der hergestellten Produkte geht somit verloren. Aus der Verfügbarkeit, der tatsächlichen Ausbringung und den spezifischen Verarbeitungskosten bzw. den äquivalenten Kennzahlen der Betriebswirtschaftslehre können zwar mit Hilfe der Produktionsfunktion (**D**) die Kosten abgeleitet werden, siehe Abschnitt 2.1.2.3. Allerdings fehlt für die Festlegung der Verkaufspreise eine Bemessungsgröße, sodass der Umsatz nicht bestimmt werden kann. Infolgedessen führt die Betriebswirtschaftslehre wiederum Modelle (**E**) ein, die auf Grundlage von Produkttoleranzen einen Verkaufspreis ableiten, siehe Abschnitt 2.1.2.6.

*Zielkonflikte* zwischen den Zielgrößen werden in mehreren Modellen dargelegt. Die Arbeitsweise von Wirkpaarungen (**1**) und die Dynamik des Antriebs- und Steuerungssystems (**2**) begründet einen Zielkonflikt zwischen der Anpassungsfähigkeit, der Arbeitsgeschwindigkeit und dem technischen Aufwand des Antriebs einer Verarbeitungsmaschine, siehe Abschnitt 2.1.4.2. Das Toleranz-Kosten-Modell (**3**) stellt den Widerspruch zwischen niedrigen Fertigungskosten und hoher Produktqualität fest, siehe Abschnitt 2.1.3.2. Die Produktivitätscharakteristik (**4**) und die Produktivitäts-Verarbeitungskosten-Charakteristik (**5**) formulieren auf empirischer Basis einen Zielkonflikt zwischen der Gesamtanlageneffektivität, der tatsächlichen Ausbringung und den spezifischen Verarbeitungskosten, siehe Abschnitt 1.1 und 2.1.2.5. Denselben Widerspruch beschreibt die Verbrauchsfunktion (**6**). Abgesehen von CHRYSSOLOURIS beschreiben lediglich das Magische Dreieck, siehe Abschnitt 2.1.2.6, und die Strukturmodelle für Fertigungssysteme, siehe Abschnitt 2.1.4.3, einen Zielkonflikt zwischen allen vier Zielgrößen. Allerdings sind die zugrundeliegenden Definitionen der Kennzahlen zu unspezifisch, als dass sie sich in die Systematik nach Abb. 2.48 einordnen ließen.


**Fazit**

Der Stand der Wissenschaft zu Modellen und Zielen der industriellen Produktion zeigt einerseits, dass für die Beschreibung des Zielraums von verarbeitungstechnischen Problemen eine durchgängige Ableitung von technischen Anforderungen aus betriebswirtschaftlichen Zielstellungen erforderlich ist. Andererseits erschweren nachfolgende Punkte die Erfüllung dieser notwendigen Voraussetzung:

- Die Definition der vier wiederkehrenden Zielgrößen Qualität, Zeit, Kosten und Flexibilität ist ungenau und der Zusammenhang zwischen betriebswirtschaftlichen, statistischen und deterministischen Kennzahlen nur lückenhaft formuliert.

- Der Zielkonflikt zwischen den vier Zielgrößen ist zwar allgegenwärtig, bleibt aber eine Hypothese, für die eine belastbare Ausformulierung und Überprüfung fehlt.

Die Behandlung der ersten Forschungsfrage zu einem allgemeingültigen Modell verarbeitungstechnischer Systeme muss daher auf diese Punkte besonders eingehen.

## 2.2 Entscheidungsmethoden für technische Problemstellungen

Dieser Abschnitt stellt den Stand der Technik bzgl. der zweiten Forschungsfrage auf und befasst sich mit Methoden zum Lösen technischer Problemstellungen. Mit Blick auf die vorläufigen Ergebnisse aus dem vorangegangenen Abschnitt stehen dabei Methoden im Vordergrund, die das Vergleichen, Bewerten und Auswählen von Lösungen im Kontext widersprüchlicher Anforderungen unterstützen. Solche und ähnliche Zielkonflikte treten nicht nur im Ingenieurwesen auf, sodass auch in diesem Abschnitt Quellen aus anderen Fachgebieten Erwähnung finden.

### 2.2.1 Eingrenzung und Strukturierung

Diesem Abschnitt ist eine Eingrenzung und Strukturierung des betrachteten Standes der Wissenschaft und Technik vorangestellt, um die Themen zu identifizieren, die für die zweite Forschungsfrage wesentlich sind. Hierzu wird zunächst die Frage untersucht, um welche Klasse von Problemstellung es sich beim Lösen technischer Probleme handelt. Anschließend werden die Fachdisziplinen herausgestellt, die sich mit dieser Art von Problemen befassen.

#### 2.2.1.1 Lösen technischer Probleme

**Der Vorgehenszyklus**

Die Methodenlehre der Ingenieurwissenschaften baut auf der Annahme auf, dass das Lösen technischer Probleme vom intuitiven Handeln auf ein bewusstes Vorgehen gehoben werden kann und dass damit bessere Ergebnisse erzielt werden [157]. Mit dieser Argumentation sind bspw. zahlreiche Normen und Richtlinien[73] mit unterschiedlichen Schwerpunkten entstanden, die den Konstruktiven Entwicklungsprozess systematisieren, vgl. [16] für eine Übersicht. Grundlage dieser Methoden ist stets der *Vorgehenszyklus* nach EHRLENSPIEL [65], der sich aus dem *Problemlösungszyklus der Systemtechnik* ableitet, vgl. [34]:

---

[73] Die wichtigste Richtlinie im deutschsprachigen Raum ist die VDI 2221 *Entwicklung technischer Produkte und Systeme* [206].

1. *Aufgabe klären*: Systematische Analyse der Zielsetzung und der Randbedingungen. Festlegung der Ziele in Zielsystemen und Anforderungslisten. Gliedern und Unterteilen des Sachverhalts in Teilaufgaben zur Priorisierung und Aufwandsabschätzung.
2. *Lösungen suchen*: Ermitteln vorhandener Lösungen, generieren neuer Lösungen und systematisieren der Lösungen.
3. *Lösung auswählen*: Analysieren der Eigenschaften der Lösungen. Bewerten der Lösungen gegenüber den formulierten Anforderungen. Entscheidung für eine Lösungsvariante.

Kann keine der Lösungen die Ziele erfüllen, beginnt der Zyklus von Neuem. Diese *Iteration* wird so lange wiederholt, bis ein Ergebnis erzielt ist.

Während im ersten und insbesondere im letzten Arbeitsschritt analytisches Vorgehen überwiegt, dominiert im zweiten Arbeitsschritt die Synthese. Dies entspricht weitgehend dem menschlichen Denken und Handeln [65].

**Das TOTE-Modell zielgerichteten Handelns**

Praktische Probleme haben i. d. R. unscharf formulierte Ziele, unterliegen unsicheren Randbedingungen und beginnen an unklaren Ausgangspunkten. Logisches Schließen ist damit zur Problemlösung nicht anwendbar. Zielgerichtetes Handeln folgt vielmehr dem Prinzip Versuch und Irrtum, das durch das *TOTE-Modell*[74] nach Abb. 2.49 beschrieben wird. Hierbei wechseln sich Synthese- und Analyseschritte ab:

- *Operate*: Durchführen einer Handlung, ihre gedankliche Vorwegnahme oder Aufstellen einer Hypothese.
- *Test*: Kontrolle des Operate-Schrittes auf die Erreichung des Ziels durch Abgleich von Ergebnissen und Zielen.

**Abb. 2.49** Das TOTE-Modell, Test-Operate-Test-Exit. Nach [65, 157].

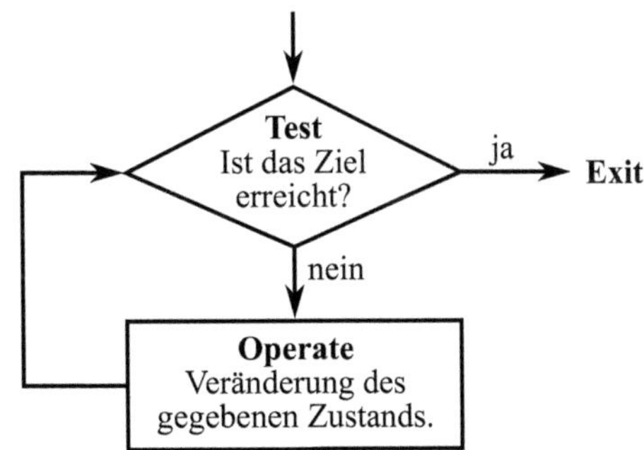


---

[74] Das TOTE-Modell dient in der Psychologie zur Beschreibung von zielgerichtetem Verhalten und wurde in den 1960er Jahren von den Psychologen GEORGE A. MILLER (* 3.2.1920, † 22.7.2012) und EUGENE GALANTER (* 27.10.1924, † 9.11.2016) sowie dem Neurowissenschaftler KARL H. PRIBRAM (* 25.2.1919, † 19.1.2015) vorgestellt [83]. Es ist der Kybernetik entlehnt und stellt eine Rückkopplung ähnlich der eines Regelkreises dar.

Beginnend mit einem initialen Test-Schritt wird der Operate-Test-Zyklus so lange durchgeführt, bis das Ziel erreicht ist[75], wobei jeder Test-Schritt die Entscheidung beinhaltet, ob der Zyklus abgebrochen wird oder nicht. Während Intuition und Zufall im Operate-Schritt möglich und üblich sind, erfordert der Test-Schritt hingegen systematisches Vorgehen [16, 65, 157].

Das Lösen technischer Probleme fällt zweifelsfrei in die Kategorie des zielgerichteten Handelns. Somit kann das TOTE-Modell einerseits als abstrahierte Form des im vorherigen Abschnitt vorgestellten Vorgehenszyklus angesehen werden, andererseits setzen sich die Arbeitsschritte des Vorgehenszyklus selbst aus einer Sequenz einzelner TOTE-Zyklen zusammen [65].

**Eingrenzung des betrachteten Standes der Wissenschaft und Technik**

Der Vorgehenszyklus zeigt, dass der Erfolg eines Problemlösungsprozesses maßgeblich davon abhängt, wie Ziele formuliert und Lösungsvarianten bewertet werden. Während eine schlecht durchgeführte Lösungssuche lediglich langsamer zu einem Ergebnis kommt und zu einer größerer Anzahl Iterationen führt, kann eine unvollständig geklärte Aufgabenstellung oder die Auswahl einer ungeeigneten Lösung dazu führen, dass das Problem gar nicht gelöst wird. Für den Stand der Wissenschaft zur zweiten Forschungsfrage sind damit solche Methoden relevant, die folgende Arbeitsschritte unterstützen und systematisieren:

- Ermitteln von Zielen und Darstellen von Zielkonflikten.
- Bewerten von Lösungsvarianten.
- Entscheiden und Auswählen einer Lösung.

Aus dem TOTE-Modell folgt darüber hinaus, dass jeder Problemlösungsprozess eine Abfolge von Entscheidungen ist, vgl. dazu auch [71]. In diesem Sinne dienen die ersten beiden Punkte der Vorbereitung einer Entscheidung, während der letzte Punkt das Entscheiden selbst beinhaltet. Damit stehen verschiedene Fachdisziplinen in den Fokus der nachfolgenden Betrachtungen.

### 2.2.1.2 Sichtweisen auf das Entscheidungsproblem

Entscheidungen werden von den Teilen der Wissenschaft behandelt, deren Forschungsgegenstand menschliches Handeln ist. Das sind die Sozialwissenschaften[76], darunter insbesondere Teile der Wirtschaftswissenschaften, der Politikwissenschaften, der Psychologie und der Soziologie, sowie die Ingenieurwissenschaften. Aus den Untersuchungen im vorangegangenen Abschnitt 2.1 geht zudem hervor, dass die industrielle Produktion quantitative Zielstellungen verfolgt, die außerdem in einem

---

[75] Das iterative Vorgehen folgt damit demselben Prinzip wie die deduktive Forschungsmethode, die in Abschnitt 1.1 vorgestellt wurde.

[76] Zu den Sozialwissenschaften gehören die Wissenschaften, die sich mit dem menschlichen Verhalten und der Organisation menschlichen Zusammenlebens befassen [1].

Widerspruch zueinander stehen. Somit sind für diese Arbeit nur die Teilgebiete relevant, die sich mit Entscheidungen in quantitativen Zielkonflikten befassen. Der Stand der Technik zu Entscheidungsmethoden gliedert sich deshalb wie folgt:

- *Multikriterielle Optimierung* als Teilgebiet der mathematischen Optimierung, das die formalen Grundlagen zur Behandlung von Entscheidungen legt.
- *Präskriptive Entscheidungstheorie* als interdisziplinäre Verbindung der angewandten Mathematik und der Wirtschaftswissenschaften, die quantitative Modelle und Methoden zur Unterstützung von Entscheidungen erforscht.
- *Optimal Design* als Methode des Maschinenbaus, das die optimale Gestaltung technischer Systeme behandelt.
- *Bewertungsmethoden* für den Einsatz im Konstruktiven Entwicklungsprozess.

Fragen der persönlichen Motivation des Entscheiders und des Einflusses subjektiven Empfindens werden explizit nicht betrachtet.

### 2.2.2 Grundbegriffe der Multikriteriellen Optimierung

Multikriterielle Optimierung behandelt die Optimierung von Problemen mit mehreren, sich widersprechenden Zielen. Sie ist ein Spezialfall der Vektoroptimierung und unterscheidet sich durch das Ordnungsprinzip, nach dem die Zielfunktionswerte $\mathbf{f}(\mathbf{x})$ im Bildraum $\mathbb{R}^m$ verglichen und als besser oder schlechter bewertet werden [111]. Für die Multikriterielle Optimierung ist dieses Ordnungsprinzip, die sog. Pareto-Halbordnung. Diese Festlegung entspricht der Struktur realer Entscheidungsprobleme am besten und wird deshalb für angewandte Problemstellungen verwendet [71]. Die nachfolgenden Betrachtungen beschränken sich deshalb auf diesen Spezialfall[77].

Die Anfänge der Multikriteriellen Optimierung gehen auf FRANCIS YSIDRO EDGEWORTH[78] und VILFREDO PARETO[79] zurück. Verschiedene mathematische Objekte im Zusammenhang der Multikriteriellen Optimierung tragen deshalb den Präfix *Pareto* und insbesondere in englischer Literatur findet sich der Begriff *Pareto-Optimierung*. Weitere Synonyme sind *Mehrzieloptimierung* und *Polyoptimierung*[80].

Soweit nicht anders vermerkt, sind die nachfolgenden Darstellungen in der Literatur bei [64, 71, 111, 148] zu finden.

---

[77] Für eine ausführliche Diskussion der verschiedenen Ordnungsprinzipien siehe [111]. Eine sehr übersichtliche Darstellung findet sich außerdem im Vorlesungsskript von GÜNTHER [93].

[78] FRANCIS YSIDRO EDGEWORTH (* 8.2.1845, † 13.2.1926) legte die Grundlagen der mathematischen Wirtschaftstheorie und führte u. a. die Grenznutzenanalyse ein [1].

[79] VILFREDO PARETO (* 15.7.1848, † 19.8.1923), schweizerischer Ingenieur, Ökonom und Soziologe.

[80] Engl. Pareto optimization, multi-objective optimization.

### 2.2.2.1 Grundlegende Notationen

Der Vektor $\mathbf{x} = [x_1, x_2, ..., x_n]^\top$ mit $n \in \mathbb{N}$ enthalte die *unabhängigen Variablen* eines Optimierungsproblems. Die nichtleere Menge $\mathscr{S} \subseteq \mathbb{R}^n$ heißt *zulässiger Bereich* und $\mathbf{x}$ ist ein *zulässiger Punkt*, falls $\mathbf{x} \in \mathscr{S}$.

Die Abbildung $\mathbf{f}(\mathbf{x}) = [f_1(\mathbf{x}), f_2(\mathbf{x}), ..., f_m(\mathbf{x})]^\top : \mathscr{S} \to \mathbb{R}^m$ mit $m \in \mathbb{N}, m \geq 2$ seien die *Zielfunktionen* des Optimierungsproblems. Des Weiteren sei die Notation $\mathbf{f}(\mathscr{S}) = \{\mathbf{f}(\mathbf{x}) \in \mathbb{R}^m \mid \mathbf{x} \in \mathscr{S}\}$ für das Bild von $\mathscr{S}$ unter $\mathbf{f}$ festgelegt.

Der Vektor $\mathbf{y} = [y_1, y_2, ..., y_m]^\top$ mit $\mathbf{y} = \mathbf{f}(\mathbf{x})$ beschreibe die *abhängigen Variablen* oder *Zielfunktionswerte* des Optimierungsproblems. Die Menge $\mathscr{Y}$ bezeichen die *Menge der möglichen Funktionswerte* mit $\mathscr{Y} = \{\mathbf{y} \in \mathbb{R}^m \mid \mathbf{y} = \mathbf{f}(\mathbf{x}), \mathbf{x} \in \mathscr{S}\}$, sodass $\mathscr{Y} = \mathbf{f}(\mathscr{S})$ geschrieben werden kann.

In der ingenieurwissenschaftlichen Literatur sind darüber hinaus folgende Bezeichnungen zu finden, z. B. in [71, 146, 165]: *Steuervektor* für $\mathbf{x} = [x_1, x_2, ..., x_n]^\top$ und *Steuergrößen* oder *Entwurfsvariablen* für die Komponenten des Vektors, *Steuerraum* oder *Entwurfsraum* für $\mathbb{R}^n$ und *Steuergebiet* für $\mathscr{S} \subseteq \mathbb{R}^n$. *Zielvektor* für $\mathbf{y} = [f_1(\mathbf{x}), f_2(\mathbf{x}), ..., f_m(\mathbf{x})]^\top$ und *Zielgrößen* für die Komponenten des Vektors, *Zielraum* für $\mathbb{R}^m$ und *Zielgebiet* für $\mathscr{Y} \subseteq \mathbb{R}^m$. Vgl. dazu auch Abschnitt 2.2.4.1.

### 2.2.2.2 Ordnung und Präferenz

**Die Pareto-Halbordnung**

Um Zielfunktionswerte $\mathbf{y} = \mathbf{f}(\mathbf{x})$ im $\mathbb{R}^m$ vergleichen zu können, muss zunächst festgelegt sein, unter welchen Bedingungen ein Zielfunktionswert $\mathbf{y}^1$ kleiner, größer oder gleich einem Zielfunktionswert $\mathbf{y}^2$ ist. Eine solche Ordnung des Bildraums $\mathbb{R}^m$ lässt sich mit Hilfe von Kegeln[81] definieren. Die nichtleere Menge $\mathscr{K} = \mathbb{R}^m_+$ mit

$$\mathbb{R}^m_+ = \{\mathbf{y} \in \mathbb{R}^m \mid y_j \geq 0, j = 1, 2, ..., m\} \tag{2.77}$$

heißt *natürlicher Ordnungskegel*. Die Ausdrücke $\mathbf{f}(\mathbf{x}) - \mathscr{K}$ und $\mathbf{f}(\mathbf{x}) + \mathscr{K}$ beschreiben damit alle Punkte in negativer bzw. positiver Achsenrichtung ausgehend vom Punkt $\mathbf{f}(\mathbf{x})$, siehe Abb. 2.50a. Mit Hilfe des natürlichen Ordnungskegels wird die Ordnungsstruktur definiert, durch die sich ein multikriterielles Optimierungsproblem auszeichnet:

**Definition 2.4** Seien $\mathbf{y}^1, \mathbf{y}^2 \in \mathbb{R}^m$ und $\mathscr{K} = \mathbb{R}^m_+$ der natürliche Ordnungskegel. Dann bezeichnet $\mathbf{y}^1 \leq \mathbf{y}^2$ die *Pareto-Halbordnung*, wenn $\mathbf{y}^2 - \mathbf{y}^1 \in \mathscr{K}$ gilt. D. h., $\mathbf{y}^1$ ist *kleiner oder gleich* $\mathbf{y}^2$, wenn $y_j^1 \leq y_j^2$ für alle $j = 1, 2, ..., m$ ist.

---

[81] Ein Kegel $\mathscr{K}$ ist eine nichtleere Teilmenge von $\mathbb{R}^m$, wobei gilt: 1) Aus $\mathbf{x} \in \mathscr{K}$ und $\lambda \geq 0$ folgt $\lambda\mathbf{x} \in \mathscr{K}$. Um eine geeignete Ordnung des $\mathbb{R}^m$ zu erhalten, wird außerdem i. d. R. gefordert: 2) $\mathscr{K}$ ist eine konvexe Menge. 3) Aus $\mathbf{x} \in \mathscr{K}$ und $-\mathbf{x} \in \mathscr{K}$ folgt $\mathbf{x} = \mathbf{0}$. Ein solcher Kegel heißt *spitzer Kegel*. Siehe [26].

**Präferenzrelationen und Dominanz**

Beim Vergleich zweier Punkte $\mathbf{y}^1$ und $\mathbf{y}^2$ drücken sog. *Präferenzrelationen* oder *Reihenfolgerelationen* aus, welcher Punkt besser ist:

- $\mathbf{y}^1 > \mathbf{y}^2$ bedeutet, $\mathbf{y}^1$ ist *besser* gegenüber $\mathbf{y}^2$. Diese Relation wird als *Dominanz* bezeichnet und man sagt, $\mathbf{y}^1$ *dominiert* $\mathbf{y}^2$ oder $\mathbf{y}^2$ *wird* von $\mathbf{y}^1$ *dominiert*.
- $\mathbf{y}^1 \gtrsim \mathbf{y}^2$ bedeuten $\mathbf{y}^1$ ist *besser oder indifferent* gegenüber $\mathbf{y}^2$. Diese Relation wird als *schwache Dominanz* bezeichnet.

Im Folgenden seien Optimierungsprobleme behandelt, bei denen die Zielfunktionen *minimiert*[82] werden sollen. Dann gilt folgende Definition, vgl. Abb. 2.50b:

**Definition 2.5** Seien $\mathscr{K} = \mathbb{R}_+^m$ der natürliche Ordnungskegel und $\mathbf{0}$ der Nullvektor, dann heißt

$$\mathbf{y}^1 > \mathbf{y}^2 :\Longleftrightarrow \mathbf{y}^2 - \mathbf{y}^1 \in \mathscr{K} \setminus \{\mathbf{0}\}$$

*Dominanz* und

$$\mathbf{y}^1 \gtrsim \mathbf{y}^2 :\Longleftrightarrow \mathbf{y}^2 - \mathbf{y}^1 \in \mathscr{K}$$

heißt *schwache Dominanz*.

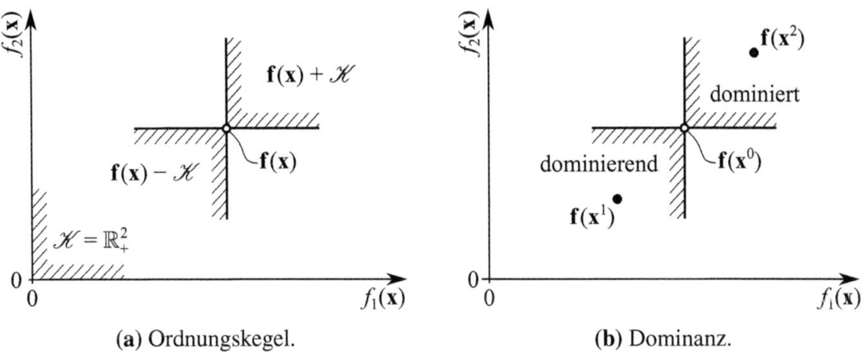


**(a)** Ordnungskegel.         **(b)** Dominanz.

**Abb. 2.50:** Pareto-Halbordnung und Präferenz im $\mathbb{R}^2$. Natürlicher Ordnungskegel $\mathscr{K} = \mathbb{R}_+^2$. Präferenzrelationen verschiedener Punkte gegenüber $\mathbf{f}(\mathbf{x}^0)$ im Sinne einer Minimierung nach Definition 2.5. $\mathbf{f}(\mathbf{x}^2)$ wird von $\mathbf{f}(\mathbf{x}^0)$ dominiert und $\mathbf{f}(\mathbf{x}^1)$ ist dominierend über $\mathbf{f}(\mathbf{x}^0)$. Unter Verwendung von [71].

---

[82] Die Festlegung $\mathbf{y}^1 > \mathbf{y}^2 :\Longleftrightarrow \mathbf{y}^1 - \mathbf{y}^2 \in \mathscr{K} \setminus \{\mathbf{0}\}$ beschreibt ein Maximierungsproblem und ist insbesondere in der Betriebswirtschaftslehre üblich. Wegen $\mathbf{y}^1 \geq \mathbf{y}^2 \Longleftrightarrow -\mathbf{y}^1 \leq -\mathbf{y}^2$ lässt sich jedoch jedes Maximierungsproblem auch als Minimierungsproblem schreiben.

### 2.2.2.3  Das Optimierungsproblem

Es gelten die in Abschnitt 2.2.2.1 festgelegte Notationen, wobei auf den Bildraum $\mathbb{R}^m$ die Pareto-Halbordnung gemäß Definition 2.4 angewendet sei. Dann ist das *Multikriterielle Optimierungsproblem* allgemein durch

$$\min_{\mathbf{x}} \quad \mathbf{y} = \mathbf{f}(\mathbf{x}) \tag{2.78a}$$

$$\text{s.t.} \quad \mathbf{x} \in \mathscr{S} \tag{2.78b}$$

gegeben. Hierbei sind diejenigen Lösungen *besser*, die im Sinne der Definition 2.5 dominieren, d. h. *kleiner* sind. Für dieses Problem können nachfolgende Bedingungen zur Optimalität einer Lösung angegeben werden.


### 2.2.2.4  Optimalitätsbedingungen

**Optimalität**

Ausgehend von der Pareto-Halbordnung und der Präferenz wird festgelegt welche Funktionswerte im $\mathbb{R}^m$ *am besten* oder *optimal* sind und damit zur Lösung des Multikriteriellen Optimierungsproblems (2.78) gehören. Diese Eigenschaft wird als *Effizienz, Pareto-Optimalität* oder *Edgeworth-Pareto-Optimalität* bezeichnet. Hierbei wird unterschieden zwischen globaler Optimalität, die sich auf das gesamte Zielgebiet $\mathscr{Y} \subseteq \mathbb{R}^m$ bezieht, und lokaler Optimalität, die nur in der Nachbarschaft einer Lösung $\mathbf{y}^* = \mathbf{f}(\mathbf{x}^*)$ gilt.


**Global effiziente Lösungen**

**Definition 2.6** Ein Punkt $\mathbf{y}^* = \mathbf{f}(\mathbf{x}^*)$ mit $\mathbf{x}^* \in \mathscr{S}$ heißt *global effiziente Lösung* oder *global effizienter Punkt* des multikriteriellen Optimierungsproblems (2.78), falls

$$(\{\mathbf{y}^*\} - \mathscr{K}) \cap \mathscr{Y} = \{\mathbf{y}^*\} \,, \tag{2.79}$$

und *global schwach effiziente Lösung* oder *global schwach effizienter Punkt*, falls

$$(\{\mathbf{y}^*\} - \text{int}(\mathscr{K})) \cap \mathscr{Y} = \emptyset \,, \tag{2.80}$$

wobei $\mathscr{K} = \mathbb{R}_+^m$ der natürliche Ordnungskegel, $\text{int}(\mathscr{K}) = \{\mathbf{y} \in \mathbb{R}^m \mid y_j > 0, j = 1, 2, ..., m\}$ das Innere des natürlichen Ordnungskegels und $\emptyset$ die leere Menge sind, vgl. Abb. 2.51.

Neben dem Begriff effiziente Lösung findet sich auch die Bezeichnung *Pareto-optimale* oder *nicht-dominierte Lösung*. Eine alternative und in der Ingenieursliteratur häufiger zu findende, aber gleichbedeutende Definition ist bereits durch Definition 2.3 aus Abschnitt 2.1.2.2 bekannt und lautet:

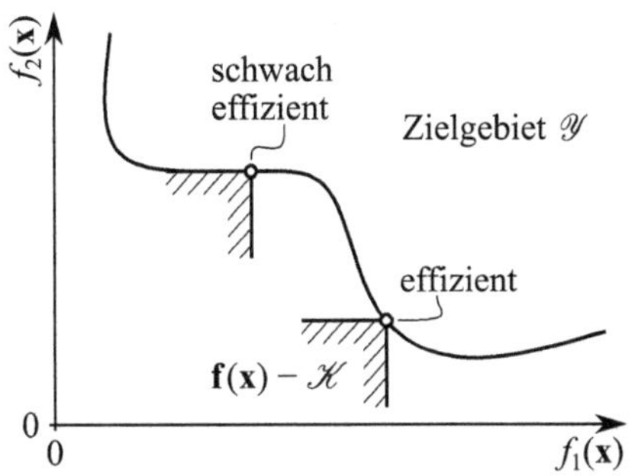


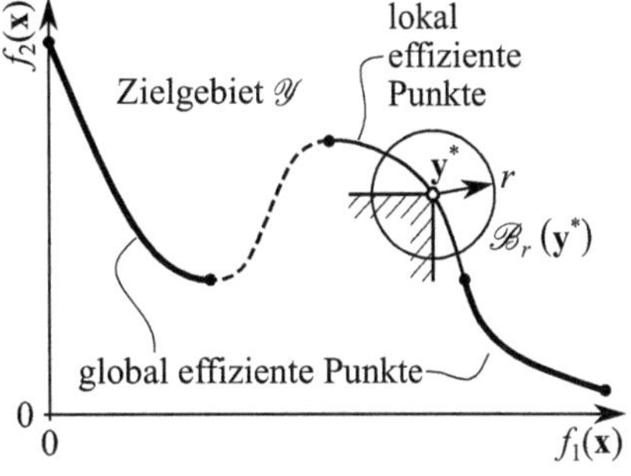


**Abb. 2.51:** Effiziente und schwach effiziente Lösungen. Unter Verwendung von [111].

**Abb. 2.52:** Global und lokal effizente Lösungen. Unter Verwendung von [147].

**Definition 2.7** Ein Punkt $\mathbf{y}^* = \mathbf{f}(\mathbf{x}^*)$ mit $\mathbf{x}^* \in \mathscr{S}$ heißt *global effiziente Lösung* oder *global effizienter Punkt* des multikriteriellen Optimierungsproblems (2.78), falls es kein $\mathbf{y} = \mathbf{f}(\mathbf{x})$ mit $\mathbf{x} \in \mathscr{S}$ gibt, für das gilt

$$f_j(\mathbf{x}) \le f_j(\mathbf{x}^*) \text{ für alle } j \in \{1, 2, ..., m\} \text{ und} \tag{2.81}$$

$$f_j(\mathbf{x}) < f_j(\mathbf{x}^*) \text{ für mindestens ein } j \in \{1, 2, ..., m\} , \tag{2.82}$$

und *global schwach effiziente Lösung* oder *global schwach effizienter Punkt*, falls es kein $\mathbf{y} = \mathbf{f}(\mathbf{x})$ mit $\mathbf{x} \in \mathscr{S}$ gibt, für das gilt

$$f_j(\mathbf{x}) < f_j(\mathbf{x}^*) \text{ für alle } j \in \{1, 2, ..., m\} . \tag{2.83}$$

### Lokal effiziente Lösungen

Sei $\mathscr{B}_r(\mathbf{y}^0) = \{\mathbf{y} \in \mathbb{R}^m : \|\mathbf{y} - \mathbf{y}^0\| < r\}$ eine offene Kugel um den Mittelpunkt $\mathbf{y}^0$ und mit dem Radius $r$, siehe Abb. 2.52.

**Definition 2.8** Ein Punkt $\mathbf{y}^* = \mathbf{f}(\mathbf{x}^*)$ mit $\mathbf{x}^* \in \mathscr{S}$ heißt *lokal effiziente Lösung* oder *lokal effizienter Punkt* des multikriteriellen Optimierungsproblems (2.78), falls es ein $r$ gibt mit

$$(\{\mathbf{y}^*\} - \mathscr{K}) \cap (\mathscr{Y} \cap \mathscr{B}_r(\mathbf{y}^*)) = \{\mathbf{y}^*\} , \tag{2.84}$$

und *lokal schwach effiziente Lösung* oder *lokal schwach effizienter Punkt*, falls es ein $r$ gibt mit

$$(\{\mathbf{y}^*\} - \text{int}(\mathscr{K})) \cap (\mathscr{Y} \cap \mathscr{B}_r(\mathbf{y}^*)) = \emptyset , \tag{2.85}$$

wobei $\mathscr{K} = \mathbb{R}_+^m$ der natürliche Ordnungskegel, $\text{int}(\mathscr{K}) = \{\mathbf{y} \in \mathbb{R}^m \mid y_j > 0, j = 1, 2, ..., m\}$ das Innere des natürlichen Ordnungskegels und $\emptyset$ die leere Menge sind, vgl. Abb. 2.51.

**Lösungsmengen**

Für die Lösungsmengen des Multikriterielle Optimierungsproblems (2.78) sind folgende Bezeichnungen üblich:

Die Menge $\mathscr{Y}^* \subseteq \mathbf{f}(\mathscr{S})$ aller effizienten Lösungen wird *effiziente Menge, Menge der nicht-dominierten Lösungen, Pareto-Menge* oder *Kompromissmenge* genannt. Sie ist das Bild der *funktional-effizienten Menge* $\mathscr{S}^* \subseteq \mathscr{S}$ mit $\mathbf{f} : \mathscr{S}^* \to \mathscr{Y}^*$. Analog dazu heißt die Menge aller schwach effizienten Lösungen *schwach effiziente Menge* und ihr Urbild *funktional-schwach effiziente Menge*.

Insbesondere im Zusammenhang mit graphischen Darstellungen der effizienten Menge wird auch von der *Pareto-Front* gesprochen.

### 2.2.2.5 Lösungsverfahren

**Klassifizierung von Lösungsverfahren**

Das Ziel beim Lösen eines multikriteriellen Optimierungsproblems ist es, alle oder so viele Elemente der (schwach) effizienten Menge zu finden, wie für den Anwendungsfall notwendig sind. Für diese Aufgaben gibt es verschiedene Lösungsverfahren, die nach [71] in folgende Klassen unterteilt werden:

- *Vollständige Durchmusterung*: Diese Verfahren sind nur auf diskrete Optimierungsprobleme anwendbar. Beginnend mit einem Element des Zielgebiets $\mathscr{Y}$ werden entsprechend der Pareto-Halbordnung durch paarweisen Vergleich nach einem festgelegten Algorithmus alle Elemente des Zielgebietes entfernt, bis ausschließlich die Elemente der effizienten Menge übrig bleiben.
- *Analytische Verfahren*: In seltenen Fällen, in denen exakte Lösungen angegeben werden können, ist die Ermittlung der effiziente Menge analytisch möglich.
- *Skalarisierung*: Diese Verfahren nutzen Ersatzaufgaben und zerlegen ein multikriterielles Optimierungsproblem in eine Sequenz einfacher Optimierungsprobleme mit einer Zielgröße.
- *Direkte Verfahren*: Diese Verfahren nutzen die Eigenschaften der Lösungsmenge, die aus ihrer Definition resultieren, und sind nicht an Ersatzaufgaben gebunden. Zu diesen Verfahren zählen Gradientenverfahren und evolutionäre Verfahren.

Eine Auflistung von Verfahren, die üblicherweise in Ingenieursproblemen angewendet werden, liefert [137]. Auf Grund der weiten Verbreitung in Ingenieursanwendungen und des guten Entwicklungsstandes der Skalarisierungsverfahren [68], geht der nachfolgende Abschnitt exemplarisch auf diese Klasse von Lösungsverfahren ein.

**Skalarisierungsverfahren**

Das multikriterielle Optimierungsproblem (2.78) lässt sich durch ein parametrisches, skalares Optimierungsproblem ersetzen. Dieses Ersatzproblem wird für bestimmte Parameter gelöst und liefert für jeden ausgewählten Parametersatz eine Lösung aus der (schwach) effizienten Menge. Hierfür gibt es verschiedene, sog. *Skalariserungsverfahren*, wobei EICHFELDER [67] zeigt, dass viele bekannten Verfahren Spezialfälle oder Modifikationen des *Pascoletti-Serafini-Problems* [169] sind:

$$\min_{t,x} \quad t \tag{2.86a}$$

$$\text{s.t.} \quad \mathbf{a} + t\mathbf{r} - \mathbf{f}(\mathbf{x}) \in \mathcal{K}, \tag{2.86b}$$

$$t \in \mathbb{R}, \tag{2.86c}$$

$$\mathbf{x} \in \mathcal{S} \tag{2.86d}$$

mit den Parametern $\mathbf{a}, \mathbf{r} \in \mathbb{R}^m$. Ausgehend vom Punkt $\mathbf{a}$ erfolgt das Lösen des Pascoletti-Serafini-Problems durch Verschiebung des natürlichen Ordnungskegels $-\mathcal{K}$ entlang der Geraden $\mathbf{a} + t\mathbf{r}$ mit $t \in \mathbb{R}$ in Richtung $-\mathbf{r}$. Das Verfahren bricht ab, wenn die Menge $(\mathbf{a} + t\mathbf{r} - \mathcal{K}) \cap \mathbf{f}(\mathcal{S})$ der leeren Menge entspricht und damit die Lösung für einen Parametersatz gefunden ist, siehe Abb. 2.53. Der kleinste Wert $t^*$, für den $(\mathbf{a} + t^*\mathbf{r} - \mathcal{K}) \cap \mathbf{f}(\mathcal{S}) \neq \emptyset$ gilt, ist der minimale Punkt des Pascoletti-Serafini-Problems und damit ein Element der (schwach) effizienten Menge.

Die Skalarisierung eines multikriteriellen Optimierungsproblems bietet den Vorteil, dass für die Lösung alle theoretischen Ansätze und numerischen Algorithmen der einkriteriellen Optimierung verwendbar sind. Ein wesentlicher Nachteil ist, dass Skalarisierungsverfahren nicht immer Lösungen liefern, die Elemente der effizienten Menge sind [68]. Eine beispielhafte Untersuchung dieser Eigenschaften für drei typische Skalarisierungsverfahren findet sich bei [132].

Skalarisierungsverfahren lassen sich in drei Klassen unterteilen. Unterscheidungskriterium ist hierbei die Methode, nach der das Ersatzproblem konstruiert wird:

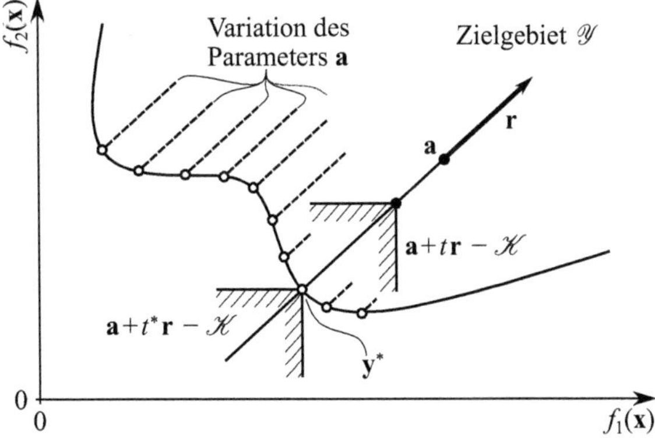


**Abb. 2.53** Skalarisierung eines multikriteriellen Optimierungsproblems. Das Pascoletti-Serafini-Problem mit beispielhafter Variation des Parameters $\mathbf{a}$. Unter Verwendung von [67].

- *Lineare Skalarisierungsverfahren* erzeugen ein skalares Optimierungsproblem durch Wichtung der Zielfunktionen. Die Parameter des Ersatzproblems sind die Wichtungsfaktoren. Ein Beispiel ist die Methode der gewichteten Summen.
- *Schrankenverfahren* erzeugen ein skalares Optimierungsproblem durch Fixierung einzelner Zielfunktionen. Die Parameter des Ersatzproblems sind dann die Werte der fixierten Zielfunktionen. Beispiele sind die $\epsilon$-Constraint-Methode oder die Benson-Methode.
- *Referenzpunktverfahren* verwenden bestimmte Punkte des Zielgebiets des multikriteriellen Optimierungsproblems als Ausgangspunkt für die Verschiebung des Ordnungskegels. Die Parameter des Ersatzproblems sind damit die Lage dieser Referenzpunkte und die Richtung der Verschiebung ausgehend von diesen Referenzpunkten. Beispiele sind die Methode des Compromise Programming, die Wierzbicki-Methode, die Chebyshev-Norm oder die Normal-boundary-intersection Methode[83].

Eine ausführliche Übersicht über verschiedene Skalarisierungsverfahren dieser Klassen bieten [67, 137, 149].

### 2.2.3 Präskriptive Entscheidungstheorie

Eine Entscheidung bezeichnet eine Wahl aus mindestens zwei Alternativen, sodass ein großer Teil menschlichen Handelns in diese Kategorie fällt. Gegenstand der Entscheidungstheorie sind Aussagen zu solchen Entscheidungsprozessen, wobei zwei unterschiedliche Teilgebiete unterschieden werden [127]:

- Die *deskriptive Entscheidungstheorie* stellt empirische Hypothesen zum Verhalten von Einzelpersonen und Gruppen in konkreten Entscheidungssituationen auf, mit dem Ziel reale Entscheidungen zu prognostizieren.
- Die *präskriptive* oder *normative Entscheidungstheorie* abstrahiert von konkreten Entscheidungsproblemen und zeigt Methoden auf, nach denen rational Entscheidungen getroffen werden sollen.

Im Sinne der zweiten Forschungsfrage dieser Arbeit steht in den nachfolgenden Abschnitten die präskriptive Entscheidungstheorie im Vordergrund. Der wesentliche Teil der präskriptiven Entscheidungstheorie findet sich in der Literatur zum *Operations Research*[84], das sich mit Fragen der Planung befasst [61] und als Teil der Wirtschaftswissenschaften geführt wird [1], sowie der Betriebswirtschaftslehre, die auch als angewandte Entscheidungstheorie gilt [91]. Falls nicht anders genannt, sind die nachfolgenden Darstellungen aus [61, 71, 91, 127] entnommen, die Notation folgt in weiten Teilen [127].

---

[83] Anhang D stellt die Normal-boundary-intersection Methode exemplarisch vor.

[84] Der Begriff Operations Research geht auf die Planung militärischer Operationen durch Großbritannien und die USA während des Zweiten Weltkriegs zurück. Nach dem Ende des Krieges wurde das Forschungsgebiet von den Wirtschaftswissenschaften aufgegriffen und umfasst seitdem das Gebiet der optimalen Entscheidungen in Wirtschaft, Verwaltung und politischer Planung [1].

### 2.2.3.1 Basiselemente eines Entscheidungsmodells

**Entscheidungsmodelle**

*Entscheidungsmodelle* bilden bestimmte Typen von Entscheidungsproblemen ab, sodass ihnen passende Lösungsverfahren zugeordnet werden können. Obwohl konkrete Entscheidungsprobleme sehr unterschiedlich ausfallen, lässt sich eine allgemeingültige Grundstruktur von Entscheidungsmodellen erkennen. Ein Entscheidungsmodell umfasst demnach immer ein Entscheidungsfeld, bestehend aus den *Basiselementen* Handlungsalternativen, Ergebnissen und Umweltzuständen, sowie eine Entscheidungsregel, siehe Abb. 2.54.

**Entscheidungsfelder**

Die Darstellung eines Entscheidungsproblems, die für die Bewertung der Handlungsalternativen notwendig ist, wird als *Entscheidungsfeld* bezeichnet. Formal ist ein Entscheidungsfeld durch die Matrix

$$
\begin{array}{c}
\begin{array}{cccccc} S_1 & S_2 & \cdots & S_s & \cdots & S_L \end{array} \\
\begin{bmatrix}
y_{11} & y_{12} & \cdots & y_{1s} & \cdots & y_{1L} \\
y_{21} & y_{22} & \cdots & y_{2s} & \cdots & y_{2L} \\
\vdots & \vdots & \ddots & \vdots & \ddots & \vdots \\
y_{a1} & y_{a2} & \cdots & y_{as} & \cdots & y_{aL} \\
\vdots & \vdots & \ddots & \vdots & \ddots & \vdots \\
y_{N1} & y_{N2} & \cdots & y_{Ns} & \cdots & y_{NL}
\end{bmatrix}
\begin{array}{c} A_1 \\ A_2 \\ \vdots \\ A_a \\ \vdots \\ A_N \end{array}
\end{array}
\tag{2.87}
$$

gegeben, in der jeder Eintrag $y_{ik}$ das Ergebnis einer Alternative $A_a$ unter den Umweltbedingungen $S_s$ abbildet. Ein Entscheidungsfeld setzt sich damit immer aus den folgenden drei Elementen zusammen:

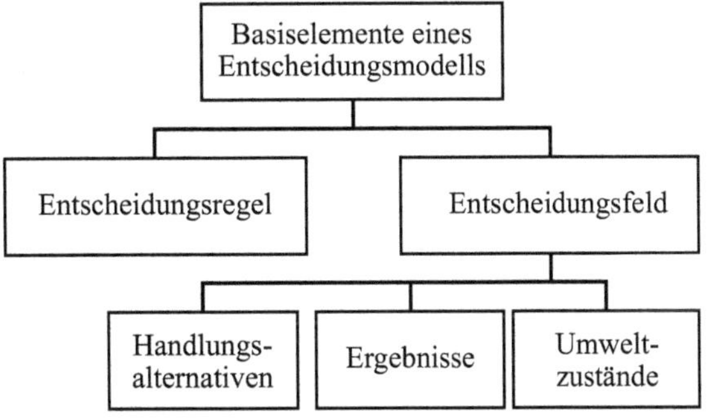


**Abb. 2.54** Basiselemente eines Entscheidungsmodells. Nach [127].

*Alternativen* sind mögliche Handlungen, die der Entscheider durchführen kann. Ein Entscheidungsproblem liegt demnach dann vor, wenn mindestens zwei Alternativen existieren und nur eine Alternative gewählt werden kann. Die *Alternativmenge* $\mathscr{A} = \{A_1, A_2, ..., A_N\}$ enthält alle wählbaren Alternativen $A_a$, wobei $N$ die Anzahl der wählbaren Alternativen angibt.

*Umweltzustände* bezeichnen die Größen, die vom Entscheider nicht beeinflusst werden können, aber für die Entscheidung von Bedeutung sind. Die Menge $\mathscr{S} = \{S_1, S_2, ..., S_L\}$ enthält alle in der Entscheidung zu berücksichtigenden Umweltzustände $S_s$, wobei $L$ die Anzahl der Umweltzustände ist.

*Ergebnisse* sind die Konsequenzen aus der Wahl einer Alternative. Die Konsequenzen, die für die Bewertung der Alternativen relevant sind, werden durch die *Zielgrößen* $\mathbf{y} = [y_1, y_2, ..., y_m]^\top$ abgebildet. Ein Ergebnis ist damit eine bestimmte Ausprägung dieser Zielgrößen.

**Entscheidungsregeln**

Eine *Entscheidungsregel* definiert, nach welchen Gesichtspunkten eine Alternative $A_a \in \mathscr{A}$ ausgewählt wird. Hierbei ist die Alternative zu wählen, die den Zielen des Entscheiders am besten entspricht. Diese *Präferenz* wird durch zwei Komponenten ausgedrückt:

- Die *Präferenzfunktion* $\Phi(A_a)$ ordnet jeder Alternative $A_a$ einen Wert zu, dem sog. *Präferenzwert*.
- Das *Optimierungskriterium* legt die bevorzugte Ausprägung dieses Präferenzwertes fest.

Üblicherweise hat eine Entscheidungsregel damit die Form

$$\Phi(A_a) \to \min_a! \tag{2.88}$$

Hierbei kann durch geeignete Formulierung der Präferenzfunktion jede Entscheidungsregel als Minimierungsproblem geschrieben werden.

### 2.2.3.2  Nutzentheorie als spezielles Entscheidungsmodell

**Klassifizierung von Entscheidungsmodellen**

Zur Klassifizierung von Entscheidungsmodellen kann die Rolle des Entscheiders als Unterscheidungsmerkmal herangezogen werden. Nach [71, 106, 148] können folgende Klassen unterschieden werden:

- Modelle, bei denen der Entscheider *keine Präferenz* angeben muss.
- *a priori*-Modelle, bei denen der Entscheider zu Beginn seine Präferenz angibt und die entsprechende Lösung aus der effizienten Menge erhält.

- *a posteriori*-Modelle, bei denen der Entscheider zunächst die gesamte effiziente Menge erhält und daraus eine Lösung durch Angabe seiner Präferenz auswählt.
- *Interaktive* Modelle, bei denen der Entscheider während der Durchführung des Entscheidungsprozesses in bestimmten Iterationsschritten seine Präferenz angibt.

Die ersten drei Klassen werden auch als *nicht-interaktive* Modelle zusammengefasst. Erläuterungen zu den einzelnen Modellen, die unter die genannten Klassen fallen, finden sich bei [24, 106, 148]. Abschließend sei hier mit der Nutzenfunktion ein insbesondere in der Betriebswirtschaftslehre weit verbreitetes Entscheidungsmodell vorgestellt, vgl. dazu [186, 205].

**Die Nutzenfunktion als Beispiel eines graphischen Entscheidungsmodells**

Die Bewertung einer Alternative $A_a$ erfolgt anhand ihres Ergebnisses $\mathbf{y}_a$, sodass eine Bewertungsfunktion $U(\mathbf{y})$ in Abhängigkeit der Zielgrößen formuliert werden kann. Für diese sog. *Nutzenfunktion*[85] gilt damit

$$\Phi(A_a) = U(\mathbf{y}_a) \, . \tag{2.89}$$

Im Fall zweier Zielgrößen $m = 2$ stellen die Höhenlinien $U(\mathbf{y}) = $ const. alle Ergebnisse dar, die für den Entscheider den gleichen Nutzen haben, also gleichermaßen bevorzugt sind. Diese Kurven werden deshalb *Indifferenzkurven* genannt. Abb. 2.55 zeigt exemplarisch das darauf aufbauende, graphische Entscheidungsmodell.

Es sieht nun vor, die Ergebnisse aller Alternativen in den Zielraum einzutragen und schließlich die Alternative auszuwählen, deren Ergebnis auf der Indifferenzkurve mit dem niedrigsten Präferenzwert liegt. Hierbei bilden die Alternativen die im Sinne von Definition 2.7 effizient sind, die sog. *Effizienzkurve*. Für Entscheidungsprobleme mit mehr als zwei Zielgrößen $m > 2$ kann das Entscheidungsmodell analog eingesetzt werden, allerdings ist die graphische Durchführung für $m > 3$ nicht mehr möglich.

**Abb. 2.55** Entscheidung mit Hilfe der Nutzenfunktion. Beispielhafte Alternativen $A_a$ und Indifferenzkurven der Nutzenfunktion $U(\mathbf{y})$. In Anlehnung an [127].

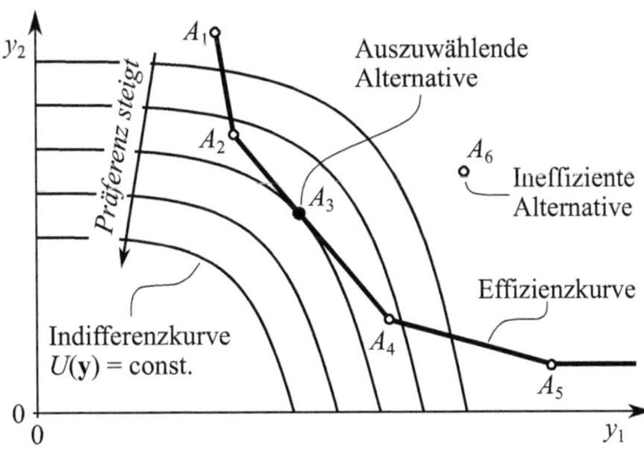


---

[85] Der Begriff Nutzen führt auf den Ursprung der Nutzentheorie in der Modellierung von Verbraucherverhalten zurück [71].

## 2.2.4 Optimal Design

Der Vorgehenszyklus zeigt, dass das Entwerfen eines technischen Systems als Abfolge von Entscheidungen angesehen werden kann, sodass das technische System Ergebnis eines *Entscheidungsprozesses* ist. Im Verlauf dieses iterativen Prozesses werden Anforderungen formuliert, Varianten gebildet und die beste Variante ausgewählt. *Mathematische Modelle* des technischen Systems, in die Formulierungen der relevanten Naturgesetze, Erfahrungswissen, gesammelte Daten und Informationen zu den Anforderungen einfließen, dienen als Hilfsmittel in diesem Prozess. *Optimal Design* ist ein methodischer Ansatz, der den Schwerpunkt auf die mathematische Modellierung des technischen Systems legt, die Entwicklungsaufgabe als Entscheidungsproblem behandelt und als Optimierungsproblem formuliert [146, 166]. Die nachfolgenden Abschnitte geben eine Übersicht über Modelle, die mit diesem Ansatz im Zusammenhang stehen.

### 2.2.4.1 Formalisierung des Entwurfsproblems

**Mathematische Formulierung des Entwurfsproblems**

Notwendige Voraussetzung für die mathematische Beschreibung eines Entwurfsproblems ist, dass sich die Ziele der Entwurfsaufgabe, die beeinflussbaren Variablen und die nicht beeinflussbaren Parameter des technischen Systems durch mathematische Größen ausdrücken lassen. Es gelten dabei folgende Festlegungen:

- Der Vektor $\mathbf{x} = [x_1, x_2, ..., x_n]^\top$ mit $\mathbf{x} \in \mathcal{X}$ enthält die *Entwurfsvariablen* des technischen Systems, die in den Grenzen des *Entwurfsraums* $\mathcal{X} \subseteq \mathbb{R}^n$ variiert werden können.
- Der Vektor $\mathbf{p} = [p_1, p_2, ..., p_l]^\top$ bezeichnet die *Entwurfsparameter*, die als Teil der Anforderungen oder durch vorangegangene Entscheidungen des Entwicklungsprozesses bereits festgelegt sind und nicht verändert werden können.
- Der Vektor $\mathbf{y} = \mathbf{f}(\mathbf{x}, \mathbf{p})$ mit $\mathbf{f}(\mathbf{x}, \mathbf{p}) = [f_1(\mathbf{x}, \mathbf{p}), f_2(\mathbf{x}, \mathbf{p}), ..., f_m(\mathbf{x}, \mathbf{p})]^\top$ gibt die *Ziele* des Entwurfsproblem an, wobei $\mathbf{f}(\mathbf{x}, \mathbf{p}) \in \mathcal{Y}$ mit dem *Zielraum* $\mathcal{Y} \subseteq \mathbb{R}^m$ gilt. $f_j(\mathbf{x}, \mathbf{p})$ beschreibt die *j*-te *Zielfunktion*.

Das Entwurfsproblem ist damit durch das folgende multikriterielle Optimierungsproblem gegeben, das als *Optimal Design Problem* bezeichnet wird:

$$\min_{\mathbf{x}} \quad \mathbf{y} = \mathbf{f}(\mathbf{x}, \mathbf{p}) \qquad (2.90\text{a})$$

$$\text{s.t.} \quad \mathbf{h}(\mathbf{x}, \mathbf{p}) = \mathbf{0}, \qquad (2.90\text{b})$$

$$\mathbf{g}(\mathbf{x}, \mathbf{p}) \leq \mathbf{0}, \qquad (2.90\text{c})$$

$$\mathbf{x} \in \mathcal{X}. \qquad (2.90\text{d})$$

Hierbei sind $\mathbf{h}(\mathbf{x}, \mathbf{p})$ die Gleichungsrestriktionen und $\mathbf{g}(\mathbf{x}, \mathbf{p})$ die Ungleichungsrestriktionen des Optimierungsproblems, die als *funktionelle Restriktionen* bezeichnet werden. Sie schränken den Entwurfsraum auf den *zulässigen Entwurfsraum* ein, der physikalische Gesetzmäßigkeiten und technische Anforderungen erfüllt. Die Notation folgt [166, 168].

**Ergänzungen und Erweiterungen**

Im Verlauf des Entwicklungsprozesses treten Problemstellungen auf, die Anpassungen des zunächst allgemein formulierten Optimierungsproblems (2.90) erfordern. Diese sind

- die Handhabung von Unsicherheit,
- die Auswahl von Entwurfskonzepten und
- die Zerlegung von Entwurfsproblemen in Teilprobleme.

Die nachfolgenden Abschnitte stellen Ergänzungen und Erweiterungen des Optimal Design Problems vor, die diese Problemstellungen behandeln.

### 2.2.4.2 Unsichere Entwurfsprobleme und Robust Design

**Unsicherheit**

Entwurfsprobleme sind immer im Umfeld unvollständiger Informationen und unvorhersehbarer Randbedingungen zu lösen. Dies führt zu Abweichungen des mathematischen Modells $\mathbf{f}(\mathbf{x}, \mathbf{p})$ eines technischen Systems von seinen tatsächlichen Eigenschaften $\mathbf{y}$. Unsicherheiten haben dabei verschiedene Quellen [17, 119, 128]:

- *Aleatorische Unsicherheiten* sind Abweichungen oder Störungen der Entwurfsvariablen $\delta\mathbf{x}$ und der Entwurfsparameter $\delta\mathbf{p}$, sodass gilt

$$\mathbf{y} = \mathbf{f}(\mathbf{x} + \delta\mathbf{x}, \mathbf{p} + \delta\mathbf{p}) \,. \tag{2.91}$$

  Die Ursachen für Unsicherheiten dieser Art sind veränderliche Randbedingungen, wie Fertigungstoleranzen bei der Herstellung des technischen Systems oder Umwelteinflüsse während des Betriebs des Systems. Aleatorische Unsicherheiten können im Entwicklungsprozess nicht beeinflusst werden.
- *Epistemische Unsicherheiten* sind Modellfehler $\epsilon(\mathbf{x}, \mathbf{p}) = \mathbf{y} - \mathbf{f}(\mathbf{x}, \mathbf{p})$. Damit gilt

$$\mathbf{y} = \mathbf{f}(\mathbf{x}, \mathbf{p}) + \epsilon(\mathbf{x}, \mathbf{p}) \,. \tag{2.92}$$

  Die Ursachen für Unsicherheiten dieser Art sind unvollständige oder fehlerhafte Informationen, bspw. durch falsche Annahmen, fehlerbehaftete Messungen und Näherungsfehler. Epistemische Unsicherheiten können durch bessere Informationen reduziert werden.

Nachdem epistemische Unsicherheiten durch genauere Modellbildung reduziert oder durch Kenntnis der Mängel des Modells zumindest bemessen werden können, liegt der Schwerpunkt in der Literatur auf der Handhabung aleatorischer Unsicherheiten. Der nachfolgende Abschnitt beschreibt, wie diese Unsicherheiten in das Optimal Design Problem (2.90) einfließen.


**Robust Design**

Abweichungen der Entwurfsvariablen und -parameter schränken den zulässigen Entwurfsraum zusätzlich ein. Üblicherweise werden zur Bemessung stochastischer Abweichungen Maximalwerte $\Delta$ oder die Standardabweichung $\sigma$ herangezogen, die dann in den Restriktionen des Optimal Design Problems (2.90) berücksichtigt werden. Die folgenden Festlegungen werden gegenüber der Standardabweichung formuliert, gelten aber sinngemäß auch für Maximalabweichungen, vgl. [168]:

- Die Abweichung von den Nominalwerten der Entwurfsvariablen wird mit $\boldsymbol{\sigma}_x = [\sigma_{x1}, \sigma_{x2}, ..., \sigma_{xn}]^\top$ und der Entwurfsparameter mit $\boldsymbol{\sigma}_p = [\sigma_{p1}, \sigma_{p2}, ..., \sigma_{pl}]^\top$ angegeben.

- Die Abweichung $\boldsymbol{\sigma}_g = [\sigma_{g1}, \sigma_{g2}, ..., \sigma_{gk}]^\top$ der Ungleichungsrestriktionen (2.90c) ergibt sich aus

$$\sigma_{gh}^2 = \sum_{i=1}^{n} \left( \frac{\partial g_h}{\partial x_i} \sigma_{xi} \right)^2 + \sum_{i=1}^{l} \left( \frac{\partial g_h}{\partial p_i} \sigma_{pi} \right)^2 \tag{2.93}$$

  für jede Restriktion $h = 1, 2, ..., k$ [168].

- Die Gleichungsrestriktionen (2.90b) können im Fall unsicherer Entwurfsvariablen nicht erfüllt werden und entfallen deshalb [142].

Damit kann das *Robust Optimal Design Problem* mit

$$\min_{\mathbf{x}} \quad \mathbf{f}(\mathbf{x}, \mathbf{p}) \tag{2.94a}$$

$$\text{s.t.} \quad \mathbf{g}(\mathbf{x}, \mathbf{p}) + \kappa \boldsymbol{\sigma}_g \leq \mathbf{0}, \tag{2.94b}$$

$$\mathbf{x}_L + \kappa \boldsymbol{\sigma}_x \leq \mathbf{x} \leq \mathbf{x}_U - \kappa \boldsymbol{\sigma}_x \tag{2.94c}$$

geschrieben werden, wobei $\mathbf{x}_L$ die minimal und $\mathbf{x}_U$ die maximal zulässigen Werte der Entwurfsvariablen sind. $\kappa$ bestimmt die Wahrscheinlichkeit[86], mit der ein Entwurf im zulässigen Entwurfsraum liegt [12, 142, 143, 168]. Abb. 2.56 illustriert die Einschränkung des Entwurfsraums infolge stochastischer Schwankungen.

---

[86] Vgl. dazu auch Abschnitt 2.1.3.3 und den Sigma-Score nach Tab. 2.2.

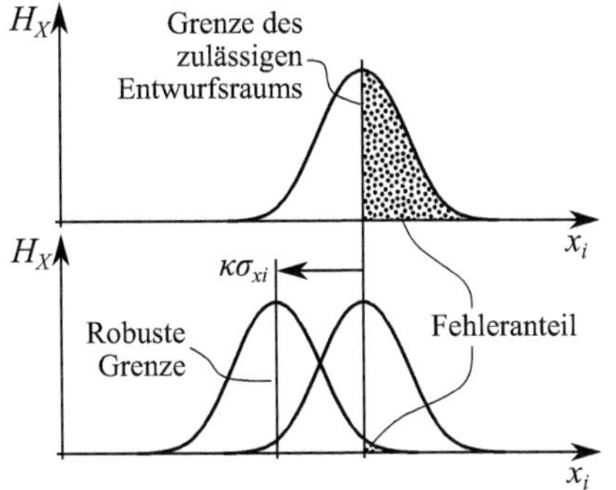
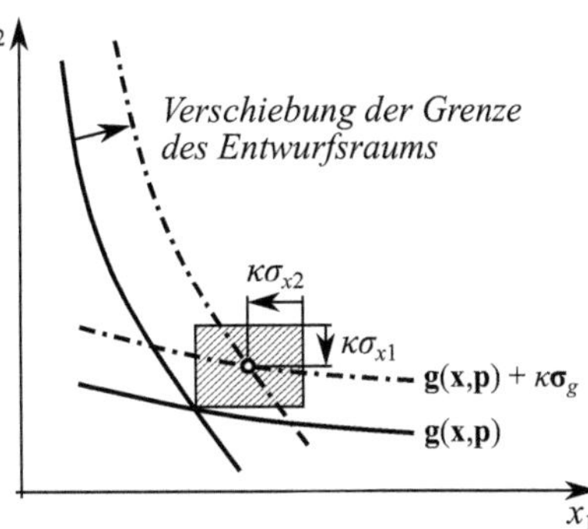



**(a)** Häufigkeitsverteilung der Entwurfsvariable $x_i$ und Verschiebung der Ungleichungsrestriktion um $\kappa\sigma_{xi}$.

**(b)** Einschränkung des zulässigen Entwurfsraums bei zwei unsicheren Entwurfsvariablen $x_1$ und $x_2$.

**Abb. 2.56:** Robust Optimal Design. Einschränkung des Entwurfsraums durch Verschiebung der Grenzen $\mathbf{g}(\mathbf{x}, \mathbf{p})$ entsprechend der Standardabweichung $\kappa\sigma_{xi}$ der $i$-ten Entwurfsvariablen zu $\mathbf{g}(\mathbf{x}, \mathbf{p}) + \sigma_g$. In Anlehnung an [12, 168].

### 2.2.4.3 Konzeptauswahl

**Entwurfskonzept**

Ein technischer Entwurf durchläuft nach der Festlegung der Entwurfsaufgabe zwei Phasen: Die Konzeptphase, in der verschiedene Entwürfe bis zu einem vorläufigen Stand erarbeitet werden, und die Detaillierungsphase, in der schließlich einer dieser Entwürfe vollständig ausgearbeitet wird. Im Sinne des Optimal Design ist dabei unter einem *Entwurfskonzept* ein parametrisches Modell des technischen Systems mit veränderlichen Entwurfsvariablen zu verstehen, das die Eigenschaften einer Familie von Entwurfsalternativen beschreibt. Eine *Entwurfsalternative* ist eine spezifische Ausprägung eines Entwurfskonzepts, das durch Festsetzung der Entwurfsvariablen entsteht. Es gelten dabei folgende Definitionen:

- Der Vektor $\mathbf{x}_c = [x_{c1}, x_{c2}, ..., x_{cn_c}]^\top$ mit $\mathbf{x}_c \in \mathscr{X}_c$ enthält die *Entwurfsvariablen* des Entwurfskonzepts $c$, die in den Grenzen des *Entwurfsraum* $\mathscr{X}_c \subseteq \mathbb{R}^{n_c}$ variiert werden können.

- Der Vektor $\mathbf{p}_c = [p_{c1}, p_{c2}, ..., p_{cl_c}]^\top$ bezeichnet die *Entwurfsparameter* des Entwurfskonzepts $c$, die als Teil der Anforderungen oder durch vorangegangene Entscheidungen des Entwicklungsprozesses bereits festgelegt sind und nicht verändert werden können.

- Die *Ziele* der Entwurfsaufgabe sind für jedes Entwurfskonzept $c$ durch die Funktion $\mathbf{y} = \mathbf{f}_c(\mathbf{x}_c, \mathbf{p}_c)$ mit $\mathbf{f}_c(\mathbf{x}_c, \mathbf{p}_c) = [f_{c1}(\mathbf{x}_c, \mathbf{p}_c), f_{c2}(\mathbf{x}_c, \mathbf{p}_c), ..., f_{cm}(\mathbf{x}_c, \mathbf{p}_c)]^\top$ gegeben, wobei die Konzepte $c = 1, 2, ..., p$ durch unterschiedliche Zielfunktionen beschrieben werden, die jedoch für alle Konzepte auf denselben Zielraum $\mathscr{Y}$ abbilden.

Die Auswahl eines Entwurfskonzepts beim Übergang in die Detaillierungsphase stellt einen kritischen Schritt im Entwicklungsprozess dar, denn hier werden wesentliche Eigenschaften des technischen Systems bestimmt. MATTSON und MESSAC [141, 143] schlagen deshalb vor, mit Hilfe der Pareto-Fronten eine begründete Auswahl zu treffen. Dieser Ansatz wird im Folgenden vorgestellt.

### Die s-Pareto-Front

Das Optimal Design Problem (2.90) liefert für jedes Entwurfskonzept $c$ eine einzelne Pareto-Front $\mathscr{Y}_c^*$. Eine Pareto-Front beschreibt damit die Eigenschaften eines Entwurfskonzepts, wobei jeder Punkt $\mathbf{y}^* \in \mathscr{Y}_c^*$ einer Entwurfsalternative entspricht. Die einzelnen Pareto-Fronten können sich überschneiden, sodass die Dominanz eines Konzepts nicht eindeutig ist, siehe dazu Abb. 2.57. Die nicht-dominierten Punkte *aller* Entwurfskonzepte ergeben sich als Lösung des Optimierungsproblems

$$\min_{c,\,\mathbf{x}_c} \quad \mathbf{f}_c(\mathbf{x}_c, \mathbf{p}_c) \tag{2.95a}$$

$$\text{s.t.} \quad \mathbf{h}_c(\mathbf{x}_c, \mathbf{p}_c) = \mathbf{0}, \tag{2.95b}$$

$$\mathbf{g}_c(\mathbf{x}_c, \mathbf{p}_c) \leq \mathbf{0}, \tag{2.95c}$$

$$\mathbf{x}_c \in \mathscr{X}_c, \tag{2.95d}$$

das gegenüber Problem (2.90) zusätzlich über die Entwurfskonzepte $c$ variiert. Es gilt hierbei nach [141] folgende Optimalitätsbedingung:

**Definition 2.9** Ein Punkt $\mathbf{y}^{s*}$ heißt *s-Pareto-optimale Alternative*, falls es keine Alternative $\mathbf{y}_c = \mathbf{f}_c(\mathbf{x}_c, \mathbf{p}_c)$ mit $\mathbf{x}_c \in \mathscr{X}_c$ gibt, für die gilt

$$f_{cj}(\mathbf{x}_c, \mathbf{p}_c) \leq y_j^{s*} \text{ für alle } j \in \{1, 2, ..., m\} \text{ und } c \in \{1, 2, ..., p\} \tag{2.96}$$

$$f_{cj}(\mathbf{x}_c, \mathbf{p}_c) < y_j^{s*} \text{ für mind. ein } j \in \{1, 2, ..., m\} \text{ und } c \in \{1, 2, ..., p\}. \tag{2.97}$$

Die Lösung des Optimierungsproblems ist die sog. *s-Pareto-Front*[87] $\mathscr{Y}^{s*} \subseteq \mathscr{Y}$, die alle s-Pareto-optimalen Punkte enthält. Ein Entwurfskonzept $c$ kann damit folgendermaßen klassifiziert werden [141], vgl. Abb. 2.57:

- Ein Konzept $c$ ist *dominant* oder *Pareto-optimal*, falls seine Pareto-Front der s-Pareto-Front entspricht, sodass $\mathscr{Y}_c^* = \mathscr{Y}^{s*}$.
- Ein Konzept $c$ ist *teilweise dominant* oder *teilweise Pareto-optimal*, falls seine Pareto-Front ein Abschnitt der s-Pareto-Front ist, sodass $\mathscr{Y}_c^* \subset \mathscr{Y}^{s*}$.
- Ein Konzept $c$ wird *dominiert*, falls seine Pareto-Front nicht Bestandteil der s-Pareto-Front ist, sodass $\mathscr{Y}_c^* \not\subset \mathscr{Y}^{s*}$.

---

[87] Von engl. *set-Pareto frontier* [141].

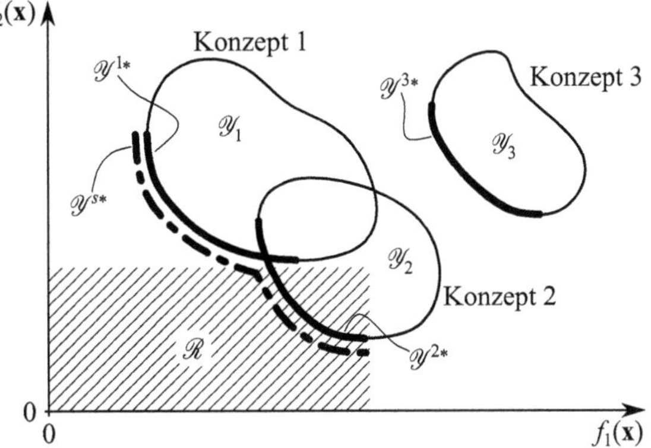



**Abb. 2.57** Konzeptauswahl für $m = 2$ und die Konzepte $c = 1, 2, 3$. Die Konzepte 1 und 2 sind teilweise dominant. Konzept 3 wird dominiert. Nach Auswahlkriterium (2.98) ist Konzept 1 und nach (2.99) ist Konzept 2 auszuwählen. Unter Verwendung von [141].

**Konzeptauswahl**

Nach der Lösung des Optimierungsproblems (2.95) ist eine Bewertung der Entwurfskonzepte und Auswahl eines bevorzugten Konzeptes anhand der s-Pareto-Frontier möglich. MATTSON und MESSAC stellen dafür zwei verschiedene Bewertungsverfahren vor, siehe Abb. 2.57:

Das erste Verfahren bewertet die Güte $\Gamma_c$ eines Entwurfskonzepts $c$ anhand ihres *Anteils an der s-Pareto-Front* mit

$$\Gamma_c = \frac{\displaystyle\int_{\mathcal{Y}_c^* \cap \mathcal{Y}^{s*}} \mathrm{d}\mathcal{Y}^{s*}}{\displaystyle\int_{\mathcal{Y}^{s*}} \mathrm{d}\mathcal{Y}^{s*}} . \tag{2.98}$$

Hierbei ist ein Entwurfskonzept besser, je größer sein Anteil an der s-Pareto-Front ist, und das Entwurfskonzept ist auszuwählen, das den größten Anteil an der s-Pareto-Front einschließt [143].

Das zweite Verfahren definiert einen *Anforderungsraum*[88] $\mathcal{R} \subset \mathbb{R}^m$ und bewertet die Güte $\Gamma_c$ eines Entwurfskonzepts $c$ anhand der Größe seiner Pareto-Front innerhalb des Anforderungsraums mit

$$\Gamma_c = \frac{\displaystyle\int_{(\mathcal{Y}_c^* \cap \mathcal{Y}^{s*}) \cap \mathcal{R}} \mathrm{d}\mathcal{Y}_c^*}{\displaystyle\int_{\mathcal{Y}^{s*} \cap \mathcal{R}} \mathrm{d}\mathcal{Y}^{s*}} . \tag{2.99}$$

Hierbei ist ein Entwurfskonzept besser, je größer seine Pareto-Front innerhalb des Anforderungsraums ist, und das Entwurfskonzept ist zu bevorzugen, das die größte Pareto-Front innerhalb des Anforderungsraums hat [141].

---

[88] Engl. region of interest [141].

### 2.2.4.4  Zerlegung großer Entwurfsprobleme

**Große Entwurfsprobleme**

In der Praxis zeichnen sich Entwicklungsaufgaben durch eine große Anzahl Zielgrößen und Entwurfsvariablen aus. In Anlehnung an [165] werden solche Aufgaben als *große Entwurfsprobleme* oder *große Systeme* bezeichnet, wenn sie mindestens eine der folgenden Eigenschaften aufweisen:

1. Nichtlinearitäten und hohe Dimension des mathematischen Modells führen zu Instabilitäten der numerischen Lösungsverfahren.
2. Der Rechenaufwand zur Lösung des Optimierungsproblems ist groß.
3. Die Lösung der Optimierungsrechnung kann nicht zuverlässig für das Entwicklungsproblem interpretiert werden.

In diesen Fällen ist eine Zerlegung des Entwurfsproblems erforderlich, um brauchbare Ergebnisse zu erhalten [166]. Hierfür gibt es zwei grundlegende Ansätze, die in den folgenden Abschnitten vorgestellt werden.

**Ansätze zur Zerlegung von Entwurfsproblemen**

Der erste Ansatz zerlegt ein Entwurfsproblem entweder in physikalische Teilsysteme, aus denen sich das System zusammensetzt, oder in ingenieurtechnische Disziplinen, die zur Lösung des Problems erforderlich sind. Dadurch entsteht eine *Hierarchie der Optimierungsprobleme*. Hierbei gehen die effizienten Lösungen der Teilprobleme auf den untergeordneten Hierarchieebenen als Entwurfsvariablen oder Restriktionen der Optimierungsprobleme (2.90) in übergeordneten Hierarchieebenen ein, siehe Abb. 2.58a. Dieser Ansatz ist insbesondere dann geeignet, wenn das Entwurfsproblem die erste und/oder dritte, oben genannte Eigenschaft aufweist. Er entspricht

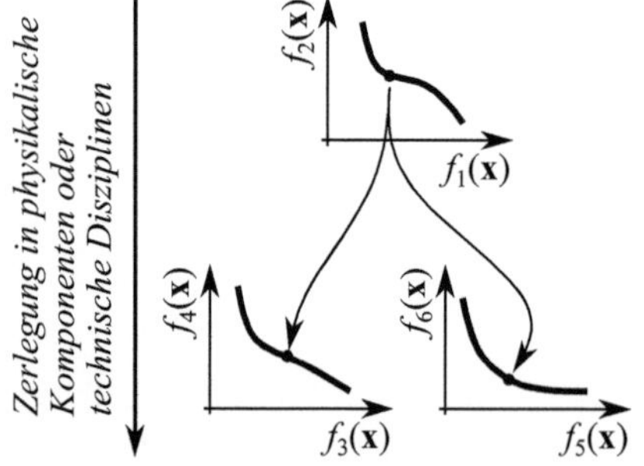

|       | $f_1$ | $f_2$ | $f_3$ | $f_4$ | $f_5$ | $f_6$ | $f_7$ | $f_8$ | $\cdots$ | $f_m$ |
|-------|-------|-------|-------|-------|-------|-------|-------|-------|----------|-------|
| $x_1$ | 0 | 1 | 1 | 0 | 0 | 0 | 0 | 0 | $\cdots$ | 0 |
| $x_2$ | 0 | 1 | 0 | 1 | 0 | 0 | 0 | 0 | $\cdots$ | 0 |
| $x_3$ | 0 | 0 | 1 | 1 | 0 | 0 | 0 | 0 | $\cdots$ | 0 |
| $x_4$ | 0 | 0 | 0 | 0 | 1 | 1 | 0 | 1 | $\cdots$ | 1 |
| $x_5$ | 0 | 0 | 0 | 0 | 1 | 1 | 1 | 1 | $\cdots$ | 0 |
| $x_6$ | 0 | 0 | 0 | 0 | 1 | 0 | 0 | 1 | $\cdots$ | 0 |
| $x_7$ | 0 | 0 | 1 | 0 | 0 | 0 | 0 | 0 | | 0 |
| $\vdots$ | $\vdots$ | $\vdots$ | $\vdots$ | $\vdots$ | $\vdots$ | $\vdots$ | $\vdots$ | $\vdots$ | | $\vdots$ |
| $x_n$ | 0 | 0 | 0 | 0 | 0 | 0 | 0 | 0 | $\cdots$ | 0 |

(a) Hierarchie der Teilsysteme. Unter Verwendung von [223].

(b) Funktionelle Abhängigkeitsmatrix mit zwei Teilproblemen. In Anlehnung an [125].

**Abb. 2.58:** Zerlegung großer Entwurfsproblem. Beispielhafte Illustration des hierarchischen und funktionellen Ansatzes.

auch der üblichen Arbeitsteilung im Entwicklungsprozess. Beispiele für hierarchische Zerlegung finden sich bei [117, 213, 223] und eine Übersicht bei [165].

Der zweite Ansatz zerlegt ein Entwurfsproblem hinsichtlich der *funktionalen Abhängigkeiten* zwischen Zielgrößen und Entwurfsvariablen des mathematischen Modells (2.90a). Hierbei werden Zielfunktionen, die eine gemeinsame funktionale Abhängigkeit von bestimmten Entwurfsvariablen aufweisen, in einem Teilproblem zusammengefasst und separat gelöst. Diese funktionale Abhängigkeit kann entweder mit Hilfe von *Abhängigkeitsmatrizen*, vgl. Abb. 2.58b, oder *Graphen* ermittelt werden. Der Ansatz ist insbesondere für Entwurfsprobleme geeignet, die die erste und/oder zweite, oben genannten Eigenschaften aufweisen. Beispiele für beide Ansätze finden sich bei [125, 213].

## 2.2.5 Bewertung von Konstruktionen

Die Konstruktionslehre stellt eine umfangreiche Auswahl von Hilfsmittel zur systematischen Entwicklung technischer Produkte bereit. Die zentrale Referenz für alle Methoden ist hierbei der Konstruktive Entwicklungsprozess, der mit VDI 2225 [206] standardisiert ist. Entscheidungen sind darin als Bewertungs- und Auswahlmethoden enthalten. Die folgenden Abschnitte geben einen Überblick über die grundsätzliche Herangehensweise und wichtige Methoden. Einführende Erläuterungen zu diesen Methoden finden sich in den gängigen Lehrwerken zur Produktentwicklung, z. B. [16, 65, 164].

### 2.2.5.1 Einordnung in den Konstruktiven Entwicklungsprozess

#### Der Konstruktive Entwicklungsprozess

Die VDI 2221 [206] bildet den *Konstruktiven Entwicklungsprozess* als Abfolge von Aktivitäten und daraus resultierenden Ergebnissen ab, siehe Abb. 2.59. Der Prozess beginnt mit der Klärung der Aufgabenstellung in Form von Anforderungen und endet mit der Ausarbeitung der Produktdokumentation, wobei iteratives Vor- und Zurückspringen zwischen den Arbeitsschritten möglich ist. Der Konstruktive Entwicklungsprozess ist damit eine spezielle Variante des Vorgehenszyklus bzw. des TOTE-Schemas, die bereits aus Kap. 2.2.1.1 bekannt sind.

Das Entscheidungsproblem wird explizit im vierten Arbeitsschritt *Bewerten und Auswählen von Lösungskonzepten* benannt. Ziel dieses Arbeitsschrittes ist es, aus den bis zu diesem Zeitpunkt erarbeiteten Lösungskonzepten, dasjenige auszuwählen, das den Anforderungen am besten entspricht. Die Bewertungsmethoden des Konstruktiven Entwicklungsprozesses beziehen sich demnach auf Entscheidungen, die zentrale Festlegungen für den technischen Entwurf darstellen. Die vielen kleinen Entscheidungen, die ein Entwickler fortlaufend fällen muss, werden ausdrücklich nicht adressiert [65, 164].

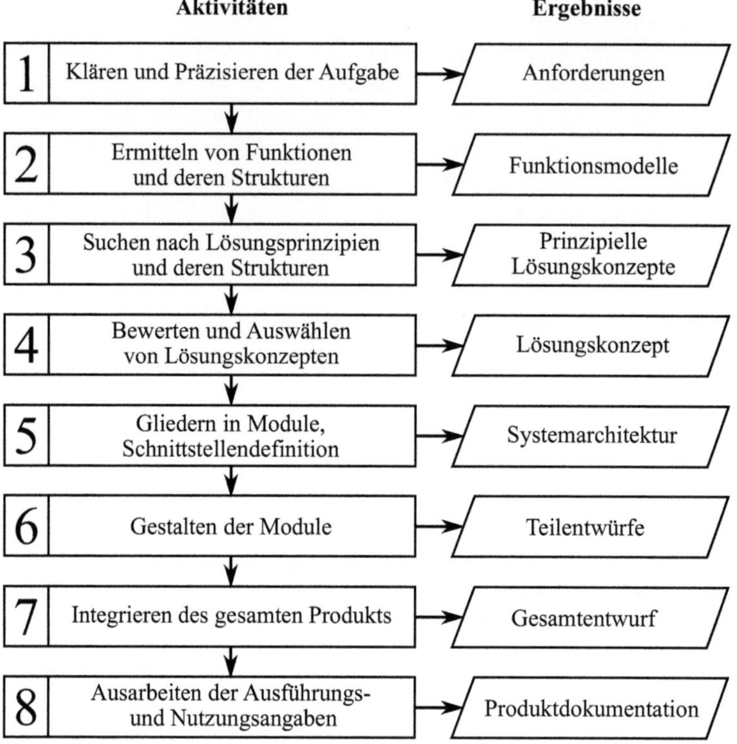


**Abb. 2.59:** Allgemeines Modell der Produktentwicklung. In Anlehung an VDI 2221 [206].

## Randbedingungen einer Bewertung

Typischerweise ist eine Bewertung im Konstruktiven Entwicklungsprozess durch folgende Randbedingungen gekennzeichnet, vgl. [65, 104]:

- Die Zahl der zu berücksichtigenden Bewertungskriterien ist groß.
- Bewertungskriterien sind häufig nicht quantifizierbar.
- Die Priorität einzelner Bewertungskriterien ist unklar.
- Es steht wenig Zeit für die Durchführung der Bewertung zur Verfügung.

Diese Randbedingungen sind umso stärker ausgeprägt, je früher eine Bewertung im Entwicklungsprozess stattfindet.

### 2.2.5.2 Bewertungsmethoden

**Grundlegender Aufbau**

HUBKA [104] zeigt, dass Bewertungsmethoden in ihrem grundlegenden Aufbau stets dem folgenden Schema entsprechen, vgl. auch [164]:

1. Auswahl der Kriterien für die Bewertung.
2. Ermitteln der Kriterienwerte aller Alternativen.
3. Verarbeiten zu einem Gesamtkriterium.
4. Vergleich der Alternativen und Auswahl einer Alternative.

Die einzelnen Methoden unterscheiden sich dann hinsichtlich der Ausprägung dieser vier Schritte. Der nachfolgende Abschnitt stellt beispielhaft drei weit verbreitete Methoden vor.

**Ausgewählte Bewertungsmethoden**

Die *Punktebewertung* geht von $i = 1, 2, .., n$ Bewertungskriterien $w_i$ aus und legt einen Wertebereich $0 \leq w_i \leq w_{\max}$ der möglichen Kriterienwerte fest. Jedem Bewertungskriterium $w_{ij}$ jeder Alternative $j$ wird dann ein Wert zugeordnet. Aus diesen Einzelkriterien wird anschließend das arithmetische Mittel

$$W_j = \frac{\sum_{i=1}^{n} g_i w_{ij}}{\sum_{i=1}^{n} g_i} \tag{2.100}$$

berechnet, das die *Wertigkeit* $W_j$ einer Alternative $j$ abbildet. Hierbei wird von einer *ungewichteten Punktebewertung* gesprochen, falls die Wichtungsfaktoren mit $g_i = 1$ für alle $i = 1, 2, ..., n$ gleich sind, und von einer *gewichteten Punktebewertung*, falls $g_i > 0$ gilt und unterschiedliche Werte annimmt. Die Alternative, die die höchste Wertigkeit erzielt, ist weiter auszuarbeiten.

Die *Technisch-wirtschaftliche Bewertung* nach VDI 2225 [207] unterteilt die Bewertungskriterien

- in technische Kriterien, die die Wertigkeit einer Alternative hinsichtlich technischer Eigenschaften, wie Funktion und Fertigung, beschreiben, und
- in wirtschaftliche Kriterien, die die Wertigkeit einer Alternative hinsichtlich ihres Aufwandes bemessen.

Die technische Wertigkeit $W_{tj}$ und wirtschaftliche Wertigkeit $W_{wj}$ werden entsprechend (2.100) berechnet und auf eine ideale technische Lösung $W_{t,\max}$ bzw. ein ideales Kostenziel $W_{w,\max}$ bezogen. Beide Wertigkeiten werden anschließend in das sog. *Stärken-Diagramm* eingetragen. Es zeigt die Reife eines Entwurfs als Abstand zum *Idealpunkt*[89] und die Ausgewogenheit eines Entwurfs anhand des Abstands zur Diagonalen des Stärke-Diagramms, der sog. *Entwicklungslinie*, siehe Abb. 2.60.

---

[89] Vgl. dazu auch die Nutzenfunktion in Abschnitt 2.2.3.2.

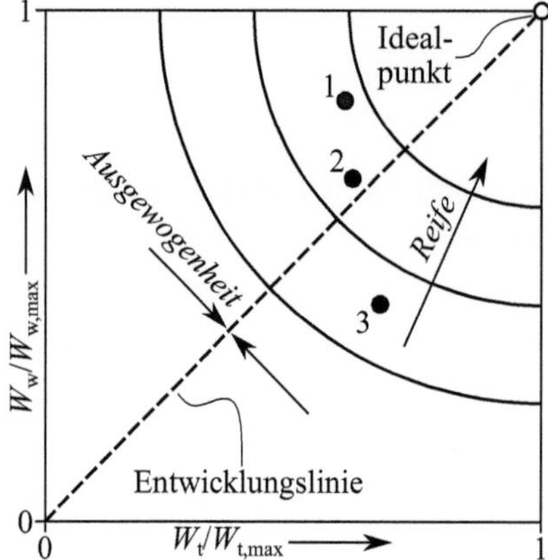


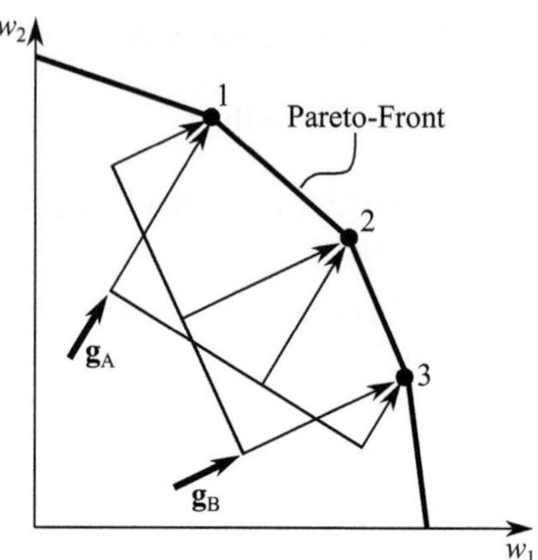


**Abb. 2.60:** Technisch-wirtschaftliche Bewertung. Alternative 1 hat die größte Reife, Alternative 2 die beste Ausgewogenheit und Alternative 3 ist in beiden Wertigkeiten unterlegen. In Anlehnung an [65, 207].

**Abb. 2.61:** Einfluss der Wichtungsfaktoren auf das Ergebnis einer Bewertung. Mit Wichtung A erhält die Alternative 1 klar die beste Bewertung, mit B die Alternative 2 bei geringem Abstand zu 3.

Die *Nutzwertanalyse* [225] stellt eine Verfeinerung der Punktebewertung dar, die eine hierarchische Gliederung der Bewertungskriterien vornimmt. Dadurch werden insbesondere Bewertungen mit vielen Bewertungskriterien besser handhabbar.

### 2.2.5.3 Formalisierung und Kritik

**Einordnung in die Lösungsverfahren der multikriteriellen Optimierung**

Die Bewertung von Konstruktionen kann als multikriterielles Optimierungsproblem angesehen werden, wobei die Bewertungskriterien den Zielgrößen des Optimierungsproblems entsprechen. Bewertungsmethoden, die dem von HUBKA gezeigten, grundlegenden Aufbau folgen, nehmen dabei eine Skalarisierung des Problems vor. So entspricht die oben beschriebene Punktebewertung der sog. *Methode der gewichteten Summen*[90]

$$\min \quad \sum_{i=1}^{n} g_i f_i(\mathbf{x}) \tag{2.101a}$$

$$\text{s.t.} \quad \mathbf{x} \in \mathscr{S}, \tag{2.101b}$$

wobei keine Variation des Parametersatzes $\mathbf{g} = [g_1, g_2, ..., g_n]^\top$ vorgenommen wird. Das Ergebnis ist damit als einzelner Punkt der Pareto-Front zu interpretieren [156].

---

[90] Notation in Anlehnung an [67].

Weitere Wichtungsarten, die sich auf ein Skalarierungsverfahren zurückführen lassen, sind bei HUBKA [104] zu finden.

**Schwachstellen der Bewertungsmethoden**

Ausgehend von der vorangestellten Analogie zur Methode der gewichteten Summe kann als grundsätzliche Schwachstelle die Festlegung der Präferenz a priori genannt werden, vgl. auch Abschnitt 2.2.3.2. Sie schränkt den Blick der Bewertung auf eine Lösung ein und vernachlässigt, dass es mehrere gleichwertige Lösungen geben kann. Damit hängt das Ergebnis der Bewertung hauptsächlich von der Wahl der Wichtungsfaktoren ab, wie Abb. 2.61 veranschaulicht [141, 156]. Die Methode der Technisch-wirtschaftlichen Bewertung hebt diesen Nachteil zumindest teilweise auf.

Darüber hinaus unterliegt die Festlegung der Wichtungsfaktoren und die Vergabe der Kriterienwerte der Willkür des Anwenders der Bewertungsmethoden, wodurch die Ergebnisse stark variieren können. Diese Tatsache ist allerdings auch den oben genannten Randbedingungen geschuldet, unter denen Bewertungen im Konstruktiven Entwicklungsprozess üblicherweise durchgeführt werden. Sie lassen sich deshalb nicht uneingeschränkt der Bewertungsmethode anlasten [65, 104].

## 2.2.6 Zusammenfassung und Fazit

**Entscheidungsmethoden**

Ausgehend vom Vorgehenszyklus und dem TOTE-Modell stellen die vorangegangenen Abschnitte Methoden aus vier verschiedenen Fachgebieten vor, die sich mit dem Entscheiden als zielgerichtetem Handeln befassen:

Die *multikriterielle Optimierung* behandelt mathematische Optimierungsprobleme mit mehr als zwei Zielgrößen, wobei die Optimalitätsbedingung durch die Pareto-Halbordnung definiert ist. Ein multikriterielles Optimierungsproblem hat immer mehrere Lösungen, die sich dadurch auszeichnen, dass es keine weitere Lösung gibt, die für mehr als eine Zielgröße besser ist. Diese Lösungsmenge heißt effiziente Menge oder Pareto-Front.

Die *präskriptive Entscheidungstheorie* befasst sich mit der rationalen Durchführung von Entscheidungen, wobei als Entscheidungsprobleme solche Probleme verstanden werden, bei denen aus mindestens zwei Handlungsalternativen nur eine gewählt werden kann. Entscheidungsmodelle bilden eine Entscheidung ab und umfassen immer die Basiselemente wählbare Handlungsalternativen und nicht beeinflussbare Umweltzustände, die zu Ergebnissen führen, sowie eine Entscheidungsregel, die die Präferenzen des Entscheiders ausdrückt.

*Optimal Design* ist eine Ingenieursmethode, die technische Systeme als mathematische Modelle abbildet und auf dieser Grundlage hinsichtlich der gestellten Anforderungen optimiert. Das Entwurfsproblem wird damit allgemein als Optimierungsproblem aufgefasst, das in allen Stadien der Entwicklung eines technischen Systems auftritt.

*Bewertungsmethoden des Konstruktiven Entwicklungsprozesses* sind Auswahlhilfen, die an die speziellen Randbedingungen der Konzeptauswahl während der Entwicklung technischer Systeme angepasst sind. Sie ermöglichen es, auch nicht quantifizierbare Eigenschaften eines Konzepts zu bewerten und in eine Gesamtbewertung einfließen zu lassen.

**Fazit**

Aus dem Stand der Wissenschaft zu Entscheidungsmethoden für technische Problemstellungen sind zwei grundsätzliche Schlüsse zu ziehen:

- Das Lösen von Problemen ist eine iterative Abfolge von Synthese- und Analyseschritten. Der Syntheseschritt bringt eine oder mehrere Alternativen hervor. Er unterliegt in starkem Maße intuitivem und assoziativem Handeln und lässt sich nicht systematisieren. Der Analyseschritt endet mit der Entscheidung, ob eine Alternative oder welche Alternative den Anforderungen entspricht. Dieser Schritt beinhaltet einen Abgleich von Zielen und Eigenschaften der Alternativen und kann systematisch erfasst werden.
- Eine Entscheidung ist eine Wahl zwischen Alternativen, die in einem Zielkonflikt stehen. Nachdem sich nur der Analyseschritt systematisieren lässt, führen alle Methoden, die sich mit dem Lösen technischer Problem befassen, auf Entscheidungsprobleme zurück.
- Die multikriterielle Optimierung kann als mathematische Grundlage aller Entscheidungsmethoden angesehen werden. Anwendungsorientierte Methoden sind damit Spezialfälle der multikriteriellen Optimierung, die auf die Randbedingungen der Praxis angepasst sind.

Die Behandlung der zweiten Forschungsfrage muss sich damit auf die Entscheidungsprobleme beim Lösen technischer Problemstellungen konzentrieren. Gelingt dabei die Formalisierung als multikriterielles Optimierungsproblem, lassen sich auch alle bekannten Methoden zur Lösung technischer Problemstellungen daraus ableiten und der Bezug zu den etablierten Ingenieursmethoden herstellen.

# Kapitel 3
# Präzisierung der Zielstellung und Vorgehensweise

## 3.1 Technisch-wissenschaftliche Zielstellung

### Lücken im Stand der Wissenschaft und Technik

Die eingangs formulierten Forschungsfragen behandeln ein allgemeingültiges Modell, das die Ziele verarbeitungstechnischer Aufgaben beschreibt, und eine Methode, diese Aufgaben systematisch zu lösen. Im Stand der Technik sind zu beiden Forschungsfragen bereits Ansätze zu finden, allerdings bleiben die dort vorgestellten Modelle und Methoden auf das jeweilige Fachgebiet beschränkt:

- Die Betriebswirtschaftslehre beschreibt die übergeordneten Ziele für den Einsatz von Produktionsmitteln in einer kohärenten Theorie, die mit der Effizienzbedingung auch mathematisch begründeten Methoden der Entscheidungstheorie zugänglich ist. Sie sieht das Betriebsverhalten einer Verarbeitungsmaschine jedoch als vorgegebene Randbedingung der Produktion an und trifft keine Aussagen zur zielgerichteten Beeinflussung ihrer technischen Eigenschaften.
- Die statistische Qualitätskontrolle und Zuverlässigkeitstheorie behandeln Produktionsprozesse in einer Form, die für betriebswirtschaftliche Rechnungen verwendbar ist. Durch die Verwendung statistischer Kenngrößen ist es allerdings nicht möglich, kausale Zusammenhänge zwischen dem Verhalten einer Verarbeitungsmaschine und ihren Einstellungen zu ermitteln. Die Fokussierung auf das Prüfen festgelegter Verfügbarkeits- oder Zuverlässigkeitskriterien lässt die Entscheidungsprobleme vollständig unbetrachtet. Damit sind diese Modelle zur Zielformulierung in Entwicklungsproblemen nicht einsetzbar.
- Die Ingenieurwissenschaften bieten eine Vielzahl von Wirkungsmodellen und geben Auskunft über kausale Zusammenhänge in technischen Systemen, die für das Lösen eines technischen Problems erforderlich sind. Diese Systemmodelle beschränken sich jedoch auf spezielle Fragen innerhalb enger Systemgrenzen, was sich auch in der Ausprägung der etablierten Entscheidungsmethoden zeigt. Die betriebswirtschaftlichen Ziele für den Einsatz einer Verarbeitungsmaschine können aber nicht ohne Weiteres in technische Zielgrößen überführt werden.

Die Lücke im Stand der Wissenschaft betrifft demnach hauptsächlich die Zusammenführung der einzelnen Ansätze in ein Modell, das die betriebswirtschaftlichen Ziele des Einsatzes einer Verarbeitungsmaschine als technische Anforderungen beschreibt, sowie die Formulierung des Entscheidungsproblems, das bei der Bearbeitung verarbeitungstechnischer Problemstellungen gelöst werden muss.

### Zielstellung der Arbeit

Der bereits erwähnte Ansatz von CHRYSSOLOURIS erfüllt die geforderte Allgemeingültigkeit, wurde aber bislang nicht so weit detailliert, als dass sich damit konkrete Probleme lösen ließen. Die eingangs vorgestellte Produktivitäts-Verarbeitungskosten-Charakteristik von BLEISCH formuliert implizit allgemeingültige Zielgrößen für Verarbeitungsmaschinen, das Modell wurde jedoch bisher nicht zu einer Entwicklungsmethode weitergeführt. Ziel der Arbeit ist es damit, beide Ansätze zu einer Theorie verarbeitungstechnischer Problemstellungen zusammenzuführen und damit einen Betrag zur Methodik der Verarbeitungstechnik zu leisten.

## 3.2 Hypothesen

Im Sinne der deduktiven Vorgehensweise sind vor der Ausarbeitung der Theorie zunächst Hypothesen zu formulieren, die einen möglichst hohen empirischen Gehalt haben und leicht zu falsifizieren sind. Die nachfolgende Formulierung der Hypothesen zu beiden Bestandteilen[91] der Methodik der Verarbeitungstechnik bemüht sich deshalb um größtmögliche Allgemeinheit und Bestimmtheit.

### 1) Modellhypothese

Die Eigenschaften einer Verarbeitungsmaschine im Sinne der Definition 2.1 sind durch die *Zielgrößen der Verarbeitungstechnik* vollständig beschrieben:

- *Verarbeitungsqualität* der verarbeiteten Güter sinngemäß nach Abb. (2.14a),
- *Arbeitsgeschwindigkeit* der Verarbeitungsmaschine,
- *Robustheit* gegenüber geplanten Produktwechseln und zufälligen Schwankungen der Randbedingungen im Sinne von Gleichung (2.74) und
- *Technischer Aufwand* zur Realisierung des Verarbeitungsprozesses.

Ziel jeder verarbeitungstechnischen Problemstellung ist die Optimierung mindestens einer dieser Zielgrößen. Sie stehen in einem *Zielkonflikt* zueinander. Die statistischen Kennwerte Verfügbarkeit und Zuverlässigkeit sowie die betriebswirtschaftlichen Kennzahlen Wirtschaftlichkeit und Gewinn lassen sich aus diesen Zielgrößen ableiten.

---

[91] Siehe Abschnitt 1.3 und Abb. 1.8.

**2) Methodenhypothese**

Jede verarbeitungstechnische Problemstellung im Sinne der Modellhypothese ist durch ein multikriterielles Optimierungsproblem nach Gleichung (2.78) vollständig beschrieben und die Lösung eines solchen Problems muss immer ein Element der (schwach) effizienten Menge nach Definition 2.6 sein. Das systematische Lösen einer verarbeitungstechnischen Problemstellung umfasst daher die folgenden vier Schritte:

1. Identifikation der problemspezifischen Ausprägung der vier verarbeitungstechnischen Zielgrößen.
2. Formulierung der verarbeitungstechnischen Problemstellung als multikriterielles Optimierungsproblem.
3. Ermittlung der effizienten Menge, die die problemspezifische Ausprägung des verarbeitungstechnischen Zielkonflikts abbildet.
4. Auswahl einer Kompromisslösung aus der effizienten Menge unter Berücksichtigung der problemspezifischen Präferenzen.

Die etablierten Bewertungsmethoden der Ingenieurwissenschaften sind Spezialfälle oder Modifikationen dieser Vorgehensweise, sodass diese Methoden auch für verarbeitungstechnische Problemstellungen eingesetzt werden können.

---

Diese Hypothesen werden im nachfolgenden Kapitel 4 vollständig ausgearbeitet, um sie einerseits einer praktischen Anwendung zugänglich zu machen und andererseits eine empirische Prüfung anhand exemplarischer Anwendungen in Kapitel 5 durchzuführen.

## 3.3 Anwendungsbeispiel zur Prüfung der Theorie

### Anforderungen an ein Anwendungsbeispiel

Die Überprüfung der beiden Hypothesen setzt voraus, dass das Anwendungsbeispiel in den Geltungsbereich der Hypothesen fällt. Ist das Praxisproblem nicht repräsentativ, sind die Ergebnisse als Prüfung der Hypothese nicht belastbar. In Anlehnung an TROLL [202] muss das Beispiel dafür folgende Anforderungen erfüllen:

- Verarbeitungsgut und Arbeitsorgan stehen in einer dynamischen Wechselwirkung, sodass der Verarbeitungsvorgang durch gezielten Energieeintrag innerhalb der Wirkpaarung ausgeführt wird.
- Die Wirkpaarung kann experimentell untersucht und durch ein mathematisches Modell beschrieben werden.
- Es können Qualitätskennwerte und -kriterien des Verarbeitungsgutes bestimmt werden, die für den Erfolg des Verarbeitungsvorgangs ausschlaggebend sind.
- Der Nichterfolg des Verarbeitungsvorgangs führt zu einem Ausfall oder einer Minderung der Ausbringung der gesamten Verarbeitungsmaschine.

Anwendungsprobleme, die diesen Anforderungen entsprechen, erfüllen damit auch die Definition 2.2 der Verarbeitungstechnik. Diese Liste ist um einen weiteren Punkt zu ergänzen, um Definition 2.1 der Verarbeitungsmaschine zu genügen:

- Die Wirkpaarung ist eine einmalige Konfiguration und Parametrierung einer oder mehrere Technologien zur Umsetzung einer spezifische Verarbeitungsaufgabe.


**Wärmekontaktsiegeln von Verpackungen aus Kunststoff**

Unter den vielen Anwendungsbeispielen der Verarbeitungstechnik, die die genannten Anforderungen erfüllen, werden für diese Arbeit verschiedene Praxisprobleme des *Wärmekontaktsiegelns* gewählt. Diese Technologie beschreibt das Verbinden thermoplastischer Kunststoffe durch Wärmezufuhr mittels eines heißen Werkzeugs, das in Kontakt mit den zu verbindenden Verarbeitungsgütern gebracht wird. Die Eigenschaften der Verbindung werden dabei maßgeblich durch die Wechselwirkung zwischen den Verarbeitungsgütern und dem Siegelwerkzeug bestimmt. Das Wärmekontaktsiegeln ist in Verpackungsmaschinen weit verbreitet und dient dort dem Verschließen der Verpackung. Es wurde bereits vielfach untersucht, sodass die Existenz von Qualitätskennwerten und -kriterien sowie die Möglichkeit der experimentellen und mathematischen Modellierung vorausgesetzt werden kann. Das Siegeln bildet im gesamten Verpackungsprozess einen kritischen Verarbeitungsvorgang, da nicht qualitätsgerechte Siegelnähte immer eine Minderung der Ausbringung oder einen Maschinenstillstand verursachen. Siegelstationen unterscheiden sich zwischen den verschiedenen Verpackungsmaschinen stark und Siegelwerkzeuge müssen teilweise bei Produktwechsel ausgetauscht werden. Jede Siegelstation, jedes Siegelwerkzeug und damit jeder Siegelvorgang kann damit als einmalige Konfiguration und Parametrisierung der Technologie Wärmekontaktsiegeln gelten.

# Kapitel 4
# Formulierung der Theorie

Um diesen Teil der Arbeit so knapp und präzise wie möglich zu halten, wurde auf Beispiele im Haupttext verzichtet. Fußnoten und Querverweise führen jedoch Beispiele an und geben Hinweise, an welchen Stellen des Kap. 5 hilfreiche Illustrationen anhand des Anwendungsbeispiels Wärmekontaktsiegeln zu finden sind.

## 4.1 Einführung und Übersicht

### Aufbau und Elemente der Theorie

Der Aufbau der Theorie ist an das Manufacturing Decision Framework nach CHRYSSOLOURIS[92] angelehnt und bildet beide Bestandteile der Methodik der Verarbeitungstechnik[93] ab, siehe Abb. 4.1. Im Zentrum steht ein *Systemmodell der Verarbeitungsmaschine* als erstes Element der Theorie verarbeitungstechnischer Systeme. Es führt das Wirkpaarungsmodell der Verarbeitungstechnik[94] mit der Zustandsraumdarstellung[95] der Regelungstechnik zusammen und ermöglicht damit

1. den Zusammenhang zwischen Arbeitsorgan, Verarbeitungsgut und Verarbeitungsvorgang zu quantifizieren,
2. allgemeine Aussagen zu den Systemeigenschaften von Wirkpaarungen und dem Verlauf von Verarbeitungsvorgängen zu treffen,
3. die Ableitung des Betriebsverhaltens und der Produktionsfunktion.

Das *verarbeitungstechnische Zielsystem* bildet das zweite Element und umfasst die quantitative Ausformulierung der Zielgrößen auf Basis des Wirkpaarungsmodells. Es liegt in elementarer Form mit den Zielgrößen Verarbeitungsqualität, Verarbei-

---

[92] Siehe Abschnitt 1.1 und Abb. 1.2.

[93] Siehe Abschnitt 1.3 und Abb. 1.8.

[94] Siehe Abb. 2.29 in Abschnitt 2.1.4.2.

[95] Siehe Abschnitt 2.1.4.3.

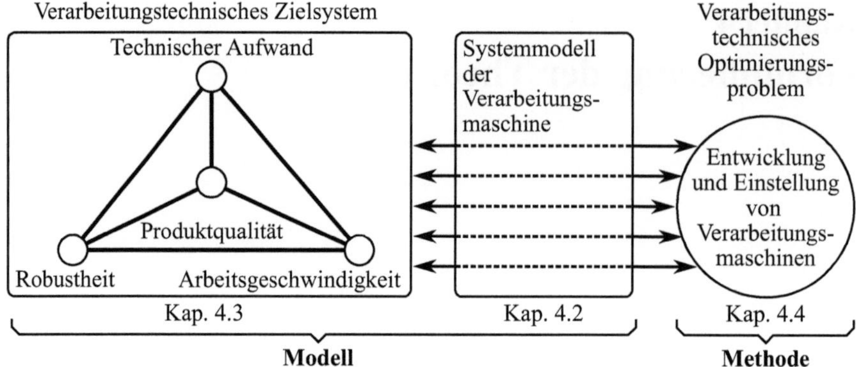


**Abb. 4.1:** Aufbau und Elemente der vorgestellten Theorie.

tungsgeschwindigkeit, Robustheit und technischer Aufwand vor. Das *verarbeitungstechnische Optimierungsproblem* ist das dritte Element und beschreibt die Theorie des Lösens verarbeitungstechnischer Problemstellungen. Es formuliert Entscheidungsprobleme, die im Zusammenhang mit der Entwicklung und dem Betrieb von Verarbeitungsmaschinen entstehen, als multikriterielles Optimierungsproblem. Jedem der Elemente ist einer der nachfolgenden Abschnitte zugeordnet.

**Hinweise zur Notation**

Im Folgenden wird diese Indizierung verwendet:

- Aufrechte Indexziffern sind Teil der Bezeichnung einer Größe.
- Kursive Indexziffern sind Laufindizes.
- Exponentziffern symbolisieren eine spezifische Instanz einer Größe.

Beispielsweise bezeichnet $t_{\mathrm{N}i}$ die Nebenzeit $t_{\mathrm{N}}$ des $i$-ten Verarbeitungsvorgangs einer Verarbeitungsmaschine, $\zeta^{\mathrm{II}}$ den Zustandsvektor des Verarbeitungsgutes zum Zeitpunkt II nach Abschluss des Verarbeitungsvorgangs und das bereits bekannte Symbol $y_j^*$ die $j$-te Zielgröße einer Pareto-optimalen Lösung.

## 4.2 Das Systemmodell der Verarbeitungsmaschine

### 4.2.1 Vorbemerkungen

**Zentrale Annahmen**

Das hier vorgestellte Systemmodell stellt die Wirkpaarung an den Ausgangspunkt der Modellbildung und folgt damit dem zentralen Merkmal der verarbeitungstechnischen Methodik, die nicht spezifische Maschinenelemente sondern die Umsetzung der Verarbeitungsaufgabe ins Zentrum der Betrachtung stellt[96]. Mit dieser Herangehensweise ist die Annahme verbunden, dass die Ursachen für das Verhalten einer Verarbeitungsmaschine in der Wechselwirkung zwischen Verarbeitungsgut und Arbeitsorgan, also der Wirkpaarung begründet liegen. Diese Annahme soll auch in dieser Arbeit gelten, wobei zwischen Ursache und Wirkung im Sinne der klassischen Physik ein deterministischer Zusammenhang anzunehmen ist.

**Die hierarchische Gliederung des Systemmodells**

Damit ergibt sich die hierarchische Abfolge der deterministischen, statistischen und betriebswirtschaftlichen Teilmodelle, die in Abb. 4.2 dargestellt ist. Darin wird auch die Aussage der Modellhypothese deutlich, wonach sich die statistischen und betriebswirtschaftlichen Kennwerte den vier Zielgrößen des deterministischen Teilmodells ableiten lassen. Es sei hier explizit darauf hingewiesen, dass der umgekehrte Weg nicht möglich ist, d. h. das Ableiten der ursächlichen Zusammenhänge aus dem statistischen oder betriebswirtschaftlichen Modell. Diese Tatsache wurde bereits in der Zusammenfassung zu Abschnitt 2.1.5 angedeutet und wird an verschiedenen Stellen aufgegriffen, siehe Abschnitt 4.2.2.2, 4.2.3.2 und 4.2.5. Die nachfolgenden Abschnitte orientieren sich an der hierarchischen Gliederung des Systemmodells.

**Abb. 4.2** Zusammenhang zwischen der deterministischen, statistischen und betriebswirtschaftlichen Teilmodelle des Systemmodells der Verarbeitungsmaschine.

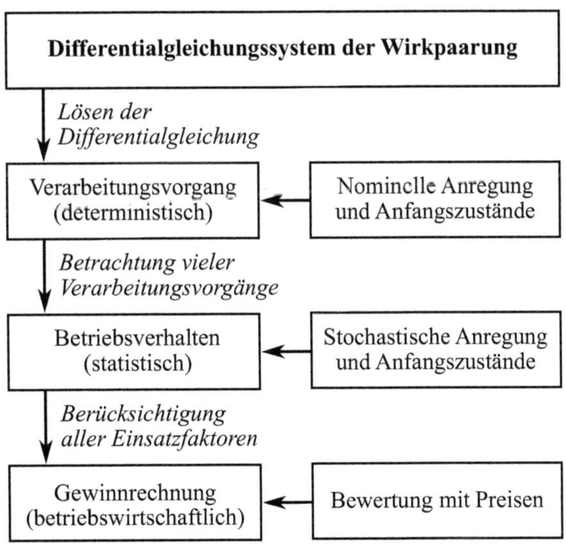


---

[96] Vgl. dazu Definition 2.2 zum Gegenstand der Verarbeitungstechnik.

## 4.2.2 Das dynamische System der Wirkpaarung[97]

Das nachfolgende Systemmodell umfasst eine mathematische Formulierung der
Wirkpaarung in Form eines Differentialgleichungssystems sowie des Verarbeitungsvorgangs als dessen Lösung. Die Grundlagen der nachfolgenden Erläuterungen sind
im Stand der Technik in Abschnitt 2.1.4.3 zur Zustandsraumdarstellung, insbesondere in den Gleichungen (2.64) bis (2.65) und Abb. 2.37, sowie in Abschnitt 2.1.4.2
zur Verarbeitungstechnik, insbesondere im Wirkpaarungsmodell nach Abb. 2.29 und
im Modell der Wirkstelle nach Abb. 2.34, zu finden.

### 4.2.2.1 Das Wirkpaarungsmodell in Zustandsraumdarstellung

**Begriffsdefinitionen**

Das Wirkpaarungsmodell schließt mit dem Verarbeitungsgut einen Teil der Umgebung der Verarbeitungsmaschine in das Systemmodell ein. Es geht damit über die
Beschreibung einer Maschine im herkömmlichen Sinne als System von Funktionen
und Baugruppen hinaus. Dieser Modellansatz ist notwendig, weil sich die Funktion
einer Verarbeitungsmaschine aus der Zustandsänderung der verarbeiteten Güter ableitet, die jedoch ein Teil der Systemumgebung sind. Es genügt deshalb nicht, nur
die Schnittstellen zu dieser Systemumgebung zu betrachten und als Ein- und Ausgangsgrößen des technischen Systems abzubilden. Stattdessen sind die relevanten
Zustandsgrößen der Systemumgebung in das Modell einzuschließen.

Um das Wirkpaarungsmodell einer kohärenten, mathematischen Formulierung
zugänglich zu machen, sind die in Abschnitt 2.1.4.2 eingeführten Begriffe Verarbeitungsgut, Arbeitsorgan und Wirkpaarung wie folgt zu interpretieren:

**Definition 4.1** Das *Verarbeitungsgut* beschreibt den stofflichen Teil der Systemumgebung einer Verarbeitungsmaschine, dessen Zustand in der Verarbeitungsmaschine
gezielt geändert wird. Diese Zustandsänderung ist selbst die Funktion der Verarbeitungsmaschine, die *Verarbeitungsfunktion*. Vor der Verarbeitung liegt das Verarbeitungsgut im Zustand I vor, hier auch als *unverarbeitetes Gut* bezeichnet, danach im
Zustand II, hier auch *verarbeitetes Gut* genannt.

**Definition 4.2** Das *Arbeitsorgan* beschreibt das Teilsystem einer Verarbeitungsmaschine, das eine nicht weiter zerlegbare Teilfunktion der Verarbeitungsfunktion
durchführt, und umfasst dabei die gesamte, dafür erforderliche Energieleitungskette.

In Bezug auf Abb. 2.31 schneidet dieses Modell für jede Teilfunktion der Verarbeitungsfunktion *vertikal* durch eine Verarbeitungsmaschine und verzichtet gleichzeitig auf die *horizontale* Unterteilung in die Teilsystemen Verarbeitungs-, Antriebs-,
Steuerungs- und Hüllsystem. Diese Festlegung vereinfacht die Modellbildung dahingehend, dass sie alle Systembestandteile, die zur Beschreibung der ursächlichen

---

[97] Die Grundzüge dieses Abschnitts wurden vom Autor in [77] veröffentlicht.

Wirkzusammenhänge entlang der Energieleitungskette notwendig sind, in einem Teilmodell und unter einem Begriff zusammenfasst[98].

Der Kern der verarbeitungstechnischen Modellbildung ist dann die Wirkpaarung. Sie beschreibt die ursächlichen Wirkzusammenhänge, die zur Zustandsänderung des Verarbeitungsgutes führen:

**Definition 4.3** Die *Wirkpaarung* ist das Modell des Systems, das Arbeitsorgan und Verarbeitungsgut gemeinsam bilden. Die Wirkpaarung besteht für den Zeitraum, in dem Arbeitsorgan und Verarbeitungsgut in *Wechselwirkung* treten.

Die nachfolgenden Abschnitte formulieren die Wirkpaarung als mathematisches Modell eines dynamischen Systems aus.

### Die Systemgrößen

Der *Zustand einer Wirkpaarung* sei zu jedem Zeitpunkt $t \in \mathcal{T}$ mit $\mathcal{T} \subseteq \mathbb{R}_+$ durch die Zustandsgrößen des Arbeitsorgans $\mathbf{z}(t) \in \mathbb{R}^{n_z}$ und die Zustandsgrößen des Verarbeitungsgutes $\zeta(t) \in \mathbb{R}^{n_\zeta}$ vollständig beschrieben. $\mathcal{M} \subseteq \mathbb{R}^{n_z + n_\zeta}$ sei der endlichdimensionale *Zustandsraum der Wirkpaarung*. Diese Zustandsgrößen lassen sich immer auf die generalisierten Variablen der Physik[99] zurückführen, d. h. Potential, Fluss, Momentum und Verschiebung, oder sind Umformungen dieser Größen, siehe Tab. 4.1.

Weiterhin seien die *Parameter* des Arbeitsorgans $\mathbf{p} \in \mathbb{R}^{n_p}$ und des Verarbeitungsgutes $\boldsymbol{\pi} \in \mathbb{R}^{n_\pi}$ zeitunabhängige Größen, die die charakteristischen Eigenschaften ihrer physikalischen Energiespeicher oder Verlustelemente[100] bestimmen, siehe Tab. 4.2. Sie spannen den *Parameterraum* der Wirkpaarung $\mathcal{P} \subseteq \mathbb{R}^{n_p + n_\pi}$ auf. Entsprechend der physikalischen Gesetzmäßigkeiten bilden die Zustandsgrößen nach Tab. 4.1 und die Parametern nach Tab. 4.2 Paare aus jeweils einer physikalischen Variable und einer zugehörigen Speicher- bzw. Verlustkonstante.

---

[98] Anstelle dieser Erweiterung des Begriffs Arbeitsorgan auf das Antriebs-, Steuerungs- und Hüllsystem, ist auch eine separate Teilung der einzelnen Teilsysteme entlang der Verarbeitungsfunktion denkbar. Allerdings sind dafür neben dem Begriff Arbeitsorgan als Teilsystem des Verarbeitungssystems, drei Begriffe für die äquivalenten Teilsysteme des Antriebs-, Steuerungs- und Hüllsystem notwendig. Diese Festlegung stellt allerdings keinen Mehrwert für die Modellbildung dar, da für die Abbildung der ursächlichen Wirkzusammenhänge die gesamte Energieleitungskette ausschlaggebend ist. Gleichzeitig bringt sie den Nachteil einer umfangreicheren Terminologie mit sich. Es erscheint daher sinnvoller, den Begriff Arbeitsorgan zu verwenden und weiter zu fassen. Er führt in seiner bisherigen Definition, siehe Abschnitt 2.1.4.2, bereits alle wesentlichen Bedeutungen mit: Das Arbeitsorgan als Bestandteil der Energieleitungskette, das einer nicht weiter zerlegbaren Teilfunktion der Verarbeitungsfunktion zugeordnet ist.

[99] Siehe dazu die Analogiegrößen der Leistungsübertragung in Tab. 2.4 und [76, 181].

[100] Beim Wärmekontaktsiegeln spielen die Wärmekapazität und der Wärmewiderstand der zu verbindenden Folien eine entscheidende Rolle. Sie werden sowohl durch die spezifische Wärmekapazität und den spezifischen Wärmewiderstand der Folien, als auch durch ihre Dicke beeinflusst. Diese Größen können unter gewissen Voraussetzungen als konstant angesehen werden und sind damit Parameter des Verarbeitungsgutes. Vgl. Kap. 5.1.2.2 und 5.2.2.2.

**Tabelle 4.1:** Generalisierte Variablen unterschiedlicher physikalischer Domänen. Welche Variablen als Zustandsgrößen in Anwendungsproblemen verwendet wird, hängt von der Konvention der jeweiligen Domäne ab. Unter Verwendung von [76, 181].

|                | **Potentialgröße** $e$ | **Flussgröße** $f$ | **Momentum** $p = \int e$ | **Verschiebung** $q = \int f$ |
|----------------|------------------------|--------------------|---------------------------|-------------------------------|
| Elektrotechnik | Spannung $U(t)$ | Strom $I(t)$ | Windungsfluss $\lambda(t)$ | Ladung $q(t)$ |
| Mechanik | Kraft $F(t)$ | Geschwindigkeit $v(t)$ | Impuls $p(t)$ | Weg $s(t)$ |
| Hydraulik | Druck $p(t)$ | Volumenstrom $\dot{V}(t)$ | Druckimpuls $p_\mathrm{p}$ | Volumen $V(t)$ |
| Thermodynamik | Temperatur $T(t)$ | Entropiestrom $\dot{S}(t)$ | nicht bekannt | Entropie $S(t)$ |

**Tabelle 4.2:** Charakteristische Konstanten für induktive und kapazitive Energiespeicher, sowie für Verlustelemente. Unter Verwendung von [181].

|                | **Induktivität** | **Kapazität** | **Verlustelement** |
|----------------|------------------|---------------|--------------------|
| Elektrotechnik | Induktivität $L$ | Kapazität $C$ | Widerstand $R$ |
| Mechanik | Masse $m$ | Federsteifigkeit $c$ | Dämpfungskonstante $d$ |
| Hydraulik | Hydr. Trägheit $I$ | Hydr. Nachgiebigkeit $C$ | Hydr. Widerstand $R$ |
| Thermodynamik | nicht bekannt | Wärmekapazität $C$ | Wärmewiderstand $R_\mathrm{th}$ |

Das Arbeitsorgan erhält durch *Energiezufuhr* von außerhalb der Wirkpaarung eine Anregung, die durch die *Antriebsgrößen* $\mathbf{a}(t) \in \mathbb{R}^{n_\mathrm{a}}$ gegeben sei. Gemäß Definition (4.1) können darüber hinaus die Bestandteile des Arbeitsorgans, die aus dem Systemmodell des Arbeitsorgans ausgenommen sind, durch die Eingangsgrößen als Energiezufuhr von außen abgebildet werden[101].

Die *Qualitätskennwerte* $\boldsymbol{\kappa}(t) \in \mathscr{K}$ mit $\mathscr{K} \subseteq \mathbb{R}^{n_\kappa}$ stellen die Größen dar, die für die Verarbeitungsaufgabe im Sinne der Anforderungen relevant sind. Im Idealfall sind dies die Zustandsgrößen des Verarbeitungsgutes, oft aber lediglich Ersatzgrößen, da sich die technisch-physikalischen Zusammenhänge zwischen den relevanten Merkmalen des Verarbeitungsgutes und den Systemgrößen der Wirkpaarung nicht

---

[101] Die Wahl der Systemgrenze entscheidet damit, welche Bestandteile der Verarbeitungsmaschine durch ein verhaltenserklärendes und welche durch ein verhaltensbeschreibendes Modell als Randbedingungen abgebildet werden. Vgl. dazu Abschnitt 2.1.4 und BOSSEL [23]. Bspw. kann die Oberflächentemperatur eines Siegelwerkzeuges entweder als Temperaturrandbedingung vorgegeben oder als Resultat des Wärmedurchgangs von der Heizpatrone zur Oberfläche des Bauteils modelliert werden, wie es in Abschnitt 5.2.2.2 umgesetzt wurde.

herstellen lassen[102]. So ist es durchaus üblich, Zustandsgrößen des Arbeitsorgans oder Eingangsgrößen der Wirkpaarung als Qualitätskennwerte zu verwenden[103].

Die Umgebungsbedingungen beeinflussen sowohl das Arbeitsorgan als auch das Verarbeitungsgut und seien durch die *Störgrößen* $\mathbf{s}(t) \in \mathbb{R}^{n_s}$ angegeben. Ebenso wirkt sich die gesamte Wirkpaarung durch die Nebenwirkungen $\mathbf{n}(t) \in \mathbb{R}^{n_n}$ auf ihre Systemumgebung aus. Zusammen mit den Antriebsgrößen $\mathbf{a}(t)$ bilden die Störgrößen den *Anregungsraum* $\mathscr{A} \subseteq \mathbb{R}^{n_a + n_s}$ und zusammen mit den Qualitätskennwerten $\mathbf{\kappa}(t)$ spannen die Nebenwirkungen den *Ergebnisraum* $\mathscr{E} \subseteq \mathbb{R}^{n_\kappa + n_n}$ auf, wobei $\mathscr{K} \subseteq \mathscr{E}$.

Tab. 4.3 fasst alle genannten Systemgrößen zusammen. Die Wahl der Systemgrenzen und damit die konkrete Ausprägung der Systemgrößen hängt dabei von der jeweiligen Problemstellung ab. Allgemein ausgedrückt repräsentiert das Arbeitsorgan alle relevanten Zustandsgrößen auf Seiten der Verarbeitungsmaschine und das Verarbeitungsgut alle relevanten Zustandsgrößen auf Seiten des Stoffstroms durch die Verarbeitungsmaschine. Aus den Zustandsgrößen und Parametern der Wirkpaarung lassen sich damit Energiebilanzen über der Wirkpaarung aufstellen, wie es SCHMIDT[104] vorschlägt.

**Tabelle 4.3:** Bezeichnung der Systemgrößen des Wirkpaarungsmodells.

| Symbol | Bezeichnung |
|---|---|
| $\mathbf{z}(t) = [z_1(t), z_2(t), ..., z_{n_z}(t)]^\top$ | Zustand des Arbeitsorgans |
| $\mathbf{p} = [p_1, p_2, ..., p_{n_p}]^\top$ | Parameter des Arbeitsorgans |
| $\mathbf{a}(t) = [a_1(t), a_2(t), ..., a_{n_a}(t)]^\top$ | Antriebsgrößen |
| $\mathbf{\zeta}(t) = [\zeta_1(t), \zeta_2(t), ..., \zeta_{n_\zeta}(t)]^\top$ | Zustand des Verarbeitungsgutes |
| $\mathbf{\kappa}(t) = [\kappa_1(t), \kappa_2(t), ..., \kappa_{n_\kappa}(t)]^\top$ | Qualitätskennwerte des Verarbeitungsgutes |
| $\mathbf{\pi} = [\pi_1, \pi_2, ..., \pi_{n_\pi}]^\top$ | Parameter des Verarbeitungsgutes |
| $\mathbf{s}(t) = [s_1(t), s_2(t), ..., s_{n_s}(t)]^\top$ | Störgrößen |
| $\mathbf{n}(t) = [n_1(t), n_2(t), ..., n_{n_n}(t)]^\top$ | Nebenwirkungen der Wirkpaarung |

---

[102] Siehe dazu die Erläuterungen zur Wirkstelle in Abschnitt 2.1.4.2. Im Rahmen der thermischen Modellierung des Wärmekontaktsiegelns ist bspw. die ortsabhängige Temperatur die relevante Zustandsgröße, die aber keine unmittelbare Aussage zur Festigkeit oder Dichtigkeit der Naht geben kann. Vgl. Abschnitt 5.1.2.2.

[103] Beim Wärmekontaktsiegeln wird in der Praxis bspw. die Temperatur des Siegelwerkzeuges als Qualitätskennwert angesehen, obwohl sie keine direkte Aussage zur Temperatur in der Siegelnaht oder der Nahtfestigkeit gibt. In Ermangelung einer Möglichkeit, die Nahtqualität in der laufenden Maschine zu messen, wird dieser Kompromiss allerdings eingegangen.

[104] Siehe die Ausführungen zum Energiefluss in der Wirkstelle und Abb. 2.35 in Abschnitt 2.1.4.2.

**Die Energiebilanz der Wirkpaarung**

Die zum Zeitpunkt $t \in \mathcal{T}$ im Arbeitsorgan und Verarbeitungsgut gespeicherte bzw. dissipierte Energie ergibt sich allgemein durch

$$E_{\mathrm{AO}}(t) = \sum_{ij} f_{ij}(z_i(t), p_j) \quad \text{bzw.} \tag{4.1}$$

$$E_{\mathrm{VG}}(t) = \sum_{ij} f_{ij}(\zeta_i(t), \pi_j) \tag{4.2}$$

mit $i \in 1, 2, ..., n_z$ und $j \in 1, 2, ..., n_p$ bzw. $i \in 1, 2, ..., n_\zeta$ und $j \in 1, 2, ..., n_\pi$. Hierbei gehen die Paare $ij$ aus den zugrundeliegenden physikalischen Gesetzmäßigkeiten hervor. Die über die Systemgrenzen zu- oder abgeführt Energie ergibt sich aus den Antriebs- und Störgrößen, sodass

$$E_{\mathrm{An}}(t) = f(\mathbf{a}(t), \mathbf{s}(t)) \,. \tag{4.3}$$

Die Energiebilanz der Wirkpaarung lautet dann

$$0 = E_{\mathrm{An}}(t) + E_{\mathrm{AO}}(t) + E_{\mathrm{VG}}(t) \,. \tag{4.4}$$

Sie ist einerseits Grundlage für die Dimensionierung von verarbeitungstechnischen Systemen[105], andererseits aber auch ein Hilfsmittel[106] bei der Bildung der nachfolgend beschriebenen Systemgleichungen der Wirkpaarung.


**Das Differentialgleichungssystem der Wirkpaarung**

Das hier beschriebene Wirkpaarungsmodell folgt formal der Zustandsraumdarstellung nach Gleichungen (2.64) und (2.65), wobei das Arbeitsorgan und das Verarbeitungsgut gemeinsam das dynamische System[107] bilden. Es ist jedoch aus den folgenden Gründen zweckmäßig die Differentialgleichungen des Arbeitsorgans und des Verarbeitungsgutes getrennt zu notieren:

- Das Modell des Arbeitsorgans fasst technische Teilsysteme der Verarbeitungsmaschine zusammen und ist damit der Bestandteil des dynamischen Systems, der im Rahmen der verarbeitungstechnischen Problemstellung konfiguriert und parametrisiert wird.[108] Das Verarbeitungsgut hingegen ist üblicherweise als Teil der Verarbeitungsaufgabe vorgegeben und muss daher als Randbedingung der Problemstellung angesehen werden.

---

[105] Vgl. dazu das Modell der Wirkstelle in Abschnitt 2.1.4.2.

[106] Bspw. leitet TROLL [202] das Wirkpaarungsmodell einer transportierte, schwappenden Flüssigkeit aus der Energiebilanz eines Pendels her. Vgl. dazu Abb. 1.5 in Abschnitt 1.2.

[107] Zum Begriff des dynamischen Systems siehe Anhang A.

[108] Siehe dazu Abschnitt 4.4.2.2.

- Ein Verarbeitungsgut durchläuft jede Wirkpaarung genau ein Mal, während ein Arbeitsorgan denselben Ablauf für jedes Verarbeitungsgut wiederkehrend durchführt. Der zeitliche Verlauf der Zustandsgrößen des Arbeitsorgans wiederholt sich deshalb zyklisch, wohingegen der zeitliche Verlauf der Zustandsgrößen des Verarbeitungsgutes nur ein Mal stattfindet und irreversibel ist.

Damit resultiert der Modellaufbau entsprechend Abb. 4.3 in Analogie zum allgemeinen Modell für dynamische Systeme nach Abb. 2.37. Es ist deutlich zu erkennen, dass sich die Elemente der Wirkpaarung in den Gleichungssystemen widerspiegeln: Die *Zustandsgleichung des Arbeitsorgans* lautet

$$\dot{\mathbf{z}}(t) = \mathbf{f}_{AO}\left(\begin{bmatrix}\mathbf{z}(t)\\ \boldsymbol{\zeta}(t)\end{bmatrix}, \begin{bmatrix}\mathbf{a}(t)\\ \mathbf{s}(t)\end{bmatrix}, \mathbf{p}, t\right) \tag{4.5}$$

und drückt aus, dass die Zustandsänderung des Arbeitsorgans $\dot{\mathbf{z}}(t) = d\mathbf{z}(t)/dt$ von seinem Zustand $\mathbf{z}(t)$, seinen Parametern $\mathbf{p}$, der Rückwirkung des Verarbeitungsgutes durch dessen Zustandsgrößen $\boldsymbol{\zeta}(t)$, der Anregung durch den Antrieb $\mathbf{a}(t)$ und der Einwirkungen der Umgebung $\mathbf{s}(t)$ abhängig ist. Der Zustand des Arbeitsorgans ist damit zu jedem Zeitpunkt $t$ vollständig bestimmt, wenn der Anfangszustand $\mathbf{z}^I = \mathbf{z}(t^I)$ vor dem Eingriff in das Verarbeitungsgut bekannt ist.

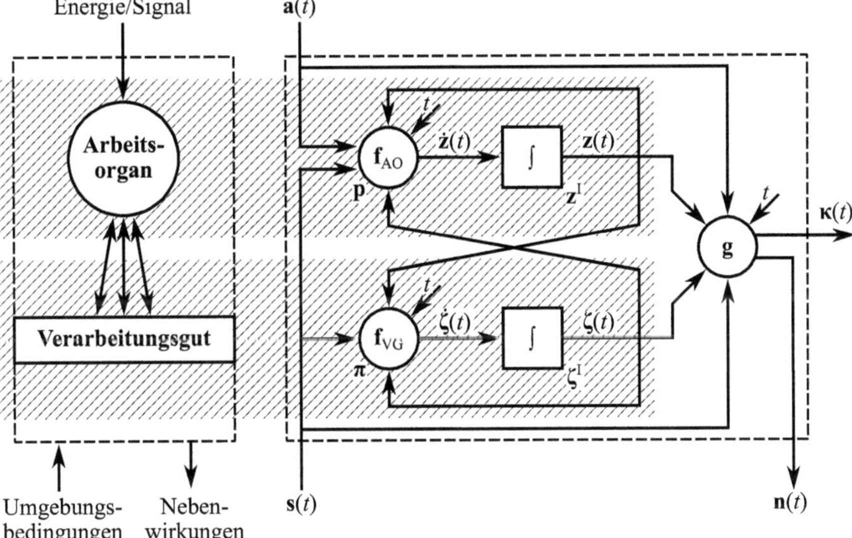


**Abb. 4.3:** Die Zustandsraumdarstellung der Wirkpaarung. Zustandsgleichung des Arbeitsorgans $\mathbf{f}_{AO}$ nach Gleichung (4.5), Zustandsgleichung des Verarbeitungsgutes $\mathbf{f}_{VG}$ nach Gleichung (4.6 und Ausgangsgleichung $\mathbf{g}$ nach Gleichung (4.8). Beschreibungen siehe Text.

Die *Zustandsgleichung des Verarbeitungsgutes* lautet

$$\dot{\boldsymbol{\zeta}}(t) = \mathbf{f}_{\mathrm{VG}} \left( \begin{bmatrix} \mathbf{z}(t) \\ \boldsymbol{\zeta}(t) \end{bmatrix}, \mathbf{s}(t), \boldsymbol{\pi}, t \right). \tag{4.6}$$

D. h., die Zustandsänderung des Verarbeitungsgutes $\dot{\boldsymbol{\zeta}}(t) = \mathrm{d}\boldsymbol{\zeta}(t)/\mathrm{d}t$ hängt von seinem Zustand $\boldsymbol{\zeta}(t)$, seinen Parametern $\boldsymbol{\pi}$, der Einwirkung des Arbeitsorgans über dessen Zustandsgrößen $\mathbf{z}(t)$ und der Einwirkung der Umgebung $\mathbf{s}(t)$ ab. Der Zustand des Verarbeitungsgutes ist damit zu jedem Zeitpunkt $t$ vollständig bekannt, wenn der Anfangszustand $\boldsymbol{\zeta}^{\mathrm{I}} = \boldsymbol{\zeta}(t^{\mathrm{I}})$ vor dem Eingriff des Arbeitsorgans gegeben ist.

Die *Wechselwirkung* zwischen Arbeitsorgan und Verarbeitungsgut beruht auf der gegenseitigen Abhängigkeit der Zustandsgleichungen von den Zustandsgrößen des jeweils anderen Elements, wobei sich nicht alle Zustandsgrößen auf den jeweiligen Gegenpart auswirken müssen. Die *Zustandsgleichung der Wirkpaarung* ist damit durch den vollständigen Satz Differentialgleichungen

$$\begin{bmatrix} \dot{\mathbf{z}}(t) \\ \dot{\boldsymbol{\zeta}}(t) \end{bmatrix} = \mathbf{f}_{\mathrm{WP}} \left( \begin{bmatrix} \mathbf{z}(t) \\ \boldsymbol{\zeta}(t) \end{bmatrix}, \begin{bmatrix} \mathbf{a}(t) \\ \mathbf{s}(t) \end{bmatrix}, \begin{bmatrix} \mathbf{p} \\ \boldsymbol{\pi} \end{bmatrix}, t \right) \tag{4.7}$$

mit $\mathbf{f}_{\mathrm{WP}} = [\mathbf{f}_{\mathrm{AO}}, \mathbf{f}_{\mathrm{VG}}]^{\top}$ gegeben.

Die *Ausgangsgleichung der Wirkpaarung*

$$\begin{bmatrix} \mathbf{n}(t) \\ \boldsymbol{\kappa}(t) \end{bmatrix} = \mathbf{g} \left( \begin{bmatrix} \mathbf{z}(t) \\ \boldsymbol{\zeta}(t) \end{bmatrix}, \begin{bmatrix} \mathbf{a}(t) \\ \mathbf{s}(t) \end{bmatrix}, t \right) \tag{4.8}$$

transformiert die Zustandsgrößen und Eingangsgrößen in die Qualitätskennwerte $\boldsymbol{\kappa}(t)$ und die Nebenwirkungen auf die Umgebung $\mathbf{n}(t)$. Die Ausgangsgleichung stellt damit den Zusammenhang zwischen den Zustandsgleichungen, die das Systemverhalten bestimmen, und den Größen her, die für die verarbeitungstechnische Problemstellung relevant sind[109]. Sie hat jedoch selbst keinen Einfluss auf die Systemdynamik, da sie keine Rückkopplung der Systemgrößen herstellt.

**Übertragbarkeit von Aussagen zum Systemverhalten**

Die drei Systemgleichungen gehen allein durch algebraische Umformung aus den allgemeinen Gleichungen (2.64) und (2.65) des dynamischen Systems hervor. So handelt es sich bei den Zustands-, Eingangs- und Ausgangsgrößen lediglich um eine Gruppierung der Vektoreinträge nach Zugehörigkeit zum Arbeitsorgan oder Verarbeitungsgut mit $\mathbf{x}(t) \triangleq [\mathbf{z}(t), \boldsymbol{\zeta}(t)]^{\top}$ bzw. nach erwünschten und unerwünschten Einflussgrößen mit $\mathbf{v}(t) \triangleq [\boldsymbol{\kappa}(t), \mathbf{n}(t)]^{\top}$ und $\mathbf{u}(t) \triangleq [\mathbf{a}(t), \mathbf{s}(t)]$. Analog dazu

---

[109] Bspw. geben die Zustandsgleichungen eines thermischen Modells des Wärmekontaktsiegelns die Temperatur der Wirkpaarung an, treffen jedoch keine Aussage zu den qualitätsrelevanten Größen Dichtigkeit und Nahtfestigkeit. Mit Hilfe einiger Annahmen, die in Abschnitt 5.1.2.2 dargestellt sind, können jedoch bestimmte Grenzwerte für die Temperatur in der Siegelschicht mit den Qualitätskriterien Dichtigkeit und Festigkeit näherungsweise in Zusammenhang gebracht werden.

erfolgt die Definition der Zustandsgleichungen (4.5) und (4.6) durch Aufspaltung der Einträge nach Zugehörigkeit zum Arbeitsorgan oder Verarbeitungsgut. Da eine algebraische Umformung keine Änderung der Aussage eines mathematischen Terms hervorruft, sind alle allgemeinen Aussagen zum Verhalten dynamischer Systeme[110] auch auf das Systemmodell der Wirkpaarung anwendbar.

**Hinweise für die praktische Anwendung**

In Abschnitt 2.1.4.2 wurde zwischen *Netzwerkproblemen* und *Feldproblemen* unterschieden[111]. Während Erstere zu Systemen gewöhnlicher Differentialgleichungen führen, sind für die Darstellung Letzterer partielle Differentialgleichungen erforderlich. D. h., die Anzahl der Zustandsgrößen eines Netzwerkproblems stimmt mit der Anzahl der Netzwerkelemente überein und ist damit endlich, wenn die Anzahl der Netzwerkelemente endlich ist. Ein Feldproblem hingegen hat kontinuierliche, d. h. unendlich viele, diskrete Zustandsgrößen. Da die Zustandsraumdarstellung auf dem endlichdimensionalen Zustandsraum $\mathscr{M}$ basiert, lassen sich Feldprobleme damit also nicht direkt abbilden. Allerdings ist die Approximation partieller Differentialgleichungen durch ein System gewöhnlicher Differentialgleichungen aus der numerischen Mathematik bekannt und ein weit verbreitetes Hilfsmittel der Ingenieursarbeit. Eine Wirkpaarung, der ein Feldproblem zu Grunde liegt, ist damit nach einer Diskretisierung ebenfalls in die hier vorgestellte Zustandsraumdarstellung überführbar[112].

Ob eine Wirkpaarung als Netzwerk- oder Feldproblem betrachtet wird, hängt auch von der geforderten *Genauigkeit* des Modells ab. Im Extremfall kann das dynamische Verhalten des Arbeitsorgans oder Verarbeitungsgutes vollständig vernachlässigt werden, wodurch die entsprechende Zustandsgleichung entfällt und durch eine Eingangsgröße bzw. Ausgangsgröße ersetzt wird[113]. Damit unterliegt auch das hier beschriebene Systemmodell der Wirkpaarung der Abwägung zwischen Genauigkeit und Aufwand, die Teil jeder Modellbildung ist[114].

---

[110] Siehe dazu Abschnitt 2.1.4.3.

[111] Bspw. lässt sich die schwappende Flüssigkeit in einem Behälter, siehe Abb. 1.5, durch ein physikalisches Pendel oder ein strömungsmechanisches Modell beschrieben. Während ersteres ein Netzwerkproblem mit zwei Elementen darstellt, ist letzteres ein Feldproblem [184].

[112] Transiente Wärmeübertragungsvorgänge, wie sie bspw. beim Wärmekontaktsiegeln auftreten, lassen sich i. d. R. nur durch Temperaturfelder beschrieben. Anhang C zeigt die Diskretisierung eines Temperaturfelds im Falle des Wärmekontaktsiegelns, wobei die Temperatur jedes diskreten Elements eine Zustandsgröße der Wirkpaarung repräsentiert.

[113] Im Zusammenhang mit dem Problem des Transports schwappender Flüssigkeiten, siehe Abschnitt 1.2, bildet Troll [202] bspw. den gesamten Antriebsstrang als massefreien Starrkörper ab. Die Anregung der Wirkpaarung wird damit in Form des Bewegungsablaufs des Servomotors inkl. Übersetzung direkt auf das Verarbeitungsgut durchgeleitet.

[114] Dieser Sachverhalt wird gelegentlich mit dem Begriff Modellgüte umschrieben, vgl. dazu [23].

### 4.2.2.2 Der Verarbeitungsvorgang

**Die Lösung des Differentialgleichungssystem der Wirkpaarung**

Eine Wirkpaarung sei durch das Differentialgleichungssystem (4.7) gegeben. Dann gilt folgende Festlegung[115]:

**Definition 4.4** Ist $\varphi : (\mathscr{T} \times \mathscr{M}, \mathscr{T} \times \mathscr{A}, \mathscr{P}) \to \mathscr{T} \times \mathscr{M}$ im Bereich $\mathscr{T} = [t^{\mathrm{I}}; t^{\mathrm{II}}]$ die Lösung des Differentialgleichungssystems, so beschreibt

$$\begin{bmatrix} \mathbf{z}(t) \\ \zeta(t) \end{bmatrix} = \varphi\left( t, \begin{bmatrix} \mathbf{a}(t) \\ \mathbf{s}(t) \end{bmatrix}, \begin{bmatrix} \mathbf{p} \\ \pi \end{bmatrix}, \begin{bmatrix} \mathbf{z}^{\mathrm{I}} \\ \zeta^{\mathrm{I}} \end{bmatrix} \right) \tag{4.9}$$

den *Verarbeitungsvorgang*[116].

Der Verarbeitungsvorgang beginnt demnach mit der Kopplung des Arbeitsorgans und des Verarbeitungsgutes zum Zeitpunkt $t^{\mathrm{I}}$ und endet mit ihrer Trennung zum Zeitpunkt $t^{\mathrm{II}}$. Hierbei beschreibt

- $\zeta^{\mathrm{I}} = \zeta(t^{\mathrm{I}})$ den Zustand I des Verarbeitungsgutes vor der Verarbeitung, hier auch *Anfangszustand* des unverarbeiteten Gutes genannt, und
- $\zeta^{\mathrm{II}} = \zeta(t^{\mathrm{II}})$ den Zustand II des Verarbeitungsgutes nach der Verarbeitung, hier auch *Verarbeitungsergebnis* des verarbeiteten Gutes genannt[117].

Den Verlauf der Qualitätskenngrößen und Nebenwirkungen während des Verarbeitungsvorgangs erhält man durch Einsetzen der Eingangs- und Zustandsgrößen in die Ausgangsgleichung (4.8), sodass

- $\kappa^{\mathrm{I}} = \kappa(t^{\mathrm{I}})$ den Anfangszustand und
- $\kappa^{\mathrm{II}} = \kappa(t^{\mathrm{II}})$ das Verarbeitungsergebnis

im Ergebnisraum $\mathscr{E}$ angeben.

**Arbeitstakt und Verarbeitungsvorgang**

**Definition 4.5** Der *Arbeitstakt* beschreibt den Zyklus, in dem sich die Anregung des Arbeitsorgans wiederholt. Der Beginn eines Arbeitstaktes sei mit $t^0$ und sein Ende mit $t^1$ festgelegt.

Folglich kann ein Verarbeitungsvorgang maximal so lange dauern wie der Arbeitstakt und es gilt $t^0 \leq t^{\mathrm{I}}$ und $t^{\mathrm{II}} \leq t^1$, siehe Abb. 4.4.

---

[115] Vgl. auch Anhang A.

[116] Vgl. auch Anhang A zu dynamischen Systemen. Der Siegelvorgang für das Wärmekontaktsiegeln kann bspw. durch den Temperaturverlauf in der Siegelschicht beschrieben werden, die sich als Lösung der partiellen Differentialgleichung der Wärmeleitung in den Siegelwerkzeugen und Kunststofffolien ergibt. Siehe Abschnitt 5.1.2.2.

[117] Vgl. das Wirkpaarungsmodell in Abb. 2.29.

**Abb. 4.4** *Arbeitstakt und Verarbeitungsvorgang einer Wirkpaarung. Schematische Darstellung für eine skalare Zustandsgröße des Arbeitsorgans AO und des Verarbeitungsgutes VG.*

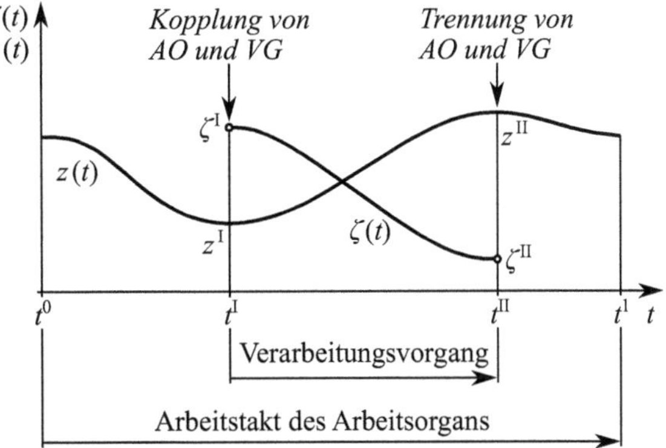


Die Unterscheidung zwischen dem Arbeitstakt des Arbeitsorgans und dem Verarbeitungsvorgang ist für die Modellbildung wichtig, da in beiden Fällen verschiedene Systeme zu Grunde liegen. So besteht das betrachtete System während des Verarbeitungsvorgangs aus dem Arbeitsorgan und dem Verarbeitungsgut, während des restlichen Arbeitstaktes jedoch ausschließlich aus dem Arbeitsorgan[118]. Damit ist der Verarbeitungsvorgang dem *dynamischen Verhalten der Wirkpaarung* gleichzusetzen[119]. Das dynamische Verhalten des Arbeitsorgans im verbleibenden Arbeitstakt bestimmt hingegen den Zustand $\mathbf{z}^{\mathrm{I}}$ des Arbeitsorgans zu Beginn des Verarbeitungsvorgangs und geht damit als *Anfangsbedingung* in die Lösung (4.9) des Differentialgleichungssystems der Wirkpaarung ein.

**Das statische Verhalten der Wirkpaarung**

Eine Wirkpaarung sei durch das Differentialgleichungssystem (4.7) gegeben und der Verarbeitungsvorgang (4.9) sei die Lösung des Differentialgleichungssystems. Die Funktion $\phi : (\mathcal{M}, \mathcal{T} \times \mathcal{A}, \mathcal{P}) \to \mathcal{M}$ mit

$$\begin{bmatrix} \mathbf{z}^{\mathrm{II}} \\ \boldsymbol{\zeta}^{\mathrm{II}} \end{bmatrix} = \phi \left( \begin{bmatrix} \mathbf{a}(t) \\ \mathbf{s}(t) \end{bmatrix}, \begin{bmatrix} \mathbf{p} \\ \boldsymbol{\pi} \end{bmatrix}, \begin{bmatrix} \mathbf{z}^{\mathrm{I}} \\ \boldsymbol{\zeta}^{\mathrm{I}} \end{bmatrix} \right) \tag{4.10}$$

---

[118] Bspw. besteht bei einer Schlauchbeutelmaschine der Arbeitstakt der Siegelschiene für die Quernaht aus dem Siegelvorgang und dem Rückhub. Während des Rückhubs hat die Siegelschiene keinen Kontakt zur Verpackungsfolie, sodass ihr thermisches Verhalten allein auf den Eigenschaften der Siegelschiene sowie Konvektion und Strahlung zur Umgebung beruht. Die Siegelschiene für die Längsnaht an der gleichen Maschine ist hingegen ununterbrochen mit der Verpackungsfolie im Kontakt, sodass Arbeitstakt und Verarbeitungsvorgang identisch sind. Siehe Abb. 5.10 in Abschnitt 5.2.1.1.

[119] Zum dynamischen Verhalten von Systemen siehe Abschnitt 2.1.4.3.

beschreibt dann das *statische Verhalten* der Wirkpaarung[120] den Zusammenhang zwischen den Eingangsgrößen, Parametern und Anfangszuständen der Wirkpaarung sowie dem Verarbeitungsergebnis, wobei $\phi(\cdot) = \varphi(t^{\mathrm{II}}, \cdot)$.

### Kennfeld und Kennlinie des Verarbeitungsvorgangs

Im praktischen Gebrauch kommt es selten oder nie vor, dass man einen vollständigen Satz Systemgrößen zur Beschreibung des Verarbeitungsvorgangs heranzieht. Vielmehr wird man sich auf relevant Teilaspekte beschränken. Dazu sei der Vektor der *Einflussgrößen des Verarbeitungsvorgangs* $\mathbf{u} \in \mathcal{U}$ mit $\mathcal{U} \subseteq \{\mathcal{M}, \mathcal{P}, \mathcal{A}\}$ festgelegt. Jedes Element $u_j$ mit $j = 1, 2, ..., n_{\mathrm{u}}$ repräsentiere dabei einen Eintrag der Vektoren $\mathbf{a}(t)$, $\mathbf{s}(t)$, $\mathbf{p}$, $\boldsymbol{\pi}$, $\mathbf{z}^{\mathrm{I}}$ oder $\boldsymbol{\zeta}^{\mathrm{I}}$, der für die Aufgabenstellung relevant ist.

**Definition 4.6** Die Funktion $\boldsymbol{\Phi} : \mathcal{U} \to \mathcal{K}$ mit

$$\boldsymbol{\kappa}^{\mathrm{II}} = \boldsymbol{\Phi}(\mathbf{u}) \tag{4.11}$$

spannt das *Kennfeld des Verarbeitungsvorgangs* auf und $\Phi_{ij} : \mathcal{U}_j \to \mathcal{K}_i$ mit

$$\kappa_i^{\mathrm{II}} = \Phi_{ij}(u_j) \tag{4.12}$$

sei die *Kennlinie der i-ten Qualitätskenngröße gegenüber der j-ten Einflussgröße*[121].

---

[120] Zum statischen Verhalten dynamischer Systeme siehe Abschnitt 2.1.4.3. Nach der dort vorgestellte Terminologie impliziert Gleichung (4.10), dass das Verarbeitungsergebnis $\zeta^{\mathrm{II}}$ den stationären Zustand für $t \to \infty$ beschreibt, d. h. $\zeta^{\mathrm{II}} = \zeta(\infty)$. Dieser Zusammenhang ist jedoch nicht zwangsläufig gegeben, wenn die Wirkpaarung im Sinne der Definitionen 4.2 und 4.3 betrachtet wird. In diesem Fall ist das Verarbeitungsergebnis $\zeta^{\mathrm{II}}$ eines vorangegangenen Verarbeitungsvorgangs dann die Anfangsbedingung $\zeta^{\mathrm{I}}$ des nachfolgenden Verarbeitungsvorgangs, vgl. Gleichung (4.10) und Abschnitt 4.2.2.3. Setzt man eine kurze Abfolge der Verarbeitungsvorgänge ohne nennenswerte Verweildauer zwischen den Vorgängen voraus, erreicht das Verarbeitungsgut den stationären Zustand erst, wenn es alle Wirkpaarungen einer Verarbeitungsmaschine durchlaufen hat und anschließend unter konstanten Umgebungsbedingungen für eine ausreichend lange Zeit gelagert wurde. Am Beispiel des Wärmekontaktsiegelns von Schlauchbeuteln lässt sich dieser Zusammenhang zeigen, siehe Abschnitt 5.1.3.1: Die Heißnahtfestigkeit beschreibt die Nahtfestigkeit unmittelbar nach dem Öffnen der Siegelwerkzeuge. Diese Größe stellt für den nachfolgenden Füllvorgang eine Begrenzung dar, indem sie die maximale zulässige Belastung der heißen Siegelnaht durch das Füllgut festlegt. Die Kaltnahtfestigkeit beschreibt die Nahtfestigkeit nach dem vollständigen Abkühlen der Naht, d. h. für den Zeitpunkt $t \to \infty$. Hierbei handelt es sich um eine Qualitätskenngröße der Verpackung. Je nach Packmittel verändert sich die Kaltnahtfestigkeit auch Stunden oder Tage nach dem Abkühlen der Naht, sodass DIN 55529 [45] den Zeitpunkt der Messung festlegt, um einen annähernd stationären Zustand und Vergleichbarkeit herzustellen. Dieses Beispiel zeigt, dass das Verarbeitungsergebnis $\zeta^{\mathrm{II}}$ je nach Kontext der Fragestellung als stationärer Zustand $\zeta^{\mathrm{II}} = \zeta(\infty)$ oder als Zustand $\zeta^{\mathrm{II}} = \zeta(t^{\mathrm{II}})$ zu einem bestimmten Zeitpunkt aufzufassen ist. Im Kontext dieser Arbeit ist für das statische Verhalten demnach der Gleichgewichtszustand nicht zwangsläufig gefordert.

[121] Abb. 1.5 zeigt eine beispielhafte Kennlinie für den Verarbeitungsvorgang Fluidtransport. Der betrachtete Qualitätskennwert ist hierbei das Maß $\eta_{\mathrm{Eff}}$ für die Schwapphöhe, die gegenüber der Drehzahl $n$ als Einflussgröße aufgetragen ist. In der Arbeit von Troll [202] sind zu diesem Verarbeitungsvorgang außerdem Kennfelder zu finden, die sich auf die Behältergeometrie als

**Abb. 4.5** Schematische Darstellung zweier Kennlinien $\kappa_i^{\mathrm{II}} = \Phi_{ij}(u_j)$, die einen geringen und starken Einfluss der Größe $u_j$ auf den Qualitätskennwert $\kappa_i^{\mathrm{II}}$ abbilden.

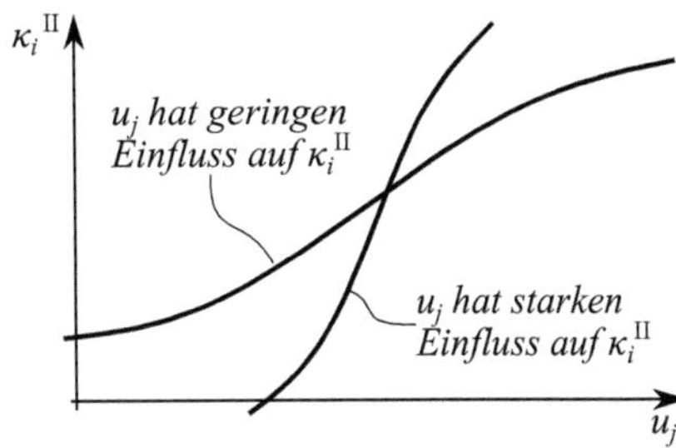


Abb. 4.5 zeigt schematisch eine solche Kennlinie. Es sei explizit darauf hingewiesen, dass es für das statische Verhalten keine Rolle spielt, ob eine Einflussgröße erwünscht oder unerwünscht bzw. kontrollierbar oder nicht kontrollierbar ist[122]. Diese Unterscheidung betrifft nur die zeitliche Abfolge, mit der unterschiedliche Werte der Einflussgrößen auftreten, d. h., ob sie deterministisch oder statistisch beschreibbar sind bzw. ob sie willkürlich oder zufällig auftreten.

**Experimentelle Analyse bei unbekannten Zustandsgleichungen**

Oft sind die Zustandsgleichungen der Wirkpaarung unbekannt, weil die Zustandsgrößen nicht messbar sind oder die technisch-physikalischen Zusammenhänge nicht ermittelt werden können. In diesen Fällen muss der Verlauf der Qualitätskennwerte und Nebenwirkungen durch Experimente, bspw. im Labor an Ersatzversuchen oder anhand von Testläufen der Verarbeitungsmaschine[123], bestimmt werden. Die Wirkpaarung liegt dabei in einer *Versuchsanordnung* vor, die durch eine bestimmte Ausprägung der Parameter $\mathbf{p}, \pi \in \mathscr{P}$ und Randbedingungen $\mathbf{s}(t) \in \mathscr{A}$ gekennzeichnet ist. Ähnlich einer Testfunktion für Übertragungsglieder[124] wird dann das dynamische und statische Verhalten der Wirkpaarung bzgl. einer bestimmen Anregung $\mathbf{a}(t)$ untersucht und das Kennfeld (4.11) bzw. eine Kennlinie (4.12) für diese Versuchsanordnung bestimmt.

---

Einflussgröße beziehen. Statische Kennlinien für das Wärmekontaktsiegeln sind in Abschnitt 5.2.2 und dort mit Gleichung (5.19) beschrieben.

[122] Beim Wärmekontaktsiegeln spielt bspw. die Dicke der Folien eine entscheidende Rolle für den Wärmedurchgang. Die Dicke kann sowohl durch einen Lagensprung der Verpackung als auch infolge von Herstellungstoleranzen der Folien unterschiedliche Werte annehmen. Für die Betrachtung des statischen Verhaltens gegenüber Veränderungen der Dicke spielt die Ursache allerdings keiner Rolle. Vgl. Abschnitt 5.2.2.

[123] Das Wärmekontaktsiegeln ist in dieser Hinsicht ein typisches Beispiel: Mit den bekannten thermischen oder physikalisch-chemischen Modellen können lediglich Näherungswerte der Siegelparameter und Qualitätskennwerte in relativen Vergleichen angegeben werden. Sind konkrete Maschineneinstellungen oder Angaben zur Nahtqualität gefragt, müssen zwingend Versuche unter Anwendungsbedingungen durchgeführt werden. Vgl. dazu Abschnitt 5.1.

[124] Die Regelungstechnik kennt verschiedene Testfunktionen, die prinzipiell auch zur Charakterisierung von Verarbeitungsvorgängen verwendet werden können. Vgl. dazu Abschnitt 2.1.4.3 und [217].

Experimentell ermittelte Kennfelder und Kennlinien gelten dabei immer nur für die Versuchsanordnung, die während des Experiments vorliegt, da sie die ursächlichen Zusammenhänge, die zum ermittelten Verlauf der Qualitätskennwerte und Nebenwirkungen führen, d. h. die zugrundeliegend Differentialgleichung, nicht abbilden. Im Rahmen der deduktiven Vorgehensweise[125] sind experimentelle Analysen von Verarbeitungsvorgängen das Mittel der Wahl, um Hypothesen zu den technisch-physikalischen Wirkzusammenhängen der Wirkpaarung zu falsifizieren. In diesem Sinne dienen Experimente auch der Parameteridentifikation und Validierung von ingenieur-technischen Modellen[126]. Darüber hinaus gibt es im Zusammenhang mit dem Betrieb von Verarbeitungsmaschinen viele Problemstellungen, die sich auf eine konkrete Konfiguration und Parametrierung einer Verarbeitungsmaschine beziehen und für die experimentelle Analysen demnach vollkommen ausreichend sind[127].

### 4.2.2.3 Erweiterung der Zustandsraumdarstellung

**Kennzeichnung der Wirkpaarungen in der Verarbeitungsmaschine**

Die Zustandsraumdarstellung nach Gleichungen (4.5) bis (4.8) gilt zunächst für ein nicht näher spezifiziertes Arbeitsorgan und Verarbeitungsgut. Eine Verarbeitungsmaschine umfasst jedoch mehrere Arbeitsorgane[128], die während des Betriebs mit jedem Verarbeitungsgut, das die Maschinen durchläuft, einmal im Eingriff ist. D. h., im Maschinenbetrieb bildet jedes Arbeitsorgan mit jedem Verarbeitungsgut eine neue Wirkpaarung aus. Es sei daher folgende Festlegung getroffen:

**Definition 4.7** Eine *Verarbeitungsmaschine* (VM) bestehe aus $n_{AO}$ *Arbeitsorganen* im Sinne von Definition 4.2. Jedes Arbeitsorgan sei durch einen Satz Zustandsgrößen, Parameter und Anregungen beschrieben und durch den Index $j = 1, 2, ..., n_{AO}$ ausgewiesen.

Ein *spezifisches Verarbeitungsgut* nach Definition 4.1 sei durch den Index $k = 1, 2, ..., n_{VG}$ gekennzeichnet. Hierbei bezeichnet $n_{VG}$ die Anzahl der verarbeiteten Güter, die mit der Anzahl der *Wiederholungen des Verarbeitungsvorgangs* gleichzusetzen ist und mit $n_{VG} = \infty$ im Allgemeinen unbeschränkt ist. Eine *spezifische Wirkpaarung j k* ist dann durch den Index $j$ des Arbeitsorgans und den Index $k$ des Verarbeitungsgutes eindeutig bezeichnet.

---

[125] Siehe Abschnitt 1.4.

[126] Bspw. werden bei der thermischen Simulation des Wärmekontaktsiegelns Siegelversuche zur Bestimmung des Wärmedurchgangskoeffizienten an der Kontaktstelle zwischen Siegelwerkzeug und Folie verwendet. Siehe Abschnitt 5.1.2.2.

[127] Ein Beispiel ist das Problem der optimalen Siegeleinstellungen, wie es in Abschnitt 5.2.3.1 beschrieben ist.

[128] Im allgemeinen Sprachgebrauch würde man hier eher von Arbeitsstationen sprechen. Die in Abschnitt 4.2.2.1 festgelegte Definition des Arbeitsorgan als Modell eines Teilsystems der Energieleitungskette einer Verarbeitungsmaschine deckt diesen Begriff aber ebenso ab. Im Sinne einer einheitlichen Terminologie sei der Begriff Arbeitsorgan hier bevorzugt verwendet.

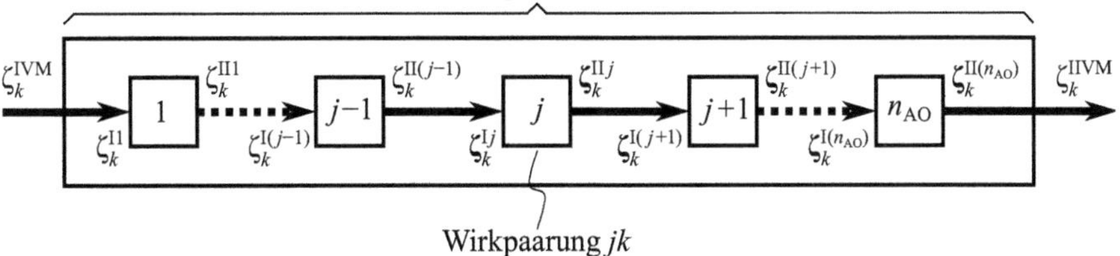



**Abb. 4.6:** Die Zerlegung der Verarbeitungsmaschine VM in $n_{AO}$ Arbeitsorgane. Das Wirkpaarungsmodell nach Gleichungen (4.5) bis (4.12) ist sowohl auf die Verarbeitungsmaschine VM$k$ als auch auf die Wirkpaarung $jk$ anwendbar.

Die Zustandsraumdarstellung kann auch auf eine *Verarbeitungsmaschine* als Gesamtes angewendet werden, ohne die einzelnen Arbeitsorgane explizit zu benennen. Sei dazu $j = $ VM festgelegt, sodass $\zeta_k^{IVM} = \zeta_k^{I1}$ den Anfangszustand des $k$-ten Verarbeitungsgutes und $\zeta_k^{IIVM} = \zeta_k^{IIn_{AO}}$ das Verarbeitungsergebnis bezeichne. Damit ist die Verarbeitungsmaschine VM für das $k$-te Verarbeitungsgut durch den Index VM$k$ gegeben[129], siehe Abb. 4.6. Die funktionelle Zusammenhänge und die formale Notation der Gleichungen (4.5) bis (4.12) bleiben davon unberührt.

## Randbedingungen der Wirkpaarungen im innermaschinelles Verfahren

**Definition 4.8** Die Reihenfolge, in der ein Verarbeitungsgut die Arbeitsorgane durchläuft, heißt *innermaschinelles Verfahren* einer Verarbeitungsmaschine[130].

Es ist folgender, in Abb. 4.6 dargestellter Zusammenhang zwischen zwei aufeinanderfolgende Wirkpaarungen zu beachten: Für das $k$-te Verarbeitungsgut, das im innermaschinellen Verfahren nacheinander mit zwei Arbeitsorganen $j$ und $j+1$ eine Wirkpaarung bildet, gilt

$$\zeta_k^{IIj} = \zeta_k^{I(j+1)} \text{ wegen} \tag{4.13}$$

$$t_k^{IIj} = t_k^{I(j+1)} . \tag{4.14}$$

Betrachtet man hingegen ein einzelnes Arbeitsorgan $j$, das mit zwei aufeinanderfolgenden Verarbeitungsgütern $k$ und $k+1$ im Eingriff ist, gilt lediglich

---

[129] Auf der übergeordneten Systemebene der Verarbeitungsmaschine hat die Verarbeitungstechnik bislang keinen äquivalenten Begriff für die Wirkpaarung festgelegt. Es sei hier deshalb der Begriff *Verarbeitungsmaschine* verwendet, der auf der untergeordneten Ebene eigentlich dem Arbeitsorgan entspricht, vgl. Definitionen (2.1) und (4.7). Dem Verfasser erscheint diese doppelte Verwendung und unscharfe Trennung mit Blick auf den Fokus der Arbeit und der Lesbarkeit allerdings geeigneter, als einen weiteren Begriff zu konstruieren.

[130] Siehe Abschnitt 2.1.4.2.

$$\mathbf{z}_j^{\text{II}k} = f(\mathbf{z}_j^{\text{I}(k+1)}) \text{ wegen} \tag{4.15}$$

$$t_j^{1k} = t_j^{0(k+1)} \; . \tag{4.16}$$

Dieser Zusammenhang folgt aus der Unterscheidung zwischen dem Arbeitstakt und dem Verarbeitungsvorgang einer Wirkpaarung, vgl. Abb. 4.4.

**Gültigkeit des Wirkpaarungsmodells und Festlegung zur Notation**

Zusammenfassend ist damit festzustellen: Die Zustandsraumdarstellung der Wirkpaarung nach Gleichungen (4.5) bis (4.12) ist auf beliebige Teilsysteme ebenso wie auf eine gesamte Verarbeitungsmaschine anwendbar. Die Systemgrenzen können dabei beliebig gewählt werden, solange sie mindestens ein Arbeitsorgan und ein Verarbeitungsgut im Sinne von Definition 4.3 einschließen. Hierbei gilt folgender Grundsatz: Die Wirkzusammenhänge, die eine Zustandsänderung am Verarbeitungsgut verursachen, sind zwar an die Konfiguration und Parametrierung des $j$-ten Arbeitsorgans gebunden, allerdings hängt das $k$-te Verarbeitungsergebnis $\zeta_k^{\text{II}j}$ ebenso vom $k$-ten Verarbeitungsgut ab.

Zur besseren Lesbarkeit wird im Folgenden auf die explizite Benennung des Indexes des Arbeitsorgans verzichtet, falls eine Aussage für die Wirkpaarung $jk$ und für die Verarbeitungsmaschine VM$k$ gleichermaßen gültig ist.

### 4.2.3  Das statistische Modell des Betriebsverhaltens

Die Charakterisierung des Betriebsverhaltens ist die Grundlage der technisch-wirtschaftlichen Bewertung einer Verarbeitungsmaschine[131]. Diese Charakterisierung erfolgt allerdings nicht anhand des zeitlichen Verlaufs technisch-physikalischer Zustandsgrößen einer einzelnen Wirkpaarung, sondern anhand statistischer Kennzahlen, die sich durch die Bilanzierungen der produzierten Mengen über der gesamten Verarbeitungsmaschine ergeben[132]. Das nachfolgende *Modell des Betriebsverhaltens der Verarbeitungsmaschine* stellt deshalb die Beziehung zwischen der Zustandsraumdarstellung der Wirkpaarung, die Ursache-Wirkung-Zusammenhänge beschreibt, und dem statistischen Verhalten einer Verarbeitungsmaschine her, das sie während des Betriebs zeigt. Ausgangspunkt sind dabei die statistischen Prozessmodelle aus Abschnitt 2.1.3 und darunter insbesondere die Modellierung der statistischen Verteilung von Qualitätskennwerten nach Shewhart, die in Abschnitt 2.1.3.2 vorgestellt wurde.

---

[131] Diesem Zweck dient bspw. die Produktivitäts-Verarbeitungskosten-Charakteristik, die in der Einleitung dieser Arbeit in Abschnitt 1.1 vorgestellt wurde. Sie bildet das Betriebsverhalten in Abhängigkeit der Taktzahl einer Verarbeitungsmaschine ab.

[132] Siehe dazu das Abschnitt 2.1.3 zu statistischen Prozessmodellen.

### 4.2.3.1  Herleitung des Betriebsverhaltens aus dem Wirkpaarungsmodell

**Die zwei Dimensionen des dynamischen Verhaltens einer Verarbeitungsmaschine**

Analog zum Verarbeitungsvorgang ist das dynamische Verhalten einer Verarbeitungsmaschine als Lösung des Differentialgleichungssystems entsprechend Gleichung (4.9) gegeben. Das dynamische Verhalten einer Verarbeitungsmaschine beschreibt damit den zeitlichen Verlauf aller Zustands- und Einflussgrößen. Zerlegt man die Verarbeitungsmaschine in mehrere Arbeitsorgane $j = 1, 2, ..., n_{AO}$ und betrachtet die verarbeiteten Verarbeitungsgüter $k = 1, 2, ..., n_{VG}$ einzeln, ergeben sich die zwei grundsätzlichen Sichtweisen auf das dynamische Verhalten einer Verarbeitungsmaschine nach Abb. 4.7:

- Folgt man dem Durchlauf eines Verarbeitungsgutes $k$ entlang des innermaschinellen Verfahrens $j = 1, 2, ..., n_{AO}$, lässt sich die Abfolge aller Verarbeitungsvorgänge, die das Verarbeitungsgut durchläuft, analysieren. Dieses dynamische Verhalten beschreibt das *Zeitverhalten eines Verarbeitungsgutes*.
- Verbleibt man bei einem Arbeitsorgan $j$ und beobachtet sein Verhalten beim Durchlauf aller Verarbeitungsgüter $k = 1, 2, ..., n_{VG}$, lässt sich das dynamische Verhalten des Arbeitsorgans im Maschinenbetrieb analysieren. Dieses dynamische Verhalten sei als *Zeitverhalten eines Arbeitsorgans* bezeichnet.

Vom Standpunkt des Nutzers einer Verarbeitungsmaschine aus gesehen, ist das Zeitverhalten eines einzelnen Verarbeitungsgutes oder Arbeitsorgans von untergeordnetem Interesse[133]. Vielmehr ist das Verhalten einer Verarbeitungsmaschine als Gesamtes beim Durchlauf vieler Verarbeitungsgüter relevant. Analysen zum Betriebsverhalten schließen daher das Zeitverhalten aller $n_{VG}$ Verarbeitungsgüter und aller $n_{AO}$ Arbeitsorgane ein.

**Abb. 4.7** Die zwei Dimensionen des dynamischen Verhaltens einer Verarbeitungsmaschine VM$k$: Zeitverhalten des $k$-ten Verarbeitungsgutes und Zeitverhalten der $j$-ten Wirkpaarung.

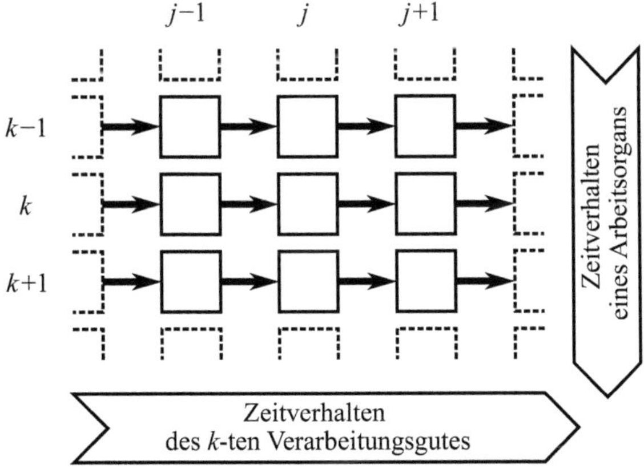


---

[133] Vgl. dazu das Systemmodell des Produktionsprozesses nach Abb. 2.13.

**Das Betriebsverhalten als Diskretisierung des dynamischen Verhaltens**

Es hat sich allgemein durchgesetzt, das dynamische Verhalten einer Verarbeitungsmaschine anhand der Verarbeitungsergebnisse[134] und der Betriebszustände der Verarbeitungsmaschine[135] zu beschreiben. Üblicherweise wird dafür die Qualität aller oder eines Teils der verarbeiteten Güter untersucht, die während eines festgelegten Beobachtungszeitraums auf einer Verarbeitungsmaschine hergestellt wurden. Zwei Gründe sind für dieses Vorgehen ausschlaggebend:

- Die Aufzeichnung und Auswertung aller Zustandsgrößen einer Verarbeitungsmaschine über ihre gesamte Lebensdauer und alle Verarbeitungsgüter ist unter Praxisbedingungen nicht umsetzbar. Es ist außerdem anzunehmen, dass nicht alle Zustandsgrößen, die für die ursächlichen Wirkzusammenhänge relevant sind, messtechnisch erfasst werden können. Die Untersuchung der Ergebnisse einer Auswahl der Qualitätskennwerte in Form einer Qualitätskontrolle ist hingegen wesentlich einfacher und praktisch realisierbar.
- Der Nutzer einer Verarbeitungsmaschine ist nicht daran interessiert, dass jede einzelne Zustandsgröße innerhalb der technischen Spezifikationen des Maschinenherstellers liegt. Aus Sicht des Nutzers einer Verarbeitungsmaschine zählt allein das Ergebnis des Verarbeitungsvorgangs, das anhand der Qualität der verarbeiteten Güter bemessen werden kann[136].

Damit kann das Betriebsverhalten wie folgt definiert werden, siehe Abb. 4.8:

**Definition 4.9** Das *Betriebsverhalten* ist das dynamische Verhalten einer Verarbeitungsmaschine, das zu bestimmten Zeitpunkten innerhalb eines festgelegten Beobachtungszeitraums anhand der Abfolge der Verarbeitungsergebnisse bzw. der Betriebszustände der Verarbeitungsmaschine beschrieben wird, wobei $\mathscr{T} = \{t_k^{\mathrm{II}} \mid \forall k = 1, 2, ..., n_{\mathrm{VG}}\}$ die Zeitpunkte umfasst, die der Beschreibung des Betriebsverhalten zugrunde liegen, und $n_{\mathrm{VG}}$ die Anzahl der Verarbeitungsgüter während dieses Beobachtungszeitraums ist.

**Abb. 4.8** Diskretisierung des Zeitverhaltens einer Verarbeitungsmaschine für die $i$-te Zustandsgröße: Das Betriebsverhalten wird anhand des $k$-ten Verarbeitungsergebnisses $\kappa_{ik}(t_k^{\mathrm{II}}) = \kappa_{ik}^{\mathrm{II}}$ beschrieben. Die einzelnen Verarbeitungsvorgänge $\kappa_{ik}(t)$ werden nicht berücksichtigt.

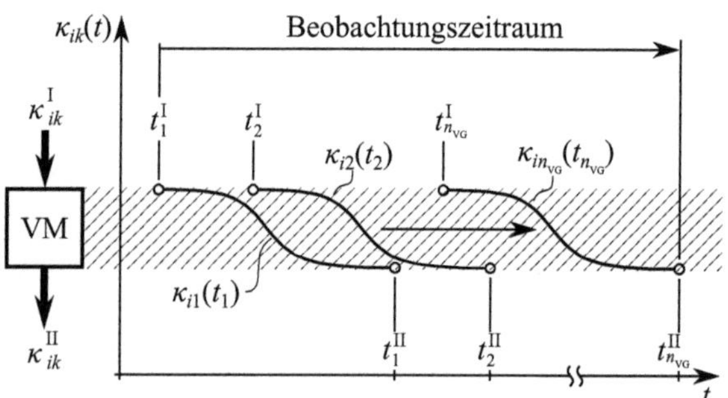


---


[134] Siehe dazu die Ausführungen zur statistischen Qualitätskontrolle in Abschnitt 2.1.3.2.
[135] Siehe dazu die Ausführungen zu Ausfall- und Reparaturmodellen in Abschnitt 2.1.3.4.
[136] Vgl. dazu das Prozessmodell der statistischen Qualitätskontrolle in Abschnitt 2.1.3.2.

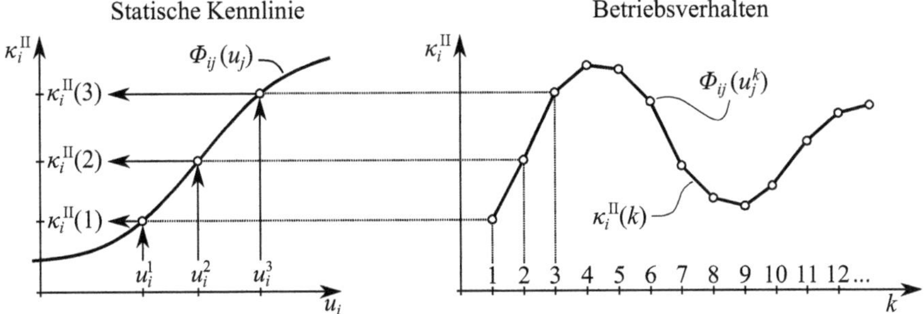


**Abb. 4.9:** Herleitung des Betriebsverhaltens $\kappa_i^{II}(k) = \Phi_{ij}(u_j^k)$ einer Verarbeitungsmaschine aus ihrer statischen Kennlinie $\kappa_i^{II} = \Phi_{ij}(u_j)$ für die $i$-te Zustandsgröße der Verarbeitungsgüter $k = 1, 2, ..., n_{VG}$, die während des Beobachtungszeitraums verarbeitet werden. Vgl. dazu auch die Qualitätsregelkarte in Abb. 2.21.


## Die Ableitung des Betriebsverhaltens aus dem Kennfeld des Verarbeitungsvorgangs

Für jeden Verarbeitungsvorgang $k$ gelten dabei die Gleichungen (4.11) und (4.12), wobei $\mathbf{u}^k$ die Ausprägung der Einflussgrößen des $k$-ten Verarbeitungsvorgangs ist. Damit ergibt sich das Betriebsverhalten aus dem Kennfeld mit

$$\boldsymbol{\kappa}^{II}(k) = \boldsymbol{\Phi}(\mathbf{u}^k) \,, \tag{4.17}$$

siehe Abb. 4.9. Diese Darstellungsform ist als Qualitätsregelkarte aus der statistischen Qualitätskontrolle bekannt[137]. Im umgekehrten Sinne kann das statische Kennfeld auch aus dem Betriebsverhalten hergeleitet werden, wenn $\mathbf{u}(k) = \mathbf{u}^k$ bekannt ist.


### 4.2.3.2  Statistische Beschreibung des Betriebsverhaltens

#### Häufigkeitsverteilung in einem Produktionslos

Betrachtet man einen ausreichend großen Beobachtungszeitraum, bspw. ein *Produktionslos* aus $N$ Verarbeitungsgütern, und erfasst die Qualitätskennwerte $\boldsymbol{\kappa}_k^{II}$ für alle $k = 1, 2, ..., N$ verarbeiteten Güter, kann nach Shewhart[138] eine *Häufigkeitsverteilung* der Verarbeitungsergebnisse angegeben werden.

Hierzu wird die Teilmenge des Ergebnisraums $\mathscr{K}_N \subseteq \mathscr{K}$ mit $\mathscr{K}_N = [\boldsymbol{\kappa}^{min}, \boldsymbol{\kappa}^{max}]$, die alle im Produktionslos auftretenden Verarbeitungsergebnisse enthält, in $n_c$ gleich große Abschnitte der Breite $\Delta\boldsymbol{\kappa}_c = (\boldsymbol{\kappa}^{max} - \boldsymbol{\kappa}^{max})/n_c$ unterteilt, die sog. Klassen. Die Anzahl der Verarbeitungsergebnisse, die innerhalb einer Klasse $c$ liegen, wird

---

[137] Zu Qualitätsregelkarten siehe Abschnitt 2.1.3.2.
[138] Siehe Kap. 2.1.3.2 zur statistischen Qualitätskontrolle.

als *Häufigkeit*

$$H_{\kappa^{\mathrm{II}}}(c) = P((\kappa^{\min} + (c-1)\cdot\Delta\kappa_{\mathrm{c}}; \kappa^{\max} + c\cdot\Delta\kappa_{\mathrm{c}}]) \qquad (4.18)$$

bezeichnet, wobei $c = 1, 2, ..., n_{\mathrm{c}}$. Die *Summenhäufigkeit* ergibt sich dann als Summe der Häufigkeiten von $c$ Klassen zu

$$SF_{\kappa^{\mathrm{II}}}(c) = \sum_{c=1}^{n_{\mathrm{c}}} H_{\kappa^{\mathrm{II}}}(c) \qquad (4.19)$$

$$= P((\kappa^{\min}; \kappa^{\max} + c\cdot\Delta\kappa_{\mathrm{c}}]) \, . \qquad (4.20)$$

Teilt man beide Ausdrücke jeweils durch die Anzahl der Verarbeitungsgüter im Produktionslos, erhält man die *relative Häufigkeit*

$$h_{\kappa^{\mathrm{II}}}(c) = \frac{H_{\kappa^{\mathrm{II}}}(c)}{N} \qquad (4.21)$$

und die *relative Summenhäufigkeit*

$$sf_{\kappa^{\mathrm{II}}}(c) = \frac{SF_{\kappa^{\mathrm{II}}}(c)}{N} \qquad (4.22)$$

der Klasse $c$.

## Übergang zur Wahrscheinlichkeitsverteilung

Betrachtet man einen sehr langen Beobachtungszeitraum, d. h. sehr viele Wiederholungen des Verarbeitungsvorgangs bzw. sehr viele Verarbeitungsergebnisse, kommt das *Gesetz der großen Zahlen*[139] zum tragen. Demnach nähert sich die relative Häufigkeit einer Klasse $c$ für $n_{\mathrm{c}} \to \infty$ ihrer theoretischen Wahrscheinlichkeit an. Damit kann eine Wahrscheinlichkeitsverteilung für die Verarbeitungsergebnisse angegeben werden, wodurch sich einige der nachfolgende Formulierungen vereinfachen.

**Definition 4.10** Die *Zufallsvariable des Verarbeitungsergebnisses* sei durch $K^{\mathrm{II}}$ : $(\mathscr{M}, A(\mathscr{M}), P) \to \mathscr{K}$ gegeben[140], wobei $\mathscr{M}$ die Grundgesamtheit der möglichen Zustände der Wirkpaarung, $A(\mathscr{M})$ die Menge der betrachteten Ereignisse und $P$ : $A(\mathscr{M}) \to [0, 1]$ das Wahrscheinlichkeitsmaß sei.

Die *Wahrscheinlichkeitsverteilung* des Verarbeitungsergebnisses ist dann durch die *Verteilungsfunktion* $F_{K^{\mathrm{II}}}$ : $\mathscr{K} \to [0, 1]$ mit

$$F_{K^{\mathrm{II}}}(\kappa^{\mathrm{II}}) = P(K_i^{\mathrm{II}} \le \kappa_i^{\mathrm{II}} \ \textit{für} \ i = 1, ..., n_{\kappa}) \qquad (4.23)$$

---

[139] Eine ausführliche Erläuterung des Gesetzes findet sich bspw. in [22]. Für eine anschauliche Erläuterung des Zusammenhangs zwischen Häufigkeitsverteilung und Wahrscheinlichkeitsverteilung siehe das Skript von TIETZE [201].

[140] Zu den Begriffen Zufallsvariable, Grundgesamtheit, Ereignis und Wahrscheinlichkeitsmaß siehe Anhang B sowie [22, 62, 84].

gegeben und entspricht damit der Summenhäufigkeit (4.19). Die *Dichtefunktion*[141] $f_{\boldsymbol{K}^{\mathrm{II}}} : \mathbb{R}^{n_\kappa} \to \mathbb{R}$ folgt aus der Verteilungsfunktion durch

$$F_{\boldsymbol{K}^{\mathrm{II}}}(\boldsymbol{\kappa}^{\mathrm{II}}) = \int\limits_{\kappa_{n_\kappa} \leq \kappa_{n_\kappa}^{\mathrm{II}}} \cdots \int\limits_{\kappa_1 \leq \kappa_1^{\mathrm{II}}} f_{\boldsymbol{K}^{\mathrm{II}}}(\kappa_1, \dots, \kappa_{n_\kappa}) \, \mathrm{d}\kappa_1 \dots \mathrm{d}\kappa_{n_\kappa} \,, \tag{4.24}$$

sodass an den $n_\kappa$-mal differenzierbaren Stellen

$$f_{\boldsymbol{K}^{\mathrm{II}}}(\boldsymbol{\kappa}) = \frac{\partial^{n_\kappa}}{\partial \kappa_1 \dots \partial \kappa_{n_\kappa}} F_{\boldsymbol{K}^{\mathrm{II}}}(\boldsymbol{\kappa}) \,, \tag{4.25}$$

gilt, siehe Abb. 4.10.

Das Gesetz der großen Zahlen erlaubt es unter bestimmten Bedingungen von der Häufigkeitsverteilung eines Produktionsloses auf die Wahrscheinlichkeitsverteilung der Verarbeitungsergebnisse zur schließen[142]. Damit lautet der zentrale Ansatz der statistischen Qualitätskontrolle in der hier verwendeten Notation:

$H_0 : H(\boldsymbol{\kappa}^{\mathrm{II}})$ *ist normalverteilt.*
$H_1 : H(\boldsymbol{\kappa}^{\mathrm{II}})$ *ist nicht normalverteilt.*

Folglich auch sind die Methoden und Modelle der statistischen Qualitätskontrolle prinzipiell auf die hier vorgestellten Zusammenhänge anwendbar.

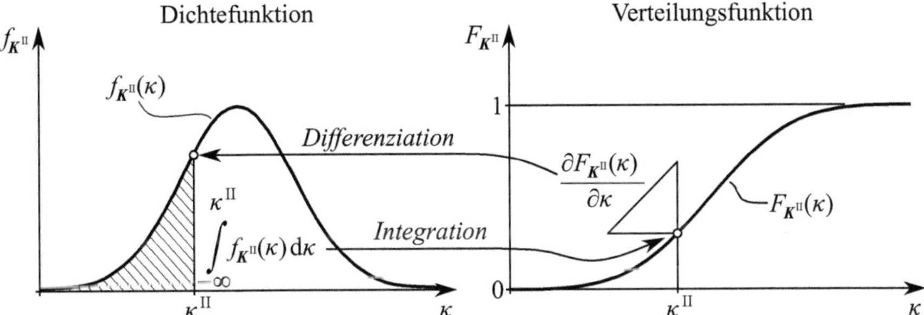


**Abb. 4.10:** Verteilungsfunktion und Dichtefunktion des Qualitätskennwerts $\kappa^{\mathrm{II}}$. Integration der Dichtefunktion führt zur Verteilungsfunktion. Differenziation der Verteilungsfunktion führt zur Dichtefunktion.

---

[141] Vgl. Gleichungen (2.39) und (2.41) in Kap. 2.1.3.4, sowie [22, 84]. Siehe Gleichung (2.29) für die Dichtefunktion der Normalverteilung.
[142] Dies ist die Grundannahme der statistischen Qualitätskontrolle. Siehe Abschnitt 2.1.3.3.

**Das Kennfeld des Verarbeitungsvorgangs als Transformationsfunktion**

Das Zustandsraummodell der Wirkpaarung und seine Erweiterung lassen den Schluss zu, dass die Wahrscheinlichkeitsverteilung der Verarbeitungsergebnisse aus dem Verarbeitungsvorgang und der Ausprägung der Einflussgrößen folgen muss. Dieser Zusammenhang kann theoretisch begründet werden:

**Definition 4.11** $U : (\{\mathcal{M}, \mathcal{P}, \mathcal{A}\}, A(\{\mathcal{M}, \mathcal{P}, \mathcal{A}\}), P) \rightarrow \mathcal{U}$ sei die *Zufallsvariable der Einflussgrößen* mit der Grundgesamtheit $\{\mathcal{M}, \mathcal{P}, \mathcal{A}\}$ der möglichen Werte der Systemgrößen der Wirkpaarung, der Menge der betrachteten Ereignisse $A(\{\mathcal{M}, \mathcal{P}, \mathcal{A}\})$ und dem Wahrscheinlichkeitsmaß $P : A(\{\mathcal{M}, \mathcal{P}, \mathcal{A}\}) \rightarrow [0, 1]$.

Die *Wahrscheinlichkeitsverteilung* der Einflussgröße ist dann durch die *Verteilungsfunktion* $F_U : \mathcal{U} \rightarrow [0, 1]$ mit

$$F_U(\mathbf{v}) = P(U_i \leq v_i \ \text{für} \ i = 1, \ldots, n_\mathrm{u}) \tag{4.26}$$

definiert. Die *Dichtefunktion* $f_U : \mathbb{R}^{n_\mathrm{u}} \rightarrow \mathbb{R}$ folgt aus der Verteilungsfunktion durch

$$F_U(\mathbf{v}) = \int\limits_{u_{n_\mathrm{u}} \leq v_{n_\mathrm{u}}} \cdots \int\limits_{u_1 \leq v_1} f_U(u_1, \ldots, u_{n_\mathrm{u}}) \, \mathrm{d}u_1 \ldots \mathrm{d}u_{n_\mathrm{u}} \, , \tag{4.27}$$

wobei an den $n_\mathrm{u}$-mal differenzierbaren Stellen sinngemäß Gleichung (4.25) gilt.

Aus der Wahrscheinlichkeitstheorie ist bekannt, dass sich eine Zufallsvariable durch eine Funktion in eine neue Zufallsvariable überführen lässt[143]. Im hier vorliegenden Fall bewerkstelligt das Kennfeld des Verarbeitungsvorgangs (4.11) diese Transformation und es gilt[144]

$$K^{\mathrm{II}} = \Phi(U) \, , \tag{4.28}$$

sodass die Verteilungsfunktion $F_{K^{\mathrm{II}}}$ in Abhängigkeit der Dichtefunktion $f_U$ mit

$$F_{K^{\mathrm{II}}}(\mathbf{\kappa}^{\mathrm{II}}) = \int \cdots \int\limits_{\mathbf{u}\,:\,\Phi(\mathbf{u}) \leq \mathbf{\kappa}^{\mathrm{II}}} f_U(u_1, \ldots, u_{n_\mathrm{u}}) \, \mathrm{d}u_1 \ldots \mathrm{d}u_{n_\mathrm{u}} \tag{4.29}$$

geschrieben werden kann[145]. An den differenzierbaren Stellen folgt die Dichtefunktion $f_{K^{\mathrm{II}}}$ auch hier analog zu Gleichung (4.25). Siehe Abb. 4.11.

Aus diesem Zusammenhang wird ersichtlich, dass das statistische Verhalten einer Verarbeitungsmaschine sowohl vom Verarbeitungsvorgang als auch von der statis-

---

[143] Zur Transformation von Zufallsvariablen siehe Anhang B und in der Literatur z. B. [22, 62].

[144] Hierbei handelt es sich um die aufeinanderfolgende Ausführung zweier Funktionen $\Phi$ und $U$ mit $\Phi \circ U : \mathcal{U} \rightarrow \mathbb{R}$, vgl. [22].

[145] Es sei angemerkt, dass mehrdimensionale Kennfelder $\Phi$ schnell zu komplizierten Mehrfachintegralen führen und dass´ diese nur unter bestimmten Voraussetzungen lösbar sind. Siehe dazu Anhang B und [22]

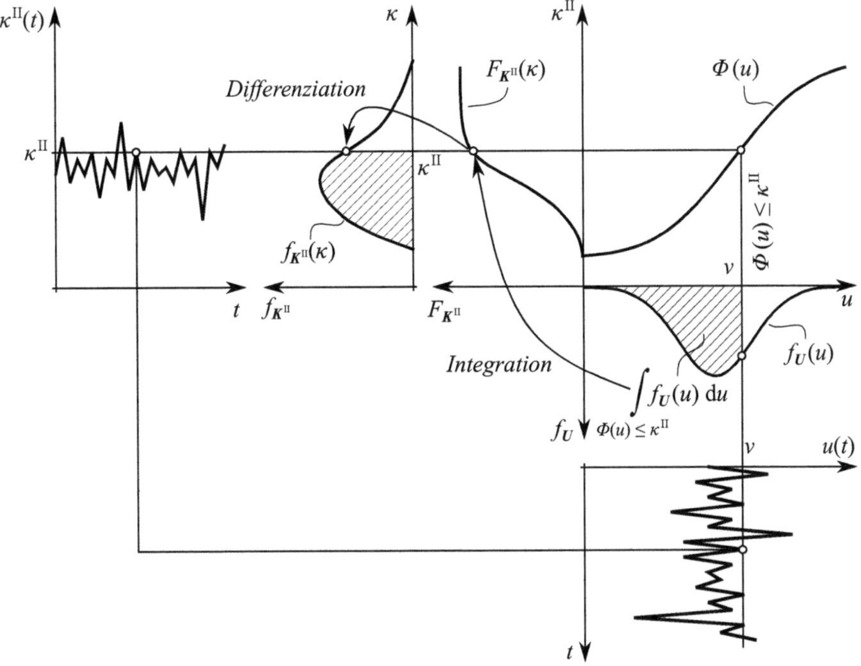


**Abb. 4.11:** Übergang der Wahrscheinlichkeitsverteilung der Einflussgröße $u = v$ in die Wahrscheinlichkeitsverteilung der Zustandsgröße $\kappa = \kappa^{\mathrm{II}}$ durch die Transformation der Zufallsvariablen $U$ in $K^{\mathrm{II}}$ entsprechend der statischen Kennlinie $\kappa^{\mathrm{II}} = \Phi(u)$ des Verarbeitungsvorgangs nach Gleichung (4.12). Dargestellt sind neben den Dichtefunktionen $f_U(u)$ und $f_{K^{\mathrm{II}}}(\kappa)$ auch exemplarische Zeitreihen $u(t)$ und $\kappa^{\mathrm{II}}(t)$ der Einfluss- und Zustandsgrößen. Die statische Kennlinie geht aus der Zustandsraumdarstellung des Wirkpaarungsmodells nach Abschnitt 4.2.2 hervor. Vgl. auch Abb. 4.9.

tischen Verteilung der Einflussgrößen abhängt[146]. Die Bewertung des Betriebsverhaltens einer Verarbeitungsmaschine ohne Kenntnis des Kennfeldes des Verarbeitungsvorgangs und der Dichtefunktion der Einflussgrößen ist damit nicht verallgemeinerbar, sondern nur für die Randbedingungen gültig, die während des Beobachtungszeitraums herrschten. Beim Vergleich von Verarbeitungsmaschinen anhand der im folgenden Abschnitt beschriebenen statistischen Kennzahlen ist deshalb immer auf ähnliche Randbedingungen zu achten. Andernfalls ist nicht feststellbar, ob beobachtete Unterschiede tatsächlich charakteristische Eigenschaften der verglichenen Verarbeitungsmaschinen darstellen, oder ob sie von den Einflussgrößen verursacht sind[147].

---

[146] Dieser Zusammenhang besteht bspw. beim Wärmekontaktsiegeln zwischen den Schwankungen der Siegeltemperatur, die auf Grund des Verhaltens des Temperaturreglers auftreten, und der Nahtfestigkeit. Vgl. Abb. 5.11 in Abschnitt 5.2.1.2.

[147] Dieselbe Feststellung wurde bereits in Abschnitt 4.2.2.2 im Kontext experimentell bestimmter Kennfelder und Kennlinien gemacht. Hier wird einmal mehr deutlich, dass nur die Kenntnis

### 4.2.3.3 Kennzahlen des Betriebsverhaltens

**Gesamtanlageneffektivität**

Die Beurteilung des Betriebsverhaltens einer Verarbeitungsmaschine anhand der Wahrscheinlichkeitsverteilung der Qualitätskenngrößen ist für die praktische Anwendung zu aufwendig und zu wenig anschaulich, sodass stattdessen Kennzahlen genutzt werden. International durchgesetzt hat sich dabei die *Gesamtanlageneffektivität*, die den Anteil aller verlustbringenden Maschinenzustände an der tatsächlich nutzbaren Maschinenarbeitszeit ausdrückt, siehe Abb. 4.12. Ausgehend von der Nutzung[148] einer Verarbeitungsmaschine erfasst sie drei Arten von Verlusten, die durch das Betriebsverhalten verursacht werden[149]:

* *Rüsten*: Verluste durch geplanten Stillstand während der nutzbaren Maschinenzeit.

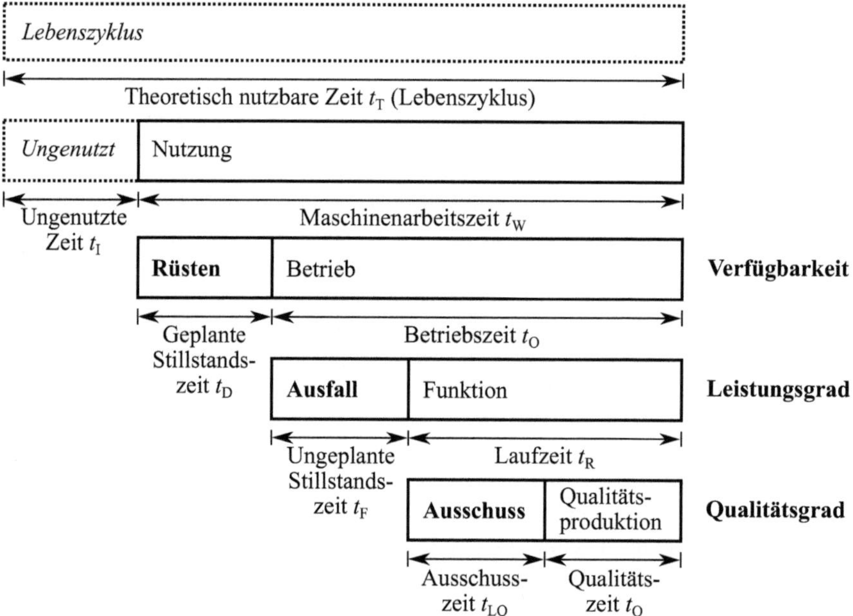


**Abb. 4.12:** Gliederung der Maschinenzustände und zugehörige Elemente der Zeitgliederung nach DIN EN 415-11 [50]. Vgl. auch Abb. 2.27.

---

des Differentialgleichungssystems der Wirkpaarung (4.7) und der Ausgangsgleichung (4.8) echte Vorhersagen ermöglicht.

[148] Von der Betrachtung ausgenommen sind die Anteile des Lebenszyklus, in denen die Maschine nicht nutzbar ist, bspw. auf Grund begrenzter Arbeitszeiten oder Aufstellung der Maschine. Vgl. dazu auch den Lebenszyklus nach Abb. 2.43.

[149] Siehe DIN EN 415-11 in Abschnitt 2.1.3.5. Es sei angemerkt, dass die hier vorgestellten Systemzustände den Verlust durch verminderte Ausbringung nicht berücksichtigen.

- *Ausfall*: Verluste durch ungeplanten Stillstand während der Betriebszeit.
- *Ausschuss*: Verluste durch nicht qualitätsgerecht verarbeitete Güter.

Die Gesamtanlageneffektivität ergibt sich dann entsprechend Gleichung (2.56) als Produkt der drei Kennzahlen Verfügbarkeit $k_A$, Leistungsgrad $k_P$ und Qualitätsgrad $k_Q$, die jeweils die Verluste durch Rüsten, Ausfall und Ausschuss quantifizieren[150]:

$$OEE = k_A \cdot k_P \cdot k_Q \tag{4.30}$$

Im Sinne einer Vorhersage drückt diese Kennzahl die Wahrscheinlichkeit aus, mit der eine Verarbeitungsmaschine zu einem beliebigen Beobachtungszeitpunkt qualitätsgerecht verarbeitete Güter herstellt. Im Sinne einer Rückschau auf ein Produktionslos beziffert sie das Verhältnis zwischen der Anzahl der tatsächlich hergestellten und theoretisch möglichen, qualitätsgerecht verarbeiteten Güter und entspricht damit dem Produktivitätskoeffizient nach Gleichung (2.55). Die nachfolgenden Abschnitte zeigen, wie die einzelnen Kennzahlen der Gesamtanlageneffektivität aus dem Betriebsverhalten und dem Verarbeitungsvorgang abzuleiten sind.

**Rüsten, Ausfall und Ausschuss**

Ausgangspunkt für die Bildung der genannten Kennzahlen sind die zu erfüllenden Qualitätsanforderungen:

**Definition 4.12** Die *Qualitätsanforderungen* an die verarbeiteten Güter, d. h. die Anforderungen an das Verarbeitungsergebnis des Verarbeitungsvorgangs, seien durch die Teilmenge $\mathscr{Q} \subseteq \mathscr{K}$ mit

$$\mathscr{Q} = [\boldsymbol{\kappa}^L, \boldsymbol{\kappa}^U] \tag{4.31}$$

gegeben[151]., wobei $\boldsymbol{\kappa}^L$ und $\boldsymbol{\kappa}^U$ als untere und obere *Qualitätskriterien* bezeichnet seien, siehe Abb. 4.13.

Diese Qualitätsanforderungen müssen dabei nicht zwangsläufig aus den Zustandsgrößen des Verarbeitungsgutes abgeleitet sein. In vielen Fällen ist es möglich oder notwendig auf andere Systemgrößen zurückzugreifen, bspw. den Zustand der Arbeitsorgane $\mathbf{z}(t)$[152], sodass auch von den *Qualitätsanforderungen an den Verarbeitungsvorgang* gesprochen werden kann.

---

[150] Zum Begriff der Gesamtanlageneffektivität siehe Abschnitt 2.1.3.5. Die Bezeichnungen der Kennzahlen seien hier zur besseren Unterscheidung gegenüber anderen Symbolen in dieser Arbeit abweichend zur DIN EN 415-11 [50] gewählt.

[151] Hier wird davon ausgegangen, dass die Anforderungen einen zusammenhängenden Bereich als zulässige Ausprägung der Qualitätskennwerte festlegen. Denkbar ist aber auch ein unzusammenhängender Bereich, der durch mehrere untere und obere Qualitätskriterien abschnittsweise definiert ist. Derartige Anforderungen sind jedoch unüblich, sodass nur der Spezialfall nach Gleichung (4.31) berücksichtigt wird.

[152] So ist es beim Wärmekontaktsiegeln in Ermangelung einer In-line-Kontrolle der Siegelnahtqualität üblich die Temperatur der Siegelwerkzeuge zu überwachen und Grenztemperaturen festzulegen, die nicht überschritten werden dürfen, obwohl diese Qualitätskriterien nur eine eingeschränkte Aussage zur tatsächlichen Qualität der Naht bieten.

Damit können zwei komplementäre *Ereignisse* des Betriebsverhaltens definiert werden, die für die Gesamtanlageneffektivität relevant sind.

**Definition 4.13** Elementare Ereignisse des Betriebsverhaltens:

$$Die\ Qualitätsanforderungen\ sind\ erfüllt: \qquad A = \mathscr{Q} \qquad (4.32)$$

$$Die\ Qualitätsanforderungen\ sind\ nicht\ erfüllt: \quad A^{-1} = \mathscr{K} \setminus \mathscr{Q} \qquad (4.33)$$

Die Gesamtanlageneffektivität gibt damit die Eintrittswahrscheinlichkeit $P(A)$ des Ereignisses $A = \mathscr{Q}$ an. Die drei Verlustarten Rüsten, Ausfall und Ausschuss beschreiben dann das Ereignis $A^{-1}$ und unterscheiden sich darin, welche Folge die Nichterfüllung der Qualitätsanforderungen hat:

- *Rüsten und Ausfall*: Die Nichterfüllung führt zu einem Stillstand der Maschine. Die Eintrittswahrscheinlichkeit $P(A) = 1 - P(A^{-1})$ ergibt sich deshalb aus einem Zufallsexperiment mit abhängigen Zufallsvariablen.
- *Ausschuss*: Die Nichterfüllung führt zu einem nicht qualitätsgerecht verarbeiteten Gut. Die Eintrittswahrscheinlichkeit $P(A) = 1 - P(A^{-1})$ ergibt sich deshalb aus einem Zufallsexperiment mit unabhängigen Zufallsvariablen.

Beide Fälle erfordern unterschiedliche statistische Modelle, die nachfolgend beschrieben werden.

**Qualitätsgrad**

Betrachtet wird eine Verarbeitungsmaschine im Maschinenzustand Funktion.

**Definition 4.14** Eine Verarbeitungsmaschine, die sich in *Funktion* befindet, kann zwei Zustände aufweisen: *Qualitätsproduktion* bezeichnet den Zustand, in dem die Maschine *qualitätsgerecht verarbeitete Güter* herstellt, deren Eigenschaften mit $\kappa^{\mathrm{II}} \in \mathscr{Q}$ die Qualitätsanforderungen erfüllen, d. h. das Ereignis $A$. *Ausschussproduktion* bezeichnet den Zustand, in dem die Maschine *nicht qualitätsgerecht verarbeitete Güter* herstellt, deren Eigenschaften mit $\kappa^{\mathrm{II}} \notin \mathscr{Q}$ die Qualitätsanforderungen nicht erfüllen, d. h. das Ereignis $A^{-1}$.

Der *Qualitätsgrad* gibt dann die Wahrscheinlichkeit an, mit der eine Verarbeitungsmaschine qualitätsgerecht verarbeitete Güter herstellt:

$$k_\mathrm{Q} = P(A). \qquad (4.34)$$

**Abb. 4.13** Schematische Darstellung Qualitätsanforderung eines Verarbeitungsvorgangs bei einem Qualitätskennwert: $\kappa^1$ erfüllt die Qualitätsanforderung, $\kappa^2$ nicht.

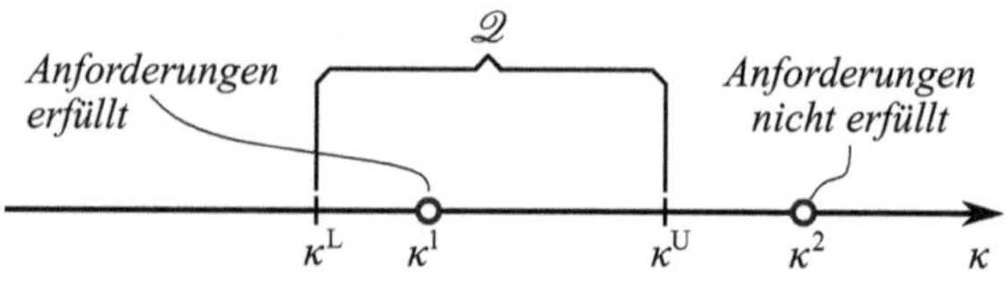

Das Verarbeitungsergebnis $\kappa^{\mathrm{II}}$ kann gemäß Definition 4.10 als Zufallsvariable beschrieben werden. Bleiben das Kennfeld des Verarbeitungsvorgangs $\Phi$ und die Verteilungsfunktion $F_U$ der Einflussgrößen während des Beobachtungszeitraums unverändert, gilt für aufeinanderfolgenden Verarbeitungsergebnissen $k$ und $k+1$ auch die Verteilungsfunktion $F_{K^{\mathrm{II}}}$. Somit handelt es sich bei den Verarbeitungsergebnissen $k$ und $k+1$ um das Ergebnis unabhängiger Zufallsexperimente. Damit ergibt sich der Qualitätsgrad aus der Verteilungsfunktion (4.23) der Verarbeitungsergebnisse unter Anwendung der Qualitätskriterien nach Definition 4.12 als

$$k_{\mathrm{Q}} = \int_{\mathscr{Q}} \cdots \int f_{\boldsymbol{K}^{\mathrm{II}}}(\kappa_i, \ldots, \kappa_{n_\kappa})\, \mathrm{d}\kappa_i, \ldots, \mathrm{d}\kappa_{n_\kappa} \ . \tag{4.35}$$

D. h., der Qualitätsgrad ist von den Qualitätsanforderungen $\mathscr{Q}$, der statischen Kennlinie $\Phi(\mathbf{u})$ und der Wahrscheinlichkeitsverteilung $f_U$ der Einflussgrößen $\mathbf{u}$ abhängig, siehe Abb. 4.14, und es gilt:

$$k_{\mathrm{Q}} = f(\mathscr{Q}, \Phi(\mathbf{u}), f_U) \ . \tag{4.36}$$

Betrachtet man ein Produktionslos $N = N_{\mathrm{R}}$, das während der Laufzeit $t_{\mathrm{R}}$ hergestellt wird, kann der Qualitätsgrad ebenso aus dem Anteil der qualitätsgerecht verarbeiteten Güter $N_{\mathrm{Q}}$ mit

$$k_{\mathrm{Q}} = \frac{N_{\mathrm{Q}}}{N_{\mathrm{R}}} \tag{4.37}$$

abgezählt werden. Der Zusammenhang zwischen den Gleichungen (4.35) und (4.37) begründet sich durch das Gesetz der großen Zahlen, das in Abschnitt 4.2.3.2 erläutert wurde.

**Abb. 4.14** Herleitung des Qualitätsgrads aus den Qualitätsanforderungen, dem Kennfeld des Verarbeitungsvorgangs und der Wahrscheinlichkeitsverteilung der Einflussgrößen bei einem Qualitätskennwert und einer Einflussgröße. Siehe dazu auch Abb. 4.11.

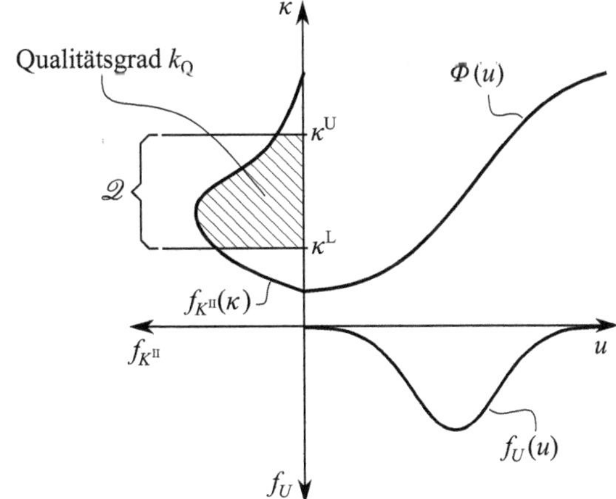

**Leistungsgrad**

Betrachtet wird eine Verarbeitungsmaschine im Maschinenzustand Betrieb, d. h. eine Verarbeitungsmaschine die gegenwärtig für die Produktion eingeplant ist.

**Definition 4.15** Eine Verarbeitungsmaschine, die sich in *Betrieb* befindet, kann zwei Zustände aufweisen: *Funktion* bezeichnet den Zustand, in dem die Maschine die Qualitätsanforderungen erfüllt, d. h. das Ereignis $A$. *Ausfall* bezeichnet den Stillstand der Maschine auf Grund einer Verletzung der Qualitätskriterien[153], d. h. das Ereignis $A^{-1}$.

Der *Leistungsgrad* gibt dann die Wahrscheinlichkeit an, mit der eine Verarbeitungsmaschine Güter verarbeitet, d. h. nicht ungeplant stillsteht:

$$k_\mathrm{P} = P(A). \tag{4.38}$$

Diese Eintrittswahrscheinlichkeit $P(A)$ ergibt sich dabei aus dem sog. *Ausfall- und Reparaturverhalten*[154], das die Abfolge der Zustände Funktion und Ausfall beschreibt, siehe Abb. 4.15:

- Das *Ausfallverhalten* folgt dabei aus den Qualitätsanforderungen $\mathscr{Q}$, der statischen Kennlinie $\mathbf{\Phi}(\mathbf{u})$ und der Wahrscheinlichkeitsverteilung $F_U$ der Einflussgrößen $\mathbf{u}$

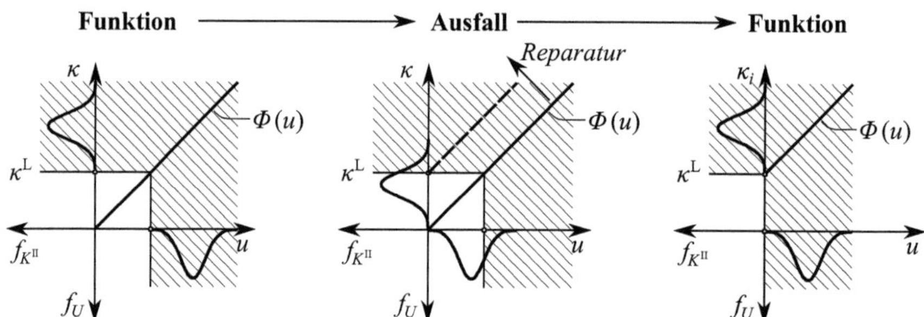



**Abb. 4.15:** Schematische Darstellung des Übergangs zwischen den Betriebszuständen Ausfall und Funktion bei einem Qualitätskennwert und einer Einflussgröße. Meldeschwelle $\kappa^\mathrm{L}$ mit zulässigem Bereich schraffiert dargestellt. Ausfall durch Überschreiten der Meldeschwelle auf Grund einer Verschiebung der Verteilung der Einflussgröße $u$. Reparatur durch Anpassung der Kennlinie $\Phi(u)$.

---

[153] Ein Stillstand kann dabei sowohl durch Versagen eines oder mehrere Bauteile verursacht werden, als auch durch einen Nothalt bei Erreichen einer festgelegten Meldeschwelle. Solche Meldeschwellen werden eingerichtet, um zu verhindern, dass eine Maschine in einen Zustand gelangt, in dem sie dauerhaft nicht qualitätsgerecht verarbeitete Güter herstellt. In einem solchen Fall müsste auch der Qualitätsgrad mit Hilfe einer Markow-Kette modelliert werden. Als Beispiel ist hier das Überschreiten einer grenzwertigen Siegeltemperatur zu nennen, die zum Verkleben der Siegelschienen führt, infolgedessen keine dichten Siegelnähte mehr hergestellt werden können.

[154] Die statistischen Grundlagen zum Ausfall- und Reparaturverhalten werden im Rahmen der Zuverlässigkeitstheorie behandelt. Vgl. dazu Abschnitt 2.1.3.4.

und ist damit eine Eigenschaft des Verarbeitungsvorgangs im Bezug auf die Qualitätsanforderungen und die Einsatzbedingungen der Verarbeitungsmaschine.

- Das *Reparaturverhalten* folgt aus den erforderlichen Änderungen an der Verarbeitungsmaschine, um die Maschine wieder in den Zustand Funktion zu versetzen, und aus den Randbedingungen, unter denen die Reparatur stattfindet.

Das bedeutet, dass die Wahrscheinlichkeit, mit der eine Verarbeitungsmaschine ihren Betriebszustand von einem Zeitpunkt $t_{k-1}^{\mathrm{II}}$ zum nächsten Zeitpunkt $t_k^{\mathrm{II}}$ wechselt, vom Betriebszustand zum Zeitpunkt $t_{k-1}^{\mathrm{II}}$ abhängig ist. Es handelt sich demnach um eine Abfolge von Zufallsexperimenten mit *abhängigen* Zufallsvariablen, eine sog. *Markow-Kette*[155]. Der Übergangsgraph in Abb. 4.16 zeigt die möglichen Betriebszustände der Verarbeitungsmaschine und die jeweilige *Übergangswahrscheinlichkeit* zwischen den Zuständen. Hierbei bezeichnet die Übergangswahrscheinlichkeit $P_\mathrm{f}$ die Wahrscheinlichkeit, dass eine Maschinen im Zustand Funktion auch zum darauffolgenden Zeitpunkt im Zustand Funktion ist. Analog gibt die $P_\mathrm{a}$ Wahrscheinlichkeit an, dass sich eine Maschine im Zustand Ausfall zum darauffolgenden Zeitpunkt immer noch im Zustand Ausfall befindet. Die Wahrscheinlichkeiten $1 - P_\mathrm{f}$ und $1 - P_\mathrm{a}$ beschreiben dann die Wahrscheinlichkeit eines Wechsels vom Zustand Funktion in den Zustand Ausfall und umgekehrt. Damit kann die sog. *Übergangsmatrix*

$$\boldsymbol{\Pi}(\boldsymbol{\kappa}_{k-1}^{\mathrm{II}}, \boldsymbol{\kappa}_{k}^{\mathrm{II}}) = \begin{array}{cc} A & A^{-1} \\ \begin{bmatrix} P_\mathrm{f} & 1 - P_\mathrm{f} \\ 1 - P_\mathrm{a} & P_\mathrm{a} \end{bmatrix} & \begin{array}{c} A \\ A^{-1} \end{array} \end{array} \qquad (4.39)$$

definiert werden. Die Zeilen der Matrix stehen dabei für den Zustand $\boldsymbol{\kappa}_{k-1}^{\mathrm{II}}$ zum Zeitpunkt $t_{k-1}^{\mathrm{II}}$, die Spalten für den Zustand $\boldsymbol{\kappa}_{k}^{\mathrm{II}}$ zum Zeitpunkt $t_k^{\mathrm{II}}$.

Die Wahrscheinlichkeit, dass eine Maschine im Zustand Funktion zum darauffolgenden Zeitpunkt in Funktion ist, d. h. ein weiteres qualitätsgerecht verarbeitetes Gut in Folge herstellt, ist bereits aus der Berechnung des Qualitätsgrads mit Gleichung (4.35) bekannt. Die Übergangswahrscheinlichkeit $P_\mathrm{f}$ ergibt damit analog mit

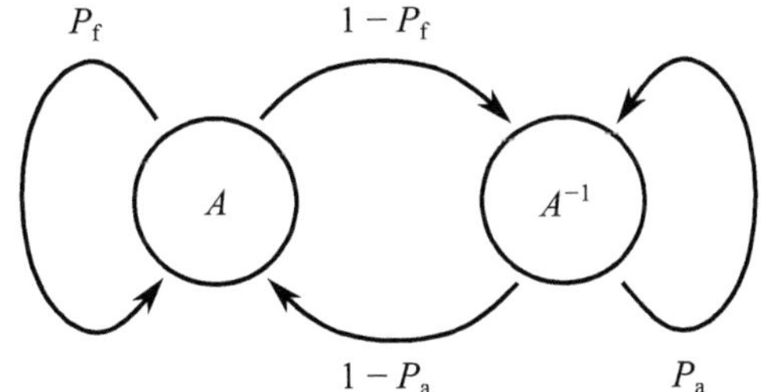



**Abb. 4.16** Übergangsgraph für das Ausfall- und Reparaturverhalten einer Verarbeitungsmaschine mit den Betriebszuständen Funktion $A$ und Ausfall $A^{-1}$.

---

[155] Nach Andrei Andrejewitsch Markow (* 14.6.1856, † 20.7.1922). Siehe auch Fußnote 52. Eine ausführliche Darstellung zu Markow-Ketten findet sich in [26, 84].

$$P_{\mathrm{f}} = \int_{\mathscr{Q}} \cdots \int f_{\boldsymbol{K}^{\mathrm{II}}}(\kappa_i, \ldots, \kappa_{n_\kappa})\, \mathrm{d}\kappa_i, \ldots, \mathrm{d}\kappa_{n_\kappa} \,. \tag{4.40}$$

Da aus der Verletzung der Qualitätskriterien der Stillstand folgt[156], hängt die Übergangswahrscheinlichkeit $P_{\mathrm{a}}$ nicht von den Eigenschaften des Verarbeitungsvorgangs ab, sondern von den Randbedingungen, unter denen die Reparaturen stattfinden, und kann deshalb nicht aus dem Wirkpaarungsmodell abgeleitet werden.

Weiter werden zur Beschreibung des Ausfall- und Reparaturverhaltens zwei neue Zufallsvariablen eingeführt[157]:

- *time between failures tbf*: Die Dauer vom Start der Verarbeitungsmaschine bis zum Ausfall, *Lebensdauer* genannt.
- *time to repair ttr*: Die Dauer vom Ausfall bis zur Rückkehr in den Betriebszustand Funktion, *Reparaturdauer* genannt.

Sie sind wie folgt definiert[158]:

**Definition 4.16** Die *Lebensdauer tbf* : $(\mathscr{N}, E(\mathscr{N}), P) \to \mathbb{R}_+$ sei eine Zufallsvariable. Hierbei sei die Grundgesamtheit $\mathscr{N} = \{0, 1, 2, \ldots, n_{\mathrm{VG}}\}$ nach Definition 4.9 durch die Anzahl der verarbeiteten Güter zwischen zwei Ausfällen festgelegt, $A(\mathscr{N})$ sei die betrachteten Zufallsereignisse und $P : E(\mathscr{N}) \to [0, 1]$ sei das Wahrscheinlichkeitsmaß.

Es ist zu beachten, dass diese Zufallsvariable lediglich zwischen zwei Ausfällen definiert ist.

**Definition 4.17** Die *Reparaturdauer ttr* : $(\mathscr{T}, E(\mathscr{T}), P) \to \mathbb{R}_+$ sei ebenfalls eine Zufallsvariable, wobei $\mathscr{T} = \mathbb{R}_+$ die Grundgesamtheit, $E(\mathscr{T})$ die betrachteten Ereignisse und $P : E(\mathscr{T}) \to [0, 1]$ das Wahrscheinlichkeitsmaß seien.

Die *Lebensdauer* kann durch die *Überlebenswahrscheinlichkeit* [159] oder *Zuverlässigkeit*

$$R(t) = P(tbf > t)\,, \tag{4.41}$$

angegeben werden. Sie beschreibt die Wahrscheinlichkeit, mit der die Verarbeitungsmaschine *nach* dem Zeitpunkt $t_k^{\mathrm{II}}$ ausfällt und folgt aus dem Produkt aller Übergangswahrscheinlichkeiten der Markow-Kette[160] mit

$$R(t) = P^{\kappa_0^{\mathrm{II}}}(\boldsymbol{K}_t^{\mathrm{II}} = \boldsymbol{\kappa}_t^{\mathrm{II}})\,, \tag{4.42}$$

---

[156] Hier wird deutlich, dass der hauptsächliche Unterschied zwischen Qualitätsgrad und Leistungsgrad in der Folge liegt, die eine Verletzung der Qualitätskriterien bewirkt. Mit dem Qualitätsgrad werden solche Fälle abgedeckt, die zu nicht qualitätsgerecht verarbeiteten Gütern führen. Der Leistungsgrad betrachtet Fälle, die zu Maschinenstillstand führen.

[157] Siehe Abschnitt 2.1.3.4 zu Ausfall- und Reparaturmodellen.

[158] Vgl. dazu Definition 4.9 und Abb. 4.8.

[159] Siehe dazu Abschnitt 2.1.3.4 und dort die Gleichungen (2.38) bis (2.40).

[160] Die Notation folgt [84].

wobei der Anfangszustand $\kappa_0^{\mathrm{II}} \in A$ zum Zeitpunkt $t = 0$ und der $t$-te Zustand $\kappa_t^{\mathrm{II}} \in A$ zum Zeitpunkt $t$ ist. Gemäß der Übergangsmatrix (4.39) und dem Übergangsgraph in Abb. 4.16 ergibt sich die Überlebenswahrscheinlichkeit damit als $t$-te Potenz der Übergangswahrscheinlichkeit $P_{\mathrm{f}}$ mit

$$R(t) = \mathbf{\Pi}^t (A, A) \qquad (4.43)$$

$$= (P_{\mathrm{f}})^t \qquad (4.44)$$

$$= e^{t \cdot \ln P_{\mathrm{f}}} . \qquad (4.45)$$

Aus den Gleichungen (2.43) und (2.44) folgt dann die *mittlere Lebensdauer* zu

$$MTBF = -\frac{1}{\ln P_{\mathrm{f}}} . \qquad (4.46)$$

Für die *Reparaturdauer* lassen sich analog die *Erneuerungswahrscheinlichkeit*

$$E(t) = P(ttr > t) \qquad (4.47)$$

$$= (P_{\mathrm{a}})^t \qquad (4.48)$$

und die *mittlere Reparaturdauer*

$$MTTR = -\frac{1}{\ln P_{\mathrm{a}}} \qquad (4.49)$$

definieren.

Der *Leistungsgrad* ergibt sich dann entsprechend Gleichung (2.49) als Verhältnis der mittleren Lebensdauer und der gesamten Betriebsdauer zu

$$k_{\mathrm{P}} = \frac{MTBF}{MTBF + MTTR} \qquad (4.50)$$

$$= \frac{1}{1 + \frac{\ln P_{\mathrm{f}}}{\ln P_{\mathrm{a}}}} . \qquad (4.51)$$

In einer Rückschau kann außerdem aus dem Leistungsgrad und dem Qualitätsgrad auf die Ausbringungsmenge $N_{\mathrm{O}}$ zurückgerechnet werden, die theoretisch während der Betriebszeit $t_{\mathrm{O}}$ hergestellt werden könnte:

$$k_{\mathrm{P}} \cdot k_{\mathrm{Q}} = \frac{N_{\mathrm{Q}}}{N_{\mathrm{O}}} . \qquad (4.52)$$

Damit ist der Leistungsgrad von den Qualitätsanforderungen $\mathscr{Q}$, der statischen Kennlinie $\mathbf{\Phi}(\mathbf{u})$, der Wahrscheinlichkeitsverteilung $f_U$ der Einflussgrößen $\mathbf{u}$ und den Reparaturbedingungen $P_{\mathrm{a}}$ abhängig, sodass

$$k_{\mathrm{P}} = f(\mathscr{Q}, \mathbf{\Phi}(\mathbf{u}), f_U, P_{\mathrm{a}}) \qquad (4.53)$$

gilt. Ist mindestens eine dieser Einflussgrößen unbekannt, kann der Leistungsgrad nur durch experimentelle Ermittlung der mittleren Lebensdauer und Reparaturdauer gemäß Gleichung (2.45) bestimmt werden.

**Verfügbarkeit**

Betrachtet wird eine Verarbeitungsmaschine im Maschinenzustand Nutzung, d. h. eine Maschine in der Nutzungsphase ihres Lebenszyklus abzüglich der nicht nutzbaren Zustände. Dieser Fall wird im Allgemeinen unter dem Begriff Flexibilität behandelt[161] und bezieht sich auf die Verluste, die bei Wechseln zwischen Produktionsaufträgen entstehen.

**Definition 4.18** Eine Verarbeitungsmaschine, die sich in *Nutzung* befindet, kann zwei Zustände aufweisen: *Betrieb* bezeichnet den Zustand, in dem die Maschine einen Produktionsauftrag ausführt und die Qualitätsanforderungen erfüllt, d. h. das Ereignis $A$. *Rüsten* bezeichnet den Zustand, in dem sie für den nächsten Produktionsauftrag vorbereitet wird und die Qualitätsanforderungen nicht erfüllt, d. h. das Ereignis $A^{-1}$.

Die *Verfügbarkeit* gibt dann die Wahrscheinlichkeit an, mit der eine Verarbeitungsmaschine für die Verarbeitung von Gütern verfügbar ist:

$$k_\mathrm{A} = P(A) \, . \tag{4.54}$$

In Analogie zu den statistischen Ausfall- und Reparaturmodellen kann eine Zeitbilanz aufgestellt werden, aus der sich die Verfügbarkeit berechnen lässt. Hierzu seien zwei Zufallsgrößen für die Zustände Betrieb und Rüsten eingeführt:

- *time between changeover tbc*: Die Dauer zwischen zwei Rüstvorgängen zur Abarbeitung eines Produktionsauftrags, *Auftragsdauer* genannt.
- *time to changover ttc*: Die Dauer zwischen dem Ende eines Produktionsauftrags und dem Beginn des darauffolgenden Produktionsauftrags, die für die Vorbereitung der Verarbeitungsmaschine benötigt wird, *Rüstdauer* genannt.

Sie sind wie folgt definiert:

**Definition 4.19** Die *Auftragsdauer tbc* : $(\mathscr{T}, E(\mathscr{T}), P) \rightarrow \mathbb{R}_+$ sei eine Zufallsvariable, wobei $\mathscr{T} = \mathbb{R}_+$ die Grundgesamtheit, $E(\mathscr{T})$ die betrachteten Ereignisse und $P : E(\mathscr{T}) \rightarrow [0, 1]$ das Wahrscheinlichkeitsmaß seien.

**Definition 4.20** Die *Rüstdauer ttc* : $(\mathscr{T}, E(\mathscr{T}), P) \rightarrow \mathbb{R}_+$ sei eine Zufallsvariable, wobei $\mathscr{T} = \mathbb{R}_+$ die Grundgesamtheit, $E(\mathscr{T})$ die betrachteten Ereignisse und $P : E(\mathscr{T}) \rightarrow [0, 1]$ das Wahrscheinlichkeitsmaß seien.

---

[161] Vgl. dazu Abschnitt 2.1.2.5 zur Anpassungstheorie und 2.1.4.3 zu dynamischen Systemen in der Regelungstechnik.

Die Verteilungsfunktion $F_{tbc} : \mathbb{R} \to [0,1]$ mit

$$F_{tbc}(\tau) = P(tbc > \tau) \tag{4.55}$$

und die Dichtefunktion $f_{tbc}(t) : \mathbb{R} \to \mathbb{R}$ mit

$$F_{tbc}(\tau) = \int_\tau^\infty f_{tbc}(t)\, dt \tag{4.56}$$

geben die Verteilung der Auftragsdauer an. Die Verteilung der Rüstdauer sei analog durch die Verteilungsfunktion $F_{ttr} : \mathbb{R} \to [0,1]$ mit

$$F_{ttc}(\tau) = P(ttc > \tau) \tag{4.57}$$

und die Dichtefunktion $f_{ttc} : \mathbb{R} \to \mathbb{R}$ mit

$$F_{ttc}(\tau) = \int_\tau^\infty f_{ttc}(t)\, dt \tag{4.58}$$

beschrieben. Die *mittlere Auftragsdauer MTBC* und die *mittlere Rüstdauer MTTC* ergeben sich als Erwartungswerte der Verteilungen zu

$$MTBC = \int_0^\infty t \cdot f_{tbc}(t)\, dt \tag{4.59}$$

bzw.

$$MTTC = \int_0^\infty t \cdot f_{ttc}(t)\, dt\,. \tag{4.60}$$

Die *Verfügbarkeit* wird dann analog zu Gleichung (2.47) bzw. (4.50) mit

$$k_A = \frac{MTBC}{MTBC + MTTC} \tag{4.61}$$

berechnet und gibt den Zeitanteil der Auftragsdauer an der gesamten Nutzungszeit an. In einer Rückschau kann damit unter Zuhilfenahme des Leistungsgrades und des Qualitätsgrades mit Gleichung (4.30) auf die theoretisch während der Maschinenarbeitszeit $t_W$ herstellbare Ausbringungsmenge $N_W$ zurückgerechnet werden:

$$OEE = \frac{N_Q}{N_W}\,, \tag{4.62}$$

vgl. dazu auch Gleichung (2.55).

Die Verteilungen der Auftragsdauer und der Rüstdauer sind dabei nicht zufällig, sondern durch die Produktionsplanung des Unternehmens und die Flexibilität[162] der

---

[162] Dies begründet auch die gesonderte Betrachtung der Verfügbarkeit neben dem Leistungsgrad. Denn im Falle des Leistungsgrades folgen die Lebensdauer und die Reparaturdauer zufälligen Verteilungen. Vgl. dazu die Definition von GRUPPSTRÖM UND OLHAGER, die in Abschnitt 2.1.2.5 vorgestellt wurde.

Verarbeitungsmaschine gegeben. Dazu lassen sich folgende Überlegungen anstellen: Ein *Produktionsauftrag* sei durch die Auftragsdauer *tbc* sowie die Qualitätsanforderungen an das Verarbeitungsergebnis $\kappa^{II} \in \mathscr{Q}$ und die Eigenschaften des unverarbeiteten Gutes $\zeta^{I}$ beschrieben[163]. Der *Produktionsplan* lege die Reihenfolge der Produktionsaufträge fest, d. h. die Verteilung $F_{tbc}$ der Auftragsdauer sowie zeitliche Abfolge mit der $\mathscr{Q}$ und $\zeta^{I}$ wechseln. Die *Flexibilität* sei eine Eigenschaft der Verarbeitungsmaschine und in Anlehnung an GRUPPSTRÖM UND OLHAGER reziprok zur Rüstdauer. Es darf deshalb angenommen werden, dass die Flexibilität geringer ist und die Rüstdauer länger, je größer die erforderliche Anpassung des Kennfelds des Verarbeitungsvorgangs, siehe dazu Abb. 4.17. Es können damit folgende, grundsätzliche Annahmen zur Abhängigkeit der Verfügbarkeit von der Produktionsplanung und der Flexibilität getroffen werden: Sieht der Produktionsplan viele, umfangreiche Aufträge mit langen Auftragsdauern vor, so ist die mittlere Auftragsdauer länger und die Verfügbarkeit höher. Sind die Produktionsaufträge stark unterschiedlich, d. h. Qualitätsanforderungen und Eigenschaften der unverarbeiteten Güter weichen zwischen den Aufträgen stark ab, und ist die Flexibilität der Verarbeitungsmaschine niedrig, so ist die mittlere Rüstdauer hoch und die Verfügbarkeit gering.

Die Verfügbarkeit ist damit von der Wahrscheinlichkeitsverteilung der Auftragsdauer $f_{tbc}$, der statischen Kennlinie $\Phi(\mathbf{u})$, den Qualitätsanforderungen $\mathscr{Q}$ und den Eigenschaften der unverarbeiteten Güter $\zeta^{II} \in \mathbf{u}$ abhängig, sodass

$$k_A = f(f_{tbc}, \Phi(\mathbf{u}), \mathscr{Q}, \mathbf{u}) \tag{4.63}$$

gilt.

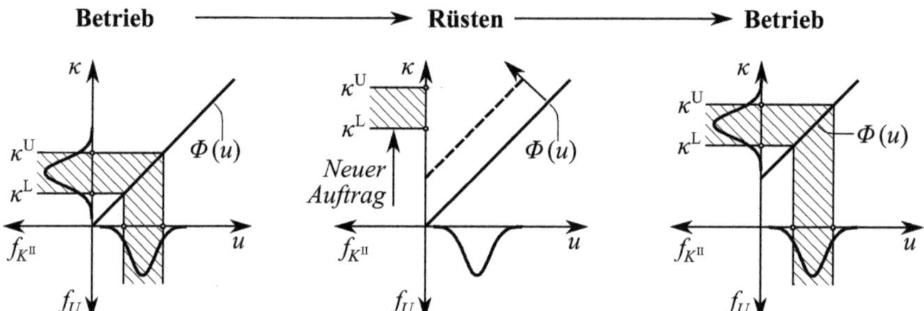



**Abb. 4.17:** Schematische Darstellung eines Rüstvorgangs bei einem Qualitätskennwert und einer Einflussgröße. Beispielhafter Auftragswechsel mit Verschiebung der Qualitätsanforderungen $\kappa^L$ und $\kappa^U$ bei unveränderter Verteilung der Einflussgröße $\zeta^I = u$. Rüsten durch Anpassung der Kennlinie $\Phi(u)$.

---

[163] Im Fall des Wärmekontaktsiegeln zeichnet sich ein Produktionsauftrag bspw. durch die geforderte Nahtfestigkeit und die Materialspezifikationen der Folien aus.

**Gesamtanlageneffektivität als betriebswirtschaftliche Kennzahl**

Die Kennzahl der Gesamtanlageneffektivität erhält ihre herausragende Bedeutung dadurch, dass sie mit der betriebswirtschaftlichen Kennzahl der *Produktivität*[164] nach Gleichung (2.7) gleichbedeutend ist: Sie bildet das Verhältnis der Ausbringungsmenge $N_Q$ mit der Menge der Einsatzfaktoren, die für die Nutzung der Verarbeitungsmaschine aufgebracht werden müssen. Dieser Zusammenhang wird im nachfolgend beschriebenen, dritten Teilmodell des Systemmodells der Verarbeitungsmaschine ausgeführt.

## 4.2.4  Die Gewinnrechnung der Verarbeitungsmaschine

In letzter Konsequenz bestimmt die betriebswirtschaftliche Kosten- und Gewinnrechnung nach dem Wirtschaftlichkeitsprinzips[165] über den Nutzen einer Verarbeitungsmaschine für die industrielle Produktion. In diese Rechnung gehen nach Gleichungen (2.2) und (2.21) der Umsatz $U$ sowie die variablen Kosten $K_v$ und fixen Kosten $K_f$ ein, sodass sich der Gewinn, den eine Verarbeitungsmaschine erwirtschaftet, aus

$$G = U(N_Q) - K_v(N_Q) - K_f \tag{4.64}$$

ergibt. $N_Q$ ist dabei die Ausbringungsmenge der Verarbeitungsmaschine, d. h. die Menge der qualitätsgerecht verarbeiteten Güter. Umsatz und Kosten ergeben sich nach Gleichung (2.5) und (2.6) als Produkt aus Preisen und Ausbringungs- bzw. Einsatzmengen.

Die zentrale Aussage CHENERYS *Engineering Produktion Functions* und GUTENBERGS *Produktionsfunktion* ist, dass die technischen Eigenschaften des Produktionsverfahrens die Preise sowie den Zusammenhang zwischen Ausbringungs- und Einsatzmengen bestimmen[166]. Die nachfolgenden Abschnitte zeigen deshalb, wie das Betriebsverhalten und das Wirkpaarungsmodell in die Umsatz- und Kostenberechnung eingehen. Zunächst werden die elementaren Preis- und Produktionsfunktionen abgeleitet und anschließend auf den Umsatz und die Kostenanteile angewendet. Der zeitliche Bezugsrahmen sei dabei der Lebenszyklus nach Abb. 2.43 einer Verarbeitungsmaschine, sodass $N_Q$ die Menge der qualitätsgerecht verarbeiteten Güter umfasst, die die Maschine während ihrer Lebenszeit herstellt.

---

[164] Siehe Abschnitt 2.1.2.2.

[165] Zum Geltungsbereich dieses Prinzips sei auf Fußnote 13 in Abschnitt 2.1.2.2 verwiesen.

[166] CHENERY bezieht sich dabei auf die Investitionsphase, GUTENBERG auf die Betriebsphase einer Verarbeitungsmaschine. Siehe Abschnitt 2.1.2.4 zu Investitionstheorie und Abschnitt 2.1.2.5 zur Produktionstheorie.

### 4.2.4.1 Preisfunktion und Produktionsfunktion

**Qualitätsanforderungen und Preisfunktion**

Aus dem Stand der Technik ist bekannt, dass der Verkaufspreis eines Produktes von seiner Qualität abhängig ist, wobei Qualitätsmodelle den Zusammenhang zwischen den Merkmalen eines Produktes, den Anforderungen an das Produkt und dem Verkaufspreis herstellen. Der Verkaufspreis leitet sich damit aus den Ausprägungen der Qualitätskennwerte $\kappa \in \mathscr{K}$ des verarbeiteten Gutes ab und ein *Qualitätsmodell* sei durch die *Preisfunktion*

$$p = f(\kappa) \tag{4.65}$$

mit $f : \mathscr{K} \to \mathbb{R}$ gegeben.

Alle bekannten Qualitätsmodelle haben gemeinsam, dass der Verkaufspreis ausgehend von einem spezifizierten Zielwert $\kappa^{\mathrm{T}}$ für kleinere und größerer Werte aller $\kappa_i$ abfällt oder zumindest konstant bleibt[167]. Eine Preisfunktion hat damit immer die Eigenschaft

$$\frac{\partial p}{\partial \kappa_i} \begin{cases} \geq 0 & \text{für } \kappa_i < \kappa_i^{\mathrm{T}} \\ = 0 & \text{für } \kappa_i = \kappa_i^{\mathrm{T}} \\ \leq 0 & \text{für } \kappa_i > \kappa_i^{\mathrm{T}}, \end{cases} \tag{4.66}$$

wobei $\nabla p = [\partial p/\partial \kappa_1, \partial p/\partial \kappa_2, ..., \partial p/\partial \kappa_{n_\varsigma}]^{\mathrm{T}}$ bedeutet. Siehe Abb. 4.18a. Negative Verkaufspreise entsprechen dabei den Entsorgungskosten eines nicht qualitätsgerecht verarbeiteten Gutes.

Die Eigenschaft nach Gleichung (4.66) ist als theoretische Konstruktion anzusehen. In der Praxis werden üblicherweise qualitätsgerecht verarbeitete Güter nach Definition 4.14 festgelegt[168], für die ein bestimmter Verkaufspreis verlangt werden

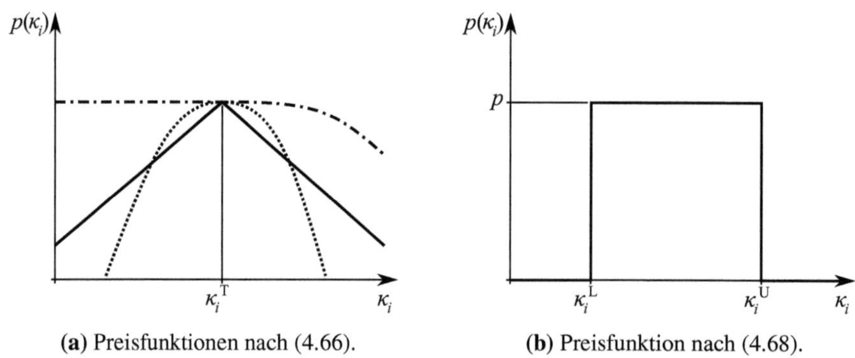

(a) Preisfunktionen nach (4.66).                    (b) Preisfunktion nach (4.68).

**Abb. 4.18:** Beispielhafte Preisfunktionen für den Verkaufspreis eines Produkts.

---

[167] Vgl. die in Kap. 2.1.2.6 vorgestellte Wertfunktion, Verlustfunktion und Qualitätskostenfunktion.

[168] Im Sinne des eingangs festgelegten Fokus dieser Arbeit sei hier davon ausgegangen, dass sich die Qualitätskriterien und der Verkaufspreis allein aus dem Verarbeitungsvorgang ergeben. Der

kann. Dieser Preis ist dabei als Durchschnittswert

$$p(\mathscr{Q}) = \prod_{i=1}^{n_\kappa} \frac{1}{\kappa_i^{U} - \kappa_i^{L}} \cdot \int_{\kappa_{n_\kappa}^{L}}^{\kappa_{n_\kappa}^{U}} \cdots \int_{\kappa_1^{L}}^{\kappa_1^{U}} f(\kappa_1, \ldots, \kappa_{n_\kappa}) \, \mathrm{d}\kappa_1 \ldots \mathrm{d}\kappa_{n_\kappa} \qquad (4.67)$$

zu interpretieren, den die Preisfunktion (4.66) innerhalb der Grenzwerte $\boldsymbol{\kappa}^{L}$ und $\boldsymbol{\kappa}^{U}$ annimmt. Damit lautet die Preisfunktion

$$p(\boldsymbol{\kappa}) = \begin{cases} 0 & \text{für } \boldsymbol{\kappa} < \boldsymbol{\kappa}^{L} \\ p(\mathscr{Q}) & \text{für } \boldsymbol{\kappa}^{L} \leq \boldsymbol{\kappa} \leq \boldsymbol{\kappa}^{U} \\ 0 & \text{für } \boldsymbol{\kappa} > \boldsymbol{\kappa}^{U} \,, \end{cases} \qquad (4.68)$$

siehe Abb. 4.18b.

Die Preisfunktionen (4.65) und (4.68) gelten für die Einkaufspreise der unverarbeiteten Güter am Eingang einer Verarbeitungsmaschine

$$p_{\mathrm{I}} = f(\boldsymbol{\kappa}^{\mathrm{I}}) \qquad (4.69)$$

ebenso wie für die Verkaufspreise der verarbeiteten Güter am Ausgang einer Verarbeitungsmaschine

$$p_{\mathrm{II}} = f(\boldsymbol{\kappa}^{\mathrm{II}}) \,. \qquad (4.70)$$

**Gesamtanlageneffektivität und Produktivität**

Mit Gleichung (2.9) liegt die allgemeine Produktionsfunktion in impliziter Form vor. Ist die Produktivität $P_{Qi}$ einer Verarbeitungsmaschine bezüglich der Qualitätsausbringung $N_Q$ und der $i$-ten Einsatzmenge $r_i$ bekannt, kann der $Qi$-te Beitrag zur Produktionsfunktion unter Verwendung von Gleichung (2.7) mit

$$N_Q - P_{Qi} \cdot r_i = 0 \qquad (4.71)$$

ebenfalls in impliziter Form geschrieben werden. Die gesuchte *Produktivität einer Verarbeitungsmaschine* entspricht hierbei der Gesamtanlageneffektivität bzw. ihren anteiligen Kennzahlen, die das Verhältnis zwischen der Qualitätsausbringung und den Einsatzfaktoren abbilden. Die Einsatzfaktoren ordnen sich dabei den Maschinenzuständen nach Abb. 4.12 zu. Variable Einsatzmengen beziehen sich dabei immer auf die (theoretischen) Ausbringungsmengen der jeweiligen Maschinenzustände, sodass die drei Produktionsfunktionen nach Tab. 4.4 angegeben werden können.

---

Einfluss von Angebot und Nachfrage auf den Verkaufspreis sei hier explizit nicht berücksichtigt. Siehe dazu die Einleitung zu Abschnitt 2.1.2.

**Tabelle 4.4:** Produktionsfunktionen bzgl. der Maschinenzustände einer Verarbeitungsmaschine entsprechend der Zustandsgliederung nach Abb. 4.12.

| Produktionsfunktion | Erläuterung | Referenz |
|---|---|---|
| $N_Q - k_Q \cdot r(N_R) = 0$ | Einsatzmengen $r$, die von der Menge der verarbeiteten Güter abhängig sind. | (4.37) |
| $N_Q - k_Q \cdot k_L \cdot r(N_O) = 0$ | Einsatzmengen $r$, die von der Menge der Güter abhängig ist, die theoretisch während der Betriebszeit verarbeitet werden kann. | (4.52) |
| $N_Q - OEE \cdot r(N_W) = 0$ | Einsatzmengen $r$, die von der theoretisch während der Nutzungszeit verarbeitbaren Menge abhängen. | (4.62) |

**Leistung und Einsatzmenge**

Das ingenieur-technische Kostenmodell aus Abschnitt 2.1.4.5 sagt aus, dass die Lebenslaufkosten mit zunehmender Belastung der Bauteile zunehmen[169]. Dabei stellen im Sinne der Analogie der physikalischen Leistungsübertragung[170] alle Potential- und Flussgrößen Belastungen in ihrer jeweiligen physikalischen Domäne dar. Wegen $P = e \cdot f$ gemäß Gleichung (2.62) kann die physikalische Leistung somit näherungsweise als universelles Maß für Einsatzmengen verwendet werden, die nicht an das Betriebsverhalten gebunden sind[171].

Die Leistung, die eine Wirkpaarung überträgt, kann aus der Änderung der gespeicherten und dissipierten Energie mit

$$P_{WP}(t) = \frac{d(E_{AO}(t) + E_{VG}(t))}{dt} \tag{4.72}$$

errechnet werden, siehe Gleichungen (4.1) und (4.2). Für die Lebenslaufkosten ist nach dem ingenieur-technischen Kostenmodell dann der maximale Betrag $\max |P_{WP}(t)|$ der übertragenen Leistung ausschlaggebend, der zur maximalen Belastung der Bauteile führt.

---

[169] Diese Aussage wird mit Abb. 2.47 verdeutlicht.

[170] Siehe dazu Tab. 2.4 in Abschnitt 2.1.4.2 sowie die Zustandsgrößen und Energiespeicher der Wirkpaarung in Tab. 4.1 und 4.2 in Abschnitt 4.2.2.1.

[171] An dieser Stelle ließe sich einwenden, dass durch eine Vergrößerung der Flussgröße, bspw. eine Steigerung der Drehzahl, bei gleichbleibender Potentialgröße, in diesem Fall dann das Drehmoment, die Leistung gesteigert werden kann, ohne die Belastung zu erhöhen. Dem ist eine Grundaussage der Festigkeitslehre [16] entgegenzuhalten, wonach ein Bauteil bis zum Erreichen des Dauerfestigkeitsbereichs bei größerer Anzahl der Lastwechsel eine höhere Beanspruchung erfährt. Dies kommt einem höheren Drehmoment bei kleinerer Drehzahl gleich. Die übertragene Leistung kann damit in guter Näherung als Maß für die Belastung eines Bauteils dienen.

### 4.2.4.2 Umsatz und Kosten einer Verarbeitungsmaschine

**Umsatz**

Für den Umsatz gilt allgemein die Abhängigkeit von Verkaufspreis und Ausbringungsmenge nach Gleichung (2.5). Der Umsatz $U_{II}$ einer Verarbeitungsmaschine errechnet sich damit durch

$$U_{II} = p_{II}(\mathcal{Q}_{II}) \cdot N_Q \tag{4.73}$$

aus dem Verkaufspreis $p_{II}(\mathcal{Q}_{II})$ der verarbeiteten Güter und der Qualitätsausbringung $N_Q$ der Verarbeitungsmaschine in Abhängigkeit der Qualitätsanforderungen $\mathcal{Q}_{II}$.

**Variable Kosten**

Die ausbringungsabhängigen Kostenanteile, die für den Einsatz einer Verarbeitungsmaschine aufzuwenden sind, haben zwei Ursprünge: Kosten für die unverarbeiteten Güter $K_I$ und Kosten für sonstige Verbrauchsmengen $K_{tv}$.

Die *Kosten für die unverarbeiteten Güter* ergeben sich deshalb mit

$$K_I = p_I(\mathcal{Q}_I) \cdot N_R \tag{4.74}$$

aus ihrem Einkaufspreis $p_I(\mathcal{Q}_I)$ in Abhängigkeit der Qualitätsanforderungen $\mathcal{Q}_I$ und ihrer verbrauchten Menge $N_R$. Da es sich bei den unverarbeiteten Gütern um Güter handelt, die in einem vorgelagerten Verarbeitungsvorgangs verarbeitet wurden, kann die Preisfunktion (4.69) angewendet werden. Die verbrauchte Menge folgt aus Gleichung (4.37) aus der Qualitätsausbringung und dem Qualitätsgrad. Sie entspricht der Menge der verarbeiteten Güter in einem Produktionslos.

Darüber hinaus entstehen beim Betrieb einer Verarbeitungsmaschine variable Kosten $K_{tv}$, die nicht an das Verarbeitungsgut gebunden sind. Hierbei handelt es sich um Kosten, die von der technischen Ausführung und Einstellung der Verarbeitungsmaschine bestimmt werden. Dazu gehören Kosten für

- *Energie*, um die Arbeitsorgane anzutreiben,
- *Betriebsstoffe*, wie Kühlwasser oder Schmierstoffe, die für den Betrieb notwendig sind, und
- *Verschleiß- und Ersatzteile*, die in regelmäßigen oder unregelmäßigen Abständen ersetzt werden müssen.

Hierbei kann angenommen werden, dass der Verbrauch von Energie, Betriebsstoffen, Verschleiß- und Ersatzteilen mit zunehmender Übertragungsleistung $P_{WP}(t)$ ansteigt[172], sodass gilt,

---

[172] Diese Annahme kann an dieser Stelle nicht nachgewiesen werden, lässt sich aber an vielen Einzelfällen zeigen. Exemplarisch wird dieser Zusammenhang für das Wärmekontaktsiegeln in Abschnitt 5.2.1.1 dargestellt.

$$\max |P_{\mathrm{WP}}(t)| \mapsto K_{\mathrm{tv}} \text{ ist monoton steigend.} \tag{4.75}$$

Üblicherweise werden diese Kosten außerdem auf die Betriebsdauer $N_{\mathrm{O}}$ bezogen[173], sodass sich die technischen, variablen Kosten mit

$$K_{\mathrm{tv}} = f(\max |P_{\mathrm{WP}}(t)|, N_{\mathrm{O}}) \tag{4.76}$$

zusammenfassen lassen.

**Fixe Kosten**

Kosten, die unabhängig von der Ausbringung während der gesamten Nutzungsdauer anfallen, sind folgende[174]:

- *Investitionskosten*, die durch den Einkaufspreis und die Bereitstellung der Maschine anfallen.
- *Lohnkosten* der Arbeitskräfte, die für die Nutzung der Maschine erforderlich sind, sofern sie nicht in Akkordlohn bezahlt werden[175].
- *Flächenkosten* für den erforderlichen Aufstellraum der Verarbeitungsmaschine.

Hierbei gilt gemäß der Argumentation aus dem vorangegangenen Abschnitt 4.2.4.1 und dem Lebenslaufkostenmodell aus Abschnitt 2.1.4.5, je höher die Übertragungsleistung, desto größer und schwerer wird eine Maschine, desto komplizierter ist ihre Funktionsstruktur, desto aufwändiger sind die notwendigen Fertigungs- und Montagetechnologien und desto mehr und besser qualifiziertes Personal ist erforderlich. Damit kann auch hier eine Abhängigkeit von der Übertragungsleistung unterstellt werden, sodass

$$K_{\mathrm{tf}} = f(\max |P_{\mathrm{WP}}(t)|) \tag{4.77}$$

die technischen, fixen Kosten beschreibt.

**Gewinn**

Qualitätsanforderungen, Betriebsverhalten und Antriebsleistung gehen in die Gewinnrechnung ein, sodass sich Gleichung (4.64) zu

---

[173] Das wird i. d. R. damit begründet, dass die Leistungsaufnahme der stillstehenden Verarbeitungsmaschine im Betrieb kaum geringer ist als die der Maschine, die Güter verarbeitet herstellt.

[174] Siehe dazu die Lebenslaufkosten, die in Abschnitt 2.1.4.5 aufgeführt sind.

[175] Andernfalls handelt es sich bei den Lohnkosten um variable Kosten. Akkordlohn ist jedoch zumindest in den Industrieländern inzwischen unüblich.

$$\begin{aligned}
G = {} & U_{\text{II}}(\mathcal{Q}_{\text{II}}, N_{\text{Q}}) \\
& - K_{\text{I}}(\mathcal{Q}_{\text{I}}, N_{\text{R}}) \\
& - K_{\text{tv}}(\max |P_{\text{WP}}(t)|, N_{\text{O}}) \\
& - K_{\text{tf}}(\max |P_{\text{WP}}(t)|)
\end{aligned} \tag{4.78}$$

erweitert. Daraus folgt, dass der Gewinn in direkter Linie aus dem Wirkpaarungs-modell abgeleitet werden kann.

## 4.2.5 Abstraktion und Informationsverlust

Die drei Bestandteile des Systemmodells bilden eine Folge immer größerer Abstraktion von den technischen Zusammenhängen, siehe Abb. 4.19. Während die Wirkpaarung sämtliche technisch-physikalischen Wirkbeziehungen beschreibt, greift das Betriebsverhalten lediglich auf eine Zeitreihe von Zustandsgrößen zurück und das betriebswirtschaftliche Modell basiert auf Durchschnittswerten dieser Zeitreihen. Damit lassen sich zwar die betriebswirtschaftlichen Kennwerte aus dem Betriebsverhalten ableiten und das Betriebsverhalten aus der Wirkpaarung, nicht jedoch umgekehrt. So gehen bei der Lösung des Differentialgleichungssystems der Wirkpaarung die Wirkbeziehungen verloren, bei der Diskretisierung des Betriebsverhaltens der zeitliche Verlauf des Verarbeitungsvorgangs, bei der Bildung der statistischen Verteilung die Zeitreihe der Verarbeitungsergebnisse und bei der Zusammenfassung der betriebswirtschaftlichen Faktoren die Verteilung der Qualität der verarbeiteten Güter. Diese Abfolge entspricht einer schrittweisen Wandlung eines verhaltenserklärenden Modells hin zu einem verhaltensbeschreibenden Modell. Die Fähigkeit einer echten Prognose nimmt daher mit höherer Abstraktion ab und das Einsatzgebiet der Modelle wechselt von der Synthese zur Analyse von Verarbeitungsmaschinen[176].

Die betriebswirtschaftlichen Ziele müssen demzufolge zwangsläufig auf der Ebene der Wirkpaarung formuliert werden, da sich eine technische Lösung andernfalls gegenüber diesen Zielen nicht bewerten lässt.

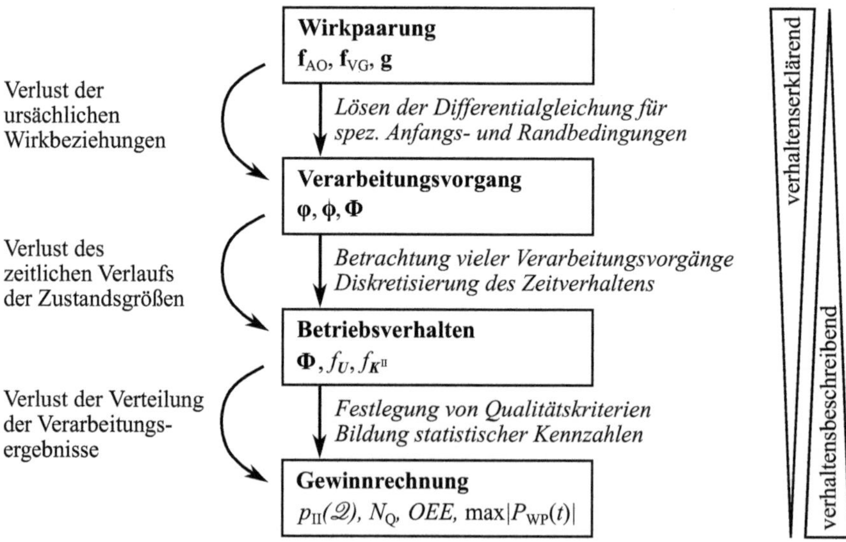


**Abb. 4.19:** Zusammenhang der Teilmodelle des dynamischen Systemmodells der Verarbeitungstechnik.

---

[176] Vgl. Bossel [23].

## 4.3 Das verarbeitungstechnische Zielsystem

### 4.3.1 Vorbemerkungen

**Zielgrößen für die praktische Ingenieursarbeit**

Die Betriebswirtschaftslehre formuliert zwar Gewinn-, Umsatz- und Kostenziele und das Qualitätsmanagement gibt Benchmarks für die Kennzahlen des Betriebsverhaltens an. Diese Zielgrößen eignen sich jedoch nicht, um daraus Entscheidungen für technische Problemstellungen abzuleiten[177]. Ein Zielsystem, das für die praktische Ingenieursarbeit verwendbar ist, muss auf technisch-physikalischen Zielgrößen aufbauen.

**Vorgehensweise**

Im Sinne CHENERYS Engineering Production Functions stellt das hier vorgestellte Systemmodell der Verarbeitungsmaschine den Zusammenhang zwischen den betriebswirtschaftlichen und den technisch-physikalischen Größen einer Verarbeitungsmaschine her. Dieser Zusammenhang muss notwendigerweise bekannt sein, um aus betriebswirtschaftlichen Zielen verarbeitungstechnische Zielgrößen zu ermitteln.

Anhand dieses Systemmodells werden in Abschnitt 4.3.2 theoretisch begründet vier verarbeitungstechnische Zielgrößen abgeleitet. Ausgangspunkt ist dabei die Gewinnrechnung nach Gleichung (4.78), die das Zielsystem auf betriebswirtschaftlicher Ebene darstellt. Anschließend untersucht Abschnitt 4.3.3 mit Hilfe der Produktivitätscharakteristik, wie diese Zielgrößen zueinander in Wechselwirkung stehen.

### 4.3.2 Zielgrößen

#### 4.3.2.1 Herleitung des Zielgrößen aus der Gewinnrechnung

Alle Abhängigkeiten zwischen der Gewinnrechnung und den technischen Eigenschaften einer Verarbeitungsmaschine sind in Gleichung (4.78) enthalten. Unter Berücksichtigung der Gesamtanlageneffektivität (4.30) bzw. ihrer Einzelfaktoren folgt

$$
\begin{aligned}
G = \ &U_{\mathrm{II}}(\mathscr{Q}_{\mathrm{II}}, OEE \cdot N_{\mathrm{W}}) \\
&- K_{\mathrm{I}}(\mathscr{Q}_{\mathrm{I}}, k_{\mathrm{A}} \cdot k_{\mathrm{P}} \cdot N_{\mathrm{W}}) \\
&- K_{\mathrm{tv}}(\max |P_{\mathrm{WP}}(t)|, k_{\mathrm{A}} \cdot N_{\mathrm{W}}) \\
&- K_{\mathrm{tf}}(\max |P_{\mathrm{WP}}(t)|) \,.
\end{aligned}
\tag{4.79}
$$

---

[177] Zu den Lücken im Stand der Wissenschaft und Technik siehe Abschnitt 3.1. Das grundlegende Dilemma wurde bereits von CHENERY beschrieben, siehe das Zitat in Abschnitt 2.1.1.2.

Demnach bestimmen vier charakteristische Größen den Gewinn, den eine Verarbeitungsmaschine erwirtschaftet:

- Die Qualitätsanforderungen $\mathcal{Q}_{\mathrm{II}}$ an die verarbeiteten Güter.
- Die theoretisch erreichbare Ausbringungsmenge $N_{\mathrm{W}}$.
- Die Bestandteile der Gesamtanlageneffektivität $OEE$.
- Das Leistungsmaximum $\max |P_{\mathrm{WP}}(t)|$ der Verarbeitungsmaschine.

Diese technischen Größen finden sich in der Modellhypothese als charakteristische Eigenschaften einer Verarbeitungsmaschine wieder. Sie werden in den nachfolgenden Abschnitten zu den vier Zielgrößen *Verarbeitungsqualität*, *Arbeitsgeschwindigkeit*, *Robustheit* und *technischer Aufwand* ausgearbeitet.

### 4.3.2.2 Verarbeitungsqualität

**Verkaufspreis und Qualitätsanforderungen**

Ein bestimmender Faktor für den Umsatz, den eine Verarbeitungsmaschine erwirtschaftet, ist der Verkaufspreis für ein Produkt. Der Verkaufspreis $p_{\mathrm{II}}(\mathcal{Q}_{\mathrm{II}})$ kann gemäß Gleichung (4.67) mit Hilfe einer Preisfunktion (4.66) aus den Qualitätsanforderungen $\mathcal{Q}_{\mathrm{II}} = [\boldsymbol{\kappa}^{\mathrm{IIL}}, \boldsymbol{\kappa}^{\mathrm{IIU}}]$ nach Definition 4.12 ermittelt werden. Hierbei gilt, dass strengere Qualitätsanforderungen höhere Verkaufspreise ermöglichen, d. h.

$$\kappa_i^{\mathrm{IIU}} - \kappa_i^{\mathrm{IIL}} \mapsto p_{\mathrm{II}} \text{ ist monoton fallend} \tag{4.80}$$

für alle $i = 1, 2, ..., n_{\kappa}$. Damit ist der Zusammenhang zwischen den Qualitätsanforderungen, die eine technisch bewertbare Größe darstellen, und der betriebswirtschaftlichen Größe des Verkaufspreises hergestellt. Gesucht ist demnach ein Maß für den *zulässigen Toleranzbereich* der Qualitätskennwerte.

**Das Qualitätsmaß**

Die erste Zielgröße des verarbeitungstechnischen Zielsystems kann damit wegen Gleichung (4.80) wie folgt definiert werden, siehe auch Abb. 4.20:

**Definition 4.21** Sei $\mathcal{Q}_{\mathrm{II}} = [\boldsymbol{\kappa}^{\mathrm{IIL}}, \boldsymbol{\kappa}^{\mathrm{IIU}}]$ der zulässige Toleranzbereich der Qualitätskennwerte des Verarbeitungsergebnisses. Dann gibt das Maß $\Delta\kappa^{\mathrm{II}} : \mathcal{Q}_{\mathrm{II}} \to \mathbb{R}_+$ mit

$$\Delta\kappa^{\mathrm{II}}(\mathcal{Q}^{\mathrm{II}}) = \underbrace{\int \cdots \int}_{\mathcal{Q}^{\mathrm{II}}} 1 \, \mathrm{d}\kappa_1 \ldots \mathrm{d}\kappa_{n_{\kappa}} \tag{4.81}$$

die Größe des zulässigen Toleranzbereichs an und bemisst, die Zielgröße *Verarbeitungsqualität*. Dieses Maß sei *Qualitätsmaß* genannt.

Dieses Maß ist für $n_{\kappa} = 1$ als Länge, für $n_{\kappa} = 2$ als Flächeninhalt, für $n_{\kappa} = 3$ als Volumen usw. zu interpretieren.

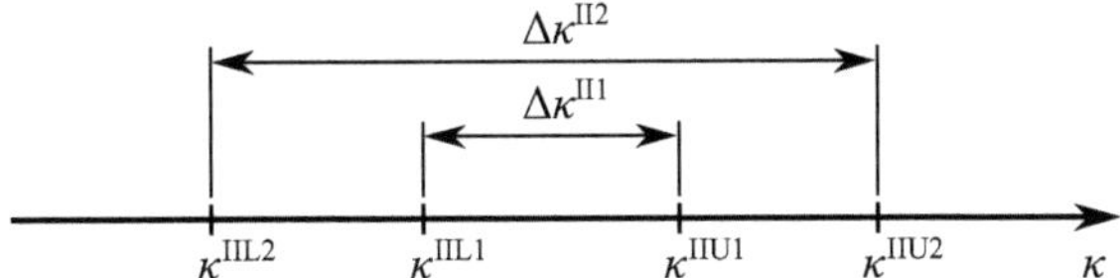

**Abb. 4.20** Toleranzbereich eines Verarbeitungsvorgangs mit einem Qualitätskennwert. Verarbeitungsqualität bei 1 ist höher als bei 2.

### 4.3.2.3 Arbeitsgeschwindigkeit

**Theoretische Ausbringung und rechnerische Produktivität**

Gleichung (4.79) zeigt eine mehrfache Abhängigkeit von der Ausbringungsmenge $N_\text{W}$, die während der Maschinenarbeitszeit[178] $t_\text{W}$ einer Verarbeitungsmaschine theoretisch herstellbar ist. Normiert auf die betrachtete Maschinenarbeitszeit folgt daraus die theoretische Ausbringung pro Zeiteinheit bzw. die *rechnerische Produktivität*[179] mit

$$\dot{Q}_\text{r} = \frac{N_\text{W}}{t_\text{W}}, \tag{4.82}$$

vgl. Abb. 2.26. In der Praxis sind darüber hinaus Bezeichnungen zu finden, die keine Produktmengen pro Zeiteinheit beschreiben, aber sinngemäß für die rechnerische Produktivität verwendet werden, z. B. Maschinengeschwindigkeit, Nenndrehzahl oder Nenntaktzahl. In jedem Fall ist aber eine Umrechnung auf die rechnerische Produktivität möglich. Hier sei deshalb als Oberbegriff die *Arbeitsgeschwindigkeit* eingeführt, für die beliebige Maße aus der rechnerischen Produktivität abgeleitet werden können.

Alternativ wäre auch eine Normierung auf Basis der Qualitätsausbringung $N_\text{Q}$ denkbar. Dieser Ansatz ist aus der GUTENBERG-Produktionsfunktion[180] bekannt und die äquivalente Größe ist dort die *Intensität* einer Produktion. Sie entspricht der *tatsächlichen Produktivität* in der Produktivitätscharakteristik der Verarbeitungsmaschine. Die Intensität schließt damit das Betriebsverhalten der Verarbeitungsmaschine ein, da sie die Verlustmengen durch Rüsten, Ausfall und Ausschuss in der Qualitätsausbringung bereits berücksichtigt[181].

Hier sei die rechnerische Produktivität als Grundlage verwendet. Diese Festlegung folgt dem Ansatz der statistischen Qualitätskontrolle und der Zuverlässigkeitstheorie,

---

[178] Zur Zeitgliederung siehe Abb. 4.12.

[179] Der Begriff Produktivität wird in der Literatur unterschiedlich gebraucht. Die Betriebswirtschaftslehre versteht darunter das Verhältnis zwischen Ausbringung und Einsatzmenge einer Produktion, siehe Gleichung (2.7) in Abschnitt 2.1.2.2. In der Verarbeitungstechnik wird der Begriff verwendet, wie durch Gleichung (2.52) in Abschnitt 2.1.3.5 definiert. Siehe auch Abb. 1.1 und 2.26.

[180] Siehe dazu Abschnitt 2.1.2.5 und dort die Gleichung (2.16) und (2.17).

[181] Beide Ansätze repräsentieren gegensätzliche Sichtweisen: Die technische Sichtweise, die von Fehleranteilen in Produktionslosen spricht, und die betriebswirtschaftliche Sichtweise, die nach erforderlichen Einsatzmengen zu gewünschten Ausbringungsmengen fragt. Auch hier wird die grundlegend verschiedene Herangehensweise von Ingenieuren und Betriebswirten deutlich. Vgl. dazu wieder das Zitat von CHENERY in Abschnitt 2.1.1.2.

die Ingenieure geläufiger sein dürften als die Anpassungstheorie GUTENBERGS. Der Einfluss des Betriebsverhaltens einer Verarbeitungsmaschine wird dann gesondert in der Zielgröße Robustheit betrachtet.

## Die normierte Taktzeit

Die rechnerische Produktivität lässt sich auf die Dauer des Arbeitstaktes eines Arbeitsorgans zurückrechnen: Hierbei sei die Dauer des Arbeitstaktes als *Taktzeit* $t_{0-1} = t^1 - t^0$ bezeichnet. Sie setzt sich aus der *Dauer des Verarbeitungsvorgangs* $t_{\text{I--II}} = t^{\text{II}} - t^{\text{I}}$ sowie der *Nebenzeit* des Arbeitstaktes $t_{\text{n}}$ zusammen, siehe dazu Abb. 4.21:

$$t_{0-1} = t_{\text{I--II}} + t_{\text{n}} \tag{4.83}$$

Aus der Taktzeit und der Anzahl der Verarbeitungsgüter $q$, mit denen das Arbeitsorgan gleichzeitig im Eingriff ist, folgt entsprechend Gleichung (2.52) mit

$$\dot{Q}_{\text{r}} = \frac{q}{t_{0-1}} \tag{4.84}$$

die rechnerische Produktivität. Für $q \neq 1$ ist die Taktzeit damit allerdings kein aussagekräftiges Maß für die Arbeitsgeschwindigkeit, denn sie bildet die rechnerische Ausbringung nur unter Hinzunahme der Anzahl der Verarbeitungsgüter $q$ ab. Abhilfe schafft eine Normierung der Taktzeit nach der Anzahl $q$ der Verarbeitungsgüter:

**Definition 4.22** Sei $t_{0-1}$ die Taktzeit und $q$ die Anzahl der Verarbeitungsgüter eines Arbeitstaktes. Dann ist die *normierte Taktzeit*

$$\tau_{0-1} = \frac{t_{0-1}}{q} \tag{4.85}$$

ein Maß für die Zielgröße *Arbeitsgeschwindigkeit*, wobei $\tau_{0-1} \in \mathbb{R}_+$ .

Mit Gleichung (4.84) ergibt sich die normierte Taktzeit auch als Kehrwert der rechnerischen Produktivität, sodass damit der Zusammenhang zur theoretischen

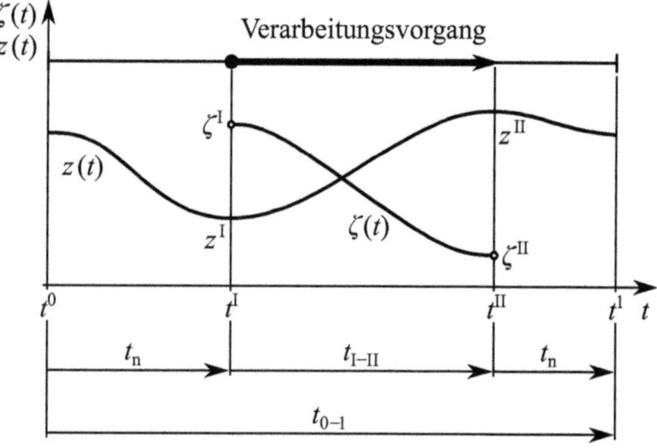


**Abb. 4.21** Zeitanteil des Arbeitstaktes aus Abb. 4.4. Taktzeit $t_{0-1}$, Dauer des Verarbeitungsvorgangs $t_{\text{I--II}}$ und Nebenzeit $t_{\text{n}}$.

Ausbringung während der Maschinenarbeitszeit hergestellt ist:

$$\tau_{0\text{-}1} = \frac{1}{\dot{Q}_\mathrm{r}} \tag{4.86}$$

$$= \frac{t_\mathrm{W}}{N_\mathrm{W}} \ . \tag{4.87}$$

**Erweiterung der Systemgrenzen**

Das innermaschinelle Verfahren kann Parallelschaltungen von Wirkpaarungen aufweisen, die gleichzeitig im Eingriff sind[182], siehe dazu Abb. 4.22:

- *Redundanz*: Die Arbeitstakte mehrerer, gleicher Wirkpaarungen finden gleichzeitig statt.
- *Funktionsintegration*: Die Arbeitstakte mehrerer, unterschiedlicher Wirkpaarungen laufen gleichzeitig ab oder überschneiden sich.

In beiden Fällen reicht es nicht aus, für die Bemessung der Arbeitsgeschwindigkeit eine einzelne Wirkpaarung heranzuziehen. Stattdessen muss das Teilsystem der Verarbeitungsmaschine betrachtet werden, das alle parallel geschalteten Wirkpaarungen umfasst. Die normierte Taktzeit $\tau_{0\text{-}1}$ nach Gleichung (4.85) kann dann auf das gesamte Teilsystem angewendet werden, wobei $q$ in diesem Fall die Anzahl der parallel geschalteten Wirkpaarungen ist[183].

Erweitert man die betrachteten Systemgrenzen auf die gesamte Verarbeitungsmaschine, berechnet sich die normierte Taktzeit nach Gleichung (4.85) aus der Durchlaufzeit $t_\mathrm{VM}$ eines Verarbeitungsgutes durch die gesamte Maschine und der Gesamtzahl $q_\mathrm{VM}$ der Verarbeitungsgüter, die sich gleichzeitig in der Verarbeitungsmaschine

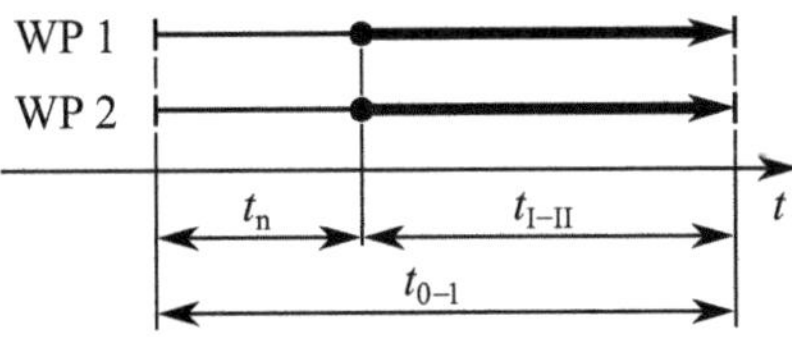

(a) Redundanz: Zwei gleiche Wirkpaarungen in Parallelschaltung. Die Arbeitstakte laufen gleichzeitig ab.

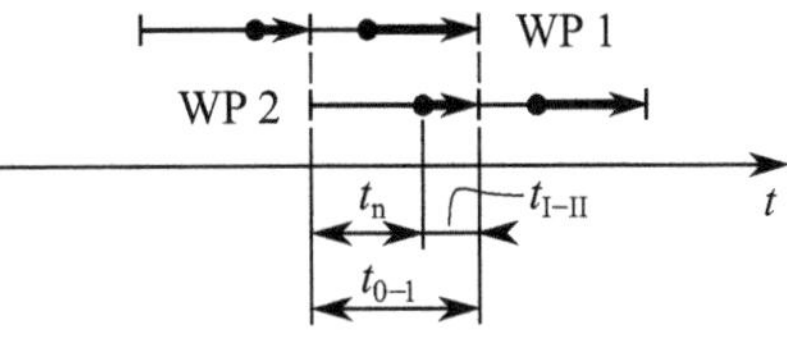

(b) Funktionsintegration: Zwei unterschiedliche Wirkpaarungen in Parallelschaltung. Die Arbeitstakte überschneiden sich.

**Abb. 4.22:** Halbierung der normierten Taktzeit bei Parallelschaltung zweier Wirkpaarungen mit jeweils einem Verarbeitungsgut im Eingriff. Vgl. dazu auch Abb. 2.30.

---

[182] Zum innermaschinellen Verfahrens und seinen Ausprägungen siehe Abschnitt 2.1.4.2 und Abb. 2.30.

[183] Abschnitt 5.3.3 diskutiert diesen Zusammenhang am Beispiel der Platten- und Walzensiegelstation für pharmazeutische Blisterverpackungsmaschinen.

befinden. Damit ist die normierte Taktzeit für alle Aufgabenstellungen geeignet, die mit Hilfe des Wirkpaarungsmodells aus Abschnitt 4.2.2.1 bearbeitet werden können.

### 4.3.2.4 Robustheit

**Gesamtanlageneffektivität und zulässiger Wertebereich der Einflussgröße**

Die Gesamtanlageneffektivität legt in Gleichung 4.79 das Verhältnis zwischen den Einsatzmengen und der Qualitätsausbringung fest, wobei die Einzelfaktoren entsprechend der Produktionsfunktionen in Tab. 4.4 eingehen. Sie bestimmen damit neben den Preisen und der rechnerischen Produktivität den Umsatz und die variablen Kosten einer Verarbeitungsmaschine.

Betrachtet man die Transformation (4.28) sowie die Gleichungen für den Qualitätsgrad (4.35), den Leistungsgrad (4.40) und die Verfügbarkeit (4.61) wird folgendes deutlich: Die Eintrittswahrscheinlichkeit für ein qualitätsgerecht verarbeitetes Gut $P(A)$ drückt die Auswirkung von schwankenden Einflussgrößen des Verarbeitungsvorgangs $\mathbf{u}$ auf das Verarbeitungsergebnis $\boldsymbol{\kappa}^{\mathrm{II}}$ als statistische Kennzahlen im Bezug auf festgelegte Qualitätskriterien $\mathcal{Q}_{\mathrm{II}} = [\boldsymbol{\kappa}^{\mathrm{IIL}}, \boldsymbol{\kappa}^{\mathrm{IIU}}]$ aus, siehe Abb. 4.23. Bezugnehmend auf diese Gleichungen und auf Definition 4.13 kann

$$P(A) = \int_{\mathcal{Q}^{\mathrm{II}}} \cdots \int f_{K^{\mathrm{II}}}(\kappa_1, \ldots, \kappa_{n_\kappa})\, \mathrm{d}\kappa_1 \ldots \mathrm{d}\kappa_{n_\kappa} \tag{4.88}$$

$$= F_{K^{\mathrm{II}}}(\boldsymbol{\kappa}^{\mathrm{IIU}}) - F_{K^{\mathrm{II}}}(\boldsymbol{\kappa}^{\mathrm{IIL}}) \tag{4.89}$$

$$= \int_{\mathcal{L}} \cdots \int f_U(u_1, \ldots, u_{n_\mathrm{u}})\, \mathrm{d}u_1, \ldots, \mathrm{d}u_{n_\mathrm{u}} \tag{4.90}$$

**Abb. 4.23** Zusammenhang zwischen *OEE* und Robustheit $\Delta u$ für den einfachsten Fall eines Qualitätskennwerts $\kappa$ und einer Einflussgröße $u$. Die Robustheit $\Delta u$ ergibt sich aus der statischen Kennlinie $\Phi$ und der Verarbeitungsqualität $\Delta\kappa$. Siehe auch Abb. 4.14 und vgl. die Robustheitsmetriken in Abb. 2.41.

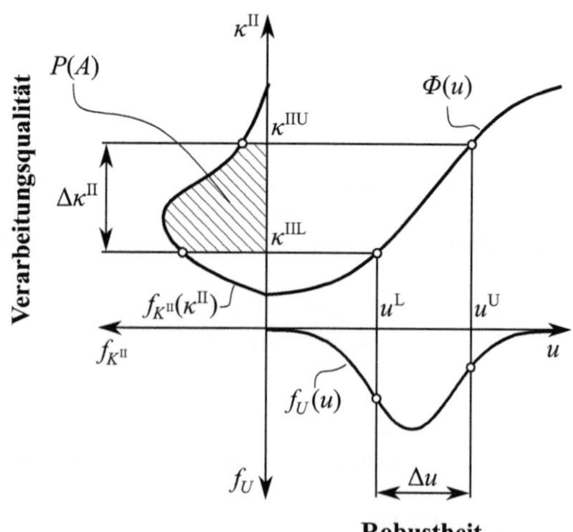

geschrieben werden, wobei

$$\mathscr{Z} = \{\mathbf{u} \in \mathbb{R}^{n_\mathrm{u}} \mid \boldsymbol{\kappa}^{\mathrm{IIL}} \leq \boldsymbol{\Phi}(\mathbf{u}) \leq \boldsymbol{\kappa}^{\mathrm{IIU}}\} \tag{4.91}$$

der *zulässige Wertebereich der Einflussgröße* ist, für den ein qualitätsgerechtes Verarbeitungsergebnis erzielt wird. Die Gesamtanlageneffektivität ist damit ein Maß für die *Robustheit*[184] des statischen Kennfeldes $\boldsymbol{\kappa}^{\mathrm{II}} = \boldsymbol{\Phi}(\mathbf{u})$ vergleichbar mit dem Fehleranteil nach Gleichung (2.76). Sie gilt jedoch nur unter den spezifischen Randbedingungen, die durch die Wahrscheinlichkeitsverteilung der Einflussgrößen $f_U$ festgelegt sind. Gesucht ist jedoch ein Maß für die *Robustheit* des Verarbeitungsvorgangs, das von der Verteilung der Einflussgrößen unabhängig ist.

**Das Robustheitsmaß**

In Abschnitt 2.1.4.4 wurden vier Maße für die Robustheit vorgestellt. Die beiden statistischen Maße, unter die auch die Gesamtanlageneffektivität fällt, sind ungeeignet, da sie je nach Verteilungsfunktion der Einflussgrößen $f_U$ unterschiedliche Ergebnisse liefern[185]. Die Sensitivität kommt aus den in Abschnitt 2.1.4.4 erläuterten Gründen nicht in Frage. Bleibt somit ein Maß, dass die Größe des zulässigen Wertebereich selbst bemisst. Es wird deshalb folgende Definition vorgeschlagen, die sich für $n_\mathrm{u} = 1$ als Länge, für $n_\mathrm{u} = 2$ als Flächeninhalt, für $n_\mathrm{u} = 1$ als Volumen usw. des zulässigen Wertebereichs interpretieren lässt, vgl. Abb. 4.23:

**Definition 4.23** Sei $\mathscr{Z}$ der zulässige Wertebereich der Einflussgröße nach Gleichung (4.91). Dann gibt das Maß $\Delta u : \mathscr{Z} \to \mathbb{R}_+$ mit

$$\Delta u(\mathscr{Z}) = \int_{\mathscr{Z}} \cdots \int 1 \, \mathrm{d}u_1, \dots, \mathrm{d}u_{n_\mathrm{u}} \tag{4.92}$$

die Größe des Wertebereichs der zulässigen Einflussgrößen an und bemisst die Zielgröße *Robustheit*. Dieses Maß sei *Robustheitsmaß* genannt.

Mit Gleichung (4.90) gilt folgender Zusammenhang zur Eintrittswahrscheinlichkeit für ein qualitätsgerecht verarbeitetes Gut:

$$\Delta u \mapsto P(A) \text{ ist monoton steigend.} \tag{4.93}$$

D. h., ein größerer, zulässiger Wertebereich der Einflussgröße führt immer zu einer größeren Gesamtanlageneffektivität.

---

[184] Zum Begriff der Robustheit siehe Abschnitt 2.1.4.4.

[185] Auf die beschränkte Gültigkeit der Gesamtanlageneffektivität wurde bereits in Abschnitt 4.2.3.2 ausführlich eingegangen.

### 4.3.2.5 Technischer Aufwand

Mit der maximalen Übertragungsleistung $\max|P_{\mathrm{WP}}(t)|$ liegt bereits ein technisch bewertbares Maß vor, das in die variablen und fixen, technischen Kosten eingeht, siehe Gleichungen (4.76) und (4.77). Es beziffert den *technischen Aufwand* zur Bereitstellung einer Verarbeitungsmaschine bzw. des betrachteten Teilsystems in seiner konkreten Umsetzung. Die zugrundeliegende Argumentation für diesen Zusammenhang ist in Abschnitt 4.2.4.1 und 4.2.4.2 zu finden[186]. Damit kann folgende Festlegung getroffen werden:

**Definition 4.24** Die Zielgröße *technischer Aufwand* sei durch die *maximale Übertragungsleistung* einer Verarbeitungsmaschine bzw. des betrachteten Teilsystems mit

$$P_{\max} = \max|P_{\mathrm{WP}}(t)| \tag{4.94}$$

bemessen, wobei $P_{\max} \in \mathbb{R}_+$.

Die maximale Übertragungsleistung ist damit ein Maß für die erforderlichen technischen Mittel zur Umsetzung eines Verarbeitungsvorgangs.

### 4.3.2.6 Der verarbeitungstechnische Zielraum

**Betriebswirtschaftliche und verarbeitungstechnische Zielgrößen**

In letzter Konsequenz ist der Gewinn, den eine Verarbeitungsmaschine erwirtschaftet, die einzige Zielgröße, die für den Betriebswirt relevant ist[187]. Die Gewinnrechung gliedert den Gewinn entsprechend Gleichungen (4.78) bzw. (4.79) in Umsatz- und Kostenfaktoren auf. Der Ausdruck $G = U_{\mathrm{II}} - K_{\mathrm{I}} - K_{\mathrm{tv}} - K_{\mathrm{tf}}$ enthält damit alle betriebswirtschaftlichen Zielgrößen.

Die vorgestellten, verarbeitungstechnischen Zielgrößen sind nur dann zweckdienlich, wenn sie die übergeordneten, betriebswirtschaftlichen Ziele repräsentieren. In der Einleitung zu diesem Abschnitt wurde deshalb die Forderung erhoben, dass der Einfluss der verarbeitungstechnischen auf die betriebswirtschaftlichen Zielgrößen eindeutig feststellbar sein muss. Diese Zusammenhänge sind implizit im Systemmodell der Verarbeitungsmaschine in Abschnitt 4.2 beschrieben. Tab. 4.5 referenziert die entsprechenden Gleichungen und fasst die daraus resultierenden Abhängigkeiten der betriebswirtschaftlichen von den verarbeitungstechnischen Zielgrößen zusammen. Die Zusammenstellung zeigt, dass die Forderung erfüllt ist.

---

[186] An dieser Stelle ließe sich einwenden, dass andere Aspekte neben der Übertragungsleistung die technischen Kosten einer Verarbeitungsmaschine beeinflussen. So wären bspw. die Anzahl der Gleichteile im Portfolio eines Maschinenbauunternehmens oder der Anteil der Zukaufteile an den verbauten Teilen einer Verarbeitungsmaschine zu nennen. Diese Kostenfaktoren sind jedoch an die betriebliche Organisation gebunden und nicht an die verarbeitungstechnischen Wirkzusammenhänge, die hier im Fokus stehen. Siehe dazu Definition 2.2 zum Fachgebiet Verarbeitungstechnik.

[187] Siehe dazu die Ausführungen zur Rentabilität der Unternehmung in Abschnitt 2.1.2.2.

**Tabelle 4.5:** Abhängigkeiten zwischen verarbeitungstechnischen und betriebswirtschaftlichen Zielgrößen. Referenzierung der Gleichungen, aus denen diese Abhängigkeiten folgen. $K/N_Q = k$ bezeichnet die Stückkosten und $U/N_Q = p$ den Verkaufspreis.

| | **BWL** | $U_{II}$ | $K_I$ | $K_{tv}$ | $K_{tf}$ |
|---|---|---|---|---|---|
| **VAT** | Ref. | (4.73) | (4.74) | (4.76) | (4.77) |
| $\Delta\kappa^{II}$ | (4.80) | $\Delta\kappa^{II} \mapsto U_{II}/N_Q$ monoton fallend | | | |
| $\tau_{0-1}$ | (4.87) | $U_{II} \sim 1/\tau_{0-1}$ | $K_I \sim 1/\tau_{0-1}$ | $\tau_{0-1} \mapsto K_{tv}/N_Q$ monoton fallend | $\tau_{0-1} \mapsto K_{tf}/N_Q$ monoton fallend |
| $\Delta u$ | (4.93) | $\Delta u \mapsto U_{II}$ monoton steigend | $\Delta u \mapsto K_I/N_Q$ monoton fallend | $\Delta u \mapsto K_{tv}/N_Q$ monoton fallend | $\Delta u \mapsto K_{tf}/N_Q$ monoton fallend |
| $P_{max}$ | (4.75) | | | $P_{max} \mapsto K_{tv}$ monoton steigend | $P_{max} \mapsto K_{tf}$ monoton steigend |

## Der verarbeitungstechnische Zielvektor

Als übergeordnete Zielstellung für den Einsatz einer Verarbeitungsmaschine gelte das betriebswirtschaftlich Ziel der Gewinnmaximierung

$$\max G = U_{II} - K_I - K_{tv} - K_{tf}\,, \qquad (4.95)$$

dem sich alle technischen Problemstellungen unterordnen müssen. Aus Tab. 4.5 lassen sich nun folgende Zusammenhänge zwischen dem Gewinnziel und den verarbeitungstechnischen Zielgrößen ableiten:

- Die *Minimierung der Qualitätsanforderungen* $\Delta\kappa^{II}$ bewirkt über höhere Verkaufspreise eine Maximierung des Gewinns.
- Die *Minimierung der normierten Taktzeit* $\tau_{0-1}$ steigert die Ausbringungsmenge und damit Umsatz und Kosten für die unverarbeiteten Güter gleichermaßen. Solange die Einkaufspreise für die unverarbeiteten Güter niedriger sind als die Verkaufspreise der verarbeiteten Güter[188], folgt daraus eine Gewinnsteigerung. Außerdem folgt aus einer Minimierung der normierten Taktzeit eine Verbesserung des Verhältnisses zwischen Ausbringungs- und Einsatzmengen. Da die technischen Kosten auf die Betriebszeit bezogen sind, sinken damit die technischen Stückkosten und der Gewinn steigt.
- Die *Maximierung der Robustheit* $\Delta u$ wirkt sich positiv auf das Verhältnis zwischen Ausbringungs- und Einsatzmengen aus, wodurch der Gewinn gesteigert wird.
- Die *Minimierung der maximalen Übertragungsleistung* $P_{max}$ senkt die technischen Kosten und steigert damit den Gewinn.

---

[188] Dieser Fall ist anzunehmen, da andernfalls die gesamte Unternehmung in Frage gestellt ist.

Daraus folgt, dass die effizienten Punkte min $[\Delta\kappa^{\mathrm{II}}, \tau_{0-1}, -\Delta u, P_{\max}]^{\top}$ Lösungskandidaten für $\max G$ sind. Damit lässt sich der verarbeitungstechnische Zielvektor folgendermaßen definieren:

**Definition 4.25** Der *Zielvektor* $\mathbf{y} \in \mathscr{Y}$ einer verarbeitungstechnischen Problemstellung $f : \mathscr{X} \to \mathscr{Y}$ nach Definition 1.1 sei durch

$$\mathbf{y} = \begin{bmatrix} \Delta\kappa^{\mathrm{II}} \\ \tau_{0-1} \\ -\Delta u \\ P_{\max} \end{bmatrix} \tag{4.96}$$

gegeben. Hierbei sei $\mathscr{Y} = \mathbb{R}_+^4$ der *Zielraum* des Problems.

Die Bedeutung dieses Zielraums liegt darin, dass er die Ziele verarbeitungstechnischer Problemstellungen vollständig und abschließend erfasst. Die Aufgabe des Ingenieurs liegt nun lediglich darin, diese Zielgrößen in seiner konkreten Problemstellung zu identifizieren[189]. CHRYSSOLOURIS manufacturing decision attributes, die in Abschnitt 1.1 einen Ausgangspunkt dieser Arbeit bilden, erhalten damit eine allgemeingültige und quantifizierbare Formulierung.

### 4.3.3 Der Zielkonflikt der Verarbeitungstechnik

Indem CHRYSSOLOURIS von einem grundsätzlichen Zielkonflikt in Fertigungssystemen spricht, geht er davon aus, dass Wechselwirkungen zwischen den Zielgrößen bestehen, die unabhängig von der speziellen Fertigungsaufgabe für jedes Fertigungssystem gelten. Für Verarbeitungsmaschinen ist ein solcher allgemeingültiger Zusammenhang mit der Produktivitäts-Verarbeitungskosten-Charakteristik nach Abb. 1.1 dokumentiert. Hierbei handelt es sich um ein empirisches Modell[190], das sowohl statistische als auch betriebswirtschaftliche Zielgrößen verbindet. Es ist damit in der vorliegenden Form nicht geeignet, um Aussagen zu den vier Zielgrößen Verarbeitungsqualität, Arbeitsgeschwindigkeit, Robustheit und technischer Aufwand zu treffen. Im Folgenden wird diese Charakteristik in eine geeignete Darstellung überführt und mit Hilfe der bis hierhin formulierten Zusammenhänge erweitert.

---

[189] Zur Vorgehensweise beim Lösen verarbeitungstechnischer Problemstellungen siehe Abschnitt 4.4.

[190] Grundlage des Modells sind umfangreiche Betriebsanalysen an Verpackungsmaschinen, die von KUBIAS und STEINWACHS [124] sowie BLEISCH [21] durchgeführt wurden.

### 4.3.3.1  Die Taktzahl-Charakteristik des Verarbeitungsvorgangs

**Wesentliche Aussagen der Produktivitäts-Verarbeitungskosten-Charakteristik**

Die Produktivitäts-Verarbeitungskosten-Charakteristik beschreibt einen gegenläufigen Verlauf der rechnerischen Produktivität $\dot{Q}_r$ und der Gesamtanlageneffektivität $OEE = k_{\dot{Q}}$[191], der dazu führt, dass Produktivitätsgewinne mit höheren Maschinentaktzahlen $n$ durch höhere Ausschussanteile vermindert werden. Zusätzlich steigen die spezifischen Verarbeitungskosten $k_V$ oberhalb der kostenoptimalen Taktzahl $n_K$ an, wodurch der Gewinnzuwachs gemäß Abb. 2.8b kleiner ausfällt. Im Taktzahlbereich oberhalb $n_K$ liegt damit ein Zielkonflikt zwischen

- der Steigerung der rechnerischen Produktivität $\dot{Q}_t$,
- der Verbesserung der Gesamtanlageneffektivität $OEE$ und
- der Senkung der spezifischen Verarbeitungskosten $k_V$

vor, der in den Wechselwirkungsdiagrammen aus Abb. 4.24 deutlich wird. Zu den Qualitätsanforderungen $\mathscr{Q}_{II}$, die diesen statistischen Kennzahlen zugrunde liegen, macht die Produktivitäts-Verarbeitungskosten-Charakteristik keine Angaben. Es muss daher davon ausgegangen werden, dass sie über den gesamten Taktzahlbereich unverändert sind.

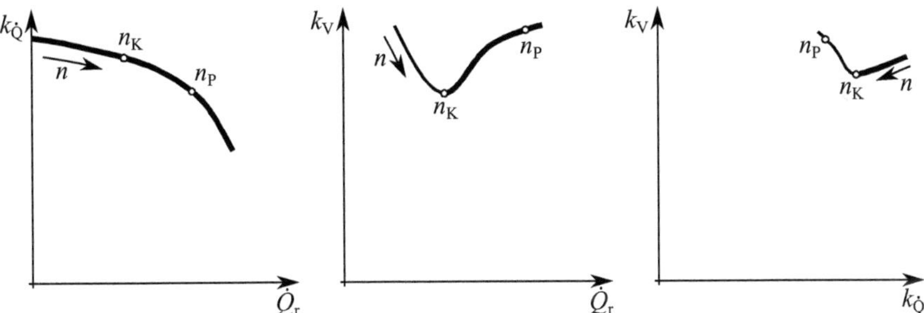

**Abb. 4.24:** Wechselwirkungsdiagramme für die rechnerische Produktivität $\dot{Q}_t$, die Gesamtanlageneffektivität $OEE$ und die spezifischen Verarbeitungskosten $k_V$, wie sie sich aus der Produktivitäts-Verarbeitungskosten-Charakteristik nach Abb. 1.1 ergeben. Fett gezogene Abschnitte der Kurven sind die Pareto-Fronten des beschriebenen Zielkonflikts. Siehe Abschnitt 2.2.2.4 zum Begriff der Pareto-Front.

---

[191] Produktivitätskoeffizient und Gesamtanlageneffektivität beschreiben dieselbe statistische Kennzahl, siehe Abschnitt 4.2.3.3. Produktivitätskoeffizient $k_Q$ und tatsächliche Produktivität $\dot{Q}_t$ sind redundante Informationen, da sich die tatsächliche Produktivität nach Gleichung (2.55) bzw. (4.62) als Produkt der Gesamtanlageneffektivität und der rechnerischen Produktivität ergibt.

**Die Taktzahl-Charakteristik des Verarbeitungsvorgangs**

Abb. 4.25 zeigt den Verlauf der normierten Taktzeit $\tau_{0-1}$, der Robustheit $\Delta u$ und der maximalen Übertragungsleistung $P_{\max}$ in Abhängigkeit der Maschinentaktzahl $n$. Diese Darstellung sei als *Taktzahl-Charakteristik des Verarbeitungsvorgangs* bezeichnet und geht durch folgende Überlegungen aus der Produktivitäts-Verarbeitungskosten-Charakteristik und dem Wirkpaarungsmodell hervor:

Die normierte Taktzahl als Maß für die *Arbeitsgeschwindigkeit* folgt nach Gleichung (4.87) aus dem Kehrwert der rechnerischen Ausbringung. Damit ergibt sich unter Verwendung von Gleichung (2.52) für die normierte Taktzeit immer eine Hyperbelfunktion der Form

$$\tau_{0-1} = \frac{1}{q \cdot n} \,, \tag{4.97}$$

deren Verlauf von der Anzahl der Verarbeitungsgüter pro Arbeitstakt $q$ abhängig ist.

Bezugnehmend auf die Gleichungen (4.90) bis (4.93) kann für die *Robustheit* $\Delta u = f(n)$ folgender Zusammenhang aus dem charakteristischen Verlauf $OEE = f(n)$ des Produktivitätskoeffizienten nach Abb. 1.1 abgeleitet werden:

$$\Delta u \longmapsto OEE \text{ ist monoton steigend.} \tag{4.98}$$

Die maximale Übertragungsleistung $P_{\max}$ als Maß für den *technischen Aufwand* ist in den spezifischen Verarbeitungskosten enthalten, wobei die Anteile der technischen Kosten $K_{\mathrm{tv}}$ und $K_{\mathrm{tf}}$ unbekannt sind. Die Abhängigkeit der maximalen Übertragungsleistung von der Maschinentaktzahl kann deshalb nicht aus dem Verlauf der spezifischen Verarbeitungskosten der Produktivitäts-Verarbeitungskosten-Charakteristik abgeleitet werden. Allerdings lässt sich aus Gleichung (4.72) schließen, dass die mittlere Übertragungsleistung $\bar{P}_{\mathrm{WP}} = \Delta(E_{\mathrm{AO}} + E_{\mathrm{VG}})/t_{0-1}$ für kürzere Taktzeiten $t_{0-1}$ bzw. höhere Taktzahlen $n = 1/t_{0-1}$ ansteigt. Dieser Zusammenhang gilt unter der Annahme zu Gleichung (4.2), dass die erforderliche Energiezufuhr $\Delta E_{\mathrm{VG}} = E_{\mathrm{VG}}(t^{\mathrm{II}}) - E_{\mathrm{VG}}(t^{\mathrm{I}})$ für die Zustandsänderung des Verarbeitungsgutes unab-

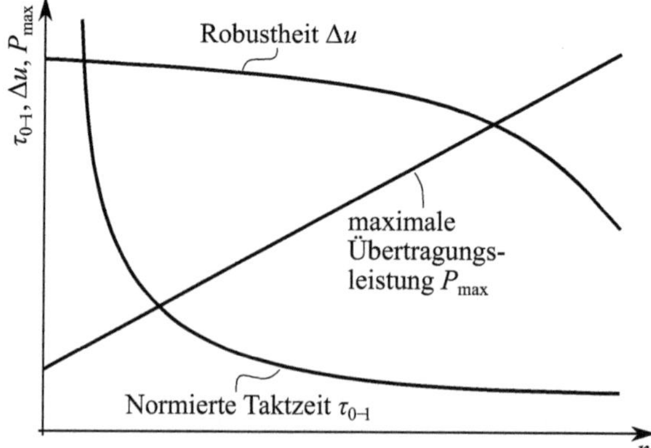


**Abb. 4.25** Die Taktzahl-Charakteristik des Verarbeitungsvorgangs. Abhängigkeit der normierten Taktzeit $\tau_{0-1}$, der Robustheit $\Delta u$ und der maximalen Übertragungsleistung $P_{\max}$ von der Maschinentaktzahl $n$. Es sind die Spezialfälle $\tau_{0-1} \sim OEE$ und $P_{\max} \sim n$ dargestellt.

hängig von der Taktzeit ist. Daraus folgt, dass der Anstieg der Übertragungsleistung vollständig zu Lasten des Arbeitsorgans geht[192]. In guter Näherung, kann deshalb auch geschrieben werden:

$$n \mapsto P_{\text{max}} \text{ ist monoton steigend.} \tag{4.99}$$

Die Beispiele aus Abb. 1.4 und 1.5 können als empirische Belege für diesen Zusammenhang angesehen werden.

Für die Taktzahl-Charakteristik des Verarbeitungsvorgangs lassen sich nun ebenfalls Wechselwirkungsdiagramme zeichnen, siehe Abb. 4.26. Sie zeigen über den gesamten Taktzahlbereich einen Zielkonflikt zwischen

- der Verkürzung der normierten Taktzeit $\tau_{0-1}$,
- der Vergrößerung der Robustheit $\Delta u$ und
- der Reduzierung der maximalen Übertragungsleistung $P_{\text{max}}$.

Diese Wechselwirkungen gelten unter der Annahme konstanter Verarbeitungsqualität $\Delta \kappa^{\text{II}} = const$. Es sei angemerkt, dass der Verlauf der Robustheit und der maximalen Übertragungsleistung bei schwingungsfähigen Wirkpaarungen für Taktzahlen im Bereich eines Vielfachen ihrer Eigenschwingungsfrequenz lokale Extrema aufweisen kann. Das Beispiel in Abb. 1.5 zeigt eine solche Wirkpaarung.

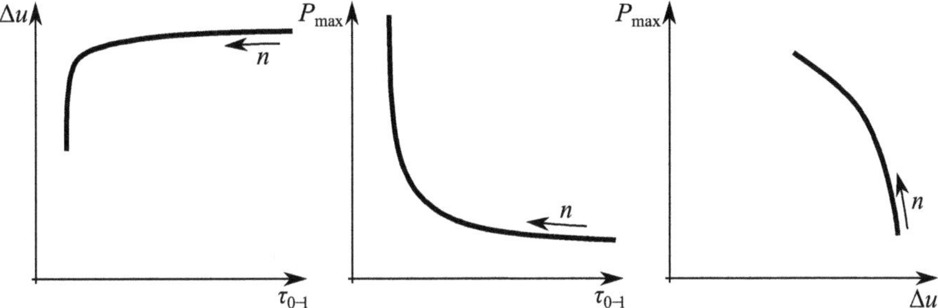

**Abb. 4.26:** Wechselwirkungsdiagramme für die normierte Taktzeit $\tau_{0-1}$, die Robustheit $\Delta u$ und die maximale Übertragungsleistung $P_{\text{max}}$, wie sie sich aus der Taktzahl-Charakteristik des Verarbeitungsvorgangs nach Abb. 4.25 ergeben. Die Kurven stellen über den gesamten Taktzahlbereich Pareto-Fronten dar. Siehe Abschnitt 2.2.2.4 zum Begriff der Pareto-Front.

---

[192] Dieser Zusammenhang lässt sich am Beispiel des Wärmekontaktsiegelns illustrieren, vgl. Abschnitt 5.1.2.2 und 5.2.1.1: Zur Herstellung einer festen Siegelnaht muss eine bestimmte Temperatur an den Kontaktflächen auf der Innenseiten der beiden Folien erreicht werden. Da die Wärme durch Kontakt von der Außenseite der Folien eingebracht wird und auf Grund der Temperaturleitfähigkeit der Folien, entsteht ein Temperaturgefälle, sodass die Innenseiten der Folien kälter sind als die Außenseiten. Je kürzer die Taktzahlen, desto kürzer sind die Siegelzeiten und desto größer das Temperaturgefälle. Bei kürzeren Taktzeiten müssen daher höhere Temperaturen in den Siegelwerkzeugen eingestellt werden. Die erforderliche Energiemenge, in Form der erforderlichen Temperatur an den Kontaktflächen, bleibt jedoch gleich.

### 4.3.3.2 Die Robustheits-Charakteristik des Verarbeitungsvorgangs

Fixe Qualitätskriterien sind ein Spezifikum der statistischen Qualitätskontrolle und können zunächst nicht für jede Problemstellung als Randbedingung vorausgesetzt werden. Vielmehr ist davon auszugehen, dass die Verarbeitungsqualität $\Delta\kappa^{II}$ eine gleichberechtigte Zielgröße neben der Arbeitsgeschwindigkeit, der Robustheit und dem technischen Aufwand darstellt. In diesem Fall ist die Taktzahl-Charakteristik nach Abb. 4.25 nicht aussagefähig.

Der Zusammenhang zwischen der Verarbeitungsqualität und den übrigen drei Zielgrößen lässt sich jedoch über die Abhängigkeit des statischen Kennfelds (4.11) von der Arbeitsgeschwindigkeit und der maximalen Übertragungsleistung herstellen, wonach

$$\boldsymbol{\kappa}^{II} = \boldsymbol{\Phi}(\mathbf{u}, \tau_{0-1}, P_{max}) \tag{4.100}$$

gilt. Sie führt zur *Robustheits-Charakteristik des Verarbeitungsvorgangs* nach Abb. 4.27. Demnach folgt aus Gleichung (4.92), dass die Robustheit mit höherer Verarbeitungsqualität abnimmt. Aus der Taktzahl-Charakteristik ist zudem zu schließen, dass eine Anhebung der Arbeitsgeschwindigkeit und/oder ein Reduzierung des technischen Aufwands zu einem veränderten Kennfeld führt und zwar in der Form, dass sich die Verarbeitungsqualität und/oder die Robustheit verschlechtern. Dem oben genannten Zielkonflikt ist damit noch ein weiterer Aspekt hinzuzufügen:

- Die Verkleinerung des zulässigen Toleranzbereichs $\Delta\kappa^{II}$ der Qualitätskennwerte.

Damit ist der von Chryssolouris behauptete Zielkonflikt beschrieben und zumindest anhand der Quellenlage in der Literatur empirisch belegt[193].

**Abb. 4.27** Die Robustheits-Charakteristik des Verarbeitungsvorgangs für den einfachsten Fall eines Qualitätskennwerts und einer Einflussgröße. Geringere Verarbeitungsqualität, niedrigere Arbeitsgeschwindigkeit und/oder höherer, technischen Aufwand ermöglichen eine größere Robustheit des Verarbeitungsvorgangs. Dargestellt ist der Spezialfall einer statischen Kennlinie $\kappa^{II} = \Phi(u)$, vgl. auch Abb. 4.23

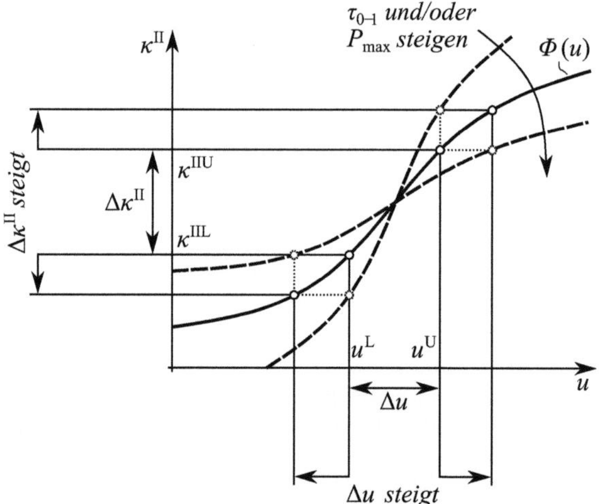


---

[193] Einen Nachweis des Zielkonflikts für das Anwendungsbeispiel Wärmekontaktsiegeln wird in Abschnitt 5.2.2 geführt.

### 4.3.4 Zielkonflikt und Entscheidungsproblem

Mit dem Ziel der Gewinnmaximierung ist eine verarbeitungstechnische Lösung gesucht, die in allen vier Zielgrößen optimal ist. Nachdem die vier Zielgrößen einen Zielkonflikt bilden, existiert eine solche Lösung jedoch nicht. Stattdessen werden immer mehrere gleichwertige Kompromisslösungen vorliegen. Ein Ingenieur, der mit einem verarbeitungstechnischen Problem betraut ist, muss daher im Lauf des Lösungsprozesses in regelmäßiger Abfolge[194] Entscheidungen zwischen mehreren optimalen Alternativen fällen, die durch die vier Zielgrößen charakterisiert sind. Die zweite Forschungsfrage dieser Arbeit betrifft eine Methode, mit der diese Entscheidungsprobleme systematisch gelöst werden können. Sie wird im nächsten Abschnitt behandelt.

## 4.4 Das verarbeitungstechnische Optimierungsproblem

### 4.4.1 Vorbemerkungen

**Basiselemente verarbeitungstechnischer Problemstellungen**

Ausgangspunkt zur Beantwortung der zweiten Forschungsfrage ist die Entscheidungstheorie. In Anlehnung an die Basiselemente eines Entscheidungsmodells[195] können Basiselemente verarbeitungstechnischer Problemstellungen in Abb. 4.28 festgelegt werden. Im Sinne eines a posteriori-Modells[196] liefert das *verarbeitungs-*

**Abb. 4.28** Basiselemente eines verarbeitungstechnischen Problems. Vgl. dazu Abb. 2.54.

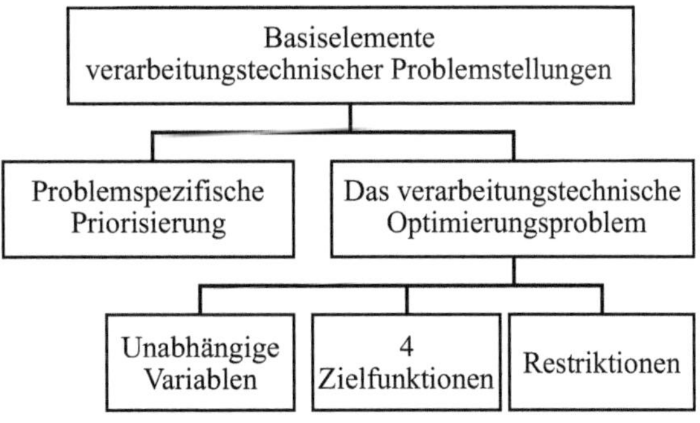


---

[194] Das TOTE-Modell und der Vorgehenszyklus legen dem Problemlösen einen iterativen Zyklus aus dem Suchen und Auswählen von Lösungen zu Grunde, siehe Abschnitt 2.2.1.1. Der zweite, analytische Iterationsschritt entspricht einer Entscheidung zwischen den Lösungsalternativen.

[195] Siehe dazu Abschnitt 2.2.3 und Abb. 2.54.

[196] Siehe dazu Abschnitt 2.2.3.2. A posteriori-Modelle bieten den Vorteil, dass sich der bearbeitende Ingenieur zunächst aller verfügbaren Alternativen bewusst wird, bevor er eine Entscheidung fällt. Aus Sicht des Autors dieser Arbeit ist dies wünschenswert, da auf diese Weise ein besseres

*technische Optimierungsproblem* dabei eine vollständige Darstellung aller optimalen Alternativen, aus denen eine auszuwählen ist. Die *problemspezifische Priorisierung* einer der Zielgrößen führt schließlich zur Entscheidung über eine der Alternativen. Im Folgenden sei der Schwerpunkt auf das Optimierungsproblem gelegt, weil sich dafür allgemeingültige Aussagen treffen lassen. Die Priorisierung der Zielgrößen hingegen hängt stark vom jeweiligen Kontext der Problemstellung ab.

### Die mathematische Beschreibung des verarbeitungstechnischen Problems

Entscheidungsprobleme lassen sich auf verschiedene Arten beschreiben[197]. Hier wird der Weg über eine mathematische Beschreibung als multikriterielles Optimierungsproblem gegangen. Dafür sind folgende Argumente anzuführen:

- Mathematische Ausdrücke bieten die höchste Präzision und weisen deshalb im Sinne der deduktiven Methode[198] die größtmögliche Bestimmtheit auf.
- Quantitative Aussagen zu technischen Systemen stehen im Vordergrund der Ingenieursarbeit, sodass berechenbare Ergebnisse wünschenswert sind.
- Das Systemmodell der Verarbeitungsmaschine und das verarbeitungstechnische Zielsystem liegen bereits als mathematische Modelle vor, die in die Beschreibung der Entscheidungsmethode eingehen sollen.

Definition 1.1 führt bereits den Lösungs- und Zielraum eines verarbeitungstechnischen Problems ein. Dieser Ansatz wird nun mit Hilfe des Zielvektors der verarbeitungstechnischen Problemstellung gemäß Definition 4.25 präzisiert, sodass festgelegt ist, welche Lösungen gesucht sind:

**Definition 4.26** Eine verarbeitungstechnische Problemstellung sei durch das *verarbeitungstechnische Optimierungsproblem*

$$\min_{\mathbf{x}} \quad \mathbf{y} = \mathbf{f}(\mathbf{x}) \tag{4.101a}$$

$$\text{s.t.} \quad \mathbf{x} \in \mathscr{X} \tag{4.101b}$$

mathematisch beschrieben. Hierbei sei $\mathscr{Y} \subseteq \mathbb{R}_+^4$ der *Zielraum* und $\mathbf{y} \in \mathscr{Y}$ mit $\mathbf{y} = [\Delta\kappa^{\mathrm{II}}, \tau_{0\text{-}1}, -\Delta u, P_{\max}]^\top$ der *Zielvektor* entsprechend Definition 4.25. Die *unabhängigen Variablen* des Optimierungsproblems seien mit $\mathbf{x} \in \mathscr{X}$ bezeichnet und durch Restriktionen auf den *Lösungsraum* $\mathscr{X}$ begrenzt. Die Abbildung $\mathbf{f} : \mathscr{X} \to \mathscr{Y}$ seien Vektor der *Zielfunktionen* genannt. Darüber hinaus gelten die Festlegungen zur Notation aus Abschnitt 2.2.2.

Dieses Optimierungsproblem wird im Folgenden unter Zuhilfenahme des Systemmodells der Verarbeitungsmaschine und des verarbeitungstechnischen Zielsystems konkretisiert und präzisiert.

---

Verständnis für die Problemstellung hergestellt ist. Die nachfolgenden Darstellungen sind jedoch ebenso auf andere dort benannte Modelle anwendbar.

[197] Siehe dazu KAbschnitt 2.2.

[198] Zur deduktiven Methode siehe in Abschnitt 1.4 der Einleitung dieser Arbeit.

**Vorgehensweise**

Die nachfolgenden Abschnitte sind wie folgt aufgeteilt: Zunächst nimmt Abschnitt 4.4.2 eine Formalisierung des verarbeitungstechnischen Problems als multikriterielles Optimierungsproblem vor, ohne die praktische Anwendung zu berücksichtigen. Anschließend wird dieses theoretische Optimierungsproblem in Abschnitt 4.4.3 für zwei spezielle Anwendungsfälle weiterentwickelt. Abschnitt 4.4.4 setzt diese Optimierungsprobleme in den Kontext der praktischen Ingenieursarbeit und beschreibt den verarbeitungstechnischen Problemlösungszyklus.

## 4.4.2 Formalisierung des verarbeitungstechnischen Problems

In diesem Abschnitt wird eine Formalisierung der verarbeitungstechnischen Problemstellung vorgenommen. Im Ergebnis steht ein theoretisches, allgemeingültiges Optimierungsproblem. Durch Festlegung weiterer Nebenbedingungen lassen sich daraus mathematische Beschreibungen für jedes beliebige Praxisproblem ableiten.

### 4.4.2.1 Optimalität verarbeitungstechnischer Lösungen

**Optimalitätsbedingung**

Zur Strukturierung des Zielraums $\mathscr{Y}$ gelte die *Pareto-Halbordnung*, d. h. das verarbeitungstechnische Optimierungsproblem nach Definition 4.26 sei ein *multikriterielles Optimierungsproblem*. Die Begriffe Dominanz und Effizienz seien entsprechend verwendet. Diese Festlegung stellt sicher, dass die Lösungen des Optimierungsproblems den realen Entscheidungsproblemen am besten entspricht[199]. Damit ist eine optimale verarbeitungstechnische Lösung wie folgt definiert[200]:

**Definition 4.27** Eine verarbeitungstechnische Lösung $\mathbf{y}^* = \mathbf{f}(\mathbf{x}^*)$ mit $\mathbf{x}^* \in \mathscr{X}$ heißt *effiziente oder Pareto-optimale verarbeitungstechnische Lösung* des verarbeitungstechnischen Optimierungsproblems (4.26), falls es kein $\mathbf{y} = \mathbf{f}(\mathbf{x})$ mit $\mathbf{x} \in \mathscr{X}$ gibt, für das gilt

$$f_j(\mathbf{x}) \leq f_j(\mathbf{x}^*) \text{ für alle } j \in \{1, 2, 3, 4\} \text{ und} \tag{4.102}$$

$$f_j(\mathbf{x}) < f_j(\mathbf{x}^*) \text{ für mindestens ein } j \in \{1, 2, 3, 4\}, \tag{4.103}$$

und *schwach effiziente oder schwach Pareto-optimale verarbeitungstechnische Lösung*, falls es kein $\mathbf{y} = \mathbf{f}(\mathbf{x})$ mit $\mathbf{x} \in \mathscr{X}$ gibt, für das gilt

$$f_j(\mathbf{x}) < f_j(\mathbf{x}^*) \text{ für alle } j \in \{1, 2, 3, 4\}. \tag{4.104}$$

---

[199] Siehe dazu die Ausführungen in Abschnitt 2.2.2.
[200] In Anlehnung an Definition 2.7.

Hierbei handelt es sich um global effiziente Lösungen, vgl. Definition 2.7. Lokal effiziente verarbeitungstechnische Lösungen seien sinngemäß zu Definition 2.8 festgelegt. Falls nicht anders angegeben sei im Folgenden von global effizienten Lösungen ausgegangen.

## Lösungsmengen

Das verarbeitungstechnische Optimierungsproblem (4.101) hat i. d. R. mehrere effiziente Lösungen. Es seien folgende Bezeichnungen festgelegt[201]:

**Definition 4.28** Die Menge aller (schwach) effizienten verarbeitungstechnischen Lösungen $\mathbf{y}^* = \mathbf{f}(\mathbf{x}^*)$ sei im Lösungsraum durch die *funktional-(schwach) effiziente Menge* $\mathscr{X}^* = \{\mathbf{x}^* \in \mathscr{X} \mid \mathbf{y}^* = \mathbf{f}(\mathbf{x}^*)$ ist (schwach) effizient$\}$ und im Zielraum durch die *(schwache) Pareto-Menge* $\mathscr{Y}^* = \mathbf{f}(\mathscr{X}^*)$ gegeben.

### 4.4.2.2 Basiselemente des Optimierungsproblems

### Unabhängige Variablen

Die unabhängigen Variablen des Optimierungsproblems sind die Systemgrößen der Wirkpaarung, die im Rahmen der verarbeitungstechnischen Problemstellung geändert werden können. Prinzipiell kommen dafür alle maschinenseitigen Systemgrößen in Frage, die unter Definition 4.2 fallen. Das schließt alle Systemgrößen des Arbeitsorgans ein, d. h. $\mathbf{z}^\mathrm{I}$, $\mathbf{p}$ und $\mathbf{a}(t)$, die nicht durch problemspezifische Randbedingungen fixiert sind. Für den Lösungsraum des verarbeitungstechnischen Optimierungsproblems (4.26) gilt damit $\mathscr{X} \subseteq \mathscr{M} \times \mathscr{P} \times \mathscr{A}$, siehe Abb. 4.29.

**Abb. 4.29** Zuordnung der unabhängigen Variablen zu den Systemgrößen des Wirkpaarungsmodells. Siehe auch die Zustandsraumdarstellung der Wirkpaarung in Abb. 4.3.

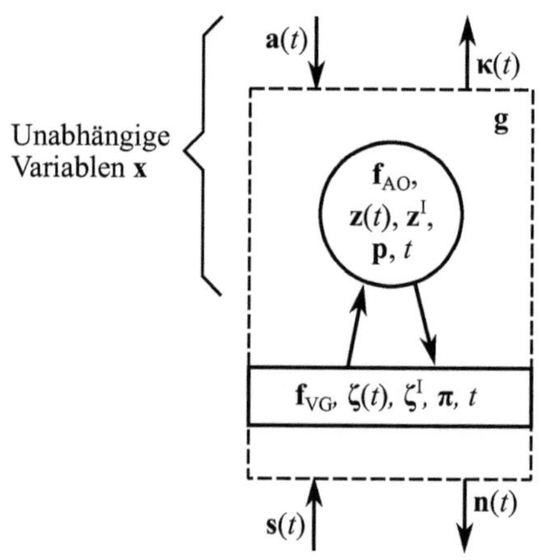


---

[201] Weitere übliche Bezeichnungen finden sich in Abschnitt 2.2.2.4

Die unabhängigen Variablen $\mathbf{x}$ sind von den Einflussgrößen $\mathbf{u}$ zu unterscheiden. Zwar sind sie ebenso Systemgrößen der Wirkpaarung und müssen im Rahmen der verarbeitungstechnischen Problemstellung berücksichtigt werden. Allerdings drücken sie die Randbedingungen des Verarbeitungsvorgangs aus und können deshalb nicht verändert werden. Beide beeinflussen den Verarbeitungsvorgang gleichermaßen. Damit gilt für das Kennfeld des Verarbeitungsvorgangs (4.11)

$$\boldsymbol{\kappa}^{\mathrm{II}} = \boldsymbol{\Phi}(\mathbf{x}, \mathbf{u}) \tag{4.105}$$

mit $\boldsymbol{\Phi} : \mathscr{X} \times \mathscr{U} \to \mathscr{K}$. Dieser Zusammenhang ist sinngemäß auch für alle weiteren Ausdrücke anzuwenden, die auf Gleichung (4.11) aufbauen.

**Zielfunktionen**

Die *Zielfunktionen* $\mathbf{f} = [f_1, f_2, f_3, f_4]$ stellen den Zusammenhang zwischen den unabhängigen Variablen $\mathbf{x}$ und den Zielgrößen $\mathbf{y}$ her. Sie gehen aus den Definitionen 4.21 bis 4.24 hervor:

Die *Verarbeitungsqualität* ist nach Gleichung (4.81) als Integral über den zulässigen Toleranzbereich $\mathscr{Q}^{\mathrm{II}}$ definiert, sodass wegen $\mathscr{Q}^{\mathrm{II}}(\mathbf{x}) = [\boldsymbol{\kappa}^{\mathrm{IIL}}(\mathbf{x}), \boldsymbol{\kappa}^{\mathrm{IIU}}(\mathbf{x})]$ gilt

$$f_1(\mathbf{x}) = \int \cdots \int_{\mathscr{Q}^{\mathrm{II}}(\mathbf{x})} 1 \, \mathrm{d}\kappa_1 \ldots \mathrm{d}\kappa_{n_\kappa} \tag{4.106}$$

mit $f_1 : \mathscr{X} \to \mathbb{R}_+$. Es ist möglich, dass die Qualitätskriterien unabhängig sind[202]. In diesem Fall sind sie selbst Komponenten von $\mathbf{x}$.

Die *Arbeitsgeschwindigkeit* ergibt sich entsprechend Gleichung (4.85) aus dem Start- und Endzeitpunkt des Arbeitstaktes und der Anzahl der Verarbeitungsgüter pro Takt. Die entsprechende Zielfunktion $f_2 : \mathscr{X} \to \mathbb{R}_+$ lautet damit

$$f_2(\mathbf{x}) = \frac{t^1(\mathbf{x}) - t^0(\mathbf{x})}{q(\mathbf{x})} \, . \tag{4.107}$$

Auch hier ist denkbar, dass Start- und Endzeitpunkt, sowie die Anzahl der Verarbeitungsgüter pro Arbeitstakt Komponenten von $\mathbf{x}$ sind.

Für die *Robustheit* ist der Zusammenhang nach Gleichung (4.105) maßgebend. Die entsprechende Zielfunktion $f_3 : \mathscr{X} \to \mathbb{R}_+$ folgt für den allgemeinen Fall nach Gleichung (4.92) mit

$$f_3(\mathbf{x}) = \int \cdots \int_{\mathscr{X}(\mathbf{x})} 1 \, \mathrm{d}u_1 \ldots \mathrm{d}u_{n_\mathrm{u}} \, , \tag{4.108}$$

---

[202] Üblicherweise sind die Qualitätskriterien durch Kundenanforderungen festgelegt und gehen damit als Randbedingungen in das Optimierungsproblem ein. Siehe dazu der nachfolgende Abschnitt 4.4.3. Sollte für diese Randbedingungen jedoch in seltenen Fällen keine Lösung möglich sein, werden als Ultima Ratio die Qualitätskriterien angepasst.

wobei $\mathscr{Z}(\mathbf{x}) = \{\mathbf{u} \in \mathbb{R}^{n_u} \mid \boldsymbol{\kappa}^{\mathrm{IIL}}(\mathbf{x}) \leq \boldsymbol{\Phi}(\mathbf{x}, \mathbf{u}) \leq \boldsymbol{\kappa}^{\mathrm{IIU}}(\mathbf{x})\}$ der zulässige Wertebereich der Einflussgröße in Abhängigkeit der unabhängigen Variablen ist.

Der *technische Aufwand* ergibt sich nach Gleichung (4.94). Hierbei bestimmen die unabhängigen Variablen den zeitlichen Verlauf der Übertragungsleistung der Wirkpaarung, sodass

$$f_4(\mathbf{x}) = \max_t |P_{\mathrm{WP}}(t, \mathbf{x})| \tag{4.109}$$

mit $f_4 : \mathscr{X} \to \mathbb{R}_+$ gilt.

**Restriktionen**

Die unabhängigen Variablen unterliegen Randbedingungen, die sie auf einen zulässigen Bereich $\mathbf{x} \in \mathscr{X}$, den *Lösungsraum* beschränken. Folgende Restriktionen sind im Allgemeinen mindestens zu berücksichtigen:

Der *Arbeitstakt* nach Definition 4.5 bestimmt die zeitlichen und räumlichen Systemgrenzen des betrachteten technischen Systems. Daraus ergeben sich die Restriktionen

$$t^0(\mathbf{x}) \leq t < t^1(\mathbf{x}) \,, \tag{4.110}$$

sodass die Differentialgleichung der Wirkpaarung (4.7) nur im Zeitraum zwischen dem Start- und Endpunkt des Arbeitstaktes betrachtet wird, und

$$q(\mathbf{x}) > 0 \,, \tag{4.111}$$

wonach nur Arbeitsorgane zulässig sind, die während des Verarbeitungsvorgangs mit mindestens einem Teil eines Verarbeitungsgutes im Eingriff sind.

Darüber hinaus können beliebige, weitere Restriktionen auftreten, die der Konvention[203] entsprechend durch

$$\mathbf{h}(\mathbf{x}) = \mathbf{0} \tag{4.112}$$

$$\mathbf{g}(\mathbf{x}) \leq \mathbf{0} \tag{4.113}$$

angegeben sind. Diese Restriktionen sind Randbedingungen, die sich aus technisch-physikalischen Grenzen ergeben, oder auch willkürliche Festlegungen, die aus der Aufgabenstellung folgen.

---

[203] Die Doppelung mit der Ausgangsgleichung (4.8) sei in Kauf genommen, da es sich in beiden Fällen um weit verbreitete Notationen handelt.

### 4.4.2.3  Das multikriterielle Optimierungsproblem

Aus den oben genannten Festlegungen folgt das verarbeitungstechnische Optimierungsproblem in allgemeiner Schreibweise:

$$\min_{\mathbf{x}} \quad \mathbf{f}(\mathbf{x}) = \begin{bmatrix} \Delta\kappa^{\mathrm{II}} \\ \tau_{0\text{-}1} \\ -\Delta u \\ P_{\max} \end{bmatrix} \tag{4.114a}$$

$$\text{s.t.} \quad t^0(\mathbf{x}) \le t < t^1(\mathbf{x}), \tag{4.114b}$$

$$q(\mathbf{x}) > 0, \tag{4.114c}$$

$$\mathbf{h}(\mathbf{x}) = \mathbf{0}, \tag{4.114d}$$

$$\mathbf{g}(\mathbf{x}) \le \mathbf{0}. \tag{4.114e}$$

Die Lösung dieses Optimierungsproblems ist eine vierdimensionale Pareto-Menge. Siehe Abb. 4.30 für eine beispielhafte Pareto-Menge. Da es sich beim verarbeitungstechnischen Optimierungsproblem (4.114) um ein multikriterielles Optimierungsproblem handelt, sind auch die Lösungsverfahren und die methodischen Erweiterungen aus Abschnitt 2.2.1 anwendbar.

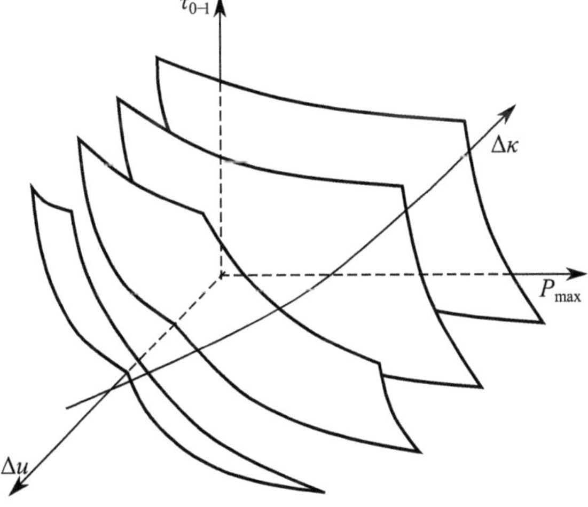


**Abb. 4.30** Schematische Darstellung der vierdimensionalen Pareto-Menge einer verarbeitungstechnischen Problemstellung.

### 4.4.3 Spezielle Optimierungsprobleme

Aus dem verarbeitungstechnischen Optimierungsproblem lassen sich durch Festlegung von Restriktionen beliebige Spezialfälle bilden. Zwei grundlegende Klassen von Problemstellungen seien hier vorgestellt:

- Der Entwurf von Verarbeitungsmaschinen und
- die Einstellung von Verarbeitungsmaschinen.

Sie decken die beiden Tätigkeitsfelder des Ingenieurs ab, der mit verarbeitungstechnischen Problemstellungen betraut ist: Die Entwicklung und den Betrieb von Verarbeitungsmaschinen[204].

#### 4.4.3.1 Das Problem des optimalen Systementwurfs[205]

**Entwicklungsprojekt und Entwurfsproblem**

Die Entwicklung von Verarbeitungsmaschinen umfasst alle Aufgaben, bei denen ein neues technisches System entsteht oder ein bestehendes verändert wird, bspw. die Neuentwicklung einer Maschine oder die Ausrüstung einer bestehenden Maschine mit einer neuen Funktion. Maßgebend für diese Abgrenzung ist dabei nicht der Umfang der technischen Maßnahmen, sondern der Abschnitt des Lebenszyklus einer Maschine[206]: Eine Entwicklung erfordert immer eine Investition des (zukünftigen) Nutzers einer Verarbeitungsmaschine, i. d. R. ist das der *Kunde*. Der betriebswirtschaftliche Kontext ist somit die *Investitionstheorie*[207]. Bei einer Entwicklung handelt es sich demnach um ein Projekt, dessen Ziele in einem Vertrag festgeschrieben sind und das arbeitsteilig durchgeführt wird[208], sodass folgende Definition gegeben werden kann:

**Definition 4.29** Ein *Entwurfsproblem* ist eine Teilaufgabe eines Entwicklungsprojektes, dessen Ziele in einem Lasten- und Pflichtenheft spezifiziert sind.

---

[204] Siehe dazu die Einleitung dieser Arbeit in Abschnitt 1.1.

[205] Der grundlegende Ansatz dieses Abschnitts wurden vom Autor bereits in [131] vorgestellt.

[206] Siehe dazu Abb. 2.43.

[207] Zum Untersuchungsgegenstand der Investitionstheorie siehe Abschnitt 2.1.2.4.

[208] Vgl. dazu die charakteristischen Eigenschaften einer Anlage, die in Abschnitt 2.1.1.1 beschrieben wurden und als Definition 2.1 der Verarbeitungsmaschine zugrunde liegen.

**Die Verarbeitungsaufgabe**

Gemäß Definition 2.2 gehen die Lasten und Pflichten aus der *Verarbeitungsaufgabe*[209] hervor, die eine Verarbeitungsmaschine umsetzen soll. Üblicherweise werden dafür Zielwerte für das Verarbeitungsergebnis $\boldsymbol{\kappa}^{\mathrm{IIT}}$ und Nominalwerte für die Einflussgrößen $\mathbf{u}^{\mathrm{N}}$, z. B. den Anfangszustand $\boldsymbol{\kappa}^{\mathrm{IN}}$, angegeben. Darüber hinaus sind mindestens Angaben zu den Qualitätsanforderungen $\mathscr{Q}_{\mathrm{II}} = [\boldsymbol{\kappa}^{\mathrm{IIL}}, \boldsymbol{\kappa}^{\mathrm{IIU}}]$ an das Verarbeitungsergebnis erforderlich, sodass gemäß Abb. 4.31 gilt:

$$\boldsymbol{\kappa}^{\mathrm{IIL}} \leq \boldsymbol{\kappa}^{\mathrm{IIT}} \leq \boldsymbol{\kappa}^{\mathrm{IIU}} \tag{4.115}$$

und

$$\boldsymbol{\kappa}^{\mathrm{IIL}} \leq \boldsymbol{\Phi}(\mathbf{x}, \mathbf{u}^{\mathrm{N}}) \leq \boldsymbol{\kappa}^{\mathrm{IIU}} . \tag{4.116}$$

Hierbei ist $\boldsymbol{\kappa}^{\mathrm{IIT}} \neq \boldsymbol{\Phi}(\mathbf{u}^{\mathrm{N}}, \mathbf{x})$ möglich. Dann gilt für den zulässige Wertebereich $\mathscr{Z}(\mathbf{x}) = \{\mathbf{u} \in \mathbb{R}^{n_u} \mid \boldsymbol{\kappa}^{\mathrm{IIL}} \leq \boldsymbol{\Phi}(\mathbf{x}, \mathbf{u}) \leq \boldsymbol{\kappa}^{\mathrm{IIU}}\}$. Außerdem sind Zusagen

- zu maximalen Arbeitsgeschwindigkeiten, d. h. $\tau_{0-1} \leq \tau_{0-1}^{\mathrm{U}}$,
- zur garantierten Gesamtanlageneffektivität[210], d. h. $\Delta u \geq \Delta u^{\mathrm{L}}$, und
- zum maximalen Preis, d. h. $P_{\mathrm{max}} \leq P_{\mathrm{max}}^{\mathrm{U}}$,

gängige Praxis. Diese zusätzlichen Restriktionen seien im Folgenden nicht explizit ausgewiesen, sondern in den Ungleichungsrestriktionen $\mathbf{g}(\mathbf{x}) \leq \mathbf{0}$ enthalten, da ihre Gültigkeit von der jeweiligen Aufgabenstellung abhängig ist.

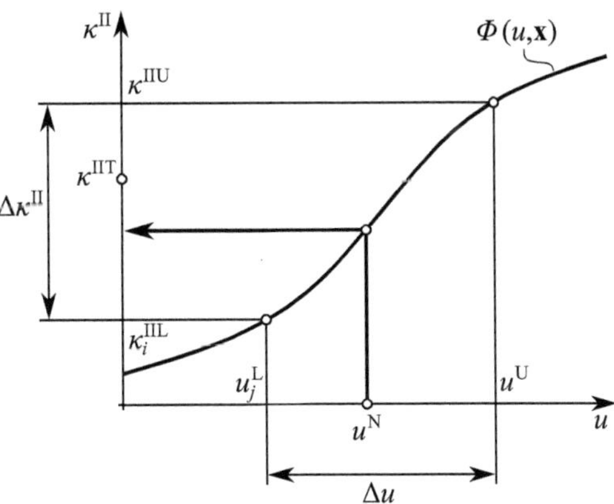


**Abb. 4.31** Qualitätskriterien und Zielwert, sowie Grenzwerte und Nominalwert für den Fall einfachsten Fall eines Qualitätskennwerts und einer Einflussgröße und $\kappa^{\mathrm{IIT}} \neq \Phi(u^{\mathrm{N}}, \mathbf{x})$.

---

[209] Zum Begriff der Verarbeitungsaufgabe siehe Abschnitt 2.1.4.2. Ein Praxisbeispiel sei zur Erläuterung angeführt: Bezeichnenderweise ist das wichtigste Vertragsdokument zwischen dem Lieferanten und Abnehmer einer Blisterverpackungsmaschine die Zeichnung des herzustellenden Blisters und nicht eine Zeichnung der Maschine selbst. Diese sog. Blisterzeichnung enthält Angaben zur Tablette, die verpackt werden soll, zu den Verpackungsfolien inkl. der Maße der Folienrollen, sowie Nennmaße und Toleranzen des Blisters. Damit ist die Verarbeitungsaufgabe hinreichend genau beschrieben, es bleibt jedoch offen, wie sie technisch umgesetzt wird.

[210] Als Vertragsgrundlage dient hierbei z. B. die DIN EN 415-11 [50], siehe Abschnitt 2.1.3.5 oder DIN ISO 2859. [59], vgl. Abschnitt 2.1.3.3.

## Das Optimierungsproblem des Systementwurfs

Das *Problem des optimalen Systementwurfs* entsteht damit durch zusätzliche Restriktionen aus dem Optimierungsproblem (4.114). Hierbei entfällt die Zielfunktion $f_1$ und die Verarbeitungsqualität geht als Restriktion entsprechend Gleichung (4.116) ein. Das Optimierungsproblem lautet dann:

$$\min_{\mathbf{x}} \begin{bmatrix} f_2(\mathbf{x}) \\ f_3(\mathbf{x}) \\ f_4(\mathbf{x}) \end{bmatrix} = \begin{bmatrix} \tau_{0-1} \\ -\Delta u \\ P_{\max} \end{bmatrix} \tag{4.117a}$$

$$\text{s.t.} \quad t^0(\mathbf{x}) \le t < t^1(\mathbf{x}), \tag{4.117b}$$

$$q(\mathbf{x}) > 0, \tag{4.117c}$$

$$\boldsymbol{\kappa}^{\mathrm{IIL}} \le \boldsymbol{\Phi}(\mathbf{u}^{\mathrm{N}}, \mathbf{x}) \le \boldsymbol{\kappa}^{\mathrm{IIU}}, \tag{4.117d}$$

$$\mathbf{h}(\mathbf{x}) = \mathbf{0}, \tag{4.117e}$$

$$\mathbf{g}(\mathbf{x}) \le \mathbf{0}. \tag{4.117f}$$

Die unabhängigen Variablen $\mathbf{x}$ seien als *Entwurfsvariablen* des Entwurfsproblems bezeichnet. Der Entwickler kann sie innerhalb der Restriktionen verändern. Die funktional-effiziente Menge $\mathscr{X}^*$ mit $\mathscr{Y}^* = \mathbf{f}(\mathscr{X}^*)$[211] enthält somit alle gleichwertigen, *optimalen Systementwürfe*. Abb. 4.32 zeigt die Pareto-Front eines beispielhaften Entwurfsproblems.

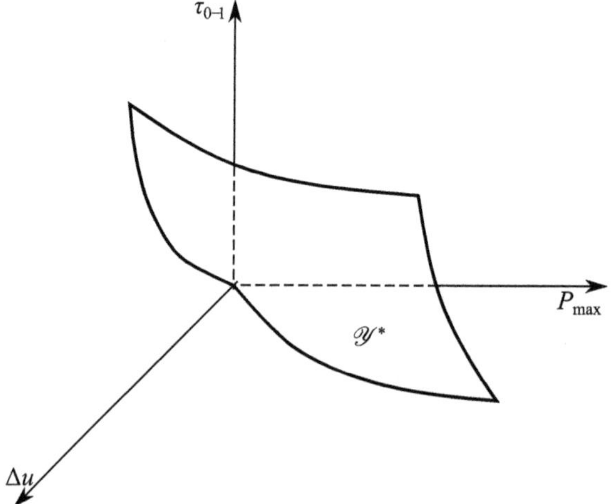


**Abb. 4.32** Schematische Darstellung der Pareto-Front eines Entwurfsproblems.

---

[211] Mit $\mathbf{f}(\mathscr{X}) = \{\mathbf{f}(\mathbf{x}) \in \mathbb{R}^m \mid \mathbf{x} \in \mathscr{X}\}$.

**Methodische Erweiterungen**

Das Problem des optimalen Systementwurfs kann als Spezialfall des Optimal Design Problems (2.90) angesehen werden. Die methodischen Erweiterungen, die in Abschnitt 2.2.2 beschrieben wurden, sind damit in vollem Umfang anwendbar. So kann in Anlehnung an das *Robust Optimal Design Problem* (2.94) für unsichere Entwurfsvariablen und Einflussgrößen

$$\kappa^{\mathrm{IIL}} \leq \Phi(\mathbf{u}, \mathbf{x}) - k\sigma_{\Phi} \quad \text{und} \tag{4.118}$$

$$\kappa^{\mathrm{IIU}} \geq \Phi(\mathbf{u}, \mathbf{x}) + k\sigma_{\Phi} \tag{4.119}$$

geschrieben werden, sowie aus

$$\mathbf{u}^{\mathrm{L}} \leq \mathbf{u}^{\mathrm{N}} - k\sigma_{\mathrm{u}} \quad \text{und} \tag{4.120}$$

$$\mathbf{u}^{\mathrm{U}} \geq \mathbf{u}^{\mathrm{N}} + k\sigma_{\mathrm{u}} \tag{4.121}$$

die minimal erforderliche Robustheit

$$\Delta u \geq 2k\sigma_{\mathrm{u}} \tag{4.122}$$

hergeleitet werden. Hierbei gibt $\sigma_{\Phi}$ die Standardabweichung des Kennfelds von seinen Nominalwerten und $\sigma_{\mathrm{u}}$ die Standardabweichung der Einflussgrößen von Ihren Nominalwerten an. Der Faktor $k$ bestimmt das Sicherheitsniveau. Ebenso sind Vergleiche von Konzepten möglich oder eine Zerlegung des Optimierungsproblems in Teilprobleme, wie in den Abschnitt 2.2.4.3 und 2.2.4.4 vorgestellt.

**Einordnung in die Methoden des Konstruktiven Entwicklungsprozesses**

Abschnitt 2.2.5.3 argumentiert, dass die Bewertungsmethoden des Konstruktiven Entwicklungsprozesses formal mit einem multikriteriellen Optimierungsproblem äquivalent sind. Damit lässt sich auch das Problem des optimalen Systementwurfs in ein solches Bewertungsverfahren überführen, wenn die vier Zielgrößen Verarbeitungsqualität, Arbeitsgeschwindigkeit, Robustheit und technischer Aufwand als Bewertungskriterien verwendet und priorisiert werden.

Im allgemeinen Modell der Produktentwicklung nach VDI 2221 [206], siehe Abb. 2.59, ist das Problem des optimalen Systementwurfs damit in den Schritten 4, 6 und 7, also in der Konzept- sowie in der Detaillierungsphase, vorzufinden.

### 4.4.3.2 Das Problem der optimalen Maschineneinstellung[212]

**Produktionsbetrieb und Einstellungsproblem**

Der Betrieb von Verarbeitungsmaschinen erfordert das regelmäßige Eingreifen in den Maschinenlauf, sei es zum Rüsten der Maschine bei Produktwechsel oder zur Beendigung eines ungeplanten Stillstands[213]. Maßgebend für die Untersuchung ist auch hier der Abschnitt im Lebenszyklus einer Maschine: Der Betrieb einer Verarbeitungsmaschine findet beim Nutzer statt, wobei die Produktionsplanung die Randbedingungen des Betriebs vorgibt. Der betriebswirtschaftliche Kontext ist damit die *Produktionstheorie*[214]. Der Produktionsbetrieb umfasst dabei eine Abfolge von Einzelprojekten, den *Produktionsaufträgen*, die i. d. R. eine Anpassung der Verarbeitungsmaschine an veränderliche Randbedingungen erfordern. Somit kann folgende Definition gegeben werden:

**Definition 4.30** Ein *Einstellungsproblem* ist eine Teilaufgabe während des Betriebs einer Verarbeitungsmaschine, die eine Anpassung an die spezifischen Randbedingungen eines Produktionsauftrags zum Ziel hat.

**Die Verarbeitungsaufgabe eines Produktionsauftrags**

Der Produktionsauftrag gibt die *spezifische Verarbeitungsaufgabe* innerhalb der Produktionsplanung vor. Sie muss mindestens Angaben zu den Qualitätsanforderungen $\mathscr{Q}_{\mathrm{II}} = [\boldsymbol{\kappa}^{\mathrm{IIL}}, \boldsymbol{\kappa}^{\mathrm{IIU}}]$ mit

$$\boldsymbol{\kappa}^{\mathrm{IIL}} \leq \boldsymbol{\Phi}(\mathbf{u}, \mathbf{x}) \leq \boldsymbol{\kappa}^{\mathrm{IIU}} \tag{4.123}$$

und zur erforderlichen Robustheit $\Delta u$ mit

$$\mathbf{u}^{L} \leq \mathbf{u} \leq \mathbf{u}^{U} \tag{4.124}$$

enthalten. Die Grenzwerte der Einflussgrößen $\mathbf{u}^{L}$ und $\mathbf{u}^{U}$ ergeben sich dabei aus dem Erwartungswert $\boldsymbol{\mu}_{\mathrm{u}}$ und der Standardabweichung $\boldsymbol{\sigma}_{\mathrm{u}}$ der Einflussgrößen $\mathbf{u}$ sowie dem zulässigen Fehleranteil[215] $k$ mit

$$\mathbf{u}^{L} = \boldsymbol{\mu}_{\mathrm{u}} - k\boldsymbol{\sigma}_{\mathrm{u}} \text{ und} \tag{4.125}$$

$$\mathbf{u}^{U} = \boldsymbol{\mu}_{\mathrm{u}} + k\boldsymbol{\sigma}_{\mathrm{u}} \,, \tag{4.126}$$

siehe Abb. 4.33. Eine große Robustheit ist damit immer dann gefordert, wenn hohe

---

[212] Wesentliche Inhalte dieses Abschnitts wurden vom Autor bereits in [81] veröffentlicht.

[213] Vgl. die drei Verlustarten nach Abb. 4.12.

[214] Zum Untersuchungsgegenstand der Produktionstheorie siehe Abschnitt 2.1.2.5.

[215] Übliche Standards für die Angabe der Fehleranteile sind die Qualitätsgrenzlagen nach DIN ISO 2859 [59] und die Six Sigma-Grenzen nach ISO 13053 [109]. Siehe Abschnitt 2.1.3.3. Hier sei in Anlehnung an den Ansatz des Robust Design der Sigma-Score $k$ verwendet. Vgl. dazu Abschnitt 2.2.4.2.

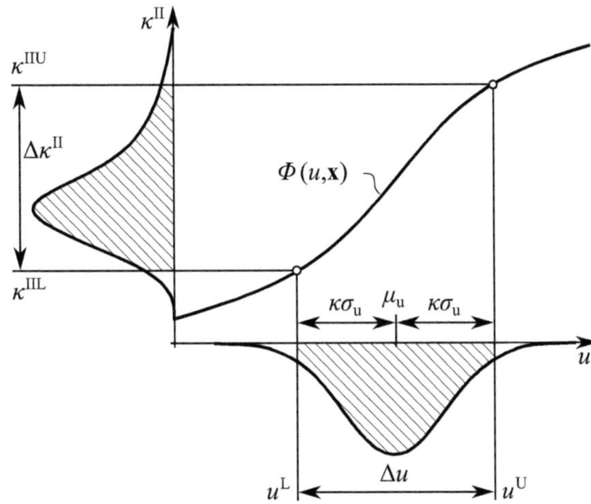


**Abb. 4.33** Qualitätskriterien, sowie Grenzwerte Einflussgröße für den einfachsten Fall mit einem Qualitätskennwert und einer Einflussgröße. Schraffiert dargestellt ist der Fehleranteil, der durch $\mu_u \pm \kappa\sigma_u$ definiert ist.

Qualitätsanforderungen an das Verarbeitungsergebnis gestellt werden, bei gleichzeitig schlechter Qualität der unverarbeiteten Güter und niedrigem, zulässigen Fehleranteil. Darüber hinaus kann der Produktionsplan

- maximale Laufzeiten, d. h. $\tau_{0-1} \leq \tau_{0-1}^U$, und
- maximale Kosten, d. h. $P_{max} \leq P_{max}^U$,

für einen Produktionsauftrag vorsehen. Auch diese zusätzlichen Restriktionen seien wieder in den Ungleichungsrestriktionen $\mathbf{g}(\mathbf{x}) \leq \mathbf{0}$ enthalten.

**Das Optimierungsproblem der Maschineneinstellung**

Das *Problem der optimalen Maschineneinstellungen* geht durch Überführung der Zielfunktionen $f_1$ und $f_3$ in die Restriktionen (4.123) und (4.124) aus dem Optimierungsproblem (4.114) hervor. Das Optimierungsproblem vereinfacht sich damit zu

$$\min_{\mathbf{x}} \begin{bmatrix} f_2(\mathbf{x}) \\ f_4(\mathbf{x}) \end{bmatrix} = \begin{bmatrix} \tau_{0-1} \\ P_{max} \end{bmatrix} \tag{4.127a}$$

$$\text{s.t.} \quad t^0(\mathbf{x}) \leq t < t^1(\mathbf{x}), \tag{4.127b}$$

$$q(\mathbf{x}) > 0, \tag{4.127c}$$

$$\boldsymbol{\kappa}^{IIL} \leq \boldsymbol{\Phi}(\mathbf{u}, \mathbf{x}) \leq \boldsymbol{\kappa}^{IIU}, \tag{4.127d}$$

$$\mathbf{u}^L \leq \mathbf{u} \leq \mathbf{u}^U, \tag{4.127e}$$

$$\mathbf{h}(\mathbf{x}) = \mathbf{0}, \tag{4.127f}$$

$$\mathbf{g}(\mathbf{x}) \leq \mathbf{0}. \tag{4.127g}$$

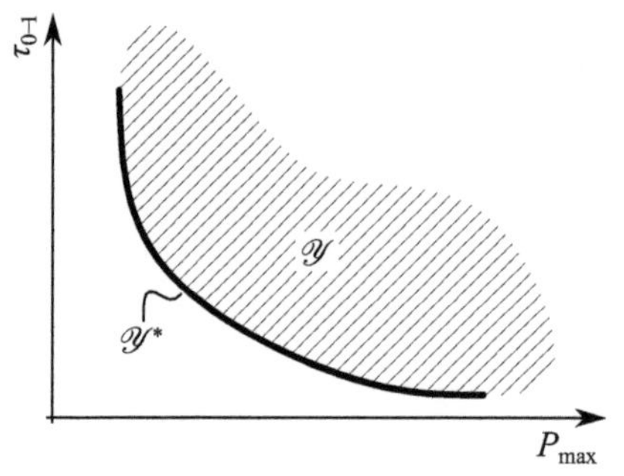

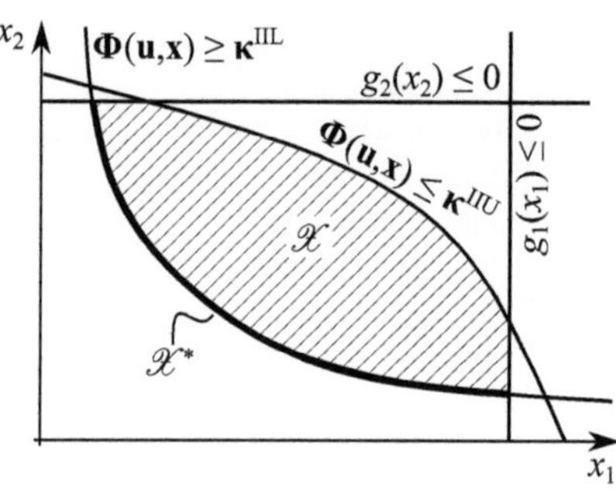

(a) Zielraum und Pareto-Front.          (b) Geeignete und optimale Einstellungen.

**Abb. 4.34:** Ein Einstellungsproblem mit zwei Einstellvariablen $x_1, x_2 \in X$ sowie zwei Ungleichungsrestriktionen $g_1$ und $g_2$. Gezeigt ist der Spezialfall für $d\Phi/dx_1 > 0$ und $d\Phi/dx_2 > 0$, sodass alle optimalen Maschineneinstellungen am minimalen Rand von $\mathscr{X}$ liegen.

Hierbei repräsentieren die unabhängigen Variablen $\mathbf{x}$ die veränderlichen *Einstellvariablen*[216] der Verarbeitungsmaschine. Dem Lösungsraum $\mathscr{X}$, der durch die Restriktionen (4.127b) bis (4.127g) begrenzt wird, spielt bei Einstellungsproblemen eine wichtige Rolle. Er enthält alle *geeigneten Maschineneinstellungen* $\mathbf{x} \in \mathscr{X}$, die zu qualitätsgerechten Verarbeitungsergebnissen unter Einhaltung des geforderten Fehleranteils führen. Die Menge der *optimalen Maschineneinstellungen* $\mathbf{x}^* \in \mathscr{X}^*$ mit $\mathscr{Y}^* = \mathbf{f}(\mathscr{X}^*)$ ist eine Teilmenge $\mathscr{X}^* \subseteq \mathscr{X}$ davon. Abb. 4.34 zeigt ein schematisches Beispiel zur Illustration.

### Experimentelle Bestimmung des statischen Kennfelds

In Abschnitt 4.2.2.2 wird der Fall beschrieben, dass das Differentialgleichungssystem der Wirkpaarung (4.7) unbekannt ist und damit keine mathematische Beschreibung des statischen Kennfelds $\Phi(\mathbf{u}, \mathbf{x})$ auf Basis technisch-physikalischer Modelle existiert. Im Kontext von Einstellproblemen ist dieser Fall häufig vorzufinden.

Mit der *statistischen Versuchsplanung* hat sich eine Methode durchgesetzt, die ein Regressionsmodell der statischen Kennlinie experimentell bestimmt und dieses Modell zur Optimierung des zugehörigen Verarbeitungsvorgangs nutzt[217]. Dieser Weg kann auch für das Problem der optimalen Maschineneinstellungen gegangen werden, wenn ein solches Regressionsmodell anstelle der Lösung der Differentialgleichung der Wirkpaarung tritt, siehe Abb. 4.35b.

---

[216] Der Begriff *Einstellparameter* ist zwar geläufiger, aber im Kontext der Optimierung missverständlich, da Parameter i. d. R. konstante Größen eines Optimierungsproblems bezeichnen. Hier sei deshalb der Begriff Einstellvariablen verwendet.

[217] Siehe bspw. [153, 190] für eine umfangreiche Darstellung der Methode. Die statistische Versuchplanung ist dabei nicht auf Verarbeitungsvorgänge beschränkt, sondern lässt sich auf jeden beliebigen Zusammenhang zwischen Einfluss- und Zielgrößen anwenden.

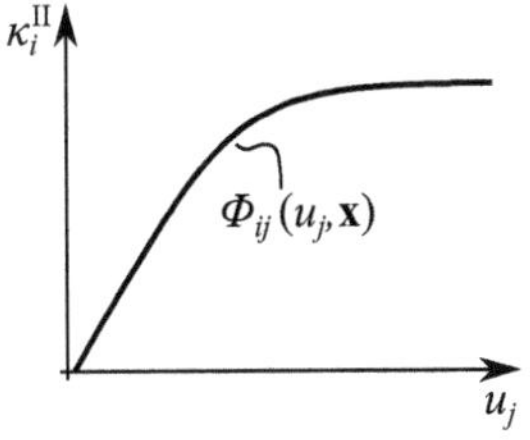


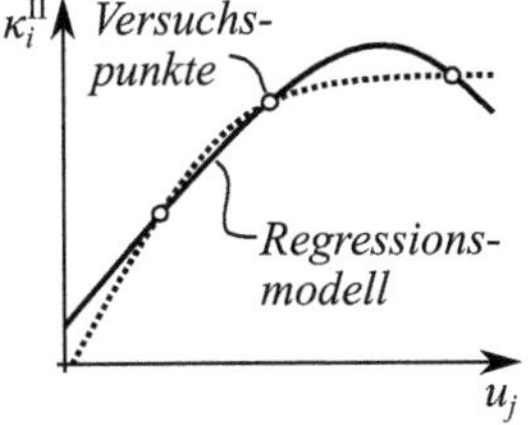


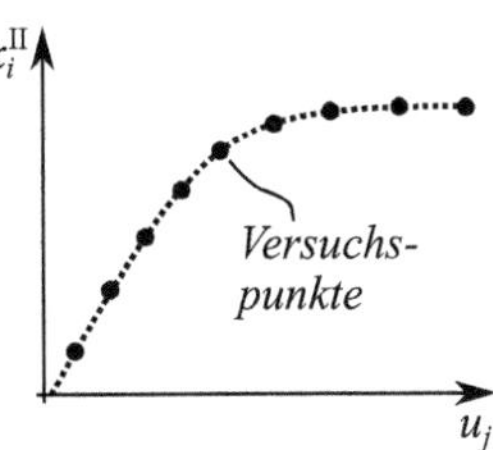


**(a)** Lösung der Differentialgleichung der Wirkpaarung.    **(b)** Regressionsmodell auf Basis von Experimenten.    **(c)** Experimentel direkt bestimmte Einzelwerte.

**Abb. 4.35:** Repräsentationsarten eines statischen Kennfeldes. Schematische Darstellung der Kennlinie für den $i$-ten Qualitätskennwert und die $j$-te Einflussgröße. Ein Regressionsmodell liefert keine exakten Lösungen. Experimentell bestimmte Einzelwerte lassen keine Aussage zu Werten zwischen den Versuchspunkte zu.

Denkbar ist auch, den Umweg über die Bildung eines Regressionsmodells einzusparen und das Optimierungsproblem (4.127) direkt mit Hilfe einer Versuchsreihe zu lösen. Anstelle einer Computerrechnung wäre dann eine Versuchsreihe mit verschiedenen Maschineneinstellungen durchzuführen, wobei die Abfolge der Versuchspunkte einem bestimmten Lösungsverfahren[218] folgen müsste, siehe Abb. 4.35c. Dieser Ansatz wird in Abschnitt 5.2.3.1 erstmals beschrieben.

## Einordnung in die Modelle und Methoden der Qualitätskontrolle

Die statistische Qualitätskontrolle beschreibt in zahlreichen, international verbreiteten Standards[219] die Qualitätsanforderungen, die an einen Verarbeitungsvorgang gestellt werden. Sie stellt damit Verfahren bereit, mit denen die Restriktion (4.127d) des Problems der optimalen Maschineneinstellungen festgelegt und ihre Einhaltung geprüft werden. Bei TAGUCHI finden sich unter dem Begriff *Robust Design* außerdem Ansätze, wie unter den spezifischen Randbedingungen eines Produktionsauftrags geeignete Maschineneinstellungen zu finden sind[220]. Er beschreibt damit die Anpassung des statischen Kennfeldes $\boldsymbol{\Phi}(\mathbf{u}, \mathbf{x})$ unter Berücksichtigung der Restriktion (4.127e), d. h. einen Weg eine Einstellung $\mathbf{x} \in \mathcal{X}$ zu ermitteln. Das Problem der optimalen Maschineneinstellungen (4.127) geht darüber hinaus und hat nicht nur eine geeignete Maschineneinstellung, sondern alle optimalen Maschineneinstellungen als Ergebnis.

---

[218] Siehe Abschnitt 2.2.2.5 zu Lösungsverfahren für multikriterielle Optimierungsprobleme.

[219] Siehe Abschnitt 2.1.3.2 und 2.1.3.3.

[220] Siehe Abschnitt 2.2.4.2. TAGUCHI verwendet den Begriff Einstellparameter $\mathbf{p}$, anstelle Einstellvariablen $\mathbf{x}$. Er unterscheidet zudem zwischen kontrollierbaren und nicht kontrollierbaren Eingangsgrößen $\mathbf{x}$ und $\mathbf{s}$. Diese Unterscheidung ist aus formalen Gesichtspunkten jedoch unbedeutend, wie Abschnitt 4.2.2.2 erläutert, sodass diese Eingangsgrößen hier als Einflussgrößen $\mathbf{u}$ zusammengefasst sind.

### 4.4.3.3 Entscheidungsregeln durch Priorisierung von Zielgrößen

**Das Wirtschaftlichkeitsprinzip und die Auswahl einer Vorzugslösung**

Aus dem Wirtschaftlichkeitsprinzip leitet die Betriebswirtschaftslehre die Forderung ab, nur effiziente Produktionen zur Beschreibung einer Technologie zu verwenden[221]. Sie liegen auf dem sog. *effizienten Rand der Technologie*, der in Abb. 2.2 dargestellt ist.[222] Daraus lässt sich schließen, dass es *notwendig und hinreichend* ist, alle optimalen Systementwürfe bzw. Maschineneinstellungen $\mathscr{Y}^* \subseteq \mathbf{f}(\mathscr{X})$ bei der Auswahl einer Vorzugslösung zur berücksichtigen.

**Priorisierung**

Eine wesentliche Eigenschaft Pareto-optimaler Lösungen ist, dass sie gleichwertige Kompromisslösungen sind. D. h., ohne die zusätzliche Angabe einer Präferenz, kann keine begründete Entscheidung über eine bevorzugte Lösung aus der effizienten Menge getroffen werden. Die Auswahl einer Vorzugslösung aus allen optimalen Lösungen $\mathbf{x}^* \in \mathscr{X}^*$ erfordert damit die Priorisierung einer Zielgröße. Ein gängiges Verfahren zur Priorisierung ist die Methode der gewichteten Summen[223], die die einzelnen Zielgrößen entsprechend ihrer Priorität mit Wichtungsfaktoren $w_i$ multipliziert und anschließend addiert. Die vektorielle Zielfunktion $\mathbf{f} = [f_1, f_2, f_3, f_4]^\top$ wird dadurch in eine skalare Zielfunktion

$$f = \sum_{i=1}^{4} w_i f_i \qquad (4.128)$$

überführt. Für die Zielfunktionen des Entwurfsproblems (4.117a) und des Einstellungsproblems (4.127a) gilt Gleichung (4.128) äquivalent.

Welche Zielgröße priorisiert wird, hängt von der Strategie eines Unternehmens ab. Es sind vier grundlegende Fälle denkbar:

---

[221] Siehe dazu die Ausführung zu Technologie und Produktion in Abschnitt 2.1.2.3.

[222] Sofern die Produktivitäts-Verarbeitungskosten-Charakteristik in Abb. 1.1 optimale Kennlinien einer Verarbeitungsmaschine abbildet, repräsentiert die Kurve des Produktivitätskoeffizienten bzw. der Gesamtanlageneffektivität einen solchen effizienten Rand. Von dieser Annahme darf ausgegangen werden, da andernfalls eine Unterscheidung und Bewertung mehrerer Verarbeitungsmaschinen anhand ihres Betriebsverhaltens nicht möglich wäre.

[223] Siehe Abschnitt 2.2.5.3. Die Methode der gewichteten Summen liegt auch den Bewertungsmethoden des Konstruktiven Entwicklungsprozesses zu Grunde, sodass dieses Verfahren für Ingenieurtechnische Probleme als erprobt gelten kann.

- $w_1 \gg w_2, w_3, w_4$ führt zur Lösung mit der höchsten Verarbeitungsqualität. Verarbeitungsmaschinen dieser Art werden häufig als *Präzisionsmaschinen*[224] bezeichnet.
- $w_2 \gg w_1, w_3, w_4$ ergibt die Lösung mit der größten Verarbeitungsgeschwindigkeit. Solche Verarbeitungsmaschinen werden i. d. R. mit der Bezeichnung *Hochleistungsmaschine* angeboten.
- $w_3 \gg w_1, w_2, w_4$ bevorzugt die Lösung mit der größten Robustheit. Verarbeitungsmaschine dieser Art stellen häufig die Eigenschaften *Flexibilität*, *Zuverlässigkeit* oder *Sicherheit* in den Fokus.
- $w_4 \gg w_1, w_2, w_3$ führt zur Lösung mit dem geringsten technischen Aufwand. Diese Verarbeitungsmaschinen werden oft als *Einstiegsmodelle* beworben.

In der Praxis treten üblicherweise Mischformen dieser vier Fälle auf.

### 4.4.4 Methodisches Lösen verarbeitungstechnischer Problemstellungen

Abschließend sei dargestellt, wie sich das verarbeitungstechnische Optimierungsproblem in einen systematische Lösungsweg einordnen lässt. Damit ist der Bogen zur zweiten Forschungsfrage geschlagen, die sich um eine allgemeingültige, systematische Vorgehensweise für verarbeitungstechnische Problemstellungen dreht.

**Der verarbeitungstechnische Problemlösungszyklus**

Die Frage nach einer systematischen Vorgehensweise führt zum TOTE-Schema und zu EHRLENSPIELS Vorgehenszyklus[225] zurück. Sie bilden die Grundprinzipien menschlichen Handelns und des Lösens technischer Problem ab. Die iterative Arbeitsweise, die sich daraus ableitet, gilt auch für das Lösen verarbeitungstechnischer Problemstellungen und umfasst die Schritte Aufgabenklärung, Modellbildung und Optimierung. Im Unterschied zum Vorgehenszyklus beschränkt sich die *Aufgabenklärung* jedoch auf die Verarbeitungsaufgabe, d. h. die Formulierung der vier verarbeitungstechnischen Zielgrößen. Des Weiteren hat das Suchen der Lösung weniger den kreativen Charakter des schöpferischen Erfindens, wie es aus der Konstruktionslehre bekannt ist. Der Schwerpunkt liegt hier auf dem Suchen nach einer geeigneten Beschreibung der Wirkpaarung, d. h. auf der *Modellbildung*. Darüber hinaus ist das Auswählen der Lösung durch das verarbeitungstechnische Optimierungsproblem formalisiert, sodass dieser Schritt im wesentlichen einer *Optimierung* des Verarbeitungsvorgangs entspricht. Daraus folgt der *verarbeitungstechnische Problemlösungszyklus* nach Abb. 4.36. Prinzipiell ist der Einstieg in den Problemlösungszyklus

---

[224] Bei dieser und den nachfolgenden Maschinenbezeichnungen handelt es sich um häufig anzutreffende Marketingbegriffe. Sie sind nicht als klar definierte Bezeichnungen für Maschinengattungen anzusehen.

[225] Siehe Abschnitt 2.2.1.1.

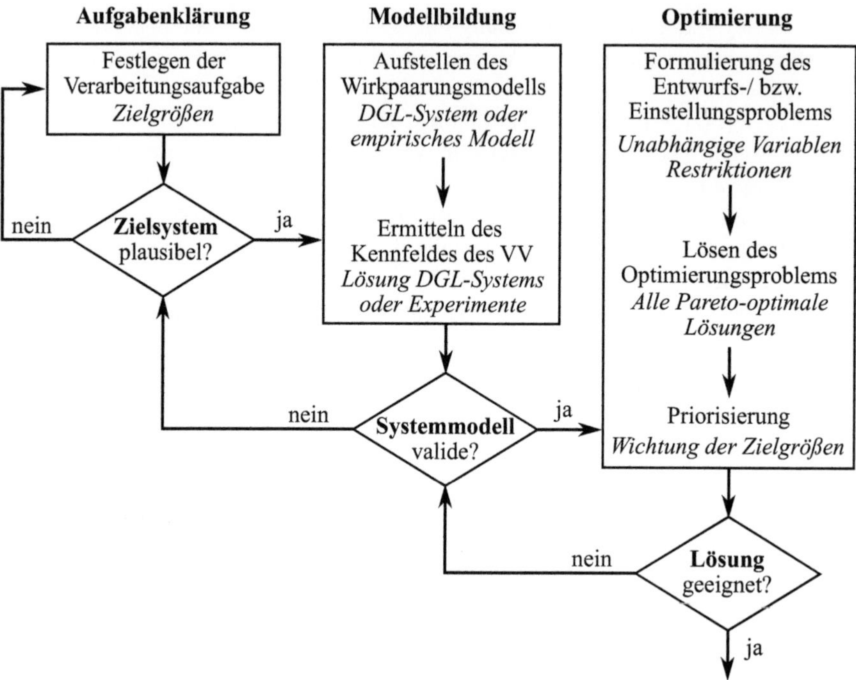



**Abb. 4.36:** Der Problemlösungszyklus für verarbeitungstechnische Problemstellungen. Iteration der Arbeitsschritte *Aufgabenklärung*, *Modellbildung* und *Optimierung*.

in jedem der drei Arbeitsschritten möglich, sofern die entsprechende Grundlage in Form eines Zielsystems bzw. eines Systemmodells bereits vorliegt.

Der Verarbeitungsaufgabe und dem Wirkpaarungsmodell kommen dabei eine Schlüsselfunktion zu. Sie legen fest, welche technischen Zusammenhänge durch das Optimierungsproblem erfasst werden und damit in die Auswahl der Lösung einfließen. Deshalb muss bei Zweifeln an der verarbeitungstechnischen Lösung zunächst das zugrundeliegende Wirkpaarungsmodell und anschließend die Verarbeitungsaufgabe geprüft werden[226].

## Eine Hierarchie der verarbeitungstechnischen Problemstellungen

Die Unterscheidung zwischen Entwurfsproblem und Einstellungsproblem ist sowohl in der Qualitätssicherung als auch in der Betriebswirtschaftslehre bekannt. So teilt TAGUCHI die kontrollierbaren Eingangsgrößen seines Produktionsprozesses in Entwurfs- und Einstellparameter ein. Erstere werden im Verlauf des Entwicklungs-

---

[226] Die Erfahrung des Autors aus Entwicklungsprojekten bestätigt, dass beim Fehlschlag einer Lösung zunächst die Annahmen der Konstruktion überprüft werden und, falls diese plausibel sind, anschließend die Anforderungen überarbeitet werden.

prozesses festgelegt und lediglich letztere sind während der Betriebsphase verän-
derlich[227]. Ähnlich wird in der Betriebswirtschaft zwischen Technologiewahl und
Produktionsplanung unterschieden, wobei nach dem Putty-Clay-Modell die Technologie über die Produktionsfunktion bestimmt[228]. Sowohl TAGUCHIS Methodik als
auch das Putty-Clay-Modell gehen damit von einer hierarchischen Gliederung zweier
Problemkomplexe aus: Der Entwicklung und dem Betrieb von Verarbeitungsmaschinen. Übertragen auf die hier vorgestellte Methode folgt daraus, dass das Entwurfsproblem dem Einstellungsproblem übergeordnet ist. D. h. Entwurfsvariablen, die im
Verlauf des Entwicklungsprozesses festgelegt werden, sind fixe Parameter des Einstellungsproblems. Entwurfsvariablen die nicht festgelegt werden, treten im Einstellungsproblem als Einstellungsvariablen auf. Dieser Zusammenhang ist in Abb. 4.37
dargestellt.

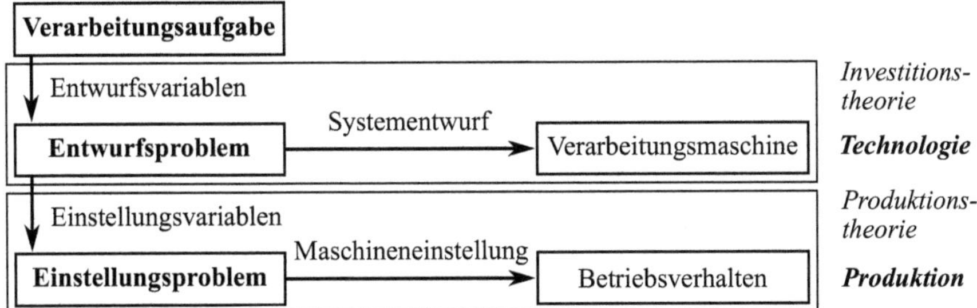


**Abb. 4.37:** Die Hierarchie der verarbeitungstechnischen Problemstellung.

---

[227] Siehe Abschnitt 2.1.4.4 zur qualitätsgerechten Prozessgestaltung.

[228] Siehe Abschnitt 2.1.2.3 zu den Begriffen Technologie und Produktion in der Betriebswirtschaftslehre.

## 4.5 Zusammenfassung und Diskussion

### 4.5.1 Übersicht

Die vorgestellte Theorie greift die zentrale Annahme der Verarbeitungstechnik auf, wonach Verarbeitungsmaschinen funktionelle und strukturelle Ähnlichkeiten aufweisen, und stellt eine Methodik zum Lösen verarbeitungstechnischer Problemstellungen vor. Sie befasst sich dabei auch mit der grundlegenden Problematik, dass technische Variablen keine betriebswirtschaftlichen Kennzahlen abbilden können, und beinhaltet einen Lösungsweg, der zur Erfüllung des Wirtschaftlichkeitsprinzips führt, ohne betriebswirtschaftliche Größen verwenden zu müssen.

Im Sinne der deduktiven Forschungsmethode erfolgte die Ausarbeitung der Theorie mit dem Ziel, sie möglichst leicht falsifizieren zu können. Falsifizierbarkeit verlangt Allgemeinheit, weshalb der Geltungsbereich der Theorie auf alle Verarbeitungsmaschinen entsprechend Definition 2.1 festgelegt ist, und Bestimmtheit, weswegen für die Ausarbeitung eine mathematische Darstellung gewählt wurde.

Ausgangspunkt bilden CHYSSOLOURIS These der vier manufacturing decision variables und das TOTE-Schema des menschlichen Handelns als iterativem Entscheidungsprozess. Die Theorie setzt auf der Terminologie der Verarbeitungstechnik auf und stellt gleichzeitig den Bezug zu den etablierten Modellen und Methoden der Regelungstechnik, der statistischen Qualitätskontrolle, der Zuverlässigkeitstheorie, der Robust Design Theory sowie der Entscheidungstheorie und der multikriteriellen Optimierung her.

Die Theorie umfasst drei Bestandteile, siehe Abb. 4.38: Das Zielsystem, das Systemmodell und das Optimierungsproblem. Nach EHRLENSPIELS Systematik der Konstruktionswissenschaft[229] bilden das Zielsystem und das Systemmodell eine Theorie des technischen Systems, hier der Verarbeitungsmaschine, und das Optimierungsproblem eine Theorie des Lösens technischer Probleme, hier die verarbeitungstechnische Problemstellungen. Die drei Bestandteile der Theorie sind das Gegenstand jeweils eines Teilschrittes des verarbeitungstechnischen Problemlösungszyklus.

Die nachfolgenden Abschnitte fassen die einzelnen Bestandteile gesondert zusammen und diskutieren die Annahmen und Thesen, die der Theorie zu Grunde liegen.

### 4.5.2 Das Systemmodell der Verarbeitungsmaschine

**Zusammenfassung**

Das Systemmodell der Verarbeitungsmaschine stellt den notwendigen Zusammenhang zwischen den betriebswirtschaftlichen Produktionsmodellen, den statistischen Prozessmodellen und den deterministischen Wirkungsmodellen her, die alle zur

---

[229] Siehe dazu in der Einleitung Abschnitt 1.3.

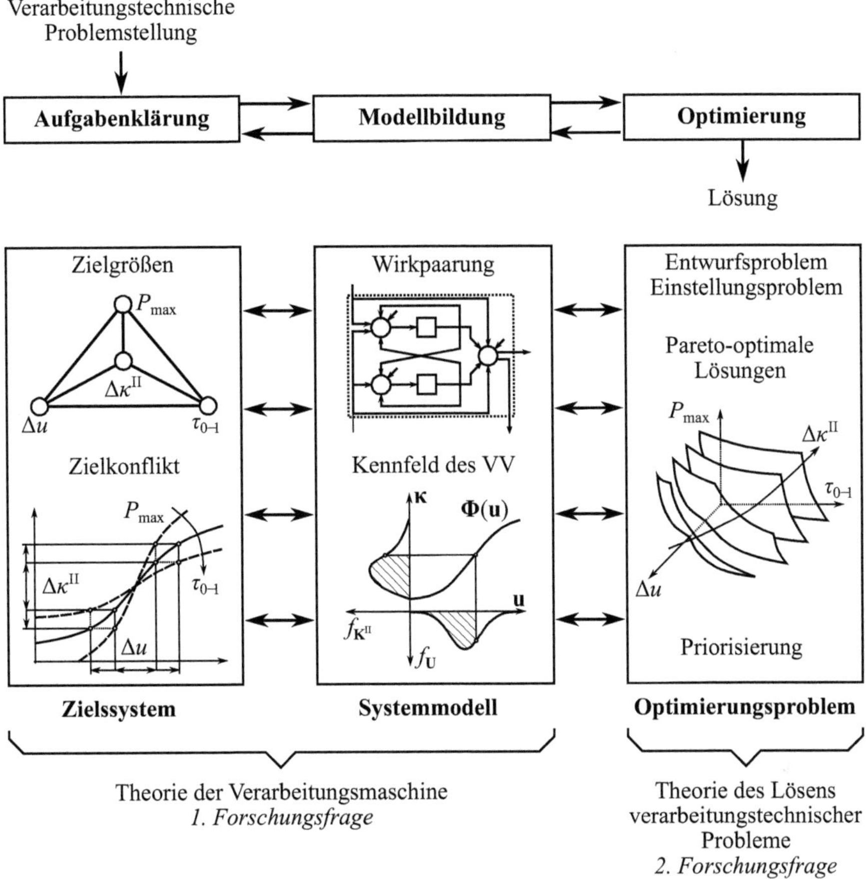


**Abb. 4.38:** Übersicht über die vorgestellte Theorie. Oben der verarbeitungstechnische Problemlösungszyklus, unten die korrespondierenden Bestandteile der Theorie.

Beschreibungen der industriellen Produktion dienen. Das Systemmodell ist damit die Argumentationsgrundlage für die Festlegung des Zielsystems und die Formulierung des Optimierungsproblems. Es setzt sich aus den drei Ebenen Wirkpaarung, Betriebsverhalten und Gewinnrechnung zusammen:

Das *dynamische System der Wirkpaarung* beschreibt Wirkzusammenhänge, die das Verhalten einer Verarbeitungsmaschine verursachen, in Zustandsraumdarstellung. Der Verarbeitungsvorgang ist die Lösung des zugrundeliegenden Differentialgleichungssystems. Das statische Kennfeld stellt den Zusammenhang zwischen den Einflussgrößen der Wirkpaarung und dem Verarbeitungsergebnis her. Es ist das zentrale Bindeglied zum Betriebsverhalten einer Verarbeitungsmaschine und wichtigstes Beschreibungsmittel des Wirkpaarungsmodells.

Das *statistische Modell des Betriebsverhaltens* abstrahiert vom einzelnen Verarbeitungsvorgang und fasst die Verarbeitungsergebnisse vieler Wiederholungen des Verarbeitungsvorgangs in einer diskreten Zeitreihe zusammen. Die Verarbeitungsergebnisse lassen sich als Zufallsvariablen darstellen, deren Verteilungsfunktion durch Transformation mit dem statischen Kennfeld aus der Verteilungsfunktion der Einflussgrößen hervorgeht. Unter Hinzunahme von Qualitätskriterien folgen daraus die statistischen Kennzahlen Qualitätsgrad, Leistungsgrad, Verfügbarkeit und Gesamtanlageneffektivität. Letztere bilden den Ausgangspunkt für die betriebswirtschaftliche Bewertung einer Verarbeitungsmaschine.

Die *Gewinnrechnung der Verarbeitungsmaschine* leitet Preise, Ausbringungs- und Einsatzmengen aus den Qualitätsanforderungen, dem Betriebsverhalten und der Energiebilanz der Verarbeitungsmaschine ab. Der Gewinn, den eine Verarbeitungsmaschine erwirtschaftet, geht dabei eindeutig aus den Qualitätskriterien an das Verarbeitungsergebnis, der Qualitätsausbringung, der Gesamtanlageneffektivität und der maximalen Übertragungsleistung der Verarbeitungsmaschine hervor.

**Diskussion**

Das vorgestellt Systemmodell ist die konkrete Umsetzung einer *Engineering Production Function*[230], die CHENERY als Voraussetzung nennt, um die Auswirkung technischer Variablen auf betriebswirtschaftliche Ziele quantifizieren zu können. Das Systemmodell bildet damit die Grundlage, um verarbeitungstechnische Ziele zu formulieren, die den übergeordneten, betriebswirtschaftlichen Zielen genügen. In zwei wichtigen Punkten treten allerdings auch in diesem speziellen Fall die bekannten Schwierigkeiten auf, eine solche Engineering Production Function zu formulieren:

Zum Einen setzt das Systemmodell voraus, dass zwischen den technischen Systemgrößen, statistischen Verhaltensgrößen und betriebswirtschaftlichen Bilanzgrößen einer Verarbeitungsmaschine ein Zusammenhang besteht. Die *Ableitung der einzelnen Teilmodellen*, d. h. der Übergang von der Wirkpaarung, zum Betriebsverhalten und schließlich zur Gewinnrechnung, stellt daher die kritischen Abschnitte der Theorie dar und sollte im besten Fall allein auf Grundlage logischer Argumentation erfolgen. Dies gelingt nur im Fall der Ableitung des Betriebsverhaltens aus dem Wirkpaarungsmodell. Dort werden die Systemgrößen der Wirkpaarung als Zufallsvariablen interpretiert, die einer Wahrscheinlichkeitsverteilung unterliegen. Hierbei handelt es sich um eine plausible Annahme, da der Dauerbetrieb einer Verarbeitungsmaschine eine vielfache Wiederholung des Verarbeitungsvorgangs darstellt und somit das Gesetz der großen Zahlen gilt. Im Fall der Ableitung der Gewinnrechnung aus dem Betriebsverhalten muss die Argumentation auf schwächeren, nämlich empirischen Annahmen aufbauen. Dort dienen betriebswirtschaftliche Qualitätsmodelle[231] und das Modell der Lebenslaufkosten[232] als Bindeglied. Zwar gründen beide

---

[230] Siehe dazu Abschnitt 2.1.2.4.

[231] Siehe dazu Abschnitt 2.1.2.6.

[232] Siehe dazu Abschnitt 2.1.4.5.

Modelle auf allgemein anerkannten Beobachtungen und gut dokumentiertem Erfahrungswissen, jedoch handelt es sich dabei lediglich um empirische Modelle. Eine logische Herleitung kann nicht gegeben werden.

Zum Anderen bleibt die mathematische Ausformulierung der *Kennzahlen des Betriebsverhaltens* für den Leistungsgrad und die Verfügbarkeit unvollständig. Dort sind die Übergangswahrscheinlichkeiten nicht näher behandelt, die durch das Reparaturverhalten und das Rüstverhalten bestimmt werden. Die angeführte Argumentation, wonach die Reparatur- und die Rüstdauer einer Verarbeitungsmaschine maßgeblich von der Qualifikation des zuständigen Personals und der betrieblichen Organisation abhängt, kann hinterfragt werden. Es ist plausibel, dass Reparatur- und Rüstvorgänge auch von der technischen Ausführung einer Maschine abhängig sind. Allerdings handelt es sich dabei um klassische Fragen der Instandhaltung, die außerhalb des Geltungsbereich des Wirkpaarungsmodells liegen, da bei Stillstand der Maschine keine Wechselwirkung zwischen Arbeitsorgan und Verarbeitungsgut und damit auch keine Wirkpaarung existiert. Ob der begründet festgelegte Fokus der Verarbeitungstechnik[233] zu Gunsten dieser Frage erweitert werde sollte, bleibt zu diskutieren. Hier sei die Argumentation vorgetragen, die Präferenz auf die gänzliche Vermeidung von Reparatur- und Rüstvorgänge zu legen, anstelle sich mit ihrer Verkürzung zu befassen. Damit liegt die Frage wieder im Themenfeld der Verarbeitungstechnik.

### 4.5.3 Das verarbeitungstechnische Zielsystem

**Zusammenfassung**

Das verarbeitungstechnische Zielsystem beschreibt in allgemeingültiger Form die Zielstruktur verarbeitungstechnischer Problemstellungen. Das Zielsystem umfasst die Ziele selbst sowie ihre Wechselwirkung zueinander:

Ausgehend vom Gewinn als übergeordnete, betriebswirtschaftliche Zielgröße leiten sich die *vier Zielgrößen* Verarbeitungsqualität (Definition 4.21), Arbeitsgeschwindigkeit (Definition 4.22), Robustheit (Definition 4.23) und technischer Aufwand (Definition 4.24) aus der Zustandsraumdarstellung der Wirkpaarung ab. Mit Hilfe des statistischen Modells des Betriebsverhaltens wird gezeigt, dass sie in einem eindeutigen Zusammenhang zu den Umsatz- und Kostenfaktoren der Gewinnrechnung stehen. Die Maximierung des Gewinns wird demnach durch eine Maximierung der Verarbeitungsqualität, eine Maximierung der Arbeitsgeschwindigkeit, eine Maximierung der Robustheit und eine Minimierung des technischen Aufwands erreicht.

Der von CHRYSSOLOURIS postulierte Zielkonflikt kann auf Basis der Produktivitäts-Verarbeitungskosten-Charakteristik theoretisch bestätigt werden. Unter Zuhilfenahme des statistischen Modells des Betriebsverhaltens wird dazu eine Taktzahl-Charakteristik und eine Robustheits-Charakteristik des Verarbeitungsvorgangs ab-

---

[233] Siehe dazu die Definition 2.2 zur Verarbeitungstechnik.

geleitet, die den Zusammenhang zwischen den vier Zielgrößen abbilden. Demnach ist es nicht möglich, gleichzeitig die Verarbeitungsqualität zu verbessern, die Arbeitsgeschwindigkeit anzuheben, die Robustheit zu steigern und den technischen Aufwand zu senken. Es besteht also ein *Zielkonflikt* zwischen den vier Zielgrößen.

Das verarbeitungstechnische Zielsystem bildet einen vollständige Satz Zielgrößen ab, der bei der Lösung verarbeitungstechnischer Problemstellungen zu berücksichtigen ist. Weitere Zielgrößen gibt es nicht. Indem die Verbesserung der vier Zielgrößen immer zu einer Steigerung des Gewinns führt, ist es nicht notwendig, statistische bzw. betriebswirtschaftliche Zielgrößen zu betrachten.

## Diskussion

Die vier Zielgrößen *quality*, *time*, *flexibility* und *cost* werden bei CHRYSSOLOURIS mit unscharfer Klärung der Begriffe als Hypothese aufgestellt. Diese Arbeit schlägt eine systematische Herleitung des Zielsystems vor. Hierzu sind einige Annahmen notwendig, die nachfolgend diskutiert werden:

Die Herleitung der vier verarbeitungstechnischen Zielgrößen aus dem *Gewinnstreben* und *Wirtschaftlichkeitsprinzip* der Unternehmung folgt in umgekehrter Folge der Argumentation der Modellbildung. Das verarbeitungstechnische Zielsystem erbt damit auch die Schwächen des Systemmodells der Verarbeitungsmaschine. Infolgedessen ist der Zusammenhang zwischen den Qualitätsanforderungen und dem Verkaufspreis eines Produktes sowie der Zusammenhang zwischen der maximalen Übertragungsleistung und dem technischen Aufwand nur eine empirische begründete Annahme und nicht logisch bewiesen.

Außerdem folgt auch hier aus der thematischen Abgrenzung der Verarbeitungstechnik als Ingenieursdisziplin eine unvollständige Darstellung in zwei Punkten: Zum Einen wird *Flexibilität* (CHRYSSOLOURIS) mit *Robustheit* gleichgesetzt und die zugehörigen Beschreibungsmittel[234] aus der Regelungstechnik und der Prozessgestaltung genutzt. Dabei bleibt unbeachtet, dass Flexibilität im betriebswirtschaftlichen Kontext vor allem mit der Häufigkeit und Dauer von Rüstvorgängen in Verbindung gebracht wird. Dem lässt sich mit gleicher Argumentation entgegnen, dass Rüstvorgänge durch robuste Verarbeitungsvorgänge generell vermieden werden. Zum Anderen finden Einsparungseffekte durch Wiederholbaugruppen bei den Fixkosten einer Verarbeitungsmaschine keinen Eingang in die Bemessungsgröße für den technischen Aufwand. Damit können technische Entwurfsstrategien wie *Standardisierung und Modularisierung* mit dem vorgestellten Zielsystem nicht abgebildet werden. Die Folge ist, dass der technische Aufwand tendenziell zu hoch eingeschätzt wird. Diesem Einwand lassen sich zwei Argumente entgegenstellen. Erstens haben die Kosten während der Nutzungsphase einen vielfach größeren Anteil an den Lebenslaufkosten von Investitionsgütern wie Verarbeitungsmaschinen als ihre Anschaffungskosten[235]. Zweitens handelt es sich bei Verarbeitungsmaschinen überwie-

---

[234] Siehe dazu Abschnitt 2.1.4.3 und 2.1.4.4, sowie Anhang A.

[235] Vgl. dazu Abschnitt 2.1.4.5.

gen um Sondermaschinen mit geringen Stückzahlen[236], sodass Kosteneinsparungen durch Wiederholbaugruppen sehr begrenzt sind.

Die *Robustheits-Charakteristik* als Ausdruck des Zielkonflikts der vier verarbeitungstechnischen Zielgrößen ist eine Ableitung aus der Produktivitäts-Verarbeitungskosten-Charakteristik der Verarbeitungsmaschine. Da diese Charakteristik auf empirischen Beobachtungen beruht, handelt es sich damit nicht um einen Beweis, sondern lediglich um eine begründete Vermutung. Die Robustheits-Charakteristik bleibt damit als Hypothese gültig, solange die Allgemeingültigkeit der Produktivitäts-Verarbeitungskosten-Charakteristik nicht widerlegt ist. Darüberhinaus trifft die Produktivitäts-Verarbeitungskosten-Charakteristik nur eine Aussage zur Betriebsphase einer Verarbeitungsmaschine nicht jedoch zum Zielkonflikt während der Entwicklungsphase.

### 4.5.4 Das verarbeitungstechnische Optimierungsproblem

**Zusammenfassung**

Aus dem Zielsystem geht hervor, dass es sich beim Lösen eines verarbeitungstechnischen Problems, um die Suche nach dem Optimum der vier Zielgrößen handelt. Nachdem die Zielgrößen in einem Zielkonflikt zueinander stehen, gibt es jedoch immer mehrere, gleichwertige Kompromisslösungen. Verarbeitungstechnischer Problemstellungen lassen sich somit als multikriterielles Optimierungsproblem formalisieren:

Ausgehend von den Basiselementen des Entscheidungsmodells werden die Bestandteile jedes *verarbeitungstechnischen Optimierungsproblems* festgelegt. Unabhängige Variablen können alle maschinenseitigen Systemgrößen des Wirkpaarungsmodells, d. h. alle Systemgrößen des Verarbeitungsorgans, sein. Die Zielfunktionen leiten sich aus den Definitionsgleichungen der Zielgrößen ab. Die Restriktionen umfassen die zeitlichen und räumlichen Systemgrenzen des Arbeitstaktes sowie weitere, problemspezifische Randbedingungen. Die Pareto-Menge bzw. die funktionaleffiziente Menge des Optimierungsproblems enthalten dann alle optimalen Lösungen des verarbeitungstechnischen Problems.

Entlang des Lebenszyklus einer Verarbeitungsmaschine lassen sich zwei Spezialfälle des verarbeitungstechnischen Optimierungsproblems unterscheiden. Erstens beschreibt das *Problem des optimalen Systementwurfs* Entwurfsprobleme, wie sie im Rahmen von Entwicklungsprojekten auftreten. Kennzeichnend ist dabei die Festlegung von Qualitätskriterien, sodass die Zielgröße Verarbeitungsqualität zur Restriktion des Optimierungsproblems wird. Zweitens beschreibt das *Problem der optimalen Maschineneinstellungen* Einstellungsprobleme, wie sie im Rahmen des Produktionsbetriebs auftreten. In diesem Fall ist zusätzlich die Robustheit festzulegen, die sich aus der Wahrscheinlichkeitsverteilung der Einflussgrößen und der

---

[236] Vgl. dazu die Definition 2.1 der Verarbeitungsmaschine.

festgelegten Qualitätskriterien ergibt. Verarbeitungsqualität und Robustheit sind damit Restriktionen des Optimierungsproblems.

Das verarbeitungstechnische Optimierungsproblem ist der letzte Arbeitsschritt eines *Problemlösungszyklus*, der als vorgelagerte Schritte die Aufgabenklärung und die Modellbildung einschließt. In diesem Problemlösungszyklus sind die drei Bestandteile der Theorie, Zielsystem, Systemmodell und Optimierungsproblem, jeweils das Ergebnis eines Arbeitsschrittes, siehe Abb. 4.38, und werden iterativ abgearbeitet.

Indem der verarbeitungstechnische Problemlösungszyklus auf dem TOTE-Schema aufbaut, ist er mit dem Entscheidungsmodell der präskriptiven Entscheidungstheorie und allen daraus ableitbaren, speziellen Methoden kompatibel. Die abstrahierte Formulierung der verarbeitungstechnischen Problemstellung als Optimierungsproblem ermöglicht zudem die Einordnung in die Bewertungsmethoden des Konstruktiven Entwicklungsprozesses und die Optimierungsmethoden der statistischen Qualitätskontrolle.

**Diskussion**

Die Formalisierung des verarbeitungstechnischen Problems als multikriterielles Optimierungsproblem baut auf zwei grundlegenden Annahmen auf, die hier zur Diskussion gestellt werden:

Die Festlegung auf das *A posteriori-Entscheidungsmodell*[237] bestimmt den Aufbau des verarbeitungstechnischen Problemlösungszyklus. Der A posteriori-Ansatz erfordert ein vollständiges Systemmodell und Zielsystem, das alle vier Zielgrößen einschließt, obwohl möglicherweise eine oder mehrere Zielgröße auf Grund einer Priorisierung nicht relevant sind. Diese Festlegung ist bewusst getroffen, aber nicht zwingend. Allerdings führt die vollständige Abbildung des Zielkonflikts nach Auffassung des Autors zu einem besseren Verständnis der behandelten Problemstellung und sollte daher bevorzugt werden. Alternative Entscheidungsmodelle ändern die mathematische Formulierung der Optimierungsprobleme jedoch nicht, sodass die Festlegung auf A posteriori-Modell keine Einschränkung der vorgestellten Methode darstellt.

Die Basiselemente des verarbeitungstechnischen Optimierungsproblems sehen als *unabhängige Variablen* nur die Systemgrößen des Arbeitsorgans vor. Hinter dieser Festlegung steht die Annahme, dass die Eigenschaften des Verarbeitungsgutes als unveränderliche Randbedingungen der verarbeitungstechnischen Problemstellung feststehen. Dies entspricht dem Charakter von Verarbeitungsmaschinen[238], als Anlagen zur Herstellung eines speziellen Produkts. Als Folge dieser Festlegung entfällt die Verarbeitungsqualität als Zielgröße für die beiden grundlegenden Optimierungsprobleme in Entwicklung und Betrieb von Verarbeitungsmaschinen. Nichtsdestotrotz haben sich als Folge einer langfristigen, technologischen Entwicklung eigene Klassen von Verarbeitungsgütern herausgebildet, deren Eigenschaften

---

[237] Siehe dazu Abschnitt 2.2.3.2.

[238] Siehe dazu die Definition 2.1 der Verarbeitungsmaschine und das dort vorangestellte Zitat von MATTHÉE.

von den Verarbeitungsmaschinen bestimmt wird, die sie herstellen. Als Beispiel ist die Schlauchbeutelverpackung zu nennen, deren Form ausschließlich durch die Schlauchbeutelmaschine bestimmt ist. Das einzelne verarbeitungstechnischen Problem bleibt von diesen langfristigen, technologischen Entwicklungszyklen[239] unberührt. Allerdings bleibt die Änderung des Verarbeitungsgutes und insbesondere die Aufweichung von Qualitätsanforderung an das Verarbeitungsergebnis die Ultima Ratio, falls ein verarbeitungstechnisches Problem nicht gelöst werden kann.

---

[239] Vgl. dazu auch den Begriff des technologischen Fortschritts in Abschnitt 2.1.2.4 zur Investitionstheorie.

# Kapitel 5
# Anwendung der Theorie auf Problemstellungen des Wärmekontaktsiegelns

In diesem Kapitel erfolgt die *Überprüfung* der vorgestellten Theorie und der zugrundeliegenden Hypothesen anhand des Anwendungsbeispiels[240] Wärmekontaktsiegeln von Kunststoffverpackungen. Hierbei liegt der Schwerpunkt auf einer praxisnahen Prüfung, um der Forderung Rechnung zu tragen, dass sich eine ingenieurwissenschaftliche Theorie in der praktischen Ingenieursarbeit bewähren muss.[241] Zu Gunsten einer ausführlichen Darstellung des verarbeitungstechnischen Problemlösungszyklus beschränkt sich das Kapitel auf *Einstellungsprobleme beim Wärmekontaktsiegeln*, gibt jedoch mit dem letzten Praxisbeispiel einen Ausblick auf Entwicklungsprobleme.

## 5.1 Grundlagen des Wärmekontaktsiegelns von Kunststoffverpackungen

Der Stand der Wissenschaft und Technik zum Wärmekontaktsiegeln ist im Wesentlichen in den folgenden drei Publikationen dargelegt: AJJI ET AL. [4] liefern eine Zusammenstellung der wissenschaftlichen Literatur. MORRIS [155] gibt einen Überblick über das Thema aus dem Blickwinkel der Polymerchemie. Bei HISHINUMA [101] findet sich eine praxisnahe Sammlung von Methoden zur Auslegung und Problemlösung von Siegelvorgängen in Verpackungsmaschinen.

In diesem Abschnitt sei ein knapper Überblick über die Thematik gegeben, der alle notwendigen Grundlagen bereitstellt, um ein Zielsystem und ein Systemmodell für Einstellungsprobleme beim Wärmekontaktsiegeln abzuleiten. Soweit nicht anders angegeben, entstammen die folgenden Aussagen den drei genannten Quellen.

---

[240] Zur Begründung der Wahl dieses Anwendungsbeispiels siehe Abschnitt 3.3.

[241] Diese Forderung wurde bereits in der Einleitung erhoben. Siehe Abschnitt 1.3.

### 5.1.1 Die Wirkpaarung

**Wirkprinzip**

Das Siegeln nutzt die Eigenschaft von Kunststoffen, ab einer bestimmten Schmelztemperatur $T_m$ zu verflüssigen und bei Kontakt mit einem ebenfalls aufgeschmolzenen Kunststoff eine stoffschlüssige Verbindung einzugehen, siehe Abb. 5.1. Das *Wärmekontaktsiegeln* ist das gebräuchlichste Siegelverfahren[242] und nutzt die Wärmeleitungseigenschaften von Festkörpern, um die Folien an der Kontaktstelle, *Siegelzone*[243] genannt, zu erwärmen. Hierzu wird der Folienstapel mit dem *Siegeldruck* $p_s$ zwischen zwei Siegelwerkzeuge (SW) gepresst, wobei mindestens ein Siegelwerkzeug auf die *Siegeltemperatur* $T_s > T_m$ aufgeheizt ist. Nach einer bestimmten *Siegelzeit* $t_s$ werden die Siegelwerkzeuge wieder geöffnet, die entstandene Siegelnaht kühlt ab und bildet eine feste Verbindung aus. Abb. 5.2 zeigt die Wirkpaarung.

**Arbeitsweise**

Das Wirkprinzip des Wärmekontaktsiegelns kann durch Wirkpaarungen, auch Siegelstation genannt, mit unterschiedlichen Arbeitsweisen umgesetzt werden. Tab. 5.1 zeigt eine Systematik, die sich an der Klassifizierung aus Abschnitt 2.1.4.2 orientiert. Je nach Arbeitsweise fallen der örtliche Temperatureintrag, die Druckverhältnisse in der Folie und die Siegelzeit unterschiedlich aus.

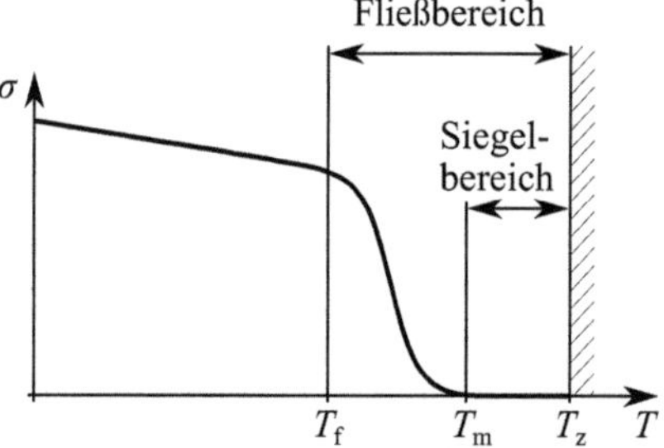


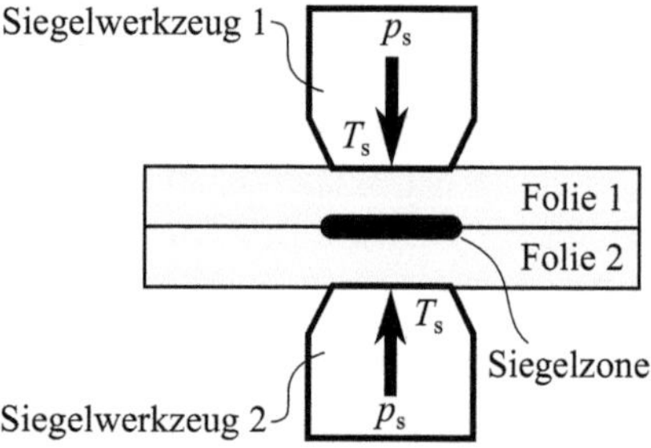


**Abb. 5.1:** Zugfestigkeit thermoplastischer Kunststoffe nach [95]. Zugfestigkeit $\sigma$, Fließtemperatur $T_f$, Schmelztemperatur $T_m$, Zersetzungstemperatur $T_z$.

**Abb. 5.2:** Schematische Darstellung der Wirkpaarung beim Wärmekontaktsiegeln. Hier zwei beheizte Siegelwerkzeuge und zwei zu verbindende Folien.

---

[242] Eine Übersicht über die verschiedenen Siegelverfahren findet sich z. B. in [95].

[243] Hier sei explizit zwischen den Begriffen Siegelzone und Siegelnaht bzw. Siegelung unterschieden. Die *Siegelzone*, engl. melting surface, bezieht sich auf den Querschnitt des Folienstapels und bezeichnet den Bereich der Folien, der gegenseitig in Kontakt steht und aufschmilzt. Üblicherweise entspricht die Siegelzone damit der Siegelschicht oder dem Siegellack einer Verbundfolie. Die *Siegelnaht*, engl. sealed seam, bezieht sich auf die Folienfläche und bezeichnet den Flächenanteil der Verpackung, über den sich die versiegelte Fläche erstreckt.

**Tabelle 5.1:** Wirkpaarungsklassen für das Wärmekontaktsiegeln. Eigene Zusammenstellung, ordnende Gesichtspunkte nach [95]: OG 1 Bewegung des Verarbeitungsgutes durch die Wirkpaarung, OG 2 Bewegungsart des Arbeitsorgans und OG 3 Bewegung der Arbeitsorgane relativ zum Verarbeitungsgut. F Folie, SW Siegelwerkzeug. II.1 und III.1 schleifende Siegelwerkzeuge, I.2 Siegelstation mit Handeinlage, II.2 ortsfeste und getaktete Siegelstation, III.2 Box-Motion-Siegelstation mit zwei getrennten Antrieben, III.3 rotierende Siegelwerkzeuge und III.5 Rollen- oder Walzensiegelstation. Beispiele siehe Abb. 1.3 und 1.4.

| OG 2 / OG 1 (OG 3) | AO unbewegt | AO zyklisch bewegt | | AO kontinuierlich bewegt | |
|---|---|---|---|---|---|
| | Unterklasse 1 | Unterklasse 2 *ungleich* | Unterklasse 3 *gleich* | Unterklasse 4 *ungleich* | Unterklasse 5 *gleich* |
| Klasse I *VG unbewegt* | | I.2 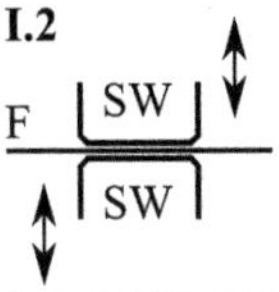 | | | |
| Klasse II *VG zyklisch bewegt* | II.1 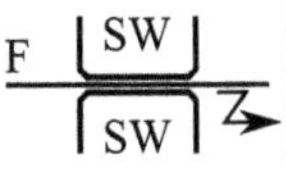 | II.2 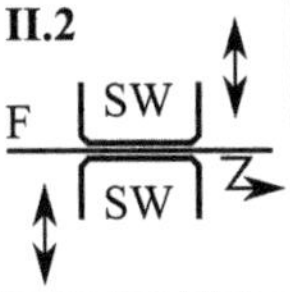 | | | |
| Klasse III *VG kontinuierlich bewegt* | III.1 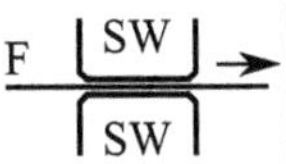 | III.2 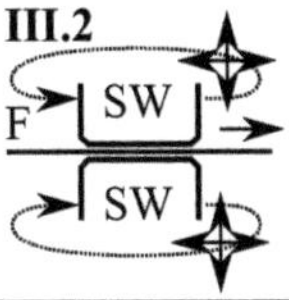 | III.3 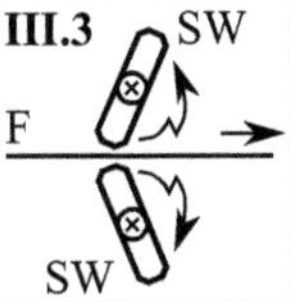 | | III.5 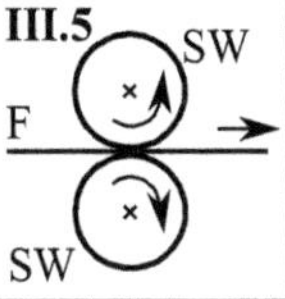 |

## Einflussgrößen

Ungeachtet der Arbeitsweise führt die Literatur [108, 155] eine Reihe von Einflussfaktoren auf, die den Siegelvorgang beim Wärmekontaktsiegeln beeinflussen. Auf der Seite der Maschine und des Siegelwerkzeugs sind dies

- die Siegeltemperatur,
- die Siegelzeit,
- der Siegeldruck und
- die Gestaltung der Siegelwerkzeuge.

Auf der Seite der Verpackung sind

- die Dicke und der Schichtaufbau der Folien
- die Adhäsionseigenschaften der Siegelschicht,
- die Wärmeleiteigenschaften der Folien und
- das Fließverhalten der Schmelze

zu nennen.

## 5.1.2 Systemmodelle des Wärmekontaktsiegelns

Die ursächlichen Wirkzusammenhänge des Wärmekontaktsiegelns und die Effekte der Einflussfaktoren auf den Siegelvorgang werden mit Hilfe zweier Modelle erklärt: Die Theorie der *auto-adhesion*[244] entstammt der Moleculardynamik und beschreibt die Bildung fester Verbindungen anhand eines Diffusionsmodells. Das Modell ist prinzipiell auch für andere Siegelverfahren gültig, wird jedoch hauptsächlich im Kontext des Wärmekontaktsiegelns behandelt. Die Theorie der *Wärmeleitung* beschreibt das spezifische Wirkprinzip des Wärmekontaktsiegelns, wobei hauptsächlich eindimensionale Wärmeleitungsmodelle zur Anwendung kommen.

### 5.1.2.1 Auto-adhesion

**Grundlegende Mechanismen und ihr Zusammenhang mit der Siegelkurve**

Das heute gültige und in Abb. 5.3 gezeigte Modell zur auto-adhesion geht auf STEHLING UND MEKA [195] zurück. Es ist eng mit der *Siegelkurve* nach Abb. 5.4 verbunden, die den Verlauf der Nahtfestigkeit $F_{ss}$ gegenüber der Siegeltemperatur $T_s$ aufzeigt. Die Bildung einer festen Verbindung umfasst demnach vier Schritte:

1. Temperatur und Druck werden auf die beiden Folien aufgebracht. Auf Grund der rauen Oberfläche entsteht nur wenig molekularer *Kontakt* in der Siegelzone.
2. Sobald die Oberflächen zu erweichen und schmelzen beginnen, entsteht ein großflächiger Kontakt. Dieser Prozess wird als *Benetzung*[245] bezeichnet und zeigt sich durch erstes Anhaften der beiden Folien. Der Anstieg der Nahtfestigkeit ab der Siegelinitialisierungstemperatur $T_{si}$ markiert den Beginn dieses Prozesses.
3. In den aufgeschmolzenen Anteilen dringen die beweglichen Molekülketten über die Kontaktflächen in den gegenüberliegenden Kontaktpartner ein. Diese wechselseitige *Diffusion* erzeugt eine homogene Schmelze. Die Nahtfestigkeit steigt bis zur Plateauinitialisierungstemperatur $T_{pi}$ an, bei der die Siegelschichten vollständig verschmolzen sind, und erreicht dort die maximale Nahtfestigkeit $F_{ss}^{max}$. Überschreitet die Siegeltemperatur die Plateauendtemperatur $T_{pf}$, sinkt die Nahtfestigkeit auf Grund einer Zersetzung der Folien wieder ab.
4. Mit dem Abkühlen der Siegelzone unter die Kristallisationstemperatur $T_c$ beginnt die *Kristallisation* der Schmelze, wodurch eine feste Naht entsteht.

Die Theorie erhält ihre Bedeutung dadurch, dass die Siegelkurve zur Charakterisierung von Verpackungsfolien in der Praxis[246] weit verbreitet ist, vgl. Abschnitt 5.1.3.1.

---

[244] In Ermangelung eines deutschen Begriffs sei hier der englische verwendet.

[245] Engl. wetting.

[246] Siegelkurven werden bei der Entwicklung von Verpackungsfolien verwendet. Bspw. beschreibt MORRIS [155], wie die Siegelkurve durch die Zusammensetzung des Kunststoffs gezielt beeinflusst werden kann. Die Norm ASTM F2029-16 [10] gibt Hinweise zur Ermittlung und Interpretation von Siegelkurven. Beispiele für Siegelkurven finden sich in [4].

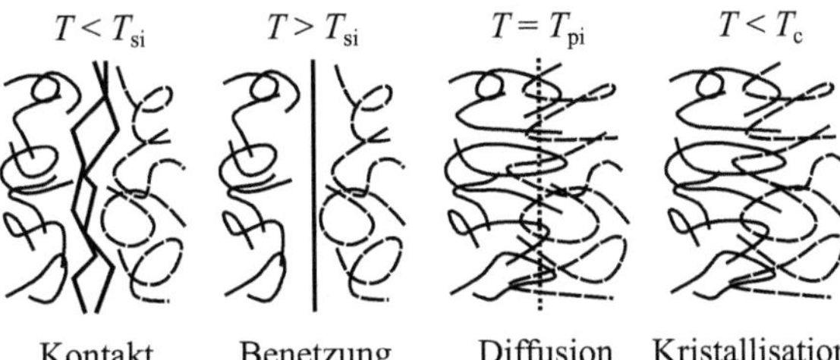



**Abb. 5.3** Die Mechanismen der auto-adhesion beim Wärmekontaktsiegeln. Nach [155].

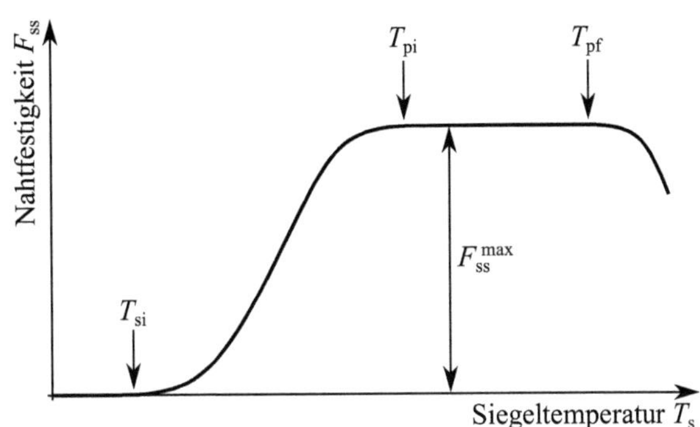



**Abb. 5.4** Die allgemeine Siegelkurve für teilkristalline Kunststoffe. Nach [195].

## Moleküldiffusion an Kunststoffoberflächen

Benetzung und Diffusion finden gleichzeitig statt und können deshalb nur schwer isoliert voneinander betrachtet werden. Im Allgemeinen wird der Diffusion jedoch eine größere Bedeutung bei der Ausbildung einer Verbindung zugeschrieben [155]. Die wesentlichen Zusammenhänge auf molekularer Ebene lassen sich damit durch ein Diffusionsmodell erklären, das von Wool [221] auf Grundlage der Aufenthaltswahrscheinlichkeit gebundener Polymerketten, sog. *random-coil chains*[247], beschrieben wurde. Es gilt folgende, grundsätzliche Abhängigkeit der mechanischen Arbeit $G$, die notwendig ist, um die erkaltete Siegelzone zu trennen [222]:

$$G \sim nL^2 \tag{5.1}$$

Hierbei ist $n$ die Anzahl der Molekülkette und $L$ die Penetrationstiefe in den jeweils gegenüberliegenden Kontaktpartner. Damit ist der Zusammenhang zwischen der molekularen Struktur der Siegelzone und der Bruchfestigkeit einer Siegelverbindung hergestellt.[248]

Mit Hilfe von Skalierungsgesetzen stellt Wool [221] den Einfluss der Kontaktzeit $t$, der Temperatur $T$ und der Kettenlänge der Moleküle, angegeben durch die Molare Masse $M$, auf. Zentral für den Modellansatz ist die sog. *reptation time* $t_r$.

---

[247] Grundlage ist die *reptation theory* nach Gennes [36] und Edwards [63].

[248] Von Wool in der genannten Quelle sehr anschaulich anhand der Analogie einer genagelten Verbindung zweier Holzbretter dargestellt.

Sie beschreibt den Zeitpunkt, zu dem die Moleküle vollständig diffundiert sind und sich ein Gleichgewichtszustand in der Siegelzone eingestellt hat.

Für $t \leq t_\mathrm{r}$ gilt nach [155] vereinfacht

$$n(t) \sim \sqrt{t/M} \quad \text{und} \tag{5.2}$$

$$L(t) \sim 4\sqrt{Dt}, \tag{5.3}$$

wobei der Diffusionskoeffizient $D$ gemäß

$$D = D_0 \exp\left(\frac{E_\mathrm{d}}{RT}\right) \tag{5.4}$$

von der Konstanten $D_0$, der Aktivierungsenergie $E_\mathrm{d}$, der allgemeinen Gaskonstanten $R$ und der Temperatur $T$ des Polymer abhängt. Daraus folgt, dass längere Kontaktdauern und höhere Temperaturen zu größerer Bruchfestigkeit führen, wie Abb. 5.5a anhand exemplarischer Werte zeigt.

Für $t > t_\mathrm{r}$ stellt sich eine maximal erreichbare Bruchfestigkeit ein, die gemäß

$$n_\infty \sim 1/\sqrt{M} \quad \text{und} \tag{5.5}$$

$$L_\infty \sim \sqrt{M} \tag{5.6}$$

ausschließlich von der Länge der Molekülketten abhängig ist [221], vgl. Abb. 5.5b.

Der Anpressdruck hat im Bereich des üblicherweise verwendeten Siegeldrucks keinen Einfluss auf das Diffusionsverhalten. Lediglich bei sehr hohem Druck kann es zu einer Einschränkung der Bewegung der Molekülketten kommen, infolgedessen der Diffusionskoeffizient $D$ sinkt [155, 220].

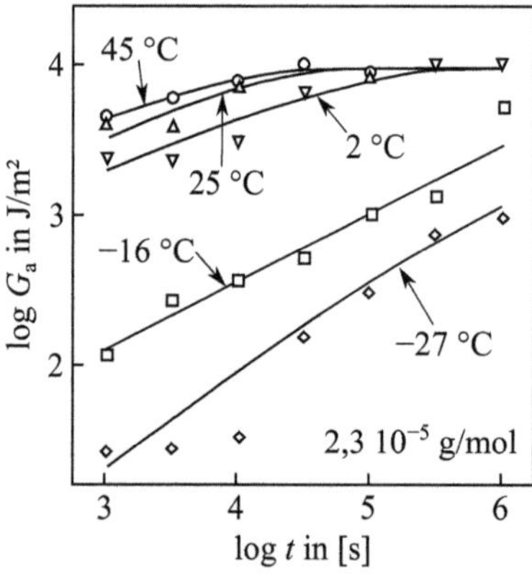


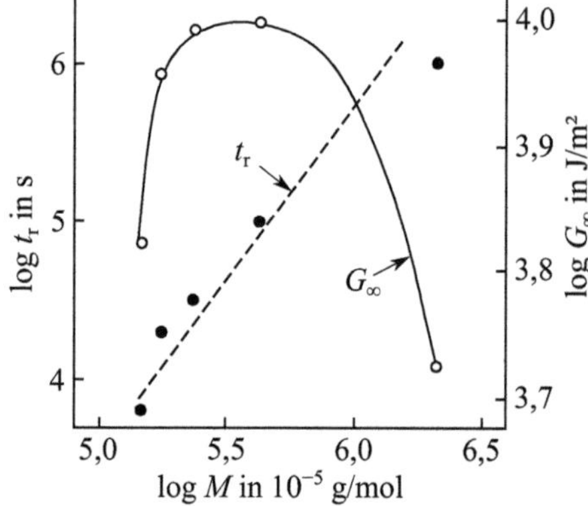


(a) Bruchfestigkeit $G_\mathrm{a}$ in Abhängigkeit der Kontaktzeit $t$ und der Temperatur $T$.

(b) Maximale Bruchfestigkeit $G_\infty$ oberhalb der reptation time $t_\mathrm{r}$.

**Abb. 5.5:** Auto-adhesion von Polyisobuten (PIB) nach [193]. Bruchenergie $G_\mathrm{a}$ beim Trennen der Verbindung mit einem T-peel-Test ähnlich ASTM F88/F88M-15 [11].

### 5.1.2.2 Wärmeleitung

**Die Wärmeleitungsgleichung**

Vielfach wird davon ausgegangen, dass der Einfluss der Wärmeleitungseigenschaften größer ist als der Einfluss der oben beschriebenen Diffusionseigenschaften, siehe z. B. [101, 115, 227]. Das trifft insbesondere bei kurzen Siegelzeiten unter 500 ms zu, die in Verpackungsmaschinen üblich sind [4]. Berechnungen zur Wärmeleitung dienen deshalb häufig als Hilfsmittel. Üblicherweise werden dabei zwei Annahmen vorausgesetzt, vgl. [101, 227]:

- Die oben beschriebene Diffusion an den Kontaktflächen der Folien verläuft um Größenordnungen schneller als die Wärmeleitung durch die Folien hindurch. Demnach gilt die maximale Nahtfestigkeit als erreicht, sobald die Siegelzone auf die Schmelztemperatur $T_\mathrm{m}$ erwärmt sind.
- Die Dicke der Folien ist um ein Vielfaches kleiner als die Breite und Länge der Siegelnaht. Damit dominiert der Wärmefluss in der Raumrichtung senkrecht zur Folienebene und der Wärmefluss in der Folienebene ist vernachlässigbar.

Diese Annahmen führen zur *eindimensionalen Wärmeleitungsgleichung*

$$\frac{\partial T}{\partial t} = a\frac{\partial T}{\partial x^2} \, , \tag{5.7}$$

die die Temperatur $T = T(t, x)$ in Abhängigkeit der Zeit $t$ und des Ortes $x$ senkrecht zur Folienebene beschreibt. Hierbei ist $a = \lambda/(c_\mathrm{p}\rho)$ die Temperaturleitfähigkeit[249], die sich aus der Wärmleitfähigkeit $\lambda$, der spezifischen Wärmekapazität $c_\mathrm{p}$ und der Dichte $\rho$ ergibt [210]. Bei der Anwendung der Wärmeleitungsgleichung ist Folgendes zu beachten:

Während die Wärmeleitfähigkeit $\lambda$ und die Wärmekapazität $c = c_\mathrm{p}\rho$ als Materialkennwerte i. d. R. in Tabellenwerken vorliegen, z. B. in [14, 210], hängt der Wärmedurchgangskoeffizient $k_\mathrm{cc}$[250] an der Kontaktstelle zweier Festkörper stark von den Kontaktpartnern ab. Zwar gibt es Modelle, die den Zusammenhang zwischen Oberflächenrauheit, Anpressdruck und Wärmedurchgangskoeffizient beschreiben, allerdings liefern sie keine konkreten Werte für individuelle Anwendungsfälle [4]. Der Wärmedurchgangskoeffizient zwischen Siegelwerkzeug und Folie muss deshalb i. d. R. experimentell ermittelt werden. Ein vielfach zitierter Wert entstammt MEKA UND STEHLING [144] und beträgt 3910 W/(m²K).

Gleichung (5.7) ist eine partielle Differentialgleichung, für die es nur in speziellen Fällen eine analytische Lösung gibt. Zur Berechnung des Temperaturverlaufs sind daher numerische Verfahren[251] notwendig. Anhang C stellt das *implizite Differenzenverfahren* vor, das in Abschnitt. 5.2.2.2 Anwendung findet.

---

[249] In der englischsprachigen Literatur wird die *thermal diffusivity* i. d. R. mit dem Symbol $\alpha$ bezeichnet.

[250] Engl. thermal contact conductance coefficient.

[251] Numerische Berechnungen finden sich z. B. bei [72, 115, 144, 154, 227].

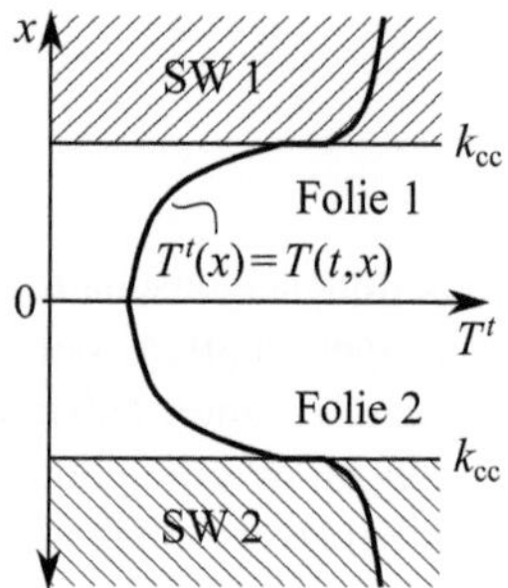
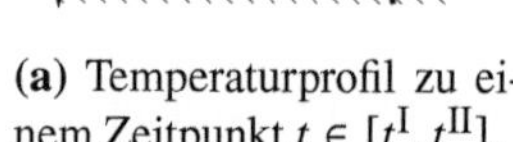


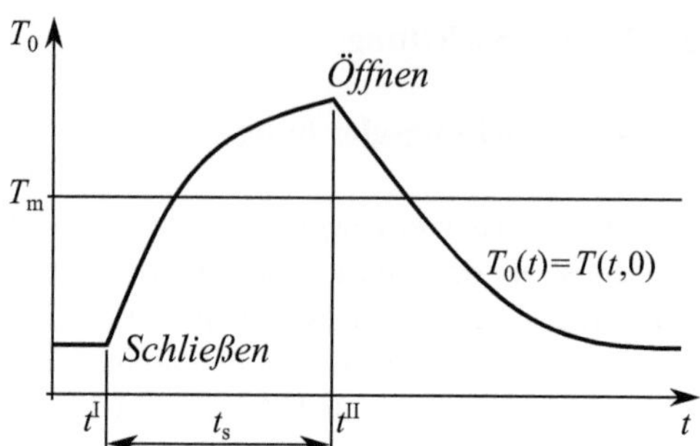


(a) Temperaturprofil zu einem Zeitpunkt $t \in [t^I, t^{II}]$.

(b) Der Siegelvorgang als Temperaturverlauf in der Siegelzone $x = 0$ während $t^I \le t \le t^{II}$.

**Abb. 5.6:** Örtliches Profil und zeitlicher Verlauf der Temperatur $T(t,x)$. SW Siegelwerkzeug. Unter Verwendung von [101, 185].

## Temperaturprofil und Siegelvorgang

Bis auf Weiteres sei folgende Festlegung getroffen: $x = 0$ liege in der Kontaktstelle der beiden Folien. $t^I$ sei der Zeitpunkt des Schließens der Siegelwerkzeuge und $t^{II}$ der Zeitpunkt des anschließenden Öffnens der Siegelwerkzeuge. $t_s = t^{II} - t^I$ ergebe die Siegelzeit. In diesem Fall lässt gilt für die Wärmeleitungsgleichung (5.7)[252]:

- $T^t(x) = T(t,x)$ ist das *Temperaturprofil* senkrecht zur Folienebene zu einem beliebigen Zeitpunkt $t \in [t^I, t^{II}]$, z. B. [101, 227]. Siehe Abb. 5.6a.
- $T_0(t) = T(t,0)$ ist der zeitliche Verlauf der Temperatur in der Kontaktstelle definiert wird, der sog. *Siegelvorgang*, vgl. [101, 185]. Siehe Abb. 5.6b.

Üblicherweise liegt der Fokus auf dem zeitlichen Verlauf der Temperatur in der Kontaktstelle, da die Temperatur der Siegelzone gemäß der oben aufgeführten Annahmen eine mittelbare Aussage zur Nahtqualität liefert.

### 5.1.2.3 Siegeldruck und Siegelfenster in der Praxis

#### Einfluss des Siegeldrucks auf den Siegelvorgang

Zum Einfluss des Siegeldrucks auf den Verarbeitungsvorgang trifft die Literatur widersprüchliche Aussagen: Einerseits ist der Einfluss des Anpressdrucks zweier Festkörper auf den resultierenden Wärmedurchgangskoeffizienten an ihren Kontaktflächen theoretisch beschrieben, z. B. durch Mikić [150]. Andererseits bestätigen empirische Untersuchungen diese Abhängigkeit nur sehr eingeschränkt. So zeigen Laboruntersuchungen bei [138] zwar einen Anstieg des Wärmedurchgangskoeffizi-

---

[252] Die Indizierung folgt der Konvention der Finiten-Differenzen-Methode nach [227], siehe Anhang C und ist von der Mathematik für dynamische Systeme, siehe Anhang A, zu unterschieden.

enten zwischen 22,7 und 181,2 W/(m²K) pro 1 MPa Zunahme des Anpressdrucks, jedoch scheint die Materialpaarung selbst einen wesentlich größeren Einfluss zu haben. Im Kontext des Wärmekontaktsiegelns flexibler Verpackungen ist die übereinstimmende Aussage hingegen, dass der Siegeldruck kaum Einfluss auf den Siegelvorgang hat, sobald ein bestimmter Grenzwert überschritten ist.[253] So scheint sich der Wärmedurchgangskoeffizient in einem relativ kleinen Bereich des Siegeldrucks sprunghaft zu ändern, siehe z. B. [144, 159, 200], sodass ein unterer Grenzwert festgelegt werden kann.

In Verpackungsmaschinen ist der Siegeldruck meist als unveränderlicher Parameter festgesetzt und durch die konstruktive Auslegung der Siegelstation bestimmt. So werden üblicherweise die Siegelwerkzeuge mit einem festen Hub zusammengefahren und die Kraft durch ein dabei gestauchtes Federelement erzeugt. Eigene Untersuchungen des Autors zeigen jedoch, dass der Siegeldruck bei großen Siegelflächen, wie bspw. bei pharmazeutischen Blisterverpackungen, durchaus eine Rolle spielt [78]. Es ist daher naheliegend, dass der Einfluss des Siegeldrucks auf den Siegelvorgang stark vom Anwendungsfall und dem Arbeitsprinzip der Siegelstation abhängt, vgl. dazu Tab. 5.1.

**Das Siegelfenster**

Die Siegelkurve nach Abb. 5.4 dient hauptsächlich der Charakterisierung der Siegeleigenschaften von Verpackungsfolien in Laborversuchen [154], sodass die Vergleichbarkeit der Versuchsergebnisse im Vordergrund steht. Dazu wird i. d. R. die Siegelzeit auf 500 oder 1000 ms festgelegt und der Siegeldruck entsprechend ASTM F2029-16 [10] zwischen 27,6 und 48,3 MPa eingestellt. In der praktischen Anwendung unter Produktionsbedingungen ist die Siegelkurve allerdings wenig hilfreich, denn üblicherweise sind die Siegelzeiten deutlich kürzer [4] und müssen auf Grund von Zwangsbedingungen an andere Verarbeitungsvorgänge der Verpackungsmaschine angepasst werden. Es ist daher zweckmäßiger alle geeigneten Kombinationen aus Siegeltemperatur, Siegelzeit und Siegeldruck, das sog. *Siegelfenster*, zu ermitteln, vgl. [39, 185, 216].

Siegelfenster für das Wärmekontaktsiegeln sind in der Literatur überwiegend für Siegeltemperatur und Siegelzeit zu finden. Der Siegeldruck bleibt dabei ein konstanter Parameter.[254] Hier seien exemplarisch zwei anschauliche Beispiele für Siegelfenster gezeigt[255]: EZEKOYE [72] stellt das Siegelfenster in Abb. 5.7a vor, dessen Grenzen der Plateauinitialisierungstemperatur $T_{pi}$ und der Plateauendtemperatur $T_{pf}$ der Siegelkurve nach Abb. 5.4 entsprechen. Das Siegelfenster wurde mit Hilfe eines Simulationsmodells ermittelt, das die Wärmeleitung in der Wirkpaarung und

---

[253] Dieser Standpunkt hat sogar Eingang in den maßgebenden Standard ASTM F2029-16 [10] gefunden.

[254] Zum Einfluss des Siegeldrucks wird meistens die Argumentation aus dem vorangegangenen Absatz angeführt. Eine Ausnahme bildet [159], die auch ein Siegelfenster über Siegeltemperatur und Siegeldruck vorstellt.

[255] Weitere Beispiele finden sich in [13, 38, 139, 154, 174, 224].

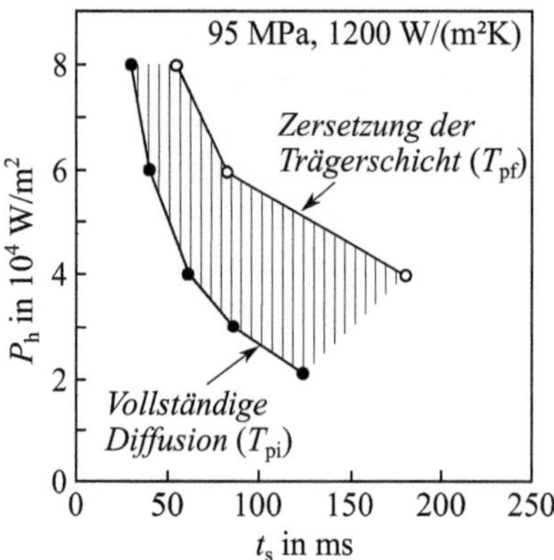


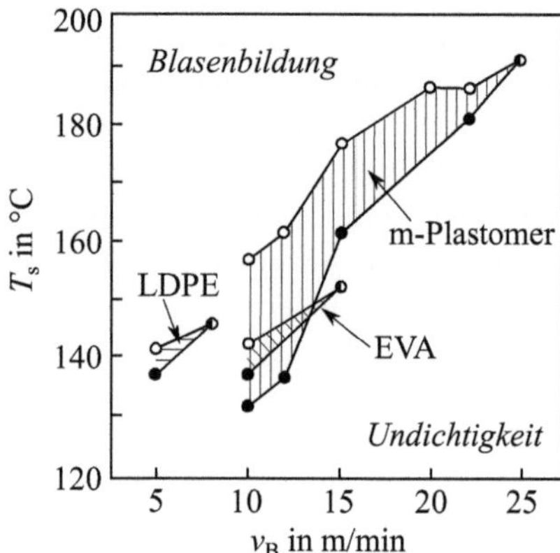


(a) Siegelfenster für eine Balkennaht, mit Hilfe eines gekoppelten Simulationsmodells ermittelt. Nach [72].

(b) Siegelfenster für die Quernaht einer vertikalen Schlauchbeutelmaschine, experimentell ermittelt. Nach [197].

**Abb. 5.7:** Beispielhafte Siegelfenster. Heizleistung $P_h$, Bahngeschwindigkeit $v_B$.

die Diffusion der Molekülketten abbildet. Die Siegeltemperatur ist als Leistung der Wärmequelle angegeben. SUENAGA [197] vergleicht in Abb. 5.7b die Siegelfenster unterschiedlicher Verpackungsfolien für die Anwendung auf einer vertikalen Schlauchbeutelmaschine, wobei die Dichtigkeit der Packung und die Blasenbildung in der Naht als Qualitätskriterien dienen. Anstelle der Siegelzeit ist hierbei die Bahngeschwindigkeit angegeben, die sich aus der Siegelzeit und der Beutellänge ergibt. Die Siegelfenster wurden experimentell ermittelt.

## 5.1.3 Qualitätsprüfung von Siegelnähten

Jeden Siegelnaht stellt eine potentielle Schwachstelle der Verpackung dar. Undichtigkeit oder Bruch der Siegelverbindung können zu Kontamination oder Beschädigung des Packgutes führen, sodass die Schutzfunktion der Verpackung beeinträchtigt ist. Aus diesem Grund zählt die Nahtqualität zu den wichtigsten Qualitätskriterien einer Verpackung, an der sich auch die Beurteilung der Siegelfähigkeit von Verpackungsfolien orientiert, vgl. [108]. Prüfverfahren für die Dichtigkeit und Festigkeit von Siegelnähten sind in den nachfolgend beschriebenen Normen standardisiert.[256] Eine Übersicht inkl. Bewertung der Verfahren stellt AJJI ET AL. [4] bereit.

---

[256] Für die Prügung von Siegelnähten stehen deutsche und us-amerikanische Normen zur Verfügung. Sofern Überschneidungen bestehen sei hier auf die DIN-Normen verwiesen. Die äquivalenten ASTM-Standards sind in Tab. E.1 aufgeführt.

### 5.1.3.1 Nahtfestigkeit und Bruchverhalten

**Kaltnahtfestigkeit und Brucharten nach DIN 55529**

Die Festigkeit und die Art des Bruchs der vollständig erkalteten Siegelnaht dienen zur Beurteilung der Siegeleigenschaften und Siegelfähigkeit von Verpackungsfolien. Für die sog. *Kaltnahtfestigkeit*[257] $F_{ss}$ wird dabei üblicherweise eine Siegelkurve wie in Abb. 5.4 nach ASTM F2029-16 [10] ermittelt. Die *Brucharten* sind in DIN 55529 [45] klassifiziert. Es besteht folgender Zusammenhang zwischen der Siegelkurve und der Art des Bruches [3, 159, 200]:

- $T_s < T_{pi}$: Die Naht reißt zwischen den Siegelschichten der beiden versiegelten Folien auf, sog. Schälnaht oder Peel-Naht.
- $T_s > T_{pi}$: Die Verbindung der Siegelschichten ist größer als die Festigkeit des Folienverbundes. Entweder trennt sich der Folienverbund zwischen Siegelschicht und Trägerschicht, je nach Folienart tritt dabei Adhäsionsbruch und Delamination auf, oder die Trägerschicht selbst reißt, sog. Tear-Naht.

Hauptsächliches Anwendungsgebiet der Normen sind die Polymer- und Folienentwicklung, die Siegelkurven zur Beurteilung der Siegelfähigkeit von Folien nutzt.

Die Messung der Kaltnahtfestigkeit und die Ermittlung der Bruchart erfolgt mit Hilfe eines einachsigen Zugversuchs, wie in Abb. 5.8 dargestellt. DIN 55529 [45] legt das Prüfverfahren fest: Als Siegelproben dienen 15 mm breite Streifen, die 24 Stunden bei Normklima nach DIN EN ISO 291 [52] zu konditionieren sind und quer zur Siegelnaht ausgeschnitten werden, vgl. Abb. 5.8. Die Proben werden so in die Einspannvorrichtung der Zugprüfmaschine eingespannt, dass die Zugrichtung durch die Probenmitte verläuft und die Naht im Winkel 90° von der Zugrichtung absteht, siehe Abb. 5.8. Die Prüfgeschwindigkeit beträgt standardmäßig 100 mm/min.

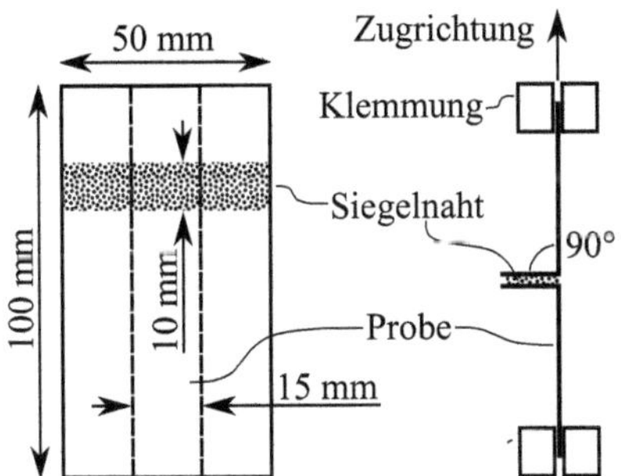


**Abb. 5.8:** Siegelprobe und Prüfverfahren nach DIN 55529 [45].

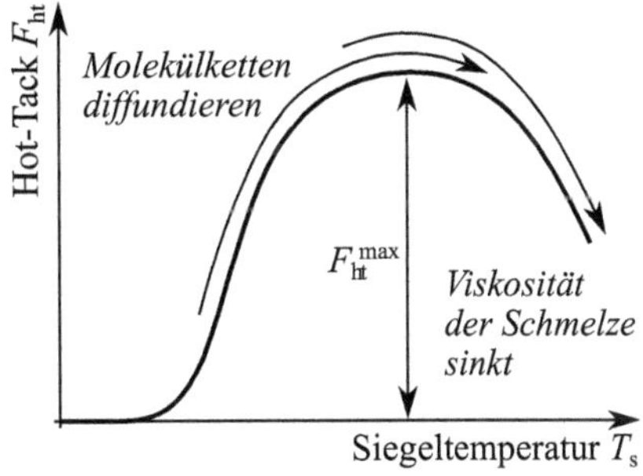


**Abb. 5.9:** Schematische Darstellung einer Hot-Tack-Kurve. In Anlehnung an [155].

---

[257] Engl. seal strength.

**Heißnahtfestigkeit nach DIN 55571**

In vielen Verpackungsprozessen wird die heiße Siegelnaht unmittelbar nach dem Öffnen der Siegelwerkzeuge durch das bereits eingefüllte Packgut oder nachfolgende Verarbeitungsvorgänge mechanisch belastet. Die sog. *Heißnahtfestigkeit*[258] $F_{ht}$ ist damit ein wichtiger Kennwert der Verarbeitungseigenschaften einer Folie. Analog zur Siegelkurve kann eine *Hot-Tack-Kurve* nach Abb. 5.9 experimentell ermittelt werden. Die charakteristische Kurve entsteht durch zwei gegenläufige Mechanismen: Je wärmer die Siegelschicht ist, desto stärker diffundieren die Molekülketten und desto höher ist die Festigkeit der Verbindung. Gleichzeit sinkt die Viskosität mit steigender Temperatur, sodass die Naht geschwächt wird. Im ansteigenden Bereich der Hot-Tack-Kurve überwiegt der Effekt der Diffusion, im fallenden Bereich der Effekt der Viskosität. Üblicherweise fällt die maximale Heißnahtfestigkeit $F_{ht}^{max}$ deutlich niedriger aus als die maximale Kaltnahtfestigkeit und weißt auch kein Plateau auf [155].

Die Normenreihe DIN 55571 sieht verschiedene Prüfverfahren für die Messung der Heißnahtfestigkeit vor. Hierbei werden zwei Arten von Prüfgeräten unterschieden: Wegmessende Prüfgeräte nach DIN 55571-1 [46] und kraftmessende Prüfgeräte nach DIN 55571-1 [47]. Für alle Prüfverfahren wird die Probengeometrie und die Verzugszeit zwischen dem Öffnen der Siegelwerkzeug und dem Beginn der Belastung der Naht festgelegt.

**Übertragbarkeit der Messergebnisse**

Die genannten Normen legen standardisierte Lastfälle fest, um Vergleichbarkeit zwischen Messergebnissen zu schaffen. Diese Lastfälle entsprechen jedoch i. d. R. nicht den Randbedingungen, die in der Verarbeitung, während des Transports, im Verkauf und während der Nutzung herrschen. Hier seien zwei Aspekte genannt:

Im Allgemeinen greift die Last unter einem beliebigen Winkel an der Siegelnaht an und tritt plötzlich ein. Hingegen misst DIN 55529 die Kaltnahtfestigkeit unter einem Lastwinkel von 90° und bei langsamer Prüfgeschwindigkeit. So stellt bspw. HISHINUMA [102] den Zusammenhang zwischen der erforderlichen Kraft zum Öffnen einer Schlauchbeutelverpackung und der Kaltnahtfestigkeit her.

Für die Heißnahtfestigkeit zeigt SCHUBERT [187] eine starke Abhängigkeit des Messwerts von der Verzugszeit. Eine Aussage zur Widerstandsfähigkeit der heißen Siegelnaht in der Verpackungsmaschine kann demnach nur dann getroffen werden, wenn die Verzugszeit der Hot-Tack-Messung nach DIN 55571 und Belastungszeitpunkt übereinstimmen.

Die Messergebnisse aus Laborversuchen geben deshalb nur Anhaltspunkte für die Widerstandsfähigkeit einer Siegelnaht in der praktischen Anwendung. Referenzwerte werden an einzelnen Stellen in der Literatur dennoch gegeben. Sie sind in Tab. E.2 bis E.4 zusammengefasst.

---

[258] Engl. hot-tack.

### 5.1.3.2  Dichtigkeit

**Dichtigkeitsprüfung nach DIN 55508**

Fehlstellen in der Siegelnaht, wie Mikrokanäle, Bläschen oder unversiegelte Flächen, können Leckagen in der Verpackung verursachen. Infolgedessen gelangen Sauerstoff, Mikroorganismen, oder andere Substanzen in die Verpackung, die zum Verderben oder zu unzulässiger Kontamination des Packgutes führen. Dichtigkeitsprüfungen verfolgen deshalb das Ziel Leckagen ausfindig zu machen, die für das jeweilige Packgut schädlich sind. Tab. 5.2 stellt gemessene Leckageraten ihrer praktischen Wirkung gegenüber.

Die Normenreihe DIN 55508 [41, 42, 43, 44] legt verschiedene Prüfverfahren fest, die unterschiedliche Messverfahren zur Detektion der Leckage und physikalische Effekte zur Erzeugung der Leckage nutzen, siehe Tab. E.5. Die Prüfungen stellen lediglich fest, ob eine Leckage existiert oder nicht. Das Prüfverfahren bestimmt dabei die kleinste, detektierbare Leckage und somit die Sensibilität des Tests. Die Aussage, ob eine Verpackung dicht ist oder nicht, muss daher immer unter Angabe der minimalen Leckagerate des verwendeten Prüfverfahrens erfolgen.

**Mechanische Beanspruchung der Siegelnaht während der Prüfung**

Die meisten Prüfverfahren für die Dichtigkeit erzeugen relativ zum Umgebungs-druck einen Überdruck in der Verpackung. Je nach Höhe des Überdrucks sowie Größe und Geometrie der Verpackung kann daraus eine signifikante Belastung der Siegelnaht folgen. Ist die resultierende Beanspruchung der Siegelnaht größer als ihre Nahtfestigkeit, kommt es zum Bruch der Naht, vgl. Abschnitt 5.1.3.1. Die Prüfung trifft dann keine Aussage mehr zur Dichtigkeit, sondern zur Kaltnahtfestigkeit einer Siegelnaht und verfälscht das Ergebnis erheblich. Es ist daher stets abzuschätzen, ob das Prüfverfahren im speziellen Anwendungsfall auf Festigkeit oder tatsächlich auf Dichtigkeit prüft.

**Tabelle 5.2:** Leckage-Raten in Standard-Kubikzentimeter pro Sekunde [sccs] und ihre prak-tische Bedeutung. Nach [4].

| **Rate in [sccs]** | 10 | 1 | $10^{-3}$ | $10^{-6}$ | $10^{-9}$ | $10^{-12}$ |
|---|---|---|---|---|---|---|
| **Wirkung** | Hörbar | Sichtbar | Ultraschall | Durchlässig für Mikro-organismen | Durchlässig für Gas | Durchlässig für Helium |

## 5.2 Das Einstellungsproblem beim Wärmekontaktsiegeln

Die folgenden Abschnitte zeigen exemplarisch für Einstellungsprobleme beim Wärmekontaktsiegeln das Arbeiten entlang des Problemlösungszyklus aus Abschnitt 4.4.4. Als Ausgangspunkt dient der Stand der Wissenschaft und Technik, wie im vorangegangenen Abschnitt 5.1 zusammengefasst. Der Schwerpunkt liegt auf der Diskussion der drei Arbeitsschritte Aufgabenklärung, Modellbildung und Optimierung, um deren Arbeitsinhalte zu erläutern. Zu Gunsten der Anschaulichkeit, kommen hierbei vereinfachte Modelle und Versuche im Labormaßstab zur Anwendung. Die nachfolgenden Darstellungen behandeln Einstellungsprobleme beim Wärmekontaktsiegeln als gemeinsame Problemklasse im Sinne von Abschnitt 4.4.3.2, sodass die Ergebnisse dieses Abschnitts prinzipiell auf ähnliche Praxisprobleme[259] anwendbar sind.

### 5.2.1 Aufgabenklärung

Im Rahmen der Aufgabenklärung muss folgende Frage beantwortet werden: Welche technischen Zielgrößen leiten sich aus den Zielen und Randbedingungen des Betriebs einer Verpackungsmaschine für die Einstellung einer Siegelstation ab?

Zur Beantwortung dieser Frage werden die potentiellen Zielgrößen zunächst für das Wärmekontaktsiegeln im Allgemeinen diskutiert. Anschließend wird unter Hinzunahme der spezifischen Randbedingungen des Einstellungsproblems ein Zielvektor gebildet, der für die Modellbildung und Optimierung maßgebend ist.

#### 5.2.1.1 Zielgrößen des Wärmekontaktsiegelns

**Verarbeitungsqualität**

Als Qualitätskennwert für die Nahtqualität ist grundsätzlich jede messbare Eigenschaft der Siegelnaht verwendbar. Als Qualitätskriterien, die den zulässigen Toleranzbereich festlegen, ist darüber hinaus jeder unterscheidbare Zustand der Siegelnaht denkbar. Tab. 5.3 stellt eine Übersicht über Qualitätskennwerte und -kriterien auf, die in Abschnitt 5.1 benannt werden. Hierbei sind Nahtfestigkeit, Bruchart und Leckagerate Qualitätskennwerte, die die Siegelnaht auszeichnen. Abschnitt 5.2.2.2 wird zeigen, dass es sich bei der Temperatur hingegen um eine Zustandsgröße der Wirkpaarung handelt. Sie liefert nur mittelbar eine Aussage über die Nahtqualität.

---

[259] Praxisbeispiele sind anschließend in Abschnitt 5.3 vorgestellt.

**Tabelle 5.3:** Beispielhafte Qualitätskennwerte $\kappa^{II}$ sowie zugehörige Qualitätskriterien $\kappa^{IIL}$ und $\kappa^{IIU}$ für Siegelnähte, die mit dem Wärmekontaktsiegelverfahren hergestellt wurden.

| Qualitätskennwerte $\kappa^{II}$ | Untere Kriterien $\kappa^{IIL}$ | Obere Kriterien $\kappa^{IIU}$ |
|---|---|---|
| Kaltnahtfestigkeit nach DIN 55529 | Spezifischer Minimalwert, vgl. Tab. E.3 | Maximalwert für Peelnaht, vgl. Tab. E.4 |
| Heißnahtfestigkeit nach DIN 55571 | Minimaler Hot-Tack, vgl. Tab. E.2 | |
| Bruchart nach DIN 55529 | Adhäsionsbruch, Delamination, Riss der Trägerschicht | Schälbruch |
| Leckagerate | Dichtigkeit nach DIN 55508 | |
| Temperatur | Schmelztemperatur in Kontaktstelle $x = 0$ erreicht: $T_0(t^{II}) \geq T_m$ | Zersetzungstemperatur an beliebiger Stelle $x$ überschritten: $T(t, x) \geq T_z$ |

## Arbeitsgeschwindigkeit

Der Arbeitstakt einer Siegelstation umfasst den Siegelvorgang, während dem die Siegelwerkzeuge und die Folienbahn in Kontakt sind, und den Hub, mit dem die Siegelwerkzeuge für den darauffolgenden Siegelvorgang vorbereitet werden. Die *Taktzeit* (4.83) ergibt sich somit als Summe der Siegelzeit $t_s$ und der Hubzeit $t_h$ aus

$$t_{0-1} = t_s + t_h \, . \tag{5.8}$$

Damit die normierte Taktzeit unabhängig von der spezifischen Geometrie der Verpackung angegeben werden kann, sei die Normierung über die Fläche $A_{AT}$ der Folienbahn vorgenommen, die sich während eines Arbeitstaktes in der Siegelstation befindet. Aus der Breite $B$ der Folienbahn und der Transportlänge $L$ folgt dazu die *verarbeitete Fläche pro Arbeitstakt*[260] mit

$$A_{AT} = B \cdot L \, . \tag{5.9}$$

Analog sei *Kontaktfläche* $A_{SK}$ der Siegelwerkzeuge während der Siegelzeit mit

$$A_{SK} = b \cdot l \tag{5.10}$$

angegeben, wobei $b$ ihre Breite quer zur Laufrichtung der Folienbahn und $l$ ihre Länge in Laufrichtung sei. Die *normierte Taktzeit* beträgt dann

$$\tau_{0-1} = \frac{t_{0-1}}{A_{AT}} = \frac{t_s + t_h}{B \cdot L} \, . \tag{5.11}$$

---

[260] Die Breite und Länge der Folienbahn in einem Arbeitstakt sind Vielfache der Breite und Länge einer Packung, sodass auf die Anzahl $q$ der Verarbeitungsgüter pro Arbeitstakt auch wieder zurückgerechnet werden kann.

**Tabelle 5.4:** Berechnung der normierten Taktzeit für die unterschiedlichen Arbeitsweisen von Siegelstationen. Siehe Tab. 5.1 für die Beschreibung der Klassen I bis III sowie Unterklassen 1 bis 5 und Abb. 5.10 für beispielhafte Siegelstationen.

| | | **1**<br>$t_{0\text{--}1} = t_\text{s},\ l = L$ | **2, 3**<br>$t_{0\text{--}1} = t_\text{s} + t_\text{h},\ l \le L$ | **5**<br>$t_{0\text{--}1} = t_\text{s} + t_\text{h},\ l < L$ |
|---|---|---|---|---|
| **I, II** | $L = \int_{t_{0\text{--}1}} v_\text{B}$ | $\tau_{0\text{--}1} = \dfrac{t_\text{s}}{B \cdot l}$ | $\tau_{0\text{--}1} = \dfrac{t_\text{s} + t_\text{h}}{B \cdot L}$ | $\tau_{0\text{--}1} = \dfrac{t_\text{s} + t_\text{h}}{B \cdot L}$ |
| **III** | $L = v_\text{B} \cdot t_{0\text{--}1}$ | $v_\text{B} = \dfrac{l}{t_\text{s}}$ | $v_\text{B} = \dfrac{L}{t_\text{s} + t_\text{h}}$ | $v_\text{B} = \dfrac{L}{t_\text{s} + t_\text{h}} = \dfrac{l}{t_\text{s}}$ |
| | $\tau_{0\text{--}1} = \dfrac{1}{B \cdot v_\text{B}}$ | $\tau_{0\text{--}1} = \dfrac{t_\text{s}}{B \cdot l}$ | $\tau_{0\text{--}1} = \dfrac{t_\text{s} + t_\text{h}}{B \cdot L}$ | $\tau_{0\text{--}1} = \dfrac{t_\text{s}}{B \cdot l}$ |

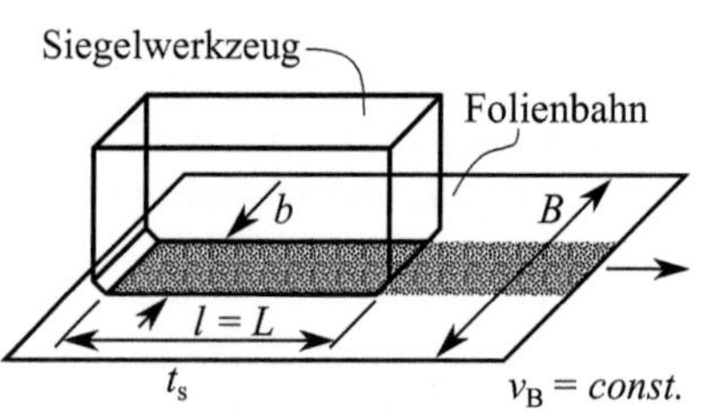


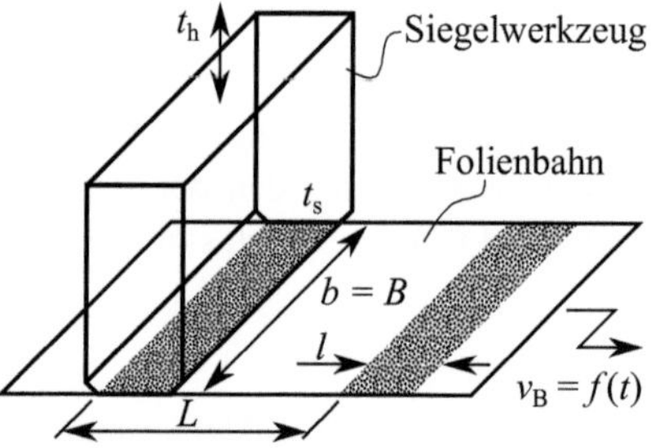


**(a)** Längsnaht: Unbewegtes Siegelwerkzeug und kontinuierliche Folienbahn (III.1).

**(b)** Quernaht: Zyklisch bewegte Siegelwerkzeuge und Folienbahn (II.2).

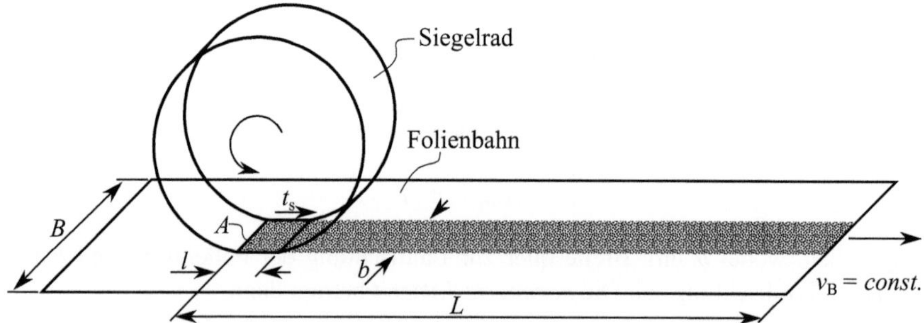


**(c)** Längsnaht: Kontinuierlich bewegte Siegelwerkzeuge und Folienbahn (III.5).

**Abb. 5.10:** Berechnung der normierten Taktzeit von Siegelstationen am Beispiel von Siegelstationen für eine horizontale Schlauchbeutelmaschine nach Abb. 1.4. Bezeichnung der Klassen siehe Tab. 5.1.

Je nach Arbeitsweise der Siegelstation entsprechend Tab. 5.1 gelten unterschiedliche Zwangsbedingungen zwischen der Bewegung der Siegelwerkzeuge und der Folienbahn. Es sind spezielle Umformungen der Gleichung (5.11) möglich, die in Tab. 5.4 aufgeführt sind. Abb. 5.10 skizziert beispielhaft Siegelstationen der Klassen III.1, II.2 und III.5, wie sie in Schlauchbeutelmaschinen[261] zum Einsatz kommen. Die Zusammenhänge seien nachfolgend kurz erläutert:

Die *Bewegungsart der Siegelwerkzeuge* bestimmt die Zeitanteile der Siegel- und Hubzeit an der Taktzeit und das Verhältnis zwischen der Länge der Kontaktfläche und der Folienbahn in der Siegelstation. Die *Bewegungsart der Folienbahn* legt den Zusammenhang zwischen Taktzeit $t_{0-1}$ und Fläche der Folienbahn $A_{AT}$ in der Siegelstation fest. Bei einer gleichförmig bewegten Folienbahn der Klasse III gilt für die Bahngeschwindigkeit $v_B(t) = const.$ und es kann $v_B = t_{0-1}/L$ geschrieben werden. Substituiert in Gleichung (5.11), folgt daraus

$$\tau_{0-1} = \frac{1}{B \cdot v_B} \tag{5.12}$$

als normierte Taktzeit für Siegelstationen der Klasse III.


**Robustheit**

Aus den Systemmodellen für das Wärmekontaktsiegeln, die in Abschnitt 5.1.2 vorgestellt wurden, lassen sich mögliche Einflussgrößen **u** entnehmen. Tab. 5.5 stellt die Systemgrößen zusammen, die für verschiedene Problemstellungen in Betracht kommen. Die tatsächliche Schwankungsbreite der Einflussgröße und damit die erforderliche Robustheit $\Delta u$ ist je nach Problemstellung verschieden. Bspw. ist die Wärmeleitung von der Form der Verpackung und der Qualität der Folien abhängig, wie Abschnitt 5.2.2 exemplarisch zeigen wird.


**Tabelle 5.5:** Beispielhafte Einflussgrößen **u** des Wärmekontaktsiegelns.

| | |
|---|---|
| **Moleküldiffusion** | Rezeptur des Polymers: Kettenlänge $M$ der Moleküle, Diffusionskonstante $D_0$, Aktivierungsenergie $E_d$. Wärmeeintrag: Temperatur des Polymers $T$, Kontaktzeit $t$. |
| **Wärmeleitung** | Thermische Eigenschaften der Siegelwerkzeuge und Folien: Wärmeleitfähigkeit $\lambda$, spezifische Wärmekapazität $c_p$, Dichte $\rho$, Dicke der Siegelwerkzeuge und Folien $x$. Kontaktbedingung $k_{cc}$. Siegelvorgang: Siegeltemperatur $T_s$, Siegelzeit $t_s$. |
| **Bewegung der Siegelwerkzeuge** | Masse $m$, Trägheit $J$ und Eigenfrequenzen $\omega_0$ der bewegten Baugruppen. Beschleunigungen $a(t)$, Geschwindigkeiten $v(t)$ und Positionen $s(t)$ im Bewegungsdesign. |

---

[261] Siehe Abb. 1.4 für das Schema einer horizontalen Schlauchbeutelmaschine.

**Technischer Aufwand**

Eine Siegelstation setzt drei Teilfunktionen um, für die eine bestimmte, physikalische Leistung erbracht werden muss:

- Erzeugung eines Wärmestroms durch eine Temperaturdifferenz $\Delta T = T_s - T_0(t^I)$ zwischen *Siegeltemperatur* $T_s$ der Siegelwerkzeuge und der Anfangstemperatur $T_0(t^I)$ der Siegelschicht.
- Bereitstellung der Stationskraft $F_s = p_s/A_{SK}$ entsprechend des erforderlichen *Siegeldrucks* $p_s$ zur Herstellung des Wärmekontakts.
- Bewegung der Siegelwerkzeuge entsprechend der erforderlichen *Siegelzeit* $t_s$.

Damit kann die maximale Leistungsübertragung als Summe der zugehörigen Leistungsanteile mit

$$P_{max} = \max |\dot{Q}(t)| + \max |P_p(t)| + \max |P_h(t)| \tag{5.13}$$

angegeben werden. Hierbei ist $\dot{Q}(t)$ der Wärmestrom, der durch Wärmeleitung als nutzbare Wärme in die Siegelschicht fließt und durch Wärmeleitung, Konvektion und Strahlung an die Umgebung verloren geht. Weiter bezeichnet $P_p(t)$ die Leistung zur Erzeugung der erforderlichen Siegelkraft. Hier muss zwischen Siegelstation unterschieden werden, bei denen die Siegelkraft durch ein gestauchtes Federelement erzeugt wird, und solchen, bei denen die Siegelkraft durch einen Druckzylinder aufgebracht wird. $P_h(t)$ ist die mechanische Leistung zur Bewegung der Siegelwerkzeuge. Sie hängt im Wesentlichen von der Arbeitsweise der Siegelstation ab. Tab. 5.6 gibt eine Übersicht über die Berechnungsgleichungen der einzelnen Leistungsanteile, wobei zu Gunsten der Verständlichkeit nur vereinfachte Gleichungen aufgeführt sind.

**Tabelle 5.6:** Komponenten der Übertragungsleistung von Siegelstationen, vereinfachte Berechnungsgleichungen. Vgl. [181, 210]. Wärmedurchgangskoeffizient $k$, Emissionskoeffizient $\varepsilon$, Boltzmann-Konstante $\sigma$, Wärmeübergangskoeffizient $\alpha$, Federkonstante $c$, Volumenstrom $\dot{V}$, Reibkraft $F_R$, Erdbeschleunigung $g$.

| Siegeltemperatur | $\dot{Q} = k \cdot A \cdot \Delta T$ | Wärmeleitung (stationär, ebene Kontaktfläche) |
|---|---|---|
| Erzeugung des | $+ \varepsilon \cdot \sigma \cdot A \cdot T^4$ | Strahlung (stationär, ebene Oberfläche) |
| Wärmestroms | $+ \alpha \cdot A \cdot \Delta T$ | Konvektion (stationär, ebene Wandfläche) |
| **Siegeldruck** | $P_p(t) = c \cdot s(t) \cdot v(t)$ | Federelement (lineare Federrate, Wegvorgabe) |
| Bereitstellung der | $P_p(t) = p \cdot \dot{V}(t)$ | Druckzylinder (konstanter Zylinderdruck, |
| Stationskraft | | Verlustvolumenstrom) |
| **Siegelzeit** | $P_h(t) = m \cdot a(t) \cdot v(t)$ | Kinetische Energie (Punktmasse) |
| Bewegung der | $+ F_R \cdot v(t)$ | Reibungsverluste (konstante Reibkraft) |
| Siegelwerkzeuge | $+ m \cdot g \cdot v(t)$ | Hubarbeit |

### 5.2.1.2  Anwendung auf Einstellungsprobleme

**Vereinfachung durch festgelegte Arbeitsweise und Verpackungsart**

Betrachtet sei hier das typische Einstellungsproblem, bei der eine bestimmte Verpackungsmaschine zur Herstellung einer spezifischen Verpackung eingesetzt wird. D. h., das Arbeitsprinzip inkl. konstruktiver Ausführung der Siegelstation sowie die Geometrie der Verpackung, das Packgut und die eingesetzten Verpackungsfolien sind bereits festgelegt. Daraus können folgende Vereinfachungen abgeleitet werden:

Arbeitsweise und konstruktive Auslegung der Siegelstation legen im Falle unbewegter oder kontinuierlich bewegter Siegelwerkzeuge die Länge $l$ der Kontaktfläche fest. Im Falle zyklisch bewegter Siegelwerkzeuge kann davon ausgegangen werden, dass der Bewegungsablauf im Antriebssystem der Verpackungsmaschine die Hubzeit vorgibt. Ggf. besteht eine Abhängigkeit $\min(t_\mathrm{h}) = f(L)$, wobei die Länge $L$ der Verpackung ebenfalls festgeschrieben ist. Dann gilt $B, l, L, t_\mathrm{h} = const.$, sodass für die *Arbeitsgeschwindigkeit* entsprechend Tab. 5.4 eine Proportionalität

$$\tau_{0-1} \sim t_\mathrm{s} \tag{5.14}$$

zwischen normierter Taktzeit und Siegelzeit angenommen werden kann.

Bewegungsablauf und Hubzeit bestimmen die Beschleunigungen und Geschwindigkeiten während der Bewegung. Arbeitsweise und konstruktive Auslegung der Siegelstation setzen außerdem die Massen und Trägheiten fest, die dabei auf das Antriebssystem zurückwirken, sodass $\max |P_\mathrm{h}(t)| = const.$ anzunehmen ist. Üblicherweise ist zudem die Siegelkraft unveränderlich, sodass auch $\max |P_\mathrm{p}(t)| = const.$ gelte. Damit bleibt als einzige, veränderliche Leistungsgröße der Wärmestrom. Hierbei gilt mit guter Näherung die Annahme, dass sich während des Betriebs der Verpackungsmaschine ein stationärer Wärmestrom einstellt. So kann vereinfacht

$$P_\mathrm{max} \sim T \tag{5.15}$$

geschrieben werden. Vgl. dazu Abb. 5.11.

**Der einfachste, vollständige Zielvektor des Wärmekontaktsiegelns**

Neben diesen vereinfachenden Annahmen sei außerdem lediglich ein Qualitätskennwert $\kappa$ und eine Einflussgröße $u$ betrachtet. Damit kann folgender Zielvektor für Einstellprobleme beim Wärmekontaktsiegeln definiert werden:

**Definition 5.1**  Der Vektor

$$\mathbf{y} = \begin{bmatrix} \Delta\kappa^\mathrm{II} \\ t_\mathrm{s} \\ -\Delta u \\ T_\mathrm{s} \end{bmatrix} \tag{5.16}$$

beschreibe den *einfachsten, vollständigen Zielvektor des Wärmekontaktsiegelns.*

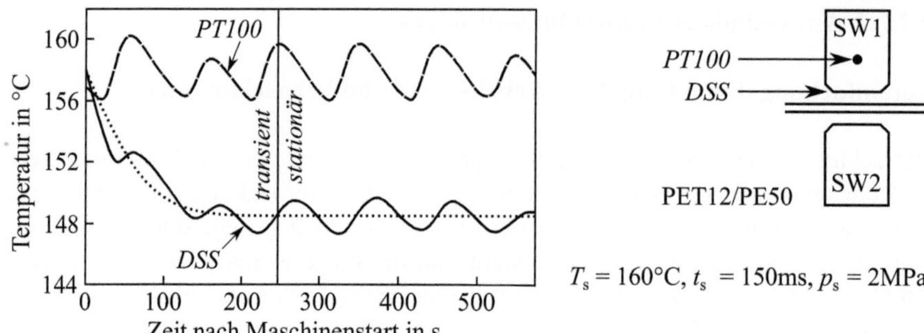


**Abb. 5.11:** Temperaturverlauf der Quersiegelstation einer Schlauchbeutelmaschine. Temperatur im Siegelwerkzeug (PT100) und auf der Kontaktoberfläche zur Verpackungsfolie (Dünnschichtsensoren DSS). Ca. 250ms nach Maschinenstart stellt sich ein stationärer Zustand der Oberflächentemperatur ein. Die verbleibenden Schwankungen sind auf das Regelverhalten der Temperaturregelung zurückzuführen. Unter Verwendung von [113].

## 5.2.2 Modellbildung

Nachdem die Zielgrößen des Einstellungsproblems beim Wärmekontaktsiegeln für den einfachsten Fall mit Gleichung (5.16) festgestellt sind, folgt nun die Bildung des Wirkpaarungsmodells. Hier seien die zwei gängigen Modellansätze verwendet, die bereits in Abschnitt 5.1.2 vorgestellt wurden. In Anlehnung an typische Anwendungsfälle werden zwei Modelle untersucht:

- Die Bestimmung von Siegelkurven mit einem Laborsiegelgerät, wobei sich der Versuchsaufbau an den Randbedingungen beim Siegeln von Quernähten in Schlauchbeutelmaschinen orientiert.
- Die numerische Berechnung der Wärmeleitung in die Siegelnaht, wobei sich das Modell an den Randbedingungen beim Siegeln von pharmazeutischen Blisterverpackungen orientiert.

Anhand dieser Modelle wird die Hypothese des Zielkonflikts der Verarbeitungstechnik für das Wärmekontaktsiegeln geprüft und eine allgemeine Aussage für diese Siegelvorgänge abgeleitet.

### 5.2.2.1  Experimentelle Bestimmung der Siegelkurven[262]

**Siegeln der Quernaht von Schlauchbeuteln**

Die grundlegende Schwierigkeit beim Wärmekontaktsiegeln von Quernähten in Schlauchbeuteln[263] besteht darin, dass der Siegelvorgang die Qualitätskriterien für die Nahtfestigkeit bei unterschiedlich dicken Folienstapeln erfüllen muss. Dieser Anwendungsfall eignet sich daher gut als Referenz für einen Laborversuch, der den Einfluss der Foliendicke auf die Wärmeleitung abbildet. Es gelten folgende Randbedingungen:

Die Quernaht einer Schlauchbeutelverpackung muss einerseits zur Vermeidung von Transportschäden eine feste Verbindung ausbilden und andererseits in bestimmten Anwendungen das leichte Öffnen der Naht durch den Verbraucher ermöglichen. Bezugnehmend auf Tab. E.3 und E.4 können damit zwei unterschiedliche Anforderungen hinsichtlich der Nahtfestigkeit gestellt werden:

- Nicht schälbare *Festnaht*, definiert durch $F_{ss} \geq F_{ss}^{tear}$ mit $F_{ss}^{tear} = 40\,\mathrm{N}/\,15\mathrm{mm}$, oder
- leicht schälbare *Peel-Naht*[264], festgelegt durch $F_{ss}^{low} \geq F_{ss} \geq F_{ss}^{peel}$ mit $F_{ss}^{low} = 5\,\mathrm{N}/\,15\mathrm{mm}$ und $F_{ss}^{peel} = 25\,\mathrm{N}/\,15\mathrm{mm}$.

Diese Qualitätskriterien sind über den gesamten Bereich der Naht einzuhalten.

Der Querschnitt der Siegelnaht weicht an den Kanten des Beutels und an der Kreuzung der Längsnaht wesentlich von den übrigen Bereichen der Naht ab. Hierbei sind vier Nahtarten zu berücksichtigen, siehe Abb. 5.12:

- Zweilagige Siegelnaht,
- dreilagige *Überlappnaht*,

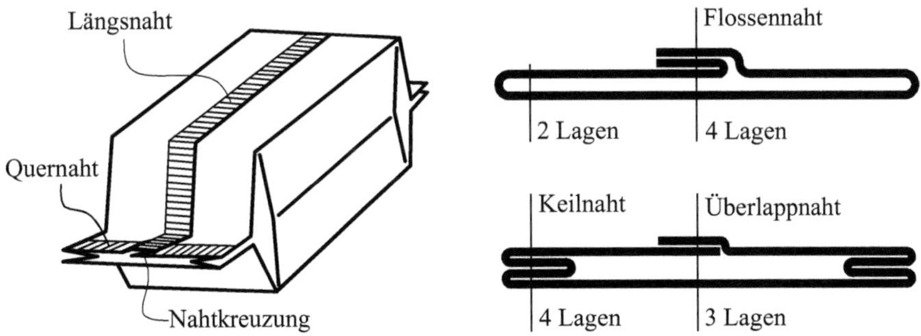


**Abb. 5.12:** Schlauchbeutelverpackung und mögliche Nahtarten.

---

[262] Die Ergebnisse dieses Abschnitts sind vom Autor bereits in [79] publiziert.

[263] Die einzelnen Verarbeitungsvorgänge bei der Herstellung einer Schlauchbeutelverpackung sind in Abb. 1.4 und dem zugehörigen Begleittext beschrieben.

[264] Auch unter dem Begriff *Easy Opening* [70] oder *Easy peel* [101] behandelt.

- vierlagige *Flossennaht* und
- vierlagige *Keilnaht*.

Die unterschiedliche Dicke des Folienstapels zwischen den Siegelwerkzeugen beeinflusst die Wärmeleitung von der Kontaktfläche der Siegelwerkzeuge zur Siegelzone, sodass die Nahtfestigkeit[265] örtliche Unterschiede aufweist.

**Methoden und Material**

Der Laborversuch umfasst die Herstellung von Probenähten nach ASTM F2029-16 [10] und die Ermittlung der Nahtfestigkeit mit Hilfe eines Peel-Versuchs nach DIN 55529 [45], vgl. Abschnitt 5.1.3.1. Untersucht wird somit das in Abb. 5.13 gezeigte, verhaltensbeschreibende Modell[266] des Siegelvorgangs, da Zustandsgrößen unbekannt sind.

Die Siegelproben werden auf einem Laborsiegelgerät KOPP Labormaster 3200 mit glatten, beschichteten und 10 mm breiten Siegelwerkzeugen hergestellt. Tab. 5.7 zeigt die Spezifikationen des Laborsiegelgeräts. Zur Ermittlung der Nahtfestigkeit dient eine Universalprüfmaschine ZWICK-Roell ProLine. Je Versuchspunkt werden fünf Proben erstellt und geprüft. Die Streuung der Messwerte ist in jedem Diagramm dargestellt.

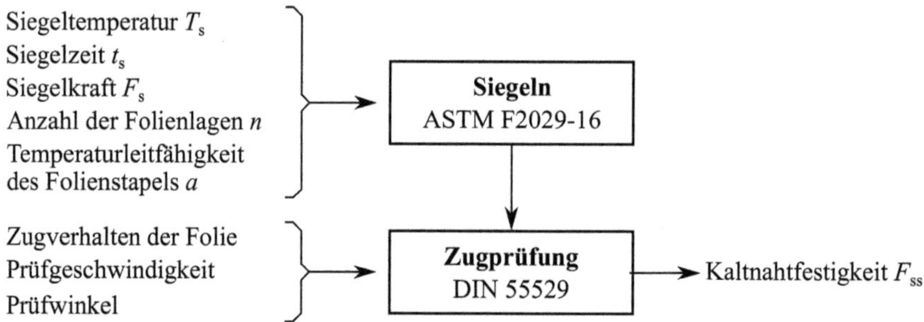



**Abb. 5.13:** Verhaltensbeschreibendes Modell des beschriebenen Laborversuchs zum Wärmekontaktsiegeln von Quernähten in Schlauchbeuteln.

**Tabelle 5.7:** Spezifikationen des Laborsiegelgeräts KOPP Labormaster 3200.

|                  | Einstellbereich | Inkrement | Toleranz |
|------------------|-----------------|-----------|----------|
| Siegeltemperatur | 0 … 260 °C      | 1 K       | ± 1 K    |
| Siegelzeit       | 0,2 … 99,99 s   | 0,01 s    | ± 0,11 s |
| Siegelkraft      | 200 … 1800 N    | 1 N       | ± 1 N    |

---

[265] Neben der Wärmeleitung spielen an den Kreuzungspunkten auch andere Effekte eine Rolle, wie z. B. der Schmelzefluss [94], die hier aber nicht berücksichtigt werden.

[266] Zu den unterschiedlichen Arten von Wirkpaarungsmodellen siehe Abschnitt 4.2.2.2.

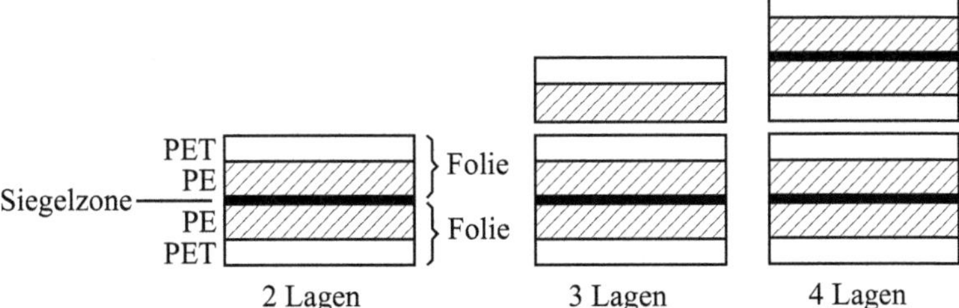

**Abb. 5.14:** Versuchsaufbau zur Abbildung der verschiedenen Nahtarten.

Die verwendete Folie ist eine Standardfolie für Schlauchbeutelverpackungen [159], bestehend aus einer 12 µm dicken Trägerschicht aus bi-axial orientiertem Polyethylenterephthalat (BOPET) und einer 50 µm dicken Siegelschicht aus linearem Polyethylen niedriger Dichte (LLDPE). Die mittlere Zugfestigkeit der Folie beträgt 46,7 N/15 mm. Der Hersteller der Folie empfiehlt Siegeltemperaturen zwischen 120 und 180 °C und gibt eine Nahtfestigkeit von mindestens 15 N/15 mm bei $T_s = 130$ °C, $t_s = 500$ ms und $p_s = 50$ N/cm² an.

Die Siegelproben werden entsprechend Abb. 5.8 zugeschnitten, wobei die lange Kante der Probe in Laufrichtung der Folienrolle liegt. Damit entspricht die Orientierung der Siegelnaht in der Prüfmaschine der Orientierung des realen Lastfalls. Die oben beschriebenen Nahtarten werden im Versuch durch zweilagige, dreilagige und vierlagige Folienstapel nachgebildet, wie in Abb. 5.14 gezeigt.

## Siegelkurven

Im untersuchten Einstellungsbereich des Laborsiegelgeräts hat die Siegelkraft $F_s$ keinen nachweisbaren Einfluss auf die Nahtfestigkeit, wie Abb. 5.15 zeigt. Die Aussagen aus Abschnitt 5.1.2.3 zum Effekt des Siegeldrucks auf den Siegelvorgang sind

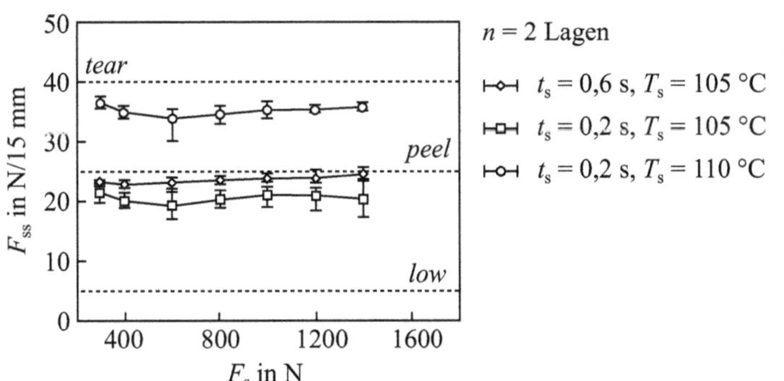


**Abb. 5.15:** Einfluss der Siegelkraft auf die Nahtfestigkeit. Messdaten siehe Tab. F.1.

damit für die hier vorliegende Wirkpaarung bestätigt. Für alle weiteren Versuche wird die Siegelkraft daher auf $F_s = 800\,\mathrm{N}$ festgelegt.

Die *Siegeltemperatur-Nahtfestigkeits-Kurven* in Abb. 5.16 zeigen, dass die Nahtfestigkeit $F_{ss}$ mit der Siegeltemperatur $T_s$ ansteigt. Die maximal erreichbare Nahtfestigkeit beträgt ca. 45 N/15 mm und liegt damit im Bereich der Zugfestigkeit der Verpackungsfolie. Die Siegelinitialisierungstemperatur $T_{si}$ variiert zwischen 102 und 112 °C und die Plateauinitialisierungstemperatur $T_{pi}$ zwischen 112 und 126 °C, je nach Siegelzeit $t_s$ und Anzahl $n$ der Folienlagen. Abb 5.16a zeigt, dass die Erhöhung der Siegelzeit $t_s$ beide charakteristischen Temperaturen $T_{si}$ und $T_{pi}$ zu niedrigeren Werten verschiebt. Derselbe Effekt ist für den Anstieg der Lagenanzahl $n$ in Abb. 5.16b zu erkennen.

Die *Siegelzeit-Nahtfestigkeits-Kurven* in Abb. 5.17 zeigen, dass eine Verlängerung der Siegelzeit $t_s$ zwar die Nahtfestigkeit $F_{ss}$ anhebt, die maximal erreichbare Nahtfestigkeit jedoch von der Siegeltemperatur $T_s$ abhängt. So zeigt Abb. 5.17a Einstellungen bei einem Temperaturniveau, das zu einer Peel-Naht führt, und Abb. 5.17b bei einem Temperaturniveau, das zu einer Festnaht führt. Um die geforderte Nahtqualität zu erreichen, müssen die Qualitätskriterien außerdem über den gesamten Bereich der Siegelnaht, d. h. für zweilagige ebenso wie für drei- und vierlagige Folienstapel, erfüllt sein. Die Ergebnisse verdeutlichen, dass Siegelzeiten unterhalb eines Grenzwertes diese Anforderung nicht erfüllen. Betrachtet man bspw. die Qualitätskriterien für eine Peel-Naht bei einer Siegeltemperatur von $T_s = 106$ °C, so wird das untere Qualitätskriterium bei vierlagigen Flossen- und Keilnähten unterhalb von $t_s = 0{,}4\,\mathrm{s}$ verletzt. Gleichzeitig überschreitet die Nahtfestigkeit bei einer zweilagigen Naht ab $t_s = 0{,}8\,\mathrm{s}$ das obere Qualitätskriterium. Folglich muss die Siegelzeit $0{,}4\,\mathrm{s} \geq t_s \geq 0{,}8\,\mathrm{s}$ betragen, um in der hier dargestellten Versuchsanordnung einen peelbaren Schlauchbeutel herzustellen. Bezüglich der Festnaht ist bei $T_s = 112$ °C

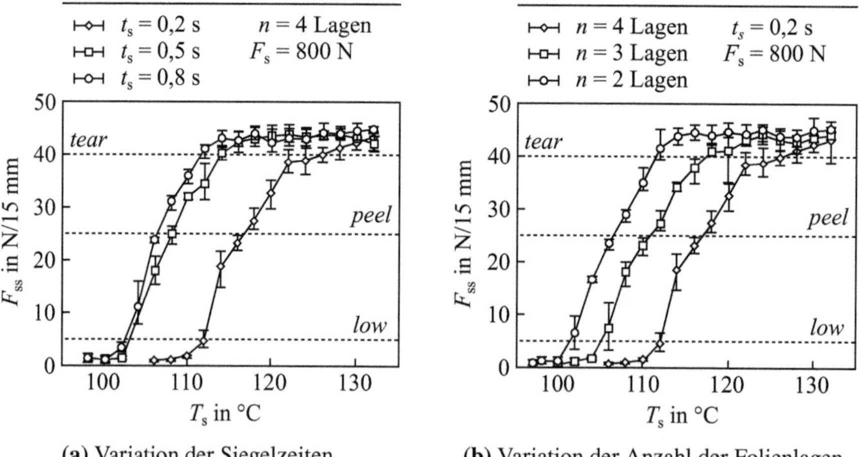



**(a)** Variation der Siegelzeiten.     **(b)** Variation der Anzahl der Folienlagen.

**Abb. 5.16:** Nahtfestigkeit in Abhängigkeit der Siegeltemperatur. Messdaten siehe Tab. F.2.

für Beutel mit Flossennaht mindestens eine Siegelzeit von $t_s = 0{,}8\,\mathrm{s}$ erforderlich. Um kürzere Siegelzeiten zu erreichen, müsste die Beutelform in diesem Fall auf eine Überlappnaht beschränkt werden, die Siegelzeiten ab $t_s = 0{,}6\,\mathrm{s}$ ermöglicht.

In der hier untersuchten Versuchsanordnung kann die Anzahl $n$ der Folienlagen als Einflussgröße $u = n$ des Siegelvorgangs angesehen werden. Die *Foliendicken-*

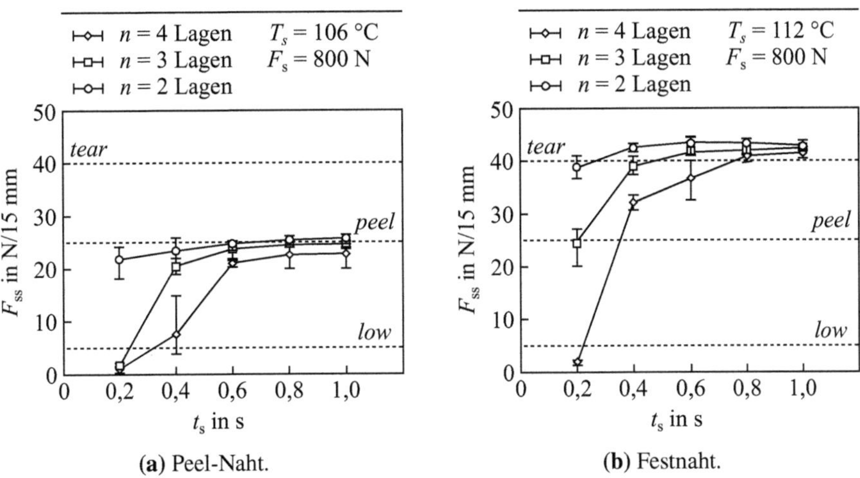

(a) Peel-Naht.

(b) Festnaht.

**Abb. 5.17:** Nahtfestigkeit in Abhängigkeit der Siegelzeit. Messdaten siehe Tab. F.3.

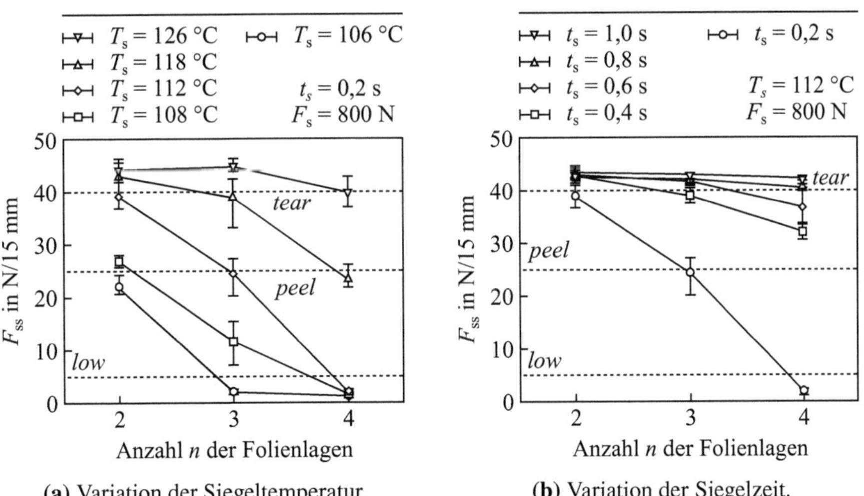

(a) Variation der Siegeltemperatur.

(b) Variation der Siegelzeit.

**Abb. 5.18:** Einfluss der Folienlagen auf die Nahtfestigkeit. Messdaten siehe Tab. F.3.

*Nahtfestigkeits-Kurven* in Abb. 5.18 geben damit Auskunft zur Robustheit $\Delta n$ des Siegelvorgangs. Hierbei markieren die Schnittpunkte mit den vorgegebene Qualitätskriterien die untere und obere Grenze des Toleranzbereichs der Einflussgröße $n$. So zeigt Abb. 5.18a, dass bei fester Siegelzeit $t_s = 0,2$ s der Siegelvorgang für Peel-Nähte bei einer Siegeltemperatur von $T_s = 108\,^\circ$C und für Festnähte bei einer Siegeltemperatur von $T_s = 126\,^\circ$C den größten Bereich der Foliendicke abdeckt, d. h. die größte Robustheit aufweist. Je weiter die Siegeltemperatur von diesen Werten abweicht, desto schlechter wird die Robustheit. Ein ähnliches Bild gibt Abb. 5.18b für die feste Siegeltemperatur $T_s = 112\,^\circ$C. Hier liegt die robusteste Einstellung der Siegelzeit für Peel-Nähte bei $t_s = 0,2$ s, wobei die Qualitätskriterien nur für zwei- und dreilagige Folienpakete erfüllt sind, und für Festnähte bei $t_s = 0,8$ s und $t_s = 1,0$ s.

Die bisherigen Ergebnisse zeigen, dass sich Siegeltemperatur und Siegelzeit gegenseitig ersetzen können. D. h., eine längere Siegelzeit kann eine niedrigere Siegeltemperatur kompensieren und umgekehrt, ohne dass sich die Nahtfestigkeit ändert. Dieser Fall ist in Abb. 5.19 dargestellt, wobei je eine Kurvenschar für Peel-Nähte und eine für Festnähte gezeigt ist. Die Steigung der Kurven fällt dabei flacher aus, je länger die Siegelzeit ist. Der Effekt ist für den Temperaturbereich der Peel-Naht stärker ausgeprägt, da dieser Bereich den Anstiegs der Siegelkurven nach Abb. 5.16 überdeckt. Hingegen entspricht der Temperaturbereich der Festnaht in etwa dem Bereich des Plateaus. Im Falle der Peel-Naht weist die Einstellung $T_s = 104\,^\circ$C und $t_s = 0,6$ s die größte Robustheit auf. Die Einstellung $T_s = 104\,^\circ$C und $t_s = 0,6$ s ist am wenigsten robust und verletzt die beiden Qualitätskriterien bei $n \approx 2,1$ und $n \approx 3,6$. Abb. 5.19 zeigt damit die *Robustheits-Charakteristik* und den *Zielkonflikt* des Wärmekontaktsiegelns für den hier betrachteten Laborversuch und ist eine spezielle Form der allgemeinen Robustheits-Charakteristik des Verarbeitungsvorgangs aus Abschnitt 4.3.3.2.

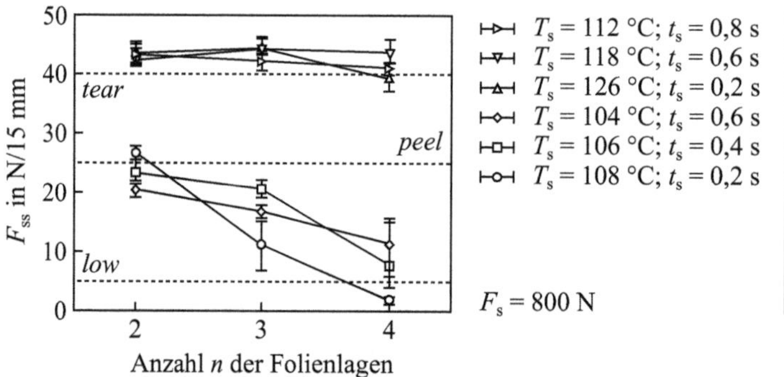


**Abb. 5.19:** Robustheits-Charakteristik gegenüber Variation der Anzahl der Folienlagen des Wärmekontaktsiegelns für den betrachteten Laborversuch. Messdaten siehe Tab. F.3.

### 5.2.2.2 Numerische Berechnung der Wärmeleitung[267]

**Siegeln der Deckfolie von pharmazeutischen Blisterverpackungen**

Die grundlegende Schwierigkeit beim Wärmekontaktsiegeln von pharmazeutischen Blisterverpackungen[268] liegt in der großen Siegelfläche. Dickenschwankungen in der Formfolie, siehe Abb. 5.20, und Ebenheitsabweichungen der Oberfläche des Siegelwerkzeuges führen lokal zu vermindertem Kontakt und damit zu schlechterer Wärmeleitung. Dieser Anwendungsfall des Wärmekontaktsiegelns eignet sich daher gut als Referenz für eine numerische Berechnung der Wärmeleitung, die den Einfluss des Wärmeübergangskoeffizienten $k_{cc}$ auf die Temperatur in der Siegelzone quantifiziert.

Grundsätzlich müssen dabei zwei Qualitätskriterien für die Siegelung[269] von Blisterverpackungen beachtet werden:

- *Vollflächiges Verschmelzen des Siegellacks*[270] auf der gesamten Kontaktfläche, sodass keine Kanäle oder Lufteinschlüsse in der Siegelfläche auftreten.
- *Ausreichender Hot-Tack*, sodass die nachfolgenden Transport-, Präge-, Perforier- und Stanzvorgänge die Siegelung nicht wieder aufreißen.

Wie in Abschnitt 5.1.2.2 erläutert, kann die Temperatur $T(t,0)$ in der Siegelzone $x = 0$ in guter Näherung als Qualitätskennwert herangezogen werden. Als unteres Qualitätskriterium dient deshalb die Schmelztemperatur, d. h. $T(t,0) \geq T_{\mathrm{m}}$. Als oberes Qualitätskriterium muss eine Grenztemperatur angenommen werden, ab der

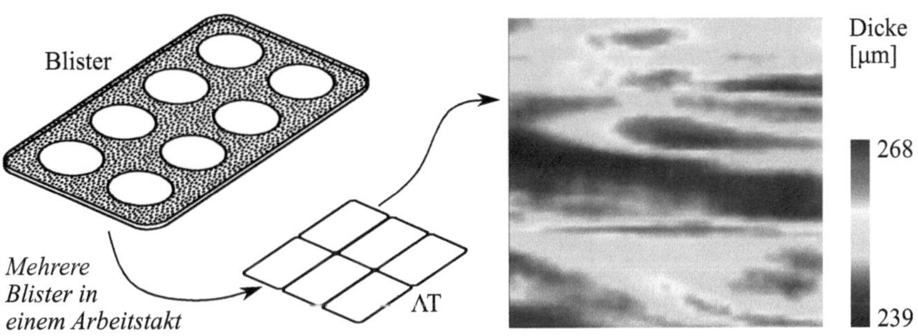


**Abb. 5.20:** Blister, Arbeitstakt und Dickenschwankungen der Formfolie, vgl. [78].

---

[267] Der hier gezeigte Modellansatz wurde vom Autor bereits in [77] präsentiert.

[268] Zu den einzelnen Verarbeitungsvorgängen des Blisterverpackungsprozesses siehe Abb. 1.3 und den zugehörigen Begleittext.

[269] Auf Grund der flächigen Ausdehnung ist der Begriff Siegelnaht unüblich. Stattdessen wird i. d. R. von Siegelung gesprochen, wenn die versiegelte Fläche gemeint ist.

[270] Im Kontext von Blisterverpackungen wird i. d. R. von Siegellack, engl. heat seal lacqeur, anstelle von Siegelschicht gesprochen. Diese Bezeichnung ist dem typischen Aufbau der Deckfolien pharmazeutischer Blister geschuldet. Hierbei handelt es sich um Aluminiumverbundfolien, auf die ein Decklack und ein Siegellack auftragen wird.

die Heißnahtfestigkeit wieder unter einen erforderlichen Wert sinkt, d. h. $T(t, 0) \leq T_{\mathrm{ht}}$. Typische Werte für Blister-Deckfolien, die auch hier verwendet werden sollen, sind $T_{\mathrm{m}} = 120\,°\mathrm{C}$ und $T_{\mathrm{ht}} = 150\,°\mathrm{C}$, vgl. [77].

Dem Simulationsmodell sei eine Standardkonfiguration für das Wärmekontaktsiegeln pharmazeutischer Blister nach Tab. 5.8 zu Grunde gelegt: Der Wärmeeintrag erfolge einseitig über ein beheiztes Siegelwerkzeug (SW) auf der Seite der Deckfolie. Auf der Seite der Formfolie befinde sich ein gekühltes Werkzeug. Das beheizte Siegelwerkzeug bestehe aus Edelstahl (V2A), das gekühlte, dickere Siegelwerkzeug aus Aluminium (Al). Als Deckfolie sei eine dreischichtige Aluminium-Verbund-Folie verwendet, die mit ein Decklack aus Polyethylen (PET) und einem Siegellack aus Polyvinylchlorid (PVC) beschichtet ist. Die Formfolie bestehe ebenfalls aus PVC. Der Wärmeübergangskoeffizient $k_{\mathrm{cc}}$ wird idealerweise durch Experimente unter realen Anwendungsbedingungen ermittelt. Falls keine so bestimmten Werte zu Verfügung stehen, muss auf Literaturwerte zurückgegriffen werden. Ausgehend von den experimentellen Werten, die bei EZEKOYE [72] und MEKA UND STEHLING [144] angegeben werden, sei hier ein Schwankungsbereich von $k_{\mathrm{cc}} = 1200 \dots 5200\,\mathrm{W}/(\mathrm{m}^2\mathrm{K})$ angenommen.

**Numerisches Modell**

Es gelten die in Abschnitt 5.1.2.2 beschriebenen Annahmen zur Wärmeleitung beim Wärmekontaktsiegeln. Die eindimensionale Wärmeleitungsgleichung (5.7) bilde den gegebenen Anwendungsfall hinreichend genau ab. Zur numerischen Berechnung der partiellen Differenzialgleichung sei hier das Finite-Differenzen-Verfahren eingesetzt, das in seinen wesentlichen Aspekten in Anhang C ausführlich erläutert ist. Das Wärmeleitungsproblem beim Blistersiegeln wird wie folgt diskretisiert:

**Tabelle 5.8:** Parameter und Anfangsbedingungen des Wärmeleitungsmodells für einen üblichen Al-PVC-Blister. Materialwerte aus [14, 210].

| | | $d$ | $\lambda$<br>[W/(mK)] | $\rho$<br>[kg/m$^3$] | $c_{\mathrm{p}}$<br>[J/(kgK)] | $T(t^{\mathrm{I}})$<br>[°C] |
|---|---|---|---|---|---|---|
| **Beheiztes SW** | **V2A** | 20 mm | 30 | 7870 | 710 | $T_{\mathrm{s}}$ |
| **Wärmekontakt** | | | $k_{\mathrm{cc}} = 1200 \dots 3900\,\mathrm{W}/(\mathrm{m}^2\mathrm{K})$ | | | |
| **Deckfolie** | **PET** | 2 μm | 0,24 | 1370 | 1050 | 20 |
| | **Al** | 20 μm | 140 | 2700 | 910 | 20 |
| | **PVC** | 2 μm | 0,17 | 1300 | 1520 | 20 |
| **Formfolie** | **PVC** | 250 μm | 0,17 | 1300 | 1520 | 20 |
| **Wärmekontakt** | | | $k_{\mathrm{cc}} = 1200 \dots 3900\,\mathrm{W}/(\mathrm{m}^2\mathrm{K})$ | | | |
| **Gekühltes SW** | **Al** | 60 mm | 140 | 2700 | 910 | 18 |

Die Raumkoordinate $x$ senkrecht zur Folienebene sei in $i = 1 \ldots 1896$ Abschnitte der Breite $\Delta x_i$ unterteilt, wobei die Diskretisierungsweite innerhalb der Siegelwerkzeuge mit $\Delta x_i = 100\,\mu m$ und innerhalb der Folien $\Delta x_i = 0{,}25\,\mu m$ festgelegt sei. Die Materialparameter jedes Abschnitts werden in einem zugehörigen Knoten $i$ konzentriert, vgl. Abb. C.1. Die Zuordnung der Knoten zu den Siegelwerkzeugen und Folienlagen entsprechend Tab. 5.8 zeigt Tab. 5.9. Der Zustand eines Knoten $i$ wird zu jedem Zeitpunkt $t$ durch die Temperatur $T_i^t = T(t, x = i)$ beschrieben und es gilt für jeden Knoten die allgemeine Differenzengleichung

$$T_i^t = f\left(T_{i-1}^{t+\Delta t}, T_i^{t+\Delta t}, T_{i+1}^{t+\Delta t}\right) \; . \tag{5.17}$$

Die anzuwendenden, speziellen Differenzengleichungen sind in Anhang C beschrieben und durch Tab. 5.9 referenziert. Außerdem wird $\Delta t = 1\,ms$ gewählt.

Die Differenzengleichungen aller Knoten bilden gemäß Gleichung (C.30) ein Gleichungssystem, das die Zustandsgleichung der Wirkpaarung (4.7) für den hier betrachteten Anwendungsfall darstellt. Die Zustandsgrößen der Wirkpaarung sind damit durch die Temperaturen der Knoten mit $[\mathbf{z}(t), \boldsymbol{\zeta}(t)]^\top = [T_1^t, T_2^t, ..., T_{1896}^t]^\top$ gegeben. Entsprechend bilden die Materialwerte und der Wärmeübergangskoeffizient nach Tab. 5.8 die Parameter des Arbeitsorgans $\mathbf{p}$ und des Verarbeitungsgutes $\boldsymbol{\pi}$ ab. Das Lösen des Gleichungssystems und die Berechnung der Temperaturwerte unter den Anfangsbedingungen $[\mathbf{z}^\mathrm{I}, \boldsymbol{\zeta}^\mathrm{I}]^\top = [T_1^0, T_2^0, ..., T_{1896}^0]^\top$ führt zum zeitlichen

**Tabelle 5.9:** Zuordnung der Differenzengleichungen (DG) und Parameter zu den Knoten des Simulationsmodells. Differenzengleichungen sowie Indizes $i - 1$, $i$ und $i + 1$ siehe Anhang C.

| | **Knoten** | **DG** | $i - 1$ | $i$ | $i + 1$ | $k_{cc}$ |
|---|---|---|---|---|---|---|
| Beheiztes SW | 1 | (C.29) | – | Al | – | – |
| | 2 ... 199 | (C.13) | V2A | V2A | V2A | – |
| | 200 | (C.13) | V2A | V2A | PET | $k_{cc}$ |
| Deckfolie | 201 | (C.13) | V2A | PET | PET | $k_{cc}$ |
| | 202 ... 207 | (C.13) | PET | PET | PET | – |
| | 208 | (C.13) | PET | PET | Al | – |
| | 209 | (C.13) | PET | Al | Al | – |
| | 210 ... 287 | (C.13) | Al | Al | Al | – |
| | 288 | (C.13) | Al | Al | PVC | – |
| | 289 | (C.13) | Al | PVC | PVC | – |
| | 290 ... 296 | (C.13) | PVC | PVC | PVC | – |
| Formfolie | 297 ... 1295 | (C.13) | PVC | PVC | PVC | – |
| | 1296 | (C.13) | PVC | PVC | Al | $k_{cc}$ |
| Gekühltes SW | 1297 | (C.13) | PVC | Al | Al | $k_{cc}$ |
| | 1298 ... 1895 | (C.13) | Al | Al | Al | – |
| | 1896 | (C.29) | – | Al | – | – |

Temperaturverlauf in den Knoten, der dem Verarbeitungsvorgang (4.9) für diesen Anwendungsfall entspricht.

Den Annahmen aus Abschnitt 5.1.2.2 folgend, ist die Temperatur in der Siegelzone unmittelbar nach dem Ende der Siegelzeit maßgebend für die Qualität der Siegelung. In diesem Anwendungsbeispiel bilden die Knoten 296 und 297 die Siegelzone. Als Qualitätskennwert $\kappa$ kann einer der beiden Knoten gewählt werden, wobei Knoten 296 näher an der Wärmequelle liegt und Knoten 297 weiter von ihr entfernt ist. Für $t^{\mathrm{I}} = 0$ und $t^{\mathrm{II}} = t_{\mathrm{s}}$ sei hier das Worst-Case-Szenario mit $\kappa^{\mathrm{II}} = T_{297}^{t=t_{\mathrm{s}}}$ festgelegt. Entsprechend der oben benannten Qualitätsanforderungen können dann die Qualitätskriterien $\kappa^{\mathrm{IIL}} \leq \kappa^{\mathrm{II}} \leq \kappa^{\mathrm{IIU}}$ für eine qualitätsgerechte Siegelung mit

$$T_{\mathrm{m}} \leq T_{297}^{t=t_{\mathrm{s}}} \leq T_{\mathrm{ht}} \tag{5.18}$$

angeben werden.

### Temperaturprofil und Temperaturverlauf

Die *Temperaturprofile* in Abb. 5.21 verdeutlichen den Einfluss der Materialeigenschaften und der Kontaktbedingungen auf die Wärmeleitung. Der größte Wärmewiderstand beim Siegeln von Alu-PVC-Blistern bildet demnach der Kontakt zwischen beheiztem Siegelwerkzeug und Decklack der Deckfolie am Knotenpaar 200/201. Die Deckfolie selbst stellt keinen relevanten Wärmewiderstand dar, siehe Knoten 201 bis 296. Zum Einen sind die isolierenden Kunststoffschichten des Decklacks und des Siegellacks sehr dünn. Zum Anderen hat die Aluminiumfolie selbst sehr gute Wärmeleiteigenschaften. Die isolierende Formfolie zwischen den Knoten 297 und 1296 begünstigt die Siegeltemperatur in der Kontaktzone, da sie den Wärmefluss in Richtung des gekühlten Werkzeugs effektiv verhindert.

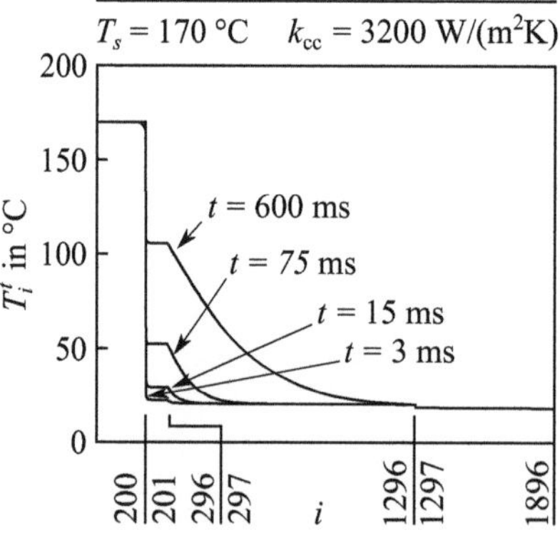


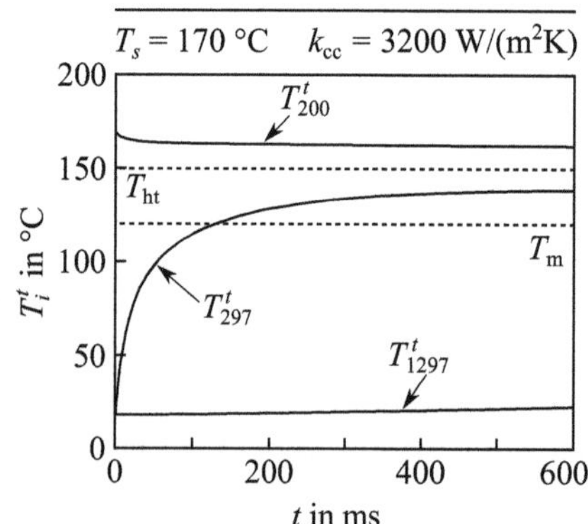


**Abb. 5.21:** Temperaturprofil in der Wirkpaarung entlang der Knoten $i = 1 \ldots 1896$ zu verschiedenen Zeitpunkten $t$.

**Abb. 5.22:** Temperaturverlauf an den Kontaktknoten der Siegelwerkzeuge sowie zwischen Deckfolie und Formfolie.

Abb. 5.22 zeigt die *Temperaturverläufe an den Kontaktstellen*. Bei gegebener Siegeltemperatur $T_s$ und gegebenem Wärmeübergangskoeffizient $k_{cc}$ strebt die Temperatur in der Siegelzone für $t > 600$ ms einem Grenzwert entgegen. Gleichzeitig ist zu erkennen, dass sich das beheizte Siegelwerkzeug in der Nähe der Kontaktoberfläche leicht abkühlt, während die Oberflächentemperatur des gekühlten Werkzeugs leicht ansteigt. Es ist daher davon auszugehen, dass die Oberflächentemperaturen der Werkzeuge im Dauerbetrieb von der Anfangstemperatur abweichen werden[271].

Aus beiden Diagrammen wird deutlich, dass der Wärmeübergangskoeffizient $k_{cc}$ der maßgebende Parameter für das Wärmekontaktsiegeln von Al-PVC-Blistern ist. Abb 5.23 zeigt deshalb die Auswirkung des Wärmeübergangskoeffizienten auf den Temperaturverlauf in der Siegelzone. Für kleinere $k_{cc}$ steigt die Siegelzeit, die zum Erreichen des unteren Qualitätskriteriums $T_{297} = T_m$ erforderlich ist. Ebenso verschiebt sich der Gleichgewichtszustand, bei dem die Temperatur in der Siegelzone nicht weiter ansteigt, zu längeren Siegelzeiten. Örtlich unterschiedliche Wärmeübergangskoeffizienten lassen sich demnach nur durch längere Siegelzeiten abfangen.

Abb. 5.24 zeigt die *Robustheits-Charakteristik* für den Anwendungsfall und bestätigt diese Aussage. So liegen die Schnittpunkte der Temperaturkurven mit den Qualitätskriterien enger beieinander, je kürzer die Siegelzeit ist. Zwar können kurze Siegelzeiten durch höhere Siegeltemperaturen kompensiert werden, allerdings muss dafür eine geringere Robustheit des Siegelvorgangs in Kauf genommen werden.

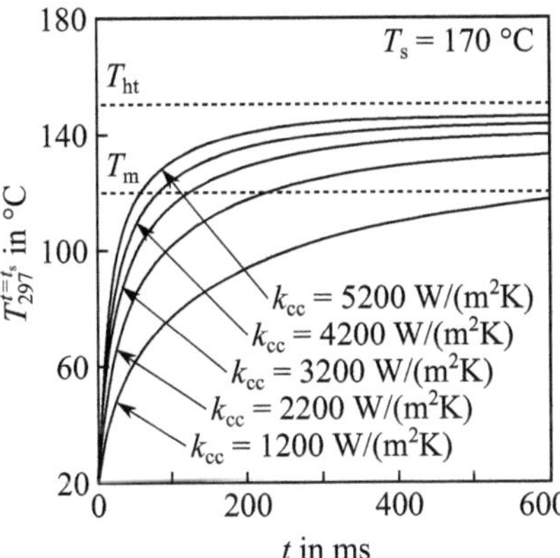


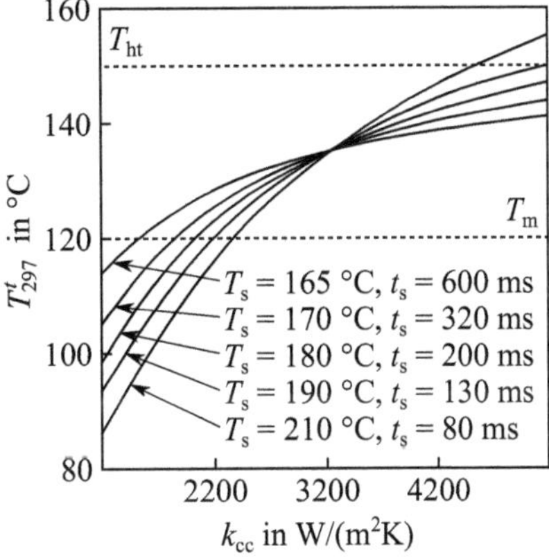


**Abb. 5.23:** Temperaturverlauf in der Siegelzone und Einfluss des Wärmeübergangskoeffizient $k_{cc}$.

**Abb. 5.24:** Robustheits-Charakteristik des Siegelvorgangs bei unterschiedlichen Siegeltemperaturen- und zeiten.

---

[271] Insofern ist es für die Praxis durchaus sinnvoll, die Abweichung der Oberflächentemperatur von der Solltemperatur als Einflussgröße $u$ für eine Robustheitsuntersuchung zusätzlich heranzuziehen, zumal Regelabweichungen der Temperaturregelung hinzukommen. Vgl. hierzu Abb. 5.11.

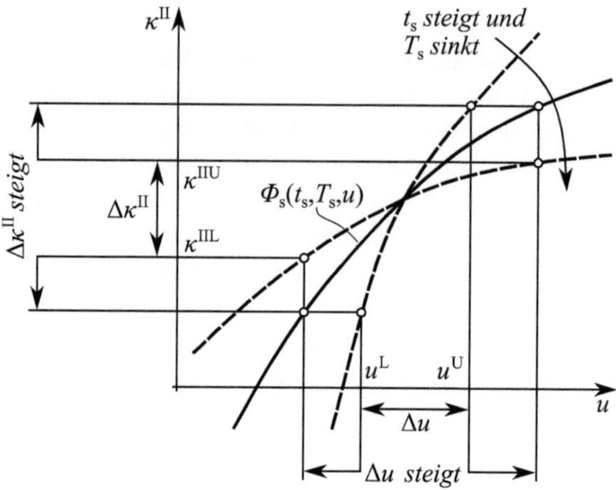


**Abb. 5.25** Robustheits-Charakteristik des Wärmekontaktsiegelns für den einfachsten, vollständigen Zielvektor (5.16). Beispiele für Qualitätskennwerte $\kappa^{II}$ siehe Tab. 5.3 und für Einflussgrößen $u$ siehe Tab. 5.5.

### 5.2.2.3 Zielkonflikt und Robustheits-Charakteristik des Wärmekontaktsiegelns

Abb. 5.19 und 5.24 zeigen dasselbe Muster, das mit der Robustheits-Charakteristik in Abb. 4.27 theoretisch postuliert wurde. Die *Robustheits-Charakteristik des Wärmekontaktsiegelns* ist damit durch Abb. 5.25 gegeben. Die statische Kennlinie

$$\kappa^{II} = \Phi_s(t_s, T_s, u) \tag{5.19}$$

für $\kappa^{II} \in \mathscr{K} \subseteq \mathbb{R}$ und $u \in \mathscr{U} \subseteq \mathbb{R}$ gemäß Definition 5.1 sei hierbei in Anlehnung an Wool [221] als *Siegelfunktion* bezeichnet.

Der Zielkonflikt zwischen Verarbeitungsqualität, Arbeitsgeschwindigkeit, Robustheit und technischem Aufwand [272] gilt damit auch für das Wärmekontaktsiegeln und der *Zielkonflikt des Wärmekontaktsiegelns* lautet: Die Verkürzung der Siegelzeit $t_s$, die Verkleinerung des zulässigen Toleranzbereiches $\Delta\kappa^{II}$, die Vergrößerung des zulässigen Bereiches $\Delta u$ und die Reduzierung der Siegeltemperatur $T_s$ ist nicht gleichzeitig möglich.

## 5.2.3 Optimierung

Im Rahmen des letzten Arbeitsschrittes müssen die Randbedingungen des Optimierungsproblems festgelegt, das Optimierungsproblem formuliert und ein passendes Lösungsverfahren ausgewählt werden. Die eingesetzten Methoden hängen dabei stark von den Eigenschaften des Kennfeldes des Verarbeitungsvorgangs ab, in diesem Fall die Siegelfunktion (5.19). Im Folgenden werden deshalb zunächst die Annahmen und Vereinfachungen ausführlich beschrieben, die zum Problem der optimalen

---

[272] Der Zielkonflikt der Verarbeitungstechnik ist ausführlich in Abschnitt 4.3.3 beschrieben.

Siegeleinstellungen führen. Anschließend wird ein experimentelles Verfahren zur Lösung dieses Optimierungsproblems vorgestellt und am bereits bekannten Anwendungsfalls der Quersiegelnaht einer Schlauchbeutelverpackung angewendet.

### 5.2.3.1  Das Problem der optimalen Siegeleinstellungen[273]

**Das Siegelfenster als Lösungsraum des Optimierungsproblems**

Die Arbeiten von Ezekoye [72] und Suenaga [197] zeigen mit den Abb. 5.7a und 5.7b das Siegelfenster als zweckmäßige Darstellung aller qualitätsgerechten Einstellungen einer Siegelstation. Gesucht ist demnach ein solches Siegelfenster.

Es gelte die in Abschnitt 5.1.2.3 erläuterten Annahme, dass der Siegeldruck $p_s$ ein unveränderlicher Parameter sei. Dann sind die Einstellvariablen für das Wärmekontaktsiegeln mit $\mathbf{x} = [t_s, T_s]^\top$ gegeben. Des Weiteren seien die Einstellvariablen technisch bedingt auf die *zulässigen Einstellungen* einer Siegelstation

$$\mathscr{F} = \{[t_s, T_s]^\top \mid t_s^{\min} \leq t_s \leq t_s^{\max}, T_s^{\min} \leq T_s \leq T_s^{\max}\} \qquad (5.20)$$

beschränkt. Unter Hinzunahme der Qualitätsanforderungen $\kappa^{II} \in [\kappa^{IIL}, \kappa^{IIU}]$ und der Siegelfunktion (5.19) folgen dann die *geeigneten Einstellungen* mit

$$\mathscr{X} = \{[t_s, T_s]^\top \in \mathscr{F} \mid \kappa^{IIL} \leq \Phi_s(t_s, T_s, u) \leq \kappa^{IIU} \text{ für alle } u \in \mathscr{U}\} \qquad (5.21)$$

die den *Lösungsraum* $\mathscr{X}$ des gesuchten Einstellungsproblems bilden. Herbei handelt es sich um die Ungleichungsrestriktionen entsprechend Gleichungen (4.127d) und (4.127g) des Problems der optimalen Maschineneinstellungen (4.127). Abb. 5.26 zeigt diesen Zusammenhang schematisch. Das Siegelfenster ist damit der Lösungsraum $\mathscr{X}$ eines Optimierungsproblems, das hier *Problem der optimalen Siegeleinstellungen* genannt sei.

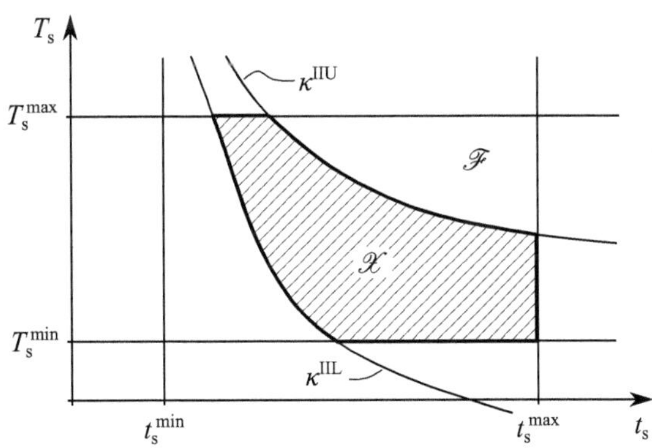


**Abb. 5.26** Das Siegelfenster als Lösungsraum eines Optimierungsproblems.

---

[273] Der hier vorgestellte Algorithmus wurde vom Autor bereits in [81] gezeigt.

**Vereinfachungen**

Die Qualitätsanforderungen und die erforderliche Robustheit sind durch die Verarbeitungsaufgabe des Produktionsauftrags festgelegt[274] und gehen als Restriktionen (4.127d) und (4.127e) in das Problem der optimalen Maschineneinstellungen (4.127) ein. Damit vereinfacht sich der Zielvektor (5.16) zu $\mathbf{y} = [t_\mathrm{s}, T_\mathrm{s}]^\top$ und es gilt daher

$$\mathscr{Y} = \mathscr{X} \subseteq \mathscr{F}. \tag{5.22}$$

D. h., der Zielraum $\mathscr{Y}$ und der Lösungsraum $\mathscr{X}$ des gesuchten Optimierungsproblems sind identisch.[275]

Die vorgestellten Anwendungsfälle legen die Schlussfolgerung nahe, dass die Siegelfunktion (5.19) monoton und stetig differenzierbar ist, d. h. $\mathrm{d}\Phi/\mathrm{d}u \geq 0$ oder $\mathrm{d}\Phi/\mathrm{d}u \leq 0$. Damit existiert eine stetig differenzierbare Umkehrfunktion

$$u = \Phi_s^{-1}(t_\mathrm{s}, T_\mathrm{s}, \kappa^\mathrm{II}) \tag{5.23}$$

der Siegelfunktion. Dieser Schluss ist belastbar, da die zugrundeliegende Diffusionsgleichung und Wärmeleitungsgleichung parabolische, partielle Differentialgleichungen zweiter Ordnung sind. Für diese Gleichungen gilt das *starke Maximumprinzip* [26], wonach das Maximum der Lösung, hier die Siegelfunktion $\Phi$, auf dem Rand des Definitionsbereichs, hier die zulässigen Einstellungen $\mathscr{F}$, liegt. Damit können paarweise Kombinationen aus je einem Qualitätskriterium und einem Grenzwert der Einflussgröße angegeben werden:

$$\mathbf{c} = \begin{bmatrix} \kappa^\mathrm{IIU} & u^\mathrm{U} \\ \kappa^\mathrm{IIL} & u^\mathrm{L} \end{bmatrix}, \text{ falls } \frac{\mathrm{d}\Phi}{\mathrm{d}u} \geq 0, \tag{5.24}$$

bzw.

$$\mathbf{c} = \begin{bmatrix} \kappa^\mathrm{IIU} & u^\mathrm{L} \\ \kappa^\mathrm{IIL} & u^\mathrm{U} \end{bmatrix}, \text{ falls } \frac{\mathrm{d}\Phi}{\mathrm{d}u} < 0, \tag{5.25}$$

je nachdem, ob die Siegelfunktion monoton steigend oder fallend ist. Die Matrix $\mathbf{c}$ sei mit *kritische Anforderungen* bezeichnet.


**Das Optimierungsproblem**

Aus Gleichungen (5.22) und (5.23 ) folgt, dass bei Kenntnis der Ränder des Lösungsraums der gesamte Lösungsraum bekannt ist und dass die Ränder des Lösungsraums gleichzeitig Ränder des Zielraums sind. Die Ränder sind abschnittsweise explizit durch die zulässigen Einstellungen $\mathscr{F}$ vorgeben und implizit durch die kritischen Anforderungen $\mathbf{c}$ bestimmt. Die *impliziten Ränder* sind wegen der Monotonie der

---

[274] Die ausführliche Argumentation ist in Abschnitt 4.4.3.2 dargestellt.

[275] Probleme dieser Art werden bei ESTER [71] als *Multi Attribute Decision Making Problems* (MADM) bezeichnet.

Siegelfunktion außerdem Randoptima des Zielraums, also Pareto-Mengen eines bikriteriellen Optimierungsproblems

$$\min_{t_\mathrm{s},\,T_\mathrm{s}} \begin{bmatrix} t_\mathrm{s} \\ T_\mathrm{s} \end{bmatrix}, \tag{5.26}$$

siehe Abb. 5.27. Hierbei gilt folgende Definition für die Optimalität der Lösungen:

**Definition 5.2** $\mathbf{y}^* = \mathbf{x}^* = [t_\mathrm{s}^*, T_\mathrm{s}^*]^\top$ mit $\mathbf{x}^* \in \mathscr{X}$ ist eine *effiziente oder Pareto-optimale Einstellung*, falls es keine Einstellung $\mathbf{x} = [t_\mathrm{s}, T_\mathrm{s}]^\top \in \mathscr{X}$ gibt, für die gilt

$$t_\mathrm{s} \le t_\mathrm{s}^* \text{ und } T_\mathrm{s} \le T_\mathrm{s}^* \text{ sowie} \tag{5.27}$$

$$t_\mathrm{s} < t_\mathrm{s}^* \text{ oder } T_\mathrm{s} < T_\mathrm{s}^*, \tag{5.28}$$

und eine *schwach effiziente oder schwach Pareto-optimale Einstellung*, falls es keine Einstellung $\mathbf{x} \in \mathscr{X}$ gibt, für die gilt

$$t_\mathrm{s} < t_\mathrm{s}^* \text{ und } T_\mathrm{s} < T_\mathrm{s}^*. \tag{5.29}$$

Die Lösungsmenge $\mathscr{X}^*$ des gesuchten Optimierungsproblems, die alle schwach Pareto-optimalen Einstellungen enthält, entspricht damit den Rändern des Siegelfensters, die sich aus den Qualitäts- und Robustheitsanforderungen ergeben.

Auf Grund der Monotonie der Zielfunktion gibt es zu jedem $\mathbf{x}^* = [t_\mathrm{s}^*, T_\mathrm{s}^*]^\top$ ein $\mathbf{x} = [t_\mathrm{s}, T_\mathrm{s}]^\top$, für das $t_\mathrm{s} \ge t_\mathrm{s}^*$ und $T_\mathrm{s} \ge T_\mathrm{s}^*$ gilt. Daraus folgt, dass sowohl für den unteren als auch den oberen Rand des Siegelfensters passende Minimierungsprobleme existieren. Das gesuchte Optimierungsproblem lässt sich damit für beide Ränder gemeinsam aufstellen. Hierfür sei ein *allgemeines Qualitätskriterium* $\kappa^\mathrm{IIC}$ eingeführt, das je nach gesuchtem Rand des Zielraums die Werte $\kappa^\mathrm{IIC} = \kappa^\mathrm{IIL}$ oder $\kappa^\mathrm{IIC} = \kappa^\mathrm{IIU}$ annimmt. Außerdem bezeichne $u^\mathrm{C}$ den *allgemeinen Grenzwert* der Einflussgröße $u$, der je nach betrachtetem Qualitätskriterium gemäß den kritischen Anforderungen $\mathbf{c}$ die Werte $u^\mathrm{C} = u^\mathrm{L}$ oder $u^\mathrm{C} = u^\mathrm{U}$ annimmt. Damit ist das Optimierungsproblem wie folgt definiert:

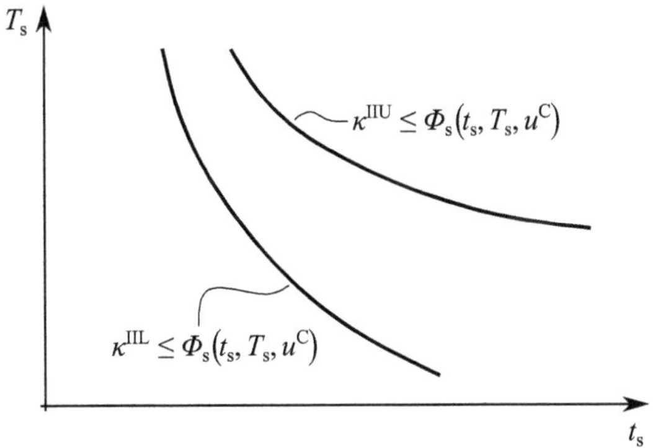


**Abb. 5.27** Implizite Ränder des Siegelfensters und die zugehörige Restriktion entsprechend der kritischen Anforderungen.

**Definition 5.3** Das *Problem der optimalen Siegeleinstellungen* sei durch

$$\min_{t_s, T_s} \begin{bmatrix} t_s \\ T_s \end{bmatrix} \tag{5.30a}$$

$$\text{s.t.} \quad \Phi_s(t_s, T_s, u^C) \geq \kappa^{IIC}, \tag{5.30b}$$

$$t_s^{min} \leq t_s \leq t_s^{max}, \tag{5.30c}$$

$$T_s^{min} \leq T_s \leq T_s^{max} \tag{5.30d}$$

gegeben, dessen Lösung für $\kappa^{IIC} = \kappa^{IIL}$ die Untergrenze und für $\kappa^{IIC} = \kappa^{IIU}$ die Obergrenze des Siegelfensters liefert, siehe Abb. 5.27.

### 5.2.3.2 Versuchsplan auf Basis der Normal-boundary-intersection Methode

**Experimentelle Bestimmung des Siegelfensters**

Die Siegelfunktion (5.19) liegt je nach Anwendungsfall als Lösung einer Differentialgleichung, als Regressionsmodell oder lediglich an einzelnen Stellen in Form spezifischer Versuchsreihen vor[276]. Erster Fall trifft bei bekannter Wärmeleitungsgleichung
oder Diffusionsgleichung zu. Das Optimierungsproblem (5.30) kann dann direkt auf
die Lösung der Differentialgleichung angewendet werden[277]. Zweiter Fall ist das
Ergebnis eines statistischen Versuchsplans[278]. Die Zielfunktion des Optimierungsproblem ist dabei die Regressionsgleichung. Letzter Fall ist in der Literatur bislang
noch nicht behandelt und setzt voraus, dass die Siegelfunktion experimentell während der Lösung des Optimierungsproblems an den Punkten bestimmt wird, die das
Lösungsverfahren vorsieht. Vorteil dieser direkten Lösung des Optimierungsproblems ist, dass sie kein mathematisches Systemmodell des Siegelvorgangs benötigt
und keine Residuen infolge einer statistischen Modellbildung aufweist. Dieser Ansatz bietet daher Potential für die praktische Anwendung bei Einstellungsproblemen
an Verpackungsmaschinen und soll hier exemplarisch weiter verfolgt werden.

**Auswahl des Lösungsverfahrens**

Grundsätzlich sind zur Lösung eines Optimierungsproblems solche Lösungsverfahren zu wählen, die für das jeweilige Problem passend sind, d. h. die Pareto-Menge
sicher bestimmen können, vgl. Abschnitt 2.2.2.5. Im Falle der hier angestrebten experimentellen Lösung des Problems (5.30) werden zusätzliche Anforderungen gestellt:

1. Die Überwachung mehrerer Einstellvariablen und Zielgrößen stellt hohe Anforderungen an das Bedienpersonal, das den Versuch an einer Verpackungsmaschine

---

[276] Zu den drei Repräsentationsformen des statischen Kennfelds siehe Abb. 4.35 in Abschnitt 4.4.3.2.

[277] Siehe z. B. [72, 154].

[278] Siehe z. B. [13, 38, 107, 144, 159].

durchführt. Das Lösungsverfahren muss deshalb eine einmalig im Voraus festgelegte Anweisung bereitstellen, wie und in welcher Reihenfolge Siegeltemperatur und Siegelzeit einzustellen sind.

2. Während der Versuchsdurchführung steht die Maschine nicht für die Produktion zur Verfügung und verursacht teure Stillstandszeit. Das Lösungsverfahren muss deshalb so wenige Versuchspunkte wie möglich vorsehen und darf keine Iterationsschleifen erfordern, sodass die Versuchsdauer möglichst kurz ausfällt.

3. Um das Siegelfenster vollständig zu bestimmen, müssen die impliziten Ränder lückenlos bekannt sein. Das Lösungsverfahren muss deshalb nicht nur die Pareto-optimalen sondern auch die schwach Pareto-optimalen Lösungen des Optimierungsproblems ermitteln.

*Skalarisierungsverfahren* ersetzen ein multikriterielles Optimierungsproblem durch eine Abfolge einfacher Optimierungsprobleme mit einer Zielgröße[279]. Die Person, die den Versuchsplan durchführt, müsste damit nur eine skalare Einstellvariable nach einem spezifischen Algorithmus anpassen, anstele iterativ die beiden Einstellvariablen $t_s$ und $T_s$ zu variieren. Ein Lösungsverfahren, das die ersten beiden Anforderungen erfüllt, sollte deshalb ein Skalarisierungsverfahren sein.

Die *Normal-boudary-intersection Methode* (NBI) [35] ist ein Skalarisierungsverfahren, das eine gleichmäßig verteilte Menge von Punkten auf der Pareto-Front erzeugt und auch die schwach Pareto-optimalen Punkte einschließt. Nachdem alternative Skalarisierungsverfahren entweder keine schwach Pareto-optimale Punkte berücksichtigen oder eine aufwendige Parametersteuerung zur Erzeugung einer gleichmäßig verteilten Punktemenge erfordern [67], sei hier die NBI-Methode angewendet. Anhang D stellt das Verfahren detailliert vor.

**Formulierung des Versuchsplans**

Der folgende Algorithmus beschreibt einen Versuchsplan zur Ermittlung *eines* impliziten Randes des Siegelfensters. Er löst das Problem der optimalen Siegeleinstellungen (5.30) für das Qualitätskriterium $\kappa^{IIC} \in \{\kappa^{IIL}, \kappa^{IIU}\}$ und den Grenzwert $u^C \in \{u^L, u^U\}$ der Einflussgröße $u$ entsprechend der kritischen Anforderungen **c** nach Gleichungen (5.24) und (5.25). Es handelt sich um eine Anpassung der NBI-Methode auf zwei Zielgrößen, die gleichzeitig unabhängige Variablen und Zielgrößen des Optimierungsproblems sind. Das Verfahren wird außerdem um einen Algorithmus ergänzt, der im ersten Schritt die initialen Versuchspunkte bestimmt. Abb. 5.28 illustriert die einzelnen Schritte des Versuchsplans.

Dieser Versuchsplan wird für beide impliziten Grenzen des Siegelfensters durchgeführt. Beide Pareto-Fronten und die expliziten Ränder der zulässigen Einstellungen begrenzen das Siegelfenster.

---

[279] Lösungsverfahren dieser Klasse sind Spezialfälle oder Modifikationen des *Pascoletti-Serafini-Problems*, wie Abschnitt 2.2.2.5 erläutert.

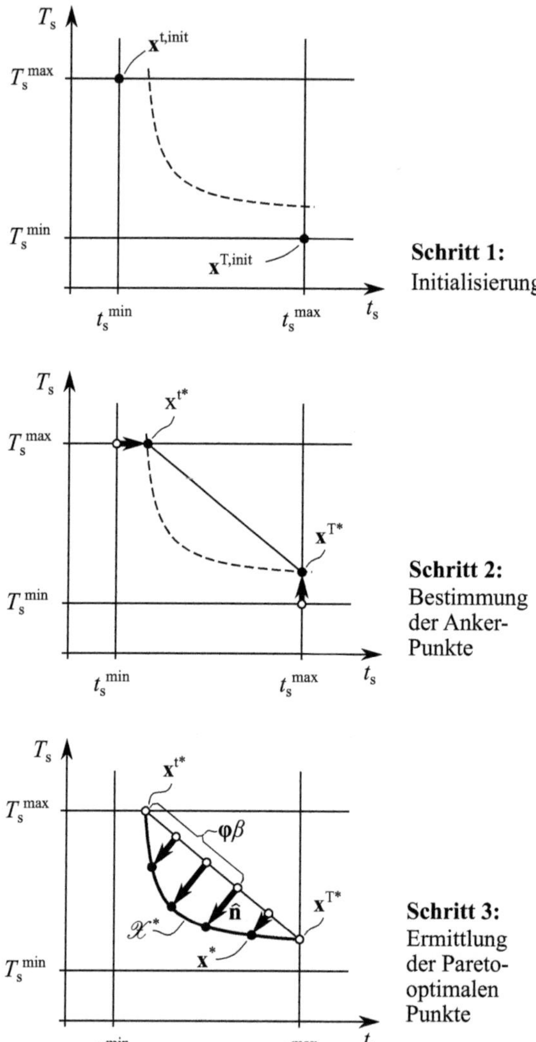



**Abb. 5.28:** Versuchsplan zur experimentellen Ermittlung eines impliziten Randes des Siegelfensters. Einzelne Schritte des Algorithmus.

**Versuchsplan auf Basis der NBI-Methode**

**Eingabe**  Lege die zulässigen Einstellungen $\mathbf{x} \in \mathscr{F}$ mit $t_\mathrm{s}^{\min} \leq t_\mathrm{s} \leq t_\mathrm{s}^{\max}$ und $T_\mathrm{s}^{\min} \leq T_\mathrm{s} \leq T_\mathrm{s}^{\max}$ fest. Definiere das Qualitäts- und Robustheitskriterium für den zu ermittelnden impliziten Rand des Siegelfensters:

**Falls** die Untergrenze des Siegelfensters gesucht ist, setze $\kappa^{\mathrm{IIC}} = \kappa^{\mathrm{IIL}}$ und $u^\mathrm{C}$ entsprechend den kritischen Anforderungen $\mathbf{c}$.

**Andernfalls** setze $\kappa^{\mathrm{IIC}} = \kappa^{\mathrm{IIU}}$ und $u^\mathrm{C}$ entsprechend.

**Schritt 1**  Führe die beiden initalen Versuchspunkte aus, um die initale Optimierungsrichtung zu bestimmen:

**Für** $j = \mathrm{t}, \mathrm{T}$ führe $\kappa^{\mathrm{II}j,\mathrm{init}} = \Phi_\mathrm{s}(\mathbf{x}^{j,\mathrm{init}}, u^\mathrm{C})$ aus, wobei $\mathbf{x}^{\mathrm{t,init}} = [t_\mathrm{s}^{\min}, T_\mathrm{s}^{\max}]^\top$ und $\mathbf{x}^{\mathrm{T,init}} = [t_\mathrm{s}^{\max}, T_\mathrm{s}^{\min}]^\top$.

**Schritt 2**  Bestimme die Ankerpunkte $\mathbf{x}^{j*} = [t_\mathrm{s}^{j*}, T_\mathrm{s}^{j*}]^\top$, die das einzelne Optimum von $t_\mathrm{s}$ and $T_\mathrm{s}$ repräsentieren:

**Falls** $\kappa^{\mathrm{II}j,\mathrm{init}} = \kappa^{\mathrm{IIC}}$ setze $\mathbf{x}^{\mathrm{t}*}$ wie folgt:

**Falls** $j = \mathrm{t}$ setze $\mathbf{x}^{\mathrm{t}*} = \mathbf{x}^{\mathrm{t,init}}$.

**Falls** $j = \mathrm{T}$ setze $\mathbf{x}^{\mathrm{T}*} = \mathbf{x}^{\mathrm{T,init}}$.

**Falls** $\kappa^{\mathrm{II}j,\mathrm{init}} < \kappa^{\mathrm{IIC}}$ setze $\mathbf{x}^{j*} = [t_\mathrm{s}^{j*}, T_\mathrm{s}^{j*}]^\top$ wie folgt:

**Falls** $j = \mathrm{t}$ setze $\mathbf{x}^{\mathrm{t}*} = [t_\mathrm{s}^{\mathrm{t}*}, T_\mathrm{s}^{\max}]^\top$ mit

$$t_\mathrm{s}^{\mathrm{t}*} = \max_{t_\mathrm{s}} \ t_\mathrm{s} \tag{5.31a}$$

$$\text{s.t.} \quad \Phi_\mathrm{s}(t_\mathrm{s}, T_\mathrm{s}^{\max}, u^\mathrm{C}) \leq \kappa^{\mathrm{IIC}}, \tag{5.31b}$$

$$t_\mathrm{s}^{\min} \leq t_\mathrm{s} \leq t_\mathrm{s}^{\max}. \tag{5.31c}$$

**Falls** $j = \mathrm{T}$ setze $\mathbf{x}^{\mathrm{T}*} = [t_\mathrm{s}^{\max}, T_\mathrm{s}^{\mathrm{T}*}]^\top$ mit

$$T_\mathrm{s}^{\mathrm{T}*} = \max_{T_\mathrm{s}} \ T_\mathrm{s} \tag{5.32a}$$

$$\text{s.t.} \quad \Phi_\mathrm{s}(t_\mathrm{s}^{\max}, T_\mathrm{s}, u^\mathrm{C}) \leq \kappa^{\mathrm{IIC}}, \tag{5.32b}$$

$$T_\mathrm{s}^{\min} \leq T_\mathrm{s} \leq T_\mathrm{s}^{\max}. \tag{5.32c}$$

**Andernfalls** $\kappa^{\mathrm{II}j,\mathrm{init}} > \kappa^{\mathrm{IIC}}$ setze $\mathbf{x}^{j*} = [t_s^{j*}, T_s^{j*}]^\top$ wie folgt:

**Falls** $j = \mathrm{t}$ setze $\mathbf{x}^{\mathrm{t}*} = [t_s^{\min}, T_s^{\mathrm{t}*}]^\top$ mit

$$T_s^{\mathrm{t}*} = \min_{T_s} \quad T_s \tag{5.33a}$$

$$\text{s.t.} \quad \Phi_s(t_s^{\min}, T_s, u^{\mathrm{C}}) \geq \kappa^{\mathrm{IIC}}, \tag{5.33b}$$

$$T_s^{\min} \leq T_s \leq T_s^{\max} . \tag{5.33c}$$

**Falls** $j = \mathrm{T}$ setze $\mathbf{x}^{\mathrm{T}*} = [t_s^{\mathrm{T}*}, T_s^{\min}]^\top$ mit

$$t_s^{\mathrm{T}*} = \min_{t_s} \quad t_s \tag{5.34a}$$

$$\text{s.t.} \quad \Phi_s(t_s, T_s^{\min}, u^{\mathrm{C}}) \geq \kappa^{\mathrm{IIC}}, \tag{5.34b}$$

$$t_s^{\min} \leq t_s \leq t_s^{\max} . \tag{5.34c}$$

**Schritt 3**    Definiere den Vektor $\boldsymbol{\varphi} = [t_s^{\mathrm{T}*} - t_s^{\mathrm{t}*}, T_s^{\mathrm{T}*} - T_s^{\mathrm{t}*}]^\top$, der die sog. *utopia line* repräsentiert und von $\mathbf{x}^{\mathrm{t}*}$ auf $\mathbf{x}^{\mathrm{T}*}$ zeigt, den Normalenvektor $\hat{\mathbf{n}} = [T_s^{\mathrm{T}*} - T_s^{\mathrm{t}*}, t_s^{\mathrm{t}*} - t_s^{\mathrm{T}*}]^\top$ orthogonal zu $\boldsymbol{\varphi}$, die Anzahl $h$ von Testreihen und den Faktor $\beta = 0, \delta, 2\delta, ..., h\delta, 1$ mit $\delta = 1/(1 + h)$. Ermittle die schwach Pareto-optimalen Punkte $\mathbf{x}^* = [t_s^*, T_s^*]^\top$ durch:

**Für** $\beta = 0, \delta, 2\delta, ..., h\delta, 1$ führe Versuchsreihen nach dem folgenden Optimierungsproblem durch:

$$\max_{t_s, T_s, r} \quad r \tag{5.35a}$$

$$\text{s.t.} \quad \mathbf{x}^{\mathrm{t}*} + \boldsymbol{\varphi}\beta + r\hat{\mathbf{n}} = [t_s, T_s]^\top, \tag{5.35b}$$

$$\Phi_s(t_s, T_s, u^{\mathrm{C}}) \geq \kappa^{\mathrm{IIC}}, \tag{5.35c}$$

$$t_s^{\min} \leq t_s \leq t_s^{\max}, \tag{5.35d}$$

$$T_s^{\min} \leq T_s \leq T_s^{\max}, \tag{5.35e}$$

wobei $\mathbf{x}^{\mathrm{t}*} + \boldsymbol{\varphi}\beta$ der Startpunkt jeder Versuchsreihe und $\hat{\mathbf{n}}$ der Einheitsvektor in Richtung der Versuchsabfolge jeder Reihe ist.

**Ausgabe**    Jede Lösung $\mathbf{x}^* = [t_s^*, T_s^*]^\top$ des Optimierungsproblems (5.35) ist ein Element der Pareto-Front $\mathscr{X}^*$ des Problems der optimalen Siegeleinstellungen (5.30) und damit ein Element des zugehörigen impliziten Randes des Siegelfensters.

**Anwendung auf das Beispiel der Quernaht eines Schlauchbeutels**

Der beschriebene Versuchsplan wird nachfolgend am bekannten Beispiel der Quernaht eines Schlauchbeutels exemplarisch angewendet. Die Versuche werden hierbei unter denselben Randbedingungen wie bereits in Abschnitt 5.2.2.1 ausgeführt. An dieser Stelle seien lediglich die resultierenden Siegelfenster gezeigt und nur für den unteren Rand des Siegelfensters der Peel-Naht sei der Versuchsplan erläutert. Alle weiteren Versuchspunkte, ebenso wie die Messwerte, sind in Anhang F zu finden.

**Eingabe:** Die thermischen Eigenschaften der Verpackungsfolie schränken den zulässigen Bereich der Siegeltemperatur auf $80\,°C \leq T_s \leq 132\,°C$ ein. Die minimal mögliche Siegelzeit des Laborsiegelgerätes beträgt $t_s = 0{,}2\,s$ und unter Berücksichtigung üblicher Siegelzeiten von Verpackungsmaschinen [4] kann die maximale Siegelzeit auf $t_s = 0{,}8\,s$ festgelegt werden. Damit sind die zulässigen Einstellungen durch

$$\mathscr{F} = \{[t_s, T_s]^\top \mid 0{,}2\,s \leq t_s \leq 0{,}8\,s, 80\,°C \leq T_s \leq 132\,°C\} \qquad (5.36)$$

gegeben. Des Weiteren seien in Anlehnung an Abschnitt 5.2.2.1 zwei unterschiedliche Anforderungen betrachtet: Peel-Naht und Festnaht. Tab. 5.10 gibt die Qualitätskriterien und die zugehörige Anzahl der Folienlagen an, die zusammen die kritischen Anforderungen definieren. Gesucht sind demnach drei Ränder, also drei Pareto-Fronten.

**Schritt 1:** Die initialen Versuchspunkte folgen aus Gleichung (5.36) mit $\mathbf{x}^{t,init} = [0{,}2\,s, 132\,°C]^\top$ und $\mathbf{x}^{T,init} = [0{,}8\,s, 80\,°C]^\top$. Für $u^C = 2$ und $u^C = 4$ ergibt sich gleichermaßen $F_s^{t,init} > F_{ss}^{tear}$ und $F_s^{T,init} < F_{ss}^{low}$. D. h. die Ankerpunkte sind entweder auf dem $t_s^{min}$-Rand oder auf dem $t_s^{max}$-Rand zu suchen.

**Schritt 2:** Zur Ermittlung des Ankerpunkts $\mathbf{x}^{t*}$ ist gemäß dem beschrieben Algorithmus das Optimierungsproblem (5.33) anzuwenden und für $\mathbf{x}^{T*}$ Problem (5.32). Abb. 5.29 zeigt die erforderlichen Testreihen und die resultierenden Ergebnisse der Nahtfestigkeit inkl. der Ankerpunkte. Wie zu erwarten, liegen die Ankerpunkte für die Peel-Naht im Bereich zwischen Siegelinitialisierungstemperatur $T_{si}$ und Plateauinitialisierungstemperatur $T_{pi}$, während sich die Ankerpunkte der Festnaht am Rand des Plateaus befinden.

**Schritt 3:** Die Versuchspläne werden mit $h = 5$ Testreihen pro Pareto-Front festgelegt. Die Anzahl der Versuchspunkte pro Testreihe ist durch die Inkremente der Siegelzeit und der Siegeltemperatur vorgegeben, siehe Tab. 5.7. Abb. 5.30a

**Tabelle 5.10:** Kritische Anforderungen für das Beispiel der Quernaht eines Schlauchbeutels.

| Anforderung | Qualitätskriterium $\kappa^{IIC}$ | Grenzwert der Einflussgröße $u^C$ |
|---|---|---|
| Peel-Naht | $F_{ss}^{low} = 5\,N/15\,mm$ | $n = 4$ Folienlagen |
| | $F_{ss}^{peel} = 25\,N/15\,mm$ | $n = 2$ Folienlagen |
| Festnaht | $F_{ss}^{tear} = 40\,N/40\,mm$ | $n = 4$ Folienlagen |

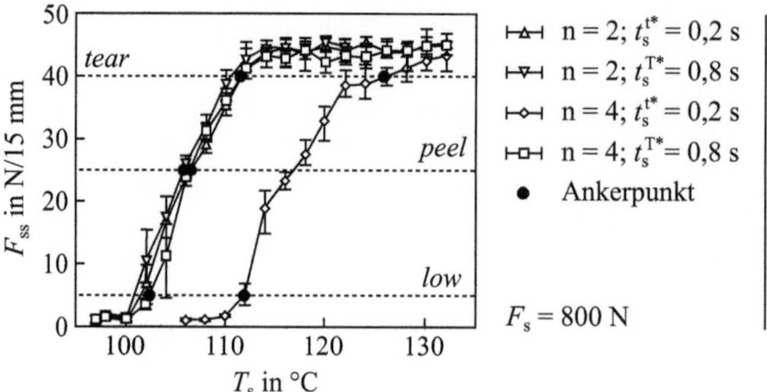

**Abb. 5.29:** Ergebnisse der Versuchsreihen zur Ermittlung der Ankerpunkte für das Beispiel der Quernaht eines Schlauchbeutels. Messdaten siehe Tab. F.2.

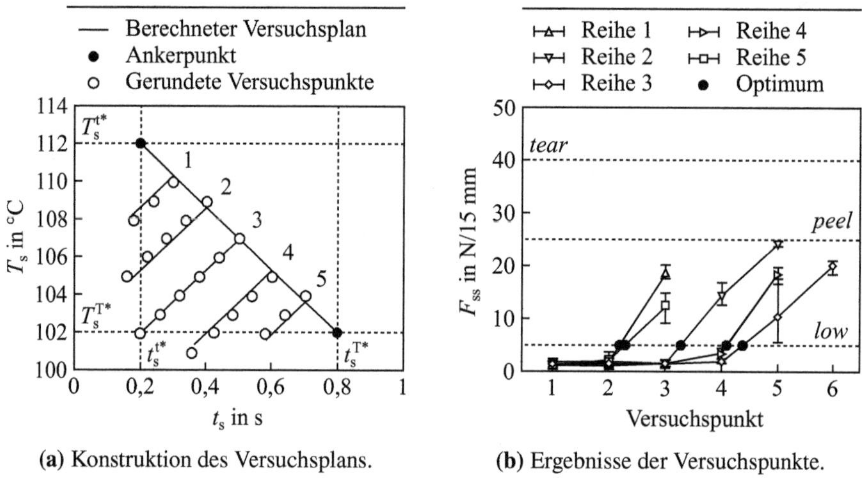

(a) Konstruktion des Versuchsplans.

(b) Ergebnisse der Versuchspunkte.

**Abb. 5.30:** Versuchsplan für den unteren Rand des Siegelfensters für eine Peel-Naht. Messdaten siehe Tab. F.4.

zeigt exemplarisch den Versuchsplan für den unteren Rand des Siegelfensters für die Peel-Naht. Es ist zu erkennen, dass die tatsächlichen Versuchspunkte auf Grund der Rundung auf den nächsten, diskreten Einstellwert vom berechneten Versuchsplan abweicht. Abb. 5.30b zeigt schließlich die Ergebnisse der einzelnen Testreihen des Versuchsplans. Zur Ermittlung der Pareto-optimalen Punkte werden die Messungen herangezogen, die dem Qualitätskriterium am nächsten liegen, und linear interpoliert. Der Schnittpunkt der Interpolationsgeraden und des Qualitätskriterium ergibt dann den Pareto-optimalen Punkt. Mit dieser Vorgehensweise kann eine Pareto-Front erzeugt werden, die genauer ist als das Inkrement der Einstellvariablen. Alle weiteren Versuchspunkte und Ergebnisse sind tabellarisch in Anhang F aufgeführt.

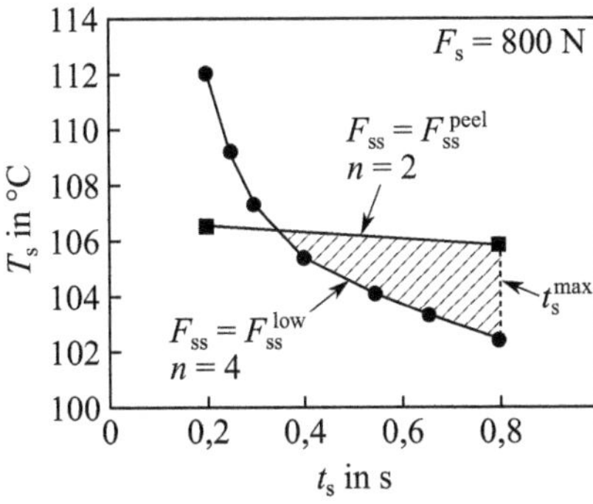
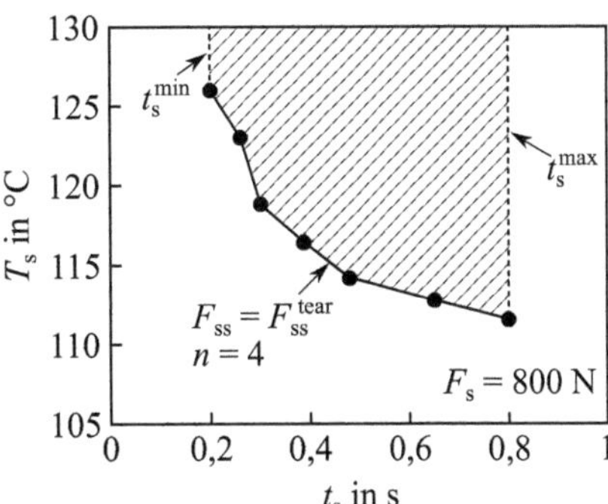

**Abb. 5.31:** Siegelfenster für eine Peel-Naht. Messdaten siehe Tab. F.4 und F.6.

**Abb. 5.32:** Siegelfenster für eine Festnaht. Messdaten siehe Tab. F.5 und F.6.

**Ausgabe:** Die Siegelfenster ergeben sich als Kombination der zusammengehörenden Pareto-Fronten. Das Siegelfenster der Peel-Naht ist in Abb. 5.31 und das Siegelfenster der Festnaht in Abb. 5.32 abgebildet. Ersteres hat zwei implizite Ränder, wobei der obere Rand fast unabhängig von der Siegeltemperatur ist. Es wird außerdem in Richtung zunehmender Siegelzeit von den zulässigen Einstellungen der Siegelzeit begrenzt. Letzteres wird nur durch einen unteren Rand begrenzt und ist theoretisch in Richtung steigender Siegeltemperaturen nur durch die zulässigen Einstellungen begrenzt. Es hat außerdem zu beiden Seiten eine Begrenzung durch die zulässige Siegelzeit. Tab. F.6 enthält die Pareto-optimalen Punkte der drei Pareto-Fronten.

## 5.3 Praxisbeispiele[280]

Die nachfolgenden Abschnitte zeigen drei Anwendungsbeispiele für die vorgestellte Methode zur Ermittlung des Siegelfensters. Es handelt sich um reale Fragestellungen, die im Rahmen des Betriebs und der Entwicklung von Verpackungsmaschinen aufgetreten sind. Jedes Praxisbeispiel wird in drei Abschnitten dargestellt:

- Kontext des Problems,
- Anwendung der Optimierungsmethode und
- Darstellung der Ergebnisse.

Nachdem die grundlegende Vorgehensweise für Probleme der optimalen Siegeleinstellungen bereits in den vorangegangenen Abschnitten ausführlich erläutert wurde, beschränken sich die folgenden Abschnitte auf eine knappe Vorstellung der Ergebnisse.

---

[280] Die hier vorgestellten Beispiele wurden vom Autor in [77, 80] vorgestellt.

### 5.3.1 Transportbeschädigung von Schlauchbeutelverpackungen

**Kontext des Problems**

Eine Molkerei stellt Getränkepulver für zwei unterschiedliche Kunden, A und B, her. Im letzten Produktionsschritt füllt eine vertikale Schlauchbeutelmaschine das Pulver zu jeweils 1 kg Packungen ab. Die Beutel weisen eine Flossennaht und eine Keilnaht auf, vgl. Abb. 5.12. Die Kunden bestellen zwei unterschiedliche Beutelformate, wobei der Umfang des Beutels für Kunde B ca. 5 cm kleiner als der des Beutels für Kunde A ist. Die Verpackungsfolien für A und B werden von unterschiedlichen Herstellern bezogen. Folie A ist ein Verbund aus einer 12 µm dicken Trägerschicht aus PET, einer 9 µm dicken Barriereschicht aus Aluminium (Al) und einer 70 µm dicken Siegelschicht aus PE, kurz PET12/AL9/PE70. Folie B hat eine lediglich 60 µm dicke Siegelschicht aus PE, kurz PET12/AL9/PE60, ansonsten ist der Aufbau identisch zu Folie A. Weitere Spezifikationen zu den Folien stehen nicht zur Verfügung.

Beide Kunden fordern schadensfreien Transport und reklamieren undichte Packungen bei der Molkerei. In diesem Zusammenhang stellt sich heraus, dass die Beutel für Kunde B deutlich häufiger aufplatzen als die Beutel des Kunden A. Die Qualitätssicherungsabteilung der Molkerei bestätigte mit Hilfe von Falltests nach DIN EN 22248 [49] die geringere Widerstandsfähigkeit des Beutels B. Im Rahmen der Tests wurde außerdem die Keilnaht als Schwachstelle des Beutels identifiziert, an der die Quernaht beider Beutel aufreißt. Alle bisherigen Versuche, das Problem durch Anpassung der Siegeleinstellungen zu lösen, scheiterten, sodass der Verpackungsingenieur der Molkerei schlechtere Siegeleigenschaften der Folie B als Grund für die geringere Widerstandsfähigkeit vermutet.

Diese Vermutung ist durch Labortests zu prüfen, indem das Siegelfenster für beide Folien bestimmt wird. Gesucht ist demnach der untere Rand des Siegelfensters für maximale Nahtfestigkeit $F_{ss}^{max}$ und eine Keilnaht mit $n = 4$, vgl. Abschnitt 5.2.2.1.

**Methoden und Material**

Die Herstellung der Siegelproben und die Ermittlung der Nahtfestigkeit wird analog zu Abschnitt 5.2.2.1 nach demselben Verfahren und mit denselben Laborgeräten durchgeführt. Ein Folienstapel aus vier Lagen der Verpackungsfolie stellt die Situation der Keilnaht nach, siehe Abb. 5.33. Zur Messung der Nahtfestigkeit werden die beiden versiegelten Folienlagen herangezogen, die im Laborsiegelgerät unten liegen.

Der Versuchsplan aus Abschnitt 5.2.3.2 wird mit folgenden Einstellungen ausgeführt: Die zulässigen Einstellungen sind auf $0{,}2\,\mathrm{s} \leq t_s \leq 1\,\mathrm{s}$ und $100\,°\mathrm{C} \leq T_s \leq 180\,°\mathrm{C}$ begrenzt. Diese Grenzen gibt die Schlauchbeutelmaschine der Molkerei bei der geforderten Arbeitsgeschwindigkeit von 28 bis 40 Beutel/min vor. Die kritischen Anforderungen lauten $\kappa^{\mathrm{IIL}} = F_{ss}^{max}$ und $u^{\mathrm{U}} = 4$. Der Siegeldruck an der Schlauchbeutelmaschine der Molkerei beträgt 1,6 MPa, was einer Siegelkraft von $F_s = 800\,\mathrm{N}$ des Laborsiegelgeräts bei der Probengeometrie nach Abb. 5.8 entspricht. Messdaten und Versuchspläne sind im Anhang in den Tab. F.7, F.8 und F.9 aufgeführt.

Querschnitt der Beutel

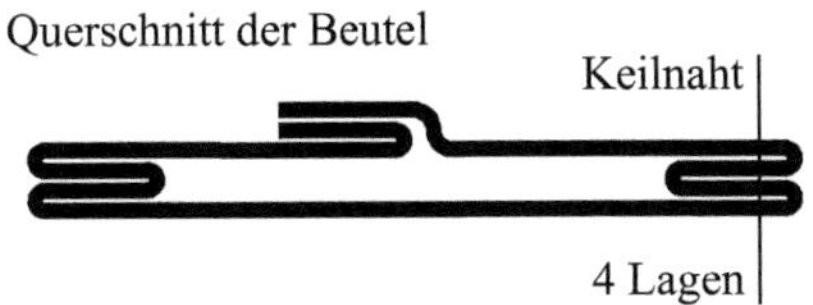


Folienstapel des Laborveruchs

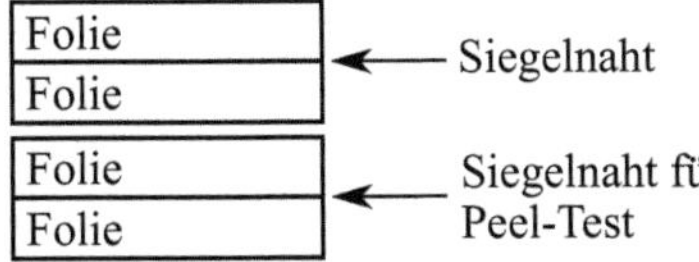


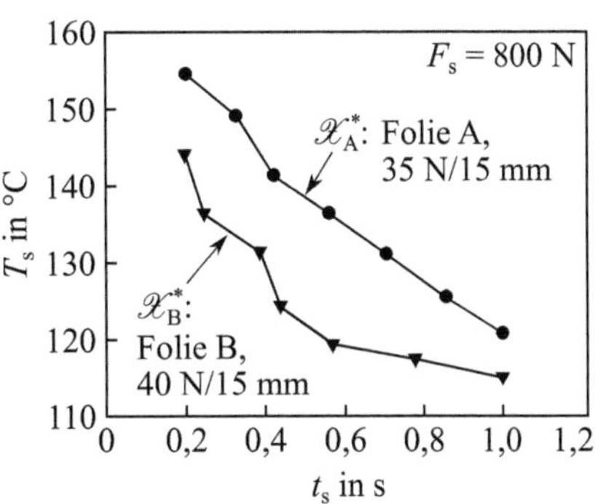


**Abb. 5.33:** Beutelform mit Keilnaht und resultierende Konfiguration der Folien im Laborversuch.

**Abb. 5.34:** Pareto-Fronten der beiden Verpackungsfolien für maximale Nahtfestigkeit. Messdaten siehe Tab. F.7, F.8 und F.9.

### Ergebnisse

Die Pareto-Fronten der beiden Folien widerlegen die Vermutung, dass Folie B schlechtere Siegeleigenschaften hat als Folie A. Unter den beschriebenen Laborbedingungen erreicht Folie B eine maximale Nahtfestigkeit von $F_{\mathrm{ss}}^{\max} = 40\,\mathrm{N}/15\,\mathrm{mm}$, Folie A hingegen lediglich $F_{\mathrm{ss}}^{\max} = 35\,\mathrm{N}/15\,\mathrm{mm}$. Abb. 5.34 zeigt außerdem, dass Folie B die maximale Nahtfestigkeit bei niedrigeren Siegeltemperaturen und kürzeren Siegelzeiten erreicht als Folie A. Formal lässt sich dieser Sachverhalt wie folgt ausdrücken:

Bezeichne $\mathscr{X}_{\mathrm{A}}^{*}$ die Menge Pareto-optimalen Einstellungen der Folie A und $\mathscr{X}_{\mathrm{B}}^{*}$ die Menge der Pareto-optimalen Einstellungen der Folie B. Dann gibt es für alle $\mathbf{x}_{\mathrm{B}}^{*} = [t_{\mathrm{sB}}^{*}, T_{\mathrm{sB}}^{*}]^{\top} \in \mathscr{X}_{\mathrm{B}}^{*}$ keinen Punkt $\mathbf{x}_{\mathrm{A}}^{*} = [t_{\mathrm{sA}}^{*}, T_{\mathrm{sA}}^{*}]^{\top} \in \mathscr{X}_{\mathrm{A}}^{*}$, für den gilt

$$t_{\mathrm{sA}}^{*} \leq t_{\mathrm{sB}}^{*} \text{ und } T_{\mathrm{sA}}^{*} \leq T_{\mathrm{sB}}^{*} \text{ sowie} \tag{5.37}$$

$$t_{\mathrm{sA}}^{*} < t_{\mathrm{sB}}^{*} \text{ oder } T_{\mathrm{sA}}^{*} < T_{\mathrm{sB}}^{*}, \tag{5.38}$$

vgl. Definition 5.2. Im Sinne von Definition 2.9 ist $\mathscr{X}_{\mathrm{B}}^{*}$ damit dominant über $\mathscr{X}_{\mathrm{A}}^{*}$. D. h., Folie B ist im gesamten, zulässigen Einstellbereich besser als Folie A.

Vorausgesetzt, dass die Beutel für Kunde A und B mit denselben Siegeleinstellungen hergestellt werden, kann die geringere Widerstandsfähigkeit nicht durch die Siegeleigenschaften begründet sein. Andernfalls müsste auch im Labortest $\mathscr{X}_{\mathrm{A}}^{*}$ über $\mathscr{X}_{\mathrm{B}}^{*}$ dominant sein. Die Ursache für die geringere Widerstandsfähigkeit der Beutel B sollte deshalb im Lastfall gesucht werden, der für beide Beutel gilt. Hier darf vermutet werden, dass der geringere Umfang des Beutels B bei gleicher Höhe und gleichem Füllgewicht zu einer stärkeren Belastung der Quernaht führt, die dann unter Transportbedingungen häufiger bricht.

## 5.3.2 Siegelfenster alternativer Packmittel für Siegelrandbeutel

### Kontext des Problems

Eine Druckerei ist spezialisiert auf kundenindividuelle Verpackungen und stellt Siegelrandbeutel mit Zip-Verschlüssen, wie in Abb. 5.35 gezeigt. Die Kunden des Unternehmen entwerfen das Druckmotiv ihres Beutels selbst, laden den Entwurf auf die Website des Unternehmens hoch und bestellen 50 bis 10.000 Beutel. Zunächst druckt das Unternehmen das Motiv auf eine Trägerfolie und laminiert diese Trägerfolie gegen eine Siegelschicht. Anschließend werden die Beutel auf einer speziellen Maschine hergestellt, die nach dem Arbeitsschema in Abb. 5.35 arbeitet. Die Kunden erwarten faltenfreie, dichte Beutel mit makellosem Druck.

Bisher bietet das Unternehmen eine Standard-Verbundfolie für die Beutel an. Hierbei handelt es sich um einen Verbund mit dem Aufbau PET12/LLDPE70. Der Zip-Verschluss besteht aus Polyethylen niedriger Dichte (LDPE). Um den veränderten Präferenzen der Kunden und strengeren Regularien gerecht zu werden, ersetzt das Unternehmen in Zukunft die Trägerschicht aus PET wahlweise durch einen MDOPE25/LLDPE70-Verbund (*Mono-Folie*) mit einer 25 µm dicke Trägerschicht aus in Laufrichtung orientiertem Polyethylen (MDOPE) oder einem Papier60/LLDPE70-Verbund (*Papier-Verbundfolie*) mit einer 60 µm dicken Trägerschicht aus gestrichenem Papier. Alle drei Folienverbunde sind in Abb. 5.36 skizziert.

Die ersten Tests mit den neuen Folienverbunden zeigen starke Falten in der Mono-Folie und Verfärbungen des Drucks auf der Papier-Verbundfolie. Das Ziel ist deshalb, die Siegelfenster für alle drei Folien zu ermitteln und gegenüber zu stellen.

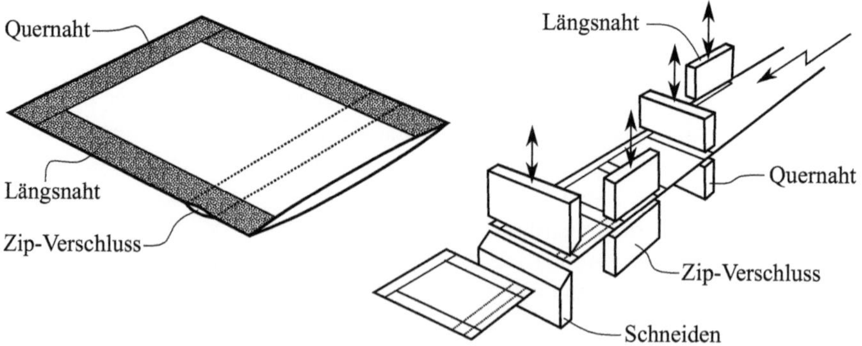


**Abb. 5.35:** Siegelrandbeutel und Arbeitsschema der Siegelrandbeutelmaschine.

**Methoden und Material**

Das Bedrucken, Laminieren und Herstellen der Beutel erfolgt unter realen Produktionsbedingungen in der Druckerei.

Ein Direkt-Digitaldrucker HP Indigo 20000 dient zum Bedrucken eines Testmotivs auf die Trägerschichten. Die Druckmaschine nutzt das sog. Flüssigelektrophotographie-Verfahren[281]. Das Verfahren basiert auf elektrostatischen Tinten, die durch einen thermischen Bindungseffekt bei 95 bis 110 °C auf das zu bedruckende Material aufgebracht werden [73]. Das Testmotiv enthält alle vier Grundfarben, Schwarz, Gelb, Blau und Magenta, sowie einen blauen, roten und grünen Farbverlauf, siehe Abb. 5.37. Im Fall des Standard-Verbunds und der Mono-Folie wird die innenliegende Seite der transparenten Trägerschicht bedruckt. Diese Seite wird im darauffolgenden Produktionsschritt gegen die Siegelschicht laminiert. Im Fall der Papier-Verbundfolie muss das Motiv auf die Außenseite der Trägerschicht gedruckt werden.

Zur Herstellung der Siegelrandbeutel kommt eine Karlville KS-DSUP-400-GSW Beutelmaschine zum Einsatz. Die Maschinen verfügt über eine Siegelstation für die Längsnaht, eine Siegelstation für den Zip-Verschluss und fünf identische Siegelstationen für die Quernaht. Letztere arbeiten synchron mit derselben Siegeltemperatur und Siegelzeit, wobei die minimal mögliche Siegelzeit 0,35 s beträgt. Die hergestellten Beutel haben das Format 14 cm × 21 cm. Die Quernaht am Kreuzungspunkt mit dem Zip-Verschluss wurde als Schwachpunkt identifiziert, sodass sich die Untersuchung auf den Siegelvorgang der Quernaht konzentriert.

Die Dichtigkeit der Beutel wurde im Blasentest nach DIN 55508-5 [44] bei 500 mbar Vakuum geprüft. Falten und Verfärbungen wurden anhand einer optischen Begutachtung durch den Autor und den Maschinenbediener des Unternehmens bewertet und unterliegen daher in gewissem Maße dem subjektiven Empfinden der beiden Personen. Abb. 5.37 zeigt zwei Beispiele für Beutel, die als nicht qualitätsgerecht bewertet wurden.

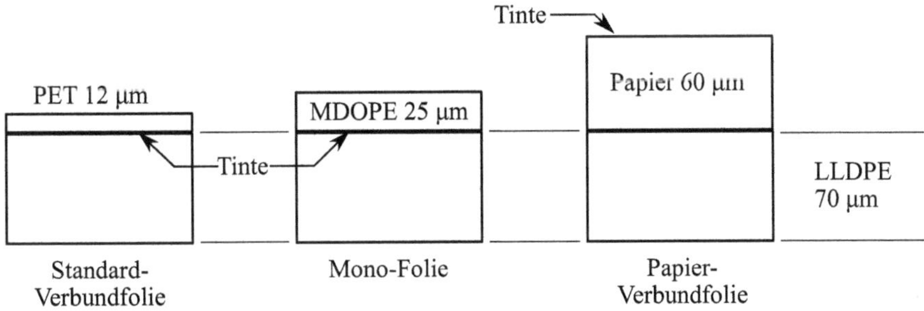


**Abb. 5.36:** Schichtaufbau der drei Verpackungsfolien für Siegelrandbeutel. Die Folien werden auf der LLDPE-Seite miteinander verbunden.

---

[281] Engl. liquid electrophotography technology, kurz LEP.

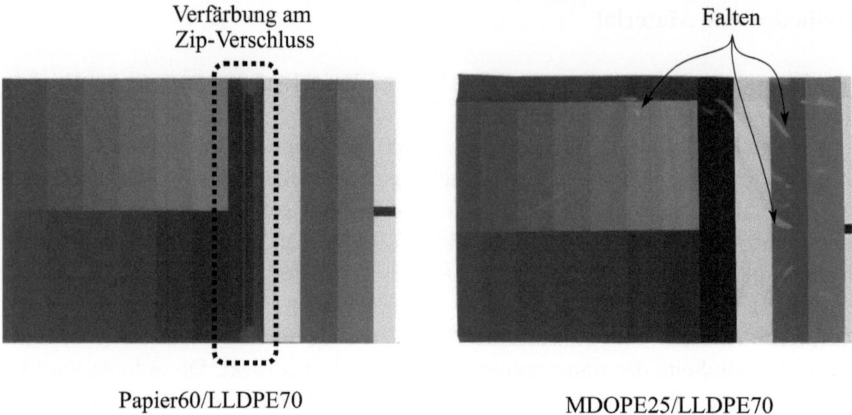


**Abb. 5.37:** Siegelrandbeutel mit Testdruck. Verfärbung im Bereich des Zip-Verschlusses und Falten als oberes Qualitätskriterium.

Der Versuchsplan aus Abschnitt 5.2.3.2 wird mit folgenden Einstellungen ausgeführt: Die zulässigen Einstellungen sind auf $0{,}35\text{s} \leq t_\text{s} \leq 1\text{s}$ und $80\,^\circ\text{C} \leq T_\text{s} \leq 220\,^\circ\text{C}$ begrenzt. Die kritischen Anforderungen lauten $\kappa^\text{IIL} = \textit{dicht im Blasentest}$ und $\kappa^\text{IIU} = \textit{keine Falten und Verfärbung}$ sowie $u^\text{C} = \textit{Kreuzungspunkt}$. Die Siegelkraft ist unbekannt und kann nicht verändert werden. Messdaten und Versuchspläne sind in den Tab. F.10, F.11 und F.12 aufgeführt.

**Ergebnisse**

Abb. 5.38a bis 5.38c zeigen die Siegelfenster der drei Folienverbunde. Der untere Rand des Siegelfensters stellt in allen drei Fällen die Grenze dar, unterhalb der undichte Beutel hergestellt werden. Der obere Rand bedeutet im Fall des Standard-Verbunds und der Mono-Folie die Grenze, oberhalb der Falten auftreten. Das Siegelfenster des Standard-Verbundes ist deutlich größer als bei der Mono-Folie[282]. Im Fall des Papier-Verbunds entstehen oberhalb dieser Grenze Verfärbungen des Drucks. Für den Papier-Verbund existiert kein Siegelfenster, da die Grenze gegen Verfärbung bei niedrigere Siegelzeit und Siegeltemperatur liegt, als die Grenze gegen Undichtigkeit. Folglich können keine dichten Beutel hergestellt werden, die gleichzeitig keine Verfärbungen aufweisen. Dieses Ergebnis erscheint plausibel vor dem Hintergrund, dass die Verarbeitungstemperatur der Tinte mit 95 bis 110 °C deutlich unterhalb der minimalen Siegeltemperatur liegt, die für dichte Beutel erforderlich ist.

Der Vergleich der Pareto-Fronten für das Dichtigkeitskriterium in Abb. 5.38d zeigt außerdem, dass keine der drei Folienverbunde wesentlich besser für die Herstellung dichter Beutel auf der verwendeten Maschine geeignet ist. Zwar ist die Pareto-Front der Mono-Folie $\mathcal{X}^*_\text{ML}$ dominant über die Pareto-Fronten des Standard-

---

[282] Ähnliche Vergleichsstudien in [139, 174] kommen zu demselben Resultat.

Verbunds $\mathscr{X}^*_{\mathrm{SL}}$ und des Papier-Verbunds $\mathscr{X}^*_{\mathrm{PL}}$, vgl. Gleichungen (5.37) und (5.38). Allerdings sollte daraus angesichts der groben und subjektiven Qualitätskriterien nicht der Schluss gezogen werden, dass die Mono-Folie deutlich besser geeignet ist. Insbesondere die Pareto-Front des Standard-Verbunds zeigt einen Verlauf, der mit der Monotonie-Bedingung nach Gleichung (5.23) nicht vereinbar ist. Die grundsätzliche Aussage der Versuchsreihe bleibt davon jedoch unberührt.

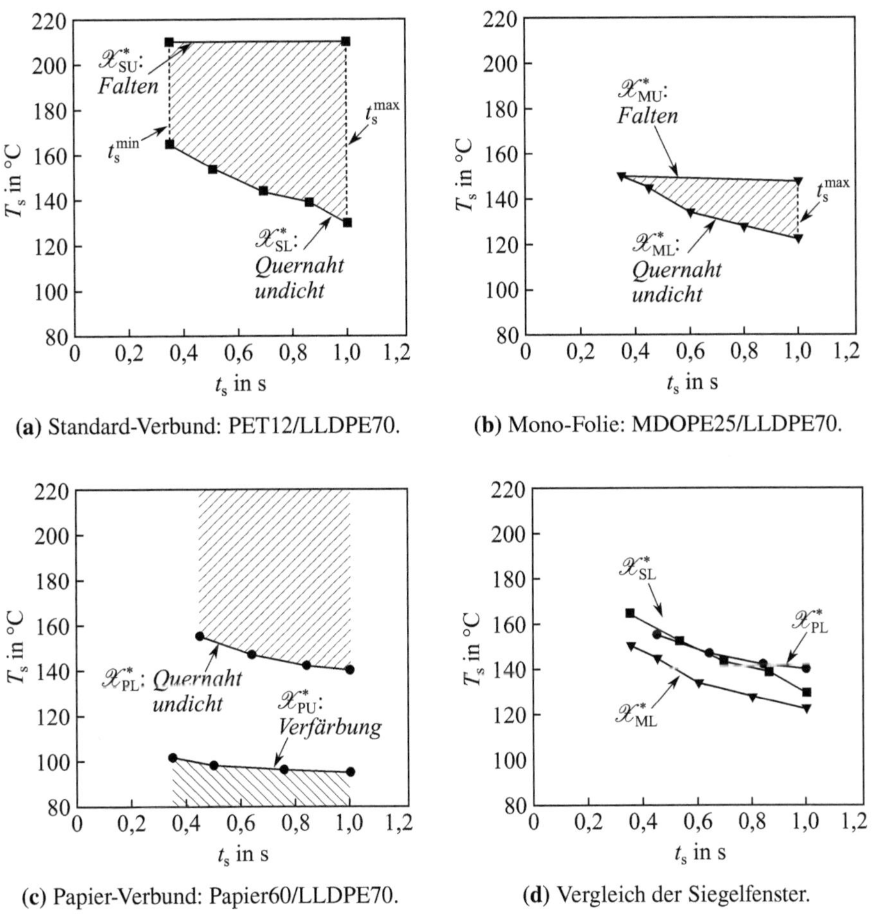

(a) Standard-Verbund: PET12/LLDPE70.

(b) Mono-Folie: MDOPE25/LLDPE70.

(c) Papier-Verbund: Papier60/LLDPE70.

(d) Vergleich der Siegelfenster.

**Abb. 5.38:** Siegelfenster der drei Verbundfolien für die Quernaht eines Siegelrandbeutels. Messdaten siehe Tab. F.10, F.11 und F.12.

### 5.3.3 Arbeitsstationen für das Siegeln pharmazeutischer Blister

**Kontext des Problems**

Ein Unternehmen entwickelt, baut und vertreibt Verpackungsmaschinen für pharmazeutische Blisterverpackungen. In der Konzeptphase einer Neuentwicklung stehen zwei Konzepte für die Siegelstation zur Disposition, siehe Abb. 5.39:

- Das *Plattensiegeln* sieht zwei ebene Siegelwerkzeuge vor, davon eines beheizt und eines gekühlt, die getaktet öffnen und schließen. Die Folienbahn steht still, während die Siegelplatten zum Siegeln geschlossen sind, und wird durch eine Transportstation um eine Taktlänge weiter transportiert, während die Platten geöffnet sind. Es handelt sich damit um eine Wirkpaarung der Klasse II.2 nach der Systematik in Tab. 5.1.
- Das *Walzensiegeln* sieht eine beheizte Siegelwalze und eine gekühlte Transportwalze vor. Die Station vereint damit die Vorgänge Siegeln und Transport. Die Folie wird mit konstanter Geschwindigkeit transportiert, während der Siegelvorgang im Walzenspalt zwischen den beiden Walzen stattfindet. Es handelt sich damit um eine Wirkpaarung der Klasse III.5 nach der Systematik in Tab. 5.1.

Beide Konzepte sollen hinsichtlich ihrer verarbeitungstechnischen Eigenschaften bewertet werden. Ziel ist deshalb, eine Aussage zu den vier Zielgröße Verarbeitungsqualität, Arbeitsgeschwindigkeit, Robustheit und technischer Aufwand zu treffen.

**Methoden und Material**

Zum Zeitpunkt der Konzeptionierung der Siegelstation sind noch viele Randbedingungen offen, sodass die genauen, technisch-physikalischen Verhältnisse der Wirkpaarung unbekannt sind. Ein relativer Vergleich der beiden Konzepte mit Hilfe eines

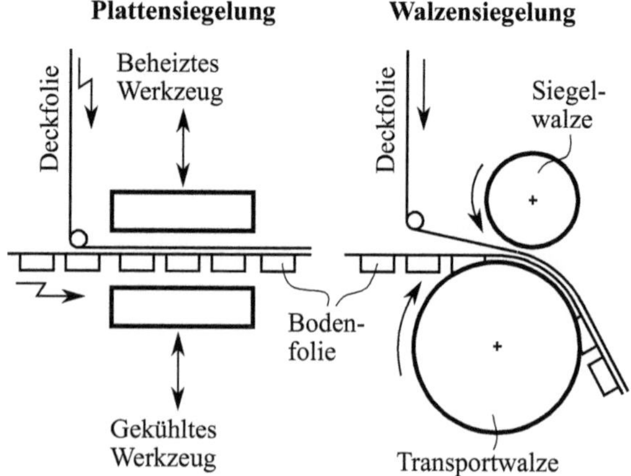


**Abb. 5.39** Konzepte für die Siegelstation einer Blisterverpackungsmaschine.

eindimensionalen Wärmeleitungsmodells erscheint daher geeignet, um die Fragestellung zu beantworten. In Ermangelung genauerer Angaben sei dazu auf die bereits bekannten Annahmen aus Abschnitt 5.2.2.2 zurückgegriffen. Darüberhinaus werden folgende Festlegungen getroffen:

Die Siegelung gilt als qualitätsgerecht, wenn die Temperatur in der Siegelzone $T_{297}$ zwischen der Schmelztemperatur $\kappa^{\mathrm{IIL}} = T_{\mathrm{m}} = 120\,°\mathrm{C}$ und der maximalen Temperatur für ausreichenden Hot-Tack $\kappa^{\mathrm{IIU}} = T_{\mathrm{ht}} = 150\,°\mathrm{C}$ liegt, d. h. es gilt Gleichung (5.18).

Die *Arbeitsgeschwindigkeit* sei durch die durchschnittliche Bahngeschwindigkeit $\bar{v}_{\mathrm{B}} = l/(t_{\mathrm{s}} + t_{\mathrm{h}})$ bemessen, da diese Größe für beteiligte Personen, die nicht mit technischen Sachverhalten betraut sind, besser verständlich ist als die normierte Taktzeit. Siehe dazu auch Tab. 5.4. Für die Plattensiegelstation ist dabei die Länge der Siegelplatten durch Vorgaben der Blistergrößen bereits auf $l = 200\,\mathrm{mm}$ festgelegt. Weiter ist aus früheren Entwicklungen bekannt, dass die Dauer des Transports $300\,\mathrm{ms} \leq t_{\mathrm{h}} \leq 700\,\mathrm{ms}$ beträgt. Für die Walzensiegelung gilt $t_{\mathrm{h}} = 0$. Außerdem beträgt die Breite des Walzenspalts $3\,\mathrm{mm} \leq l \leq 7\,\mathrm{mm}$, je nach Umfang der Siegel- und Transportwalzen.

Hinsichtlich der *Robustheit* sei, wie in Abschnitt 5.2.2.2, ein Schwankungsbereich des Wärmedurchgangskoeffizients $k_{\mathrm{cc}}$ in den Grenzen $u^{\mathrm{L}} = 1200\,\mathrm{W/(m^2 K)}$ und $u^{\mathrm{U}} = 5200\,\mathrm{W/(m^2 K)}$ gefordert. Die Robustheit gegenüber sonstigen, zum Zeitpunkt der Untersuchung nicht bekannten Einflussgrößen $u$, lässt sich außerdem in Anlehnung an die Formulierungen des Robust Design in Abschnitt 2.2.4.2 durch folgende Überlegungen abschätzen: Die Siegelfunktion (5.19) und damit die Ungleichungsrestriktion (5.30b) des Problems der optimale Siegeleinstellungen (5.30) unterliege einer Abweichung $\Delta\kappa^{\mathrm{II}}$, sodass in Anlehnung an Gleichungen (4.118) und (4.119)

$$\kappa^{\mathrm{II}} = \Phi_{\mathrm{s}}(t_{\mathrm{s}}, T_{\mathrm{s}}, u) + \Delta\kappa^{\mathrm{II}} \tag{5.39}$$

gelte. Gemäß Gleichung (2.93) folgt $\Delta\kappa^{\mathrm{II}}$ aus

$$\left(\Delta\kappa^{\mathrm{II}}\right)^2 = \left(\frac{\partial\Phi_{\mathrm{s}}}{\partial t_{\mathrm{s}}}\Delta t_{\mathrm{s}}\right)^2 + \left(\frac{\partial\Phi_{\mathrm{s}}}{\partial T_{\mathrm{s}}}\Delta T_{\mathrm{s}}\right)^2 + \left(\frac{\partial\Phi_{\mathrm{s}}}{\partial u}\Delta u\right)^2, \tag{5.40}$$

wobei $\Delta t_{\mathrm{s}}$, $\Delta T_{\mathrm{s}}$ und $\Delta u$ Abweichungen von den Nominalwerten sind. Weiter sei $\mathbf{x}_{\mathrm{L}}^* = [t_{\mathrm{sL}}^*, T_{\mathrm{sL}}^*]^\top \in \mathscr{X}_{\mathrm{L}}^*$ ein Pareto-optimaler Punkt der Pareto-Front $\mathscr{X}_{\mathrm{L}}^*$, die den unteren Rand des Siegelfensters repräsentiert, und $\mathbf{x}_{\mathrm{U}}^* = [t_{\mathrm{sU}}^*, T_{\mathrm{sU}}^*]^\top \in \mathscr{X}_{\mathrm{U}}^*$ ein Pareto-optimaler Punkt der Pareto-Front $\mathscr{X}_{\mathrm{U}}^*$ des oberen Randes des Siegelfensters. Dann sind

$$\frac{\partial\Phi_{\mathrm{s}}}{\partial t_{\mathrm{s}}}\Delta t_{\mathrm{s}} \approx \frac{\Phi_{\mathrm{s}}\left(t_{\mathrm{sU}}^*, T_{\mathrm{sU}}^*, u_{\mathrm{U}}^{\mathrm{C}}\right) - \Phi_{\mathrm{s}}\left(t_{\mathrm{sL}}^*, T_{\mathrm{sL}}^*, u_{\mathrm{L}}^{\mathrm{C}}\right)}{t_{\mathrm{sU}}^* - t_{\mathrm{sL}}^*}\Delta t_{\mathrm{s}}, \tag{5.41}$$

$$\frac{\partial\Phi_{\mathrm{s}}}{\partial T_{\mathrm{s}}}\Delta T_{\mathrm{s}} \approx \frac{\Phi_{\mathrm{s}}\left(t_{\mathrm{sU}}^*, T_{\mathrm{sU}}^*, u_{\mathrm{U}}^{\mathrm{C}}\right) - \Phi_{\mathrm{s}}\left(t_{\mathrm{sL}}^*, T_{\mathrm{sL}}^*, u_{\mathrm{L}}^{\mathrm{C}}\right)}{T_{\mathrm{sU}}^* - T_{\mathrm{sL}}^*}\Delta T_{\mathrm{s}} \text{ und} \tag{5.42}$$

$$\frac{\partial\Phi_{\mathrm{s}}}{\partial u}\Delta u \approx \frac{\Phi_{\mathrm{s}}\left(t_{\mathrm{sU}}^*, T_{\mathrm{sU}}^*, u_{\mathrm{U}}^{\mathrm{C}}\right) - \Phi_{\mathrm{s}}\left(t_{\mathrm{sL}}^*, T_{\mathrm{sL}}^*, u_{\mathrm{L}}^{\mathrm{C}}\right)}{u_{\mathrm{U}}^{\mathrm{C}} - u_{\mathrm{L}}^{\mathrm{C}}}\Delta u \tag{5.43}$$

die linearen Näherungsterme zu Gleichung (5.40). Auf Grund der festgelegten Qualitätskriterien gilt außerdem $\Phi_s\left(t^*_{sU}, T^*_{sU}, u^C_U\right) - \Phi_s\left(t^*_{sL}, T^*_{sL}, u^C_L\right) = T_{ht} - T_m$, sodass die Näherung

$$\left(\Delta\kappa^{II}\right)^2 = \left(\frac{T_{ht} - T_m}{t^*_{sU} - t^*_{sL}}\Delta t_s\right)^2 + \left(\frac{T_{ht} - T_m}{T^*_{sU} - T^*_{sL}}\Delta T_s\right)^2 + \left(\frac{T_{ht} - T_m}{u^C_U - u^C_L}\Delta u\right)^2 \tag{5.44}$$

gegeben werden kann. Setzt man diesen Ausdruck sowie die maximal zulässige Schwankungsbreite des Qualitätskennwerts mit $\kappa^{II} = T_{ht}$ sowie $\Phi_s(t_s, T_s, u) = T_m$ in Gleichung (5.39) ein, folgt

$$1 = \left(\frac{\Delta t_s}{t^*_{sU} - t^*_{sL}}\right)^2 + \left(\frac{\Delta T_s}{T^*_{sU} - T^*_{sL}}\right)^2 + \left(\frac{\Delta u}{u^C_U - u^C_L}\right)^2. \tag{5.45}$$

In diesem Ausdruck sind $\Delta t_s$ und $\Delta T_s$ die bekannten Toleranzen der Einstellvariablen und $\Delta u$ der zulässige Toleranzbereich der unbekannten Einflussgröße $u$. Auch bei unbekannten Kriterien $u^C_L$ und $u^C_U$ lässt sich aus dieser Gleichung schließen, dass der zulässige Toleranzbereich $\Delta u$, d. h. die *Robustheit*, größer ist, je weiter die beiden Punkt $\mathbf{x}^*_L$ und $\mathbf{x}^*_U$ voneinander entfernt liegen. Der Abstand der beiden zugehörigen Pareto-Fronten $\mathscr{X}^*_L$ und $\mathscr{X}^*_U$ bildet damit näherungsweise die Robustheit des Siegelvorgangs in den Lösungsraum $\mathscr{X}$ ab.

Der *technische Aufwand* sei der Argumentation aus Abschnitt 5.2.1.2 folgend durch die Siegeltemperatur abgebildet.

Gesucht sind demnach die Siegelfenster für das Plattensiegeln und das Walzensiegeln unter den genannten Randbedingungen, d. h. für die kritischen Anforderungen $[\kappa^{IIL}, u^U]^\top$ und $[\kappa^{IIU}, u^L]^\top$. Zur Ermittlung der Siegelfenster wird der Versuchsplan aus Abschnitt 5.2.3.2 am Simulationsmodell durchgeführt. Es ist das Konzept zu bevorzugen, das unter Einhaltung der Qualitätskriterien kürzere Siegelzeiten und niedrigere Siegeltemperaturen bei größerem Abstand der Ränder des Siegelfensters benötigt.

**Ergebnisse**

Abb. 5.40 stellt den Temperaturverlauf der beiden Konzepte gegenüber. Bedingt durch die kurzen Siegelzeiten im Walzenspalt erfordert das Walzensiegeln höhere Siegeltemperaturen, um die Schmelztemperatur $T_m$ zu erreichen, als das Plattensiegeln. Außerdem erreicht die Temperatur in der Siegelzone den stationären Zustand nicht, beim Plattensiegeln auf Grund der längeren Siegelzeiten hingegen schon. Infolgedessen zeigt das Plattensiegeln eine größere Robustheit als das Walzensiegeln, wie die Robustheits-Charakteristik beider Konzepte in Abb. 5.41 zeigt. Vgl. auch die Ergebnisse aus Abschnitt 5.2.2.2.

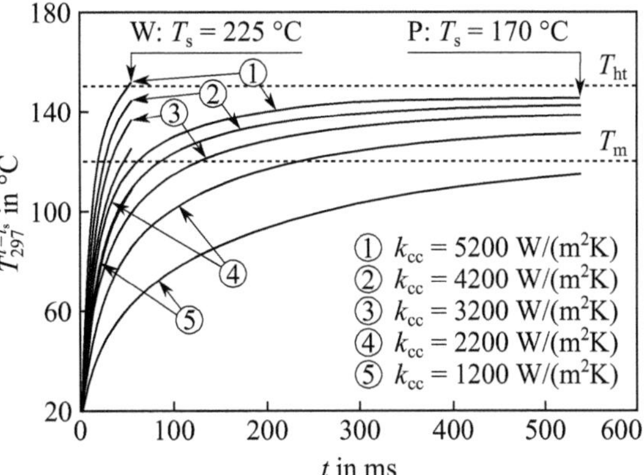

**Abb. 5.40** Vergleich des Temperaturverlaufs für das Walzensiegeln (W) und das Plattensiegeln (P).



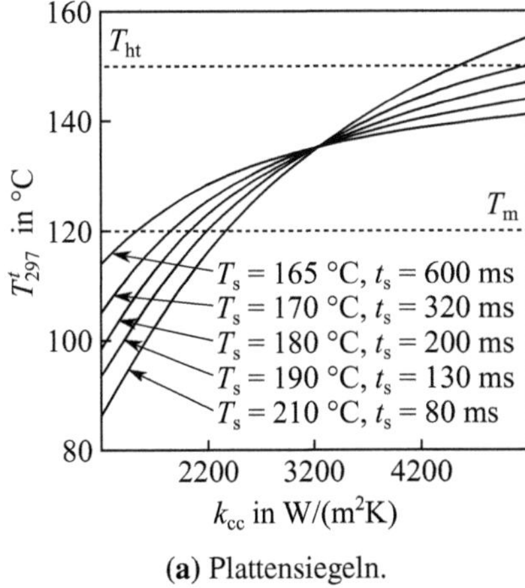



**(a)** Plattensiegeln.

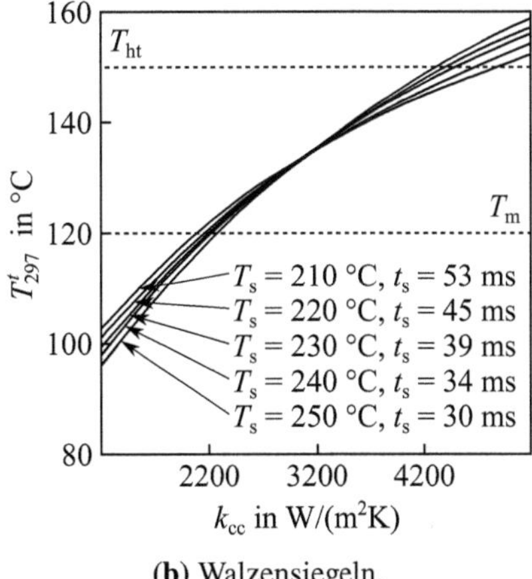



**(b)** Walzensiegeln.

**Abb. 5.41:** Robustheits-Charakteristik der beiden Konzepte unter den gegebenen Randbedingungen.

Die Siegelfenster beider Konzepte sind in Abb. 5.42 abgebildet, wobei die Abhängigkeit von den Entwurfsparametern $l$ und $t_h$ durch die jeweiligen Grenzfälle dargestellt ist. Es können folgende Aussagen getroffen werden:

- Der technische Aufwand bemessen an der Siegeltemperatur ist beim Walzensiegeln höher als beim Plattensiegeln.
- Mit dem Plattensiegeln sind tendenziell höhere Bahngeschwindigkeiten zu erreichen als mit dem Walzensiegeln.
- Sowohl beim Plattensiegeln als auch beim Walzensiegeln sinkt die Robustheit des Siegelvorgangs mit steigender Bahngeschwindigkeit. Das Plattensiegeln zeigt jedoch eine grundsätzlich größere Robustheit als das Walzensiegeln über weite Bereiche der Bahngeschwindigkeit.

- Eine Steigerung der Bahngeschwindigkeit unter Beibehaltung der Robustheit lässt sich beim Plattensiegeln durch Verkürzung der Transportzeit $t_\mathrm{h}$ und beim Walzensiegeln durch Verbreiterung des Walzenspalts $l$ erzielen. In beiden Fällen verschiebt und dehnt sich das Siegelfenster in Richtung höherer Bahngeschwindigkeiten.

Zusammenfassend lässt sich folgende Aussage formulieren: Das Siegelfenster des Plattensiegelns, begrenzt durch die Pareto-Fronten $\mathscr{X}_\mathrm{PL}^*$ und $\mathscr{X}_\mathrm{PU}^*$, dominiert das Siegelfenster des Walzensiegelns, begrenzt durch die Pareto-Fronten $\mathscr{X}_\mathrm{WL}^*$ und $\mathscr{X}_\mathrm{WU}^*$, für $l = 3 \ldots 7\,\mathrm{mm}$ und $t_\mathrm{h} = 300 \ldots 700\,\mathrm{ms}$.

Diese Bewertung ist jedoch insofern einzuschränken, als dass sie die Leistung für die Durchführung des Hubes und den Transportvorgang nicht berücksichtigt. Es ist davon auszugehen, dass die Leistungsaufnahme der Siegelstation beim Plattensiegeln auf Grund der zyklischen Beschleunigung höher ausfällt und zudem kostenintensivere Maschinenelemente erfordert. Gleichzeitig wird der zyklische Transport des Folienbandes der Transportzeit dahingehend Grenzen setzen, dass bei Unterschreiten bestimmter Taktzeiten Tabletten aus den Höfen springen. In einer weiterführenden Untersuchung sollten daher insbesondere die Kosten der technischen Ausführung sowie die Robustheit des Transportvorgangs bei kurzen Transportzeiten betrachtet werden.

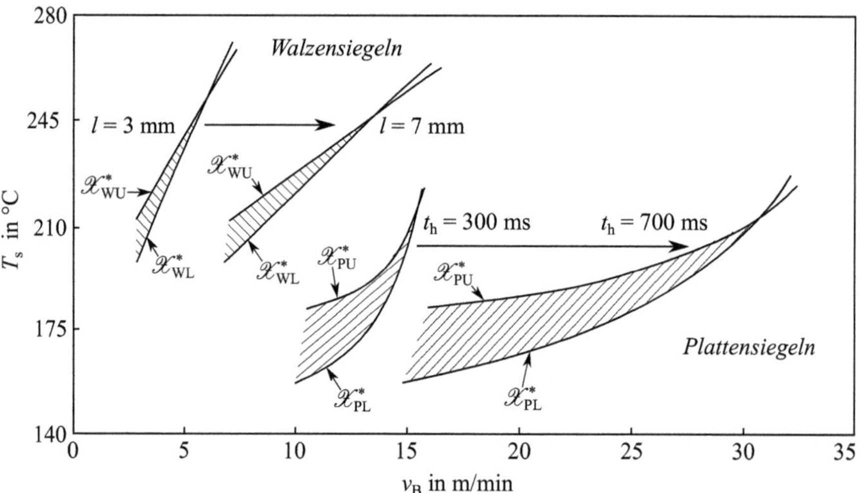


**Abb. 5.42:** Vergleich der Siegelfenster des Plattensiegelns und des Walzensiegelns unter den gegebenen Randbedingungen.

## 5.4 Zusammenfassung und Diskussion

Die Anwendung der vorgestellten Modelle und Methoden verfolgt zwei Ziele:

- Die Überprüfung der Gültigkeit der Theorie im Sinne der deduktiven Vorgehensweise und
- den Nachweis der Praxistauglichkeit der Theorie als Hilfsmittel für die Ingenieursarbeit.

In diesen Zielen liegt dahingehend ein gewisser Widerspruch, dass sie sowohl eine detaillierte Analyse als auch ein anwendungsnahes Szenario fordern. Um diese Anforderungen mit überschaubarem Aufwand zu erfüllen, dient mit den *Einstellproblemen beim Wärmekontaktsiegeln* eine sehr eng gefasste Problemklasse als Beispiel. Die Theorie kann damit auch nur für diesen kleinen Anwendungsbereich als bestätigt gelten. Im Sinne der deduktiven Vorgehensweise ist dies allerdings kein grundsätzlicher Makel, da eine empirische Prüfung nie abgeschlossen sein kann.

Die Anwendung der Theorie erfolgt entlang der drei Schritte des Problemlösungszyklus und schließt mit drei Praxisbeispielen ab. Die nachfolgenden Abschnitte geben jeweils eine Zusammenfassung und Diskussion der Ergebnisse.

### 5.4.1 Aufgabenklärung und Zielsystem

**Zusammenfassung**

Ausgehend vom Stand der Wissenschaft und Technik wird das Zielsystem des Wärmekontaktsiegelns aufgestellt:

In einem ersten Schritt werden dazu alle Zielgrößen aus der Literatur zusammengetragen und zugeordnet. Die Verarbeitungsqualität schließt sowohl Qualitätskennwerte aus internationalen Normen zur Qualität von Siegelnähten als auch Ersatzgrößen aus etablierten Siegelmodellen ein. Die Arbeitsgeschwindigkeit baut auf den Arbeitsweisen von Wirkpaarungen auf und gibt die normierte Taktzahl in Abhängigkeit der Bewegung der Siegelwerkzeuge und der Folienbahn an. Für die Robustheit kommen Parameter und Variablen in Frage, die das Diffusionsverhalten der Moleküle in der Schmelze, die thermischen Eigenschaften der Siegelwerkzeuge und Folien für die Wärmeleitung sowie die mechanischen Eigenschaften hinsichtlich der Bewegung der Siegelwerkzeuge beeinflussen. Der Technische Aufwand berücksichtigt die Leistung zur Erzeugung des Wärmestroms, zur Bereitstellung der Stationskraft und zur Bewegung der Siegelwerkzeuge.

In einem zweiten Schritt folgt der Zielvektor des Einstellungsproblems, der durch zwei Überlegungen als Vereinfachung des allgemeinen Zielsystems hervorgeht. Demnach führt die Festlegung der Arbeitsweise der Wirkpaarung und der konstruktiven Ausführung der Verpackungsmaschine dazu, dass erstens die normierte Taktzahl ausschließlich von der Siegelzeit abhängt und zweitens der technische Aufwand proportional zur Siegeltemperatur ist. Für die weiteren Untersuchungen wird der einfachste, vollständige Zielvektor definiert, der vier skalare Zielgrößen enthält: Die zulässige Qualitätstoleranz, die Siegelzeit, die zulässige Toleranz der Einflussgröße und die Siegeltemperatur.

## Diskussion

Die Analyse des Standes der Wissenschaft und Technik bestätigt die vier Zielgrößen für das Wärmekontaktsiegeln. Allerdings sind folgende Einwände zu beachten:

Prinzipiell gelten auch für das konkrete Anwendungsbeispiel die Beschränkungen der allgemeinen Theorie. So können die empirischen Annahmen zur Verarbeitungsqualität und zum technischen Aufwand trotz bekannter, technisch-physikalischer Wirkzusammenhänge nicht durch stärkere, logische Ableitungen ersetzt werden.

Anwendungsfälle mit mehreren Qualitätskennwerten oder Einflussgrößen werden nicht behandelt. In solchen Fällen stellt sich die Frage, wie die Qualitätskennwerte und Einflussgrößen untereinander zu bewerten sind. Denkbar ist die Bildung einer kumulierten, gewichteten Größe, wodurch allerdings a priori eine Beeinflussung der Optimierung vorgenommen wird[283]. Alternativ ließe sich das Optimierungsproblem auch für alle Qualitätskennwerte und Einflussgrößen aufstellen, wobei der Aufwand mit zunehmender Anzahl der betrachteten Kennwerte und Größen erheblich ansteigt und die Anschaulichkeit der Lösung abnimmt.

## 5.4.2 Modellbildung und Systemmodell

### Zusammenfassung

Nachdem ein Wirkpaarungsmodell je nach Problemstellung unterschiedlich ausgeprägt ist, dienen zwei hypothetische Anwendungsbeispiele zur Untersuchung der Wechselwirkung der Zielgrößen des Wärmekontaktsiegelns. Tab. 5.11 fasst die Zielgrößen und Grenzwerte der beiden Beispiele zusammen.

Die erste Wirkpaarung ist dem Siegelvorgang beim Herstellen der Quernaht eines Schlauchbeutels entlehnt und nutzt Siegelversuche auf einem Laborsiegelgerät. Als Qualitätskennwert dient die Nahtfestigkeit, als Einflussgröße die Nahtform der Quernaht, wobei entsprechend der möglichen Nahtformen zwei-, drei- und vierlagige Folienstapel versiegelt werden. Die Ergebnisse liegen in Form von Siegelkurven vor, die die Nahtfestigkeit in Abhängigkeit der Siegeltemperatur, Siegelzeit und Anzahl der Folienlagen zeigen.

Die zweite Wirkpaarung orientiert sich am Siegelvorgang beim Verschließen einer pharmazeutischen Blisterverpackung und nutzt eine Finite-Differenzen-Berechnung der Wärmeleitung. Als Qualitätskennwert dient die Temperatur in der Siegelzone und als Einflussgröße die Schwankung des Wärmedurchgangskoeffizienten an der

---

[283] Vgl. dazu die Kritik an den etablierten Methoden für die Bewertung von Konstruktionen in Abschnitt 2.2.5.3.

**Tabelle 5.11:** Zielgrößen der beiden Anwendungsbeispiele.

| | | **Auto-adhesion**<br>Schlauchbeutel | **Wärmeleitung**<br>Pharmazeutischer Blister |
|---|---|---|---|
| **Verarbeitungsqualität** | $\kappa^{\mathrm{II}}$ | $F_{\mathrm{ss}}$ | $T_{297}^{t=t_\mathrm{s}}$ |
| | $\kappa^{\mathrm{IIL}}$ | $F_{\mathrm{ss}}^{\mathrm{min}}$ | $T_\mathrm{m}$ |
| | $\kappa^{\mathrm{IIU}}$ | $F_{\mathrm{ss}}^{\mathrm{peel}}, F_{\mathrm{ss}}^{\mathrm{max}}$ | $T_{\mathrm{ht}}$ |
| **Arbeitsgeschwindigkeit** | $\tau_{0-1}$ | $t_\mathrm{s}$ | $t_\mathrm{s}$ |
| **Robustheit** | $\Delta u$ | $\Delta n$ | $\Delta k_{\mathrm{cc}}$ |
| | $u^{\mathrm{L}}$ | 2 | $1200\,\mathrm{W/(m^2K)}$ |
| | $u^{\mathrm{U}}$ | 4 | $5200\,\mathrm{W/(m^2K)}$ |
| **Technischer Aufwand** | $P_{\mathrm{max}}$ | $T_\mathrm{s}$ | $T_\mathrm{s}$ |

Kontaktstelle zwischen Siegelwerkzeug und Deckfolie. Hierbei repräsentiert der zeitliche Temperaturverlauf in der Siegelzone den Siegelvorgang und folgt als Lösung der Wärmeleitungsgleichung.

In beiden Fällen kann eine Robustheits-Charakteristik abgeleitet werden, die einen Zielkonflikt zwischen den vier Zielgrößen nachweist. Die statische Kennlinie, die sog. Siegelfunktion, ist monoton.

**Diskussion**

Die beiden Anwendungsbeispiele decken dabei die Extremalpunkte des Spektrums der möglichen Wirkpaarungsmodelle ab:

- Verhaltensbeschreibende und verhaltenserklärende Systemmodelle. So geben die Siegelversuche nur an, welche Nahtfestigkeit aus den ausgeführten Siegeleinstellungen folgt, lassen jedoch keine Prognose zur Nahtfestigkeit außerhalb des getesteten Einstellungsbereichs zu. Im Gegensatz dazu sind mit dem Wärmeleitungsmodell Vorhersagen zur Temperatur in der Siegelnaht für jede beliebige Konfiguration der Wirkpaarung möglich.
- Qualitätskennwerte, die Zustandsgrößen sind, und solche, die nicht auf Zustandsgrößen zurückführbar sind. Der Qualitätskennwert im Falle der Quernaht der Schlauchbeutelverpackung ist nicht auf eine Zustandsgröße zurückführbar, weil die Zustandsgrößen selbst bzw. die Ausgangsgleichung (4.8), hier $\kappa^{\mathrm{II}} = g(\zeta(t))$, unbekannt ist, vgl. Abb. 5.13. Im Fall der Siegelung der pharmazeutischen Blisterverpackung stellt der Qualitätskennwert selbst eine Zustandsgröße des Wirkpaarungsmodells dar. D. h., $\kappa^{\mathrm{II}} = \zeta(t^{\mathrm{II}})$, vgl. Tab. 5.9.
- Erwünschte und unerwünschte sowie kontrollierbare und nicht kontrollierbare Einflussgrößen. So ist die Anzahl der Folienlagen in der Quernaht des Schlauchbeutels eine kontrollierbare Einflussgröße und durch erwünschte Wechsel der Beutelart bestimmt. Der Wärmeübergangskoeffizient zwischen beheiztem Sie-

gelwerkzeug und Deckfolie des Blisters hingegen ist eine nicht kontrollierbare Einflussgröße, deren Schwankungen durch unerwünschte, örtliche Dickenunterschiede der Formfolie verursacht werden.

Auf Grund des breiten Spektrums an Systemmodellen, die die beiden Beispiele abdecken, können die Schlussfolgerungen zum Zielkonflikt zunächst als allgemeingültig angesehen werden. Nichtsdestotrotz ist folgende Einschränkung zu erwähnen: Der Siegelvorgang beim Wärmekontaktsiegeln wird von der Überlagerung verschiedener Diffusionsvorgänge bestimmt. Es handelt sich damit um ein nicht schwingungsfähiges System. Die Ergebnisse sind damit für schwingungsfähige Systeme nicht repräsentativ. So kann die statische Kennlinie schwingungsfähiger Systeme lokale Extrema aufweisen, sodass der Zielkonflikt für bestimmte Wertebereiche der Zielgrößen nicht gilt.

## 5.4.3 Optimierung und Lösung

### Zusammenfassung

Das Optimierungsproblem wird zunächst theoretisch formuliert und ein experimentelles Lösungsverfahren vorgeschlagen. Zur Illustration dient das zuvor eingeführte Beispiel der Quernaht des Schlauchbeutels.

Die Lösung des Problems der optimalen Siegelparameter ist das sog. Siegelfenster, das alle Kombinationen der Siegelzeit und Siegeltemperatur enthält, die zu einer qualitätsgerechten Siegelnaht unter den herrschenden Einflussgrößen führt. Hierbei sind die Zielgrößen und Einstellvariablen identisch, sodass Zielraum und Lösungsraum des Problems übereinstimmen. Mit Verweis auf die Monotonie der Siegelfunktion wird außerdem argumentiert, dass die gesuchten Ränder des Siegelfensters gleichzeitig Randoptima des Zielraums sind. Damit resultiert für beide Ränder des Siegelfensters je ein bi-kriterielles Optimierungsproblem, dessen Restriktionen die Siegelfunktion, die Qualitätskriterien, die Grenzwerte der Einflussgrößen sowie die Einstellgrenzen der Siegelstation enthalten.

Dieses Optimierungsproblem lässt sich experimentell lösen. Dazu wird ein Versuchsplan vorgeschlagen, der auf der Normal-Boundary-Intersection Methode beruht. Das Verfahren wird so modifiziert und erweitert, dass sich eine eindeutige Versuchsabfolge ergibt. Unter Anwendung dieses Versuchsplans werden zwei Siegelfenster für die Quernaht des Schlauchbeutels ermittelt, wobei ein Siegelfenster zu einer peelfähigen Naht und eines zu einer Festnaht führt.

Das Verfahren wird an drei Praxisbeispielen mit unterschiedlichen Qualitätskennwerten exemplarisch durchgeführt. Hierbei wird gezeigt, dass ein Vergleich unterschiedlicher Folientypen und Arbeitsweisen von Siegelstationen anhand der Siegelfenster möglich ist. Außerdem wird der Abstand der Ränder des Siegelfensters als Maß für die Robustheit des Siegelvorgangs hergeleitet.

**Diskussion**

Obwohl der vorgestellte Algorithmus zuverlässig zu einer Lösung des Problems der optimalen Siegeleinstellung (5.30) führt, sind zwei Einschränkungen anzuführen:

Erstens findet die NBI-Methode unter bestimmten Randbedingungen für mehr als zwei Einstellvariablen nicht alle schwach Pareto-optimalen Lösungen [284]. Der Versuchsplan lässt sich damit nur eingeschränkt auf Einstellprobleme mit mehr als zwei Einstellvariablen übertragen. Für den hier gezeigten Fall des Wärmekontaktsiegelns ist diese Einschränkung nicht relevant, solange der Siegeldruck nicht als Einstellvariable sondern als Einflussgröße behandelt wird.

Zweitens verursachen diskrete Einstellvariablen und binäre Qualitätskennwerte Rundungsfehler in den Ergebnissen. Der Effekt diskreter Einstellvariablen wird in Abb. 5.30a an der Abweichung zwischen den ausgeführten, gerundeten Versuchspunkten und den berechneten Testreihen deutlich. In dem hier gezeigten Beispiel beträgt der dadurch entstehende Rundungsfehler maximal ein halbes Inkrement der Einstellvariablen des Laborsiegelgerätes, d. h. $\Delta t_s = 50\,\mathrm{ms}$ und $\Delta T_s = 0{,}5\,\mathrm{K}$, vgl. Tab. 5.7. Des Weiteren führt dieser Effekt für das Peel-Kriterium dazu, dass eine zusätzliche Testreihe zwischen den Ankerpunkten nicht zu einer höheren Genauigkeit des Ergebnisses beiträgt, vgl. Abb. 5.31. Binärer Qualitätskennwerte vergrößern die Ungenauigkeit der Pareto-Front zusätzlich, wie das Praxisbeispiel in Abschnitt 5.3.2 zeigt.

Diese beiden Einschränkungen haben ihre Ursache in Einstellvariablen und Qualitätskennwerten, die ein Vielfaches ganzer Zahlen und keine reellen Zahlen sind. Allerdings treten diese Einschränkungen bei jedem anderen Ansatz auch auf und können deshalb dem hier vorgestellten Verfahren nicht angelastet werden.

---

[284] Siehe [137] für eine ausführliche Untersuchung des Verhaltens des Lösungsverfahrens.

# Kapitel 6
# Fazit und Ausblick

**Wesentliche Ergebnisse**

Die vorliegende Arbeit leistet einen Beitrag zur Methodik der Verarbeitungstechnik und befasst sich mit einem grundlegenden Problem der Entwicklung und des Betriebs von Verarbeitungsmaschinen: Demnach werden die Anforderungen an eine Verarbeitungsmaschine als Eigenschaften ihres Betriebsverhaltens gestellt und dienen betriebswirtschaftlichen Zielen. Die Verarbeitungsmaschine als Lösung hingegen ist eine physische Struktur. Die Anforderungen sind dabei statistische Kennzahlen und betriebswirtschaftliche Bilanzgrößen, die Lösung ergibt sich als Festlegung technisch-physikalischer Variablen. Zielraum und Lösungsraum einer verarbeitungstechnischen Problemstellung (1.1) entstammen damit grundlegend verschiedenen Bezugsrahmen.

Der zentrale Ansatz der vorgestellten Theorie besteht darin, die Anforderungen auf technisch-physikalische Zielgrößen abzubilden und eine Vorgehensweise festzulegen, die zu einer Lösung führt, die diese Zielgrößen erfüllt. Die Theorie umfasst folgende drei Bestandteile:

- ein *mathematisches Systemmodell* der Verarbeitungsmaschine, das in direkter Ableitung ihre technisch-physikalischen Systemgrößen auf die statistischen Kennzahlen ihres Betriebsverhaltens und die betriebswirtschaftlichen Bilanzgrößen des produzierenden Unternehmens abbildet;
- ein *allgemeingültiges Zielsystem*, das auf Basis des vorgenannten Systemmodells eine abgeschlossene Anzahl technischer Zielgrößen umfasst, die in jedem verarbeitungstechnischen Problem wiederkehren und deren Optima immer einer betriebswirtschaftlich, effizienten Lösung entsprechen;
- ein *multikriterielles Optimierungsproblem*, das Einstellungs- und Entwurfsprobleme für den Betrieb und die Entwicklung von Verarbeitungsmaschinen formalisiert, sodass die veränderlichen Variablen des Systems, die Randbedingungen der Aufgabenstellung und die Zielgrößen klar identifizierbar sind.

Die Theorie zeigt, dass eine mathematische Modellierung der Wirkpaarung mit gängigen Modellansätzen möglich ist, dass eine universelle Zielstellung für verar-


P. A. Gellerich, *Analyse, Synthese und Optimierung von Verarbeitungsmaschinen
im Zielkonflikt zwischen Qualität, Ausbringung, Robustheit und Kosten*,
Fortschritte Naturstofftechnik, https://doi.org/10.1007/978-3-658-51272-9_6

beitungstechnische Probleme existiert und dass der Lösungsweg für diese Probleme mathematisch formalisierbar ist. Das Anwendungsbeispiel des Wärmekontaktsiegelns bestätigt die zugrundeliegenden Hypothesen und weißt die Praxistauglichkeit des Modells und der Methode nach. Diese Arbeit führt damit die Ansätze zur Modellierung von Verarbeitungsmaschinen von GOLDHAHN [86] und SCHMIDT [185] sowie zum methodischen Lösen verarbeitungstechnischer Problemstellungen von HENNIG [97], GOLDHAHN [85] und MAJSCHAK [135] fort.

Darüber hinaus behandelt die Arbeit ein grundlegendes Dilemma der Produktionswirtschaft, das prominent durch den Ökonomen CHENERY formuliert wurde [29]:

> One basic difference between engineering analysis and economic analysis, then, is the units which are considered fundamental. While the economist deals with plants or firms or industries, the engineer must deal primarily with separate physical processes.

D. h. konkret, der Ökonom interessiert sich für den Gewinn, den eine Verarbeitungsmaschine erzielt, und bilanziert dazu die Kosten, die sie erzeugt, und den Umsatz, den sie erwirtschaftet. In letzter Konsequenz sind dies die Größen, mit denen eine Verarbeitungsmaschine bewertet wird. Sie erlauben jedoch keinerlei Rückschlüsse auf die technisch-physikalischen Eigenschaften, die zur Erfüllung der übergeordneten, betriebswirtschaftlichen Ziele anzustreben sind. Zur Auflösung dieser Problematik schlägt CHENERY *Engineering Production Functions* vor, die betriebswirtschaftliche Bilanzgrößen auf technisch-physikalische Variablen abbildet. Das in dieser Arbeit gezeigte Systemmodell, stellt eine solche Engineering Production Function für Verarbeitungsmaschinen dar.

### Modell

Das vorgestellte Systemmodell der Verarbeitungsmaschine gibt eine konsistente, mathematische Formulierung der Wirkpaarung und des Verarbeitungsvorgangs. Grundlage ist hierbei die Theorie dynamischer Systeme. Die Wirkpaarung bildet demnach in Form einer Differentialgleichung die Struktur des betrachteten Systems ab und der Verarbeitungsvorgang stellt als Lösung dieser Differentialgleichung das Zeitverhalten des Systems dar:

$$\text{Wirkpaarung} \qquad\qquad \text{Verarbeitungsvorgang}$$
$$\text{DGL:}\ \frac{\mathrm{d}z}{\mathrm{d}t} = f(z) \quad \longrightarrow \quad \text{Lsg:}\ z = \varphi(t)$$
$$\text{Systemstruktur} \qquad\qquad \text{Systemverhalten}$$

Indem das Modell einen so grundlegenden Ansatz nutzt, wird eine hohe Allgemeingültigkeit erreicht. Außerdem besteht die Möglichkeit eine Vielzahl von angewandten Modelle und Methoden, die auf der Theorie dynamischer Systeme aufbauen, für die Analyse von Verarbeitungsmaschinen einzusetzen. Hier seien insbesondere die Systemtheorie, z. B. [23, 217], die Mechatronik, z. B. [181], sowie die Regelungs- und Nachrichtentechnik, z. B. [133, 134], genannt.

In dieser Arbeit wurde bewusst der Weg über anwendungsnahe Modelle der Betriebswirtschaftslehre und des Ingenieurwesens gewählt, um das Systemmodell und das Zielsystem zu entwickeln. Mit dieser Vorgehensweise wurde ein starke Verankerung der Theorie in der Produktionstheorie, der Qualitätssicherung, der Zuverlässigkeitstheorie und der Verarbeitungstechnik erreicht, die allesamt etablierte und vielfach eingesetzte Modelle für die industrielle Produktion bereitstellen. Das vorgestellte Systemmodell stellt damit einen interdisziplinären Ansatz dar, der alle wesentlichen Sichtweisen auf Problemstellungen der industriellen Produktion zusammenführt. Diese Vorgehensweise nimmt allerdings in Kauf, dass die Abgeschlossenheit der Zielgrößen und die Existenz des Zielkonflikts nicht nachgewiesen werden kann. Die Basis bilden starke Argumente, die unabhängig voneinander in verschiedenen Quellen angeführt werden, aber lediglich empirischen Ursprungs sind. Der mathematische Ansatz ermöglicht jedoch, das Modell mit Hilfe der Theorie dynamischer Systeme oder der Informationstheorie formal zu prüfen. Beide Theorien formulieren Systemeigenschaften, die den hier formulierten, verarbeitungstechnischen Zielgrößen ähnlich sind und beschreiben deren Wechselwirkungen, vgl. [6, 8].

**Methode**

Das Optimierungsproblem der Verarbeitungstechnik stellt eine mathematische Formalisierung für verarbeitungstechnische Problemstellungen dar, die das Lösen technischer Probleme als Abfolge von Entscheidungsproblemen versteht. Mit diesem Rückgriff auf die mathematische Optimierung und die Entscheidungstheorie gelingt eine Beschreibung der Problemstellung, die von Betriebswirten und Ingenieuren ebenso wie von Mathematikern verstanden wird. Die Begriffe Optimalität und Effizienz sind in allen drei Disziplinen bekannt und präzise definiert, sodass Klarheit über die Zielstellung herrscht.

Die einheitliche und eindeutige Festlegung der Zielgrößen und des Zielkriteriums ermöglicht eine Weiterführung des Ansatzes in mehreren Richtungen. Zum Einen ist ein Automatisierung von Einstellungsvorgängen an Verarbeitungsmaschinen auf Grundlage geeigneter Lösungsverfahren für das Optimierungsproblem denkbar. Die überwiegend heuristische Vorgehensweise, die bei der Inbetriebnahme von Verarbeitungsmaschinen üblicherweise angewendet wird, kann so durch ein systematisches und reproduzierbares Programm auf der Maschinensteuerung ersetzt werden. Zum Anderen kann die Methode in Fortführung der Arbeiten von GOLDHAHN [85] und MAJSCHAK [135] zum systematischen Vergleich von Wirk- und Funktionsprinzipien hinsichtlich ihres quantitativen Systemverhaltens ausgebaut werden. Hierbei können die vier Zielgrößen als Vergleichskriterien dienen und die Bewertung über Präferenzrelationen abgebildet werden.

**Anwendungsbeispiel**

Im Rahmen der Überprüfung der Theorie liefert die Arbeit außerdem Ergebnisse, die über den Stand der Wissenschaft und Technik des Wärmekontaktsiegelns hinausgehen:

- Die Formulierung des grundlegenden Zielkonflikts des Wärmekontaktsiegelns, der bestimmend für jede Anwendung dieser Technologie in Verarbeitungsmaschine ist.
- Die Herleitung des Siegelfensters als maßgebendes Hilfsmittel zur Charakterisierung und Bewertung von Siegelvorgängen.
- Die Entwicklung eines neuartigen Versuchsplans auf Basis eines mathematischen Optimierungsverfahrens zur Ermittlung des Siegelfensters.

Die Praxistauglichkeit dieser speziellen Modelle und Methoden wird an realen Problemstellungen einer Molkerei, einer Druckerei und eines Maschinenherstellers für Blistermaschinen nachgewiesen.

Die Auswahl des Anwendungsbeispiels beschränkt jedoch die Gültigkeit der Überprüfung auf die Problemklasse der thermischen Verarbeitungsvorgänge. Diese Systeme zeichnen sich dadurch aus, dass sie nicht schwingungsfähig sind. Infolgedessen bleiben Resonanzeffekte unbeachtet, die zur lokalen Aufhebung des verarbeitungstechnischen Zielkonflikts führen können. Als gut dokumentiertes Beispiel eines schwingungsfähigen Systems, das sich auf Grund seiner einfachen Modellierung für eine zweite Überprüfung eignet, kann in Anlehnung an TROLL [202] der Fluidtransport herangezogen werden. Darüber hinaus sollten weitere Überprüfungen an komplexeren Beispielen vorgenommen werden, die bspw. mehrere Wirkpaarungen enthalten oder durch mehrere Qualitätskennwerte und Einflussgrößen gekennzeichnet sind.

# Literaturverzeichnis


[1] *Brockhaus Enzyklopädie.* F.A. Brockhaus, 21., völlig neu bearb. Auflage, 2006.

[2] B. Aggteleky. *Fabrikplanung*, Band 3. Carl Hanser Verlag, 1990. ISBN 3-446-15800-6.

[3] D. Aithani, H. Lockhart, R. Auras, und K. Tanprasert. Predicting the Strongest Peelable Seal for 'Easy-Open' Packaging Applications. *Journal of Plastic Film & Sheeting*, 22(4):247–263, Oct. 2006. doi: 10.1177/8756087906071351.

[4] A. Ajji, E. J. Dil, A. Saffar, und Z. K. Aghkand. *Heat Sealing in Packaging - Materials and Process Considerations.* De Gruyter STEM. De Gruyter, 2023. ISBN 978-1-5015-2458-5.

[5] H. Alt. Die Bedeutung der Getriebetechnik für den Bau von Verarbeitungsmaschinen. *VDI-Zeitschrift*, 74(5):139–144, 1930.

[6] D. K. Arrowsmith und C. M. Place. *An introduction to dynamical systems.* Cambridge University Press, 1990. ISBN 0-521-31650-2.

[7] M. F. Ashby. *Materials Selection in Mechanical Design.* Butterworth-Heinemann, 5. Auflage, 2017. ISBN 978-0-08-100599-6.

[8] W. R. Ashby. *An Introduction to Cybernetics.* Chapman & Hall Ltd., London, 2. Auflage, 1957.

[9] W. R. Ashby. *Einführung in die Kybernetik.* Suhrkamp Verlag, 3. Auflage, 2016. ISBN 978-3-518-27634-1.

[10] ASTM F2029-16. *Standard Practices for Making Laboratory Heat Seals for Determination of Heat Sealability of Flexible Barrier Materials as Measured by Seal Strength.* ASTM International, 2021.

[11] ASTM F88/F88M-15. *Standard test method for seal strength of flexible barrier materials.* ASTM International, 2015.

[12] R. J. Balling, J. C. Free, und A. R. Parkinson. Consideration of Worst-Case Manufacturing Tolerances in Design Optimization. *Journal of Mechanisms, Transmissions, and Automation Design*, 108:438–441, 1986.

[13] B. Bamps, K. D'huys, I. Schreib, B. Stephan, B. D. Ketelaere, und R. Peeters. Evaluation and optimization of seal behaviour through solid contamination of



© Der/die Herausgeber bzw. der/die Autor(en), exklusiv lizenziert an
Springer Fachmedien Wiesbaden GmbH, ein Teil von Springer Nature 2026
P. A. Gellerich, *Analyse, Synthese und Optimierung von Verarbeitungsmaschinen im Zielkonflikt zwischen Qualität, Ausbringung, Robustheit und Kosten,*
Fortschritte Naturstofftechnik, https://doi.org/10.1007/978-3-658-51272-9

heat-sealed films. *Packaging Technology and Science*, 32(7):335–344, 2019. doi: 10.1002/pts.2442.

[14] E. Baur, S. Brinkmann, T. A. Osswald, N. Rudolph, und E. Schmachtenberg, Hrsg. *Saechtling Kunststoff Taschenbuch*. Hanser, 2013. ISBN 978-3-446-43442-4.

[15] R. Beach, A. P. Muhlemann, D. H. R. Price, A. Paterson, und J. A. Sharp. A review of manufacturing flexibility. *European Journal of Operational Research*, 122(1):41–57, Apr. 2000. doi: 10.1016/S0377-2217(99)00062-4.

[16] B. Bender und D. Göhlich, Hrsg. *DUBBEL Taschenbuch für den Maschinenbau*. Springer Verlag, 26., überarb. Auflage, 2021.

[17] H.-G. Beyer und B. Sendhoff. Robust optimization - A comprehensive survey. *Computer methods in applied mechanics and engineering*, 196:3190–3218, 2007.

[18] A. Birolini. *Reliability Engineering*. Springer-Verlag, 8. Auflage, 2017. ISBN 978-3-662-54208-8.

[19] P. Bitter, H. Groß, H. Hillebrand, E. Trötsch, und A. Weihe. *Technische Zuverlässigkeit*. Springer-Verlag, 3., neubearb. und erw. Auflage, 1986. ISBN 3-540-16705-6.

[20] Ø. Bjørke. *Computer-aided Tolerancing*. ASME Press, 2. Auflage, 1992. ISBN 0-7918-0010-5.

[21] G. Bleisch. *Gebrauchswertoptimierung bei Verarbeitungsmaschinen dargestellt am Beispiel von Verpackungsmaschinen*. Dissertation, Technische Universität Dresden, 1984.

[22] G. Bol. *Wahrscheinlichkeitstheorie*. Oldenbourg Wissenschaftsverlag, 6., überarb. Auflage, 2007. ISBN 978-3-486-58435-6.

[23] H. Bossel. *Systeme, Dynamik, Simulation: Modellbildung, Analyse und Simulation komplexer Systeme*. Books on Demand, Norderstedt, 2004. ISBN 978-3-8334-0984-4.

[24] J. Branke, K. Deb, K. Miettinen, und R. Slowinski, Hrsg. *Multiobjective Optimization*. Springer-Verlag, 2008. ISBN 978-3-540-88907-6.

[25] F. Breyer. *Mikroökonomie*. Springer Gabler, 7., überarb. und aktual. Auflage, 2020. ISBN 978-3-662-60778-7.

[26] I. N. Bronstein, K. A. Semendjajew, G. Musiol, und H. Mühlig. *Taschenbuch der Mathematik*. Verlag Europa-Lehrmittel, 11., aktual. Auflage, 2020. ISBN 978-3-8085-5792-1.

[27] J. Brown, D. Dubois, K. Rathmill, S. P. Sethi, und K. E. Stecke. Classification of flexible manufacturing systems. *The FMS Magazine*, 2(2):114 – 117, 1984.

[28] J. A. Buzacott. The Fundamental Principles of Flexibility in Manufacturing Systems. In *Proceedings of the 1st International Conference on Flexible Manufacturing Systems*, 23 – 30. IFS Publications Ltd, 1982. ISBN 0-903608-30-8.

[29] H. B. Chenery. Engineering production functions. *The Quarterly Journal of Economics*, 63(4):507–531, 1949.

[30] G. Chryssolouris. *Manufacturing Systems: Theory and Practice*. Springer Texts in Mechanical Engineering. Springer Science & Business Media, New York Berlin Heidelberg, 2013. ISBN 978-1-4757-2213-0.

[31] C. W. Cobb und P. H. Douglas. A theory of production. *The American Economic Review*, 18:139–165, 1928.

[32] H. Corsten und R. Gössinger. *Produktionswirtschaft*. De Gruyter Oldenburg, 14. überarb. und erw. Auflage, 2016. ISBN 978-3-11-045277-8.

[33] D. R. Cox. *Revewal Theory*. Methuen's monographs on applied probability and statistics. Methuen, 1962.

[34] W. F. Daenzer und F. Huber, Hrsg. *Systems Engineering*. Orell Füssli Verlag Industrielle Organisation, 11., durchges. Auflage, 2002. ISBN 978-3-8574-3998-8.

[35] I. Das und J. E. Dennis. Normal-Boundary Intersection: A New Method for Generating the Pareto Surface in Nonlinear Multicriteria Optimization Problems. *SIAM Journal on Optimization*, 8(3):631–657, 1998. doi: 10.1137/S1052623496307510.

[36] P.-G. de Gennes. Reptation of a Polymer Chain in the Presence of Fixed Obstacles. *The Journal of Chemical Physics*, 55(2):572–579, 1971. doi: 10.1063/1.1675789.

[37] K. Dehnad. *Quality control, robust design, and the Taguchi method*. The Wadsworth & Brooks/Cole statistics/probability series. Wadsworth & Brooks/Cole, Pacific Grove, 1989. ISBN 0-534-09048-6.

[38] K. D'huys, B. Bamps, R. Peeters, und B. D. Ketelaere. Multicriteria evaluation and optimization of the ultrasonic sealing performance based on design of experiments and response surface methodology. *Packaging Technology and Science*, 32(4):165–174, 2019. doi: 10.1002/pts.2425.

[39] G. Dietz und R. Lippmann. *Verpackungstechnik*. Wissensspeicher für Technologen. Fachbuchverlag Leipzig, Leipzig, 1985.

[40] DIN 40041:1990. *Zuverlässigkeit - Begriffe*. Beuth Verlag, 1990.

[41] DIN 55508-1. *Verpackungsprüfung – Dichtheitsprüfung von flexiblen Verpackungen – Teil 1: Konstantdruckverfahren*. Beuth Verlag, 2018.

[42] DIN 55508-2. *Verpackungsprüfung – Dichtheitsprüfung von flexiblen Verpackungen – Teil 2: Farbverfahren*. Beuth Verlag, 2019.

[43] DIN 55508-3. *Verpackungsprüfung – Dichtheitsprüfung von flexiblen Verpackungen – Teil 3: Druckabfallverfahren*. Beuth Verlag, 2022.

[44] DIN 55508-5. *Verpackungsprüfung – Dichtheitsprüfung von flexiblen Verpackungen – Teil 3: Druckabfallverfahren*. Beuth Verlag, 2021.

[45] DIN 55529:2012-09. *Verpackungen - Bestimmung der Siegelnahtfestigkeit von Siegelungen aus flexiblen Packstoffen*. Beuth Verlag, 2012.

[46] DIN 55571-1:2014-03 . *Hot-Tack - Teil 1: Wegmessende Prüfgeräte*. Beuth Verlag, 2014.

[47] DIN 55571-2:2021-07 . *Hot-Tack - Teilt 2: Kraftmessende Prüfgeräte*. Beuth Verlag, 2021.

[48] DIN 8580:2022. *Fertigungsverfahren – Begriffe, Einteilung*. Beuth Verlag, 2022.

[49] DIN EN 22248:1993-02. *Verpackung; Versandfertige Packstücke; Vertikale Stoßprüfung (freier Fall)*. Beuth Verlag, 1993.

[50] DIN EN 415-11:2021. *Sicherheit von Verpackungsmaschinen - Teil 11: Ermittlung von Effizienz und Verfügbarkeit*. Beuth Verlag, 2021.

[51] DIN EN ISO 17480:2019-01. *Verpackung - Leichte Handhabbarkeit - Leichtes Öffnen*. Beuth Verlag, 2019.

[52] DIN EN ISO 291:2008-08. *Kunststoffe - Normklimate für Konditionierung und Prüfung*. Beuth Verlag, 2008.

[53] DIN EN ISO 868-5. *Packaging for terminally sterilized medical devices – Part 5: Sealable pouches and reels of porous materials and plastic film construction – Requirements and test methods*. Beuth Verlag, 2019.

[54] DIN EN ISO 9000:2015. *Qualitätsmanagementsysteme - Grundlagen und Begriffe*. Beuth Verlag GmbH, 2015.

[55] DIN EN ISO 9001:2015. *Qualitätsmanegementsysteme - Anforderungen*. Beuth Verlag GmbH, 2015.

[56] DIN EN ISO 9004:2018. *Qualität einer Organisation - Anleitung zum Erreichen nachhaltigen Erfolgs*. Beuth Verlag GmbH, 2018.

[57] DIN IEC 60050-351:2013. *Internationales Elektrotechnisches Wörterbuch - Teil 351: Leittechnik*. Beuth Verlag, 2014.

[58] DIN ISO 22514:2016. *Statistische Methoden im Prozessmanagement - Fähigkeit und Leistung*. Beuth Verlag, 2016.

[59] DIN ISO 2859:2014. *Annahmestichprobenprüfung anhand der Anzahl fehlerhafter Einheiten oder Fehler (Attributprüfung)*. Beuth Verlag, 2014.

[60] DIN ISO 3534:2013. *Statistik – Begriffe und Formelzeichen*. Beuth Verlag, 2013.

[61] W. Domschke, A. Drexl, R. Klein, und A. Scholl. *Einführung in Operations Research*. Springer Gabler, 9., überarb. und verb. Auflage, 2015. ISBN 978-3-662-48215-5.

[62] J. Eckle-Kohler und M. Kohler. *Eine Einführung in die Statistik und ihre Anwendungen*. Springer-Verlag, 3., überarb. u. erg. Auflage, 2017. ISBN 978-3-662-54093-0.

[63] S. F. Edwards. The statistical mechanics of polymerized material. *Proceedings of the Physikal Society*, 92(1):9–16, 1967. doi: 10.1088/0370-1328/92/1/303.

[64] M. Ehrgott. *Multicriteria optimization*. Springer-Verlag, Berlin, 2. Auflage, 2005. ISBN 978-3-540-21398-7.

[65] K. Ehrlenspiel und H. Meerkamm. *Integrierte Produktentwicklung - Denkabläufe, Methodeneinsatz, Zusammenarbeit*. Carl Hanser Verlag, München Wien, 5., überarb. u. erw. Auflage, 2013. ISBN 978-3-446-43548-3.

[66] K. Ehrlenspiel, A. Kiewert, U. Lindemann, und M. A. Mörtl. *Kostengünstig Entwickeln und Konstruieren: Kostenmanagement bei der integrierten Produktentwicklung*. Springer Vieweg, Berlin Heidelberg, 8. Auflage, 2020. ISBN 978-3-662-62591-0.

[67] G. Eichfelder. Scalarizations for adaptively solving multi-objective optimization problems. *Computational Optimization and Applications*, 44:249–273, 2009. doi: 10.1007/s10589-007-9155-4.

[68] G. Eichfelder. Twenty years of continuous multiobjective optimization in the twenty-first century. *EURO Journal on Computation Optimization*, 9 (100014), 2021. doi: https://doi.org/10.1016/j.ejco.2021.100014.

[69] H. A. ElMaraghy. Flexible and reconfigurable manufacturing systems paradigms. *International Journal of Flexible Manufacturing Systems*, 17(4): 261–276, 2006. doi: 10.1007/s10696-006-9028-7.

[70] U. Ernst. Peelable seam systems and their production. *Packaging Technology and Science*, 7(1):39–50, 1994. doi: 10.1002/pts.2770070107.

[71] J. Ester. *Systemanalyse und mehrkriterielle Entscheidung*. Verlag Technik, 1987. ISBN 3-341-00242-1.

[72] O. A. Ezekoye, C. D. Lowman, M. T. Fahey, und A. G. Hulme-Lowe. Polymer weld strength predictions using a thermal and polymer chain diffusion analysis. *Polymer Engineering & Science*, 38(6):976–991, 1998. doi: 10.1002/pen. 10266.

[73] L. Field. HP Indigo LEP Technolgy. In *Proceedings of the TAPPI Paper-Con'09*, St. Louis, Missouri, 2009. TAPPI.

[74] A. Fleck. *Hybride Wettbewerbsstrategien zur Synthese von Kosten und Differenzierungsvorteilen*. Deutscher Universitäts-Verlag/Gabler, 1995. ISBN 978-3-8244-6081-6.

[75] A. H. Fritz und J. Schmütz, Hrsg. *Fertigungstechnik*. Springer Vieweg, 2022. ISBN 978-3-662-64874-2.

[76] G.-H. Geitner. Modellbildung dynamischer Systeme mittels Leistungsfluss am Beispiel einer elastischen Welle. In *VVD 2009 - Zukunft gestalten*, 343–372. Selbstverlag der Technische Universität Dresden, 2009.

[77] P. A. Gellerich. Resilienz in der Praxis – Gestaltung robuster Verarbeitungsvorgänge. In *VVD 2024 - Herausforderung Komplexität*, 355–374. Selbstverlag der Technischen Universität Dresden, 2024. ISBN 978-3-86780-770-8.

[78] P. A. Gellerich und L. M. Bracken. Local delamination in pharmaceutical blister packages – A thermomechanical theory on buckling of heat-sealed composite laminates in flexible packaging. *TAPPI Journal*, 24(7):332–344, 2025. doi: 10.32964/TJ24.7.332.

[79] P. A. Gellerich und J.-P. Majschak. A new characterization approach for heat sealing of polymer packaging films identifying optimum sealing parameters using Pareto-based trade-off analysis. *Journal of Applied Polymer Science*, 139(44), 2022. doi: 10.1002/app.53094.

[80] P. A. Gellerich und J.-P. Majschak. Pareto-based design of experiments for identifying and comparing optimum sealing parameters of heat sealing applications in packaging machines. *TAPPI Journal*, 22(6):383–397, 2023. doi: 10.32964/TJ22.6.383.

[81] P. A. Gellerich und J.-P. Majschak. A design of experiments based on the Normal-boundary-intersection method to identify optimum machine settings in manufacturing processes. *Proceedings in Applied Mathematics & Mechanics*, 23, 2023. doi: 10.1002/pamm.202300009.

[82] W. Gellert, H. Küstner, M. Hellwich, und H. Kästner, Hrsg. *Kleine Enzyklopädie Mathematik*. Pfalz Verlag, 1969.

[83] E. G. George A. Miller und K. H. Pribram. *Plans and the Structure of Behavior*. Routledge, 1968. ISBN 978-1-3151-3056-9.

[84] H.-O. Georgii. *Stochastik*. Walter de Gruyter, 5. Auflage, 2015. ISBN 978-3-11-035969-5.

[85] H. Goldhahn. *Aufbau eines Systems verarbeitungstechnischer Grundlagen*. Dissertation, Technische Universität Dresden, 1969.

[86] H. Goldhahn. *Beitrag zur Verallgemeinerung wirkpaarungstechnischer Zusammenhänge*. Habilitation, Technische Universität Dresden, 1978.

[87] H. Goldhahn. Entstehung und Entwicklung der Ingenieursdisziplin Verarbeitungstechnik. In *VVD 2006 – Vorsprung aus Tradition*, 11–17, 2006. ISBN 3-86005-510-0.

[88] R. W. Grubbström und J. Olhager. Productivity and flexibility: Fundamental relations between two major properties and performance measures of the production system. *International Journal of Production Economics*, 52:73–82, 1997. doi: 10.1016/S0925-5273(95)00021-6.

[89] S. Gunasekaran. Automation of Food Processing. In G. V. Barbosa-Cánovas, Hrsg., *Food Engineering*, Band IV von *Encyclopedia of Life Support Systems*, 745–757. EOLSS Publications, Paris, 2005. ISBN 93-3-103999-7.

[90] E. Gutenberg. *Grundlagen der Betriebswirtschaftslehre*. Springer, 2. Auflage, 1955.

[91] E. Göbel. *Entscheidungstheorie*. UVK Verlagsgesellschaft, 2. Auflage, 2018. ISBN 978-3-8385-8731-8.

[92] S. Göhler, T. Eifler, und T. J. Howard. Robustness Metrics: Consolidating the Multiple Approaches to Quantify Robustness. *Journal of Mechanical Design*, 138(11), 2016. doi: 10.1115/1.4034112.

[93] C. Günther. *Vektoroptimierung - Vorlesungsskript im Rahmen der Vertretung der Professur Numerik der optimalen Steuerung an der TU Dresden im Sommersemester 2020*. Technische Universität Dresden, 2020.

[94] M. Hauptmann, W. Bär, L. Schmidtchen, N. Bunk, D. Abegglen, A. Vishtal, und Y. Wyser. The effect of flexible sealing jaws on the tightness of pouches made from mono-polyolefin films and functional papers. *Packaging Technology and Science*, 34(3):175–186, 2021. doi: 10.1002/pts.2552.

[95] E. Heidenreich, H. Goldhahn, J. Hennig, D. Hofmann, D. Kaysser, P. Kornmann, und E.-O. Reher. *Verarbeitungstechnik*. Verfahrenstechnik. Deutscher Verlag für Grundstoffindustrie, Leipzig, 1978.

[96] W. Hemming und W. Wagner. *Verfahrenstechnik*. Vogel Buchverlag, 11., korr. Auflage, 2011. ISBN 978-3-8343-3243-1.

[97] J. Hennig. *Ein Beitrag zur Methodik der Verarbeitungsmaschinenlehre*. Habilitation, Technische Universität Dresden, 1977.

[98] J. Hennig. Bestimmung und Optimierung der Produktivität von Verarbeitungsmaschinen. *Wissenschaftliche Zeitschrift der Technischen Universität Dresden*, 28:860–864, 1979.

[99] J. Hennig. Gemeinsamkeiten von Sondermaschinen – Verarbeitungsmaschinen in Lehre und Forschung. In *VVD 2006 – Vorsprung aus Tradition*, 23–31, 2006. ISBN 3-86005-510-0.

[100] S. S. Heragu. *Facilities Design*. CRC Press, third edition3. Auflage, 2008. ISBN 978-1-4200-6626-5.

[101] K. Hishinuma. *Heat Sealing and Engineering for Packaging*. DEStech Publications, Lancaster, 2009. ISBN 978-1-932078-85-5.

[102] K. Hishinuma. Analysis and Simulation of Opened Stress Mechanism on Heat Sealing Surface. In *Proceedings of the 17th IAPRI World Conference on Packaging*, 8–14, Tianijin, 2010.

[103] S. J. Hu. Paradigms of manufacturing - a panel discussion. Ann Arbor, Michigan, USA, 2005.

[104] V. Hubka. *Theorie Technischer Systeme*. Springer Verlag, 2., völlig neu bearb. und erw. Auflage, 1984. ISBN 3-540-12953-7.

[105] V. Hubka. Eigenschaftsgerechtes Konstruieren - Design for Properties. In V. Hubka, Hrsg., *Proceedings of ICED 91*, 710–716. Edition Heurista, 1991.

[106] C.-L. Hwang, S. R. Paidy, K. Yoon, und A. S. M. Masud. Mathematical programming with multiple objectives: A tutorial. *Computers & Operations Research*, 7(1-2):5–31, 1980. doi: 10.1016/0305-0548(80)90011-8.

[107] I. Ilhan, R. ten Klooster, und I. Gibson. Effects of process parameters and solid particle contaminants on the seal strength of low-density polyethylene-based flexible food packaging films. *Packaging Technology and Science*, 34 (7):413–421, 2021. doi: 10.1002/pts.2567.

[108] I. Ilhan, D. Turan, I. Gibson, und R. ten Klooster. Understanding the factors affecting the seal integrity in heat sealed flexible food packages: A review. *Packaging Technology and Science*, 34(6):321–337, 2021. doi: 10.1002/pts. 2564.

[109] ISO 13053:2011. *Quantitative methods in process improvement – Six Sigma*. International Organization for Standardization, 2011.

[110] ISO 22400:2014. *Automation systems and integration – Key performance indicators (KPIs) for manufacturing operatrions management*. International Organization of Standardization, 2014.

[111] J. Jahn. *Vector Optimization*. Springer-Verlag, 2. Auflage, 2011. ISBN 978-3-642-17004-1.

[112] L. Johansen. Substitution versus fixed production coefficients in the theory of economic growth: a synthesis. *Econometrica: Journal of the Econometric Society*, (2):157–176, 1959. doi: 10.2307/1909440.

[113] R. Jänchen. New Packaging Materials NEED Processing Innovations. In *Proceedings of the 18th Biennial TAPPI European PLACE Conference, Bratislava*, 2022.

[114] W. Kahle und E. Liebscher. *Zuverlässigkeitsanalyse und Qualitätssicherung*. Oldenbourg Verlag, 2013. ISBN 978-3-468-72028-0.

[115] Z. Kanani Aghkand, E. Jalali Dil, A. Ajji, und C. Dubois. Simulation of Heat Transfer in Heat Sealing of Multilayer Polymeric Films: Effect of Process Parameters and Material Properties. *Industrial & Engineering Chemistry Research*, 57(43):14571–14582, 2018. doi: 10.1021/acs.iecr.8b04160.

[116] V. E. Kane. Process Capability Indices. *Journal of Quality Technology*, 18 (1), 1986. doi: 10.1080/00224065.1986.11978984.

[117] H. M. Kim, N. F. Michelena, P. Y. Papalambros, und T. Jiang. Target Cascading in Optimal System Design. *Journal of Mechanical Design*, 125(3):474–480, 2003. doi: 10.1115/1.1582501.

[118] K.-P. Kistner. *Produktions- und Kostentheorie*. Physica-Verlag, 1993. ISBN 3-7908-0644-7.

[119] A. D. Kiureghian und O. Ditlevsen. Aleatory or epistemic? Does it matter? *Strucural Safety*, 31:105–112, 2009. doi: 10.1016/j.strusafe.2008.06.020.

[120] G.-A. Klutke, P. C. Kiessler, und M. A. Wortman. A Critical Look at the Bathtub Curve. *IEEE Transactions on Reliability*, 52(1):125–129, 2003. doi: 10.1109/TR.2002.804492.

[121] Y. Koren und M. Shpitalni. Design of reconfigurable manufacturing systems. *Journal of Manufacturing Systems*, 29:130–141, 2010. doi: 10.1016/j.jmsy. 2011.01.001.

[122] F. Kreith und W. Z. Black. *Basic Heat Transfer*. Harper & Row Publishers, 1980. ISBN 0-700-22518-8.

[123] L. Krüger, B. Saske, und K. Paetzold-Byhain. Funktionsstrukturierung als Grundlage effizienten Engineerings von Anlagen und Individualprodukten. *Konstruktion*, 76(4):60–66, 2024. doi: 10.37544/0720-5953-2024-04-60.

[124] M. Kubias und J. Steinwachs. *Effektivität von Verarbeitungsmaschinen sowie Möglichkeiten ihrer Beeinflussung unter Berücksichtigung der technischen Zuverlässigkeit*. Dissertation, Technische Universität Dresden, 1975.

[125] A. Kusiak und N. Larson. Decomposition and Representation Methods in Mechanical Design. *Journal of Mechanical Design*, 117(B):17–24, 1995. doi: 10.1115/1.2836453.

[126] G. Lanza, J. Rühl, und S. Peters. Bewertung von Stückzahl- und Variantenflexibilität in der Produktion. *ZWF Zeitschrift für wirtschaftlichen Fabrikbetrieb*, 104(11):1039 – 1044, 2009. doi: 10.3139/104.110193.

[127] H. Laux, R. M. Gillenkirch, und H. Y. Schenk-Mathes. *Entscheidungstheorie*. Springer Gabler, Berlin Heidelberg, 9. vollst. überarb. Auflage, 2014. ISBN 978-3-642-55257-1.

[128] N. Lelièvre, P. Beaurepaire, C. Mattrand, N. Gayton, und A. Otsmane. On the consideration of uncertainty in design: optimization - reliability - robustness. *Structural and Multidisciplinary Optimization*, 54(6):1423–1437, Dec. 2016. doi: 10.1007/s00158-016-1556-5.

[129] A. Lenk. *Elektromechanische Systeme*, Band 1-3. Verlag Technik, 3. Auflage, 1975.

[130] U. Liebscher. *Anlegen und Auswerten von technischen Versuchen*. MANZ Verlag, 1999. ISBN 3-7068-0541-3.

[131] P. Lochmann und J.-P. Majschak. Diskussionsbeitrag zu einem methodischen Ansatz für Entscheidungen in Zielkonflikten während der Konzeptphase der Entwicklung automatisierter Produktionsanlagen. In R. H. Stelzer und J. Krzywinski, Hrsg., *Entwerfen Entwickeln Erleben in Produktentwicklung und Design 2021*, 355–370, Dresden, 2021. TUDpress. ISBN 978-3-95908-450-5. doi: 10.25368/2021.34.

[132] F. Logist und J. Van Impe. Novel insights for multi-objective optimisation in engineering using Normal Boundary Intersection and (Enhanced) Normalised Normal Constraint. *Structural and Multidisciplinary Optimization*, 45(3): 417–431, 2012. doi: 10.1007/s00158-011-0698-8.

[133] T. Loose. *Angewandte Regelungs- und Automatisierungstechnik*. Springer Vieweg, 2022. ISBN 978–662-64846-9.

[134] J. Lunze. *Regelungstechnik 1*. Springer Vieweg, 2013. ISBN 978-3-642-29532-4.

[135] J.-P. Majschak. *Rechnerunterstützung für die Suche nach verarbeitungstechnischen Prinziplösungen*. Dissertation, Technische Universität Dresden, 1997.

[136] J. Mapes, M. Szwejczewski, und C. New. Process variability and its effect on plant performance. *International Journal of Operations & Production Management*, 20(7):792–808, 2000. doi: 10.1108/01443570010330775.

[137] R. Marler und J. Arora. Survey of multi-objective optimization methods for engineering. *Structural and Multidisciplinary Optimization*, 26(6):369–395, Apr. 2004. doi: 10.1007/s00158-003-0368-6.

[138] E. E. Marotta und L. S. Fletcher. Thermal Contact Conductance of Selected Polymeric Materials. *Journal of Thermophysics and Heat Transfer*, 10(2): 334–342, 1996. doi: 10.2514/3.792.

[139] J. Matthews, B. Hicks, G. Mullineux, J. Leslie, A. Burke, J. Goodwin, A. Ogg, und A. Campbell. An Empirical Investigation into the Influence of Sealing Crimp Geometry and Process Settings on the Seal Integrity of Traditional and Biopolymer Packaging Materials. *Packaging Technology and Science*, 26(6): 355–371, 2013. doi: 10.1002/pts.1991.

[140] G. Matthée. Lueger - Lexikon der Technik, 1968.

[141] C. A. Mattson und A. Messac. Concept Selection Using s-Pareto Frontiers. *AIAA Journal*, 41(6):1190–1198, 2003. doi: 10.2514/2.2063.

[142] C. A. Mattson und A. Messac. Handling Equality Constraints in Robust Design Optimization. In *Proceedings of the 44th AIAA/ASME/ASCE/AHS Structures, Structural Dynamics, and Materials Conference*, 2003. doi: 10. 2514/6.2003-1780.

[143] C. A. Mattson und A. Messac. Pareto Frontier Based Concept Selection Under Uncertainty, with Visualization. *Optimization and Engineering*, 6(1):85–115, 2005. doi: 10.1023/B:OPTE.0000048538.35456.45.

[144] P. Meka und F. C. Stehling. Heat sealing of semicrystalline polymer films. I. Calculation and measurement of interfacial temperatures: Effect of process variables on seal properties. *Journal of Applied Polymer Science*, 51(1): 89–103, 1994. doi: 10.1002/app.1994.070510111.

[145] G. Merziger, G. Mühlbach, D. Wille, und T. Wirth. *Formeln und Hilfen höhere Mathematik*. Binomi Verlag, 6. Auflage, 2010. ISBN 978-3-923923-36-6.

[146] A. Messac. *Optimization in practice with MATLAB for engineering students and professionals*. Cambridge University Press, New York, 2015. ISBN 978-1-107-10918-6.

[147] A. Messac, A. Ismail-Yahaya, und C. Mattson. The normalized normal constraint method for generating the Pareto frontier. *Structural and*

*Multidisciplinary Optimization*, 25(2):86–98, July 2003. doi: 10.1007/s00158-002-0276-1.

[148] K. Miettinen. *Nonlinear Multiobjective Optimization*. Kluwer Academic Publishers, 1998. ISBN 978-1-4613-7544-9.

[149] K. Miettinen und M. M. Mäkelä. On scalarizing functions in multiobjective optimization. *OR Spectrum*, 24:193–213, 2002. doi: 10.1007/s00291-001-0092-9.

[150] B. B. Mikić. Thermal contact conductance - Theoretical considerations. *International Journal of Heat and Mass Transfer*, 17:205–214, 1974. doi: 10.1016/0017-9310(74)90082-9.

[151] MIL-STD-105E:1989. *Sampling Procedures and Tables for Inspection by Attributes*. US Department of Defense, 1998.

[152] D. C. Montgomery. *Introduction to Statistical Quality Control*. John Wiley & Sons, Inc., 6. Auflage, 2009. ISBN 978-0-470-16992-6.

[153] D. C. Montgomery. *Design and analysis of experiments*. John wiley & sons, 2017. ISBN 978-1-118-14692-7.

[154] B. A. Morris. Predicting the Heat Seal Performance of Ionomer Films. *Journal of Plastic Film & Sheeting*, 18(3):157–167, July 2002. doi: 10.1177/8756087902018003002.

[155] B. A. Morris. *The Science and Technology of Flexible Packaging*. PKL Handbook Series. Elsevier, Amsterdam, 2017. ISBN 978-0-323-24273-8.

[156] A. A. Mullur, C. A. Mattson, und A. Messac. Pitfalls of the typical construction of decision matrices for concept selection. In *Proceedings of the 41st Aerospace Science Meeting and Exhibit*. American Institute of Aeronautics and Astronautics, 2003.

[157] J. Müller. *Arbeitsmethoden der Technikwissenschaften*. Springer-Verlag, 1990. ISBN 3-540-51661-1.

[158] S. Nahamias. *Production and Operations Analysis*. The Irwin series in production operations management. Irwin, 1997. ISBN 0-256-19508-0.

[159] Z. Najarzadeh und A. Ajji. A novel approach toward the effect of seal process parameters on final seal strength and microstructure of LLDPE. *Journal of Adhesion Science and Technology*, 28(16):1592–1609, Aug. 2014. doi: 10.1080/01694243.2014.907465.

[160] S. Nakajima. *TPM Development Program: Implementing Total Productive Maintenance*. Productivity Press, Cambridge MA, 1989. ISBN 978-0-915299-37-9.

[161] T. Nebl. *Einführung in die Produktionswirtschaft*. Lehr- und Hanbücher der Betriebswirtschaftslehre. R Oldenbourg Verlag, 1996. ISBN 3-468-23129-4.

[162] R. Neugebauer, Hrsg. *Werkzeugmaschinen – Aufbau, Funktion und Anwendung von spanenden und abtragenden Werkzeugmaschinen*. Springer Vieweg, 2012. ISBN 978-3-642-30077-6.

[163] S. Otto. *Der Reproduktionsprozess des sozialistischen Betriebs*, Band 1 von *Sozialistische Betriebswirtschaft für Ingenieure*. Institut für Fachschulwesen der DDR, 1976.

[164] G. Pahl, W. Beitz, J. Feldhusen, Karl-Heinrich, und G. Karl-Heinrich. *Konstruktionslehre / Grundlagen erfolgreicher Produktentwicklung ; Methoden und Anwendung*. Springer-Lehrbuch. Springer, Berlin, Heidelberg, 7. Auflage, 2007. ISBN 978-3-540-34061-4.

[165] P. Y. Papalambros. Optimal Design of Mechanical Engineering Systems. *Journal of Vibration and Acoustics*, 117(B):55–62, June 1995. doi: 10.1115/1.2838677.

[166] P. Y. Papalambros und D. J. Wilde. *Principles of Optimal Design - Modelling and Computation*. Cambridge University Press, 2000. ISBN 978-0-5216-2727-6.

[167] V. Pareto. *Manuale di economia politica con una introduzione alla scienza sociale*. Piccola biblioteca scientifica. Societa editrice libraria, 1906.

[168] A. Parkinson, C. Sorensen, und N. Pourhassan. A General Approach for Robust Optimal Design. *Journal of Mechanical Design*, 115(1):74–80, 1993. doi: 10.1115/1.2919328.

[169] A. Pascoletti und P. Serafini. Scalarizing vector optimization problems. *Journal of Optimization Theory and Applications*, 42:499–524, 1984. doi: 10.1007/BF00934564.

[170] H. M. Paynter. *Analysis and Design of Engineering Systems*. The M.I.T. Press, 1961.

[171] M. S. Peters, K. D. Timmerhaus, und R. E. West. *Plant Design and Economics for Chemical Engineers*. McGraw-Hill, 5. Auflage, 2003. ISBN 0-07-119872-5.

[172] T. Pfeifer und R. Schmitt, Hrsg. *Masing Handbuch Qualitätsmanagement*. Carl Hanser Verlag, 6., überarb. Auflage, 2014. ISBN 978-3-446-43431-8.

[173] F. T. Piller. *Kundenindividuelle Massenproduktion: die Wettbewerbsstrategie der Zukunft*. Hanser, München, 1998. ISBN 978-3-446-19336-9.

[174] E. Planes, S. Marouani, und L. Flandin. Optimizing the heat sealing parameters of multilayers polymeric films. *Journal of Materials Science*, 46(18):5948–5958, Sept. 2011. doi: 10.1007/s10853-011-5550-4.

[175] K. R. Popper. *Logik der Forschung*. Mohr Siebeck, 11. Auflage, 2005. ISBN 9783161484100.

[176] K. Rauh. *Aufbaulehre der Verarbeitungsmaschinen*. Giradet, 1950.

[177] C. A. Reeves und D. A. Bednar. Defining quality: alternatives and implications. *Academy of Management Review*, 19(3):419–445, July 1994. doi: 10.5465/amr.1994.9412271805.

[178] G. Reinhart, Hrsg. *Handbuch Industrie 4.0 – Geschäftsmodelle, Prozesse, Technik*. Carl Hanser Verlag, 2017. ISBN 978-3-446-44642-7.

[179] G. Reinhart, J. Berlak, C. Effert, und C. Selke. Wandlungsfähige Fabrikgestaltung. *Zeitschrift für wirtschaftlichen Fabrikbetrieb*, 97:18–23, 2002.

[180] W. Roddeck. *Bondgraphen - Modellbildung und Simulation dynamischer Systeme*. Springer Vieweg, Wiesbaden, 2019. ISBN 978-3-658-25920-4.

[181] W. Roddeck. *Grundprinzipien der Mechatronik*. Springer Vieweg, 2022. ISBN 978-3-658-38088-5.

[182] G. Ropohl. Zum Begriff der Flexibilität. *Werkstatttechnik*, 75(12):644, 1967.

[183] P. Römisch und M. Weiß. *Projektierungspraxis Verarbeitungsanlagen*. Springer Vieweg, Wiesbaden, 2014. ISBN 978-3-658-02358-4.

[184] F. Schmidt. Simulation des Verhaltens von Verarbeitungssystemen. In *VVD 1998 - Verarbeitungsmaschinen und Verpackungstechnik Integrativ Entwickeln*, 89–109, Dresden, 1998. Selbstverlag der Technischen Universität Dresden. ISBN 3-86005-201-5.

[185] F. Schmidt. *Vorgangsdeduzierte Verarbeitungstechnik*. Habilitation, Technische Universität Dresden, 2000.

[186] C. Schneeweiß. *Einführung in die Produktionswirtschaft*. Springer, 8., verb. und erw. Auflage, 2002. ISBN 3-540-43192-6.

[187] G. Schubert und M. Lennarz. Hot tack of seal seams - Upgrade of an established method. In *Proceedings of the TAPPI PLACE 2012 Conference, Seattle*, 2012.

[188] M. Schweitzer und H.-U. Küpper. *Produktions- und Kostentheorie der Unternehmung*. Rowohlt-Taschenbuch-Verlag, 1974. ISBN 978-3-4992-1041-9.

[189] W. A. Shewhart. *Economic Control of Quality of Manufactured Product*. Macmillan and Co. Ltd., London, 1931.

[190] K. Siebertz, D. van Bebber, und T. Hochkirchen. *Statistische Versuchsplanung*. Springer Vieweg, 2. Auflage, 2017. ISBN 978-3-662-55742-6.

[191] V. L. Smith. *Investment and Production*. Harvard University Press, 1961.

[192] W. L. Smith. Renewal Theory and Its Ramification. *Journal of the Royal Statistical Society. Series B (Methodological)*, 20(2):243–302, 1958. doi: 10.1111/j.2517-6161.1958.tb00294.x.

[193] R. G. Stacer und H. L. Schreuder-Stacer. Time-dependent autohesion. *International Journal of Fracture*, 39:201–216, 1989. doi: 10.1007/BF00047450.

[194] H. Stange. Modellierung von Antriebssystemen für Verarbeitungsmaschinen. *Maschinenbau-Technik*, 25:403–409, 1976.

[195] F. C. Stehling und P. Meka. Heat sealing of semicrystalline polymer films. II. Effect of melting distribution on heat-sealing behavior of polyolefins. *Journal of Applied Polymer Science*, 51(1):105–119, 1994. doi: 10.1002/app.1994.070510112.

[196] M. Steven. *Produktionstheorie*. Die Wirtschaftswissenschaften. Gabler Verlag, 1998. ISBN 3-409-12930-8.

[197] S. Suenaga und E. Hirasawa. Connection between Hot Tack Force and Form-Fill-Seal Performance of Packaging Films. *Seikei-Kakou*, 16(7):450–458, 2004. doi: 10.4325/seikeikakou.16.450.

[198] G. Taguchi, E. A. Elsayed, und T. Hsiang. *Quality engineering in production systems*. McGraw-Hill series in industrial engineering and management science. McGraw-Hill, New York, 1989. ISBN 0-07-062830-0.

[199] G. Taguchi, S. Chowdhury, und Y. Wu. *Taguchi's Quality Engineering Handbook*. John Wiley & Sons, Inc., 2005. ISBN 0-471-41334-8.

[200] H. Theller. Heatsealability of Flexible Web Materials in Hot-Bar Sealing Applications. *Journal of Plastic Film & Sheeting*, 5(1):66–93, 1989. doi: 10.1177/875608798900500107.

[201] S. Tietze. Einführendes in die Stochastik von Maschinen und Anlagen. 2023.

[202] C. Troll. *Synthese und Umsetzung optimaler Bewegungen unter Berücksichtigung der einstellbaren Maschinendrehzahl.* Dissertation, Technische Universität Dresden, 2021.

[203] G. Tränkner, Hrsg. *Verarbeitungsmaschinen,* Band 3,2 von *Taschenbuch Maschinenbau.* Verlag Technik, Berlin, 1980.

[204] A. Töpfer und H. Mehdorn. *Total Quality Management.* Hermann Luchterhand Verlag, 3. aktual. Auflage, 1994. ISBN 3-472-01759-7.

[205] H. R. Varian. *Grundzüge der Mikroökonomie.* Walter de Gruyter, 9., aktual. u. erw. Auflage, 2016. ISBN 978-3-11-044093-5.

[206] VDI 2221:2019. *Entwicklung technischer Produkte und Systeme.* Beuth Verlag GmbH, 2019.

[207] VDI 2225:1998. *Technisch-wirtschaftliches Konstruieren.* Beuth Verlag, 1998.

[208] VDI 2742:2023. *Motion-Control-Systeme mit ungleichmäßig übersetzenden Getrieben - Nutzeffekte und Realisierungsaspekte.* Beuth Verlag GmbH, 2023.

[209] VDI 3423:2011. *Verfügbarkeit von Maschinen und Anlagen.* Beuth Verlag, 2011.

[210] VDI-Gesellschaft Verfahrenstechnik und Chemieingenieurwesen, Hrsg. *VDI-Wärmeatlas.* Springer-Verlag, 2013. ISBN 978-3-642-1990-6.

[211] VDMA 8748:2021-6. *Kriterien zur Qualitätsbeurteilung von Packstoff zur Verarbeitung auf Siegelrand- und Schlauchbeutel-Form-, Füll- und Verschließmaschinen und -anlagen (Mindestanforderungen).* Beuth Verlag GmbH, 2021.

[212] L. von Bertalanffy. *General system theory – Foundations, development, applications.* Allen Lane The Penguin Press, 1971.

[213] T. C. Wagner und P. Y. Papalambros. A General Framework for Decomposition Analysis in Optimal Design. 315–325. American Society of Mechanical Engineers Digital Collection, Sept. 1993. doi: 10.1115/DETC1993-0404.

[214] W. Wagner. *Planung im Anlagenbau.* Vogel Verlag, 1998. ISBN 3-8023-1723-8.

[215] J. Wappis und B. Jung. *Null-Fehler-Management – Umsetzung von Six Sigma.* Hanser Verlag, 5., überarb. und erw. Auflage, 2016. ISBN 978-3-4464-4858-2.

[216] F. Weile. *Komplexe Untersuchung von Antriebs- und Verarbeitungssystemen mittels Simulation am Beispiel von Schlauchbeutelmaschinen.* Dissertation, Technische Universität Dresden, 1996.

[217] J. Wernstedt. *Experimentelle Prozessanalyse.* R. Oldenbourg Verlag, 1989. ISBN 3-486-20869-1.

[218] N. Wiener. *Kybernetik – Regelung und Nachrichtenübertragung in Lebewesen und Maschine.* Rowohlt, 1968. ISBN 3499552649.

[219] J. P. Womak, D. T. Jones, und D. Roos. *Die zweite Revolution in der Autoindustrie.* Campus Verlag, 6. Auflage, 1992. ISBN 3-593-34548-X.

[220] R. P. Wool. *Polymer Interfaces.* Hanser Publishers, 1995. ISBN 3-446-16140-6.

[221] R. P. Wool, B.-L. Yuan, und O. J. McGarel. Welding of polymer interfaces. *Polymer Engineering & Science*, 29(19):1340–1367, 1989. doi: 10.1002/pen. 760291906.

[222] R. P. Wool, D. M. Bailey, und A. D. Friends. The nail solution: adhesion at interfaces. *Journal of Adhesion Science and Technology*, 10(4):305–325, 1996. doi: 10.1163/156856196X00724.

[223] M. Yoshimura, M. Taniguchi, K. Izui, und S. Nishiwaki. Hierarchical Arrangement of Characteristics in Product Design Optimization. *Journal of Mechanical Design*, 128(4):701–709, 2006. doi: 10.1115/1.2198256.

[224] C. S. Yuan, A. Hassan, M. I. H. Ghazali, und A. F. Ismail. Heat sealability of laminated films with LLDPE and LDPE as the sealant materials in bar sealing application. *Journal of Applied Polymer Science*, 104(6):3736–3745, 2007. doi: 10.1002/app.25863.

[225] C. Zangemeister. *Nutzwertanalyse in der Systemtechnik*. Wittemannsche Buchhandlung, München, 2. Auflage, 1971.

[226] D. M. Zelenović. Flexibility - a condition for effective production systems. *International Journal of Production Research*, 20(3):319 – 337, 1982. doi: 10.1080/00207548208947770.

[227] G. E. Zinsmeister und Y. K. Younes. Computer Simulation of an Impulse Heat Sealing Machine. *Journal of Vibration, Acoustics, Stress, and Reliability in Design*, 105(3):292–299, July 1983. doi: 10.1115/1.3269103.

[228] H.-D. Zollondz. *Grundlagen Qualitätsmanagement*. Edition Management. Oldenbourg Wissenschaftsverlag GmbH, 2., vollst. überarb. und erw. Auflage, 2006. ISBN 978-3-486-57964-2.

# Anhang A
# Grundbegriffe der Theorie dynamischer Systeme

Ein dynamisches System ist ein mathematisches Modell, das einen beliebigen real existierenden, zeitabhängigen Prozess beschreibt. Betrachtet werden Systeme, die homogen bezügliche der Zeit sind, d. h., deren Verlauf nur vom Anfangszustand, nicht aber vom Anfangszeitpunkt abhängig ist. Eine umfangreiche Einführung in die Theorie der dynamischen Systeme geben ARROWSMITH UND PLACE [6]. Im folgenden seien die grundlegenden Begriffe genannt, wobei in wesentlichen Teilen der Wortlaut nach [26] wiedergegeben wird.

### Dynamisches System und Orbit

Ein *dynamisches System* wird definiert durch einen *Phasenraum* $\mathcal{M}$ und eine einparametrige Familie von Abbildungen $\varphi^t : \mathcal{M} \to \mathcal{M}$, wobei der Parameter *Zeit* $t \in \mathcal{T}$ aus $\mathbb{R}$ bzw. $\mathbb{R}_+$ (*zeitkontinuierlich*) oder $\mathbb{Z}$ bzw. $\mathbb{Z}_+$ (*zeitdiskret*) ist. Für beliebiges $x \in \mathcal{M}$ muss dabei $\varphi^0(x) = x$ und $\varphi^t(\varphi^s(x)) = \varphi^{t+s}(x)$ für alle $t, s \in \mathcal{T}$ gelten.

Für beliebiges festes $x \in \mathcal{M}$ definiert die Abbildung $t \mapsto \varphi^t(x)$ mit $t \in \mathcal{T}$ eine *Bewegung* des dynamischen Systems mit Anfang $x$ zur Zeit $t = 0$. Das Bild $\gamma(x)$ einer Bewegung mit Anfang $x$ ist der *Orbit* oder die *Trajektorie* durch $x$, d. h. $\gamma(x) = \{\varphi^t(x)\}_{t \in \mathcal{T}}$.

### Zeitkontinuierliche dynamische Systeme und Fluss

Ist $\mathcal{T} = \mathbb{R}$ bzw. $\mathbb{R}_+$, so nennt man das dynamische System auch *Fluss* bzw. *Semifluss*. Gegeben sei eine gewöhnliche Differentialgleichung

$$\frac{\mathrm{d}x}{\mathrm{d}t} = f(x)\,, \tag{A.1}$$

wobei $f : \mathcal{M} \to \mathbb{R}^n$ (*Vektorfeld*) eine $r$-mal stetig differenzierbare Abbildung ist und $\mathcal{M} = \mathbb{R}^n$ oder eine offene Teilmenge des $\mathbb{R}^n$ darstellt. Schreibt man die Abbildung $f$

© Der/die Herausgeber bzw. der/die Autor(en), exklusiv lizenziert an
Springer Fachmedien Wiesbaden GmbH, ein Teil von Springer Nature 2026
P. A. Gellerich, *Analyse, Synthese und Optimierung von Verarbeitungsmaschinen im Zielkonflikt zwischen Qualität, Ausbringung, Robustheit und Kosten*,
Fortschritte Naturstofftechnik, https://doi.org/10.1007/978-3-658-51272-9

in Komponenten als $f = (f_1, f_2, ..., f_n)$, so ist (A.1) das System aus den $n$ skalaren Differenzialgleichungen $dx_i/dt = f_i(x_1, x_2, ..., x_n)$ mit $i = 1, 2, ..., n$.

Zu jeder Differenzialgleichung (A.1) gibt es eine Abbildung $\varphi : \mathcal{M} \to \mathcal{M}$ mit folgenden Eigenschaften:

1. $\varphi(0, x) = x$ für alle $x \in \mathcal{M}$.
2. $\varphi(t + s, x) = \varphi(t, \varphi(s, x))$ für alle $t, s \in \mathbb{R}$ und alle $x \in \mathcal{M}$.
3. $\varphi(\cdot, \cdot)$ ist $(r + 1)$-mal stetig differenzierbar bezüglich des ersten Arguments (Zeit) und $r$-mal stetig differenzierbar bezüglich des zweiten Arguments (Ortsvariable).
4. $\varphi(\cdot, x)$ ist für jedes fixierte $x \in \mathcal{M}$ eine Lösung von (A.1) auf ganz $\mathbb{R}$ mit Anfang zur Zeit $t = 0$, d. h., es gilt $\partial \varphi(t, x)/\partial t = f(\varphi(t, x))$ für alle $t \in \mathbb{R}$ und $\varphi(0, x) = x$.

Der zu (A.1) gehörige Fluss lässt sich dann durch die Beziehung $\varphi^t := \varphi(t, \cdot)$ definieren. Die Bewegungen $\varphi(\cdot, x) : \mathbb{R} \to \mathcal{M}$ heißen *Integralkurven*.


**Zeitdiskrete dynamische Systeme**

Gegeben sei auf dem metrischen Raum $(\mathcal{M}, \rho)$ die Differenzengleichung

$$x_{t+1} = \varphi(x_t) \tag{A.2}$$

mit $t \in \mathcal{T}$, die auch als Zuordnung $x \mapsto \varphi(x)$ geschrieben werden kann. Dabei ist $\mathcal{T} \subseteq \mathbb{Z}$, und $\varphi : \mathcal{M} \to \mathcal{M}$ ist eine stetige oder $r$-mal stetig differenzierbare Abbildung, wobei im letzten Fall $\mathcal{M} \subset \mathbb{R}^n$ sei.

# Anhang B
# Grundbegriffe der Wahrscheinlichkeitstheorie

Die Wahrscheinlichkeitstheorie bildet die formale Grundlage der Statistik. Für diese Arbeit sind Grundgesamtheiten im $\mathbb{R}^k$, kontinuierliche Zufallsvariablen $X$ und die Beschreibung von Wahrscheinlichkeiten mit Hilfe der Dichtefunktion $f_X$ und der Verteilungsfunktion $F_X$ relevant. Im Folgenden seien nur die dazu notwendigen Begriffe und Konzepte eingeführt. Die Ausführungen folgen [22, 26, 62], teilweise im Wortlaut. Für eine gut verständliche Heranführung sei auf [62] verwiesen.

### Das Zufallsexperiment

Ausgangspunkt der mathematischen Beschreibung des Zufalls ist das *Zufallsexperiment*. Ein Zufallsexperiment ist ein Experiment mit vorher unbestimmten Ergebnis, das im Prinzip unbeeinflusst voneinander beliebig oft wiederholt werden kann. Es gelten folgende Festlegungen:

Die Menge aller möglichen Ergebnisse eines Zufallsexperiments wird *Grundgesamtheit* oder *Grundmenge* $\Omega$ des Zufallsexperiments genannt.

Ein Element dieser Menge, d. h. ein Ergebnis des Zufallsexperiment, sei mit $\omega$ bezeichnet.

Jede Teilmenge $A$ der Grundgesamtheit $\Omega$ eines Zufallsexperiments heißt *Ereignis*. Ein Ereignis $A$ *tritt ein* bzw. *tritt nicht ein*, falls das Ergebnis $\omega$ des Zufallsexperiments in der Menge $A$ *liegt* bzw. *nicht liegt*. Die einelementigen Teilmengen der Grundgesamtheit werden als Elementarereignisse bezeichnet.

### Der Wahrscheinlichkeitsraum

Das Tripel

$$(\Omega, A(\Omega), P) \tag{B.1}$$

bestehend aus der Grundgesamtheit $\Omega$, dem Mengensystem der Ereignisse $A(\Omega)$ und dem Wahrscheinlichkeitsmaß $P$ heißt *Wahrscheinlichkeitsraum*.

Die *Grundgesamtheit* ist eine nichtleere Menge, d. h. $\Omega \neq \emptyset$.

Das *Mengensystem der Ereignisse* ist ein System von Teilmengen der Grundgesamtheit $\Omega$, für das gilt:

1. Die Grundgesamtheit und die leere Menge gehören zum Mengensystem, d. h. $\Omega \in A(\Omega)$.
2. Zu jeder Teilmenge $A$ gehört auch das Komplement dazu, d. h. $A \in A(\Omega) \implies \Omega \setminus A \in A(\Omega)$.
3. Zu jeder abzählbaren Folge $A_i, i = 1, 2, 3, \ldots$ von paarweise disjunkten Teilmengen $A_i$ gehört auch die Vereinigung $\bigcup_{i=1}^{\infty} A_i$ dieser Teilmengen dazu, d. h. $A_i \in A(\Omega)$ für $i = 1, 2, 3, \ldots \implies \bigcup_{i=1}^{\infty} A_i \in A(\Omega)$.

Dieses Mengensystem heißt $\sigma$-Algebra.

Ein *Wahrscheinlichkeitsmaß* ist eine Abbildung

$$P : A(\Omega) \to [0, 1], \tag{B.2}$$

die jedem Element $A \in A(\Omega)$, d. h. jedem Ereignis, eine reelle Zahl zuordnet. Für diese Abbildung muss

1. $P(A) \geq 0$ für alle $A \in A(\Omega)$,
2. $P(\Omega \setminus A) = 1 - P(A)$ und
3. $P(\Omega) = 1$

gelten.

In vielen Fällen wird von der Grundgesamtheit $\Omega = \mathbb{R}$ ausgegangen. Das zugehörige Mengensystem der Ereignisse ist die Borelsche $\sigma$-Algebra mit $A(\mathbb{R}) = \mathcal{L}$. Das Wahrscheinlichkeitsmaß ist damit durch

$$P : \mathcal{L} \to [0, 1]. \tag{B.3}$$

gegeben. Die Borelsche $\sigma$-Algebra ist die kleinste $\sigma$-Algebra, die alle Intervalle der Form $(\alpha, \beta] := \{x \in \mathbb{R} \mid \alpha < x \leq \beta\}$ mit $\alpha, \beta \in \mathbb{R}$ enthält. Wegen der oben genannten Eigenschaften der $\sigma$-Algebren umfasst sie damit die einelementigen Teilmengen, alle Intervalle, deren Komplemente und abzählbaren Vereinigungen.


**Zufallsvariable und Wahrscheinlichkeitsverteilung**

Das Konzept der Zufallsvariablen ermöglicht es, Zufallsexperimente mit den Methoden der Analysis zu modellieren. Hierzu wird eine Menge von Elementarereignissen $\omega \in \Omega$ durch eine Größe $X$ beschrieben, die unter Zufallsbedingungen Werte $x$ aus einem reellen Bereich annehmen kann. Im Folgenden seien nur kontinuierliche Zufallsvariablen $X(\omega) \in \mathbb{R}$ betrachtet:

Sei $(\Omega, A(\Omega), P)$ ein Wahrscheinlichkeitsraum und $(\mathbb{R}, \mathcal{L})$ ein *Messraum*. Dann heißt

$$X : \Omega \to \mathbb{R} \tag{B.4}$$

*kontinuierliche Zufallsvariable*, wenn $X$ messbar ist bezüglich $A(\Omega)$ und $\mathcal{L}$. D.h., es gilt $X^{-1}(M) \in A(\Omega)$ für alle $M \in \mathcal{L}$, wobei $X^{-1}(M) := \{\omega \in \Omega \mid X(\omega) \in \mathcal{L}\}$. Die Bezeichnung

$$X : (\Omega, A(\Omega), P) \to \mathbb{R} \tag{B.5}$$

für eine Zufallsvariable $X$ ist ebenfalls üblich.

Damit lässt sich ein neuer Wahrscheinlichkeitsraum $(\mathbb{R}, \mathcal{L}, P_X)$ aufstellen, der jedem Ereignis $M \in \mathcal{L}$, eine Wahrscheinlichkeit $P_X(M)$ zuordnet. Hierbei ist das neue Wahrscheinlichkeitsmaß $P_X : \mathcal{L} \to [0, 1]$ definiert durch

$$P_X(M) := P(X^{-1}(M)) \tag{B.6}$$

für alle $M \in \mathcal{L}$. Das Wahrscheinlichkeitsmaß $P_X$ heißt *Wahrscheinlichkeitsverteilung der Zufallsvariable X*.

**Verteilungsfunktion und Dichtefunktion**

Die Wahrscheinlichkeitsverteilung einer kontinuierlichen Zufallsvariable lässt sich auf zwei Arten durch eine Funktion beschreiben, die Dichtefunktion und die Verteilungsfunktion:

Eine Funktion $f_X : \mathbb{R} \to \mathbb{R}$ heißt *Dichte* oder *Dichtefunktion* der Zufallsvariable $X$, wenn sie folgende Bedingungen erfüllt:

1. $f_X(x) \geq 0$ für alle $x \in \mathbb{R}$.
2. $\int_{\mathbb{R}} f_X(x) \, dx = 1$.

Das Wahrscheinlichkeitsmaß $P_X$ ist damit durch

$$P_X(M) = \int_M f_X(x) \, dx \tag{B.7}$$

gegeben.

Die Funktion $F : \mathbb{R} \to [0, 1]$ mit

$$F_X(\alpha) = P_X((-\infty, \alpha]) = P(X \leq \alpha) \tag{B.8}$$

heißt *Verteilungsfunktion von X* und hat folgende Eigenschaften:

1. $F$ ist monoton steigend.
2. $\lim_{\alpha \to -\infty} F(\alpha) = 0$ und $\lim_{\alpha \to \infty} F(\alpha) = 1$.
3. $F$ ist von rechts stetig, d. h. $\lim_{\alpha \to \alpha_0, \alpha > \alpha_0} F(\alpha) = F(\alpha_0)$.

Die Verteilungsfunktion folgt aus der Dichtefunktion mit

$$F_X(\alpha) = \int_{-\infty}^{\alpha} f_X(x) \, dx \, , \tag{B.9}$$

sodass sowohl die Dichtefunktion $f_X$ als auch die Verteilungsfunktion $F_X$ die Wahrscheinlichkeitsverteilung der Zufallsvariable $X$ eindeutig festlegen.

## Mehrdimensionale Zufallsvariablen

Die Erfassung von Problemstellungen in der Praxis erfolgt häufig durch mehrere Zufallsvariablen, deren Eigenschaften gemeinsam untersucht werden. So auch in dieser Arbeit. Diese Zufallsvariablen werden dafür auf einem Wahrscheinlichkeitsraum zusammengefasst:

Sei $(\Omega, A(\Omega), P)$ ein Wahrscheinlichkeitsraum, $X_1, \ldots, X_k : (\Omega, A(\Omega), P) \to \mathbb{R}$ jeweils Zufallsvariablen. Dann heißt $X = (X_1, \ldots, X_k)$ *k-dimensionale Zufallsvariable* mit $X : (\Omega, A(\Omega), P) \to \mathbb{R}^k$.

Wie im eindimensionalen Fall lässt sich ein Wahrscheinlichkeitsraum $(\mathbb{R}^k, \mathcal{L}^k, P_X)$ aufstellen, der jedem Ereignis $B \in \mathcal{L}^k$, eine Wahrscheinlichkeit $P_X$ zuordnet. Die *Wahrscheinlichkeitsverteilung der Zufallsvariable $X$* ist dann durch das Wahrscheinlichkeitsmaß $P_X : \mathcal{L}^k \to [0, 1]$ mit

$$P_X(B) := P(X^{-1}(B)) \tag{B.10}$$

definiert.

Dieses Wahrscheinlichkeitsmaß ist analog durch die *Dichtefunktion $f_X : \mathbb{R}^k \to \mathbb{R}$* mit

$$P_X(B) = \int_B \cdots \int f_X(x_1, \ldots, x_k) \, dx_1 \ldots dx_k \tag{B.11}$$

gegeben.

Weiter kann zu $\boldsymbol{\alpha} = (\alpha_1, \ldots, \alpha_k) \in \mathbb{R}^k$ die Notation

$$\{\mathbf{x} \in \mathbb{R}^k \mid x_i \leq \alpha_i \text{ für } i = 1, \ldots, k\} =: (-\infty, \boldsymbol{\alpha}] \in \mathcal{L}^k \tag{B.12}$$

und damit $P(X^{-1}((-\infty, \boldsymbol{\alpha}])) = P_X((-\infty, \boldsymbol{\alpha}])$ definiert werden, sodass die *Verteilungsfunktion $F : \mathbb{R}^k \to [0, 1]$* das Wahrscheinlichkeitsmaß $P_X$ mit

$$F_X(\boldsymbol{\alpha}) = P_X((-\infty, \boldsymbol{\alpha}]) = P(X \leq \boldsymbol{\alpha}) \tag{B.13}$$

beschreibt.

Der Zusammenhang zwischen Verteilungsfunktion und Dichtefunktion lautet dann

$$F_X(\boldsymbol{\alpha}) = \int_{-\infty}^{\alpha_1} \cdots \int_{-\infty}^{\alpha_k} f_X(x_1, \ldots, x_k) \, dx_1 \ldots dx_k \ . \tag{B.14}$$

**Transformation von Zufallsvariablen**

Häufig hat das Eintreten zufälliger Ereignisse Konsequenzen, die für die praktische Problemstellung von eigentlichem Interesse sind. Lassen sich die Konsequenzen durch eine oder mehrere Zahlen ausdrücken, werden diese selbst zur Zufallsvariable. Durch eine Transformation lässt sich die Wahrscheinlichkeitsverteilung dieser Zufallsvariablen ermitteln:

Sei $X : (\Omega, A(\Omega), P) \rightarrow \mathbb{R}$ eine Zufallsvariable und $g : \mathbb{R} \rightarrow \mathbb{R}$ eine Funktion. Das Hintereinanderausführen beider Funktionen

$$g \circ X(\omega) = g(X(\omega)) \text{ für alle } \omega \in \Omega \qquad (B.15)$$

ergibt eine Funktion $g \circ X(\omega) : \Omega \rightarrow \mathbb{R}$. Ist diese Funktion $\mathcal{L}$-$\mathcal{L}$-messbar[1], so ist $g \circ X : (\Omega, A(\Omega), P) \rightarrow \mathbb{R}$ eine Zufallsvariable. Statt der korrekten Schreibweise $g \circ X$ wird ist auch die Schreibweise $g(X)$ üblich. Die Verteilungsfunktion der Zufallsvariable $g(X)$ ergibt sich dann durch Hintereinanderausführen der Transformationsfunktion $g$ und der Dichtefunktion der Zufallsvariable $X$:

$$F_{g(X)}(\alpha) = \int\limits_{g(x) \leq \alpha} f_X(x) \, \mathrm{d}x \, . \qquad (B.16)$$

Die Transformation mehrdimensionaler Zufallsvariablen erfolgt analog: Sei $X = (X_1, \ldots, X_k)$ mit $X : (\Omega, A(\Omega), P) \rightarrow \mathbb{R}^k$ eine k-dimensionale Zufallsvariable und $\mathbf{g} : \mathbb{R}^k \rightarrow \mathbb{R}^n$ eine $\mathcal{L}^k$-$\mathcal{L}^n$-messbare Funktion. Das Hintereinanderausführen beider Funktionen ergibt eine Zufallsvariable $\mathbf{g} \circ X : (\Omega, A(\Omega), P) \rightarrow \mathbb{R}^n$, auch $\mathbf{g}(X)$ geschrieben. Die Verteilungsfunktion dieser Zufallsvariable folgt wie im eindimensionalen Fall aus

$$F_{\mathbf{g}(X)}(\boldsymbol{\alpha}) = \int\limits_{\mathbf{x} : \mathbf{g}(\mathbf{x}) \leq \boldsymbol{\alpha}} \cdots \int f_X(x_1, \ldots, x_k) \, \mathrm{d}x_1 \ldots \mathrm{d}x_k \, . \qquad (B.17)$$

---

[1] Zur Messbarkeit siehe [22]. Die hier verlangte $\mathcal{L}$-$\mathcal{L}$-Messbarkeit ist keine starke Forderung an die Funktion $g$. So erfüllen z. B. alle stückweise stetigen Funktionen diese Voraussetzung, was für praktische Anwendungen i. d. R. ausreicht [22].

# Anhang C
# Anwendung des impliziten Differenzenverfahrens auf das Wärmekontaktsiegeln

Das implizite Differenzenverfahren ist ein numerisches Verfahren zur Lösung partieller Differentialgleichungen, wie der eindimensionalen Wärmeleitungsgleichung

$$\frac{\partial T}{\partial t} = a\,\frac{\partial T}{\partial x^2}\,. \tag{5.7}$$

Eine allgemeine Beschreibung des Verfahrens liefert z. B. [26]. Die speziellen Differenzengleichungen für Wärmeleitungsprobleme sind bspw. im VDI-Wärmeatlas [210] angegeben. Grundlage der nachfolgenden Darstellungen ist die Herleitung der Differenzengleichungen für den eindimensionalen Fall nach ZINSMEISTER [227]. Ein Ausführliche Darstellung findet sich auch bei KREITH UND BLACK [122].

**Diskretisierung des Problems für den eindimensionalen Fall**

Die Differenzenverfahren basieren auf einer Zerlegung der partiellen Differentialgleichung (5.7) in $i = 1, 2, ..., n$ räumliche Abschnitte, die sog. Knoten $i$, mit der Dicke $\Delta x_i$, siehe Abb. C.1. Die Energiebilanz am Knoten $i$ lautet damit

$$\dot{q}_{i-1 \rightarrow i} + \dot{q}_{i+1 \rightarrow i} = \frac{\mathrm{d}U_i}{\mathrm{d}t}\,. \tag{C.1}$$

Hierbei bezeichnen $\dot{q}_{i-1 \rightarrow i}$ und $\dot{q}_{i+1 \rightarrow i}$ die Wärmestromdichte zwischen dem Knoten $i$ und den benachbarten Knoten $i-1$ bzw. $i+1$. Der Ausdruck $\mathrm{d}U_i/\mathrm{d}t$ ist die Änderungsrate der inneren Energie des Knotens $i$. Diese Energiebilanz wird in diskreten Zeitschritten mit dem Abstand $\Delta t$ berechnet, wobei beim impliziten Differenzenverfahren[2] die Zeitschritte $t$ und $\Delta t$ zur Anwendung kommen [210]. Damit gilt der Zusammenhang

$$T_i^t = f\left(T_{i-1}^{t+\Delta t}, T_i^{t+\Delta t}, T_{i+1}^{t+\Delta t}\right), \tag{5.17}$$

der als *implizite Differenzengleichung* bezeichnet wird, vgl. dazu auch Anhang A.

---

[2] Im Gegensatz zum expliziten Differenzenverfahren, das die Zeitschritte $t - \Delta t$ und $t$ nutzt.

**Abb. C.1** Differenzen-
Schema, das für alle Dif-
ferenzenverfahren Anwen-
dung findet. Unter Verwendung von [227].

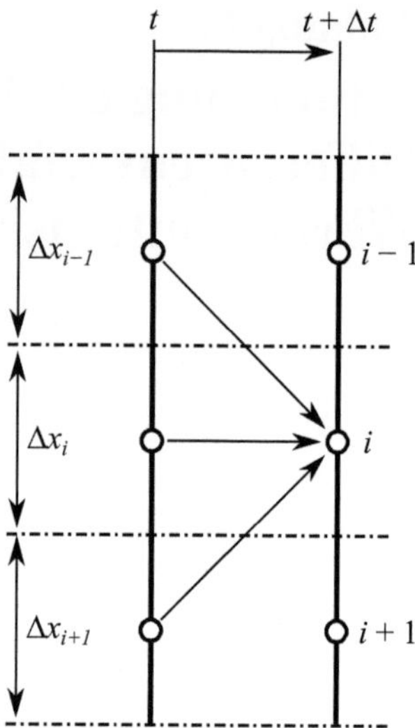


## Grundgleichungen der Wärmeleitung

Für die *Wärmestromdichte* gilt im vereinfachten Fall eines Festkörpers mit zwei parallelen Wandflächen nach dem FOURIER'schen Gesetz der Zusammenhang

$$\dot{q} \approx k\Delta T \; . \tag{C.2}$$

Der Wärmedurchgangskoeffizient[3] $k$ berechnet sich aus der Wärmeleitfähigkeit[4] $\lambda$ und der Dicke $\Delta x$ der leitenden Schicht durch

$$k = \frac{\lambda}{\Delta x} \; . \tag{C.3}$$

Sein Kehrwert ist der Wärmedurchgangswiderstand $R$ mit

$$k = \frac{1}{R} \; . \tag{C.4}$$

Der Wärmedurchgangswiderstand eines Leiters aus $j = 1, 2, ..., m$ Schichten ergibt sich aus der *Reihenschaltung* der Widerstände der einzelnen Schichten mit

$$R = \sum_{j=1}^{m} R_j \tag{C.5}$$

bzw. aus den Wärmedurchgangskoeffizienten der einzelnen Schichten mit

---

[3] Der Wärmedurchgangskoeffizient wird in der englischprachigen Literatur i. d. R. mit $h$ bezeichnet
[4] Die Wärmeleitfähigkeit ist damit ein Materialparameter, der Wärmedurchgangskoeffizient nicht.

$$\frac{1}{k} = \sum_{j=1}^{m} \frac{1}{k_j} \, . \tag{C.6}$$

Die Änderungsrate der *innere Energie* eines Wärmespeichers kann für einen diskreten Zeitschritt $\Delta t$ näherungsweise durch

$$\frac{\mathrm{d}U}{\mathrm{d}t} \approx C \frac{\Delta T}{\Delta t} \, . \tag{C.7}$$

angegeben werden. Die Wärmekapazität $C$ ergibt sich im eindimensionalen Fall mit

$$C = c_\mathrm{p} \rho \Delta x \tag{C.8}$$

aus der spezifischen Wärmekapazität $c_\mathrm{p}$, der Dichte $\rho$ und der Dicke $\Delta x$ des Speicherelements[5].

## Allgemeine Differenzengleichung

Die Wärmstromdichte zwischen dem Knoten $i$ und den benachbarten Knoten $i - 1$ bzw. $i + 1$ ist nach Gleichung (C.2) mit

$$\dot{q}_{i-1 \to i} = k_{i-1} \left( T_{i-1}^{t+\Delta t} - T_i^{t+\Delta t} \right) \text{ bzw.} \tag{C.9}$$

$$\dot{q}_{i+1 \to i} = k_{i+1} \left( T_{i+1}^{t+\Delta t} - T_i^{t+\Delta t} \right) \tag{C.10}$$

gegeben. Für die Änderung der inneren Energie des $i$-ten Knotens gilt gemäß Gleichung (C.7)

$$\frac{\mathrm{d}U_i}{\mathrm{d}t} = \frac{C_i}{\Delta t} \left( T_i^{t+\Delta t} - T_i^{t} \right) \, . \tag{C.11}$$

Damit lautet die Energiebilanz aus Gleichung (C.1)

$$k_{i-1} \left( T_{i-1}^{t+\Delta t} - T_i^{t+\Delta t} \right) + k_{i+1} \left( T_{i+1}^{t+\Delta t} - T_i^{t+\Delta t} \right) = \frac{C_i}{\Delta t} \left( T_i^{t+\Delta t} - T_i^{t} \right) \, , \tag{C.12}$$

die hier als *implizite Differenzengleichung* bezeichnet werden soll. Durch Umformung nach $T_i^{t}$ ergibt sich die Form

$$- m_{i-1} T_{i-1}^{t+\Delta t} + (1 + m_i) \, T_i^{t+\Delta t} - m_{i+1} T_{i+1}^{t+\Delta t} = T_i^{t} \tag{C.13}$$

die auf der linken Seite nur Ausdrücke zum Zeitpunkt $t + \Delta t$ und auf der rechten Seite nur Ausdrücke zum Zeitpunkt $t$ enthält. Die Koeffizienten $m_{i-1}$, $m_i$ und $m_{i+1}$ mit

---

[5] Spezifische Wärmekapazität und Dichte sind Materialparameter, die Wärmekapazität nicht.

$$m_{i-1} = \frac{k_{i-1}\Delta t}{C_i} \, , \tag{C.14}$$

$$m_i = \frac{(k_{i-1} + k_{i+1})\Delta t}{C_i} \quad \text{und} \tag{C.15}$$

$$m_{i+1} = \frac{k_{i+1}\Delta t}{C_i} \tag{C.16}$$

heißen *Moduln des Differenzen-Schemas*, vgl. Abb. C.1. Die Moduln können an die unterschiedlichen Fälle der Wärmeleitung angepasst und somit spezifische Differenzengleichungen abgeleitet werden.

### Differenzengleichung der reinen Wärmeleitung

Im Falle der reinen Wärmeleitung zwischen zwei Knoten $i - 1$ und $i$ bzw. $i$ und $i + 1$ ergeben sich die Moduln aus der Wärmeleitfähigkeit $\lambda_{i-1}$, $\lambda_i$ und $\lambda_{i+1}$, die den Knoten zugeordnet sind, sowie der Dicke $\Delta x_{i-1}$, $\Delta x_i$ und $\Delta x_{i+1}$ der diskreten Schicht der jeweiligen Knoten. Für die Wärmedurchgangskoeffizienten $k_{i-1}$ und $k_{i+1}$ gilt damit gemäß Gleichungen (C.3) und (C.6)

$$\frac{1}{k_{i-1}} = \frac{1}{2}\left(\frac{\Delta x_{i-1}}{\lambda_{i-1}} + \frac{\Delta x_i}{\lambda_i}\right) \quad \text{und} \tag{C.17}$$

$$\frac{1}{k_{i+1}} = \frac{1}{2}\left(\frac{\Delta x_i}{\lambda_i} + \frac{\Delta x_{i+1}}{\lambda_{i+1}}\right) \, , \tag{C.18}$$

wobei immer die halbe Dicke der Knoten zum tragen kommt, vgl. Abb. C.1. Daraus folgen die Moduln mit

$$m_{i-1} = \frac{\Delta t}{(c_\mathrm{p}\rho\Delta x)_i} \frac{2}{\frac{\Delta x_{i-1}}{\lambda_{i-1}} + \frac{\Delta x_i}{\lambda_i}} \, , \tag{C.19}$$

$$m_i = \frac{\Delta t}{(c_\mathrm{p}\rho\Delta x)_i}\left(\frac{2}{\frac{\Delta x_{i-1}}{\lambda_{i-1}} + \frac{\Delta x_i}{\lambda_i}} + \frac{2}{\frac{\Delta x_i}{\lambda_i} + \frac{\Delta x_{i+1}}{\lambda_{i+1}}}\right) \quad \text{und} \tag{C.20}$$

$$m_{i+1} = \frac{\Delta t}{(c_\mathrm{p}\rho\Delta x)_i} \frac{2}{\frac{\Delta x_i}{\lambda_i} + \frac{\Delta x_{i+1}}{\lambda_{i+1}}} \, . \tag{C.21}$$

### Differenzengleichung des Wärmekontakt

An der Kontaktstelle zwischen zwei sich berührenden Festkörpern entsteht ein Widerstand $R_\mathrm{cc}$, der zu einem sprungartigen Temperaturabfall führt. Dieser Kontaktwiderstand ist der Kehrwert

$$k_\mathrm{cc} = \frac{1}{R_\mathrm{cc}} \tag{C.22}$$

des Wärmedurchgangskoeffizienten $k_{cc}$ an der Kontaktstelle[6]. Der Wärmedurchgangskoeffizient am Kontakt $k_{cc}$ geht als weiteres Element in Reihenschaltung in die Wärmedurchgangskoeffizienten $k_{i-1}$ und $k_{i+1}$, für die dann

$$\frac{1}{k_{i-1}} = \frac{1}{2} \left( \frac{\Delta x_{i-1}}{\lambda_{i-1}} + \frac{2}{k_{cc}} + \frac{\Delta x_i}{\lambda_i} \right) \quad \text{und} \tag{C.23}$$

$$\frac{1}{k_{i+1}} = \frac{1}{2} \left( \frac{\Delta x_i}{\lambda_i} + \frac{2}{k_{cc}} + \frac{\Delta x_{i+1}}{\lambda_{i+1}} \right) \tag{C.24}$$

gilt. Die Gleichung der Moduln lauten dann entsprechend

$$m_{i-1} = \frac{\Delta t}{(c_p \rho \Delta x)_i} \frac{2}{\frac{\Delta x_{i-1}}{\lambda_{i-1}} + \frac{2}{k_{cc}} + \frac{\Delta x_i}{\lambda_i}} \, , \tag{C.25}$$

$$m_i = \frac{\Delta t}{(c_p \rho \Delta x)_i} \left( \frac{2}{\frac{\Delta x_{i-1}}{\lambda_{i-1}} + \frac{2}{k_{cc}} + \frac{\Delta x_i}{\lambda_i}} + \frac{2}{\frac{\Delta x_i}{\lambda_i} + \frac{2}{k_{cc}} + \frac{\Delta x_{i+1}}{\lambda_{i+1}}} \right) \quad \text{und} \tag{C.26}$$

$$m_{i+1} = \frac{\Delta t}{(c_p \rho \Delta x)_i} \frac{2}{\frac{\Delta x_i}{\lambda_i} + \frac{2}{k_{cc}} + \frac{\Delta x_{i+1}}{\lambda_{i+1}}} \, . \tag{C.27}$$

## Randbedingungen

Als Randbedingungen am ersten und letzten Knoten der Wärmeleitungskette kommen Strahlung, Konvektion oder eine spezifische Temperaturvorgabe in Frage. Hier sei lediglich der letzte Fall beschrieben, für den der Ausdruck

$$T_i^t = f\left( T_i^{t+\Delta t} \right) \tag{C.28}$$

gilt. Häufig kann von einer konstanten Temperatur an den Rändern der Wärmeleitungskette mit

$$T_i^t = T_i^{t+\Delta t} \tag{C.29}$$

ausgegangen werden.

## Aufstellen des Gleichungssystems

Ein Wärmeleitungsproblem, das durch $n$ Knoten diskretisiert wurde, führt zu einem Gleichungssystem mit $n$ Gleichungen, die für jeden Zeitschritt $\Delta t$ berechnet werden müssen. Schreibt man $\mathbf{T}^t = \left[ T_1^t, T_2^t, ..., T_2^t \right]^\top$ und $\mathbf{T}^{t+\Delta t} = \left[ T_1^{t+\Delta t}, T_2^{t+\Delta t}, ..., T_1^{t+\Delta t} \right]^\top$ als Vektoren, so hat das Gleichungssystem die Form

$$\mathbf{K} \cdot \mathbf{T}^{t+\Delta t} = \mathbf{T}^t \, , \tag{C.30}$$

---

[6] In der Literatur wird der Wärmekontakt je nach Quelle über den Kontaktwiderstand $R_{cc}$ oder den Wärmedurchgangskoeffizienten $k_{cc}$ beschrieben.

wobei $\mathbf{K}$ die *Koeffizientenmatrix* des Gleichungssystems ist. Die Koeffizientenmatrix enthält in der ersten und letzten Zeile die Randbedingungen und in allen weiteren Zeilen die Moduln der Differenzengleichungen, sodass

$$
\mathbf{K} = \begin{bmatrix}
1 & 0 & 0 & 0 & & \cdots & & 0 \\
-m_1 & 1+m_2 & -m_3 & 0 & & & & \\
0 & -m_1 & 1+m_2 & -m_3 & & & & \vdots \\
& & & \ddots & & & & \\
\vdots & & & & -m_{n-3} & 1+m_{n-2} & -m_{n-1} & 0 \\
& & & & 0 & -m_{n-2} & 1+m_{n-1} & -m_n \\
0 & & & & 0 & 0 & 0 & 1
\end{bmatrix} . \tag{C.31}
$$

Die Temperatur zum Zeitpunkt $t + \Delta t$ ergibt sich durch Multiplikation der Inversen der Koeffizientenmatrix mit dem Temperaturvektor zum Zeitpunkt $t$:

$$
\mathbf{T}^{t+\Delta t} = \mathbf{K}^{-1} \cdot \mathbf{T}^{t} . \tag{C.32}
$$

Ausgehend von gegebenen Anfangswerten zum Zeitpunkt $t = 0$ kann mit dieser Gleichung jeder Zeitschritt $t + \Delta t$ fortlaufend berechnet werden.

# Anhang D
# Die Normal-boundary-intersection Methode

Die Normal-boundary-intersection Methode (NBI) ist ein Skalarisierungsverfahren für multikriterielle Optimierungsprobleme der Form

$$\min_{\mathbf{x}} \quad [f_1(\mathbf{x}), f_2(\mathbf{x}), ..., f_m(\mathbf{x})]^\top \tag{2.78a}$$

$$\text{s.t.} \quad \mathbf{x} \in \mathscr{S}, \tag{2.78b}$$

wobei $\mathscr{S} \subseteq \mathbb{R}^n$ der zulässige Bereich, $\mathbf{y} = \mathbf{f}(\mathbf{x})$ der Zielvektor und $\mathscr{Y} = \{\mathbf{y} \in \mathbb{R}^m \mid \mathbf{y} = \mathbf{f}(\mathbf{x}), \mathbf{x} \in \mathscr{S}\}$ der Zielraum des Optimierungsproblems sei. Das Verfahren wurde von DAS UND DENNIS in [35] vorgestellt. Es gehört zur Klasse der *Referenzpunktverfahren* und nutzt sog. *Ankerpunkte* $\mathbf{y}^{j*}$ zur Skalarisierung eines multikriteriellen Optimierungsproblems. Durch eine Normierung des Zielraumes $\mathscr{Y}$ erzeugt das Verfahren gleichmäßig verteilte Punkte auf der Pareto-Front.

**Schritte des Verfahrens**

Nachfolgend sei das Verfahren für $n = 2$ Zielgrößen erläutert, wobei die Notation [146] entlehnt ist. Für den allgemeinen Fall siehe [35, 146]. Abb. D.1 veranschaulicht das Verfahren.

1. Bestimme die Ankerpunkte $\mathbf{y}^{j*} = \mathbf{f}(\mathbf{x}^{j*})$ durch Lösen des Optimierungsproblems

$$\min_{\mathbf{x}} \quad y_j = f_j(\mathbf{x}) \tag{D.2a}$$

$$\text{s.t.} \quad \mathbf{x} \in \mathscr{S}, \tag{D.2b}$$

für $j = 1, 2$. Im Ergebnis des Optimierungsproblems stehen der funktionaleffiziente Punkt $\mathbf{x}^{j*} \in \mathscr{X}$, der $j$-te Ankerpunkt $\mathbf{y}^{j*} = [f_1(\mathbf{x}^{j*}), f_2(\mathbf{x}^{j*})]^\top \in \mathscr{Y}$ und der sog. *utopia point* $\mathbf{y}^{\mathrm{u}} = [y_1^{1*}, y_2^{2*}]^\top$. Die Ankerpunkte sind Extremalpunkte der Pareto-Front $\mathscr{Y}^* = \mathbf{f}(\mathscr{X}^*)$ und stellen das jeweils individuelle Optimum der $j$-ten Zielgröße dar.

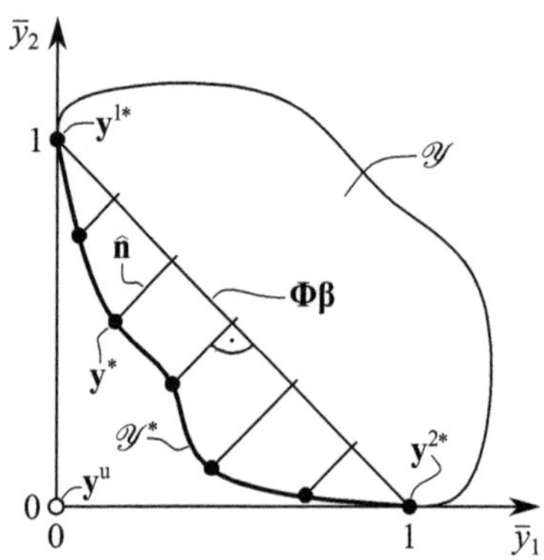


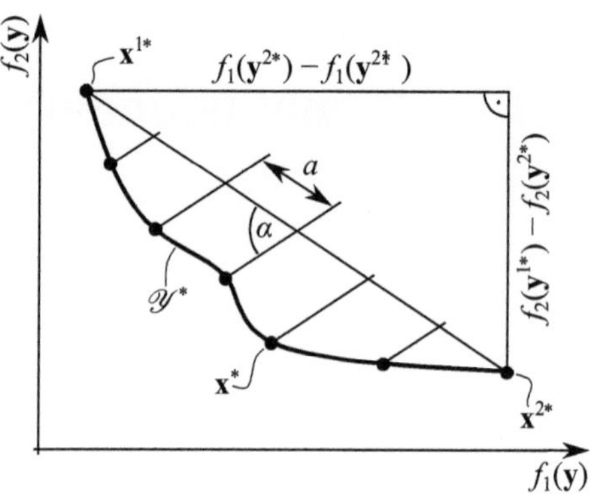


**Abb. D.1:** Normal-boundary-intersection Methode, normierte Zielgrößen $\bar{y}_1$ und $\bar{y}_2$. In Anlehnung an [35, 147].

**Abb. D.2:** Vereinfachte NBI-Methode zum graphischen Lösen des Problems der optimalen Siegelparameter.

2. Definiere die *Pay-off Matrix* mit

$$\boldsymbol{\Phi} = \begin{bmatrix} 0 & f_1(\mathbf{x}^{2*}) - f_1(\mathbf{x}^{1*}) \\ f_2(\mathbf{x}^{1*}) - f_2(\mathbf{x}^{2*}) & 0 \end{bmatrix}. \tag{D.3}$$

Sie dient der Normierung und stellt sicher, dass die Menge der Pareto-optimalen Punkte gleichmäßig auf der Pareto-Front verteilt sind.

3. Erzeuge die *utopia line*, die die Ankerpunkte verbindet. Ein Punkt $\boldsymbol{\Phi\beta}$ auf dieser Linie ist eine Konvexkombination $\{\boldsymbol{\Phi\beta} \mid \boldsymbol{\beta} \in \mathbb{R}^2, \beta_1 + \beta_2 = 1, \beta_j \geq 0\}$ der beiden Ankerpunkte, wobei $\boldsymbol{\beta}$ barizentrische Koordinaten sind.

4. Erzeuge eine Linie senkrecht zur utopia line, die die Punkte $\{\boldsymbol{\Phi\beta} + t\hat{\mathbf{n}}, t \in \mathbb{R}\}$ einschließt. Hierbei ist $\hat{\mathbf{n}}$ der Einheitsvektor senkrecht zur utopia line in Richtung des utopia point. Die Lösung des Optimierungsproblems

$$\max_{\mathbf{x}, t} \quad t \tag{D.4a}$$

$$\text{s.t.} \quad \boldsymbol{\Phi\beta} + t\hat{\mathbf{n}} = \mathbf{f}(\mathbf{x}) - \mathbf{y}^{\mathrm{u}}, \tag{D.4b}$$

$$\mathbf{x} \in \mathscr{S} \tag{D.4c}$$

liefert einen Punkt auf der Pareto-Front. Wiederhole dieses Optimierungsproblem für jedes $\boldsymbol{\beta}$, um die Pareto-Front zu erhalten.

**Eigenschaften des Verfahrens**

Das NBI-Verfahren liefert für konvexe Zielfunktionen im Allgemeinen alle global effizienten *und* global schwach effizienten Lösungen eines multikriteriellen Optimierungsproblems [35]. Sind die Zielfunktionen nicht-konvex, kann die ermittelte

Lösungsmenge je nach Wahl des Startpunkt globale, lokal *und* nicht effiziente Lösungen [132] oder auch *nur* lokal effiziente Lösungen [35].

**Vereinfachungen und graphische Konstruktion des Verfahrens**

Der Sonderfall für $n = 2$ Zielgrößen erlaubt einige Vereinfachungen der mathematischen Ausdrücke, die dem Laien die Konstruktion des Verfahrens vereinfachen. Anstelle der Pay-off Matrix kann ein Vektor $\boldsymbol{\varphi} = [f_1(\mathbf{x}^{2*}) - f_1(\mathbf{x}^{1*}), f_2(\mathbf{x}^{1*}) - f_2(\mathbf{x}^{2*})]^\top$ geschrieben werden. Verzichtet man auf die Normierung lautet die Gleichung der utopia line $\mathbf{y}^{1*} + t\boldsymbol{\varphi}$, wobei $\mathbf{y}^{1*}$ der Stützvektor und $\boldsymbol{\varphi}$ der Richtungsvektor ist. Dieses Vorgehen wurde in Abschnitt 5.2.3.2 eingesetzt, um einen Versuchsplan zu konstruieren, und in [79, 81] ausführlich beschrieben.

Durch diese Vereinfachung kann dieser Versuchsplan außerdem zeichnerisch erstellt werden, z. B. unter Verwendung von Millimeterpapier: Dazu werden zunächst die Ankerpunkte eingezeichnet, mit einer Linie, verbunden und entlang dieser Linie eine Anzahl $b$ von Versuchsreihen in gleichen Abständen

$$a = \frac{\sqrt{(f_2(\mathbf{x}^{1*}) - f_2(\mathbf{x}^{2*}))^2 + (f_1(\mathbf{x}^{2*}) - f_1(\mathbf{x}^{1*}))^2}}{b + 1} \tag{D.5}$$

und im Winkel

$$\alpha = 2 \tan \frac{f_2(\mathbf{x}^{1*}) - f_2(\mathbf{x}^{2*})}{f_1(\mathbf{x}^{2*}) - f_1(\mathbf{x}^{1*})} \tag{D.6}$$

zur Verbindungslinie der Ankerpunkte aufgetragen werden, siehe Abb. D.2. Diese Anwendung wird in Abschnitt 5.3.2 eingesetzt und in [80] beschrieben.

# Anhang E
# Qualität von Siegelnähten

**Tabelle E.1:** Gegenüberstellung der DIN-Normen und ASTM-Standards zur Prüfung der Qualität von Siegelnähten.

| | *Nahtfestigkeit* | |
|---|---|---|
| Kaltnahtfestigkeit | DIN 55529 | ASTM F88/F88M |
| Heißnahtfestigkeit | DIN 55571 | ASTM F1921 |
| | *Dichtigkeit* | |
| Konstantdruckverfahren | DIN 55508-1 | – |
| Farbverfahren | DIN 55508-2 | ASTM F3039 |
| Druckabfallverfahren | DIN 55508-3 | ASTM F2095, ASTM F2338 |
| Vakuumverfahren | – | – |
| Wasserbadverfahren | DIN 55508-5 | ASTM F2096, ASTM D3078 |
| Trace-Gas-Verfahren | – | – |

**Tabelle E.2:** Minimale Grenzwerte für die Heißnahtfestigkeit nach DIN 55571.

| Quelle | Wert | Kriterium |
|---|---|---|
| Suenaga [197] | 1,8 N/25,4 mm | Quersiegelnaht einer vertikalen Schlauchbeutelmaschine |

**Tabelle E.3:** Minimale Grenzwerte für die Kaltnahtfestigkeit nach DIN 55529.

| Quelle | Wert | Kriterium |
|---|---|---|
| ERNST [70] | 5 N/25 mm | Transportsicherheit |
| MORRIS [155] | 250 g/15 mm | Transportsicherheit |
| DIN EN ISO 868-5 [53] | 1,5 N/15 mm | Beständigkeit bei Sterilisation |
| | 1,2 N/15 mm | Beständigkeit bei Dampfsterilisation |
| VDMA 8748 [211] | 60 % der Folienfestigkeit | Mono-Folien |
| | 1,5 N/15 mm | OPP-Folien |
| | 15 N/15 mm | Kunststoffverbund-Folien |
| | 8 N/15 mm | Papierverbund-Folien |
| | 2 N/15 mm | Peelfähige Folien |
| | 4 N/15 mm | Peelfähige und gasdichte Folien |

**Tabelle E.4:** Minimale Grenzwerte für die Kaltnahtfestigkeit nach DIN 55529.

| Quelle | Wert | Kriterium |
|---|---|---|
| ERNST [70] | 25...35 N/25 mm | Peelfähige Naht |
| | 3...15 N/15 mm | Peelfähige Naht (Easy-Opening) |
| HISHINUMA [102] | 10...15 N | Maximale Peelkraft eines Grundschulkindes |
| | 15...18 N | Maximale Peelkraft eines Oberschulkindes |
| | 15...20 N | Maximale Peelkraft einer erw. Frau |
| | 20...25 N | Maximale Peelkraft eines erw. Mannes |
| DIN EN ISO 17480-1 [51] | 40 N | Maximale Peelkraft eines 81- bis 90-Jährigen |
| | 90 N | Maximale Peelkraft eins 31- bis 50-Jährigen |
| VDMA 8748 [211] | 6 N/15 mm | Peelfähige Naht |
| MORRIS [155] | 700 g/15 mm | Peelfähige Naht (Easy-Opening) |

**Tabelle E.5:** Verfahren zur Dichtigkeitsprüfung für Verpackungen nach DIN 55508.

| DIN 55508 | Verfahren | Messverfahren | Erzeugung der Leckage |
|---|---|---|---|
| **Teil 1** [41] | Konstantdruck-verfahren | Durchflussrate eines Gases. | Konstanter Überdruck in der Packung. |
| **Teil 2** [42] | Farbverfahren | Farbliche Markierung eines Lecks. | Kapillarkräfte ziehen eine gefärbte Flüssigkeit in das Leck. |
| **Teil 3** [43] | Druckabfall-verfahren | Druckabfall durch ausströmendes Gas. | Abfallender Überdruck in der Packung. |
| **Teil 4** | Vakuumverfahren | *Noch nicht veröffentlicht.* | |
| **Teil 5** [44] | Wasserbad-verfahren (Blasentest) | Gasblasen im Wasserbad an der Stelle einer Leckage. | Höherer Innendruck der Verpackung im Umgebungsdruck des Wasserbads. |
| **Teil 6** | Trace-Gas-Verfahren | *Noch nicht veröffentlicht.* | |

# Anhang F
# Messdaten

**Tabelle F.1:** Einfluss der Siegelkraft auf die Nahtfestigkeit. Messdaten zu Abb. 5.15. Versuchspunkt VP, Siegeltemperatur $T_S$, Siegelzeit $t_S$, Siegelkraft $F_S$, gemessene Nahtfestigkeit $F_{SS}$, Mittelwert MW, Standardabweichung SA, Minimalwert MIN, Maximalwerte MAX. Anzahl der Folienlagen für alle Versuchspunkte $n = 2$.

| VP | Einstellungen | | | Gemessene Nahtfestigkeit $F_{SS}$ | | | | | Stat. Auswertung | | | |
|---|---|---|---|---|---|---|---|---|---|---|---|---|
| | $T_S$ | $t_S$ | $F_S$ | 1 | 2 | 3 | 4 | 5 | MW | SA | MIN | MAX |
| | °C | s | N | N/15mm | | | | | N/15mm | | | |
| 1 | 105 | 0,2 | 300 | 19,95 | 21,78 | 22,07 | 21,83 | 22,00 | 21,53 | 0,89 | 19,95 | 22,07 |
| 2 | 105 | 0,2 | 400 | 19,41 | 18,91 | 20,93 | 19,70 | 21,08 | 20,01 | 0,95 | 18,91 | 21,08 |
| 3 | 105 | 0,2 | 600 | 18,87 | 20,14 | 16,82 | 18,59 | 22,02 | 19,29 | 1,93 | 16,82 | 22,02 |
| 4 | 105 | 0,2 | 800 | 19,85 | 21,75 | 20,58 | 20,04 | 18,78 | 20,20 | 1,08 | 18,78 | 21,75 |
| 5 | 105 | 0,2 | 1000 | 20,82 | 22,32 | 21,62 | 21,70 | 18,86 | 21,06 | 1,34 | 18,86 | 22,32 |
| 6 | 105 | 0,2 | 1200 | 22,07 | 21,75 | 19,74 | 22,02 | 18,55 | 20,83 | 1,60 | 18,55 | 22,07 |
| 7 | 105 | 0,2 | 1400 | 17,99 | 23,60 | 20,95 | 21,90 | 17,29 | 20,35 | 2,66 | 17,29 | 23,60 |
| 9 | 105 | 0,6 | 300 | 22,86 | 22,75 | 23,19 | 23,19 | 22,70 | 22,94 | 0,24 | 22,70 | 23,19 |
| 10 | 105 | 0,6 | 400 | 23,26 | 23,14 | 22,09 | 23,03 | 23,37 | 22,98 | 0,51 | 22,09 | 23,37 |
| 11 | 105 | 0,6 | 600 | 23,88 | 23,71 | 21,63 | 23,43 | 23,06 | 23,14 | 0,90 | 21,63 | 23,88 |
| 12 | 105 | 0,6 | 800 | 22,97 | 22,82 | 24,18 | 23,36 | 23,60 | 23,38 | 0,54 | 22,82 | 24,18 |
| 13 | 105 | 0,6 | 1000 | 22,94 | 24,12 | 23,53 | 24,50 | 24,27 | 23,87 | 0,63 | 22,94 | 24,50 |
| 14 | 105 | 0,6 | 1200 | 25,15 | 22,92 | 22,98 | 24,00 | 24,20 | 23,85 | 0,93 | 22,92 | 25,15 |
| 15 | 105 | 0,6 | 1400 | 24,63 | 25,43 | 23,45 | 24,44 | 24,51 | 24,49 | 0,70 | 23,45 | 25,43 |
| 16 | 105 | 0,6 | 1600 | 23,49 | 23,94 | 22,01 | 24,94 | 24,47 | 23,77 | 1,12 | 22,01 | 24,94 |
| 17 | 110 | 0,2 | 300 | 37,28 | 35,83 | 36,16 | 37,31 | 37,41 | 36,80 | 0,74 | 35,83 | 37,41 |
| 18 | 110 | 0,2 | 400 | 34,55 | 34,17 | 35,21 | 35,39 | 35,84 | 35,03 | 0,67 | 34,17 | 35,84 |
| 19 | 110 | 0,2 | 600 | 34,28 | 35,37 | 35,29 | 34,57 | 29,93 | 33,89 | 2,26 | 29,93 | 35,37 |
| 20 | 110 | 0,2 | 800 | 35,67 | 33,97 | 33,25 | 35,96 | 34,50 | 34,67 | 1,14 | 33,25 | 35,96 |
| 21 | 110 | 0,2 | 1000 | 33,75 | 35,24 | 36,67 | 35,75 | 35,99 | 35,48 | 1,10 | 33,75 | 36,67 |
| 22 | 110 | 0,2 | 1200 | 35,48 | 35,04 | 36,06 | 35,34 | 34,92 | 35,37 | 0,45 | 34,92 | 36,06 |
| 23 | 110 | 0,2 | 1400 | 36,35 | 35,92 | 35,59 | 36,12 | 35,33 | 35,86 | 0,41 | 35,33 | 36,35 |

**Tabelle F.2:** Einfluss der Siegeltemperatur auf die Nahtfestigkeit. Messdaten zu Abb. 5.16 und 5.29. Versuchspunkt VP, Siegeltemperatur $T_s$, Siegelzeit $t_s$, Anzahl der Folienlagen $n$, gemessene Nahtfestigkeit $F_{ss}$, Mittelwert MW, Standardabweichung SA, Minimalwert MIN, Maximalwerte MAX. Siegelkraft für alle Versuchspunkte $F_s = 800\,N$.

| VP | Einstellungen | | | Gemessene Nahtfestigkeit $F_{ss}$ | | | | | Stat. Auswertung | | | |
|---|---|---|---|---|---|---|---|---|---|---|---|---|
| | $T_s$ | $t_s$ | $n$ | 1 | 2 | 3 | 4 | 5 | MW | SA | MIN | MAX |
| | °C | s | 1 | N/15mm | | | | | N/15mm | | | |
| 1 | 100 | 0,2 | 2 | 1,30 | 1,29 | 1,38 | 1,46 | 1,43 | 1,37 | 0,07 | 1,29 | 1,46 |
| 2 | 102 | 0,2 | 2 | 4,66 | 9,80 | 3,48 | 7,48 | 8,62 | 6,81 | 2,67 | 3,48 | 9,80 |
| 3 | 104 | 0,2 | 2 | 16,24 | 16,96 | 17,40 | 16,64 | 17,07 | 16,86 | 0,44 | 16,24 | 17,40 |
| 4 | 106 | 0,2 | 2 | 22,50 | 24,39 | 24,37 | 23,96 | 23,18 | 23,68 | 0,82 | 22,50 | 24,39 |
| 5 | 108 | 0,2 | 2 | 29,43 | 30,07 | 27,60 | 29,18 | 29,21 | 29,10 | 0,91 | 27,60 | 30,07 |
| 6 | 110 | 0,2 | 2 | 33,67 | 34,19 | 35,07 | 35,16 | 38,02 | 35,22 | 1,68 | 33,67 | 38,02 |
| 7 | 112 | 0,2 | 2 | 41,16 | 45,30 | 41,04 | 41,03 | 39,54 | 41,62 | 2,16 | 39,54 | 45,30 |
| 8 | 114 | 0,2 | 2 | 45,61 | 44,44 | 44,24 | 42,41 | 43,30 | 44,00 | 1,21 | 42,41 | 45,61 |
| 9 | 116 | 0,2 | 2 | 44,82 | 46,16 | 44,21 | 44,83 | 43,37 | 44,68 | 1,02 | 43,37 | 46,16 |
| 10 | 118 | 0,2 | 2 | 43,66 | 42,77 | 46,15 | 42,89 | 44,80 | 44,05 | 1,42 | 42,77 | 46,15 |
| 11 | 120 | 0,2 | 2 | 43,87 | 44,63 | 44,16 | 46,59 | 45,12 | 44,88 | 1,07 | 43,87 | 46,59 |
| 12 | 116 | 0,2 | 4 | 24,81 | 21,95 | 23,68 | 23,51 | 22,23 | 23,24 | 1,16 | 21,95 | 24,81 |
| 13 | 118 | 0,2 | 4 | 25,88 | 26,93 | 29,84 | 26,51 | 28,32 | 27,50 | 1,59 | 25,88 | 29,84 |
| 14 | 120 | 0,2 | 4 | 35,11 | 29,78 | 31,55 | 33,54 | 33,65 | 32,73 | 2,08 | 29,78 | 35,11 |
| 15 | 122 | 0,2 | 4 | 36,67 | 39,18 | 40,95 | 37,03 | 38,96 | 38,56 | 1,75 | 36,67 | 40,95 |
| 16 | 124 | 0,2 | 4 | 41,81 | 38,79 | 39,07 | 36,33 | 38,09 | 38,82 | 1,98 | 36,33 | 41,81 |
| 17 | 104 | 0,2 | 3 | 1,82 | 1,57 | 2,14 | 1,97 | 1,68 | 1,84 | 0,22 | 1,57 | 2,14 |
| 18 | 106 | 0,2 | 3 | 10,21 | 3,37 | 5,90 | 5,87 | 12,41 | 7,55 | 3,66 | 3,37 | 12,41 |
| 19 | 108 | 0,2 | 3 | 19,23 | 18,62 | 18,27 | 20,21 | 15,48 | 18,36 | 1,77 | 15,48 | 20,21 |
| 20 | 110 | 0,2 | 3 | 23,75 | 23,80 | 24,69 | 23,06 | 21,43 | 23,34 | 1,22 | 21,43 | 24,69 |
| 21 | 112 | 0,2 | 3 | 26,18 | 28,03 | 26,48 | 26,67 | 29,94 | 27,46 | 1,56 | 26,18 | 29,94 |
| 22 | 114 | 0,2 | 3 | 34,08 | 34,45 | 34,13 | 33,51 | 35,27 | 34,29 | 0,65 | 33,51 | 35,27 |
| 23 | 116 | 0,2 | 3 | 38,67 | 39,68 | 37,42 | 39,64 | 35,10 | 38,10 | 1,91 | 35,10 | 39,68 |
| 24 | 118 | 0,2 | 3 | 40,25 | 40,51 | 40,57 | 42,34 | 42,30 | 41,19 | 1,04 | 40,25 | 42,34 |
| 25 | 120 | 0,2 | 3 | 35,23 | 41,55 | 42,79 | 42,35 | 44,82 | 41,35 | 3,63 | 35,23 | 44,82 |
| 26 | 122 | 0,2 | 3 | 43,83 | 43,73 | 44,25 | 42,50 | 42,45 | 43,35 | 0,82 | 42,45 | 44,25 |
| 27 | 124 | 0,2 | 3 | 43,22 | 45,21 | 45,83 | 44,82 | 43,22 | 44,46 | 1,19 | 43,22 | 45,83 |
| 28 | 98 | 0,2 | 2 | 1,84 | 0,88 | 1,45 | 2,09 | 0,87 | 1,42 | 0,55 | 0,87 | 2,09 |
| 29 | 106 | 0,2 | 4 | 0,99 | 1,19 | 0,72 | 1,13 | 0,77 | 0,96 | 0,21 | 0,72 | 1,19 |
| 30 | 108 | 0,2 | 4 | 1,27 | 1,06 | 0,87 | 1,18 | 1,10 | 1,10 | 0,15 | 0,87 | 1,27 |
| 31 | 110 | 0,2 | 4 | 1,99 | 1,67 | 1,48 | 1,70 | 1,94 | 1,76 | 0,21 | 1,48 | 1,99 |
| 32 | 112 | 0,2 | 4 | 5,62 | 4,08 | 6,79 | 4,01 | 3,29 | 4,76 | 1,42 | 3,29 | 6,79 |
| 33 | 114 | 0,2 | 4 | 17,98 | 19,71 | 19,68 | 21,73 | 14,84 | 18,79 | 2,58 | 14,84 | 21,73 |
| 34 | 97 | 0,2 | 2 | 0,53 | 1,69 | 0,65 | 1,12 | 0,65 | 0,93 | 0,48 | 0,53 | 1,69 |
| 35 | 100 | 0,2 | 3 | 1,46 | 1,33 | 1,38 | 0,91 | 0,27 | 1,07 | 0,49 | 0,27 | 1,46 |
| 36 | 102 | 0,2 | 3 | 1,05 | 1,84 | 0,72 | 1,35 | 1,16 | 1,22 | 0,41 | 0,72 | 1,84 |
| 37 | 122 | 0,2 | 2 | 45,23 | 44,22 | 46,24 | 42,21 | 43,93 | 44,36 | 1,51 | 42,21 | 46,24 |
| 38 | 124 | 0,2 | 2 | 46,08 | 46,29 | 42,63 | 45,70 | 46,07 | 45,35 | 1,54 | 42,63 | 46,29 |
| 39 | 126 | 0,2 | 2 | 45,55 | 44,26 | 43,42 | 41,24 | 45,45 | 43,99 | 1,77 | 41,24 | 45,55 |

**Tabelle F.2:** *Fortsetzung.*

| VP | Einstellungen | | | Gemessene Nahtfestigkeit $F_{ss}$ | | | | | Stat. Auswertung | | | |
|---|---|---|---|---|---|---|---|---|---|---|---|---|
| | $T_s$ | $t_s$ | $n$ | 1 | 2 | 3 | 4 | 5 | MW | SA | MIN | MAX |
| | °C | s | 1 | N/15mm | | | | | N/15mm | | | |
| 40 | 126 | 0,2 | 3 | 45,13 | 39,81 | 43,95 | 44,06 | 43,20 | 43,23 | 2,03 | 39,81 | 45,13 |
| 41 | 126 | 0,2 | 4 | 39,89 | 38,67 | 39,96 | 41,39 | 40,45 | 40,07 | 0,99 | 38,67 | 41,39 |
| 42 | 128 | 0,2 | 2 | 44,29 | 44,12 | 44,58 | 45,31 | 40,86 | 43,83 | 1,72 | 40,86 | 45,31 |
| 43 | 128 | 0,2 | 3 | 45,29 | 43,61 | 42,95 | 43,71 | 39,93 | 43,10 | 1,97 | 39,93 | 45,29 |
| 44 | 128 | 0,2 | 4 | 42,09 | 39,16 | 39,25 | 41,90 | 44,31 | 41,34 | 2,17 | 39,16 | 44,31 |
| 45 | 130 | 0,2 | 2 | 47,60 | 43,57 | 45,53 | 43,09 | 46,08 | 45,18 | 1,85 | 43,09 | 47,60 |
| 46 | 130 | 0,2 | 3 | 42,85 | 45,32 | 44,94 | 43,93 | 41,22 | 43,65 | 1,66 | 41,22 | 45,32 |
| 47 | 130 | 0,2 | 4 | 44,22 | 41,07 | 43,98 | 41,48 | 41,11 | 42,37 | 1,59 | 41,07 | 44,22 |
| 48 | 132 | 0,2 | 2 | 46,28 | 44,97 | 45,63 | 46,74 | 43,46 | 45,42 | 1,28 | 43,46 | 46,74 |
| 49 | 132 | 0,2 | 3 | 38,91 | 45,28 | 45,97 | 45,28 | 45,67 | 44,22 | 2,98 | 38,91 | 45,97 |
| 50 | 132 | 0,2 | 4 | 45,02 | 44,24 | 40,86 | 43,97 | 42,24 | 43,26 | 1,69 | 40,86 | 45,02 |
| 51 | 106 | 0,5 | 4 | 15,49 | 16,53 | 20,68 | 17,40 | 20,18 | 18,05 | 2,28 | 15,49 | 20,68 |
| 52 | 108 | 0,5 | 4 | 24,19 | 26,20 | 24,81 | 23,07 | 26,39 | 24,93 | 1,39 | 23,07 | 26,39 |
| 53 | 110 | 0,5 | 4 | 31,60 | 31,48 | 32,75 | 32,07 | 32,06 | 32,00 | 0,50 | 31,48 | 32,75 |
| 54 | 112 | 0,5 | 4 | 31,45 | 35,04 | 34,82 | 32,64 | 38,22 | 34,43 | 2,60 | 31,45 | 38,22 |
| 55 | 114 | 0,5 | 4 | 39,27 | 41,51 | 41,81 | 39,70 | 39,11 | 40,28 | 1,28 | 39,11 | 41,81 |
| 56 | 116 | 0,5 | 4 | 41,51 | 41,14 | 43,61 | 44,55 | 40,42 | 42,25 | 1,75 | 40,42 | 44,55 |
| 57 | 118 | 0,5 | 4 | 41,58 | 45,39 | 43,38 | 42,28 | 42,57 | 43,04 | 1,46 | 41,58 | 45,39 |
| 58 | 120 | 0,5 | 4 | 42,70 | 44,17 | 43,30 | 42,84 | 44,90 | 43,58 | 0,94 | 42,70 | 44,90 |
| 59 | 122 | 0,5 | 4 | 42,43 | 43,47 | 44,70 | 44,06 | 44,94 | 43,92 | 1,01 | 42,43 | 44,94 |
| 60 | 124 | 0,5 | 4 | 43,28 | 44,88 | 43,51 | 42,57 | 43,45 | 43,54 | 0,84 | 42,57 | 44,88 |
| 61 | 126 | 0,5 | 4 | 43,90 | 43,96 | 41,88 | 43,63 | 44,62 | 43,60 | 1,03 | 41,88 | 44,62 |
| 62 | 128 | 0,5 | 4 | 43,38 | 44,00 | 43,48 | 44,18 | 43,67 | 43,74 | 0,34 | 43,38 | 44,18 |
| 63 | 130 | 0,5 | 4 | 44,08 | 42,43 | 42,49 | 43,15 | 44,00 | 43,23 | 0,79 | 42,43 | 44,08 |
| 64 | 132 | 0,5 | 4 | 43,07 | 44,20 | 43,01 | 41,81 | 38,64 | 42,15 | 2,13 | 38,64 | 44,20 |
| 65 | 106 | 0,8 | 4 | 24,09 | 24,22 | 23,32 | 23,57 | 24,22 | 23,88 | 0,41 | 23,32 | 24,22 |
| 66 | 108 | 0,8 | 4 | 32,26 | 30,04 | 29,53 | 32,26 | 31,98 | 31,21 | 1,32 | 29,53 | 32,26 |
| 67 | 110 | 0,8 | 4 | 36,53 | 37,22 | 35,90 | 34,50 | 35,86 | 36,00 | 1,01 | 34,50 | 37,22 |
| 68 | 112 | 0,8 | 4 | 41,98 | 41,67 | 39,34 | 41,92 | 41,06 | 41,19 | 1,10 | 39,34 | 41,98 |
| 69 | 120 | 0,8 | 4 | 45,57 | 40,97 | 40,60 | 41,14 | 43,48 | 42,35 | 2,12 | 40,60 | 45,57 |
| 70 | 122 | 0,8 | 4 | 41,94 | 41,96 | 44,25 | 45,70 | 42,20 | 43,21 | 1,70 | 41,94 | 45,70 |
| 71 | 124 | 0,8 | 4 | 41,32 | 42,31 | 43,53 | 45,13 | 43,13 | 43,08 | 1,42 | 41,32 | 45,13 |
| 72 | 114 | 0,8 | 4 | 44,23 | 43,56 | 42,95 | 41,47 | 44,46 | 43,33 | 1,20 | 41,47 | 44,46 |
| 73 | 116 | 0,8 | 4 | 42,18 | 42,66 | 44,31 | 41,61 | 43,05 | 42,76 | 1,02 | 41,61 | 44,31 |
| 74 | 118 | 0,8 | 4 | 42,93 | 44,67 | 42,89 | 45,20 | 44,90 | 44,12 | 1,12 | 42,89 | 45,20 |
| 75 | 126 | 0,8 | 4 | 43,05 | 43,09 | 46,10 | 43,14 | 45,52 | 44,18 | 1,50 | 43,05 | 46,10 |
| 76 | 128 | 0,8 | 4 | 45,03 | 44,03 | 44,90 | 43,27 | 42,97 | 44,04 | 0,93 | 42,97 | 45,03 |
| 77 | 130 | 0,8 | 4 | 43,36 | 46,07 | 45,62 | 44,23 | 44,28 | 44,71 | 1,11 | 43,36 | 46,07 |
| 78 | 132 | 0,8 | 4 | 44,74 | 44,45 | 45,23 | 44,45 | 45,55 | 44,88 | 0,49 | 44,45 | 45,55 |
| 79 | 98 | 0,5 | 4 | 1,62 | 1,60 | 2,14 | 2,38 | 0,64 | 1,68 | 0,67 | 0,64 | 2,38 |

**Tabelle F.2:** *Fortsetzung.*

| VP | Einstellungen | | | Gemessene Nahtfestigkeit $F_{ss}$ | | | | | Stat. Auswertung | | | |
|---|---|---|---|---|---|---|---|---|---|---|---|---|
| | $T_s$ | $t_s$ | $n$ | 1 | 2 | 3 | 4 | 5 | MW | SA | MIN | MAX |
| | °C | s | 1 | N/15mm | | | | | N/15mm | | | |
| 80 | 98 | 0,8 | 4 | 1,62 | 1,30 | 2,16 | 1,62 | 0,81 | 1,50 | 0,50 | 0,81 | 2,16 |
| 81 | 100 | 0,5 | 4 | 1,36 | 1,24 | 1,81 | 1,02 | 0,96 | 1,28 | 0,34 | 0,96 | 1,81 |
| 82 | 100 | 0,8 | 4 | 1,16 | 1,24 | 1,29 | 1,29 | 1,14 | 1,22 | 0,07 | 1,14 | 1,29 |
| 83 | 102 | 0,5 | 4 | 1,39 | 1,51 | 1,27 | 1,67 | 1,57 | 1,48 | 0,15 | 1,27 | 1,67 |
| 84 | 102 | 0,8 | 4 | 2,75 | 4,26 | 2,63 | 4,40 | 3,43 | 3,49 | 0,82 | 2,63 | 4,40 |
| 85 | 104 | 0,5 | 4 | 3,82 | 2,18 | 4,19 | 7,94 | 2,77 | 4,18 | 2,25 | 2,18 | 7,94 |
| 86 | 104 | 0,8 | 4 | 11,18 | 4,45 | 15,98 | 10,64 | 13,80 | 11,21 | 4,34 | 4,45 | 15,98 |
| 87 | 100 | 0,8 | 2 | 1,37 | 1,29 | 1,28 | 1,36 | 1,24 | 1,31 | 0,05 | 1,24 | 1,37 |
| 88 | 102 | 0,8 | 2 | 6,97 | 9,20 | 10,51 | 9,57 | 15,44 | 10,34 | 3,13 | 6,97 | 15,44 |
| 89 | 104 | 0,8 | 2 | 16,64 | 20,65 | 18,51 | 17,37 | 14,10 | 17,45 | 2,41 | 14,10 | 20,65 |
| 90 | 106 | 0,8 | 2 | 25,83 | 27,15 | 25,07 | 25,31 | 26,72 | 26,01 | 0,90 | 25,07 | 27,15 |
| 91 | 108 | 0,8 | 2 | 33,83 | 30,59 | 32,08 | 31,99 | 31,32 | 31,96 | 1,20 | 30,59 | 33,83 |
| 92 | 110 | 0,8 | 2 | 40,91 | 39,00 | 37,88 | 39,81 | 35,98 | 38,71 | 1,89 | 35,98 | 40,91 |
| 93 | 112 | 0,8 | 2 | 44,39 | 42,47 | 42,31 | 42,59 | 41,56 | 42,67 | 1,04 | 41,56 | 44,39 |
| 94 | 114 | 0,8 | 2 | 43,54 | 45,79 | 45,27 | 44,06 | 42,96 | 44,32 | 1,18 | 42,96 | 45,79 |
| 95 | 116 | 0,8 | 2 | 44,30 | 42,84 | 44,69 | 45,86 | 44,87 | 44,51 | 1,10 | 42,84 | 45,86 |
| 96 | 118 | 0,8 | 2 | 43,95 | 43,24 | 44,32 | 40,89 | 45,01 | 43,48 | 1,58 | 40,89 | 45,01 |
| 97 | 120 | 0,8 | 2 | 45,13 | 44,63 | 45,72 | 44,93 | 46,19 | 45,32 | 0,63 | 44,63 | 46,19 |
| 98 | 122 | 0,8 | 2 | 42,95 | 45,04 | 46,34 | 44,91 | 43,48 | 44,54 | 1,35 | 42,95 | 46,34 |
| 99 | 124 | 0,8 | 2 | 39,49 | 40,08 | 43,61 | 44,77 | 44,96 | 42,58 | 2,61 | 39,49 | 44,96 |
| 100 | 98 | 0,8 | 2 | 2,28 | 1,57 | 2,09 | 2,13 | 0,84 | 1,78 | 0,59 | 0,84 | 2,28 |

**Tabelle F.3:** Einfluss der Siegelzeit und der Anzahl der Folienlagen auf die Nahtfestigkeit. Messdaten zu Abb. 5.17, 5.18 und 5.19. Versuchspunkt VP, Siegeltemperatur $T_s$, Siegelzeit $t_s$, Anzahl der Folienlagen $n$, gemessene Nahtfestigkeit $F_{ss}$, Mittelwert MW, Standardabweichung SA, Minimalwert MIN, Maximalwerte MAX. Siegelkraft für alle Versuchspunkte $F_s = 800\,N$.

| VP | Einstellungen | | | Gemessene Nahtfestigkeit $F_{ss}$ | | | | | Stat. Auswertung | | | |
|---|---|---|---|---|---|---|---|---|---|---|---|---|
| | $T_s$ | $t_s$ | $n$ | 1 | 2 | 3 | 4 | 5 | MW | SA | MIN | MAX |
| | °C | s | 1 | N/15mm | | | | | N/15mm | | | |
| 1 | 104 | 0,6 | 2 | 19,08 | 20,83 | 19,58 | 21,43 | 20,33 | 20,25 | 0,94 | 19,08 | 21,43 |
| 2 | 104 | 0,6 | 3 | 17,80 | 16,72 | 15,56 | 17,75 | 15,97 | 16,76 | 1,02 | 15,56 | 17,80 |
| 3 | 104 | 0,6 | 4 | 15,30 | 5,87 | 8,57 | 16,23 | 9,79 | 11,15 | 4,46 | 5,87 | 16,23 |
| 4 | 106 | 0,2 | 2 | 21,18 | 18,22 | 24,14 | 23,51 | 22,41 | 21,89 | 2,34 | 18,22 | 24,14 |
| 5 | 106 | 0,4 | 2 | 25,84 | 22,66 | 24,50 | 22,60 | 21,98 | 23,52 | 1,61 | 21,98 | 25,84 |
| 6 | 106 | 0,6 | 2 | 25,40 | 24,95 | 25,08 | 23,45 | 25,04 | 24,78 | 0,77 | 23,45 | 25,40 |
| 7 | 106 | 0,8 | 2 | 25,93 | 25,83 | 24,90 | 26,18 | 24,48 | 25,46 | 0,73 | 24,48 | 26,18 |
| 8 | 106 | 1,0 | 2 | 25,13 | 24,04 | 26,43 | 26,45 | 26,33 | 25,68 | 1,07 | 24,04 | 26,45 |
| 9 | 106 | 0,2 | 3 | 1,60 | 2,36 | 2,28 | 1,83 | 1,46 | 1,91 | 0,40 | 1,46 | 2,36 |
| 10 | 106 | 0,4 | 3 | 19,66 | 21,55 | 20,49 | 19,06 | 22,05 | 20,56 | 1,25 | 19,06 | 22,05 |
| 11 | 106 | 0,6 | 3 | 23,67 | 21,95 | 25,19 | 23,85 | 24,02 | 23,74 | 1,16 | 21,95 | 25,19 |
| 12 | 106 | 0,8 | 3 | 24,18 | 23,99 | 24,45 | 25,26 | 25,26 | 24,63 | 0,60 | 23,99 | 25,26 |
| 13 | 106 | 1,0 | 3 | 24,01 | 25,21 | 23,85 | 25,34 | 25,15 | 24,71 | 0,72 | 23,85 | 25,34 |
| 14 | 106 | 0,2 | 4 | 0,92 | 0,66 | 1,53 | 1,70 | 0,47 | 1,06 | 0,54 | 0,47 | 1,70 |
| 15 | 106 | 0,6 | 4 | 21,34 | 20,32 | 21,13 | 20,93 | 21,65 | 21,07 | 0,50 | 20,32 | 21,65 |
| 16 | 106 | 0,8 | 4 | 23,66 | 20,08 | 22,11 | 22,54 | 24,54 | 22,58 | 1,69 | 20,08 | 24,54 |
| 17 | 106 | 1,0 | 4 | 22,37 | 24,53 | 23,25 | 23,95 | 20,06 | 22,83 | 1,75 | 20,06 | 24,53 |
| 18 | 106 | 0,4 | 4 | 8,28 | 6,28 | 4,95 | 4,05 | 14,95 | 7,70 | 4,35 | 4,05 | 14,95 |
| 19 | 108 | 0,2 | 2 | 27,78 | 25,47 | 26,14 | 26,04 | 27,73 | 26,63 | 1,06 | 25,47 | 27,78 |
| 20 | 108 | 0,2 | 3 | 15,19 | 6,92 | 11,70 | 12,82 | 10,47 | 11,42 | 3,06 | 6,92 | 15,19 |
| 21 | 108 | 0,2 | 4 | 1,48 | 2,08 | 1,60 | 1,88 | 0,61 | 1,53 | 0,57 | 0,61 | 2,08 |
| 22 | 112 | 0,2 | 2 | 40,97 | 36,72 | 37,57 | 39,59 | 40,01 | 38,97 | 1,77 | 36,72 | 40,97 |
| 23 | 112 | 0,4 | 2 | 42,09 | 42,23 | 43,09 | 43,29 | 41,79 | 42,50 | 0,66 | 41,79 | 43,29 |
| 24 | 112 | 0,6 | 2 | 43,18 | 44,54 | 44,49 | 41,03 | 43,14 | 43,28 | 1,43 | 41,03 | 44,54 |
| 25 | 112 | 0,8 | 2 | 44,03 | 43,83 | 44,16 | 42,85 | 41,30 | 43,23 | 1,20 | 41,30 | 44,16 |
| 26 | 112 | 1,0 | 2 | 43,88 | 42,03 | 42,85 | 42,03 | 42,86 | 42,73 | 0,76 | 42,03 | 43,88 |
| 27 | 112 | 0,2 | 3 | 20,11 | 27,14 | 25,80 | 23,43 | 25,55 | 24,41 | 2,75 | 20,11 | 27,14 |
| 28 | 112 | 0,4 | 3 | 38,06 | 37,41 | 37,99 | 40,85 | 40,53 | 38,97 | 1,59 | 37,41 | 40,85 |
| 29 | 112 | 0,6 | 3 | 41,15 | 41,65 | 43,28 | 42,29 | 41,21 | 41,92 | 0,89 | 41,15 | 43,28 |
| 30 | 112 | 0,8 | 3 | 41,93 | 40,45 | 42,55 | 43,29 | 41,96 | 42,04 | 1,04 | 40,45 | 43,29 |
| 31 | 112 | 1,0 | 3 | 43,16 | 41,82 | 42,69 | 41,91 | 42,96 | 42,51 | 0,61 | 41,82 | 43,16 |
| 32 | 112 | 0,2 | 4 | 2,32 | 2,34 | 2,25 | 1,91 | 1,20 | 2,00 | 0,48 | 1,20 | 2,34 |
| 33 | 112 | 0,4 | 4 | 30,73 | 32,21 | 33,35 | 30,61 | 33,61 | 32,10 | 1,41 | 30,61 | 33,61 |
| 34 | 112 | 0,6 | 4 | 33,76 | 40,00 | 32,54 | 38,02 | 38,90 | 36,65 | 3,29 | 32,54 | 40,00 |
| 35 | 112 | 0,8 | 4 | 41,11 | 41,19 | 41,83 | 40,39 | 39,79 | 40,86 | 0,79 | 39,79 | 41,83 |
| 36 | 112 | 1,0 | 4 | 41,44 | 40,74 | 42,13 | 42,69 | 40,52 | 41,50 | 0,92 | 40,52 | 42,69 |
| 37 | 118 | 0,2 | 2 | 46,16 | 43,18 | 42,59 | 41,02 | 41,30 | 42,85 | 2,06 | 41,02 | 46,16 |
| 38 | 118 | 0,6 | 2 | 43,00 | 44,29 | 44,89 | 39,82 | 39,34 | 42,27 | 2,55 | 39,34 | 44,89 |
| 39 | 118 | 0,2 | 3 | 41,30 | 33,02 | 40,73 | 42,30 | 37,83 | 39,04 | 3,75 | 33,02 | 42,30 |

**Tabelle F.3:** *Fortsetzung.*

| VP | Einstellungen | | | Gemessene Nahtfestigkeit $F_{SS}$ | | | | | Stat. Auswertung | | | |
|---|---|---|---|---|---|---|---|---|---|---|---|---|
| | $T_S$ | $t_S$ | $n$ | 1 | 2 | 3 | 4 | 5 | MW | SA | MIN | MAX |
| | °C | s | 1 | N/15mm | | | | | N/15mm | | | |
| 40 | 118 | 0,6 | 3 | 45,95 | 43,53 | 44,29 | 44,08 | 43,59 | 44,29 | 0,98 | 43,53 | 45,95 |
| 41 | 118 | 0,2 | 4 | 25,96 | 21,67 | 23,53 | 24,07 | 22,80 | 23,61 | 1,59 | 21,67 | 25,96 |
| 42 | 118 | 0,6 | 4 | 44,37 | 43,51 | 42,58 | 45,71 | 40,67 | 43,37 | 1,90 | 40,67 | 45,71 |
| 43 | 126 | 0,2 | 2 | 45,37 | 44,33 | 43,45 | 43,94 | 41,69 | 43,76 | 1,36 | 41,69 | 45,37 |
| 44 | 126 | 0,2 | 3 | 43,74 | 44,64 | 46,11 | 43,66 | 44,29 | 44,49 | 0,99 | 43,66 | 46,11 |
| 45 | 126 | 0,2 | 4 | 39,18 | 39,82 | 36,82 | 42,76 | 38,57 | 39,43 | 2,17 | 36,82 | 42,76 |

**Tabelle F.4:** Laborversuche zum Siegelfenster der Quernaht eines Schlauchbeutels. Versuchsplan zur Ermittlung der Untergrenze des Siegelfensters für eine Peel-Naht. Messdaten zu Abb. 5.30. Versuchsreihe VR, Versuchspunkt VP, Siegeltemperatur $T_S$, Siegelzeit $t_S$, gemessene Nahtfestigkeit $F_{SS}$, Mittelwert MW, Standardabweichung SA, Minimalwert MIN, Maximalwerte MAX. Siegelkraft für alle Versuchspunkte $F_S$ = 800 N. Anzahl der Folienlagen für alle Versuchspunkte $n = 4$.

| VR | VP | Einstell. | | Gemessene Nahtfestigkeit $F_{SS}$ | | | | | Stat. Auswertung | | | |
|---|---|---|---|---|---|---|---|---|---|---|---|---|
| | | $T_S$ | $t_S$ | 1 | 2 | 3 | 4 | 5 | MW | SA | MIN | MAX |
| | | °C | s | N/15mm | | | | | N/15mm | | | |
| | $\mathbf{x}^{t*}$ | 112 | 0,20 | | | | | | | | | |
| 1 | 1 | 108 | 0,20 | 1,67 | 1,02 | 1,70 | 1,64 | 0,92 | 1,39 | 0,39 | 0,92 | 1,70 |
| 1 | 2 | 109 | 0,24 | 1,98 | 2,72 | 1,55 | 2,84 | 1,63 | 2,14 | 0,60 | 1,55 | 2,84 |
| 1 | 3 | 110 | 0,30 | 18,80 | 17,58 | 20,08 | 18,33 | 18,35 | 18,63 | 0,93 | 17,58 | 20,08 |
| 2 | 1 | 105 | 0,20 | 1,81 | 1,81 | 1,72 | 1,69 | 0,39 | 1,48 | 0,61 | 0,39 | 1,81 |
| 2 | 2 | 106 | 0,22 | 1,75 | 2,00 | 1,41 | 1,56 | 1,88 | 1,72 | 0,24 | 1,41 | 2,00 |
| 2 | 3 | 107 | 0,28 | 1,32 | 1,29 | 1,33 | 1,78 | 1,77 | 1,50 | 0,25 | 1,29 | 1,78 |
| 2 | 4 | 108 | 0,34 | 16,88 | 13,64 | 12,45 | 14,70 | 13,29 | 14,19 | 1,71 | 12,45 | 16,88 |
| 2 | 5 | 109 | 0,40 | 24,64 | 23,75 | 23,65 | 24,04 | 24,39 | 24,09 | 0,42 | 23,65 | 24,64 |
| 3 | 1 | 102 | 0,20 | 2,05 | 2,16 | 1,34 | 2,04 | 0,66 | 1,65 | 0,64 | 0,66 | 2,16 |
| 3 | 2 | 103 | 0,26 | 1,22 | 1,27 | 0,40 | 0,56 | 1,98 | 1,09 | 0,63 | 0,40 | 1,98 |
| 3 | 3 | 104 | 0,32 | 1,04 | 2,28 | 1,85 | 1,16 | 0,94 | 1,46 | 0,58 | 0,94 | 2,28 |
| 3 | 4 | 105 | 0,38 | 2,13 | 2,01 | 2,07 | 1,96 | 1,47 | 1,93 | 0,26 | 1,47 | 2,13 |
| 3 | 5 | 106 | 0,44 | 17,49 | 10,65 | 9,55 | 9,08 | 5,53 | 10,46 | 4,37 | 5,53 | 17,49 |
| 3 | 6 | 107 | 0,50 | 20,59 | 20,93 | 20,75 | 18,45 | 19,80 | 20,10 | 1,02 | 18,45 | 20,93 |
| 4 | 1 | 101 | 0,36 | 1,71 | 0,64 | 1,78 | 1,96 | 0,74 | 1,36 | 0,63 | 0,64 | 1,96 |
| 4 | 2 | 102 | 0,42 | 1,06 | 0,98 | 1,08 | 1,09 | 1,14 | 1,07 | 0,06 | 0,98 | 1,14 |
| 4 | 3 | 103 | 0,48 | 1,64 | 1,74 | 1,99 | 1,58 | 1,52 | 1,69 | 0,19 | 1,52 | 1,99 |
| 4 | 4 | 104 | 0,54 | 4,45 | 2,55 | 4,40 | 2,41 | 3,46 | 3,45 | 0,97 | 2,41 | 4,45 |
| 4 | 5 | 105 | 0,60 | 19,48 | 16,67 | 16,51 | 19,37 | 19,69 | 18,34 | 1,61 | 16,51 | 19,69 |
| 5 | 1 | 102 | 0,58 | 1,65 | 1,58 | 1,76 | 1,53 | 1,27 | 1,56 | 0,18 | 1,27 | 1,76 |
| 5 | 2 | 103 | 0,64 | 2,20 | 2,24 | 2,26 | 2,23 | 2,55 | 2,29 | 0,14 | 2,20 | 2,55 |
| 5 | 3 | 104 | 0,70 | 9,15 | 10,53 | 14,65 | 13,18 | 14,78 | 12,46 | 2,52 | 9,15 | 14,78 |
| | $\mathbf{x}^{T*}$ | 102 | 0,80 | | | | | | | | | |

**Tabelle F.5:** Laborversuche zum Siegelfenster der Quernaht eines Schlauchbeutels. Versuchsplan zur Ermittlung der Untergrenze des Siegelfensters für eine Tear-Naht. Messdaten zu Abb. 5.32. Versuchsreihe VR, Versuchspunkt VP, Siegeltemperatur $T_s$, Siegelzeit $t_s$, gemessene Nahtfestigkeit $F_{ss}$, Mittelwert MW, Standardabweichung SA, Minimalwert MIN, Maximalwerte MAX. Siegelkraft für alle Versuchspunkte $F_s = 800\,N$. Anzahl der Folienlagen für alle Versuchspunkte $n = 4$.

| VR | VP | Einstell. $T_s$ | $t_s$ | Gemessene Nahtfestigkeit $F_{ss}$ 1 | 2 | 3 | 4 | 5 | MW | SA | MIN | MAX |
|----|----|------|------|------|------|------|------|------|------|------|------|------|
|    |    | °C | s | N/15mm | | | | | N/15mm | | | |
|    | $\mathbf{x}^{t*}$ | 126 | 0,20 | | | | | | | | | |
| 1 | 1 | 121 | 0,17 | 25,57 | 30,68 | 26,82 | 28,11 | 30,94 | 28,43 | 2,36 | 25,57 | 30,94 |
| 1 | 2 | 122 | 0,21 | 32,20 | 35,43 | 32,82 | 31,07 | 36,07 | 33,52 | 2,14 | 31,07 | 36,07 |
| 1 | 3 | 123 | 0,26 | 39,73 | 38,55 | 38,85 | 43,14 | 40,46 | 40,15 | 1,83 | 38,55 | 43,14 |
| 1 | 4 | 124 | 0,30 | 42,26 | 41,28 | 44,64 | 44,84 | 44,44 | 43,49 | 1,62 | 41,28 | 44,84 |
| 2 | 1 | 116 | 0,19 | 18,38 | 20,03 | 13,05 | 19,76 | 19,22 | 18,09 | 2,88 | 13,05 | 20,03 |
| 2 | 2 | 117 | 0,23 | 28,25 | 26,06 | 26,57 | 26,44 | 30,67 | 27,60 | 1,91 | 26,06 | 30,67 |
| 2 | 3 | 118 | 0,27 | 33,83 | 37,60 | 37,74 | 34,94 | 34,80 | 35,78 | 1,78 | 33,83 | 37,74 |
| 2 | 4 | 119 | 0,31 | 40,44 | 41,91 | 40,60 | 42,93 | 40,86 | 41,35 | 1,06 | 40,44 | 42,93 |
| 2 | 5 | 120 | 0,36 | 42,70 | 43,25 | 42,41 | 45,20 | 41,53 | 43,02 | 1,37 | 41,53 | 45,20 |
| 2 | 6 | 121 | 0,40 | 42,58 | 44,01 | 44,99 | 42,01 | 43,82 | 43,48 | 1,19 | 42,01 | 44,99 |
| 3 | 1 | 112 | 0,20 | 2,23 | 1,68 | 1,80 | 2,38 | 1,97 | 2,01 | 0,29 | 1,68 | 2,38 |
| 3 | 2 | 113 | 0,24 | 19,84 | 18,67 | 18,50 | 14,44 | 19,00 | 18,09 | 2,10 | 14,44 | 19,84 |
| 3 | 3 | 114 | 0,29 | 25,02 | 20,78 | 20,15 | 27,38 | 26,97 | 24,06 | 3,41 | 20,15 | 27,38 |
| 3 | 4 | 115 | 0,33 | 32,37 | 35,66 | 30,98 | 33,03 | 36,22 | 33,65 | 2,23 | 30,98 | 36,22 |
| 3 | 5 | 116 | 0,37 | 37,11 | 40,28 | 38,99 | 39,37 | 41,33 | 39,42 | 1,57 | 37,11 | 41,33 |
| 3 | 6 | 117 | 0,41 | 42,24 | 37,15 | 40,60 | 43,33 | 41,14 | 40,89 | 2,34 | 37,15 | 43,33 |
| 3 | 7 | 118 | 0,46 | 44,48 | 43,62 | 45,14 | 44,39 | 42,60 | 44,05 | 0,97 | 42,60 | 45,14 |
| 3 | 8 | 119 | 0,50 | 42,65 | 41,65 | 43,65 | 43,62 | 42,97 | 42,91 | 0,82 | 41,65 | 43,65 |
| 4 | 1 | 112 | 0,39 | 31,14 | 26,97 | 31,62 | 31,83 | 29,44 | 30,20 | 2,04 | 26,97 | 31,83 |
| 4 | 2 | 113 | 0,43 | 34,72 | 35,58 | 35,04 | 37,05 | 33,16 | 35,11 | 1,41 | 33,16 | 37,05 |
| 4 | 3 | 114 | 0,47 | 39,14 | 38,53 | 40,33 | 40,58 | 39,96 | 39,71 | 0,85 | 38,53 | 40,58 |
| 4 | 4 | 115 | 0,51 | 42,85 | 42,85 | 41,29 | 41,80 | 39,51 | 41,66 | 1,38 | 39,51 | 42,85 |
| 4 | 5 | 116 | 0,56 | 42,23 | 43,78 | 41,98 | 40,39 | 43,08 | 42,29 | 1,28 | 40,39 | 43,78 |
| 4 | 6 | 117 | 0,60 | 42,71 | 45,20 | 43,97 | 44,76 | 44,03 | 44,13 | 0,95 | 42,71 | 45,20 |
| 5 | 1 | 111 | 0,57 | 37,41 | 34,68 | 36,02 | 36,62 | 36,59 | 36,26 | 1,01 | 34,68 | 37,41 |
| 5 | 2 | 112 | 0,61 | 38,95 | 40,03 | 36,94 | 39,65 | 37,38 | 38,59 | 1,37 | 36,94 | 40,03 |
| 5 | 3 | 113 | 0,66 | 38,81 | 38,79 | 41,43 | 42,53 | 40,79 | 40,47 | 1,64 | 38,79 | 42,53 |
| 5 | 4 | 114 | 0,70 | 39,93 | 42,18 | 39,34 | 43,02 | 43,23 | 41,54 | 1,80 | 39,34 | 43,23 |
|    | $\mathbf{x}^{T*}$ | 112 | 0,8 | | | | | | | | | |

**Tabelle F.6:** Laborversuche zum Siegelfenster der Quernaht eines Schlauchbeutels. Pareto-optimale Siegeleinstellungen der Grenzen der Siegelfenster. Messdaten zu Abb. 5.31 und 5.32. Peel-Naht mit Untergrenze $F_{ss}^{low}$ und Obergrenze $F_{ss}^{peel}$. Festnaht mit Untergrenze $F_{ss}^{tear}$, Siegeltemperatur $T_s$ und Siegelzeit $t_s$.

| Nr. | $F_{ss}^{low} = 5\,\text{N}/15\,\text{mm}$ | | $F_{ss}^{peel} = 25\,\text{N}/15\,\text{mm}$ | | $F_{ss}^{tear} = 40\,\text{N}/15\,\text{mm}$ | |
|---|---|---|---|---|---|---|
| | $T_s$ | $t_s$ | $T_s$ | $t_s$ | $T_s$ | $t_s$ |
| | °C | s | °C | s | °C | s |
| $\mathbf{x}^{t*}$ | 112,0 | 0,20 | 107,0 | 0,20 | 126,0 | 0,20 |
| 1 | 109,2 | 0,25 | | | 123,0 | 0,26 |
| 2 | 107,3 | 0,30 | | | 118,8 | 0,30 |
| 3 | 105,4 | 0,40 | | | 116,4 | 0,39 |
| 4 | 104,1 | 0,55 | | | 115,1 | 0,48 |
| 5 | 103,3 | 0,66 | | | 112,8 | 0,65 |
| $\mathbf{x}^{T*}$ | 102,0 | 0,80 | 106,0 | 0,80 | 112,0 | 0,80 |

**Tabelle F.7:** Fehleranalyse einer Transportbeschädigung von Schlauchbeutelverpackungen. Ermittlung der Ankerpunkte für Folie A und B. Messdaten zu Abb. 5.34. Versuchspunkt VP, Siegeltemperatur $T_s$, Siegelzeit $t_s$, gemessene Nahtfestigkeit $F_{ss}$, Mittelwert MW, Standardabweichung SA, Minimalwert MIN, Maximalwerte MAX. Siegelkraft für alle Versuchspunkte $F_s = 800\,N$. Anzahl der Folienlagen für alle Versuchspunkte $n = 4$.

| VP | Einstell. | | Gemessene Nahtfestigkeit $F_{ss}$ | | | | | Stat. Auswertung | | | |
| | $T_s$ | $t_s$ | 1 | 2 | 3 | 4 | 5 | MW | SA | MIN | MAX |
| | °C | s | N/15mm | | | | | N/15mm | | | |
|---|---|---|---|---|---|---|---|---|---|---|---|
| **Folie A** | | | | | | | | | | | |
| 1 | 112 | 1,0 | 4,36 | 3,53 | 5,84 | 5,14 | 4,58 | 4,69 | 0,86 | 3,53 | 5,84 |
| 2 | 114 | 1,0 | 39,98 | 38,36 | 38,84 | 39,02 | 41,14 | 39,47 | 1,11 | 38,36 | 41,14 |
| 3 | 116 | 1,0 | 40,92 | 41,48 | 40,78 | 41,34 | 39,81 | 40,87 | 0,66 | 39,81 | 41,48 |
| 4 | 118 | 1,0 | 41,23 | 41,93 | 41,19 | 41,25 | 40,60 | 41,24 | 0,47 | 40,60 | 41,93 |
| 5 | 138 | 0,2 | 0,93 | 10,96 | 1,85 | 2,79 | 1,63 | 3,63 | 4,15 | 0,93 | 10,96 |
| 6 | 140 | 0,2 | 33,99 | 3,61 | 3,57 | 15,22 | 25,79 | 16,44 | 13,48 | 3,57 | 33,99 |
| 7 | 142 | 0,2 | 40,04 | 27,40 | 40,96 | 37,31 | 37,21 | 36,59 | 5,39 | 27,40 | 40,96 |
| 8 | 144 | 0,2 | 33,69 | 40,74 | 41,17 | 36,78 | 41,85 | 38,85 | 3,50 | 33,69 | 41,85 |
| 9 | 146 | 0,2 | 38,23 | 37,32 | 36,84 | 38,59 | 35,90 | 37,38 | 1,08 | 35,90 | 38,59 |
| 10 | 148 | 0,2 | 36,43 | 36,07 | 34,57 | 38,49 | 36,73 | 36,46 | 1,41 | 34,57 | 38,49 |
| **Folie B** | | | | | | | | | | | |
| 1 | 110 | 1,0 | 3,07 | 2,45 | 2,74 | 3,42 | 3,34 | 3,00 | 0,41 | 2,45 | 3,42 |
| 2 | 112 | 1,0 | 29,79 | 29,14 | 27,08 | 28,00 | 30,67 | 28,94 | 1,42 | 27,08 | 30,67 |
| 3 | 114 | 1,0 | 30,30 | 30,10 | 28,47 | 31,04 | 32,06 | 30,39 | 1,32 | 28,47 | 32,06 |
| 4 | 116 | 1,0 | 32,99 | 34,66 | 32,89 | 34,97 | 32,61 | 33,62 | 1,10 | 32,61 | 34,97 |
| 5 | 118 | 1,0 | 35,15 | 34,73 | 35,74 | 35,84 | 33,10 | 34,91 | 1,11 | 33,10 | 35,84 |
| 6 | 120 | 1,0 | 35,63 | 32,66 | 32,71 | 34,70 | 34,13 | 33,97 | 1,29 | 32,66 | 35,63 |
| 7 | 122 | 1,0 | 35,75 | 37,13 | 34,98 | 37,99 | 35,04 | 36,18 | 1,33 | 34,98 | 37,99 |
| 8 | 148 | 0,2 | 29,23 | 11,15 | 21,54 | 29,96 | 14,90 | 21,36 | 8,39 | 11,15 | 29,96 |
| 9 | 150 | 0,2 | 28,10 | 31,74 | 30,60 | 30,69 | 33,01 | 30,83 | 1,81 | 28,10 | 33,01 |
| 10 | 152 | 0,2 | 32,38 | 34,10 | 33,06 | 36,62 | 33,95 | 34,02 | 1,61 | 32,38 | 36,62 |
| 11 | 154 | 0,2 | 34,59 | 33,53 | 33,56 | 34,89 | 35,74 | 34,46 | 0,94 | 33,53 | 35,74 |
| 12 | 156 | 0,2 | 36,48 | 32,44 | 31,99 | 32,29 | 31,68 | 32,98 | 1,98 | 31,68 | 36,48 |
| 13 | 158 | 0,2 | 33,27 | 31,54 | 36,65 | 33,58 | 33,19 | 33,64 | 1,86 | 31,54 | 36,65 |
| 14 | 160 | 0,2 | 33,58 | 34,84 | 32,30 | 32,82 | 31,09 | 32,93 | 1,40 | 31,09 | 34,84 |

**Tabelle F.8:** Fehleranalyse einer Transportbeschädigung von Schlauchbeutelverpackungen. Versuchsplan zur Ermittlung der Pareto-optimalen Einstellungen für Folie A und B. Messdaten zu Abb. 5.34. Versuchsreihe VR, Versuchspunkt VP, Siegeltemperatur $T_s$, Siegelzeit $t_s$, gemessene Nahtfestigkeit $F_{ss}$, Mittelwert MW, Standardabweichung SA, Minimalwert MIN, Maximalwerte MAX. Siegelkraft für alle Versuchspunkte $F_s = 800\,N$. Anzahl der Folienlagen für alle Versuchspunkte $n = 4$.

| VR | VP | Einstell. $T_s$ | $t_s$ | Gemessene Nahtfestigkeit $F_{ss}$ 1 | 2 | 3 | 4 | 5 | Stat. Auswertung MW | SA | MIN | MAX |
|---|---|---|---|---|---|---|---|---|---|---|---|---|
| | | °C | s | | | N/15mm | | | | | N/15mm | |
| | | | | | | | | | | | | |

Folie A, $F_{ss}^{max} = 35\,N/15\,mm$

| VR | VP | $T_s$ | $t_s$ | 1 | 2 | 3 | 4 | 5 | MW | SA | MIN | MAX |
|---|---|---|---|---|---|---|---|---|---|---|---|---|
| | $\mathbf{x}^{t*}$ | 142 | 0,20 | | | | | | | | | |
| 1 | 1 | 133 | 0,17 | 1,18 | 0,72 | 2,41 | 3,23 | 1,52 | 1,81 | 1,01 | 0,72 | 3,23 |
| 1 | 2 | 136 | 0,25 | 39,88 | 33,35 | 39,54 | 38,15 | 34,32 | 37,05 | 3,02 | 33,35 | 39,88 |
| 1 | 3 | 139 | 0,33 | 38,52 | 36,98 | 36,73 | 39,06 | 38,22 | 37,90 | 1,01 | 36,73 | 39,06 |
| 2 | 1 | 131 | 0,39 | 39,47 | 38,09 | 39,00 | 39,38 | 37,55 | 38,70 | 0,85 | 37,55 | 39,47 |
| 2 | 2 | 134 | 0,47 | 38,62 | 38,30 | 38,51 | 36,50 | 38,45 | 38,08 | 0,89 | 36,50 | 38,62 |
| 2 | 3 | 128 | 0,30 | 32,91 | 24,89 | 33,26 | 34,02 | 22,20 | 29,46 | 5,49 | 22,20 | 34,02 |
| 3 | 1 | 121 | 0,36 | 4,15 | 2,58 | 1,80 | 1,64 | 1,92 | 2,42 | 1,03 | 1,64 | 4,15 |
| 3 | 2 | 124 | 0,44 | 39,23 | 38,49 | 38,27 | 39,29 | 38,80 | 38,82 | 0,45 | 38,27 | 39,29 |
| 3 | 3 | 127 | 0,52 | 38,05 | 38,74 | 39,67 | 38,66 | 38,17 | 38,66 | 0,64 | 38,05 | 39,67 |
| 3 | 4 | 130 | 0,60 | 39,36 | 36,60 | 37,71 | 37,69 | 36,58 | 37,59 | 1,13 | 36,58 | 39,36 |
| 4 | 1 | 116 | 0,49 | 3,69 | 2,98 | 2,59 | 3,02 | 2,62 | 2,98 | 0,44 | 2,59 | 3,69 |
| 4 | 2 | 119 | 0,57 | 39,40 | 40,51 | 40,27 | 39,67 | 38,83 | 39,74 | 0,68 | 38,83 | 40,51 |
| 4 | 3 | 122 | 0,65 | 39,82 | 38,74 | 38,43 | 39,44 | 38,26 | 38,94 | 0,67 | 38,26 | 39,82 |
| 4 | 4 | 125 | 0,73 | 38,60 | 37,22 | 37,51 | 38,60 | 39,45 | 38,28 | 0,91 | 37,22 | 39,45 |
| 5 | 1 | 114 | 0,70 | 11,06 | 20,72 | 10,41 | 33,52 | 6,39 | 16,42 | 10,91 | 6,39 | 33,52 |
| 5 | 2 | 117 | 0,79 | 40,09 | 39,18 | 40,38 | 39,47 | 38,22 | 39,47 | 0,85 | 38,22 | 40,38 |
| 5 | 3 | 120 | 0,87 | 38,19 | 40,08 | 40,34 | 39,27 | 40,26 | 39,63 | 0,91 | 38,19 | 40,34 |
| | $\mathbf{x}^{T*}$ | 114 | 1,00 | | | | | | | | | |

Folie B, $F_{ss}^{max} = 40\,N/15\,mm$

| VR | VP | $T_s$ | $t_s$ | 1 | 2 | 3 | 4 | 5 | MW | SA | MIN | MAX |
|---|---|---|---|---|---|---|---|---|---|---|---|---|
| | $\mathbf{x}^{t*}$ | 154 | 0,20 | | | | | | | | | |
| 1 | 1 | 143 | 0,20 | 33,58 | 31,88 | 32,06 | 35,59 | 35,09 | 33,64 | 1,70 | 31,88 | 35,59 |
| 1 | 2 | 146 | 0,26 | 15,24 | 12,23 | 5,81 | 16,17 | 18,74 | 13,64 | 4,96 | 5,81 | 18,74 |
| 1 | 3 | 149 | 0,33 | 34,63 | 34,02 | 35,89 | 38,25 | 34,53 | 35,46 | 1,70 | 34,02 | 38,25 |
| 1 | 4 | 152 | 0,40 | 33,48 | 38,42 | 36,66 | | | 36,19 | 2,51 | 33,48 | 38,42 |
| 2 | 1 | 134 | 0,25 | 4,18 | 4,64 | 3,52 | 4,23 | 2,42 | 3,80 | 0,87 | 2,42 | 4,64 |
| 2 | 2 | 137 | 0,32 | 32,20 | 32,20 | 31,78 | 34,84 | 31,77 | 32,56 | 1,29 | 31,77 | 34,84 |
| 2 | 3 | 140 | 0,39 | 33,44 | 32,12 | 32,36 | 34,52 | 33,58 | 33,20 | 0,98 | 32,12 | 34,52 |
| 2 | 4 | 143 | 0,47 | 39,11 | 37,67 | 35,21 | 37,99 | 37,58 | 37,51 | 1,42 | 35,21 | 39,11 |
| 3 | 1 | 129 | 0,38 | 29,06 | 32,79 | 29,87 | 29,91 | 28,45 | 30,02 | 1,66 | 28,45 | 32,79 |
| 3 | 2 | 132 | 0,46 | 33,02 | 32,57 | 33,07 | 32,71 | 31,97 | 32,67 | 0,44 | 31,97 | 33,07 |
| 3 | 3 | 135 | 0,53 | 32,73 | 32,88 | 32,26 | 34,75 | 34,41 | 33,41 | 1,10 | 32,26 | 34,75 |
| 3 | 4 | 138 | 0,60 | 37,58 | 37,75 | 38,12 | 36,38 | 34,75 | 36,92 | 1,37 | 34,75 | 38,12 |
| 4 | 1 | 123 | 0,52 | 30,62 | 30,02 | 21,52 | 29,46 | 31,50 | 28,62 | 4,04 | 21,52 | 31,50 |
| 4 | 2 | 126 | 0,59 | 32,06 | 34,34 | 32,23 | 32,82 | 35,28 | 33,35 | 1,41 | 32,06 | 35,28 |
| 4 | 3 | 129 | 0,66 | 32,19 | 35,36 | 33,09 | 33,27 | 33,37 | 33,46 | 1,16 | 32,19 | 35,36 |
| 4 | 4 | 132 | 0,73 | 35,33 | 35,62 | 35,86 | 36,32 | 35,52 | 35,73 | 0,38 | 35,33 | 36,32 |
| 5 | 1 | 120 | 0,70 | 32,74 | 30,47 | 31,15 | 30,76 | 31,18 | 31,26 | 0,88 | 30,47 | 32,74 |
| 5 | 2 | 123 | 0,79 | 33,27 | 33,29 | 33,72 | 35,62 | 35,11 | 34,20 | 1,09 | 33,27 | 35,62 |
| 5 | 3 | 126 | 0,87 | 36,97 | 35,75 | 34,08 | 35,24 | 33,64 | 35,14 | 1,33 | 33,64 | 36,97 |
| 5 | 4 | 129 | 0,95 | 36,23 | 37,58 | 38,14 | 37,66 | 37,31 | 37,38 | 0,71 | 36,23 | 38,14 |
| | $\mathbf{x}^{T*}$ | 121 | 1,00 | | | | | | | | | |

**Tabelle F.9:** Fehleranalyse einer Transportbeschädigung von Schlauchbeutelverpackungen. Pareto-optimale Siegeleinstellungen für Folie A und Folie B. Messdaten zu Abb. 5.34. Siegeltemperatur $T_s$, Siegelzeit $t_s$.

| Nr. | Folie A | | Folie B | |
|---|---|---|---|---|
|  | $T_s$ | $t_s$ | $T_s$ | $t_s$ |
|  | °C | s | °C | s |
| $\mathbf{x}^{t*}$ | 142 | 0,20 | 154 | 0,20 |
| 1 | 136 | 0,25 | 149 | 0,33 |
| 2 | 130 | 0,35 | 141 | 0,42 |
| 3 | 124 | 0,43 | 136 | 0,56 |
| 4 | 119 | 0,56 | 131 | 0,71 |
| 5 | 116 | 0,77 | 126 | 0,86 |
| $\mathbf{x}^{T*}$ | 114 | 1,00 | 121 | 1,00 |

**Tabelle F.10:** Siegelfenster für Siegelrandbeutel aus PET12/LLDPE70. Versuchsplan und Pareto-optimale Siegelparameter für Abb. 5.38a. Versuchsreihe VR, Versuchspunkt VP, Siegeltemperatur $T_\mathrm{s}$, Siegelzeit $t_\mathrm{s}$, Pareto-optimale Einstellung $\mathbf{x}^*$, Ankerpunkt AP.

| VR | VP | Einstell. | | Krit. | $\mathbf{x}^*$ |
|---|---|---|---|---|---|
| | | $T_\mathrm{s}$ | $t_\mathrm{s}$ | erfüllt? | Nr. |
| | | °C | s | | |
| Unteres Qualitätskriterium | | | | | |
| AP 1 | 1 | 150 | 0,35 | 0 | $\mathbf{x}^{t*}$ |
| AP 1 | 2 | 155 | 0,35 | 0 | |
| AP 1 | 3 | 160 | 0,35 | 0 | |
| AP 1 | 4 | 165 | 0,35 | 1 | |
| AP 1 | 5 | 170 | 0,35 | 1 | |
| 1 | 1 | 152 | 0,59 | 0 | |
| 1 | 2 | 154 | 0,59 | 1 | 1 |
| 1 | 3 | 156 | 0,60 | 1 | |
| 2 | 1 | 142 | 0,68 | 0 | |
| 2 | 2 | 144 | 0,69 | 1 | 2 |
| 2 | 3 | 156 | 0,70 | 1 | |
| 3 | 1 | 137 | 0,85 | 0 | |
| 3 | 2 | 139 | 0,86 | 1 | 3 |
| 3 | 3 | 141 | 0,87 | 1 | |
| AP 1 | 1 | 110 | 1,00 | 0 | |
| AP 1 | 2 | 120 | 1,00 | 0 | |
| AP 1 | 3 | 125 | 1,00 | 0 | |
| AP 1 | 4 | 130 | 1,00 | 1 | $\mathbf{x}^{T*}$ |
| AP 1 | 5 | 135 | 1,00 | 1 | |

**Tabelle F.11:** Siegelfenster für Siegelrandbeutel aus MDOPE25/LLDPE70. Versuchsplan und Pareto-optimale Siegelparameter für Abb. 5.38b. Versuchsreihe VR, Versuchspunkt VP, Siegeltemperatur $T_s$, Siegelzeit $t_s$, Pareto-optimale Einstellung $\mathbf{x}^*$, Ankerpunkt AP.

| VR | VP | Einstell. $T_s$ | $t_s$ | Krit. erfüllt? | $\mathbf{x}^*$ Nr. |
|---|---|---|---|---|---|
|  |  | °C | s |  |  |
| **Unteres Qualitätskriterium** | | | | | |
| AP 1 | 1 | 145 | 0,35 | nein |  |
| AP 1 | 2 | 150 | 0,35 | nein |  |
| AP 1 | 3 | 155 | 0,35 | ja | $\mathbf{x}^{t*}$ |
| AP 1 | 4 | 160 | 0,35 | ja |  |
| AP 2 | 1 | 100 | 1 | nein |  |
| AP 2 | 2 | 105 | 1 | nein |  |
| AP 2 | 3 | 110 | 1 | nein |  |
| AP 2 | 4 | 115 | 1 | nein |  |
| AP 2 | 5 | 120 | 1 | nein |  |
| AP 2 | 6 | 120 | 1 | nein |  |
| AP 2 | 7 | 123 | 1 | ja | $\mathbf{x}^{T*}$ |
| AP 2 | 8 | 125 | 1 | ja |  |
| 1 | 1 | 143 | 0,43 | nein |  |
| 1 | 2 | 145 | 0,45 | ja | 1 |
| 1 | 3 | 148 | 0,48 | ja |  |
| 2 | 1 | 125 | 0,53 | nein |  |
| 2 | 2 | 129 | 0,56 | nein |  |
| 2 | 3 | 131 | 0,58 | nein |  |
| 2 | 4 | 134 | 0,60 | ja | 2 |
| 3 | 1 | 125 | 0,77 | nein |  |
| 3 | 2 | 128 | 0,80 | ja | 3 |
| 3 | 3 | 130 | 0,81 | ja |  |
| **Oberes Qualitätskriterium** | | | | | |
| AP 1 | 1 | 145 | 0,35 | ja |  |
| AP 1 | 2 | 150 | 0,35 | ja | $\mathbf{x}^{t*}$ |
| AP 1 | 3 | 155 | 0,35 | nein |  |
| AP 1 | 4 | 160 | 0,35 | nein |  |
| AP 2 | 1 | 145 | 1 | ja |  |
| AP 2 | 2 | 150 | 1 | ja |  |
| AP 2 | 3 | 153 | 1 | ja | $\mathbf{x}^{T*}$ |
| AP 2 | 4 | 155 | 1 | nein |  |
| AP 2 | 5 | 160 | 1 | nein |  |

**Tabelle F.12:** Siegelfenster für Siegelrandbeutel aus Papier60/LLDPE70. Versuchsplan und Pareto-optimale Siegelparameter für Abb. 5.38c. Versuchsreihe VR, Versuchspunkt VP, Siegeltemperatur $T_s$, Siegelzeit $t_s$, Pareto-optimale Einstellung $\mathbf{x}^*$, Ankerpunkt AP.

| VR | VP | Einstell. $T_s$ | $t_s$ | Krit. erfüllt? | $\mathbf{x}^*$ Nr. |
|---|---|---|---|---|---|
|  |  | °C | s |  |  |
| **Unteres Qualitätskriterium** | | | | | |
| AP 1 | 1 | 145 | 0,45 | nein |  |
| AP 1 | 2 | 150 | 0,45 | nein |  |
| AP 1 | 3 | 155 | 0,45 | ja | $\mathbf{x}^{t*}$ |
| AP 1 | 4 | 160 | 0,45 | ja |  |
| AP 2 | 1 | 130 | 1,00 | nein |  |
| AP 2 | 2 | 135 | 1,00 | nein |  |
| AP 2 | 3 | 140 | 1,00 | ja | $\mathbf{x}^{T*}$ |
| AP 2 | 4 | 145 | 1,00 | ja |  |
| 1 | 1 | 145 | 0,63 | nein |  |
| 1 | 2 | 147 | 0,64 | ja | 1 |
| 1 | 3 | 149 | 0,65 | ja |  |
| 2 | 1 | 138 | 0,82 | nein | 2 |
| 2 | 2 | 140 | 0,83 | nein |  |
| 2 | 3 | 142 | 0,84 | ja |  |
| 2 | 4 | 144 | 0,85 | ja |  |
| **Oberes Qualitätskriterium** | | | | | |
| AP 1 | 1 | 100 | 0,35 | ja |  |
| AP 1 | 2 | 101 | 0,35 | ja | $\mathbf{x}^{t*}$ |
| AP 1 | 3 | 102 | 0,35 | nein |  |
| AP 1 | 4 | 103 | 0,35 | nein |  |
| AP 1 | 5 | 104 | 0,35 | nein |  |
| AP 2 | 1 | 90 | 1,00 | ja | $\mathbf{x}^{T*}$ |
| AP 2 | 2 | 93 | 1,00 | ja |  |
| AP 2 | 3 | 94 | 1,00 | ja |  |
| AP 2 | 4 | 95 | 1,00 | nein |  |
| AP 2 | 5 | 100 | 1,00 | nein |  |
| 1 | 1 | 97 | 0,50 | ja |  |
| 1 | 2 | 98 | 0,50 | ja | 1 |
| 1 | 3 | 99 | 0,50 | nein |  |
| 1 | 4 | 100 | 0,50 | nein |  |
| 2 | 1 | 90 | 0,75 | ja |  |
| 2 | 2 | 91 | 0,75 | ja | 2 |
| 2 | 3 | 92 | 0,75 | nein |  |
| 2 | 4 | 94 | 0,75 | nein |  |
| 2 | 5 | 96 | 0,75 | nein |  |